選集으로 읽는

한국의 도시와 지역

김준우
안영진 편

博 英 社

책을 내면서

이 책은 한국의 도시와 지역에 대한 담론을 하나의 책으로 묶었다. 이를 위해서, 選集(reader)이라는 형식을 차용한다. 이미 외국에서는 도시와 관련해서 Routledge, Blackwell 같은 권위 있는 출판사에서 The City Reader, The Blackwell City Reader, The City Cultures Reader, Global Cities Reader 등의 책들을 발간하였다.

이러한 형식의 장점은 폭넓은 생각과 주장을 하나의 책에 담을 수 있다는 것이다. 각 장들이 논리의 일관성을 굳이 갖추어도 되지 않기 때문에, 서로 충돌하는 이론이나 상이한 현실의 이해가 공존할 수 있다. 하나의 책으로 그 분야에 대한 상당한 이해를 할 수 있다는 점도 있다.

이 책은 한국의 도시와 지역을 이해하는 다양한 연구자들의 시각을 반영한다. 지리학, 사회학, 정치학, 인류학, 경제학, 지역개발학, 행정학 등 다양한 분야의 논문들이 담겨져 있다. 이러한 학제간 연구는 현실에 대한 좀 더 정확한 이해와 폭넓은 사유를 가능하게 한다.

이 책의 첫 번째 목적은 여태까지 국내 학자들이 한국의 도시와 지역에 대해 밝혀둔 연구성과들을 한자리에 모아보는 것이다. 기존 연구에 대한 고찰과 성찰은 현재와 미래에 대한 창의적 사고의 기초가 된다는 점에서 의미가 있다.

두 번째 목적은 급변하고 있는 한국의 도시와 지역에 대한 폭넓은 현실이해를 도모하기 위해서이다. 흔하게 이야기되는 '행정중심도시' '경제자유구역' '혁신도시' '지역혁신체제' 등과 같은 현안뿐 아니라, 지방자치제도하의 지역권력구조나 세계화에 따른 공간의 변화 등과 같은 주제에 대한 깊이 있는 논의들을 한자리에 모아보는 작업을 이 책은 하고자 한다.

세 번째는 한국 도시와 지역에 대한 새로운 담론을 제시하는 것이다. 앞으로의 한국 도시와 지역을 꿰뚫어 보는 통찰을 이 책에 실린 글들은 가지고 있다. 이러한 통찰은 여럿이 한곳에 같이 모여 있음으로써 그 날카로움을 더한다.

이 책에서는 이론적인 주장, 현실감각, 미래조망이 공존한다. 이 책의 독자는 그래서 다양할 수 있다. 정책입안자, 시민활동가, 시민이 모두 조금씩의 흥미를 가질 수 있는 내용을 담고 있다.

학문서적으로서의 위상을 잃지 않으면서도 좀 더 대중적으로 다가갈 수 있는 책을 펴내겠다는 편저자의 의지가 이 책의 대중성을 담보한다. 편집과정에서도 지나치게 기술적인 면은 삭제하도록 하였다. 손쉬운 독서를 위해 논문의 길이도 많이 줄였다. 물론 논문 본래의 집필의도와 논리성이 침해되지 않도록 최대한 노력하였다. 생생함을 그대로 전달하기 위해서 구체적인 사례에 대한 분석은 최대한 그대로 실었다.

편저자들이 쓴 첫 번째 장 '변화와 체제로서 이해하는 한국의 도시와 지역'을 먼저 읽는 것도 이 책의 내용을 잘 활용하는 하나의 방법이 될 수 있다. 이 장에서는 각 논문들의 내용이 간단하게 설명되어 있을 뿐 아니라 다른 글과의 연관성이 설명되어 있기도 하다.

한국의 공간 담론에 이 책이 보탬되기를 희망한다. 2년이 넘는 준비기간 동안 좋은 논문들이 하나하나 모이는 과정은 즐거웠다. 학계뿐 아니라 현실에서도 이 글들의 모여짐이 활용되었으면 한다. 이 책에 실린 좋은 글들을 주신 선생님들께 다시 감사드린다. 출판을 가능하게 해주신 박영사의 안종만 회장님, 이구만 부장님과 마찬옥 부장님, 탈고를 도와준 전남대 심리학과 김서홍 학생에게도 감사하는 마음을 전한다.

2008년 편저자 일동

차 례

한국도시와 지역에 대한 통찰

문화 – 장소에 담긴 의미를 찾아서

갈등 – 변화의 흐름과 지역주민

혁신 – 지역의 새 성장동력

세계화 - 한국 거리에서의 재발견

지배구조 – 주민과 지역유지

차이 – 구분짓기와 주변적 삶

실린 글들의 원출처

심승희, 한지은. 2006. "압구정동 청담동 지역의 소비문화 경관 연구." 『한국도시지리학회지』 9, 1:61-80.

김학희. 2007. "문화소비공간으로서 삼청동의 부상: 갤러리 호황과 서울시 도심 재활성화 전략에 대한 비판적 성찰." 『한국도시지리학회지』 10, 2:127-144.

김현호. 2003. "장소판촉적 지역발전을 위한 장소자산형성에 관한 연구." 『국토연구』 36:77-95.

이무용. 2005. "청계천 문화벨트 조성의 기본 컨셉과 전략 수립에 관한 연구." 『지리학연구』 39, 4:519-537.

김두식. 2004. "쓰레기 처리장 건설에 대한 지역주민들의 태도 연구." 『농촌사회』 14, 2:109-143.

박재욱. 2001. "위천공단조성을 둘러싼 지역간 갈등의 정치경제학." 『한국과 국제정치』 7, 2:339-371.

노진철. 2004. "위험시설 입지 정책결정과 위험갈등: 부안 방사성폐기물처분장 입지선정을 중심으로." 『ECO』 6:188-219.

박종화. 2000. "주민기피시설의 입지갈등과 중첩적 합의." 『국토계획』 35, 5:261-277.

권영섭. 1997. "혁신의 공간적 분포 및 지역격차에 관한 연구." 『국토연구』 26:55-71.

김영정. 2003. “자립적 지방화와 지역혁신체계의 구축.” 『동향과 전망』 59:93-140.

이용숙. 2003. “지역혁신체제론의 비판적 재검토: 무엇을, 누구를 위한 지역혁신체제인가?” 『동향과 전망』 59:141-182.

홍장표. 2005. “동남권 중소기업의 거래네트워크와 기술혁신: 신지역주의의 비판적 검토.” 『사회경제평론』 25:379-415.

안영진. 2001. “제국주의의 변화와 공간의 재편: 세계도시를 중심으로.” 『진보평론』 8:78-102.

김준우, 안영진. 2006. “한국경제자유지구의 개발 배경과 동인: 인천 송도 경제자유지구를 중심으로.” 『한국도시지리학회지』 9, 3:79-87.

설동훈. 2002. “세계도시와 문화적 다양성: 서울의 사례연구.” 『지역사회학』 4, 1:53-86.

송도영. 2007. “종교와 음식을 통한 도시공간의 문화적 네트워크: 이태원 지역 이슬람 음식점들의 사례.” 『비교문화연구』 13, 1:98-136.

허미영. 2004. “일상 속의 세계화: 먹거리와 지역여성.” 『사회조사연구』 19:33-54.

이은진. 2000. “성장연합이냐 후견인 정치인가? 개별화된 개발이익과 지역정치.” 『경남대학교 사회학과 사회연구』 13:69-96.

홍덕률. 1997. “지역사회의 지배구조에 대한 실증연구—대구, 광주, 인천을 중심으로.” 『경제와 사회』 제34권 139-172.

유재원. 1999. “한국의 지방정치: 청주시 사례.” 『한국지방정치론:이론과 실제』. 박영사.

박종민. 2000. “집단이론, 후견주의 및 도시의 리더쉽.” 『한국행정학보』 34, 3:189-204.

염미경, 한석지. 2006. “섭지코지의 관광지화와 지역거버넌스.” 『지역사회학』 8, 1:123-146.

김만재. 2003. “이혼여성의 주거실태에 관한 연구.” 『국토연구』 39:103-116.

이은숙, 정희선. 2003. “서울시 주부의 일상생활 공간의 불평등성.” 『지리학연구』

37, 3:241-255.

정은혜, 노시학. 2000. "대형할인점의 입지와 일상적 쇼핑장소로의 접근성 차이." 『대한지리학회지』 35, 4:585-598.

최은영. 2004. "학력자본 재생산의 차별화와 빗장도시의 형성." 『대한지리학회지』 39, 3:374-390.

김준우, 안영진, 이정록. 2007. "혁신도시 이전대상 기관 직원들의 이주 및 정착의지: 광주전남 공동혁신도시 나주를 사례로." 『한국지역지리학회지』 13, 6:639-650.

김준우, 안영진. 2008. "한국지역격차의 새로운 차원으로서 '지역발전정책 개발역량' : 비수도권 광역시의 사례 연구." 『공간과 사회』 29.

조철주. 2005. "기업도시와 지역발전: 기업도시의 개발을 지역발전과 연계시키기 위한 전략." 『한국도시지리학회지』 8, 1:17-28.

한국 도시와 지역에 대한 통찰

변화와 체제로서 이해하는 한국의 도시와 지역

김준우, 안영진

한국의 도시와 지역은 급속하게 변화하고 있는 하나의 체제로 이해하여야 한다. 길거리의 외국인들로 확인되는 세계화의 물결, 토산물부터 허구까지 죄다 활용하는 장소의 문화적 판매, 기존 지역유지의 쇠퇴와 새로운 세력의 등장, 늘어나는 주변인들과 주변지역들, 지역간 감정싸움, 지역경제 성장을 위한 새로운 시도는 이러한 변화 중 일부이다.

이 책에 실려 있는 글들은 변화하는 공간을 잘 보여 준다. 예를 들어, 지역 지배구조에 대한 글들은 쓰여진 시기에 따른 다른 현실의 모습들을 반영하고 있다. 거리의 문화에 대한 글들 각각 역시 빠르게 바뀌어가는 풍경을 스케치하고 있다. 이러한 흐름과 모습을 살리기 위해 각 논문의 이론적 개관과 사례연구 부분은 편집과정에서 최대한 손을 대지 않았다.

이 책이 독자들에게 드리는 또 하나의 선물은 이러한 변화를 하나 하나 따로 고립된 것이 아니라 서로 연결된 체계로 볼 수 있게 한다는 것이다. 세계화에 대한 논의로서의 송도경제자유지구는 실제로 지역격차의 문제와 직접적으로 연결되어 있다. 길거리의 주변인들도 점차 세계화와 관련을 가진다. 장소에 대한 판촉은 지방선거 실시이후 급변하는 지역의 권력구조와 관련이 있다.

도시나 지역을 체제로 이해해야 하는 이유를 잘 설명해 주는 예는 한국에도 잘 소개된 브라질의 생태도시 꾸리찌바이다. 이 도시는 창의적인 교통, 생태, 복지 정책이 서로 긴밀히 연결되어 있다. 꾸리찌바의 治水는 좋은 예이다:

> 홍수가 나면 도심이 침수되는 것을 막기 위해서 1966년부터 저지대에 배수구역을 설정하고 건물의 건설을 막았다. 또한 강둑변을 공원으로 조성하고 홍수대비용 호수를 만들었다. 이런 공원에는 나무가 심어지고, 안 쓰게 되는 공장건물은 스포츠와 여가시설로 활용되었다. 버스와 자전거 도로는 공원들을 도시교통체제에 편입시켰다(Rabinovitch & Leitman, 1996:48).

전용차선과 전용승강대를 갖춘 급행버스 역시 교통정책이 다른 분야와 얼마나 연결되어 있는지를 알려 준다:

> 이러한 대중교통으로 인해, 보통의 저소득층 주민들은 자신들의 소득에서 10퍼센트만을 교통비로 쓴다. 이러한 수치는 브라질에서는 낮은 편이다. 비록 꾸리찌바에는 50만대의 자가용이 있지만, 통근자의 3/4은 버스를 탄다. 일인당 연료소비는 비슷한 브라질 도시에 비해 25퍼센트 정도 낮다. … 이러한 혜택에 더불어서, 꾸리찌바는 자족적인 공공 교통서비스를 갖추고 있다. 지하철 건설과 유지를 위해 빚에 허덕이는 대신, 절약된 돈은 다른 곳에 사용되었다. 노후한 버스는 공원으로 가는 노선에 투입되거나 이동식 학교로 사용되었다(Rabinovitch & Leitman, 1996:49).

이런 의미에서 이 책에 실린 글들은 기존의 한국 공간연구 성과를 재조명했다고 볼 수 있다. 각 논문들은 각각 이러한 변화와 상호작용을 다루고 있다. 물론 논문들간에도 서로 정보와 생각이 연결되는 점들이 있다. 이러한 점들을 각 주제별로 살펴보려고 한다.

1. 문 화

문화에 대한 글은 두 진영으로 나뉜다. 김학희와 심승희 · 한지은의 글은 도시문화가 그 곳의 사람들에게 어떠한 의미를 가지느냐에 초점을 맞춘다. 반대로 김현호와 이무용의 글은 도시문화를 어떻게 사람들에게 판매하느냐에 관심이 있다. 한 진영은 비판적이고, 다른 한 진영은 실질적이다.

하지만 두 진영은 서로 연결된 면을 볼 수 있다. 서울 도심의 예스러운 공간과 같은 연구대상의 동일성도 있으며, 도시문화의 판매방식에 대한 비판적 시각은 공유하기도 한다. 좀 더 비판적인 글들을 앞서 배치한 것은 커다란 담론에서 현실적 정책까지의 흐름을 조망해 볼 수 있을 것 같아서이다.

심승희 · 한지은의 압구정동과 청담동의 소비문화경관을 이해하려는 시도는 야심차다. 이들의 연구를 높이 평가할 수 있는 점들 중의 하나는 섬세한 관찰과 적절한 면접으로 구체성을 확보하였다는 점이다. 이러한 점들 때문에 이 글에서 도시풍경 사진들은 재미있어지고 또 새로운 생각의 주제로 나타나기도 한다.

김학희는 지역주민의 삶과 유리되어 가는 서울 삼청동에 대한 아쉬움을 나타낸다. 서울의 문화정책과 비판적인 이론(예를 들어 Zukin)이 대비되어 있다는 것이 이 글의 장점이다. 세부적인 현상에 대해 이러한 상이한 접근을 연결시키는 점도 탁월하다. 예를 들어, 삼청동 한옥을 바라보는 시각은 균형감과 통찰력을 보여 준다. 이 글의 내용은 여러 글들과도 사실 연결된다. 심승희 · 한지은의 시각과도 비교해서 바라볼 수 있다. 또한 이무용의 청계천 연계 문화전략과 연결해 볼 수 있다.

김현호가 쓴 장소판촉에 대한 글은 기존 이론 흐름을 잘 정리하고 또 많이 생각되어지지 않는 장소자산형성에 대해 자세히 설명해 두었다. 장소판촉이 현실적으로 중요하게 나타나는 배경이라든지, 이러한 장소판촉을 다루는 상이한 시각들을 제시해 주고 있다. 그가 이야기하는 '3S: Sun, Sea, Sand' 와 같은 표현 이라든지 경영학적인 학문적 뿌리의 규명은 맥락적이고 포괄적인 사고를 가능하게 해준다. 장소자산형성의 한국적 상황에 대한 부분 역시 유형화와 비판적 사고를 함께 제시함으로써 그 설득력을 높이고 있다.

이무용이 쓴 글의 가장 큰 덕목은 현실성이다. 그는 서울시의 성공적인 장소판촉사업인 청계천 복원에 대한 실제전략을 드러내고 있다. 시간별, 단계별, 주제별 전략 등을 제안하고 있다. 특히 문화관광 자원네트워크 구성은 흥미롭다. 예를 들어 세운상가와 동대문 상권들을 연계하자는 '시장네트워크' 와 인사동길이나 청계천의 옛다리를 연결하는 전통문화보행로를 주장하는 '역사네트워크' 는 매우 흥미로운 담론이다. 청계천 문화벨트 구역별 도보투어코스 그림도 재미를 더해준다.

2. 갈　등

한국의 도시 관련 현안 중 하나는 지역간의 갈등이다. 부안의 핵방폐장 문제 역시 기피시설의 입지를 둘러싼 갈등이 큰 사회적 아픔을 가져온 사례이다. 이 책은 갈등 양상에 대한 분석을 넘어서 향후 갈등해소를 위한 논의를 시도해 본다.

김두식은 아무리 강조해도 지나치지 않는 신뢰의 문제를 경험적이고 동시에 비판적인 시각으로 분석해 낸다. 그의 논문은 경산시의 쓰레기 처리장 입지 선정과 관련된 지역간 갈등을 다룬다. 경산시 쓰레기 처리장 후보지로 선정된 4개 지역 주민들을 대상으로 한 312매의 질문지 분석결과, 주민들의 태도에 가장 직접적인 영향을 미치는 것은 예상되는 위험의 정도와 사회의 부정적 평가 즉 낙인효과로 나타나고 있다. 경제적 혜택이나 정부의 일방적 결정 그리고 정부기관에 대한 신뢰는 직접적인 영향을 미치지는 않지만 위험의 정도와 낙인효과를 통한 간접적인 영향을 미치는 것으로 나타나고 있다. 정부의 일방적인 결정과 정부기관에 대한 신뢰의 상실은 주민들의 반대태도를 강화시키는 반면, 예상되는 경제적 혜택은 건설을 찬성하는 태도를 유도하고 있다. 기피 시설물의 입지선정과 건설을 둘러싼 지역주민들과 행정부서간의 갈등을 이기적 NIMBY 성향이나 경제적 보상과 관련된 문제로 인식해서는 안 된다고 그는 주장한다. 그동안 경제와 개발논리에 의존한 중앙정부 혹은 지방자치단체의 일방적인 농촌개발 혹은 지역개발정책에서 갈등의 일차적인 원인을 찾을 수 있다.

박재욱은 위천공단 문제에 대한 치밀한 분석을 통해 국가에 대한 비판적 주장의 수위를 높인다. 그는 지난 90년대 이래로 대구경북 지역의 경제 활성화를 목표로 하여 위천공단 조성을 추진하고 있는 대구광역시 · 경상북도와 수자원보호를 이유로 공단건설을 반대하는 부산광역시 · 경상남도 간의 갈등을 분석하였다. 이 과정에서 국가는 불신의 대상이다. 1991년에 낙동강 페놀오염사건을 겪은 부산경남 지역은 당시 중앙정부가 보여 주었던 미온적이고 소극적인 해결책에 대한 불신감이 경험적으로 의식구조화되어 있다. 더군다나 1995년 이후 위천공단 문제와 관련한 중앙정부부서의 책임전가 양태와 정치권의 정치적 이해관계에 따른 조령모개식의 정책수정은 중앙정부와 정치권에 의한 중재나 타협가능성에 대한 원천적인 불신감을 가지게 하였다. 위천공단 문제는 많이 알려지지 않았지만, 한국의 지역간 갈등에 있어 꼭 되새겨보아야 할 사건이다.

노진철은 차분한 논리전달을 효과적으로 하고 있다. 그는 방사성폐기물처분장의 입지정책은 더 이상 미룰 수 없는 시급한 국책사업이라는 것을 전제하고 시작한다. 이 책에서는 분량상의 문제로 많이 생략하였지만, 이러한 전제에 대해서도 그는 상당한 지면을 원논문에서 할애한다. 외국에서 어떻게 유사한 사안에 대한 문제해결을 했는지에 대해서도 상세히 설명한다. 이 책은 이러한 배경적인 설명보다는 그의 논리전개의 핵심을 온전히 다루는 데 중점을 두고 편집하였다. 위험갈등 전개에서 신뢰의 상실, 결정자와 당사자의 위험인식의 차이, 기술적 불가피성과 현실적인 어려움 사이에서 나타나는 모순적 상황의 등장은 하나 하나가 잘 전개되어 있기 때문에 찬찬히 읽어나갈 가치를 제공한다. 그의 마지막 문장에 현실적으로 동의하지 않을 사람도 많겠지만, 논리적 전개의 탁월성을 의심할 사람은 거의 없을 것 같다.

박종화의 글은 '중첩적 합의'라는 화두를 던진다. 그의 글은 이러한 화두를 던지기 전에 독자들을 충분히 지도해 준다. 그는 님비에 대한 설명과 입지갈등의 실태분석을 자세하고 생동감 있게 해낸다. 정부와 주민간 입지분쟁사례로서 그는 108건을 제시한다. 또한 이들이 어떠한 가치를 둘러싼 갈등인지 어떠한 협상 정도와 해결 여부를 가지는지도 분석한다. 그가 마지막에 던지는 중첩적 합의는 불완전한 인간과 인간세상에 걸맞는 개념이라고 표현될 수도 있다. 현실적으로 단순한 단일적 합의가 힘듦에도 불구하고, 이러한 합의를 지향하는 이유는 무엇인가를 고민해볼 수 있다. 이 글의 장점 중 하나는 이러한 화두가 다시 이전의 글들과 연관된다는 것이다.

3. 혁　신

'혁신'이란 단어는 참여정부 기간 동안 도시와 지역에 대해 많이 언급되어 왔다. 수도권에 위치한 공기업이 이전할 지방의 행정도시들을 '혁신도시'라고 칭하는 것은 하나의 예라고 할 수 있다. 책에 실린 글들은 이러한 '혁신'의 맥락과 쟁점을 이해할 수 있게 도움을 준다.

권영섭은 혁신이 무엇인지를 잘 설명해 주고 있다. 그는 슘페터를 인용한다. 자본주의 경제의 참된 질적 발전이란 '생산수단의 새로운 결합'을 통한 혁신에 의해서만 가능하다. 혁신의 다섯 가지 주요 유형은 새로운 상품의 소개, 새로운 생산방법의 소개, 새로운 판로와 새로운 시장의 개척, 새로운 원자재 공급원의 창출, 그리고 새로운 산업조직의 형성이다. 경험적 자료에 기초한 한국에서의 혁신의 공간적 분포에 대한 그의 분석은 많은 생각거리를 던지기도 한다. IR 52 장영실상을 수상한 138개 기업을 대상으로 한 실증연구를 통해, 그는 혁신의 지역격차를 분석하였다. 경제의 세계화가 진전되면서 경쟁이 심화되고, 그 과정에서 중요한 요인이 혁신이라고 그는 주장한다. 혁신의 지역격차는 곧 지역간 불균형으로 작용한다는 것이다. 수도권은 혁신의 지역분포에서 우월한 지위를 가지고 있다. 본사는 74.6%, 기술개발은 43.9%, 생산은 44.9%를 차지하고 있다. 기술개발지와 생산지가 다른 혁신은 77건 중에서 52건은 수도권에서 개발되었고, 23건은 대전에서 개발되었다. 수도권과 대전에서 개발된 기술이 이전되어 다른 지역에서 생산된다는 것이다.

김영정의 글은 지방자치와 지역균형을 혁신체제와 연결하고 있다는 점에서 큰 의미를 가진다. 한국에서의 지역지배구조 논의와 현실, 지방분권, 지역혁신체제의 개념, 기존 한국의 지역혁신 현실 등을 자세히 분석해 내고 있다. 그의 글에서 가장 흥미로운 점은 혁신체제론의 핵심에 대한 이해와 이의 한국적 상황에의 적용이다. 그는 참여주체간의 상호작용 및 학습을 강조한다. 지방자치의 역사가 일천하고 주민자치가 전혀 활성화되어 있지 않은 한국의 경우, '상호작용 및 학습'의 기능을 담당할 수 있는 자생적 조직이 존재하지 않기 때문에 <지역혁신협의회>의 결성이 필요한 것이다. 이 글들을 읽어 본 독자들은 김준우 · 안영진 · 이정록이 쓴 나주의 혁신도시에 대한 글을 읽어 볼 만하다. 나주에 대한 이야기는 한국에서 혁신논의가 실제로 혁신 자체보다는 지역균형발전의 개념으로 전개된 측면이 있다는 것을 인식하게 한다.

이용숙은 한국에서 참여정부의 지역혁신체제론이 무엇을, 누구를 위한 것인지를 반문한다. 그는 국토균형발전을 달성하는 유용한 전략으로서의 지역혁신체제에 대해 의문을 표시한다. 지역혁신체제 자체에 대한 그의 비판은 날카롭다. 개념의 모호성, 내생적 발전에 대한 환상, 방법론적 개인주의를 하나 하나 짚어 나간다. 무엇보다도 세계화시대에서 지역의 성장을 강조하는 개별지역의 생존전략이 지역혁신체제라는 것을 그는 강조한다. 지역혁신체제론이 지역 간의 격차를 더욱 확대시킬 수 있다는 것이다.

홍장표는 경험적인 입장으로부터의 분석을 시도한다. 그는 기술신용보증기금(주)에서 제공하는 2003년도 부산 · 울산 · 경남지역 기계부품소재 산업 2,678개 중소기업 DB를 이용한 분석을 내놓았다. 실증결과 혁신의 동력이 지역 내부에 있다는 예측은 이 지역의 경우 현실과 맞지 않는 것으로 나타났다. 글로벌 네트워크에 의존하는 기업이 혁신적이고, 지역 내 국지적 네트워크에 의존하는 기업이 혁신적이지 않은 것으로 나타났다. 초지역적 대기업이 주도하는 산업집적지는 혁신적이지만, 지역 중소기업 위주의 산업집적지는 혁신적이지 않은 것으로 나타났다. 또, 특정 모기업에 의존하는 중소기업보다는 거래선을 다변화한 중소기업의 기술혁신이 활발한 것으로 나타났다. 이러한 구체적인 분석은 그 자체로서 논쟁을 끝내기보다는 새로운 경험적 분석을 유발시켜서 현실에 대한 보다 나은 이해를 가능하게 한다는 점에서 중요하다.

4. 세 계 화

세계화가 어떻게 한국의 공간과 관련을 가지는지를 다섯 개의 논문들은 체계적이고도 세부적으로 보여 준다. 안영진의 글은 전체적인 담론과 맥락을 제시한다. 나머지 글들은 안영진의 큰 그림에 작은 모양들을 집어넣고 있다. 김준우 · 안영진은 인천 송도경제자유지구의 진행을, 실동훈은 서울의 외국인들을, 송도영은 이태원지역 이슬람 음식점들을, 그리고 허미영은 한국의 먹거리와 여성운동을 다룬다.

안영진은 공간과 세계화와의 관계를 명쾌하게 그리고 친절하게 알려 준다. 세계화 등장을 필연화한 세계사적 배경, 정보통신혁명, 세계화의 공간지도, 도시경관에서 세계화의 문화적 반영, 세계화의 지정학적 맥락, 세계도시의 형성, 세계도시의 외국인과 주변인, 새로운 문화양식의 탄생 등을 이 글은 순서대로 쉽게 풀어쓰고 있다. 이 글은 심승희 · 한지은, 김학희, 이용숙, 조철주의 글들과도 연관성을 가진다. 도시경관과 거리문화는 세계화의 직접적인 표현이다. 지역혁신체제라는 노력도 세계화를 헤쳐 나가는 방법 중 하나로 제시되었다.

기업도시라는 새로운 논의가 어떠한 맥락에서 시작되었는지도 자명하다.

김준우 · 안영진은 송도경제자유지구의 중요성을 인지하는 데서 글을 시작한다. 새로운 규모와 생각을 반영하는 인천의 개발현장에 대한 이들의 묘사는 흥미롭다. 이들의 글은 이러한 중요한 사업이 보통 사람들의 생각과는 다른 측면들을 가진다는 점에서 끝난다. 이들에 의하면, 세계화와 도시개발의 관계가 자본주의적 세계경제에 의해 전적으로 좌우된다는 단순한 논리는 충분하지 않다. 송도경제자유지구의 개발은 다국적 자본으로 대표되는 시장에 의해 자동적으로 실현되고 있다기보다는 세계화에 대한 한국정부의 대응이라는 성격을 보다 강하게 띠고 있다. 이와 동시에 작용하는 묵시적으로 보다 복잡한 동인을 이들은 주목한다. 무엇보다도 송도경제자유지구가 초국적 자본의 경제적 요구를 고려하지 않은 사업이라는 것, 그리고 송도경제자유지구의 추진과정이 국가조직의 이익추구를 반영하고 있다는 점을 강조한다.

설동훈은 서울의 외국인에 대한 생생하고 치밀한 분석을 보여 주고 있다. 그의 논의는 안영진이 언급한 세계도시에서 출발한다. 세계도시의 이중구조화나 거주 외국인의 성격에 대한 분석은 충실하다. 그는 외국인의 사회통합 방식과 문화적 다양성에 대한 기존 논의를 정리하고 있다. 이러한 배경설명 이후, 그는 세계도시 서울의 이중구조화와 문화적 다양성을 다룬다. 서울의 노동인 거주지역 분포와 성격을 조망한 뒤, 그는 구체적인 이방인 거리들을 순례한다. 이태원, 동대문시장, 구로공단 주변, 성수공단 주변, 혜화동 성당 주변과 같은 곳의 풍경들이 지면 위에 펼쳐진다. 마지막으로 그는 세계도시 서울의 문화적 다양성 증진방안을 제시한다. 그의 글은 정책적이기도 하지만 더 많은 담론의 씨앗을 뿌린다는 점에서 의미깊다. 특히 한국인과 한국문화에 대한 자성의 글은 새로운 논의의 좋은 시작점을 제공한다.

송도영은 이태원 지역 이슬람 음식점에 대한 사례분석을 통해 탁월한 문화인류학자로서의 식견을 보여 준다. 그가 사례로 한 음식점들에 대한 묘사는 그 자체로서 즐겁다. 새로운 세계에 대한 탐험을 가능하게 해준다. 이러한 묘사를 기반으로 한 그의 분석은 다층적이면서도 날카롭다. 문화자본, 다문화 소비능력, 문화적 의미부여 주체간 권력이동, 세계문화, 글로벌한 문화슈퍼마켓, 문화적 헤게모니, 다문화적 공간과 같은 용어들은 그의 펜을 통해서 실체로 다가온다.

허미영의 글은 탁월한 사회학자가 비슷한 주제를 어떻게 이해하는지를 잘 보여 준다. 먹거리와 세계화에 대한 문화적 그리고 정치경제적 분석으로부터 그는 글을 시작한다. 구체적인 분석은 여성민우회 생협의 활동을 다룬다. 다국적 기업에 의해 유통되는 수입 농산물로부터 건강을 지키는 문제를 해결할 수 있는 주체로 그는 여성을 이야기한다. 수입농산물뿐 아니라 관행농법으로 생산된 먹거리에 대한 경각심을 가지고 친환경농산물의 생산과 소비뿐 아니라 나아가 대안적 사회만들기로 나아가고 있는 생협의 활동들을 그는 열정적으로 접근한다.

5. 지배구조

흔히 '人事가 萬事'라는 표현을 쓰곤 한다. 주요한 결정을 '누가' 내리는가는 도시에도 마찬가지로 중요하다. 도시 지배구조에 대한 최근의 관심은 이러한 맥락에서 현실적 의미를 가진다.

"성장연합인가 후견인 정치인가? 개별화된 개발이익과 지역정치"라는 글에서 이은진은 지역기업인들의 구체적인 행태에 관심을 가진다. '성장연합'은 기업집단이 자신들의 이익을 관철시키기 위해 조직적으로 대응할 경우 나타난다. 기업가가 자신의 이익을 개별관료들과의 관계를 통하여 관철하려 할 때 '후견인 정치'가 발생한다. 그는 한국 지방정치의 성격을 '후견인 정치'로 본다. 경제인집단은 관변단체나 위원회, 개인적인 학연을 통하여 지방정부에 영향을 미친다. 하지만 이러한 경제인 내지 토지이용집단의 지방정치에의 개입은 아직은 조직적인 개입이라기보다는 개별 기업인들의 움직임으로 파악될 수 있다는 것이다. 이 글의 장점은 각 주체별(市長, 관료, 사업가집단, 토지이용집단)로 나누어서 기존의 논의를 외국사례와 비교해서 정리했다는 점이다. 글의 전개에서 이론적인 논의가 곁들어져 있기 때문에, 이어지는 논문들을 이해하는 데 큰 도움이 된다.

홍덕률은 기업인들을 부각한다. 대구, 광주, 인천 각 지역별로 해당도시 지배집단의 사정을 잘 아는 정치계, 언론계, 행정계, 학계, 경제계, 사회운동계 인사들을 심층면접하였다. 지역별로 7-10명씩을 심층조사하여, 그는 '대규모의 경제활동을 영위하는 지역경제인들'이 세 도시를 움직인다는 결론을 내린다.

그에 따르면, 세 도시 모두에서 건설업 종사자들이 대표적인 지역유지로 행세하였다. 지역별 차이도 물론 있다. 대구는 섬유산업, 인천은 항만관련 사업 기업인들, 그리고 광주에서는 특히 금호그룹이 큰 비중을 차지하였다. 이들은 지역사회의 각종 관변단체를 움직인다. 또 중앙 혹은 지역사회의 정치 · 행정엘리트들과는 정치자금(혹은 뇌물)과 특혜를 주고받는 유착관계로 묶여 있다.

홍덕률이나 이은진과는 다른 입장을, 유재원은 취한다. 그에 의하면, 외국의 지방정치 이론이 한국의 정치실상과 맞지 않는다. 초대 민선시장 재임기간 이루어진 청주시의 주요 의사결정 사례의 분석을 통해서 그는 새로운 측면을 부각시킨다. 예를 들어, 기업의 위상이 그리 높지 않다는 점이다. 그에 의하면, 자치단체가 기업에 의존하기보다는 기업에 군림하거나 최소한 기업요구에 미온적으로 대응하였다. 그는 市長을 주목한다. 청주시에서 그가 발견한 정치는 시장지배적인 통치형태였다: “청주시라는 무대의 주역은 청주시장이었고, 시정은 시장에 의해 연출된 드라마였다.” 유재원이 수행한 연구가 가지는 또 하나의 가치는 시장 지배적인 통치형태가 나타날 수밖에 없는 이유를 제시했다는 점이다. 즉 중앙과 지방간의 권한배분체계가 중앙집중적이며 지방자치단체의 기능은 중앙에 비해 미약한데도 불구하고, 지방정치 공간 내에서 시장이 지배적인 지위를 점유하는 이유를 설명하고 있다.

박종민 역시 市長을 지방정치의 핵심적인 주체로 지목한다. 한데 그는 이은진과 마찬가지로 개인적인 후견 관계를 주목한다. 그에 따르면, 한국의 지방정치는 개인들이 정치과정에서 자발적 집단의 구성원으로 행동하기보다는 개별적으로 자신의 이익을 스스로 챙기려고 한다. 이러한 전근대적인 보스 중심의 정치과정은, ‘사적(personal) 교환관계에 초점을 둔 후견주의 이론’이 한국의 현실에 맞다는 것을 보여 준다. 지방자원의 권위적 배분을 통제하는 시장과 그를 후견인으로 삼은 시의원, 행정관료, 기업인, 지역유지들이 구축해 놓은 지방후견주의 네트워크라는 렌즈를 통해서 한국의 지방정치과정이 보다 잘 접근된다고 그는 주장한다. 그의 논문은 통찰적이다. 보편주의와 합리주의로 대변되는 근대화가 한국사회에서 진행됨에도 불구하고 아직 지방후견주의가 강력하게 작동하는 이유를 그는 날카롭게 직시한다.

이 책의 모든 글이 市長이나 기업가들에 초점을 맞추는 것은 아니라는 것을 염미경은 보여 준다. 그는 변화하는 지배구조를 제주도 지역주민의 위상 강화를 통해 보여 주고 있다. 섭지코지의 관광지화 과정에서 마을주민들이 어떻게 참여하고 있는가를 이 글은 다루고 있다. 주차장 수입 배분과 공동판매장 건립 및 운영에 있어, 신양마을 주민들은 적극적으로 자신의 주장을 남제주군과의 협의를 통해 관철시켜 나갔다. 이 글이 가지는 가치 중 하나는 지역사회에서 느리게나마 목소리를 높여가는 주민들을 주목하고 생생하게 기록한다는 점이다. 시민사회와 주민들이 가지는 구조적인 한계를 지적한 유재원의 주장과 연관하여 숙고해볼 주제를 이 글은 던지고 있다.

6. 차 이

차이와 이에 따른 주변인의 존재는 앞서의 주제들에 있어서도 다루어졌다. 여기서는 주변인들 그 자신들에 대한 글들을 모아 보았다. 주변적인 사람과 일상적인 생활의 교차점을 찾아보려고 노력한 것이다.

김만재는 흔히 무시되고 비하되는 이혼여성을 다루고 있다. 이러한 주제는 심각하게 다루어지고 이야기된다는 자체로서 큰 사회적 의미를 가진다. 그는 이혼여성들의 현황과 이들의 겪는 이혼에 따른 주거문제로부터 글을 시작한다. 이어서 이혼여성의 주거문제에 대한 이론적 설명을 깊숙하면서도 명료하게 제시한다. 지배적 주거이데올로기를 포함한 주거문제에 대한 이론적 설명에 이어, 2000년 인구주택총조사 2%표본과 2001년 사회통계조사를 사용하여 이혼여성의 주거실태를 자세히 분석한다. 이혼여성 가구주는 배우자가 있는 여성가구주에 비해 주택 및 거주지역에 대한 만족도가 훨씬 더 낮으며, 경제적 사정 때문에 할 수 없이 이 현거주지에 산다는 것이 드러났다. 이 글이 제시하는 주거복지 제안 역시 현실을 잘 반영하고 있다는 면에서 가치를 가진다.

이은숙 · 정희선은 서울시 주부의 일상생활 공간의 불평등성이란 이혼여성보다는 평이해 보이는 주제를 가지고 마찬가지로 의미있는 연구를 도출해 내었다. 이 글이 보여 주는 지리학 분야의 여성학적 접근 역시 충실하다. 심층면접을 통해 주부들의 생활에 대한 구체적인 조사를 하고 있다. 확대가족에 있어서의 주부의 가사노동 부담이나 취업주부에 있어서 가사와 근무의 동시 이행이 초래하는 갈등적 상황, 가족 전체 복지에의 악영향, 주부가 겪는 취업공간의 차별성이 자세히 분석된다. 조사에 기반한 도시계획에 대한 정책적 제안 또한 이 글은 제시한다.

정은혜 · 노시학은 흔히 겪는 문제를 날카로운 시각으로 조명해 보고 있다. 대형할인점의 입지와 일상적 쇼핑장소로의 접근성 차이라는 주제를 그들은 재래시장과 대형할인점이 동시에 있는 서울시 도봉구 창동에 대한 연구로서 분석해낸다. 대형할인점의 입지가 가속화되고 이에 따라 재래시장 및 수퍼마켓의 기능이 점차 쇠퇴하고 있음을 고려할 때, 신체적 · 사회적 그리고 경제적 특성의 차이에 의하여 대형할인점으로의 접근에 제한을 받는 주민들의 일상적 소비공간은 더욱 위축되고 고립될 가능성이 있다고 그들은 경고한다.

최은영은 교육이라는 생활문제를 다룬다. 그는 '빗장도시' 라는 잘 알려져 있지 않은 개념에 대한 이해로부터 글을 시작한다. 이 글의 장점 중 하나는 다양한 자료를 사용한 연구방법론에 있다. 지도들은 작지 않은 시각적인 도움을 준다. 서울의 학력자본 재생산 구조에 대한 경험적 자료를 제시하는 것뿐 아니라 이러한 문제가 어떻게 우리 일상에 구조적인 힘으로서 작용하는지를 그는 잘 설명해 주고 있다.

7. 격　차

마지막으로 격차에 대한 논의는 정책적이다. 이 글들은 어떠한 의미에서는 기존 글들에 대한 답장 형식을 취한다고도 볼 수 있다. 지역혁신, 세계화, 지배구조 문제에 대한 연장선으로 이해될 수도 있기 때문이다.

김준우 · 안영진 · 이정록은 광주전남 공동혁신도시인 나주를 대상으로 혁신도시 이전대상 기관 직원들의 이주 및 정착의지를 분석하였다. 이 글은 혁신에 대한 논의를 포함하고 있다. 구체적으로 국내외의 기술단지들의 사례들을 다루기도 한다. 가족과 함께 이주할 것이냐는 질문은 현실적으로 적절하다. 이에 따른 정책대안들도 살펴볼 가치를 가진 듯하다.

김준우 · 안영진은 지역격차의 새로운 차원으로서 '지역발전정책 개발역량' 을 이야기한다. 비수도권 광역시의 시도연구원을 사례로 삼고 있다. 이 글을 통해 지역격차가 단순히 경제주의적 관점에서 보아져서는 안 된다는 점을 이들은 강조하고 있다. 지역을 자체적으로 만들어 나갈 수 있는 정책개발의 힘을 이들은 강조한다.

조철주는 기업도시라는 중요한 주제를 다룬다. 기업도시는 21세기 한국에서 현실적 논란의 대상이 될 것이 분명해 보인다. 이 주제에 대해, 그는 관련논의를 체계적이고 상세하게 제시한다. 또한 한국에서의 기업도시 개발정책에 대한 개관과 평가를 제시한다. 무엇보다도 읽을 만한 부분은 개발방향 및 전략이다. 다양한 경제개발전략의 통합, 전략적이고 민주적인 계획과정, 연계정책의 시행을 그는 언급하고 있다.

8. 변화하는 체제가 주는 함의

이 글의 구성은 결국 한국의 도시와 지역을 바라보는 하나의 렌즈를 구성한다. 변화하는 체제로서의 한국공간 이해는 단선적 사고로부터의 탈피를 요구한다. 하나의 측면이 전체가 아니며, 현재의 모습이 유한하다는 것을 이 책은 이야기하고 있기 때문이다. 이런 의미에서, 박종화의 '중첩적 합의'라는 표현이 필자들의 접근법과 일맥상통하는 점이 있다.

이러한 세상 보는 틀은 '지역혁신체계'에 대한 글들의 배치에서 잘 나타난다. 이론이 나온 서구의 사회적 맥락을 이해하고, 한국적 적용 시도에 대한 상반된 입장을 제시하며, 경험적 분석을 곁들인다. 책 마지막 부분에 배치된 광주전남공동혁신도시에 대한 글은 참여정부 주도 지역혁신 사업이 가지는 가능성과 한계의 미묘한 현실을 보여 주기도 한다.

단기적 · 단선적 · 이분법적 공간정책의 추구는 특정 개인이나 집단의 이익을 반영하는 경우가 많다. 거창한 구호들은 분석적이고 통찰적인 담론의 부재에서 그 존재감을 최대화한다. 이 책은 현실을 바꿀 수 있는 담론의 필요성을 웅변한다.

문화

장소에 담긴 의미를 찾아서

압구정동 · 청담동 지역의 소비문화 경관 연구

심승희, 한지은

1. 압구정동 · 청담동 지역을 보는 시각들

1.1 압구정동 · 청담동에 대한 담론들

신문기사를 통해 강남 지역에 대한 담론을 분석한 이영민(2006)의 연구에서도 알 수 있듯이 압구정동, 청담동 지역에 대한 담론은 20여 년간 상당한 변화를 겪어 왔다. 그렇지만 이 지역에 대한 담론의 성격을 가장 명확히 보여 주는 것은 문화 연구서인 「압구정: 유토피아, 디스토피아」(1992)이다. 여기서 강내희는 "오늘날 '압구정'은 우리 사회를 일정한 방식으로 드러낼 뿐만 아니라 드러난 것을 일정한 방식으로 인식하게 만드는 문제설정으로 등장하고 있다"고 규정했다(강내희, 1992: 13). 이 언술은 10여 년이 지난 지금에도 여전히 유효하다. 당시에는 압구정동만이 관심 대상이었으나, 현재 압구정동은 영역적 확장 또는 분화를 거듭해 청담동, 신사동 일대로 확장되어 가고 있다. 이러한 영역적 확장은 양적 변화만이 아니라 질적 변화를 수반했다. 따라서 이 지역은 여전히 뜨거운 사회적 관심의 대상이지만 담론은 계속 변화하고 있다. 이는 강내희의 말대로 우리 사회의 변화가 압구정동을 통해 드러나고 있으며, 이 변화에 대한 우리 사회의 인식 변화 역시 압구정동을 통해 드러나고 있음을 반증한다.

압구정동 · 청담동을 통해 드러난 우리 사회의 변화와 그에 따른 우리의 인식 변화를 보여 주는 이론적 틀은 크게 3종류로 유형화할 수 있다. 첫째, 세계화 등을 통해 나타나는 자본주의 소비문화의 확산론이다. 이 자본주의 소비문화의 확산론은 스케일에 따라 다시 두 가지 논의로 나뉜다. 하나는 큰 스케일에서 보면 첨단의 자본주의 소비문화가 수입되면서 우리나라 역시 세계적으로 동질적인 소비경관을 띠게 된다는 점이다. 이에 대한 상징적 아이콘은 1988년 압구정동에 최초 개점한 맥도날드와 1990년 해외 고급브랜드 판매를 전문화한 갤러리아 명품관의 개점이다. 그러나 작은 스케일에서 보면 압구정동 · 청담동은 포스트모던 건축 양식 같은 최첨단 자본주의 소비문화를 전국에 전파시키는 중심지 역할을 한다는 점이 주요 관심대상이다. 두 번째는 자본주의 소비문화의 확대와 심화과정 속에서 형성된 소비주체들에 대한 논의이다. 경제적 계급 지위가 소비 부문에 단선적으로 표출된다는 계급갈등적인 소비관에서부터 소비주체의 아이덴터티 표현수단으로서의 소비관까지 다양하게 논의되고 있다. 이러한 논의에는 취향이나 아비투스, 구별짓기 등의 개념과 연결된 소비를 통한 정체성의 형성(Bourdieu, 1979), 또는 보보스 같은 이전 시대와는 다른 새로운 중산층의 출현(형선호 역, 2001) 등이 활발히 논의된다. 그리고 세 번째는 자본주의 소비문화의 확산이나 소비를 통한 정체성의 형성과정이 반드시 특정 장소를 매개로 구현된다는 점에서, 어떤 장소가 선택되어 지리적 변화과정을 겪게 되는가, 이 과정에서 이루어지는 장소간 경쟁, 장소의 생산과 파괴에 대한 논의(구동회 · 박영민 역, 1994)이다.

다음은 이 세 가지 이론적 틀 속에서 압구정동 · 청담동에 대한 시선이 어떠한 변화를 겪어 왔는지를 구체적으로 소비를 보는 관점의 변화, 그리고 이 과정에서 발생한 도시공간의 변화에 초점에 맞춰 살펴보고자 한다.

1.1.1 욕망에서 취향으로, 디스토피아에서 소호로

본 연구가 이 지역에 접근하는 틀은 시간적 변화, 공간적 변화, 그리고 이 지역을 보는 관점의 변화 이렇게 세 가지이며 이들은 서로 긴밀히 연결되어 있다. 먼저 시간적 변화란 압구정동 지역의 소비문화가 갑작스럽게 사회적 주목을 받기 시작하던 무렵인 90년대 초에서 2000년대 중반인 현재까지의 변화다. 이 시기는 80년대 후반 이후 발달하기 시작한 소비문화가 세계화, 정보화, 문화산업화라는 거침없는 물결 속에서 양적, 질적으로 엄청난 변화를 겪은 시기이다. 공간적 변화란, 90

년대 초 소비문화의 공간적 아이콘이 압구정동이라는 단일 지역으로 표상되던 데에서, 청담동이나 신사동 등이 압구정동과 더불어 새로운 형태의 소비문화 공간 아이콘으로 공간적 이전 또는 확장 또는 분화한 현상을 말한다. 마지막으로 이 지역에 대한 관점의 변화란 바로 이러한 시간적, 공간적 변화의 결과이자 매개이다.

이 변화의 분기점을 명확히 구분할 수는 없으나, 이영민(2006)의 신문기사 분석에 따른다면 1995년 전후를 기점으로, 그 이전까지는 사치, 과소비로 특징지워진 압구정동 중심의 소비문화시기라면, 그 이후로는 압구정동의 상대적 쇠퇴와 청담동의 부상 과정 속에서 진행된 차별화된 고급소비지역의 확산시기로 정리할 수 있다. 그렇다면 이러한 시기구분을 가능케 하는 이 지역에 대한 담론 변화는 무엇인가?

그것은 바로 '욕망'에서 '취향'으로의 변화다. 취향 역시 욕망의 일종이나, 이 둘을 구분짓자면 취향이란 욕망이 사회적 · 문화적 과정을 통해 사회적 · 문화적 코드를 갖추게 되는 것으로, 일종의 '문화화된 욕망'이라고 말할 수 있다.

소비영역이 확대되기 시작하던 80년대 후반, 이 소비영역의 확대가 가장 상징적으로 드러난 곳이 압구정동이었고, 당시 소비를 바라보던 사회의 대중적 인식은 '소비=욕망'이었으며, 이 욕망은 다분히 육질적이고 약육강식적이며 무분별하고 뜨겁고 미성숙한 젊은 소비로서 분출되었고, 그렇게 인식되었다. 부동산, 특히 주택(대표적으로 압구정동 현대아파트)을 통한 부의 축적 욕망에 매몰됐던 기성세대와는 달리, 부의 소비(그 대상은 바로 압구정동의 상업공간)를 통한 욕망 분출을 시도한 세대는 그들의 젊은 또 외국생활 경험이 있는 자녀들이었다. 이들은 가진 기성세대나 못 가진 기성 · 비기성세대 모두로부터 비난의 대상이 되어, '오렌지족'이나 '야타족'으로 불렸다. 동시에 이러한 소비괴물들을 양산한 자본주의 경제체제, 세계화, 계급 문제 등이 격렬하게 논의되기 시작했다. 그러나 결국 이들을 통해 '소비'의 문제가 사회의 광범위한 담론을 형성하기 시작했다. 이 문제를 본격적으로 논의한 책이 「압구정: 유토피아, 디스토피아」로서, 여기서 압구정은 바로 '디스토피아'(도정일, 1992)로 규정된다.

> 이런 관점에서 압구정동은 우리 사회 전체의 욕망구조를 표상하고 있다고 볼 수 있을 것이다. 왜냐하면 그것은 우리가 원하고, 갖고 싶고, 누리고 싶은 삶의 형태를 규정하고 마치 거기서 드러난 삶이 우리가 추구해야 할 삶의 전부인 양 만들고 있기 때문이다(강내희, 1992:29).

물론 공동집필자인 조혜정(1992)이나 정기용(1992) 등은 이런 부정적 시각과는 달리 압구정동을 '새로운 소비문화공간의 탄생 가능성'이라는 측면에서 바라본다. 쇼윈도가 없는 고급의류점의 외장을 부유층의 배타성으로 보는 일반적인 해석(심승희, 2004:254)과는 달리 정기용은 이를 세련됨을 위한 하나의 혁신적 모험으로 해석한다.

> 압구정동에 있는 소비공간에 대해서 나는 두 가지 생각을 한다. 하나는 서울이 혐오스러운 공간이 아니라 나름대로 개성있는 공간이 되어야 한다는 점에서이고, 다른 하나는 그 곳이 새로운 소비상품생산의 공간이 될 수 있을 것이라는 점에서이다. …나는 압구정동 중심가를 인사동과 명동과 종로와 동숭동 대학로와 신촌거리와 같은 차원에서 새로운 소비와 예술 문화의 공간으로 만들어가는 구상을 해본다(조혜정, 1992:57).

> 창의 면적을 절제하는 것만큼 세련된 것으로 보인다는 확신은 어디에서 오는 것일까? 그것은 세련됨의 불확실성에 있는 것은 아닐까? 입(출입구)만 있고 얼굴이 없는 벙어리 건물들은 내부의 모습을 가급적이면 밖으로 내보이지 않으려는 속성을 갖고 있다. 보이지 않는 것에 대한 호기심, 그것은 의상 뒤편의 여인의 알몸을 상상해 보려는 호기심과도 같은 것이다(정기용, 1992:131).

이러한 시각의 존재에도 불구하고, 「압구정: 유토피아, 디스토피아」의 지배적 시각은 압구정을 디스토피아로 규정하고 있다. 이를 가장 극명하게 보여 주는 사례는, 글과 함께 이 책의 반을 차지하고 있는 이미지이다. 이 이미지들은 아프리카의 기아난민과 '신중산층의 쇼윈도 압구정동'이라는 「시사저널」기사를 강렬하게 대비시킴으로써(박불똥, 1992:20) 압구정은 디스토피아라고 강변하고 있다. 이 대치되는 이미지들의 조합은 조혜정이 압구정동에 대한 담론의 공통적 세 주제라고 규정한 '소외', '소비', '우리 것'(조혜정, 1992:49) 개념에 기반하고 있다. 과소비에 근거한 계급의 소외, 성(性)의 소외, 세대의 소외, 민족의 소외를 이러한 이미지들이 끊임없이 환기시키고 있다. 이것이 바로 새로운 소비문화, 소비세대, 소비공간의 탄생을 목도하기 시작한 우리 사회의 지배적 반응이었다.

하지만, 그로부터 10여년이 지난 현재 압구정동을 바라보는 시선은 보다 순화되거나 다원화되고 있다. 그 배경은 앞에서 지적한 대로, 그 시간 동안 우리의 소비문화가 세대를 넘어, 지역을 넘어 더욱 규모가 커지고, 다양해지고, 익숙해졌기 때문이다. 가장 중요한 변화는 바로 소비를 소비 자체로 보지 않고 소비 '문화' 로 보는 시각이 지배적인 흐름을 형성한 점이다. 이를 통해 압구정동이라는 소비문화 공간을 바라보는 관점이 '있는 사람들의 과소비 공간' 이라는 단순 구도가 아닌, '있는 사람들이 어떤 스타일을 추구하며 소비하는 공간' 으로 변화했다. 여기서 핵심 키워드는 '취향' 이다.

> 지금 청담동을 바라보는 시선은 두 가지이다. 하나는 "사회적 강자들이 자신들의 지위를 강조하기 위해 독특한 문화적 취향과 교육자본, 문화자본을 통해 다른 계층의 사람들과 구별짓기를 시도한다는 것이다. … 또 다른 시선 한 가지는 청담동에서 새로운 문화의 싹을 바라는 다소 긍정적인 기대다. … 청담동이 지닌 장점들이 일부만의 취향에 머물러 테두리를 설정하고 끼리끼리 즐기는 것이 아니라 다른 지역도 변화시키는 힘을 가진 중심체가 되길 바라는 마음이다(한겨레21, 2001년 4월 24일자).

표 1. 압구정동 · 청담동을 규정하는 시각의 변화

	규정된 정체성	규정된 추동력	규정된 점유자	규정된 성격
1995년 이전의 압구정동	디스토피아	욕망(소비)	오렌지족	소외
1995년 이후의 청담동	소호	취향(소비문화)	보보스, 노블리스	문화적 다양성

이는 '경제와 문화의 융합' 이 탁월해진 후기 자본주의, 혹은 포스트모던 사회의 중요한 특징이다. 이러한 소비문화의 주체는 부유한 부모의 돈에 의존해 소비하던 압구정동 세대가 아니라, 부모의 지원으로 성취한 고학력 전문직을 갖추고, 소비문화에도 익숙해서 나름대로의 취향을 형성한 청담동 세대이다. 이들을 부르주아적인 경제력과 보헤미안적인 문화를 갖춘 '보보스(BoBos)' (형선호 역, 2001)나 부와 품격 있는 문화를 동시에 갖춘 '노블리스' 라 규정하려는 시도(김진애, 2003)는 바로 이러한 배경에서이다. 이러한 변화는 압구정동이 '문화가 없는 나이브한 욕망' 의 소비공간으로 비난받던 것과는 달리, 청담동을 뉴욕의 소호(SoHo: South of Houston)와 같은 도시 중산층의 고급 소비문화공간과 견주려는 시도로 나타난다(한겨레21, 2001년 4월 24일자; 주간동아, 2001년 5월 24일자).

1.1.2 소호와 비교해서 본 청담동의 도시공간적 의미

뉴욕 소호와 서울 청담동의 상동성을 찾는 과정에서 비로소 압구정동이나 청담동을 접근하는 통로로 저널리즘이나 문화연구 분야에 대한 의존에서 벗어나 지리학적 연구 성과들과의 고리를 찾게 된다.

Zukin의 「로프트 생활: 문화와 자본에 의한 도시 변화」(Loft Living: Culture and Capital in Urban Change, 1989)는 뉴욕 소호의 공간적 변화에 대한 연구이다. Zukin은 구산업시대의 건축적 유산들이 버려진 채 창고 등으로 쓰이고 있던 뉴욕 맨하탄의 소호가 1960년대와 70년대를 거치면서 고급 소비문화공간으로 변화하게 되는 과정을 연구하였다. 1960년대 초, 이 버려진 구산업지구에 싼 집세와 넓은 공간을 찾아 예술가들이 들어오기 시작했고, 보존주의자들에 의해 이 건축물들의 철거가 취소되면서 예술가들의 급격한 이주가 시작되었다(김명옥, 2003:82). 이 지역은 점차 흥미로운 관광 지역이 되었고, 갤러리나 전문점의 개장이 장려되었으며, 첨단의 세련미를 갖춘 지역으로 변화했다. 여기에 부동산 개발업자들의 투자, 뉴욕시의회의 지역 활성화 정책 등이 부가되면서 주택과 상점의 젠트리피케이션(gentrification)이 진행되었고 높아진 임대료를 이기지 못한 예술가와 화랑, 주민들은 다른 곳으로 떠났다(김왕배 · 박세훈 역, 1993:107).

Zukin이 소호지역의 재개발 과정을 보는 관점은, 지대격차 같은 경제적 요인(즉 자본의 요구)에 의한 부동산 개발로 도시공간의 변화를 설명하는 기존의 방식에, 문화적 요인의 역할을 추가하고 또 강조한 것이다. 즉 지대격차이론은 전위적 문화가 지역에 들어가 문화의 정당성을 확보하는 과정이 도심 재활성화를 가능케 하는 또 하나의 핵심적 요건임을 무시하고 있다는 것이다(김왕배, 박세훈 역, 1993:110). 이러한 문화적 요인에 의한 도시경관 변화가 가능해진 이유를 Zukin은 포스트모던 사회의 도래로 보고 있다. 즉 포스트모던 사회의 특징은 자본축적과 더불어 일상생활의 미학화가 진행되면서 미학적 기호나 생활양식의 변화가 도시 경관 형성에 중요한 역할을 한다. 그녀는 포스트모던시대의 두드러진 도시경관 유형을 젠트리피케이션과 디즈니월드화라는 두 가지로 제시하였다. 이중 젠트리피케이션은 뉴욕, 런던과 같은 오래된 도시들에서, 디즈니월드화는 로스엔젤레스나 마이애미 같은 새로운 도시들에서 나타나는 경관적 특징이다(윤호병 외 역, 1997:254). 뉴욕의 소호 같은 경우는 '멋진 도시적 생활양식', '미디어 광고', '부동산 개발업자'의 결합에 의해 이루어진 포스트모던 경관의 탄생이라고 볼 수 있다(Zukin, 1989).

뉴욕 소호와의 비교를 통해 서울 청담동의 도시공간적 의미를 읽으려 한다면 무엇을 끌어낼 수 있을까? 먼저 뉴욕의 소호가 구산업지구의 젠트리피케이션에 의한 탄생이라고 한다면, 서울의 청담동은 구산업지구가 아닌 서울의 신도시라고 할 수 있는 강남의 상업지구다. 따라서 젠트리피케이션적 특성은 오히려 강북의 삼청동이나 가회동의 상업지구에 견줄 수 있다. 하지만 청담동을 작은 스케일에서 보면 일종의 젠트리피케이션이라고 볼 수 있다. 청담동의 고급 상점들은 70년대에 건설된 단독주택들이 고급상점으로 재탄생한 경우가 많기 때문이다. 이에 따라 청담동은 대형 쇼핑 건물 위주의 상업지구가 아닌 작은 규모의 고급상점들이 늘어선 거리(street) 상업지구라는 특징을 갖는다.

두 번째로 뉴욕의 소호가 고급문화지역으로 탈바꿈한 것은 예술가와 화랑의 진입으로 촉발되었다. 서울의 청담동은 아방가르드적인 가난한 예술가에 의해 개발된 곳은 아니다. 그러나 단순히 소비향락적인 상점만이 아니라 화랑이 들어서고, 패션, 사진, 대중음악, 영화, 연예기획 같은 문화산업의 진입이 이 지역을 문화적으로 독특한 곳으로 만들었다는 점에서 어느 정도의 유사성을 찾을 수 있다. 특히 다음의 글과 같이 우리는 순수예술과 상업예술을 구분할 수 없는 현대사회에 살고 있다.

> 프라다 소호점은 아방가르드 미술관으로서의 상점이다. 소호 구겐하임 미술관 위치에 프라다의 입주는 현대 자본주의의 상업적 풍자를 내포하며 일상화의 극치를 암시한다. 현대미술은 점차 일상화되어 가며, 상점 디자인은 점차 예술적으로 되어 하이 아트와 상업 예술의 구분이 모호해졌다(김명옥, 2003:85).

> 옛날에 문인들 이야기 들어 보면 명동이 문화적 센터였고, 그 이후로는 신촌이나 대학로 등지가 그런 역할을 했지요. 하지만 그 후 유학을 다녀온 사람들이 급격하게 많아지면서 압구정동이 부상하기 시작했어요. 1975년 고3때 강남개발이 한창일 때 강남으로 이사 왔어요. 줄을 잘서야 한다고 제 주변의 친구들이 현대아파트 사는 친구들이 많았고 덕분에 저는 여기서 주로 노는 터를 만들었어요. 저는 원래 순수 미술을 전공한데다가 상업 예술에 대해 반감이 컸는데 사회에 나와서 부딪혀보니까 그게 아닌 거에요. 제 전시회를 기껏해야 300명이 와서 보는데 언제 세상을 바꿀 수 있겠어요. 그래서 현실로 뛰어드는 것이 낫겠다 싶고 돈을 벌고 싶어서 압구정동에다 카페를 차렸어요. 아무래도 그림을 그리던 사람이라 인테리

어 디자인에 대한 반응도 좋았고 해외에서 유학하던 친구들이나 음악 하던 친구들, 사진이나 예술 하는 친구들, 패션 하는 친구들이 모여들었어요. 아직 순수예술만이 예술이라고 생각하던 시기에 이 친구들은 좀 달랐죠. 일종의 커뮤니티가 만들어졌고 전문가만이 존중받는 그런 곳이었죠. (B씨 인터뷰, 2006년 2월 27일: B〈남, 50세〉씨는 압구정동, 청담동 일대 상점의 상당부분을 디자인한 인테리어 디자이너일 뿐 아니라 이 일대 패션디자이너, 사진작가, 연예인 등과의 교류 역시 활발한 청담동통이다. 1975년 강남으로 이주하여 계속 압구정동, 청담동에서 활동해왔으며, 현재 신사동에서 인테리어 회사를 운영하고 있다.)

"압구정에서 놀던 그 친구들이 결국 지금 문화의 최전선을 뛰는 프로들이 된 거예요. 음악, 패션, 스타일 등 모든 분야에 걸쳐서요." "결국 그 안에서 놀고 즐기고 먹고 마시는 가운데 보는 눈이 높아진 겁니다"(주간동아, 2001년 5월 24일자).

이처럼 상업문화가 고급화, 다양화되면서 그것 자체가 현대사회의 문화를 선도하고 있다. 예술품에나 부치던 '명품'이라는 호칭이 고급 공산품에 붙는 것만으로도 상업과 예술의 영역이 더 이상 분리되지 못하는 현실을 잘 보여 준다고 할 수 있다. 이러한 현대사회의 특성으로 인해 청담동은 '그들만의 문화와 소비공간'이라고 규정되기 어려운 측면이 있다. 즉 이 곳은 우리나라 전체 소비와 문화의 향방을 이끌어가는 일종의 전위적 공간이기도 하다.

뉴욕의 소호와 서울 청담동의 가장 큰 공통점은 이 곳이 첨단소비문화공간이라는 점이다. 오늘날 첨단소비문화는 세계화된 자본주의 경제체제하의 선진기업에 의해 생산된 상품 소비에 기반하고 있기 때문에, 세계 어느 나라든 최첨단의 소비문화공간은 뉴욕, 파리, 런던 같은 세계도시가 주도하는 유행을 따라 비슷한 모습을 띠게 된다. 소호의 트렌드였던 미니멀리즘(minimalism), 젠(zen) 스타일의 유행은 몬트리올 도심에서도(Podmore, 1998:291), 서울의 청담동에서도 유행한다(한겨레21, 2001년 4월 24일자). 따라서 청담동이 아무리 '품격 있고 세련된 문화공간'이라 해도, 자본에 의한 세계화, 갈수록 빨라지는 유행주기 등으로 인해 청담동이라는 고유한 문화적 정체성을 유지 · 발전시키는 장소가 되기는 어렵다. '강남 철새' 또는 "혼이 없는 문화식민지, 창의성이 실종된 혼혈문화"(주간동아, 2001년 5월 24일자)라는 비난은 이러한 배경에서 나온 것이다.

또 다른 공통점은 소호와 청담동 모두 중산층의 배타적 고급소비공간을 지향하며, 이는 또한 역으로 소비문화의 전파중심지 역할을 한다는 점이다. 현대와 같은 포스트모던 사회에서 소비는 곧 자아정체성을 표현하는 일종의 상징자본이다. 희소한 상징자본을 획득하기 위한 투쟁은 항상 현재의 '탁월한' 소유자와 '상승지향적' 도전자를 중심으로 전개될 수밖에 없으며, 탁월한 소유자는 통속화에 맞서 자신이 갖고 있는 속성의 희소성을 확보하기 위해 끝없이 새로운 성향을 찾아나서야 한다(Bourdieu, 1979; 이상일, 1995:74에서 재인용). 이 과정에서 중산층의 차별화, 곧 구별짓기를 위한 공간의 배타성이 강화되고 동시에 이 문화를 모방하고자 하는 다수계층에 의해 이 곳은 새로운 소비문화를 주변으로 확산시키는 공간적 중심성을 갖게 된다. 이러한 이유로 압구정동이나 청담동은 우리나라 소비문화의 방향을 보여 주는 시사회장 같은 곳이다. 시사회는 항상 관심의 초점이 된다. 압구정동, 청담동에 대한 과잉담론의 원인은 바로 여기에 있다.

그림 1. 연구지역: 압구정동 · 청담동 일대

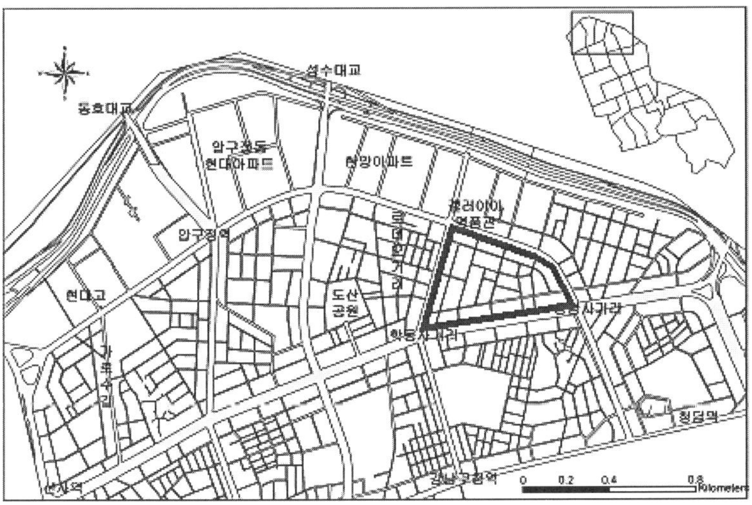

*굵은 테두리는 청담동 경관 조사를 위한 표본 지역임.

2. 압구정동 · 청담동 지역의 지리적 특성과 소비경관 형성 과정

2.1 압구정동 · 청담동 지역의 지리적 특성

1968년 영동 제1구획정리지구사업에 이어 1970년부터 시행된 영동 제2구획정리지구사업이 삼성동, 청담동, 압구정동, 학동, 대치동 일대를 중심으로 진행되면서 현재의 압구정동과 청담동 지역의 개발이 시작되었다. 1972년 현대건설이 공유수면(公有水面)을 매립한 토지에 압구정동 현대아파트를 건설한데 이어, 같은 해 '영동지구 주택건립계획'이 발표되면서 단독주택지구도 개발되었다. 이로 인해 압구정 · 논현 · 학 · 청담동 등지에 총 10개의 단독주택단지가 형성되었고, 이 단지들을 중심으로 주택건설이 확대되면서 점차 시가지의 모습을 갖추게 되었다(손정목, 1999:91).

한편 강남개발과 함께 주거시설뿐 아니라 서비스업을 포함한 각종 경제시설도 빠르게 정착되었는데, 손정목은 강남지역이 이처럼 급속하게 발전할 수 있었던 원인으로 구도심인 종로 · 중구와 가까운 거리에 위치하였다는 점 외에, 이 지역에 언제나 각종 인센티브와 개발촉진책이 제공되었다는 점을 지적한 바 있다. 영동지구는 개발촉진지구로 지정되면서 각종 세금이 면제되었고, 서울시는 이러한 강남개발진흥책과 동시에 강북 도심개발을 억제하는 강북개발억제책을 시도하였다. 당시 서울시는 강북 도심에서 각종 시설의 신 · 증축을 억제하였을 뿐 아니라 백화점, 도매시장, 공장은 물론 바, 카바레, 다방, 호텔 등 유흥업소의 신규허가를 규제하여, 기존의 중구 다동, 무교동 일대의 바, 카바레, 술집들과 종로구 공평동, 인사동의 고급요정과 같은 접객업소들의 강남 이전을 유도하였다. 이는 상대적으로 규제가 없고 각종 세금도 감면해 주는 강남지역, 특히 한산하고 주차도 편리하였던 신사동, 논현동, 압구정동, 역삼동 일대에 수많은 접객업소를 불러 왔고, 이는 오늘날 이 지역의 요식업 발달에 결정적 역할을 하였다(손정목, 1999:94).

그렇다면 왜 드넓은 강남지역 중에서 유독 압구정동 · 청담동이 고급 소비공간으로 선택된 것일까? 무엇보다 중요한 조건은 이 곳이 강남개발로 인한 부동산 열풍 속에서 부의 상징이 된 압구정동 현대아파트 같은 고급아파트 밀집 지역 바로 인근에 위치했다는 점이다. 당시 중산층의 주거지역으로 개발되었던 이 지역에 경제력을 갖춘 사람들이 모여들면서 이들을 위한 소비공간의 수요가 그것이다.

또 다른 조건은 이 지역이 강남지역 중에서도 지하철역과의 거리가 멀다는 점이다. 압구정역(3호선)과 청담역(7호선)이 있지만 이곳의 중심소비지역과는 도보로 20분 이상의 거리에 있으며, 고급 소비 시설이 몰려 있는 청담동의 경우 2001년 단 세 노선만 지나던 버스노선(한겨레21, 2001년 4월 24일자)이 현재 총 6개로 확대되긴 하였지만, 보행도로에 행인을 찾기 어려울 정도로 이용객들은 자가용을 주된 교통수단으로 이용한다. 이는 강북의 명동과 종로뿐 아니라 강남역과 삼성역 코엑스가 대중교통수단을 기반으로 하는 것과 대조를 이루는데, 실제로 압구정동과 청담동을 자주 찾는 사람들에 대한 인터뷰에서 상당수 응답자들은 발레 파킹(valet parking) 등 자가용 이용이 편리하다는 점을 이용 이유로 들었다.

또 다른 조건으로는 지금은 해제되었지만 이 지역에 주거전용지역이 많았다는 점을 들 수 있다. 이들 주거지역이 고층아파트 지구가 아닌 단독주택지구였기 때문에 기존 주택을 리노베이션을 하거나 너무 크지 않은 건물을 지어 고급 상점을 차리기에 적합한 조건을 갖추고 있었다는 점이다(김진애, 2003:136). 무엇보다 이곳에 다른 지역과 달리 넓은 단독주택지구가 들어서게 된 이유는 '영동지구 주택건립계획'으로 단독주택지구개발을 시작할 때 서울시가 이 지역 건축물 부지의 최소면적을 다른 지역보다 넓은 50평(165㎡)으로 제한하였기 때문이다(손정목, 1999:95). 보다 양질의 주거지역을 건설하려던 목적으로 만들어진 이들 단독주택들은 오늘날에는 보다 고급스러운 소비공간으로 점차 변화하고 있다.

2. 2 압구정 · 청담동 지역의 소비문화 경관 형성 과정

압구정동 · 청담동의 소비문화경관 형성과정을 들여다보면 이 지역이 중산층의 고급 소비공간으로 변화하는 과정은 도시 소비 공간의 확대 및 분화과정으로 이해할 수 있다.

압구정동 현대아파트와 한양아파트를 시작으로 압구정동 · 청담동 일대에 주택지 건설이 확대되면서 새로운 지역 주민을 위한 소비의 중심지가 필요하게 되었다. 백화점이 개점하기 이전인 1980년대 초까지는 기존의 강북 중심지 이외에 강남에서는 반포의 아파트 상가와 압구성동 현대아파트의 신사시장들이 주요한 소비지역으로 이용되었다(C씨 인터뷰, 2006년 3월 3일). 이외에 하나둘씩 들어서기 시작한 소비공간들은 아직까지는 압구정동 지역 주민을 위한 곳이었다. 하지만 점차 경제력을 갖춘 사람들의 주거지가 확대되고, 이들이 상당한 소비수준을 갖추게 되면서 전문적인 상업 및 유흥 공간이 기능적으로 분화되는 과정에서 중산층의 고급 소비중심지 역할을 압구정동 · 청담동 일대가 맡게 된 것이라고 볼 수 있다(심승희, 2004:263).

물론 강남개발이 있기 전에도 서울에는 고급 소비공간이 존재했었다. 강남 개발 이후 줄곧 강남에서 살아온 두 명의 현지인과의 인터뷰는 당시의 상황을 이해하는 데 도움을 준다.

> 1975년 제가 강남으로 이사왔을 당시 서울에는 몇몇 특수한 지역이 있었어요. 즉 대중교통의 접근이 불리한 곳, 동부이촌동과 압구정동이죠. 그 곳의 자녀들은 이미 유학을 가기 시작했을 정도로 상당한 경제력을 갖추고 있었어요. 하지만 아직은 압구정동 구현대아파트 앞에 상점 몇 개만 있었다가, 갤러리아 백화점의 전신이었던 한화의 파르코 백화점이 일본의 파르코 백화점을 모방해서 들어섰어요. 이 백화점을 중심으로 상권이 만들어지고 앞쪽과 이면도로에 상권이 발전하면서 작은 상점들이 생기기 시작했지만 아직 옷가게랑 카페를 다 합쳐봐야 20-30곳 정도밖에 되지 않았고, 지금의 로데오거리도 대부분이 주택가였어요. 당시는 압구정동 지역 주민들이 생활터전을 만들기 위해서 그 사람들의 경제적 밸류를 맞추기 위한 상점들이 만들어졌다고 봐요(B씨 인터뷰, 2006년 2월 27일).

> 지금은 백화점이나 명품숍도 많지만 그 당시 고급품은 대부분 강북 명동에 의존했어요. 그 외에 유명한 곳으로는 동부이촌동이 있었는데 당시 연예인들도 많았고, 이촌동 아파트 상가가 매우 유명했어요. 한남동의 유엔빌리지 부근이나, 하얏트 호텔 밑, 평창동에도 갤러리를 이용하는 고객들을 위한 몇몇 고급품 상점들이 있었죠(C씨 인터뷰, 2006년 2월 26일).

하지만 명동이나 이촌동과 같은 강북의 고급품 소비 중심은 1980년대 경제발전과 함께 압구정동으로 넘어오는데 이때 백화점이 중요한 역할을 하였다. 1985년 현대백화점 본점인 압구정점이 개점하고, 1990년 갤러리아 백화점이 기존의 한양쇼핑센타 영동점(1979년 개점), 패션전문점 파르코(1985년 개점)를 단장해 갤러리아 백화점 명품관, 생활관(현재는 패션관)으로 변화하면서 압구정동이 고급 쇼핑문화의 중심지로 부상하게 된다. '갤러리아'(galleria)라는 이름에도 알 수 있듯이 '미술관 같은 쇼핑몰'이라는 개념을 도입한 갤러리아 백화점은 '명품'이라는 말을 이름에 도입한 최초의 사례로 꼽힌다. 석조건물과 같은 화려한 외관뿐 아니라 해외 유명 브랜드를 전문적으로 유치함으로써 개점 초부터 과소비 논쟁을 불렀다.

그림 2. 석조건물같은 외관으로 지어진 갤러리아 명품관과 주변 건물

이와 함께 '오렌지족'의 주무대로 일컬어진 '로데오 거리'라는 첨단 패션가가 형성됨으로써 압구정동의 소비문화는 좀 더 차별적인 특성을 갖게 된다. 갤러리아 백화점에서 남쪽으로 뻗은 약 400m 가량의 로데오 거리에는 당시 국내의 고급의류점과 유명 디자이너 숍이 들어섰고 고전주의 양식의 석조건물을 흉내 낸 화려한 외관의 건물과 대형 쇼윈도는 한국의 포스트모더니즘 경관의 사례로 연구되기도 하였다(구동회, 1993).

'사치와 향락문화'라는 언론의 질타에도 불구하고 새로운 소비문화를 원하는 소비자들이 몰려들고 다양한 요인들에 의해 이 지역은 점차 대중화되기 시작한다. 1995년 성수대교 붕괴 이후 거리의 상권이 급속히 냉각되고, 외환위기 이후에는 고가의 수입 의류 매장과 국내 유명 디자이너 숍의 대부분이 청담동으로 자리를 옮기면서 압구정 로데오 거리의 경관은 변화해 갔다. 즉 압구정동은 과거 부유층을 겨냥한 고가 상품 중심의 소비지역에서 현재는 보세의류매장 중심의 보다 대중적인 소비지역으로 변모하고 있다(유혜인, 2003:8).

1980년대가 사회 전반에 걸쳐 경제적 풍요를 가져다 주었다면 외환위기를 전후한 시기 우리 사회에서는 빈부격차의 심화와 그 이면에 '해외 명품 열풍'이 불었다. 80년대 중반 이루어진 수입자유화조치와 1989년 해외여행자유화를 거치면서 해외 유명 브랜드 제품소비가 증가하면서 소비 공간에 있어서는 백화점 이외의

단독 매장 건설이 활발해졌는데 이때 매장의 입지로 선택된 곳이 바로 청담동이다. 기존의 청담동에 자리하던 국내 유명 디자이너의 숍들은 1994년 조르지오 아르마니(Giorgio Armani) 매장을 시작으로 대체되기 시작했다.

갤러리아 명품관에서 청담사거리에 이르는 삼성로 양변에 자리한 해외 유명 브랜드의 단독 매장들은 한국의 '명품거리'를 형성하며 청담동의 주된 경관이 되었다(표 2). 대부분 국내 대기업이나 해외 본사의 직영점으로 운영되는 이들 단독 매장들은 단순히 내부에서 상품판매만을 하는 것이 아니라 매장의 외관 자체가 브랜드를 광고하는 일종의 플래그십 숍(flagship shop)의 역할을 한다. 사실 백화점을 중심으로 하는 한국의 고급품 소비구조로 인해 매출은 높지 않지만, 명품거리로 소문난 청담동의 이미지는 고급스러운 브랜드 이미지를 추구하는 데 도움을 주는 것이다. 이들 공간은 또한 자동차 이용객에게 브랜드를 알리는 전시공간의 역할을 목표로 하기 때문에 야간에도 쇼윈도의 조명을 끄지 않으며 화려한 조명과 독특한 외관을 과시한다.

표 2. 청담동 해외 유명 브랜드 매장의 개점 시기

브랜드 명칭	판매방식	개점연도
조르지오 아르마니(Giorgio Armani)	신세계인터내셔널	1994년
엠포리오 아르마니(Emporio Armani)	신세계인터내셔널	1995년
프라다(Prada)	본사 직영점	1997년
구찌(Gucci)	본사 직영점	1997년
돌체 앤 가바나(DOLCE & GABBANA)	신세계인터내셔널	1998년
루이 비통(Louis Vuitton)	본사 직영점	2000년
분더샵(Boon the Shop)	신세계인터내셔널	2000년
살바토레 페라가모(Salvatore Ferragamo)	본사 직영점	2002년
센 존(St. John)	신세계인터내셔널	2003년
폴로 랄프 로렌(Polo Ralph Lauren)	두산 BG	2003년

청담동은 이처럼 해외 유명 브랜드 소비지로 유명해지는 한편, 대중화되는 압구정동을 피하고자 하는 좀 더 배타적인 특성을 지닌 고급 소비경관들이 모여들기 시작했다. 특히 세계화의 심화와 중산층에게 해외 유학이 보편화되면서 해외에서 즐기던 문화를 국내에서도 즐기고자 하는 시도들이 청담동을 중심으로 나타난 것

이 특징적이다.

청담동 상가의 상당수를 인테리어 한 디자이너 B씨는 청담동의 성장원인에는 글로벌한 특성을 갖는 '퓨전(fusion) 문화'가 있다고 보았다.

> 압구정동은 '패션' 때문에 '패셔너블'해졌다고 봐요. 하지만 그것도 정책적으로 해외브랜드를 막았기 때문에 압구정동에서 국내 고급 브랜드들이 성공했지 수입자유화 이후 대부분 살아남지 못했어요. 청담동은 '퓨전' 때문에 뜬거죠. 2000년 전후로 '음식문화'가 새로운 문화로 주목받기 시작하면서 청담동이 등장했죠. 그러니까 내셔널 브랜드에 카페를 중심으로 오렌지족으로 불리던 사람들이 노는 곳이 압구정이라면 인터내셔널 브랜드에 퓨전 음식을 즐기는 사람들이 청담동을 만든 거에요. 지금은 20세 미만 문화의 중심지가 압구정이라면, 청담동은 30대 고급의 퓨전 문화의 소비지라고 봐요(B씨 인터뷰, 2006년 2월 27일).

현재 청담동에는 단독주택지구의 무수한 골목들 사이사이로 이국적 레스토랑과 낯선 외국어 이름의 카페, 여러 해외 브랜드를 골라 판매하는 셀렉티드 숍(selected shop)들이 자가용을 중심으로 하는 일종의 접근 장벽을 갖추고 확장하고 있다.

3. 압구정동 · 청담동 지역의 소비문화 경관 특성

3.1 압구정동 · 청담동 지역 주소비층의 특성

> 청담동의 고급 소비문화가 만들어진 것은 88년 해외여행 자유화 이후 외국유학을 떠났던 강남 부유층의 자녀들이 돌아오면서부터다. 외국유학 학벌과 고소득 전문직을 가진 이들은 자기가 누렸던 외국문화를 국내에서도 그대로 누리길 원했으며, 압구정동처럼 '돈자랑하는 철부지들의 공간'이 아닌, 수준 있는 곳을 원했다. 외국풍을 겉핥기로 베낀 다른 거리의 가게들과는 달리 외국의 문화를 그대로, 그리고 제대로 들여온 곳. 청담동만의 특징은 그렇게 시작됐다. 그래서 서비스를 사러 오는 이도, 서비스를 파는 이도 모두 외국물을 먹었거나 고학력, 고소득층인 점은 청담동의 특징이다. 가게 차리는 데 들어가는 돈이면 다른 금융상품을 활용하는 게 훨씬 나을 수도 있지만 취미삼아서, 무엇보다도 자기가 좋아하는 풍의 업소를 내고 비슷한 취향을 가진 사람들과 함께 즐기기 위해서이다(한겨레21, 2001

년 4월 24일자).

해외 문화의 이국적 요소는 압구정동과 청담동 경관에 일관되게 나타나는 특성이다. 이는 압구정동과 청담동의 주 이용 계층인 20-30대 세대, 이른바 '2635세대'에서도 발견되는 점이다. 제일기획의 '우리 시대의 미드필더, 2635세대' 보고서에 따르면, 26세에서 35세의 '2635세대'는 배낭여행과 인터넷 1세대로 다양한 문화에 개방적이며 글로벌화되어 있는 세대로 새로운 유행이나 신제품에 대해 관심이 많으며 새로운 것에 대한 수용력이 높은 것으로 조사되었다(제일기획 보고서, 2005년 10월 31일).

그러나 IMF이후 압구정동에 비해 고급화된 소비공간으로 분화되고 있는 청담동의 주소비층은 '노블리스', 또는 '보보스'라고 불릴 정도로, 이전의 소비층과는 연령이나 소비문화에 있어서 차별화된 고급스럽고 세련되고 성숙한 소비문화의 특성을 보인다. 압구정동에 관한 기존의 시선들이 '천민자본주의'에 관한 비판에 기초를 하고 있었다면 청담동에 관한 오늘의 시선들은 부러움을 담으며 이는 '보보스'와의 비교를 통해 자주 언급된다.

> 청담동(압구정동에 반쯤 걸쳐서)은 강남에서도 격이 다르다. 격이라고까지 해야 할지? 속된 말로 하면 '비싼 동네'다. 무언가 색다르고, 고급스럽고, 새로운 것을 찾으려면 이 동네로 간다. …이 동네 사람들이 요즘 제일 좋아하는 말은 '보보스'가 아닐까. 보헤미안의 자유와 낭만, 부르주아의 돈과 지위를 가진 '디지털 시대의 엘리트'라니. 매혹적인 카피로 들릴 것이다. 일도 잘하고 놀기도 잘 노는, 고급이되 개성적인, 돈과 교양을 겸비한 보보스족. 오렌지족이나 여피족보다 훨씬 더 근사하게 들리지 않겠는가(김진애, 2003:135, 140).

> 경제력을 해석하는 방법이 달라진 것 같아요. 압구정동 문화에 대해서는 비아냥이 있었다면 청담동 문화에는 부러움이 있어요. 전에는 돈이 많다는 것이 부모를 잘 만났기 때문이라고 이해되었다면 이제는 자신이 유능한 것이라고 이해하거든요. 청담동 사람들은 유산 없이 스스로 자수성가하고, 사회적으로도 유능하고 부지런하다고 여겨져요. 물론 교육기회의 차이가 있었죠. 부모가 자식들에게 경제적으로 훨씬 많은 교육과 경험, 관리능력을 얻게 힘으로써 지금의 성공을 얻을 수 있었던 거죠(A씨 인터뷰, 2006년 2월 26일: A〈여, 37세〉씨는 청담동을 비롯한 강남지역 일대에서 활동하는 인테리어 디자이너이자 인테리어회사 대표이다).

압구정동과 청담동의 고급스런 배타성은 이 곳에 대한 접근성 자체를 막기도 하지만, 일단 접근한 사람들 역시 소비문화의 실질적 담보자와 모방자로 쉽게 구분되게 만든다(임성희, 1994). 압구정동과 청담동 소비문화의 한 양태인 바(Bar) 문화만 해도 상당한 정도의 문화적 소양을 요구한다. 이 곳은 단순히 먹고 마시는 기능적 소비만이 이루어지는 장소가 아니다. 이 곳은 특정한 문화적 규칙을 갖고 있는 하나의 사회적 장이므로, 당연히 그 안에서의 소비는 틀지워진 문화적 규칙을 따른다(서현정, 1992; 임성희, 1994:25에서 재인용). 이때 실질적 담보자란 이곳이 추구하는 배타적인 고급문화에 익숙하고 그러한 문화를 누릴 만한 재력과 교양, 정보, 인적 네트워크를 겸비한 사람을 말하며, 모방자란 그러한 문화에 대한 동경이나 호기심 때문에 접근하긴 하지만 그러한 문화에 익숙하지 않다는 점이 자신과 타인에게 쉽게 드러나는 사람을 말한다. 멤버십으로 이용되는 상당수 클럽들과, 상점에 고용된 주차요원이 대신 주차해 주는 발레파킹이라는 독특한 주차시스템이 보편화된 청담동의 배타적인 특성은 이러한 모방자와 담지자의 구분을 강화하지만 한편 유행에 민감하고 그 주기가 짧은 현대 소비 문화의 특성은 이 둘의 구분을 모호하게 하기도 한다.

> 청담동 문화는 굉장히 대접을 해주는 문화인데 대접받는 것을 불편하게 생각하는 사람이라면 오히려 발레파킹이나 그런 문화들이 불편할 거예요. 하지만 대부분의 생활을 이곳에서 하더라도 스스로를 청담동 사람이라고 생각하는 사람은 많지 않아요. 관광객처럼 새로운 것을 즐기려는 마음에서 한두 번 가고는 안가고, 주기적으로 한 곳을 이용하는 사람은 많지 않아요. '강남철새' 라고 강남사람들은 유행이 금방금방 바뀌고 그 생명력이 아주 짧은 편이에요(A씨 인터뷰, 2006년 2월 26일).

3.2 가시성과 비가시성이 공존하는 소비문화 경관

> 압구정동은 자본주의적 공간의 특징을 가지고 있다. 그것은 한편으로는 모든 것을 가장 잘 보이게 하는 전시장다운 특성을 가지면서 동시에 바로 그 드러남 때문에 은폐되는 구석을 가신다(강내희, 1992:25).

최홍준 외(1993)는 1980년대 서울의 도시경관을 '시선을 끄는 경관' 과 '존재하지만 시선을 끌지 못하는 경관'으로 나누어 해석한 바 있다. 이는 가시성(visibility)과 비가시성(invisibility) 또는 '전면공간'과 '후면공간'의 구분으로 볼 수 있다. 어느 사회에서나 과시하고 드러나는 공간은 권력의 공간이며, 은폐되는 공간은 권력으로부터 먼 공간이다. 자본주의 사회에서 권력이란 곧 경제적 권력이기 때문에, 가시성이 심화되는 곳은 경제 권력이 집중되는 곳이며, 비가시성이 심화되는 곳은 경제 권력으로부터 소외된 곳이 되기 쉽다. 더구나 소비문화에 있어서 가시성은 더욱 그 중요성이 강화되고 있는데, 이에 따라 소비문화의 중심지이자, 중산층의 배타적인 구별짓기 공간으로서의 특성을 가진 강남의 소비문화 경관은 가시성이 두드러지게 심화되고 있다고 할 수 있다. 하지만 동전의 양면처럼 가시성의 심화는 그 이면에 비가시성의 강화 역시 내포하고 있다.

후기 자본주의 경제의 특징은 문화의 경제화로 인한 문화산업, 특히 디자인 집약적 산업의 발전이라고 할 수 있다. 우리나라 역시 80년대 후반 이후 문화산업이 급속히 성장하였는데 이 과정에서 멋진 외형을 추구하는 산업, 예를 들어 의류, 미용, 연예산업, 이벤트 산업의 발전이 두드러지게 나타났다. 특히나 이런 산업은 노골적으로 가시성에 의존하게 되는데, 이는 이 산업들이 세련되고 고급스럽고 현대적인 이미지를 가진 압구정동이나 청담동의 장소 이미지를 활용하기 위한 이 지역으로의 집적 현상으로 나타났다.

이 중에서도 성형외과의 집적이 매우 두드러지게 나타나며 최근 연예기획, 영화제작사 등 연예산업 부문이 청담동에 늘어나고 있는데, 이러한 경향은 다음의 인터뷰를 통해서도 확인된다.

> 연예사업이 이곳으로 온 지는 2000년부터니까 5년 정도 되었어요. 엔터테인먼트 업체들이 이곳으로 오는 이유는 무엇보다 '돈' 때문이죠. 예전에는 드라마를 방송국에서만 만들었는데 지금은 일 년에 한두 편만 방송국에서 만들고 대부분은 외주제작으로 만들어져요. 외주는 결국 펀드가 있어야 하니까 자금이 있고 이러한 신종 아이템을 취급할 수 있는 사람들은 결국 이곳에 있는 부동산을 하는 사람들인 거예요. 이곳 카페나 상점에서의 만남을 통해서 기획이 되는 경우도 많아요. 사장이 카페를 하면서도 연예산업분야에 관심을 갖고 있으면 펀드를 조성해서 드라마를 제작하기도 하는 거지요(C씨 인터뷰, 2006년 3월 3일: C〈여, 51세〉씨는 청담동에서 해외명품편집매장을 운영하고 있는데, 스튜어디스 출신으로 일찍부터 외국고급상품을 국내에 들여오는 일을 해왔으며, 80년부터 20년간 반포동

에서 미술학원을 운영하면서 이 지역에 뿌리내렸고, 현재는 외국브랜드 런칭, 영화기획, 투자사업 등을 겸하고 있다).

이들 업종 외에도 압구정 · 청담동 지역의 노골적인 가시성을 잘 보여 주는 지표가 CF나 영화, 드라마 속에 노출되는 빈도이다. 특히나 현대적이고 세련된 배경을 필요로 하는 경우 이 곳은 1차적인 선택 대상이다.

> CF 로케이션 매니저 김태영(34) 씨는 "산이 있고 물이 흐르는 자연 공간은 정선이나 태백, 오래된 집은 충남이나 경북(안동)에서 많이 찍으며 현대적인 공간은 90% 이상이 서울 청담동"이라고 말했다(인터넷 도깨비뉴스, 2005년 7월 29일).

구체적인 경관 분석을 통해 이 지역의 가시성과 비가시성의 경합을 살펴보기 위해 청담동 중에서도 가장 고급스러운 경관이 나타나는 청담 2동 77번지~99번지를 대상으로, 첫째 거리에서 두드러진 업소의 형태와 기능, 둘째 건물들의 모양새(파사드나 창모양 등), 셋째 간판 디자인과 상호 등의 특징을 중심으로 현지 조사를 실시했다. 2006년 2월 4일 청담 2동 78번지에서 99번지까지에 있는 모든 건물들에 층별로 어떤 상호를 가진 어떤 업소들이 입주해 있는지를 현지답사하였다.

먼저 거리에서 두드러진 업소의 형태와 기능은 고급 의류, 미용, 성형외과, 고급레스토랑이나 바, 카페, 화랑, 연예산업 등 특정 업종에 집중되어 있다. 구체적으로 요식업(카페, 레스토랑, 바 등)과 미용(미용실, 웨딩숍, 메이크업 전문점, 스파 등), 의류(의류, 잡화, 멀티숍 등), 병원(성형외과, 피부과, 한의원 등)을 들 수 있다. 요식업과 미용업 등이 단독주택의 리모델링 등 주택의 상업화현상으로 주택가 내부 곳곳에 위치하고 있는 반면, 의류는 해외 유명 매장의 주변 지역과 대로변에 주로 분포하고 있다. 이처럼 이 지역은 가시성을 판매하는 업종 집중지로서, 가시성과 별 관련 없는 업종, 예를 들어 서점 같은 업종은 들어설 수 없는 비가시성 기제가 강하게 작동하고 있는 곳이기도 하다.

두 번째로 건물들의 모양새를 보면, 어느 곳에서나 흔히 볼 수 있는 표준화된 상점의 모습보다는, 단독 건물에 단독 매장이 들어서 있는 경우가 자주 눈에 띈다. 또한 이러한 단독 매장은 상품 브랜드가 추구하는 주 소비층을 겨냥한 이미지에 맞는 건물 모양을 통해 브랜드 가치를 높이려는 전략을 구사한다.

그림 3. 전면에 출입구를 갖지 않은 해외 유명 브랜드 매장

특히 이들 상점 중에는 상품을 진열하는 쇼윈도가 아예 없고, 출입구마저 쉽게 눈에 띄지 않는 경우도 있다. 즉 건물 전면을 장식하고 있는 브랜드의 로고만으로 그 브랜드가 어떤 취향을 가진 사람들을 위한 어떤 용도의 상품을 판매하고 있는지를 아는 사람만이 그 매장에 들어설 수 있다. 이 경우는 비가시성을 통해 고급스러운 가시성을 강화하면서도, 다수의 대중을 배제하는 기제까지 동시에 작동하고 있음을 보여 준다.

마지막으로 간판 디자인과 상호 등의 특성을 보면, 상호의 경우 영어나 일본어, 한자, 불어 등 외국어를 주로 사용하며 그 의미를 잘 파악하기 힘들고, 파악한다 해도 상호만으로 그 매장이 어떤 상품을 판매하는 곳인지 알아차리기가 쉽지 않은 경우가 많다. 간판 디자인의 경우는 로고 외에 지나친 장식을 하지 않는 미니멀리즘적 특성이 돋보이며, 다른 소비경관에서 흔히 쓰는 요란한 네온사인이 드물다. 한 예로 청담동에 위치한 한 이태리 음식점(Anna Bini)은 간판이 매우 작아 처음 오는 사람은 쉽게 찾아갈 수도 없을 뿐만 아니라, 그 이름만으로 무엇을 판매하는지, 그 이름이 무엇을 상징하는지 알 수 없다. 이 음식점 주인은 "이 가게는 이탈리아 토스카나 시골집을 모델로 해서 만들었으며, 이름도 그 곳 이탈리아 아주머니의 이름을 딴 것이다. 간판이 작은 것도 컨셉으로 손님들이 그걸 더 좋아하는 것 같다"(2005년 4월 15일)고 하였다.

강남 문화의 중심부, 청담동 일대를 좀 지나가 보자. 아이스크림 전문점 '에땅 끌레르'(맑은 연못)를 지나면 유러피안 다이닝 레스토랑 '구뜨 뒤 미엘'(꿀맛을 봐라)이 나온다. 맨해튼의 클럽 문화를 느끼고 싶다면, 'eu by europium'(원소기호 63번인 유로퓸을 의미)에 가면 되고, 카페에서 샐러드를 먹고 싶다면 'oia'(이아. 그리스 산토리니 섬의 작은 마을)를 찾으면 된다. 파스타를 먹으려면 '미 피아체'(I Like), 커피를 마시려면 '고센'(야곱의 식구들이 정착한 애굽의 땅)도 좋겠다(주간조선, 2005년 10월 26일자).

그림 4. 상호만으로 기능 파악이 어려운 와인바

표 3. 기능을 파악하기 어려운 상호

caro nome 카로노메	9dun
gio	kohsamui
小	eu creative boutique
Ø	seine 세느
lafayette	clairetang

* 청담 2동 79-6, 79-10번지.

결국 이러한 소비문화 공간의 특징은 아는 사람만이 이용할 수 있는 곳이며, 아는 사람에게만 열려 있는 공간이라는 것이다. 이 아는 사람이란 경제력과 교양, 정보, 인적네트워크를 가진 소수를 가리키며, 이러한 소비행태를 위해 멤버십 업소 운영, 발레파킹 등의 비가시성 기제가 동시에 작동한다.

즉 청담동 같은 배타적인 고급 소비공간에는 발레파킹 종사자 같은, 존재하지만 쉽게 그 존재가 인식되지 않는 집단이 존재한다. 이들의 존재는 고급의, 세련된, 품위 있는 청담동 문화를 유지시키기 위한 하부구조와 같지만, 보이지 않는 듯 존재해야 한다. 그런데 2001년 당시만 해도 이들을 위한 편의시설이 거의 없었는데, 2006년 2월 발견한 청담동 지역 내의 작은 분식점은 이들을 위한 공간인 것으로 판단된다. 이는 이들의 존재를 더 이상 숨길 수 없을 정도로 청담동의 규모가 커졌다는 의미인지, 아니면 최근 몇 년새 늘어나고 있는 <임대> 광고와 같은 맥락에서 청담동의 고급스러운 지역 이미지의 퇴색을 의미하는 것인지 쉽게 판단하기 어렵다.

그림 5. 청담동내 영세한 김밥집

3.3 압구정동 · 청담동 소비문화 공간의 미래

최근 청담동의 소비문화에 변화가 예견된다. 청담동이 압구정동과 같은 대중화의 길을 걷기 시작했다는 조짐이 그것이다. 그 예로 2005년부터는 여러 상품 광고에서 청담동이 예전의 명동 같은 도심 소비문화공간의 이미지로 재현되는 등 이전에 비해 대중에 노출 빈도가 늘고 있다는 점을 들 수 있다. 상품의 유행은 모방과 차별화의 원리에 따라 작동한다. 피지배집단은 지배집단의 문화를 보방하고, 이에 지배집단은 피지배집단의 모방원리에 대항하여 새로운 차별화를 시도한다는 것이다(임성희, 1994:20). 따라서 대중에게 너무 잘 알려져 모방이 보편화된 청담동의 이미지는 중산층의 구별짓기 공간으로서의 지위를 상실하고, 그 지위를 다른 장소가 갖게 될지도 모른다.

> 강남의 주거 중심지가 압구정에서 대치동으로 옮겨가면서 이제 압구정동은 한물 간 것 같아요. 요사이는 해외여행을 많이 나가잖아요. 보통 이곳 사람들은 적어도 일년에 4-5번은 해외에 나가기 때문에 더 이상 쇼핑을 하기 위해 이곳을 이용할 필요가 없죠. 즉 국제경쟁력이 없어졌어요. 압구정보다 청담동이 낫느냐가 아니라 뉴욕보다 이곳이 나아야 살아남는 거죠(A씨 인터뷰, 2006년 2월 26일).

인터뷰 응답자들은 공통적으로 청담동이 자신만의 문화를 갖지 못하고 지나치게 상업화되어 있다는 점을 지적하였다. 여기에다 해외여행의 보편화로 해외 브랜드 소비처로서의 경쟁력을 잃어가고 있는 한편 부동산 가격의 상승과 미디어와 담론들에 의해 끊임없이 대중화되어 가고 있는 청담동의 현재 모습은 새로운 소비공간의 도전에 직면하고 있다. 그런 새로운 소비공간의 하나로 등장하고 있는 곳이 신사동 '가로수길' 이다.

> "돈줄인 투자사들과 광고주, 연예기획사들을 쫓아다녀야 해서 충무로에서 가로수길로 옮겨왔어요. 작은 다세대주택을 사무실로 쓰기 때문에 땅값 비싼 강남임에도 월세를 감당할 정도는 됩니다." 신생 영화기획사 대표 최모 씨는 2년 전부터 충무로에 있던 중소 규모의 영화기획사들이 가로수길 근처로 옮겨오기 시작했다고 말한다. 이곳에는 코리아픽처스, 신씨네, LJ필름 같은 큰 규모의 제작사들을 포함해 약 40개의 영화사들이 자리잡고 있다"(주간동아, 2006년 1월 29일자).

신사동 530번지에서 537번지에 이르는 가로수길은 95년을 전후하여 유학파 패션 디자이너들이 압구정동과 청담동의 높은 임대료를 피해 화랑이 밀집해있던 이 곳에 자리잡기 시작하면서 새로운 소비공간으로 떠오르기 시작했다. 2, 3층 정도의 골목길 다세대 주택들로 화랑과 패션에 이어 영화와 광고, 디자인 등의 전문직 종사자들이 모여들고 주택들을 새롭고 독창적으로 재개발하면서 청담동의 대안으로 떠오르고 있다.

자본주의 경제체제의 심화과정 속에서 갈수록 빨라지는 디자인 집약적 상품의 주기 시스템에 장소 역시 그러한 상품의 하나로 편입된 지 오래다. 이로 인해 과거 명동이 오랜 시간 유지해 오던 소비공간으로서의 지위와는 달리 압구정동과 청담동 지역은 새로운 장소들로부터의 끊임없는 도전 속에서 불안한 미래를 직면하게 될 것이다.

그림 6. 신사동 가로수길

(왼편부터 1. SOHO라는 이름을 가진 상점, 2. 골목길을 이용한 카페, 3. 단독주택을 리모델링하여 건축된 레스토랑)

문화소비공간으로서 삼청동의 부상: 갤러리 호황과 서울시 도심 재활성화 전략에 대한 비판적 성찰

김 학 희

중장년층에게 '삼청각', '수제비집', '총리공관', '삼청 교육대' 등 정적이고 보수적인 이미지로 기억되던 삼청동은 젊은 세대와 트렌드에 민감한 사람들에게는 갤러리, 패션 숍, 와인바, 퓨전 레스토랑이 밀집된 '강북의 청담동'으로 인식되고 있다. 서울의 도심에 인접한 낙후된 전통 주거 지역이었던 종로구 삼청동 일대에 미술관과 갤러리가 입지하고 카페나 레스토랑, 패션 숍이 급속도로 증가하면서 삼청동은 서울의 새로운 문화소비공간, 집처럼 편안하게 연출된 '제3의 공간'으로 변모하고 있는 것이다(Mikunda, 2004). 실제로 2006년 이후 유명 연예인들이나 문화계 인사들은 언론 매체와의 인터뷰 장소로 삼청동의 카페를 주로 이용하고 있으며, 방송사들이나 영상 매체들은 각종 뮤직 비디오나 드라마, 영화의 촬영 장소로 삼청동을 선택하고 있다. 하지만, 삼청동을 포함한 북촌 일대는 거리에서 조금만 골목으로 들어서면 수십 년 전으로 거슬러 올라가 있는 착각을 불러일으키는 낡은 한옥이 밀집된 주거보존지구이기도 하다.

본 연구를 위해 삼청동 지역에 대한 기존 문헌과 연구 자료를 중심으로 역사적 변천 과정을 고찰하고, 2005년부터 2006년 7월까지 삼청동의 변화와 방문자의 특성을 참여 관찰하였다. 특히 삼청동 일대 갤러리 집적 현상을 분석하기 위해 미술관 및 갤러리 관장 · 큐레이터를 대상으로 설문 조사와 심층 면담을 실시하였으며, 삼청동 주민, 레스토랑이나 와인바 경영자, 패션 · 악세사리숍 운영자, 부동산업 종사자와 반구조화된 심층 면담을 실시하였다. 이외에도 서울시 도시개발 정책과 관련된 연구와 언론 보도 자료를 분석하였고, 외국의 갤러리 밀집 지역 및 도시 예술 · 문화 정책 사례를 수집하였다. 한편, 1990년대 초반 미술계의 활황이 강남 일대를 배경으로 확산되면서 청담동 일대에 아트 갤러리가 폭발적으로 증가한 시기가 있었으나 이러한 청담동 지역의 갤러리 호황은 지속되지 못했으며, '갤러리 입지순환 주기 이론'의 가능성을 모색해 볼 수 있을 정도로 특정 지역의 갤러리 호황은 주기적이고 휘발성이 매우 강하다(Kim, 2007). 청담동의 갤러리들이 전성기를 누렸던 1990년대 초반 그 집적 요인이나 배경에 대한 자료나 연구가 부재하기 때문에 당시 상황은 면담 자료를 통해 유추할 수밖에 없지만, 분명한 것은 '청담동 시대'라고 불릴 만큼 당시 청담동 지역의 특성이 갤러리가 급증하는 데 있어 결정적인 영향을 끼쳤다는 것은 분명해 보인다. 이러한 맥락에서 2000년대 중반 삼청동의 갤러리 호황과 집적 요인에 대한 미시적 연구는 문화 경제의 발현 조건과 문화소비공간의 확산 과정을 이해하기 위한 실증적인 자료로 활용될 수 있을 것이다.

1. 미술 중심지 삼청동의 형성: 갤러리 입지 요인 분석

1.1 갤러리 집적지역의 형성

미술관은 정식 기관으로 법적 요건이 충족되어야 개관할 수 있지만, 갤러리는 누구나 쉽게 시작할 수 있다. 진입장벽이 낮기 때문에 개관이 쉽지만, 또한 언제라도 쉽게 폐관할 수 있기 때문에 특정 시점에서 정확한 갤러리의 수를 파악하는 것은 매우 어렵다. 또한 갤러리가 아트숍, 레스토랑, 카페, 공예점의 기능을 겸하게 되면 아트 갤러리로서 정체성을 명확하게 구별하기가 더욱 어려워진다. 2006년 7월 현재 사간동, 화동, 가회동을 포함한 삼청동 일대에는 44개의 미술관과 갤러리가 입지하고 있다. 삼청동 일대에 미술관이나 갤러리가 이전 · 개관한 시기를 분석해 보면 국제갤러리가 1982년 처음 개관한 이후, 1990년대 월전미술관, 한국불교미술박물관, 국립민속박물관이 들어서고 갤러리현대가 인사동에서 1995년 이전하였다. 이후 2000년대 전후하여 많은 미술관과 갤러리가 본격적으로 입지하기 시작한 것으로 나타난다. 2006년 서울시내 전시 공간 변화 현황을 조사한 결과에 따르면 신설된 미술관, 화랑, 대안공간, 카페갤러리는 모두 63곳으로 최근 8년간 가장 많았으며 이 중 종로구가 32곳으로 신설 공간의 절반 이상을 차지하고 있다. 특히 주민 4,500명에 불과한 삼청동과 인근 지역에만 2006년 9곳의 미술관과 갤러리가 개관하여 삼청동 일대가 서울의 핵심 화랑가로 부상하고 있음을 보여 준다(김달진미술연구소, 2006).

특히 2005년부터 2006년 7월까지 1년 7개월 동안 18개 갤러리가 문을 열고 갤러리현대와 학고재가 공동 설립한 'K옥션', 등 경매회사가 위치하면서 삼청동 일대가 새로운 미술시장의 중심지로 급격하게 부상하고 있음을 확인할 수 있다. 2005년 강남구 삼성동에 있던 라틴 미술 전문화랑 갤러리베아르떼가 종로구 사간동으로, 인사동에서 있던 이화익갤러리가 감고당길로 이전하였고, 인사동의 선화랑은 갤러리선컨템포리를 사간동 분점 형태로 신설했다. 또한 기존 가모갤러리 자리에 김현주갤러리가 새로 개관하고 공근혜갤러리는 논현동 갤러리더블유에서 이름을 바꿔 종로구 팔판동으로 이전하였으며, 천안 아라리오 갤러리가 사간동 옛 목욕탕 자리에 지상 2층 80여평 규모의 서울점을 개관하는 등 삼청동 일대에 갤러리가 급증하기 시작한다. 수치상으로는 아직도 인사동에 가장 많은 갤러리 및 전시공간이 존재하지만, 인사동 갤러리들이 카페와 같은 상업 공간을 겸하거나 대관 위주로 운영하면서 미술 시장에서 이들의 영향력이 축소되고 있다는 점을 고려하면 사간동-삼청동 일대의 갤러리들은 다양한 기획 전시로 미술계 흐름을 주도하는 가운데 서울의 새로운 아트 클러스터로 부상하고 있다고 해석할 수 있다.

1.2 갤러리 입지 요인: 미술시장, 언론, 개발정책

갤러리는 운영 방식에 따라 순수기획화랑, 즉 인기작가나 유망작가를 발굴해 전시하고 컬렉터를 중심으로 비즈니스 거래를 하는 화랑, 전시 장소를 빌려주기만 하는 대관 위주의 화랑, 컬렉터나 순수화랑과 거래를 취하는 화랑, 출입처를 알 수 없는 그림을 파는 숍 개념의 화랑, 카페나 액세서리 판매를 겸하는 복합문화공간 등 다양한 양상을 띤다. 극소수의 기획화랑이 국내 미술계를 이끌어가고 있으며, 새로운 작가를 발굴해 기획전을 열어 주고 이들 작가와 전속계약을 맺는데, 전속 작가에게는 일정 수준의 생활 유지비를 제공하기도 한다(최병식, 1999). 작품

판매 수익은 보통 신진 작가의 경우 5 : 5, 중진 작가의 경우 6 : 4, 인기 작가의 경우 7 : 3으로 작품 판매 수입을 배분한다.

> "우리나라에 전속작가 개념이 없다고 봐요. 화랑이랑 작가는 공생관계여야 하는데… 키워놓아서 좀 유명해진다 싶으면 대형화랑으로 바로 옮겨 버리고. 인쇄물 찍고 언론사에 홍보하고 투자 많이 했는데… 배신감 느끼죠"(K갤러리 관장).

갤러리는 외양은 화려해 보이지만 컬렉터, 네트워크, 신인작가 발굴, 감각, 판단력 등을 고도의 비즈니스 감각이 필요한 업종으로 불황을 견디기 위해서는 탄탄한 자본력을 갖춰야 한다(최병식, 1999). 기업 총수의 부인이 갤러리 운영에 관여하는 경우가 많은 것도 세금 혜택을 받기 쉬고 문화적 안목을 높일 수 있다는 현실적인 계산 외에 높은 초기 투자비와 운영비로 인해 갤러리 운영을 일종의 사회 환원 차원으로 보는 인식 때문이라고 해석할 수 있다. 전반적으로 삼청동의 갤러리들은 2002년을 전후하여 갤러리의 성격과 입지 요인이 달라지는 경향을 보인다. 우선 갤러리의 규모를 보면, 2002년 이전에 개관하거나 이전한 전시 공간은 국제갤러리, 갤러리현대, 금호미술관, 아트선재센터, 갤러리 사간, PKM갤러리 등 비교적 규모가 크고 기획 전시위주의 운영으로 미술계에서 주도적인 영향력을 행사하는 경우가 많았다. 반면, 2005년 이후 삼청동 일대에 개관한 갤러리의 경우 갤러리 선컨템포러리와 아라리오서울을 제외하면 상대적으로 규모가 작고 영세한 신진 갤러리들로 대관 위주의 운영을 하거나 복합 문화 공간을 표방하는 경우가 많았다. 부침이 심한 미술계에서 생존하기 위해서는 막강한 자본력과 특별한 기획력이 필요하다는 현실을 고려할 때 기업의 지원을 받거나 건물을 소유한 대형 갤러리들은 소형 갤러리보다 오랜 역사를 보유하기에 보다 유리한 입장일 수밖에 없다.

기획전시 위주의 갤러리는 기본적으로 작품을 보관하고 전시하기 위해 여유로운 공간을 필요로 한다(양형모 · 김승모, 2005). 또한 독특한 간판과 기존 건물과는 차별화된 디자인, 세련되고 깔끔한 인테리어와 개방감을 느낄 수 있는 공간 구성이 추가적으로 요구된다. 높은 초기 투자비용에 비해 단기간에 수익이 창출되기 어려운 구조로 갤러리 관장이 건물을 소유하지 않았을 경우에는 임대료의 상승에 취약할 수밖에 없다. 따라서 뉴욕과 런던과 같은 대도시에서 갤러리는 넓은 전시 공간을 확보하기 위해 지대가 높은 상업 공간에 위치하기보다는 예술가 촌이나 허름한 공업지대에 위치하는 경우가 많다(Grosenick et al., 2005; Wedd, 2001). 낮은 임대료는 젊고 창의성이 풍부한 예술가가 자신만의 공간에서 다양한 실험을 수행할 수 있는 기반이 되고 예술가들과의 관계를 중시하는 갤러리들도 이들을 좇아 낙후된 지역에 입지하게 된다(Kostelanetz, 2003). 낡은 창고와 높은 천장을 가진 작업 공간, 다용도의 낡은 가옥 등은 예술가들에게 활기찬 실험과 인큐베이션 지대를 제공하고, 예술가의 활약으로 어둡고 지저분한 도시의 슬럼가가 문화적, 예술적 활기를 띠게 된다(Zukin, 1989). 2000년대 초반 이전 개관하고 지금까지도 영업이 이루어지는 메이저 갤러리의 경우 보다 넓은 전시 공간과 주차장 등 편의시설을 위한 공간을 확보하고 한적한 분위기에서 갤러리를 운영하기 위해 삼청동을 선택한 경우가 많았다. 1995년 인사동에서 이전한 현대 갤러리의 경우에도 작품을 보관하고 전시하기 위한 공간을 찾아 사간동에 입지를 결정했고, 종로구 인사동에 있던 학고재나 종로구 관훈동에 있던 금호미술관도 이 지역으로 이전하면서 전시 및 다양한 용도로 활용될 수 있는 공간을 추가로 확보하였다.

이외에도 우리나라 미술시장의 역사와 함께 성장한 메이저 화랑인 국제갤러리와 1990년대 중반 설립된 국립민속박물관이 인접해 있다는 점도 2000년대 초반 기획 · 전시 위주의 갤러리들이 삼청동 일대에 입지를 결정하고 갤러리 클러스터를 형성하는 요인으로 작용하였을 것으로 추측된다. 집적의 효과는 미술계의 관행이나 비즈니스 특성과 관련시켜 해석해 볼 수 있는데, 휘발성이 강한 미술 시장에서 생존하기 위해서는 갤러리들이 집적을 통해 정보를 공유하고 트렌드 변화에 대응하는 전략을 구사하게 된다(Kim, 2007). 또한, 영국의 yBa 성공의 배경에는 작품의 참신성과 더불어 언론 및 시장과 적극적으로 소통하는 전략이 주효했다는 점이 부각되면서 작품 및 전시 의도를 홍보하고 갤러리의 위상을 높이는 언론 매체의 역할이 더욱 중요해지고 있다(While, 2003). 우리나라에서도 언론의 홍보 기사나 미술 잡지의 평론이 잘 팔리는 작품의 경향이나 작가의 위상을 결정하는 경우가 많다는 것이 업계의 분석이다(박파랑, 2003:142-144). 미술관이나 갤러리의 큐레이터들은 카탈로그를 제작 발송하고 전시장에 작품을 디스플레이하고 작품을 판매하는 역할을 수행하지만 무엇보다 중요한 것은 기자 간담회를 위해 보도 자료를 작성하고 미술관련 잡지나 언론 문화부 기자들과 좋은 관계를 유지하여 호의적인 기사나 평론이 실리도록 하는 일이라고 인식하고 있었다. 삼청동이 주요 일간신문의 본사와 가까운 거리에 위치하고 있다는 점, 또 인근에 화랑 협회가 입지하고 있다는 점이 갤러리 관계자들에게는 입지 선정 과정에서 긍정적으로 작용하고 있음을 설문조사와 인터뷰를 통해 확인할 수 있었다.

> "언론에서 어떻게 다뤄주느냐가 중요해요. 문화부 기자들에게 잘 보여야 기사가 좋게 나가니까. 이 동네에서는 언론 매체의 영향력이 절대적이에요. 강남의 청담동보다 여기는 바쁜 기자들 부르기 덜 미안하죠"(여, 20대 큐레이터).

2. 문화소비공간 삼청동의 부상

2.1 언론이 기획한 대중적 복합문화상품

언론 매체에 의한 삼청동의 갤러리와 문화소비공간에 대한 보도는 매우 호의적이었다(동아일보 2005년 12월 30일자; 매일경제 2006년 3월 10일자; 서울신문 2005년 10월 21일자; 중앙일보 2006년 11월 16일자). 즉, 청담동이 넓고 세련된 공간에서 인지도 높은 해외 명품, 고가의 최고급 음식이나 퓨전 음식, 국제 감각의 유명 브랜드로 대표되는 국적 없는 고급 소비 공간이라면 삼청동은 작지만 갤러리가 밀집되어 있으며 독특한 개성으로 품격과 분위기를 연출한다며 삼청동의 차별화를 시도한다. '주인이 직접 만든 가정식 음식이나 전통을 강조하는 음식, 독특한 인테리어를 갖춘 레스토랑이 주를 이루며 초미니 패션 숍일지라도 디자이너의 독창성을 반영하는 다품종 소량 제품, 수공예 니트, 천연섬유제품, 빈티지 패션 등 개성을 우선시하는 전략을 추구한다' 고 홍보한다. 한편, 고가 임대료에 대한 부담과 점포의 대형화 추세로 인해 업종 믹싱 현상이 가속화되는 추세를 반영하여(박종대 역, 2001), 삼청동 일대의 디자이너 숍은 단순히 의류만 판매하는 것이 아니라 의상 컨셉과 연계된 각종 액세서리, 가방, 모자, 신발까지 판매함으로써 통일된 스타일을 창조하여 원스톱 쇼핑 경험을 제공하는 전략을 구사하기도 한다. 이러한 과정을 통해 '갤러리, 패션 숍, 레스토랑, 카페, 골목길' 이 어우러진 삼청동은 기념비적 랜드마크와 주제가 되는 개념을 갖추고 매혹적인 핵심 유인물(core attraction)을 통해 사람들이 계속 움직이도록 하는 전형적인 '제3의 공간' 으로서 기능하게 된다(Mikunda, 2004). 삼청동은 단순히 갤러리가 집적된 미술진시 공간, 레스토랑 및 상점이 밀집된 상업 공간이라는 물리적 의미를 넘어 골목길 · 한옥이 주는 독특한 분위기를 포함한 장소 자체가 소비 대상이 되는 새로운 차원의 '복합문화상품' 으로 전환된다.

한편, 삼청동의 정체성의 형성과 변화는 갤러리, 카페, 레스토랑, 패션관련 소매업을 운영하는 사업자뿐 아니라 이곳을 찾는 다양한 계층의 소비자에 의해서도 이루어진다. 현대사회의 소비는 상품을 구입할 때 그 상품이 갖고 있는 기능적 측면과 사용 가치적 측면만을 구입하는 것이 아니라 그 상품이 갖는 이미지를 소비하는 것이다(Twitchell, 2002). 유사한 방식으로 사람들은 특정 지역의 경관과 장소에 상징과 의미를 주입하며, 공간에 진열된 상품만이 아니라 공간 자체를 소비하게 되고, 그 결과 다양한 사회 계층과 개인은 소비와 생활양식을 통해 특정 지역의 정체성과 연결될 수 있다(Zukin, 1998). 삼청동에 패밀리 레스토랑이 없다는 사실은 이곳을 찾는 소비자의 정체성과 취향을 반영한다고 볼 수 있다. 삼청동이 청담동과 마찬가지로 대중교통이 발달되지 않아 패밀리 레스토랑의 주요 입지 조건인 접근성이 낮다는 점과 함께 삼청동을 찾는 고객의 경제적 수준은 'TGIF' 및 'Outback Steak House'와 같은 패밀리 레스토랑의 주요한 소비자 계층과 겹치지만 고급 레스토랑과 독특한 카페를 이용함으로써 사생활을 보호받고자 하는 욕망으로 차별화된다. 한편, 구매력 있는 20대 중반-30대 중반의 직장 여성들은 여유롭고 조용한 분위기, 한국적인 전통을 지닌 삼청동 레스토랑과 카페에서 외식을 하고 삼청동의 분위기를 체험함으로써 신촌이나 종로를 근거지로 소비하는 가난한 대학생들과 '구별짓기' 할 수 있다고 언론에 의해 소개된다(한경비즈니스, 2007년 1월 15일자). 실제로 외국 생활을 경험하고 미술관 및 갤러리를 통한 문화생활에 대한 욕구가 강한 직장 여성들을 중심으로 퇴근 후나 주말의 짧은 휴식 시간을 이용하여 갤러리를 방문하고 근처의 레스토랑이나 카페에서 직장 또는 업계의 동료들을 만나 식사를 함께 하는 생활방식은 삼청동이라는 소비 공간과 잘 어울린다.

삼청동의 좁은 도로와 낮은 건물은 낯설고 위압감이 느껴지는 강남의 청담동과는 달리 '인간이 가장 편안하게 생각하는 규모(human scale)'을 가장 잘 보여 주는 장소이기도 하다(홍성용, 2007). 공연, 영화, 패션, 음식, 레저 등 문화 전방에서 우리나라 최대 소비 계층으로 부상한 1950년대-70년대 사이에 태어난 중 · 장년층에게 삼청동의 수제비집, 곰탕집, 팥죽을 파는 전통 찻집은 오래된 한옥과 골목길, 재래식 목욕탕, 쌀집, 연탄가게를 겸한 복덕방과 함께 이들의 어린 시절을 추억하게 하는 정서적 공간으로 언론에 의해 소개된다(중앙일보 2006년 5월 11일자). 실제로 이 곳을 방문한 평범한 중 · 장년층에게 삼청동은 추억을 되새길 수 있는 편안한 장소로 인식되며, 주말이나 휴일에는 어린이를 동반한 가족 단위의 방문객도 증가한다. 또한, 주말 시내 미술관에서 명화를 감상하고 인근 고궁을 산책하거나 삼청동의 갤러리를 방문하고 카페에서 커피를 마시는 데이트 코스가 인기를 끌고(헤럴드경제 2007년 3월 26일자), 20-30대 여성이 대부분을 차지하는 미술 애호가 집단은 미술 작품을 공동으로 구매하거나 동호회 회원들과 함께 삼청동 일대의 갤러리를 함께 순회하며 삼청동의 장소성을 소비하기도 한다. 나아가 삼청동 인근 종로와 광화문 일대에 대기업주도로 '광화문시대', '용비어천가', '경희궁의 아침'과 같은 주상복합건물이 2000년대 중반 등장하면서, 삼청동 인근은 이 곳에 거주하는 도심 중 · 상류층 주민들의 생활 방식을 충족시켜 줄 수 있는 소비 공간으로 기능할 수 있다. 언론의 적극적인 홍보와 함께 고급 소비 성향의 직장 여성, 복고풍을 선호하는 중 · 장년층 및 가족 단위 방문객, 젊은 미술 애호가 등 다양한 소비자 계층을 만족시킬 수 있는 삼청동의 장소성은 이 지역을 대중적인 복합문화상품으로 부상하게 하였으며, 특히 삼청동 일대의 미술관과 갤러리는 이러한 과정에서 촉매제 역할을 담당하였다.

2.2 매력적인 촬영지 · 국제 관광지

서울시의 청계천 프로젝트가 도심 상권 활성화와 관광객 유치에 성공하게 되면서 인근의 삼청동 역시 청계천과 연계된 서울의 주요한 도심 관광지로 급부상하게 된다. 특기할 만한 점은 삼청동이 신문, 잡지 같은 대중 매체뿐 아니라 드라마, 영화 등 영상매체 속의 이미지를 통해 급속하게 확대 · 재생산되고 이러한 이미지들은 현실 세계에서 삼청동에 대한 새로운 수요를 창출하는 데 기여하고 있다는 사실이다. 실제로 2006년 '닥터 깽'을 비롯한 드라마들이 삼청 공원과 인근 삼청동 지역을 배경으로 촬영되었고, 이 전에도 삼청동 일대는 '겨울연가', '사랑니'를 비롯한 많은 영화와 드라마, CF의 로케이션 장소로 이용되기도 하였다(서울영상위원회, 2006; 심승희, 2004). 삼청동이 청담동을 대신해 최신 트렌드를 대표하는 '쿨한' 장소로 인식되기 시작하면서 유명 탤런트, 영화배우, 가수들이 언론과의 인터뷰 장소로 삼청동의 카페를 이용하고, 각종 드라마, 영화, CF, 뮤직 비디오의 촬영 배경으로 삼청동의 갤러리와 거리 풍경이 더욱 자주 등장한다. 일본에서 온 한류 관광객도 삼청동 거리에서 자신이 좋아하는 남자 탤런트의 흔적을 느끼고 이를 배경으로 사진을 찍으면서 드라마에 등장하는 한국의 이미지를 소비한다. 한국의 신세대들은 소비하는 이미지에 만족하지 않고, 삼청동을 배경으로 자신만의 이미지를 생산하여 사이버 공간에 공개하기도 한다. 좁은 골목길, 계단, 간판, 나무, 갤러리 같은 카페, 카페 같은 갤러리, 유럽풍의 상점, 오래된 쌀가게, 한옥 가정집, 교회, 도서관, 시멘트 담장에서 쇼핑하는 세련된 여성들, 거리를 걷는 연인들까지 존재하는 모든 것이 작품의 소재가 되는 삼청동은 어떤 앵글에서 잡아도 예쁜, 분명 '사진 찍기 좋은 장소(photogenic places)' 로 인식되고 있다(중앙일보 2006년 11월 16일자). 외국인에게도 삼청동의 이미지는 갤러리나 카페가 집적된 소비공간뿐 아니라 오래된 전통 가옥과 독특한 아우라를 지닌 한국의 대표적인 예술촌으로 각인되기 시작하였다. 미국 여행전문잡지 'Travel+Leisure' 는 2005년 12월 특집호에서 삼청동을 우리나라를 대표하는 문화 소비 공간으로 소개하였는데, '근사한 이웃 동네, 아시아' 편에서 '예술가와 컬렉터가 속속 모여드는 삼청동엔 갤러리와 현대식 카페, 무너질 듯한 국수집이 공존하고 녹차 라떼 등을 홀짝거리며 공책에 글을 끄적이거나 노트북을 두드리는 작가, 사색에 잠긴 예술가, 한국인과 일본 관광객을 볼 수 있다' 고 소개하고 있다.

서울시가 외국인을 위해 개발한 서울 관광 코스에서도 '미술관 · 화랑 코스', 도보 관광을 위한 '골목탐험 코스', 갤러리와 공예점을 체험해 보는 '퓨전 삼청동 코스', 스캔들 및 드라마 촬영지를 연계한 '서울은 지금 촬영 중 코스' 등에 삼청동이 등장하며(www.visitseoul.net), 같은 아시아 문화권의 일본인들에게도 필수 관광 코스로 인식된다(세계일보 2007년 6월 7일자). '겨울 연가' 의 배경이 되었던 중앙고등학교가 일본인 관광객의 순례 코스로 자리매김하고, 치과로 리모델링한 가회동의 한옥은 또 다른 명소로 각광을 받는다(중앙일보 2006년 9월 21일자). '일본의 교토에도 전통 가옥은 있지만 갤러리나 카페 같은 현대적인 문화 시설을 모두 즐길 수는 없다. 한국 드라마의 배경으로 나왔던 곳을 직접 볼 수 있어서 더욱 좋았다' 는 일본 50대 여성의 평가처럼 현대와 전통이 공존하는 삼청동은 아시아 관광객들에게도 매력적인 관광 상품이다. '계동의 북촌 한옥마을에 있는 우리나라 전통문화 체험공간 "락고재"가 인기를 얻고 있으며, 특히 따뜻한 온돌 마루 생활을 직접 경험하는 "아궁이 찜질방"이 외국인에게 가장 어필하고 있다(주간한국 2007년 2월 14일자)' 는 점은 서울시의 한옥 보존 정책이 나름대로 성과를 나타내고 있는 가운데 이제 외국인들도 '만들어진 전통' 이나 한옥 등 한국문화의 이미지를 소비하는 데 만족하지 않고 진정성(authenticity)을 갖춘 전통 생활문화 체험을 선호하는 경향이 증대되고 있음을 확인해 준다.

3. 서울시 도심 재활성화 전략에 대한 비판적 성찰

3.1 서울시 도심 재개발과 북촌 가꾸기 사업

역사적으로 삼청동을 포함한 북촌 일대는 조선의 고관들과 팔도 출신 양반들이 집중 거주하는 지역이었고, 일제시대를 거쳐 1960년대까지만 해도 서울에서 손꼽히는 고급 주거지로 자부심 강한 사회 지배층의 한옥마을이었다(심승희, 2004). 하지만 1970년대 들어 지역의 전통적 특성을 고려하지 않은 무질서한 도시개발이 이루어지면서 이전 한옥지역이 갖는 쾌적한 분위기와 도심 접근성, 계층의 동질성 등 가치 요인이 퇴색하기 시작하였고 이곳에 거주하던 부유층들은 마포, 여의도, 강남 신 개발지역으로 이주하게 되었다(윤일성, 2001). 서울시는 1999년 이후 본격적인 '북촌 가꾸기 사업'을 추진하였는데, 낡은 건물들은 철거되고 가치가 있다고 여겨지는 가옥들에 대해서는 서울시가 직접 나서서 매입하는 등 적극적으로 관리하기 시작했으며, 민간인들이 한옥을 구입하여 보수할 때 서울시의 기준에 맞춰 외양을 유지할 경우 보수비용을 지원하였다. 그 결과 이전에는 한 번도 오르지 않았던 북촌 일대의 주택가격이 상승하고 거래가 성사되면서 주민들은 불편하고 낙후된 거주 공간으로서가 아니라 '돈이 되는' 주거 및 문화 공간으로서 한옥을 재인식하게 된다(김근영, 2003). 또한, 건강과 환경에 대한 관심, 한옥의 장점에 대한 재발견 등 우리 사회의 새로운 트렌드는 한옥에 적극적인 의미를 부여하는 중상류층 사람들로 하여금 전면 개 · 보수를 거쳐 삼청동에 정착하도록 유도하는 계기가 되었다(박정선 외, 2005).

한편, 노후한 삼청동 일대가 한옥 밀집지구로서 정부의 특별한 관심을 받게 된 계기는 '서울이 빠른 속도로 팽창하고 개발되면서 겪게 된 자기 상실의 위기감'에서 비롯되었다고 본다(송도영, 2004). 1970년대 시작된 서울시의 도심 재개발은 민간 사업자 주도의 전면 철거 재개발 방식을 중심으로 진행되어 왔고 서울의 도심 공간을 대기업 중심의 현대적이고 효율적인 업무 공간으로 전환하는 데 결정적인 역할을 수행하였다(윤일성, 2001). 하지만 1990년 들어 서울시의 도심 재개발사업이 정체기에 들어서고 도심 공동화 현상, 역사유산 · 문화경관 보존 문제, 관광 산업의 중요성에 대한 인식이 제고되면서, '수복 재개발'과 '보존 재개발' 등 대안적 방식을 적극적으로 도입해야 한다는 주장이 설득력을 얻게 되었다(서울시정개발연구원, 2000; 윤일성, 2001). 특히 서울시에 의해 2001년부터 추진된 북촌가꾸기 사업은 지역 주민들에게 한옥의 외관을 원형대로 보존하면서 내부 구조만 현대 생활에 맞게 재보수하도록 비용을 지원하는 대신 한옥의 임의적 철거 금지 및 한옥 수선기준 준수의 의무를 부여하는 '한옥등록제'를 도입하거나 시당국이 직접 기존 한옥을 매입 · 개보수하여 전통문화공간으로 위탁 · 관리하도록 함으로써 서울의 역사성과 정체성을 복원하려는 새로운 방식의 도심 재개발 방식으로 볼 수 있다(박정선 외, 2005; 서울시정개발연구원, 2001).

실제로 삼청동이 내국인뿐 아니라 외국인에게도 어필하는 매력적인 도심 관광 상품으로 부상하는 데에는 북촌 일대의 한옥과 골목길이 큰 역할을 했다고 본다. 특히 '한옥의 재발견'이라는 전통 문화에 대한 새로운 가치 인식뿐 아니라 외국인들의 시선으로 보았을 때 한국적인 것이 아직 남아 있는 곳이라는 차별화된 이미지가 삼청동이라는 공간의 가치를 높이는 데 복합적으로 작용했을 가능성이 높다. 외국에서 생활하거나 공부한 경험이 있어 외국인의 시선으로 삼청동을 볼 수 있었던 디자이너들이나 와인바 · 레스토랑 창업주들 역시 전통 한옥의 가치와 아름다움을 높게 평가하는 경향이 있고, 외국의 관광전문가들이나 비즈니스 중역들도 한국의 전통 문화를 체험하기에 가장 좋은 지역으로 삼청동을 추천하고 있다(이네일리 2006년 12월 12일자). 북촌 가꾸기 사업으로 인해 삼청동을 포함한 북촌 일대의 한옥의 경제적 가치가 급등하고 문화 관광이 활성화되는 등 가시적인 성과를 거두기도 하였지만, 주거지역인 북촌의 역사문화적 장소성과 주거 공간을 통합할 수 있는 지역발전 전략이 되지 못하였다는 비판도 있다(최정한, 2003). 즉, 급상승한 지가로 인해 한옥 매입과 지역 정비 사업이 지지부진한 가운데, 북촌에 대한 공공 투자와 행정 지원이 주거 환경보다는 문화관광적 측면에 초점을 맞춤으로써 이 지역의 상업화와 주민 내부의 갈등과 불신을 조장하였다는 것이다.

그렇다면 최근 삼청동 일대의 갤러리 호황과 급격한 상업화는 이곳에 거주하는 주민들의 생태계에 실제로 어떤 영향을 끼치고 있을까? 일단 매매 가격의 상승은 이 지역 주민들에게는 자산가치 상승이라는 측면에서 긍정적으로 받아들여지고 있지만, 삼청동이 인기 있는 도심 레저용 문화소비공간으로 급부상하면서 삼청동 주민들의 삶의 질은 급격하게 저하되고 있다. 주말이면 교통 정체가 심해져 그나마 애용하던 마을버스도 소용이 없고, 쓰레기, 소음 공해와 프라이버시 침해를 감내해야 한다. 불편한 교통으로 인해 외부 지역으로 물건을 구매하러 나가기 힘든 상황임에도 불구하고 동네의 세탁소, 가게, 음식점, 문방구 등의 상업 시설은 외부인과 부유한 신흥 거주자를 위한 고급 소비 공간으로 전환되고 있으며 동네 생필품 가격도 덩달아 상승할 수밖에 없다. 한옥의 외관과 골목길 경관은 파사드(facade)로 혹은 사진 속의 이미지로 남아 있지만 급격한 상업화 과정에서 삼청동이 보유했던 독특한 정서와 분위기(aura), 소박하고 여유 있는 생활양식(lifestyle), 지역 주민의 공동체 의식 등 삼청동이 보유했던 진정성(authenticity)은 급격히 소실되어 가고 있는 것이다.

또한, 삼청동 일대의 한옥은 대중이 향유할 수 있는 보편적인 주거 형태라기보다는 북촌 일대에서도 공급이 극히 제한된 전통 가옥으로서, 높은 진입 · 유지비용을 감당할 수 있는 상류층이 차별화된 문화자본을 갖추는 데 도움이 되는 일종의 사치품으로 인식되고 있었다. 이 일대 부동산 중개업소와의 인터뷰 자료(2006년 6월)에 의하면 최근 한옥의 가격이 상승한 것은 사실이지만, 높아진 양도세와 거래비용으로 실제로 삼청동 일대에서 주거용 한옥의 매매는 활발하지 않은 편이라고 하였다. 그나마 차로에 인접하여 접근성이 좋은 한옥이나 건물 위주로 거래가 성사되며, 골목길 안쪽에 남아 있던 거주용 한옥도 레스토랑, 카페, 의류 및 액세서리 매장으로 전환되는 상황이다. 또한 30평 한옥의 경우 마당을 제외하면 실제 건평은 16-20평에 불과할 뿐 아니라 낡은 한옥을 현대인이 살기에 쾌적하고 아름다운 주거공간으로 변화시키기 위해서는 시당국의 보조금 외에도 추가로 지불해야 하는 높은 리모델링 비용도 부담으로 작용하고 있었다. 삼청동의 이미지를 소비하는 사람들에게 한옥과 골목길은 정겨운 추억이고 아름다운 경관이지만, 편리한 도시 생활에 익숙해진 사람들이 실제로 한옥에서 생활하는 것은 또 다른 의미로 경험되며 실제로 아파트 생활에 익숙한 외지인이 '손이 많이 가는' 한옥 생활을 결정하는 것은 심리적으로도 쉽지 않은 일이다.

> "아이들이 아토피가 심해서 이사왔는데… 운치있는 웰빙 생활이라고 한옥에 사는 거 다들 부러워하지만 사실 힘든 점도 많아요. 쇼핑하는 거, 쓰레기 버리는 거 아파트처럼 편리하지 않아요. 지난 겨울 월 난방비만 70만원 나왔어요. 방범

장치를 하긴 했는데 불안하고… 무엇보다 주차가 어렵다는 게 힘들어요”(여 50대, 사당동 아파트에서 2004년 화동으로 이주, 2006년 6월 인터뷰).

3.2 서울시 도심 재창조 프로젝트와 갤러리의 역할

그림 1. 서울 도심 재창조 프로젝트

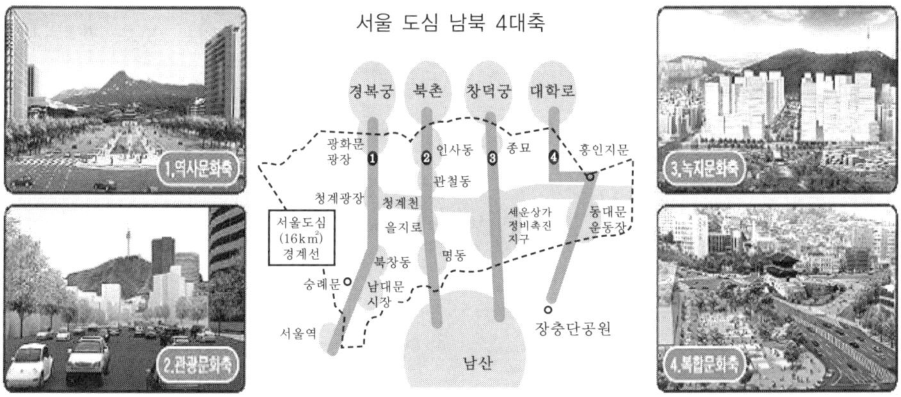

출처: 중앙일보, 2007년 6월 15일자.

최근 서울시 민선 4기 신임 시장은 ‘선진 글로벌 도시의 미래지향적 변화 추세를 수용해 서울을 창조적 미래형 도시로 발전시키고 관광객 1200만 명 유치를 달성하겠다’는 비전을 구체화시킨 ‘도심 재창조 프로젝트 마스터 플랜’을 발표하였다. 도심 재활성화를 위해 이미 개발된 청계천변 동서축을 연계하여 역사 · 관광 · 녹지 · 복합 문화축으로 특성화된 4개의 남북 방향축을 중심으로 명동과 북창동, 남대문, 동대문시장을 특성별로 활성화시켜 낙후된 도심 상권을 활성화시키겠다는 전략이다. 삼청동 및 북촌 일대는 인사동—관철동—을지로—명동—남산으로 이어지는 관광문화축에 해당되며, 특히 삼청동은 카페, 갤러리 등 다양한 문화가 특화된 거리로 개발될 예정이다(중앙일보 2007년 6월 15일자). 또한, 서울을 문화 · 예술의 도시, 밀라노 · 런던과 같은 세계 5대 패션도시로 성장시키기 위해 디자인 산업을 서울의 주력산업으로 지원하고, 동대문 지역은 중저가 중심의 디자인 메카로, 청담동은 고급 브랜드 중심 거리로, 홍익대 주변은 젊음의 거리로, 삼청동은 신진 디자이너 패션 지역으로 특화시킬 예정이다(내일신문 2007년 2월 20일자). 서울시의 개발 계획에서 삼청동 일대는 전통적인 한옥마을뿐 아니라 갤러리 · 카페 등이 밀집해 독특하고 세련된 문화를 지닌 지역, 패션과 디자인의 중심지로 인식되고 있으며, '이 같은 특성을 활성화하고 난개발 및 대규모 개발을 방지' 하는 것이 도심 재활성화를 위한 구체적인 실천 방안으로 제시되고 있다. 그렇다면 삼청동 일대를 국내외 관광객에게 가장 가보고 싶은 명소로 부상하게 한 미술관과 갤러리, 독특한 레스토랑 · 카페 · 패션 숍과 전통 한옥은 '난개발이나 대규모 개발을 제한' 하기만 하면 그 본연의 기능과 특성이 유지되는 문화 관광 자원일까? 특히 삼청동이 트렌드를 선도하는 세련된 문화소비공간으로 변모하는 과정에서 촉매제가 된 갤러리의 성장은 새로운 서울시의 개발 계획 하에서 지속될 수 있을까?

대형 갤러리들의 해외 지점과 파악되지 않은 지방의 화랑까지 포함하면 2007년 상반기에만 갤러리가 전국에 40여 곳 이상 생겼다고 김달진미술연구소(2007)는 파악하고 있으며, 경매 회사가 신설되고 대규모 아트펀드가 각광을 받고 있다(매일경제 2007년 5월 18일자; 매일경제 2007년 7월 1일자). 삼청동 일대의 미술관과 갤러리는 2007년 8월 현재 작년과 비슷한 수준인 46개를 유지하고 있으며(서울아트가이드 2007년 8월호), 최근 미술품이 주요 투자 대상으로 각광을 받고 미술 시장이 폭발적으로 성장하면서 우리나라 미술계와 미술동네 삼청동 일대는 최고의 전성기를 구가하고 있는 듯하다. 하지만, 이러한 외형적인 미술계의 호황에도 불구하고 삼청동의 활성화에 기여했던 갤러리들이 소리없이 사라지거나 다른 지역으로 이전을 고민하고 있는 역설적인 상황이 발생하고 있다. 삼청동에서 카페, 레스토랑을 비롯한 각종 상업 공간이 영토를 확장하면서 특유의 아기자기한 모습과 색채를 잃어가는 가운데, 이 지역의 변화를 주도한 갤러리들이 변신을 모색하거나 밀려나고 있는 것이다.

우리나라의 갤러리 집적 지역은 1970년대 이후 인사동에서 청담동, 평창동, 삼청동으로 변화하여 왔는데, 세부적으로는 외국의 사례와 다른 양상으로 전개되었지만 갤러리 공간의 형성 과정은 외국의 예술가 거주지역, 아틀리에 및 갤러리 집적 지역의 변천 과정과 유사하게 나타나고 있다(Kim, 2007). 뉴욕의 소호도, 첼시도, 윌리엄스버그도 처음에는 공장 지대나 생활이 불편한 주거지였으나, 예술가들이 거주하며 현대 미술의 새로운 실험을 하고 이를 전시하는 갤러리가 입지하게 되면 이 지역의 임대료가 급속히 상승한다. 임대료를 감당할 수 있는 고급 부티크나 레스토랑, 카페 같은 상업 시설이 늘어나면 가난한 예술가들이 먼저 쫓겨나고 곧 갤러리도 문을 닫거나 임대료가 싼 지역을 찾아 떠나게 된다(박상미, 2004; Kostelanetz, 2003; Zukin, 1989). 정부나 시 당국의 문화 · 예술 정책이 부재한 경우 낙후된 도시 공간을 재창조하고 예술 활동을 통해 환경을 미화한 예술가와 갤러리들이 상업화가 진행되기 시작하면 높아진 임대료를 견디지 못하고 쫓겨나는 역설적 상황이 주기적으로 발생하게 되는 것이다. 실제로 2000년대 초반까지 인사동이나 청담동에 비해 상대적으로 낮은 임대료로 갤러리 운영이 가능했던 삼청동 일대가 빠르게 상업화되면서 임대료는 가파르게 상승하였고 2000년대 초반 낮은 임대료를 지불하고 이곳에 정착한 갤러리들은 심각한 운영난에 직면할 수밖에 없다. 갤러리 운영자가 건물 소유주로서 경제적 여유가 있거나 예술에 대한 확고한 신념을 지킬 수 있는 경우가 아니라면 화랑 본연의 기능에 충실한 운영을 지속하기 어려운 상황이 되어 가고 있는 것이다.

> "집주인이 자꾸 월세를 올리려고 하네요. 보다시피 같은 건물의 커피집이 장사가 너무 잘되니까. 확장하고 싶은 것 같아요. 화랑이 자리잡으려면 최소 몇 년은 걸리는데… 이제 1년 되었는데 버티기가 너무 힘드네요"(갤러리 관장, 30대 여, 2005년 개관).

급격한 임대료 상승으로 부담을 느낀 인사동과 삼청동 일대의 갤러리 관장들은 통인동, 통의동 일대, 북악산 기슭의 부암동, 인근의 효자동 또는 헤이리 같은 수도권 외곽 지역으로의 이전을 이미 고려하고 있었다(2006년 갤러리 관계자 인터뷰 자료). 실제로 2006년 여름 삼청동의 상업 시설 매매가는 평당 5000만원을 호가하고 있으며, 임대료는 갤러리의 위치나 상태에 따라 차이가 크지만 20평 정도의 신설 화랑의 경우 임대료만 월 600만원~1000만원을 지불해야 한다(2006년 갤러리 관계자 및 부동산 중개업자 인터뷰 자료). 운영 적자를 보전하기 위해 대부분의 신설 갤러리들은 작품 전시 공간을 공예품이나 액세서리 판매가 가능한 공예(craft) 상점 형태로 구성하거나 부대사업으로 티룸(tea room)이나 와인바를 겸하는 복합문화공간으로 운용하거나, 아예 레스토랑이나 카페로 전업하게 된다. 별도의 인테리어 작업 없이도 식탁과 의자만 들여오면 갤러리는 쉽게 카페와 상점 같은 상업공간으로 전환된다. 물론 현대의 미술관은 예술품 전시 외에도 다양한 볼거리와 교육 커리큘럼을 제공하고 음료와 디저트를 판매하며 아트 숍 쇼핑백마저도 럭셔리 브랜드를 추구하는 추세이지만(양형모 · 김용승, 2005; Twitchell, 2002), 미술관이나 대형 갤러리가 복합 문화 공간으로 진화하는 것과 소형 갤러리들이 카페나 레스토랑, 와인바로 전환하는 것은 전혀 다른 의미를 지닌다. 기획 전시에 필요한 최소한의 공간을 상업 공간으로 전용하는 것은 예술가를 육성하고 미술계의 담론을 형성하는 갤러리의 본질적인 기능을 상실할 우려가 있는 것이다.

서울시는 공공디자인 정책의 획기적인 패러다임 전환과 전면적인 도시디자인 개조사업을 통해 서울을 세계적인 고품격 디자인 도시로 육성하기 위해 이를 총괄하는 '디자인서울총괄본부'를 시장 직속으로 설치 · 발족하였다. 이를 통해 도시경관에 디자인 개념을 도입하고 서울의 건축 · 주택분야의 외관 등 도시경관관리, 문화 분야의 도시갤러리 프로젝트, 건축물에 대한 미술장식 업무 등 그 동안 여러 조직으로 분산되어 있던 디자인 관련 기능을 통합하고 강화시킬 예정이다. 런던이나 뉴욕과 같은 최상위 예술 도시뿐 아니라 베이징과 같은 아시아 도시에서도 예술가들은 낙후된 슬럼 지역에 거주하고 작업하면서 도시 생활의 모순을 드러내고 예술 작품을 통해 공간과 삶에 대한 다양한 시선을 유도하고 있다. 특히 현대 미술에서는 지역 특성에 밀착된 작품 활동이 주목을 받고 있으며, 갤러리도 기존의 정형화된 상업공간보다는 새로운 느낌을 주고 상대적으로 입지가 저렴한 지역을 개척하여 입지하는 경향이 증가하고 있다. 실제로 런던 동부 지역의 갤러리들은 예술가들이 작품 활동을 하는 쇠락한 공업 지대에 입지하여 세계 미술의 첨단을 주도할 뿐 아니라 예술가들에게 소통의 장을 마련하고 도심 재활성화에 견인차 역할을 하고 있다(While, 2003). 그러나 아쉽게도 우리나라 갤러리 밀집 지역은 예술가의 거주지와의 연계성이 미약하며, 실제로 삼청동 일대 갤러리 관계자와의 설문조사와 면담에서도 갤러리 입지를 결정할 때 예술가 집단의 거주지와 근접성은 거의 영향을 끼치지 않았음을 확인할 수 있었다. 삼청동의 갤러리는 삼청동 일대의 장소성을 반영하지 못하고 있을 뿐 아니라 급속한 상업화에 의해 본연의 기능을 상실하고 나아가 그 존재마저 위협받고 있는 상황이다. 치열한 세계 미술 시장의 경쟁 구조와 지역의 특성에 밀착된 현대 미술의 추세를 감안한다면, 갤러리의 역할을 경제적 관심이 아닌 도시의 장소성을 고려한 문화 · 예술적 관점으로 전환할 필요가 있으며 도시 재활성화 과정에서 예술가의 거주 및 작업 공간과 갤러리의 역할에 주목할 필요가 있다.

장소판촉적 지역발전을 위한 장소자산형성에 관한 연구

김 현 호

정보기술의 비약적 발달은 사람이나 기업 등 경제활동의 이동에 제약이 되었던 공간거리 극복을 수월케 함으로써 경제활동의 이동성을 증대시키고, 원거리 활동에 대해서도 즉각적 통제를 가능케 함으로써 경제활동의 재입지를 용이하게 만들고 있다. 정보기술이 기업의 이동성을 증대시키는 방식을 '영역관리'(management of territoriality)라 한다(Williams and Taylor, 1989; Capello, 1994). 기능적으로 통합되고 지리적으로 분리된 셈이다. 기업들이 정보기술의 발달에 힘입어 관리통제 등 핵심기능은 특정한 지역에 집중시키는 반면, 생산 등 단순기능은 분산시키는 것을 말한다. 정보기술을 통한 즉각적인 지리적 통합이 이들 기능간의 원활한 상호작용을 가능케 하기 때문이다.

그 결과 '지구촌'이라는 이름에 걸맞게 지구 전체가 하나의 경제권으로 통합되고 있다. 단일한 경제권에서는 '시간에 의한 공간의 섬멸'이라 할 만큼 공간의 특성이 무의미해지고 있고 사람, 상품, 자본, 금융, 이미지 등이 장소와 영역으로부터 급격히 분리되는 '탈영역화'(deterritorialization) 현상이 발생하고 있다. 장소가 단순히 물리적 공간만을 지칭하지 않고 물리적 공간, 사회 · 제도적 소프트웨어, 문화와 관습, 가치규범 등을 포함하는 개념이기 때문에 영역과 동일한 의미로 사용한다. 경제활동이 장소와 불가분의 관계를 가지고 연계되어 있어 다른 장소로 옮기면 경제활동이 불가능한 성질을 배태성(胚胎性)이라 하면 세계화에 의해서는 탈배태성(脫胚胎性)이 증가된다고 할 수 있다.

그런데 세계화를 이처럼 공간의 동질화 과정 내지 탈영역화 과정으로만 이해한다면(Storper, 1997), 그 이면에 있는 고정적이고 비이동적인 영역적 조직을 인식하지 못할 뿐 아니라, 세계화가 영역조직에 기반하고 있음을 포착하지 못하고 만다. 세계화는 시-공간 압착을 통해 공간을 동질화시키려는 (자본의) 탈영역화와 다른 지역과 차별적인 장소특성을 구축하려는 (장소의) '영역화' (territorialization)라는 상호 대립적인 두 개의 힘이 동시에 빚어내는 현상이기 때문이다(Brenner, 1999; Storper, 1997).

정보기술의 비약적 발달이 거의 모든 지역에 동일한 접근성을 제공함에 따라 입지론의 종말이 오고(Hartshorn and Muller, 1992:147; Shulman, 1989), 장소의 중요성이 약화될 것임을 예견하고 있지만, 그런 예견과는 달리 장소의 중요성은 오히려 증가하고 있음도 영역화 때문이다(Knox, 1994:57). 거리장벽 해소, 시간에 의한 공간의 섬멸이 경제활동 주체로 하여금 장소간의 사소한 차이에도 매우 민감하게 만들고 있기 때문이다. 세계화의 본질은 '다투는 장소들의 폭발' 이라 할 만큼 '장소의존적' 일 수밖에 없다. 물론 이에 대해서 반대 견해를 제시하는 사람도 있다. 국제금융 사례에서 오바이렌(O' Biren, 1997)이 이런 반대의 견해를 제시하고 있다.

이 점은 (재)영역화 논의를 보면 보다 분명해진다. 이 논의에 따르면 경제활동은 장소나 영역 의존성을 띠며(Harvey, 1989; Brenner, 1998:461), 경제활동의 이동성은 불가피하게 고정적인 교통 · 통신시설, 조절, 제도 등을 구축하는 '영역화' 를 통해 가능해진다고 한다. 영역화는 '영역성' 을 구축하는 것인데, 영역성은 탈맥락화된 지구경제(decontextualized global economy)에 대비되는 국가나 지역, 즉 장소의 물리 · 제도 · 문화 · 사회적 특수성을 가리킨다(Amin and Thrift, 1997:153). 경제활동은 끊임없이 장소속박을 줄여 지구적 이동성(global mobility)을 향상시키려고 하는데 비해, 영역은 그들의 범역 안에 경제활동을 잡아두려는 장소 고정성(local fixity)이라는 상반된 속성을 지니기 때문이다(김형국, 2002).

하비(Harvey, 1989)는 이동성과 고정성 사이의 이 같은 긴장이 자본주의 역사에서 지리적 경관을 변형시켜 온 항상적(恒常的)이고 자기조절적인 동인이었다고 한다. 이동싱과 고징싱 사이의 역동직 긴장 혹은 모순이 경제위기를 발생시키고 이를 해소하기 위해 다시 영역조직의 변화가 불가피해진다는 것이다. 경제를 작동시키는 기술발달이 비약적일수록, 그리고 그러한 기술의 사용이 포괄적일수록 이런 주기는 빨라진다고 한다. 영역화와 탈영역화, 이동성과 고정성 사이의 이런 긴장이 극명하게 드러나는 시기는 정보통신기술이 고도로 발달된 시기이거나 경제위기의 시기이다. 이런 긴장이 현재는 더욱 심화되고 있다. 정보기술의 발달에 따라 공간거리의 마찰이 이전보다 감소했고, 경제기능의 이동성이 국가의 통제능력을 뛰어넘고 있기 때문이다. 탈산업화도 이를 가속화시키고 있다.

어쨌든 이같은 속성을 지닌 세계화에 따라 경제활동이 지구적 공간을 가로질러 입지자유성과 휘발성을 가지게 되었고, 이와 상반된 위치에 있는 지역이나 장소들은 경제활동을 유치하기 위해 치열한 장소간 경쟁을 벌이는 상황이 전개되고 있다.

1. 장소판촉과 장소자산

장소의 중요성 증가는 장소간 경쟁규칙의 변화에 기인한다. 과거에는 장소경쟁이 주로 토지나 부존자원, 교통비 등 규모(scale) 및 비용(cost)에 기반했음에 비해, 현재는 특정 지역만이 제공해 줄 수 있는 독특한 자산에 기반하고 있다. 경쟁규칙의 주된 양상이 비용중심에서 장소 특수적 자산이나 문화중심으로 옮아가고 있기 때문이다(그림 1). 지식기반경제에서는 창의적 활동에 종사하는 지식노동자

그림 1. 세계화에 따른 경쟁규칙의 변화

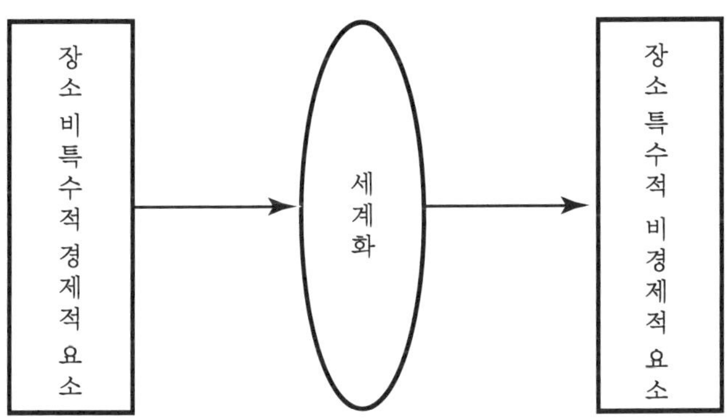

의 역할이 중시되고, 이들의 창의성과 상상력 함양에 문화나 어메니티 등 삶의 질 요소가 중요한 역할을 하는 점도 이같은 변화가 초래한 결과라 할 수 있다.

새로운 경쟁요소로 부각되고 있는 지역의 독특한 자산에 기반한 경쟁을 '영역적 장소경쟁' 이라고 한다(Storper, 1999). 영역적 장소경쟁은 특정한 장소에 내재되어 있는 사회적 관계나 조건 등 경제활동의 입지대체성이 거의 없는 영역자산(혹은 장소자산)에 기반한 경쟁을 말하며, 영역 특수성이 경쟁의 원천이 된다. 어떤 활동의 경제적 이점을 다른 장소에서는 구할 수 없고, 다른 장소가 창조하거나 모방할 수 없는 자산에 근거할 때 그 활동을 완전히 영역화되었다(fully territorialized)고 한다. 대체가능한 입지가 적을수록, 입지시장이 불확실할수록 경쟁이점은 높아진다. 그래서 영역경쟁은 지역 특수적인 요건이나 문화 및 정체성을 통한 경쟁이라고 할 수 있다.

이같은 관점에서 보면 장소판촉은 세계화가 초래한 장소의 경제적 위기에 대응하고 해소하기 위해, 경제기능의 영역화를 제공할 수 있는 장소를 만들어서 이를 판촉하는 전략인 셈이다(그림 2). 국가가 자국내의 경제적 자율성을 상실하게 됨에 따라 국가 하위의 장소들이 세계적으로 활동하는 경제주체와 대면하게 되고 그럼으로써 장소들은 생존의 위기에 직면하는 상황이 벌어지게 된다. 이런 위기에

그림 2. 장소판촉의 등장

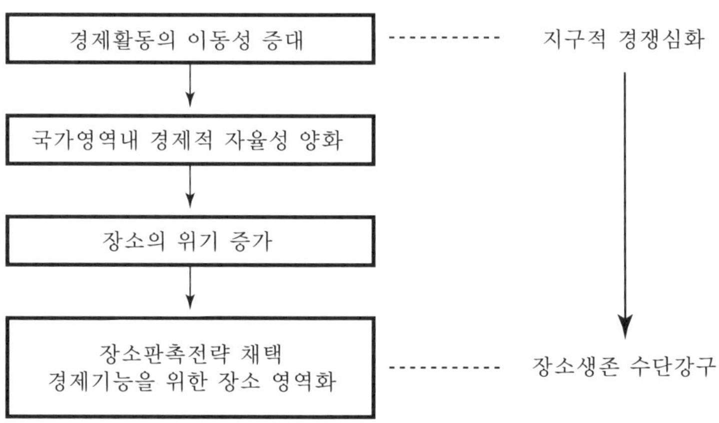

대응하기 위한 수단으로, 그리고 살아남기 위한 방편으로 장소판촉 전략을 채택하는 것이다.

여기서 장소는 물리적 실체가 아니라 물리적 실체를 포함하여, 그 위에서 구현되는 다른 지역과 차별적 특수성을 지닌 문화, 제도, 행정지원, 주민의 협조 등 경제활동이 필요로 하는 제반요소가 된다. 영역은 마을 차원이라는 아주 좁은 범위에서 구현될 수도 있고, 국가라는 보다 큰 단위에서 구현될 수도 있다. 장소판촉이 마을 단위에서 구현되면 마을이라는 장소판촉이 되며, 도시차원에 적용되면 도시 마케팅, 국가 차원에서는 국가 마케팅이 된다. 이들은 모두 장소판촉이 적용되는 영역성을 띤 장소 범역의 차이에 따른 구분일 뿐이다.

장소판촉은 세 단계를 통해 작동한다(그림 3). 먼저 장소자산에 기반하여 경쟁력 있는 장소를 만들고, 그 다음 이렇게 형성한 장소를 판촉한다. 그리하여 기업이나 관광객 등 경제발전 인자가 유치되면 그 실적을 평가하여 다시 장소자산형성과 장소판촉에 반영하는 프로세스로 구성된다. 이러한 평가의 척도로는 장소판촉이 가져온 투자 유치기업의 수나 관광객의 수, 또는 장소판촉으로 인한 지역경제 발달에 대한 영향이 주로 사용된다.

그런데 문제는 장소판촉의 이런 프로세서에서 장소형성을 중요시하지 않고 건너뛴다는 점이다. 그래서 대부분의 장소판촉 논의에서, 그리고 장소판촉의 전략적

그림 3. 장소판촉의 메커니즘

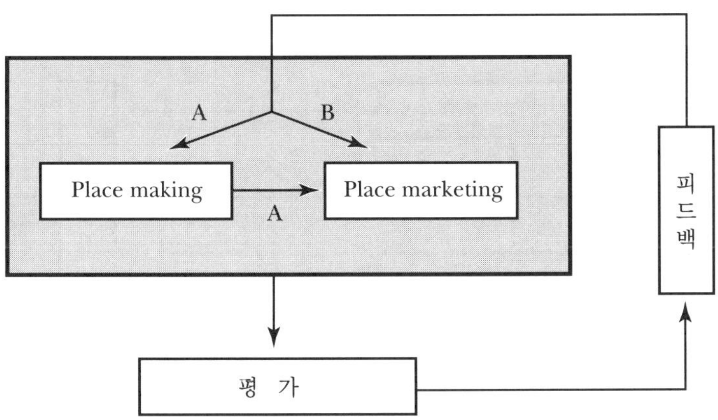

실천에서 장소형성에 대한 논의가 간과되고 있다. 대신 판촉전략 및 기법을 개발하는 데 치중하고 있다. 장소판촉의 핵심적 과정인 장소형성이 빠져 있는 셈이다.

또 다른 문제는 장소판촉의 경쟁형태이다. 경쟁에는 동적인 경쟁과 정적인 경쟁, 두 가지가 있는데(Jessop, 1999), 장소판촉은 정적인 경쟁, 즉 약한 경쟁의 범주에 속한다(그림 4). 정적인 경쟁은 발전인자를 외부에서 지역 내부로 끌어들이는 외생적 발전전략이며, 그런 의미에서 제로섬 게임의 성격이 강하다. 동일한 지역이나 동일한 국가에서 끌어들이는 경우는 완전한 제로섬게임이라고 할 수 있다.

이와는 달리 강한 경쟁이라고 할 수 있는 동적인 경쟁은 지역 내부의 성장 잠재력을 이용한 내생적 발전을 추구하며, 그래서 넌제로섬 경쟁의 성격을 띤다. 장소판촉의 맹점은 외부에서 발전인자를 끌어들이는 정적 경쟁 이점을 추구하는 외생적 발전전략의 성격을 띠는 것이다(Jessop, 1998:86). 물론 내생적 발전을 비판하는 사람이 없는 건 아니다. 오마에(Ohmae, 2001)는 내생적 장소발전은 한계가 있고, 그래서 오히려 지역발전을 위해서는 외부 투자를 지역이나 장소로 끌어들이는 약한 경쟁이 중요함을 주장하고 있다.

하지만 당초에는 장소판촉이 약한 경쟁에서 시발하지 아니했다. 장소판촉에 대한 초기의 논의들은 동적인 경쟁이점을 추구하는 성향이 오히려 강했다. 영국을

그림 4. 장소경쟁과 지역발전

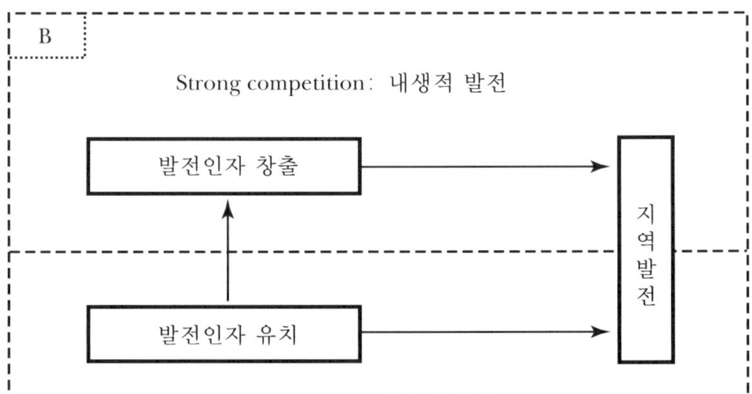

중심으로 논의되어 왔던 '장소부흥'(place promotion)에 비중을 두는 장소판촉의 경우가 특히 그러했다. 장소의 내생적 발전에 비중을 두는 장소향상 전략이 고객의 수요를 충족시키기 위한 '마케팅'(marketing) 측면에 비중을 두기 시작하면서부터 장소자산에 대한 관심이 부족해지기 시작했다(Malecki, 1997). 공익성에 기반한 공공계획적 성격이 강했던 초기의 장소판촉은 세계화 경제의 도래와 장소간 경쟁심화에 따라 수익성을 중시하는 기업가적 성향을 띤 전략으로 선회하게 되었다. 이에 더하여 이 분야에 대한 논의가 주로 Kotler 등을 필두로 하는 경영자들에서 연유한 점도 장소자산이나 그것의 형성에 대한 관심보다 '마케팅'을 중시하게 만든 요소로 작용했다.

장소판촉이 지역발전을 위한 보다 적실한 전략이 되려면 외부투자를 유치하는 약한 경쟁이점을 추구하는 데 그치지 말고, 내생적 발전을 추구하는 강한 경쟁이점을 동시에 추구해야 한다. 약한 경쟁이점이 강한 경쟁이점의 토대나 고리가 되어 외부투자를 끌어들임과 동시에 내부투자를 진작시킬 때 경쟁력이 보다 강화될 수 있기 때문이다.

2. 장소자산의 형성

2.1 장소자산의 개념

일반적으로 장소자산은 제도 · 정치 · 문화 · 사회적 관계 등의 연성요소(soft factor)와 건조환경, 자연환경, 물리적 시설 등 경성요소(hard factor) 모두를 포함한다(Kotler, 2002)

장소자산은 비복제성, 장소정체성, 비대체성, 영역 배태성을 특징으로 한다. 이런 특성 때문에 장소자산은 '영역 배태적 자산', '영역자산'(territorial assets), '경쟁자산', '지역의존적 자산', '장소 배태적 자산', '장소의 질'(quality of place) 등 다양한 이름으로 불리기도 한다.

이같은 장소자산의 특성이 어떤 면에서는 장소자산형성을 위한 딜레마가 되기도 한다. 독특성을 추구하려는 다른 한편에서는 성공사례에 대한 모방 성향이 공존하기 때문이다. 장소판촉에는 일반적으로 높은 불확실성이 있다. 그 때문에 대부분의 도시나 지역들은 성공한 모범 사례에서 크게 벗어나지 않으려는 안정추구 경향을 보인다. 실패할 경우의 비난과 부담이 크기 때문이다. 그래서 판촉방법의 선택이나 장소자산을 형성함에 있어 이미 검증된 방식들에 초점을 두는 '기업가적 보수주의'나 '경쟁적 경계'(competitive caution)에 버금가는 조심성을 보인다. 이때 통상적으로 동원하는 것이 그렇기 때문에 레저 시장-장소, 문화적 장소, 문화지구, 예술축제, 컨벤션센터, 상징적인 건물, 테마 수변 리조트 등의 판촉이다.

여기에는 상당한 수준의 내적 모순 내지 긴장이 수반된다. 세계화된 경제하에서 도시나 장소들 혹은 이곳의 리더들은 그들의 도시나 장소들에 대한 인식을 고양시킬 필요성을 느끼게 된다. 도시나 장소들을 두드러지게 하거나 주목받게 하기 위해 다른 장소들과 차별화시키고자 하는 '차별화 유인'이 있다. 그러나 한편으로는 장소경쟁과 관련된 엄청난 불확실성은 이들로 하여금 이미 검증된 비교적 확실한 방법을 따르게 하는 '동질화 유인'으로 작용한다. 이런 긴장은 특정 지역이나 장소들에만 국한된 것이 아니라 거의 모든 지역에 해당된다.

장소판촉에는 이같이 상반된 유인의 딜레마가 공존하지만 안정추구 성향이 강해 비교적 성공한 지역의 장소판촉을 모방하며, 그렇다 보니 장소자산도 모방하거나 복제하는 형편을 크게 벗어나지 못하고 있다.

2.2 장소자산형성의 주체

장소자산을 형성함에 있어 중요한 것이 주체의 문제이다. 장소자산을 형성함에 있어 공공 일방 주도에서 지역주민을 포함시키는 등 다양한 주체들의 참여가 점점 확대되고 있다. 세계화에 따라 경제활동의 이동성이 증대됨으로써 국가가 더 이상 지구적 경제활동 흐름에 대한 통제권을 배타적으로 행사할 수 없게 되었기 때문이다. WTO 등의 초국적 기관, NGO 및 시민단체, 하위의 지방이나 지역 등의 경제적, 정치적 자율성은 오히려 증가하고 있다.

이는 장소자산형성의 주체에 대한 새로운 문제를 부각시키고 있다. 혹자는 이를 정치규모의 조정이라고도 하는데, 국가권한의 변동에 관해서는 여전히 국가권한이 강하다는 입장에서 약화된다는 입장까지 다양하다. 하지만 관리주의적 통치체제에서 기업가주의적 통치체제로의 변화라는 데는 크게 이견이 없는 것 같다.

국가권한이 강한 관리주의적 통치체제에서는 공공의 일방주도로 장소자산이 형성되는 측면이 강했지만, 이제는 그게 통하지 않게 되었다. 장소자산에 대해 매력을 느끼는 경제활동 주제들이 찾는 장소가 국가라는 추상적 실체가 아닌 구체적 장소가 될 뿐 아니라, 이들 장소에서의 지역민의 합의나 협조가 긴요하기 때문이다.

그래서 장소자산을 형성하는 주체가 공공-민간의 '양자 파트너십'(two-way partnership) 형태에서 지역민을 포함하는 '삼자 파트너십'(three-way partnership)으로 옮아가고 있다. 이런 변화는 국가, 지역, 시기에 따라 다소간의 차이는 있을지 모르지만 지역주민의 참여가 점점 확대되는 경향은 일반적인 추세라고 할 수 있다. 장소판촉의 중요한 목적 중의 하나인 주민결속을 통한 공동체에 대한 애착 및 정체성 형성도 이같은 추세변화에 영향을 미치는 주요한 요건 중의 하나이다(Healey, 1994).

2.3 장소자산의 내용

그러면 어떤 장소자산이 필요한가? 장소판촉의 방식에 따라 상이한 장소자산이 필요하다. '생태적 장소판촉'은 양질의 생태자산을 장소판촉의 수단으로 사용한다. 이를 'SSS' 혹은 '3S' 장소판촉이라 한다. 작렬하는 태양(Sun)이 있는 맑은 바다(Sea)에서 깨끗한 모래(Sand)를 즐길 수 있는 양질의 자연환경에 기반한 장소판촉이기 때문이다(Hall & Page, 1999).

'문화적 장소판촉'은 지역이나 장소 특수적인 문화를 장소판촉 수단으로 사용한다. 생태적 장소판촉과 문화적 장소판촉은 관광객 유치와 그와 직·간접으로 연관된 산업 및 고용창출을 통해서 지역의 발전을 도모하는 방식이다. 이에 비해 '산업적 장소판촉'은 양질의 장소환경을 구축함으로써 고용을 창출하는 기업을 끌어들여 지역이나 장소의 발전을 도모하는 방식이다. 앞의 두 방식이 관광객 유치에 목적이 있는 반면, 마지막 방식은 기업유치에 주요한 목적이 있다.

이를 토대로 형성되는 장소자산은 지역에 따라 다르지만 일반적으로 중시되는 자산은 문화자산, 제도·정치자산, 물리적 자산으로 나눌 수 있다. 문화자산은 문화배태적 자산과 문화자본적 자산으로 나눌 수 있는데 생활방식이나 신뢰, 인간관계 등은 전자의 자산에 속하는 반면, 예술 등은 후자에 속한다. 제도·정치자산은 제도적 두터움 혹은 제도적 역량을 지칭하며(Amin and Thrift, 1992; Raco, 1999), 관계자산을 포함한다. 물리적 자산은 발전인자의 유치, 성장에 필요한 물적 인프라나 건조환경 등을 의미한다.

산업적 장소판촉, 문화적 장소판촉, 생태적 장소판촉이 장소자산에 따라 유형화가 가능하듯이 이들은 각기 다른 장소자산을 필요로 한다(표 1). 물론 특정한 장소자산이 특정한 장소판촉에만 완전히 배타적으로 사용되는 것이 아니라 때로는 여러 유형에 공통적으로 사용될 수도 있다. 가령 문화자산의 경우는 그것이 지식노동자의 창의성 함양에 기여하는 점에서 산업적 장소판촉의 도구가 될 뿐 아니라, 이색적 체험과 볼거리를 제공한다는 의미에서는 문화 및 생태적 장소판촉의 도구가 되기도 한다.

표 1. 장소판촉유형에 따른 장소자산

	장소자산		
	문화자산	제도정치자산	물리자산
산업적 장소판촉	○	○	○
문화적 장소판촉	◎	○	△
생태적 장소판촉	○	○	◎

◎ : 매우 중요, ○ : 중요, △ : 보통.

장소자산은 특정 장소가 선택하는 장소판촉의 전략에 따라 그 중요성에 차이가 있다. 산업적 장소판촉의 경우는 산업활동을 지원하기 위해 잘 정비된 제도 · 정치 · 관계적 자산이 중요할 뿐 아니라, 오피스나 정보기반시설, 양호한 산업 및 주거환경 등 물리적 자산이 필요하다. 그리고 문화자산의 경우도 창조적 활동에 종사하는 지식노동자를 위해 중요하며 신뢰에 기반한 협력적 기업문화도 산업적 장소판촉의 빠질 수 없는 자산이 된다.

물론 동일하게 산업적 장소판촉을 추구하더라도 지역에 따라 그들이 선호하는 자산이 다를 수 있다. 가령, 첨단산업에 기반한 산업적 장소판촉을 구사하는 지역은 문화, 제도, 물리적 자산 모두가 중요하지만 그 중에서도 첨단산업의 성장에 토양이 되는 문화 · 관계 · 제도자산을 중시한다. 반면, 산업기술 위계상 하급기술에 기반한 산업을 통해 장소발전을 추구하는 지역의 경우는 물리적 자산을 다른 자산에 비해 중시하기도 한다. 똑같이 산업적 장소판촉전략을 추구하더라도 지역여건에 따라 선호하는 장소자산은 달라질 수 있기 때문이다.

문화적 장소판촉에 있어서는 문화적 자산이 중요하다. 문화적 자산의 경우도 문화지구처럼 유물이나 유적 등 유형자산이 있을 수 있고, 연극제나 축제, 이벤트 등 무형의 자산이 있을 수 있다. 유형 자산의 경우는 자산가치를 발굴, 개발하여 이를 홍보 · 마케팅하는 전략이 중요하다. 축제, 이벤트 등 무형자산에 기반한 경우는 그 자산이 장소판촉으로 진가를 발휘하기 위해서는 지속성이 관건인데, 이를 위해서는 관계된 주체들의 협력과 결속이 긴요하다. 그 중에서도 특히 리더의 헌신적 노력이 중요한 경우가 많다. 그 다음으로는 제도, 정치적 자산의 중요성이 크다.

생태적 장소판촉의 경우는 생태적 자원이라는 물리적 자원이 제일 중요하다. 생태적 자산의 가치가 증가하는 요인 중의 하나는 여가와 휴식에 대한 수요의 증가이다. 생태적 자산은 학습의 기회를 제공할 수 있는 가족관광 및 체험관광 등과 결합된 자산의 형태로 복합성을 띠기도 한다.

장소판촉방법에 따라 중요시하는 장소자산의 차이에도 불구하고 그 가운데서도 문화적 자산의 중요성이 증가하고 있다. 혹자는 이를 '문화혁명'(cultural revolution)이라고 한다. 문화가 경제의 지구화에 대비해서 지역의 특수성과 차별성을 지닌 도구라는 점, 삶의 수준 향상으로 인해 여가에 대한 수요가 증가하고 생산요소로서 문화가 중요해지는 점 때문이다. 이에 더하여 현대경제의 주류로 등장하고 있는 지식노동자가 문화의 주요한 소비자라는 점, 문화의 전달 · 가공 · 성장의 토대와 매체가 되는 정보기술이 급격히 발달하고 있는 점도 문화자산의 중요성을 증가시키는 요인이 되고 있다.

2.4 장소자산 형성의 원리

장소자산 형성의 중요한 원칙은 장소판촉의 유형에 관계없이 공통적으로 적용되는 것과 장소판촉의 유형에 따라 각기 달리 적용되는 것으로 나눌 수 있다. 장소판촉유형에 관계없이 공통적으로 적용되는 원칙은 지역 내 참여주체들이나 지역내에서 경제활동을 하기를 원하는 잠재적 경제주체들과의 의사소통이다. 이는 지역내의 경제주체들에게는 참여확대와 합의형성을 통해서 장소판촉의 성공여건을 조성할 뿐 아니라 공동체 의식과 정체성 확립에 도움이 되며, 잠재적인 지역내 경제활동의 주체들에게는 지역의 경쟁이점과 문화 등을 전달하여 경제활동을 유치하는 역할을 하기 때문이다.

의사소통을 기반으로 장소자산형성에 있어 장소판촉의 유형에 관계없이 중요한 원리는 세 가지로 정리할 수 있다. 하나는 파트너십 및 협력이고, 다른 하나는 학습 및 체험이며, 나머지 하나는 리더 및 인적네트워크이다. 첫째, 파트너십은 주로 지역정부, 기업 커뮤니티, 시민이 협력함으로써 형성되는데 파트너십을 강화시키기 위해서는 공동의 비전이 제시되어야 한다. 장소판촉에 참여하는 주체들이 비전을 공유할 때 참여와 파트너십이 활성화되고, 장소판촉의 실행력이 높아지기 때문이다.

이같은 파트너십의 형성은 세 가지 측면에서 이점을 제공한다. 1) 무엇보다 장소자산을 통한 장소판촉의 과실배분에 대한 특정주체의 배제를 최소화시킴으로써 과실배분의 형평성을 보장하는 중요한 수단이 되기도 한다. 2) 지역민의 참여를 확대함으로써 지역의 장소자산에 대한 애착을 배가시킴은 물론 장소판촉의 목표를 달성시키는 데 수월할 뿐 아니라 장소판촉을 지속시키는 요건이 된다. 3) 두 번째와 관련된 것으로 지역민의 참여를 보장 내지 확대함으로써 지역의 민주주의를 도모할 수 있는 장점이 있다(Swyngedouw, 1996을 참조할 것).

둘째, 학습과 체험은 주로 문화 및 생태판촉에 적용되는데, 판촉대상을 관객에서 주체로 변화시키는 역할을 한다. 그리하여 학습과 체험을 경험한 사람들은 장소에 대한 매력이 한층 증가되고 마음속에 각인시키게 된다. 또한 학습은 자녀를 동반한 가족관광을 유발시키는 효과도 발생시키며 체험은 프로그램을 다양화시키는 역할을 한다.

셋째, 인적자원의 중요성이다. 그 중에서도 특히 리더의 역할이 중요하다. 리더는 공공부문의 주체일 수도 있고 민간부문의 리더일 수도 있다. 리더가 공공분야에 속하건 민간분야에 속하건 간에 장소자산형성에 대해서 남다른 애착과 열정, 헌신을 가진 사람이 특히 중요하다. 리더의 중요성은 장소자산이 구체화되지 않거나 개발이나 발굴이 되지 않았거나, 무형의 자산이거나, 장소판촉으로 인한 편익이 비가시적이고 간접적일수록 더 크다고 할 수 있다.

이같은 공통적 원칙에도 불구하고 장소판촉의 유형에 따라 중요성에 있어 다소간의 차이가 있을 수 있다. 장소판촉의 목표가 다르고 메커니즘이 다르기 때문이다.

산업적 장소판촉에서 장소자산은 기업활동을 유치하여 지역의 경쟁력을 확보하기 위한 수단이라는 성격을 지닌다. 지역의 경쟁력을 확보하기 위해서는 유리한 사업환경을 구축해야 한다. 이를 위해서는 지역이 처한 세계 및 국가 내에서 차지하는 지역의 산업적 공간적 분업상의 위치를 파악하고, 그런 다음 지역의 경쟁력을 확보할 수 있는 산업을 설정하고, 이를 유치하기 위한 장소자산을 형성해야 한다. 이런 일련의 과정은 산업에 대한 전문적인 지식은 물론이고 설정한 산업이 선호하는 자산에 대한 깊은 이해가 전제되어야 한다. 가령 디지털 미디어 산업을 유치해 지역의 발전을 도모하려는 서울 DMC의 경우, 우선 산업의 세계적 분업상에서 서울이 차지하는 위치와 그에 기반해서 서울이 경쟁력을 가질 수 있는 산업을 파악해야 한다. 그 다음 상암동이라는 지역이 서울에서 기업의 공간적 분업이나 연계에서 차지하는 위상을 감안하여 경쟁력 있는 업종을 다시 선택해 그에 적절한 장소자산을 구축해야 한다. 상암동 지역에 유치할 수 있는 업종 선택에는 세계 및 동아시아에서 차지하는 서울산업의 위상을 고려하고 있음을 알 수 있다. 서울시는 향후 세계 경제의 지배적 트랜드가 정보, 문화경제로 이행할 것임을 예견하고, 동아시아의 중국과 일본의 틈바구니에서 경쟁력이 있는 산업으로 디지털 미디어 산업을 설정하여 DMC 산업적 장소판촉을 시행하고 있다.

문화적 장소판촉에서 장소자산형성은 유형의 자산인 경우와 무형의 자산인 경우로 대별할 수 있다. 유형인 경우는 유적이나 유물, 문화지구 등의 경우가 대표적인데 대체로 공공부문의 리더십이 장소자산 형성에 주도적 역할을 한다(Boyd, 2001:222). 장소자산형성을 통한 편익이 비가시적이고 공익적 성격을 띠기 때문이다. 그래서 민간은 참여에 있어 소극적인 면을 보인다.

무형인 경우는 연극제나 영화제 등의 축제, 드라마나 영화의 촬영지 등의 문화판촉에 따라 장소자산형성의 요건이 달라진다. 전자의 경우는 보다 전문적인 문화 분야이다 보니 예술문화에 대한 전문적 지식과 열정을 가진 인적자원과 이들에 대한 공공의 협력이 관건이 된다. 반면 후자의 경우는 영상물 촬영이나 제작을 유치하기 위한 공공부문의 노력이 우선 중요하고 미디어를 통해 일단 알려지고 난 다음에는 이를 판촉하기 위한 추가적으로 자산을 개발하고 판촉하는 데 공공과 민간의 협력이 필요하다. 공공부문의 중요성을 대변하는 경우가 KBS 사극 '태조 왕건'의 세트장을 유치한 문경의 경우라 하겠다. 문경시는 공공이 주도가 되어 태조 왕건 세트장을 유치하기 위해 KBS를 방문하는 등의 노력을 보인 결과 소기의 목표를 달성했다.

문화적 장소판촉의 장소자산 형성에서 또 하나의 중요한 요소는 문화를 전달시키는 문제이다. 이는 '문화적 해석'(cultural interpretation)과 관련된 문제로 특수한 문화의 보편적 전달의 문제라고 할 수 있다. 이는 문화의 상대성을 무시하는 것이 아니다. 오히려 문화의 보편적 가치, 품격있는 가치로 전달시키는 문제와 관련된 점이다. 가령, 안동의 하회 별신굿이 우리들 정서에는 전통의 학습으로 인해 그것이 의미하는 바가 이미 마음에 체득되어 있다. 그래서 이를 해석할 필요가 없다. 하지만 이를 보편적 가치화 하여 우리와 전통과 경험이 다른 외국인에게 전달하는 것은 별개의 문제로 이에 대해서는 특별한 노력이 필요하며, 그 점이 포인트라는 것이다.

이를 위해서는 두 가지 방법이 유효하다. 첫째는 문화에 참여하여 학습과 체험을 제공하는 방법이다. 단순히 보고 듣는 것에 비해 행동으로 체험할 때 문화에 대한 이해가 깊어질 수 있기 때문이다. 그럼으로써 특수한 문화가 보편적 가치를 가진 것으로 이해되고 전달 가능한 것이 될 수 있기 때문이다. 둘째는 제도적인 것으로 문화적 자산을 국제기구(유네스코)가 지정하도록 하는 것이다. 물론 유네스코가 세계문화유산으로 지정했다고 해서 문화적 해석의 문제가 완전히 해소되는 것은 아니다. 하지만 세계문화유산으로 지정되면 일단은 특정한 문화적 자산이 보편적 코드를 확보했다는 점에서 문화적 해석의 지평을 확대시키는 점은 분명하다.

생태적 장소판촉에 있어 장소자산 형성은 생태라는 이미 존재하는 지역의 자연자산을 판촉하기 때문에 새롭게 자산을 형성한다기보다는 자산을 통해 관광을 유치하는 성향을 띤다. 상호작용과 참여를 통해 생태계의 특성을 이해하거나 학습하기 위한 유익하고 재미있는 프로그램을 개발한다든지 체험하게 하기 위해 전문가와 공공의 협력이 필요하다. 장소자산 형성을 통한 장소판촉이 관광이라는 형태로 나타나기 때문에 이들에게 숙식 및 친절을 제공하는 등 지역민의 협조와 파트너십도 장소자산의 경쟁력을 강화시키는 요소이다.

장소판촉의 유형에 관계없이 중요한 장소자산 형성의 원리에서 빠뜨릴 수 없는 것은 장소에 대한 이미지를 형성 · 강화시키는 것이다. 물론 이미지는 장소자산 형성 단계에서 먼저 만들어지기보다는 장소자산을 판촉하는 단계에서 점진적으로 만들어지는 성질의 것이기도 하다. 그러나 이미지 형성에서 무엇보다 중요한 것은 양질의 장소자산이다. 장소자산을 제대로 구비해 놓지 않은 상태에서 이미지에 기반한 장소판촉을 시행하면 지속성을 담보할 수 없기 때문이다. 이같은 상황은 특히 미디어를 동원하여 장소판촉을 시도하는 경우에 허다하게 나타나는 사례이기도 하다.

3. 장소자산형성의 한국적 가능성

장소판촉에 대한 지금까지의 논의는 그저 실천전략을 개발하는 방향으로 논의되어 온 성향이 강하다. 장소판촉이 경영학으로부터 논의되어 오다 보니 지역이나 장소의 발전에 대한 관점보다는 마케팅에 초점을 두었기 때문이다. 그러다 보니 장소판촉의 이론개발이 부족한 실정이었다. 특히 장소판촉의 가장 중요한 부분인 장소자산형성에 대한 논의가 부족하다.

한국적 실상도 이와 크게 다르지 않다. 무엇보다 장소자산형성의 중요성에 대한 인식이 부족하다 보니 지역에 대한 정확한 평가를 바탕으로 한 장소자산을 구축함이 없이 그저 성공한 지역의 장소자산을 베끼기에 급급한 형편이었다. 그래서 장소판촉의 성과는 물론이거니와 지역민 참여 및 합의도 제대로 형성되지 못한 채 전시행사나 단발성 이벤트에 머무는 한계가 많았다. 도시가 성장을 추구하기 위한 기업가적 형태를 띠게 됨에 따라 경제발전 위주의 장소판촉에서 경계해야 할 점인 지역의 민주주의가 사장되는 폐해가 노정되기도 했다.

더구나 장소판촉이 성공적이려면, 특정 지역이 선택한 장소판촉의 기법에 따라 그에 합당한 장소자산의 구축이 필요한데도 불구하고 거의 모든 지역이 첨단산업이나 축제, 이벤드 중심의 장소판촉을 시행하는 획일성을 보이고 있다. 예를 들자면, 2001년 전국적으로 시행된 187개의 축제의 경우 문화제가 52개, 철쭉제가 12개, 벚꽃축제가 8개에 이르고 있다.

첨단산업은 영역 특수적인 특정한 입지요소를 필요로 하기에 원하는 것처럼 첨단산업에 의한 지역발전을 도모하기가 수월하지 않을 뿐 아니라 설사 그것이 가능하다고 하더라도 이것이 지역민의 번영과 직결되리라는 아무런 보장이 없다. 축제나 이벤트 중심적인 문화판촉의 경우도 지역이 소유하고 있는 독특한 문화자산과 그깃의 개발에 기반했다기보다는 유행성 문화판촉에 치우친 감이 적지 않았다.

우리의 경우 장소자산의 형성이 아직 초보적 수준에 머무르고 있는 실정이지만, 그렇다고 성공적인 사례가 없는 것도 아니다. 무주 환경농업, 금산 인삼축제와 인삼랜드, 거창 국제연극제, 함평의 나비축제 등이 그러한 사례들이다. 이들의 경쟁력 있는 장소자산을 형성했다는 공통점이 있다. 이 지역들은 헌신적이고 혜안이 있는 창발적 리더의 주도 아래, 지역민의 합심된 노력을 바탕으로 지역의 특수한 자산을 형성했다.

청계천 문화벨트 조성의 기본 컨셉과 전략 수립에 관한 연구

이 무 용

도심하천으로서 청계천의 역사는 크게 '하천시대', '복개시대', '복원시대'로 구분할 수 있다. 하천시대에는 도심 자연하천이자 서민의 생활터전으로서(전우용, 2001), 복개시대에는 산업화, 근대화의 엔진이자 도심산업문화의 정점으로서, 복원시대에는 문화도시 서울의 핵심지역이자 세계도시 서울로 도약하는 견인차 지역으로서 청계천은 시대별로 이미지 담론의 변화를 겪어왔다(표 1).

청계천 지역은 현재, 도심부의 핵심지역으로서 최고의 접근성과 풍부한 중심기능을 지니고 있고, 도심산업생태의 문화적 보고(寶庫)이자 다양한 역사문화자원을 보유하고 있다. 그러나 청계천 복원 공사가 이루어지기 전까지는, 복개시대 이후의 대기오염과 소음으로 인한 생태성의 파괴와 역사유적 멸실 및 훼손으로 인한 역사성의 파괴, 도심쇠락으로 인한 중심성의 파괴 현상이 나타났고, 도심산업생태의 문화적 가치에 대한 인식부족으로 경제적 활력을 잃어 왔다. 이러한 상황에서 청계천 복원은 도심의 역사, 생태, 문화를 회복하고 도심을 활성화하는 계기로 작용할 수 있으며, 복원되는 청계천을 핵심 포인트로 한 장소마케팅과 그로 인한 도심문화관광패턴 변화의 기회가 되고 있다. 반면, 청계천 복원을 제대로 추진하지 못할 경우 이미 형성되어 있는 도심산업생태계의 파괴와 난개발, 주민갈등과 특정 상인계층들의 소외, 도심공동화 초래 등의 우려도 나타나고 있다. 따라서 청계천

표 1. 청계천 지역의 이미지 · 정체성 변천사

<table>
<tr><th colspan="2" rowspan="2">시기</th><th rowspan="2">주요사건</th><th colspan="2">이미지 · 정체성</th></tr>
<tr><th>긍정적</th><th>부정적</th></tr>
<tr><td rowspan="3">하천
시대</td><td>조선시대
(청풍계
천, 개천)</td><td>· 청계천 준설 및 원형 완성–준천사 설치(1760)
· 동대문 부근 가산(조산) 형성
· 천변 화교촌형성(1883, 관수동 수표동)
· 종로 피맛골 형성</td><td>[도심자연하천]
[서민들의 생활터전]
· 빨래터, 놀이터
· 문화공간(답교놀이, 편싸움, 연등행사)</td><td rowspan="3">[가난 · 불결 · 재해의 상징]
· 빈민들의 움막촌/거지들의 토굴
· 빈민들의 무허가촌
· 홍수/범람/오염/화재/전염병
· 범죄의 온상/위생과 치안의 사각지대</td></tr>
<tr><td>일제시대
(청계천)</td><td>· 청계천 명칭 등장(하천령)
· 근대재래시장 형성(광장시장, 1905)
· 단성사 극장 설립(1907)
· 청진동 해장국골목 형성
· 광화문～광교 복개공사(1942)</td><td>[도심 남북의 사회적 경계선]
· 민족상권의 보호망</td></tr>
<tr><td>해방이후
～1950년
대</td><td>· 황학동 도깨비시장 등장(1945)
· 포장마차/노점상 형성(공구상가의 효시)
· 복개공사 본격 시작(1958)</td><td>[소외계층의 생활터전]
· 피난민/이농민들의 정착지</td></tr>
<tr><td rowspan="4">복개
시대</td><td>1960년대</td><td>· 천변 판자촌 철거(1960)
· 도심구간 복개도로 개통식(1961)
· 평화시장 형성(1961)
· 동대문 전차종점 폐쇄(1966)
· 청계고가 착공(1967)
· 세운상가 형성(1967)
· 판촉물상가/재봉틀상가/을지로 건자재상가/시계상가/대학천서적도매상가/헌책방거리/마장동 축산시장 형성
· 무교동낙지골목 형성
· 삼일빌딩 건설(1969)</td><td rowspan="2">[산업화/근대화시대의 엔진]
· 섬유수출기지
· 전국 최대 도매상권
· 가전제품의 메카
· 서민들의 희망의 공간(인력시장)</td><td rowspan="2">[가난 · 재해 · 소외공간]
· 판자촌/우세식변소
· 화재/수해/치안
· 영세공장(노동착취의 현장)</td></tr>
<tr><td>1970년대</td><td>· 전태일 분신(1970)
· 동대문종합시장 형성(1970)
· 도시빈민운동(활빈교회)(1971)
· 청계고가 완공(1976)
· 복개공사 완료(1978)
· 소방기구상가/귀금속상가/카메라상가/문구완구상가/관상어상가/조류시장 등장
· 신당동 떡볶이 골목 형성</td></tr>
<tr><td>1980년대</td><td>· 동대문 전통도매상권 형성(1980)
· 국내 최초의 PC 생산(1981)
· 퇴계로 오토바이전문상가 형성</td><td rowspan="2">[도심산업문화, 서비스업의 중심지]
· 만물상
· 동대문 패션디자인밸리
· 야간쇼핑문화</td><td rowspan="2">[도심낙후지역]
· 교통혼잡/오염/공해/악취/소음
[사건사고의 온상]
· 범죄도구의 출처
· 음란물 유통의 메카</td></tr>
<tr><td>1990년대</td><td>· 동대문 신흥도매상권 형성
· 동대문 대형쇼핑몰 등장</td></tr>
<tr><td>복원
시대</td><td>2000년대</td><td>· 청계천 복원(2003)</td><td>[문화도시 서울의 대표지역, 세계도시 서울로의 견인차 지역]</td><td></td></tr>
</table>

문화벨트 조성을 통해 청계천 지역의 역사성, 생태성, 문화성을 복원함으로써 장소적 가치를 강화하고, 다양한 문화관광 전략 및 장소마케팅 전략 수립을 통해 도심의 문화갯벌로서 청계천 지역을 활성화하는 방안을 모색할 필요가 있다.

청계천 지역이 지니는 가치는 크게 네 가지 차원에서 살펴볼 수 있다. 첫째, 서울 도심과의 관계 및 입지 속에서 청계천이 지니는 '지리적 가치'를 들 수 있다. 청계천은 서울 도심이 지닌 다양한 가치들을 발현하고 있다(CinS: Cheonggyecheon in Seoul). 즉 서울 도심은 역사문화의 보고이자 서울의 정치경제적 엔진임과 동시에, 시민생활의 중심이며, 세계교류의 관문 역할을 수행하고 있다. 청계천은 이러한 도심의 가치들을 포용하고 있는 지역이다. 또한 청계천에서는 서울 도심부의 다양한 가치들을 느끼고 발견할 수 있다(SinC: Seoul in Cheonggyecheon). 즉 도심의 문화갯벌과 같은 청계천은 서울의 역사성과 문화성을 복원하는 데 상징적인 의미를 갖고 있으며, 도심산업문화의 정점이자, 도심에 생동감을 불어넣는 대동맥의 역할을 수행하는 지역이다.

둘째, '역사문화적' 관점에서 청계천의 가치를 들 수 있다. 청계천은 하천성의 복원을 통해 서울의 역사성과 문화성을 회복하는 상징축이며, 서울의 중심부를 관통하는 하천으로 조선시대부터 현재에 이르기까지 사람의 다스림을 꾸준히 받아온 하천이다. 또한 청계천은 서민들의 생활공간이자, 여가놀이공간, 커뮤니티 공간으로서 기능해 온 하천문화의 요람이라 할 수 있다.

셋째, '산업경제적' 관점에서 청계천의 가치를 들 수 있다. 청계천은 공존성, 연계성, 집적성, 적응성, 전국성을 띠는 도심산업문화의 정점이다. 따라서 긴밀히 연계된 산업복합체, 창업센터, 혁신기지, 원스톱 쇼핑지의 기능을 하고 있고, 도심에 생기와 활력을 불어넣는 산업 대동맥 역할을 하고 있다.

마지막으로 '문화관광적' 관점에서 청계천의 가치를 들 수 있다. 청계천은 다양한 테마(자연생태, 역사문화, 문화예술, 생활문화, 산업경제)의 문화관광자원을 보유하고 있는 도심의 문화갯벌이다. 따라서 청계천은 떠나는 도심에서 되돌아오는 도심으로 전환될 수 있는 계기가 될 수 있으며, 경제적 차원에서는 사양산업이라 하더라도 문화관광적 차원에서는 부상산업으로 전환될 수 있는 잠재력과 가능성을 지니고 있다.

여기서 문화갯벌(cultural wetlands)이라는 용어는 갯벌이 지니는 속성을 사회문화적인 측면에서 차용한 용어로서, 갯벌처럼 멀리서 보면 아무런 생명체가 보이지 않는 무미건조한 공간처럼 보이지만, 안을 들여다보면 무수히 많은 생명체가 살아 꿈틀거리는 문화공간을 일컫는 개념이다.

1. 청계천 문화벨트 조성 전략

1.1 3대 핵심 전략

청계천 문화벨트 조성의 목표를 달성하기 위한 3대 핵심 전략으로는 크게, 장소마케팅 전략, 단계별 · 시기별 전략, 청계천의 역사성과 장소성을 고려한 시공간 컨텐츠 연계전략 등을 들 수 있다.

1.1.1 청계천 장소마케팅 전략

청계천 장소마케팅 전략은, '청계천 관련 주체들의 밀접한 파트너십을 통해, 청계천 지역에 대한 명확한 분석을 토대로 장기 비전과 정체성을 수립하고, 마케팅 전략기법을 활용하여 장소성에 기반한 청계천 문화상품을 시민, 기업, 관광객에게 제공함으로써, 청계천 지역의 지역문화활성화뿐만 아니라 지역경제활성화, 지역사회통합을 동시에 추구하는 포괄적, 체계적, 연계적, 문화적, 능동적인 청계천 지역활성화 전략이다. 이러한 청계천 장소마케팅 전략 수립의 프로세스는 크게 '장소 전략'(place strategy)과 '마케팅 전략'(marketing strategy)으로 구성된다.

'장소 전략'은 청계천 지역의 사명(mission) 규정, 청계천 지역의 현황 평가(auditing), 청계천 지역의 장기 비전(vision)과 정체성(identity) 확립, 장소마케팅의 목적(goal) 규정 등 네 단계로 이루어진다. '마케팅 전략'은 청계천 지역 시장분석, 목표시장 선정, 마케팅 믹스(mix) 전략, 마케팅 실행 및 피드백 등 네 단계로 이루어진다.

여기서 마케팅 믹스(marketing mix) 전략은 '조직(organization)-이미지(image)-상품(point)-타깃(target)-채널(channel)-지역(region)' 등으로 연계되는 세부 실행전략으로서, 일명 'O-IPTCR 전략'이라 명명할 수 있다. 청계천 문화벨트 조성은 이러한 청계천 장소마케팅 믹스 전략을 통해 가치 있는 청계천, 즐거운 청계천이 될 수 있는 방안을 모색할 수 있다.

1.1.2 단계별 · 시기별 전략

청계천 문화벨트 조성은 복원 공사기간에 한정된 단기간의 사업이 아니라, 복원 이후 청계천 지역 일대의 문화환경을 조성하는 장기적이고 지속적인 사업이다. 따라서 청계천 문화벨트 조성 전략을 준비하고 홍보하는 '홍보 및 준비기'에서부터 '문화관광역량 정비기'와 '문화관광역량 안정기'에 이르기까지 청계천을 둘러싼 환경변화 과정을 고려하여 지속성 있게 단계별 전략 사업을 추진해 나가야 한다(표 2).

홍보 및 준비기(2005년−2006년)

이 시기는 청계천 문화벨트 조성사업의 취지 및 의의와 장기 비전에 대한 시

표 2. 청계천 문화벨트 조성 단계별 · 시기별 전략

단계	홍보 및 준비기 (2005−2006년)	문화관광역량 정비기 (2007−2008년)	문화관광역량 안정기 (2009−2010년)
내용	• 청계천 문화벨트 기본계획 수립 • 청계천문화홍보 − 청계천홍보관(청계모델하우스) − 청계천문화관(관광홍보) − 청계천 문화관광 가이드북 시리즈 − 청계천 슬로건, 로고, 캐릭터개발 − 청계천 웹사이트 구축 • 시민참여 복원문화행사 − 청계천 새물맞이 − 천변 페스티벌(거리예술가) − 청계천영상 · 사진전 • 청계천 상권활성화 축제 − 동대문페스티벌 − 도보투어 프로그램 • 청계천 관광인프라 구축 − 지하공간(지하철) 활용 홍보 − 청계천 투어버스 운영 • 청계천 장소마케팅 조직 결성 • 청계천 민관협의체 구성 − 청계천 문화포럼	• 문화시설 및 공간조성 − 천변테마파크 − 청계천 광장벨트 − 전태일 문화의 거리 • 청계천 문화행사 개최 − 청계천 전통민속놀이 − 청계천 환경영화제 − 청계천 문화박람회 − 청계천 나이트페스티벌 • 청계천 문화관광 투어프로그램 − 청계천 Loop Bus 운영 − Subline 관광(청계천 문화열차) − 도보투어프로그램(시장투어 등)	• 도심문화관광권 확립 − 도심 문화벨트 연계 • 청계천 문화시설 운영 안정화 − 청계천 문화관 − 천변 테마파크 기념관 (전태일, 박태원 등) • 청계천 문화행사 정례화 − 청계천 민속놀이(답교축제 등) − 청계천나이트페스티벌 − 청계천문화박람회 − 동대문페스티벌 − 천변페스티벌 • 청계천 문화관광 안내 및 홍보체계 정립 − 청계천 가이드북 정례화 − 관광안내시스템 구축 − 사이버마케팅 안정화

민홍보사업과 청계천 문화관광사업을 체계적, 안정적으로 추진하는 기반 마련에 중점을 두는 단계다. 우선, 청계천 문화벨트 조성 기본계획을 수립하여 이를 홍보하고 전문가와 시민들의 의견수렴을 통해 세부계획을 마련해야 한다. 두 번째로, 청계천 문화에 대한 홍보를 적극적으로 추진해야 한다. 청계천 홍보관은 과거 청계천 복원공사 홍보 중심에서 관광홍보 중심으로 전환하여 청계천 문화벨트 조성 사업을 홍보하고 청계천문화의 모델하우스 역할을 하도록 한다. 청계천 문화관은 청계천 문화의 과거, 현재, 미래를 살펴보고 문화프로그램을 운영하는 역사문화공간으로 활용한다. 또한 청계천 웹사이트를 구축하여 사이버공간을 활용한 청계천 홍보를 활성화하고, 청계천 문화벨트를 마케팅하는 대표 슬로건, 캐릭터, 로고를 개발하여 이미지마케팅을 체계화하며, 문화관광가이드북을 발행한다. 세 번째로, 기반마련 차원에서 향후 청계천 문화벨트 관련 사업을 시민들이 참여해 추진해 갈 수 있는 조직채널로서 청계천 문화포럼과 같은 민관협의체를 구성하고, 다양한 축제이벤트를 개최하여 분위기를 조성할 필요가 있다. 아울러 청계천 장소마케팅을 전담하는 조직을 만들어 시민과 함께 만들어가는 청계천 문화벨트 사업이 되도록 민관파트너십 체제를 구축하도록 한다. 서울문화재단은 이러한 협의체 구성의 촉진 및 매개자 역할을 수행할 수 있다.

문화관광 역량 정비기(2007년-2008년)

이 시기는 문화시설 및 공간조성, 청계천 문화관광 투어프로그램, 청계천 문화행사 등 향후 지속적으로 이루어질 청계천 문화벨트 사업을 본격적으로 추진하는 단계다. 우선, 문화시설 및 공간조성에 있어서는 공사 과정에서 사라지거나 변모를 겪은 청계천의 근현대사 문화관광자원들을 한 곳에 모아 재현하는 천변테마파크, 청계천변의 공공 공간을 이어주는 청계천 광장벨트, 청계천 현대사의 상징거리인 전태일 거리 등을 조성한다.

둘째로, 청계천 문화행사는 답교축제 등 청계천 전통민속놀이를 청계천 대표축제로 개발하고, 이와 연계하여 매달 개최되는 만월축제 등 청계천 나이트 페스티벌과 청계천 상권이 참여하는 대표축제인 청계천 문화박람회 등을 개최한다(이에 대한 자세한 논의는 서울시정개발연구원, 2004 참조). 세 번째로, 청계천 문화벨트 구역을 순회하는 청계천 루프버스(Loop Bus)와 지하철공간을 활용한 서브라인(sub-line) 관광프로그램, 시장투어 및 구역별투어로 이루어진 도보투어프로그램 등 청계천 문화관광 프로그램을 개발한다.

문화관광 역량 안정기(2009년-2010년)

이 시기는 그동안 추진해 온 청계천 문화벨트 조성 사업이 체계적으로 안정화되어 지속되는 단계라 할 수 있다. 우선, 서울 도심부의 문화벨트들이 청계천 문화벨트를 중심으로 연계되어 도심문화관광권을 형성함으로써 도심관광 활성화의 안정적인 기반을 마련한다. 두 번째로, 청계천 문화관 등 청계천 문화시설 운영을 안정화되고, 전태일과 박태원 등 청계천의 주요 문화인물들을 기념하는 기념관들이 조성되어 다양한 천변테마파크가 만들어짐으로써 청계천의 랜드마크로 자리매김하도록 한다. 세 번째로, 청계천 민속놀이와 청계천 나이트페스티벌, 청계천 문화박람회, 천변페스티벌, 동대문페스티벌 등 청계천 문화행사들이 정례화되어 청계천 마케팅의 대표브랜드가 되도록 자리매김한다. 마지막으로, 청계천 문화관광 안내 및 청계천 가이드북을 정기적으로 발간하고, 권역별 관광안내소와 사인체계 등 관광안내시스템을 구축하며, 사이버공간을 활용한 다양한 마케팅 프로그램을 추진한다.

1.1.3 시공간 컨텐츠 연계 전략

청계천 문화벨트 조성의 컨텐츠는 청계천의 역사와 시간성 속에 담겨 있는 시간 컨텐츠와 청계천 주변 지역의 문화관광 컨텐츠를 지리적으로 연계하는 공간 컨텐츠를 포괄적으로 개발한다. 우선, 시간 컨텐츠 연계 전략은 하천시대(조선-1950년대), 복개시대(1960-2003), 복원시대(2003년 이후)로 나누어 각 시대에 해당되는 문화관광 컨텐츠들을 개발, 연계하여 자원화한다(표 3). 특히 복원시대는 복원된 교량뿐만 아니라, 청계천 문화관, 베를린 광장, 정조대왕능행반차도, 청계광장, 피아노거리, 전태일 동상, 소망의 벽, 리듬벽천, 터널분수, 거리아티스트, 문화의

표 3. 청계천 문화벨트 시간 컨텐츠 연계 전략

하천시대 (조선~1950년대)	복개시대 (1960~2003)	복원시대 (2003~)
• 교량 • 민속행사 • 역사유적 • 시장문화	• 도심산업문화 • 시장문화 • 전태일의 거리 • 전차종점	• 청계문화관광프로그램 • 청계문화이벤트 및 축제 • 청계문화시설 및 공간

표 4. 청계천 문화벨트 공간 컨텐츠 연계 전략

공간	청계천 남북문화관광벨트	청계천 동서문화관광벨트
내용	• 녹지축 - 대학로～장충축 - 북촌～남산축 - 창덕궁～남산축 • 광장축 - 세종로～시청～남대문 • 성곽축	• 수경축 - 청계천～서울숲～한강 • 도심산업문화축 - 보행관광네트워크, 시장투어 등

벽, 청계미니어처와 프로그램 분수 등 다양한 문화관광자원과 프로그램들이 시시각각 만들어지고 있어, 지속적으로 자원을 연계할 필요가 있다.

두 번째 공간 컨텐츠 연계 전략은 청계천을 중심으로 종횡(혹은 남북)의 문화관광자원을 연계하여 문화관광벨트를 개발한다. 즉 남북 차원에서는, 창덕궁에서 남산 등에 이르는 녹지축과 세종로에서 남대문에 이르는 시민광장축, 대학로에서 광희문에 이르는 성곽축 등을 조성한다. 동서 차원에서는, 청계천을 중심으로 한 수경축, 상권별로 청계천 산업문화를 연계하여 도보투어코스화하는 도심산업문화축 등을 조성한다(표 4).

그림 1. 청계천 문화벨트와 청계천 문화관광권

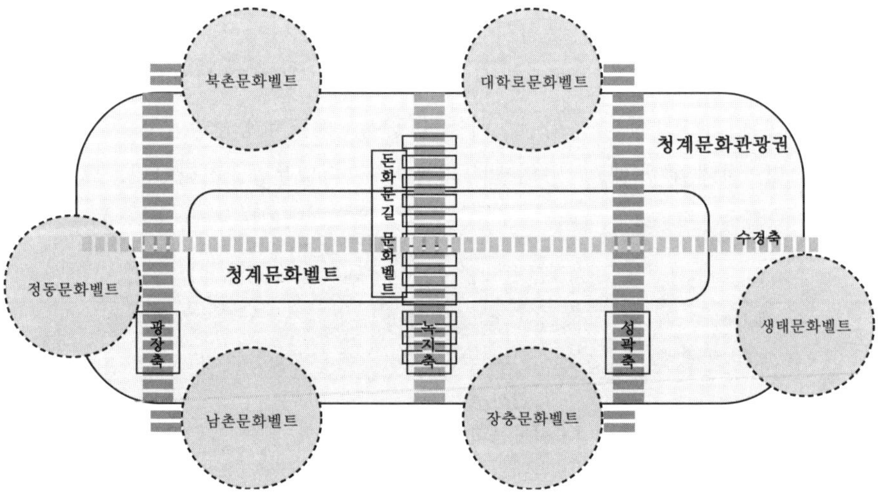

아울러 청계천을 중심으로 서울 도심부 주변 지역에 조성되는 7개의 문화벨트(북촌 문화벨트, 대학로 문화벨트, 돈화문길 문화벨트, 정동 문화벨트, 남촌 문화벨트, 장충 문화벨트, 생태 문화벨트)를 연계하여 청계천 문화관광권 개념으로 관광프로그램을 개발한다(그림 1).

2. 문화벨트 7대 문화관광자원 네트워크 구축

2.1 청계천의 문화관광자원 현황

청계천의 문화관광자원을 파악하기 위해 형태별로는 사람, 문화행사, 명소·거리, 문화시설물, 문화유적, 인프라 등 6개 요소, 주제별로는 자연생태, 역사전통, 문화예술, 생활문화, 산업경제 등 5개 요소로 구분하여, 총 30개의 문화관광자원 분류코드를 도출해 내었다. 이 분류코드에 의거해, 청계천을 중심으로 주변지역 일대에 분포하고 있는 문화관광자원을 조사한 결과, 2003년 5월, 현재 총 978개(점, 선, 면적 자원 포함)의 자원이 분포하고 있다. 이 중 약 20%에 해당하는 198개가 청계천 문화벨트 구역 내에 소재하고 있는 것으로 나타났다.

2.2 문화관광자원 네트워크

청계천 문화벨트에 분포하고 있는 이러한 주요 문화관광자원들을 테마별로 연계하여, 문화관광자원 네트워크를 구축함으로써, 청계천 문화벨트를 핵으로 한 서울 도심 전체의 문화관광역량을 재배치하고 강화할 필요가 있다. 이를 위해 사람네트워크(C1: C-person network), 행사네트워크(C2: C-event network), 시장네트워크(C3: C-market network), 음식네트워크(C4: C-food network), 생태네트워크(C5: C-nature network), 역사네트워크(C6: C-history network), 예술네트워크(C7: C-art network) 등 총 7개의 청계천 문화관광자원 네트워크를 구성해 볼 수 있다.

청계천 사람네트워크(C1: C-person network)

사람네트워크는 청계천의 산업문화, 생활문화, 역사문화, 자연생태문화와 관련된 인물들을 공간적으로 연계시킨 것이다. 사람관련 문화관광자원은 총 268개

요소(전체 문화관광자원 중 27%로 가장 큰 비중 차지)로, 이 중 역사문화 관련 인물자원이 219개(전체 사람자원 중 약 82%)로 대부분을 차지하고 있고, 조선시대 북촌과 남촌 지역을 중심으로 골고루 편재되어 있다. 다음으로 산업문화 관련 인물자원이 24개(전체 사람자원 중 약 9%)로, 청계천변을 중심으로 세운상가와 동대문 지역에 주로 분포되어 있다. 따라서 청계천 지역에 강하게 나타나고 있는 역사문화와 도심산업문화 관련 인물들을 활용한 문화관광 프로그램이 필요하며, 부분적으로 나타나고 있는 생활문화와 문화예술 관련 인물들을 보다 발굴하여 자원화할 필요가 있다.

청계천 행사네트워크(C2: C-event network)

청계천 행사네트워크는 청계천 지역에서 개최되고 있는 문화행사와 축제들을 공간적으로 연계한 것이다.

문화행사 관련 문화관광자원은 총 44개(전체 문화관광자원 중 4% 차지)로, 역사전통 관련 행사가 28개(전체 문화행사 중 64%)로 가장 큰 비중을 차지하고 있고, 주로 도심부에 집중되어 있다. 다음으로 예술행사와 생활문화 관련 행사, 산업경제 관련행사가 각각 7개(16%), 5개(11%), 4개(9%)를 차지하고 있다. 이 중에서 청계천 문화벨트 구역 내에서 개최되는 행사는 총 9개(구역 전체 문화행사 중 20%)밖에 되지 않는다. 따라서 청계천 지역의 산업문화와 생활문화를 활용한 다양한 지역경제활성화형, 문화예술형, 시민참여형 행사와 축제의 개발이 필요하고, 주변 지역에 활성화되어 있는 역사전통 문화행사와 연계한 새로운 전통문화행사 발굴이 요구된다.

청계천 시장네트워크(C3: C-market network)

청계천 시장네트워크는 청계천 지역의 명소와 거리 중에서 도심산업문화를 대변하는 시장과 상가들을 공간적으로 연계한 것이다. 청계천 지역의 명소 거리 문화관광자원 요소는 총 138개(전체 문화관광자원 중 14% 차지)이며, 이 중 시장 및 상가를 포함하는 산업문화 관련 자원이 108개(명소 거리 자원 중 78%)로 가장 큰 비중을 자지하고 있다. 산업문화 관련 명소 거리 문화관광자원 중에서도 시장 및 상가 문화관광자원은 절반에 해당하는 총 54개에 이르며, 특히 세운상가를 중심으로 한 남북축과 동대문상권을 중심으로 한 동서축으로 집중 분포하고 있다. 따라서 청계천의 핵심이라 할 수 있는 시장 및 상가를 연계한 문화관광상품 개발이 요구된다.

청계천 음식네트워크(C4: C-food network)

청계천 음식네트워크는 문화관광자원의 핵심을 점하는 먹거리 자원을 청계천을 중심으로 공간적으로 연계한 것이다. 청계천 주변지역의 도심부에는 문화관광자원의 가치가 있는 음식점 및 음식거리가 약 49개 분포하고 있으며, 30년 이상의 역사를 가진 음식점들이 상당수를 차지하고 있다. 따라서 음식자원을 활용한 먹거리투어나 음식축제 등의 문화관광상품 개발이 요구된다.

청계천 생태네트워크(C5: C-nature network)

청계천 생태네트워크는 청계천 복원과 함께 서울의 수경축과 녹지축, 성곽축을 연결하여 생태도시, 역사도시 서울의 원형을 만드는 것이다. 조선시대 만들어진 서울성곽의 복원과 남북 녹지축의 복원, 청계천 수경축의 회복 등을 주요 골자로 한다.

청계천 역사네트워크(C6: C-history network)

청계천 역사네트워크는 청계천 주변의 역사전통 문화자원들을 공간적으로 연계하여 문화관광자원화하는 것이다. 역사문화 관련 문화관광자원은 총 531개(전체 문화관광자원 중 54% 차지)로 테마자원 중 가장 큰 비중을 차지하고 있고, 그 중 문화유적과 사람자원이 각각 250개(역사문화자원 중 47%), 219개(역사문화자원 중 41%)로 대부분을 차지하고 있다. 이들 자원은 서울 4대문안에 집중되어 있으며, 특히 종로구에 대부분 집중되어 있다. 그러나 청계문화벨트 구역 내에는 전체 역사문화자원 중 약 9%밖에 존재하고 있지 않고, 전통관련 문화시설물이 거의 존재하지 않는다. 따라서 역사문화자원이 집중되어 있고 옛길이 보존되어 있는 인사동길과 돈화문길, 향후 복원될 청계천의 옛다리를 연결하는 전통문화보행로와 같은 문화관광프로그램이 필요하며, 청계천 전통문화행사의 발굴 및 전통문화시설 조성이 요구된다.

청계천 예술네트워크(C7: C-art network)

청계천 예술네트워크는 청계천 지역의 문화예술시설을 공간적으로 연계하여 문화관광자원화하는 것이다. 문화예술 관련 문화관광자원은 총 219개(전체 문화관광자원 중 22% 차지)로, 그 중 문화시설물이 199개(문화예술 자원 중 91%)로 가장 큰 비중을 차지하고 있다. 그러나 이 중 청계문화벨트 구역 내에 소재하고 있는 것은 9개(4%)밖에 되지 않아, 청계천변의 문화시설물은 도심부에 비해 매우 부족한 실정이다. 공간적 분포에 있어서도 청계천 상류부와 하류부 주변지역에 문화시설의 수와 규모가 현격히 차이 나 제도적 보완이 요구된다. 따라서, 대학로와 국립극장을 잇는 공연예술벨트와 돈화문로를 중심으로 한 영화관벨트 등의 구성을 비롯해, 청계천 변을 중심으로 문화예술시설을 배치하여 서울의 남북과 동서를 잇는 문화예술네트워크의 구축이 요구된다.

이상에서 살펴본 테마별 문화관광자원들은 구역별로도 연계하여 문화관광자원 네트워크를 이룰 수 있으며, 이러한 네트워크를 활용한 도보 투어 코스 〈그림 2〉를 다양하게 개발할 수 있다.

그림 2. 청계천 문화벨트 구역별 도보투어코스

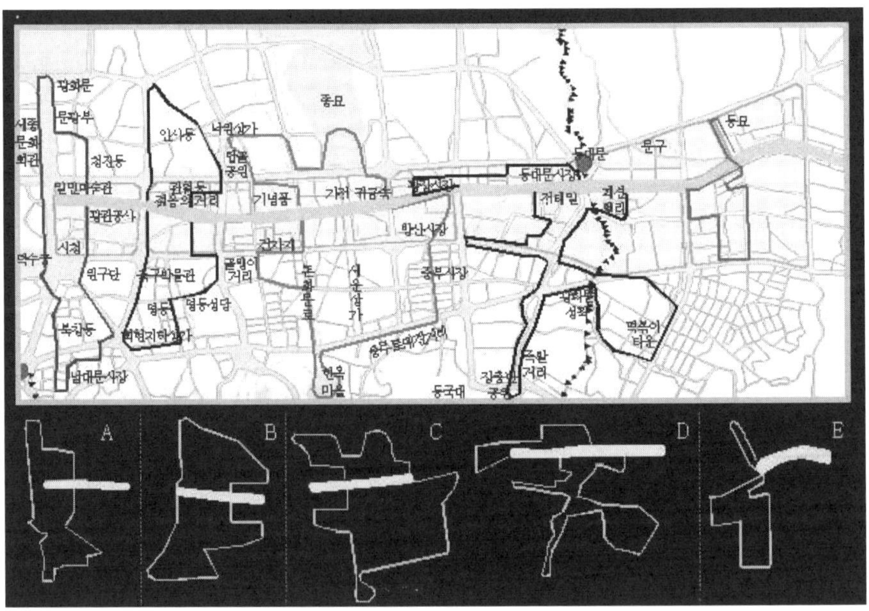

갈등

변화의 흐름과 지역주민

쓰레기 처리장 건설에 대한 지역주민들의 태도 연구

김 두 식

일반적으로 쓰레기 처리장(매립, 소각, 재활용 시설 등)은 사회적으로 기피되거나 혐오하는 시설 중의 하나라고 할 수 있다. 이러한 시설은 사회적으로 반드시 필요한 시설이기는 하지만 자신들이 거주하고 있는 지역사회에 이러한 시설물이 건설되는 것을 달가워할 지역주민은 없을 것이다. 그리고 이러한 기피시설물의 입지선정과 건설을 둘러싼 지역주민들과 행정부서간의 갈등을 지역주민들의 이기적 NIMBY 성향이나 경제적 보상과 관련된 문제로만 이해하려는 경향이 정책적으로나 실제적으로 여전히 강하게 남아 있는 것도 사실이다. 그러나 지방자치단체나 중앙정부가 이러한 방식으로 지역주민들의 반대나 서항을 이해하고 있는 한 기피시설의 건설을 둘러싼 사회적 갈등은 더욱 심해지면 심해졌지 나아질 것 같지는 않다. 부안 사태가 하나의 좋은 예가 될 것이다.

1. 이론적 논의

1.1 주민반대에 대한 일반적인 견해

그동안 이러한 시설물을 건설하는 전통적인 방식은 전문가의 전문적인 자문을 구하여 그러한 계획이 행정부에 의해 결정되고 그런 다음 일반 대중에게 공포되고 입지가 선정되어 경제적인 보상이 적법한 절차에 따라 이루어지고 시설물의 건설이 시행되는 방식이었다(Kasperson, Golding, and Tuer, 1992). 따라서 이러한 합리적인 절차에 의해 결정된 사안에 대한 반대는 비합리적이고 이기적인 행태로 이해되고 입지를 둘러싼 갈등은 이러한 지역주민들의 전문적 지식의 결여나 비합리적 성격으로 인해 발생하였다는 입장이다. 이러한 주장은 관련 전문가나 행정당국이 종종 취하는 일반적인 입장이라고 할 수 있다. 이러한 입장에서 보면 이와 같은 기피시설물은 기술적으로 안전하게 건설될 수 있을 뿐만 아니라 이러한 시설물을 운영하는 각종 테크놀로지는 인체에 영향을 미칠 수 있는 위험을 최소화할 수 있는 것이다. 그러나 지역 주민들은 이러한 분야에 대한 전문적인 지식이 없기 때문에 위험을 지나치게 강조하는 비합리적인 이기적 동기에서 이와 같은 시설물의 건설을 반대하거나 혹은 이러한 사회적 기피시설을 자신의 지역에는 수용할 수 없다고 반대한다는 것이다.

그러나 주민들의 반대를 단순하게 전문적 지식의 부족 또는 이기적이거나 비합리적이라고 비난할 수 없는 근거들이 체계적이고 경험적인 연구들에 의해 밝혀지고 있다(Freudenburg and Pastor, 1992; 허장 · 송미령,1999; 박재묵, 1995). 그동안 지역사회 내의 토지의 사용이 지역주민들의 참여가 배제된 채 지역주민들의 의사와는 무관한 방식으로 정부에 의해 일방적으로 결정되어 왔다는 사실을 고려한다면 희생자일 수도 있는 지역주민들을 비난하기보다는 이러한 현상의 배후에 있는 사회구조적 조건들에 대한 탐구가 필요한 것이다.

1.2 LULU와 정부의 일방적 결정

그동안 거의 대부분의 경우 기피시설물의 입지선정은 중앙정부나 혹은 지방정부가 일방적으로 결정하여 왔다. 특히 농촌지역사회의 경우에는 이러한 토지는 지역주민들의 경제적 사회적 문화적 기반을 이루는 삶의 터전이며 이러한 시설물의 건설은 기존의 사회적 문화적 경제적 기반을 붕괴시키는 것이라고 할 수 있다. 그러므로 중앙정부든 지방정부든 간에 지역에서 원하지 않는 토지 사용(LULU: Locally Unwanted Land Use)을 일방적으로 결정한다면 이에 대한 저항이나 반대는 이기적이고 비합리적이라기보다는 그동안 지역사회와 주민들이 살아 온 삶의 터전을 보호하기 위한 지역주민들의 당연한 반응이라고 할 수 있다. 또한 지역 주민들의 참여가 배제된 채 중앙정부나 지방정부에 의해 이루어진 일방적인 결정에 대한 지역주민들의 저항은 다양한 성격을 지니면서 표출되고 있는 보편적인 현상으로 나타나고 있다(Taylor, 1995). 뿐만 아니라 이러한 기피시설물의 입지선정과 관련해서도 지역주민들의 참여를 배제한 일방적인 결정은 핵심적인 갈등요인으로 지적되고 있다(Slovic, 1993).

그리고 우리의 농촌지역의 경우에 있어서도 이러한 정부주도의 하향식 일방적인 결정은 오히려 다양한 갈등을 유발 · 심화시킨다는 사실이 농촌개발에 관한 연구들에서 지적되고 있다. 도농 통합시의 농촌지역사회의 주민들은 도시적 편의성과 지가상승에 대한 기대(유병규, 2000), 대안적 삶의 공간으로서의 농촌지역의 성격 변화(이한기 · 박덕병 · 박은식, 2002), 그리고 지역 발전을 위한 기존의 사회적 자본(허장 · 정기환, 2003) 등을 통한 지역발전을 계획하거나 기대하고 있는 것으로 알려져 있다. 그러나 실제로는 도시적 편의성보다는 혐오시설 등의 유치장소로 전락하고 있다는 사실에 많은 불만을 가지고 있을 뿐만 아니라(김주숙 · 김은영, 2003), 이러한 시설물에 의한 오염 가능성에 대한 우려도 높은 것으로 알려져 있다(유병규, 2000). 더욱이 대안적 삶의 공간으로서의 농촌지역의 성격 변화를 고려한다면, 이러한 혐오시설의 건설은 이들 주민들에게는 대안적 삶의 공간으로서의 의미는 고사하고 기존의 전통적인 사회적 자본(신뢰관계, 관습과 규범, 그리고 사회조직)의 붕괴가능성과 지가상승의 기대에 대한 좌절을 가져오게 되고 따라서 기존의 공동체 자체가 피폐화되는 것으로 인식될 수 있는 것이다. 이러한 현상은 그동안 우리의 농촌개발정책이나 이러한 시설물의 건설 등이 지역주민들의 참여가 배제된 하향적인 정부주도적인 일방적인 결정에 의해 이루어져 온 결과라고 지적되고 있다(김주숙 · 김은영, 2003; 박대식, 2000; 유병규, 2000; 이한기 · 박덕병 · 박은식, 2002; 허장 · 정기환, 2003).

1.3 경제적 손익의 문제

기피시설물의 입지선정에서 나타나는 모든 문제를 경제적으로 이해하려는 입장, 특히 경제적 손익분석(cost-benefits analysis)의 관점에서 보면 지역주민들은 기피시설물의 건설에 따른 손해와 경제적 보상간의 손익을 따져 의사를 결정하게 된다는 것이다(Freudenburg and Pastor, 1992; Flynn, Burns, Mertz, and Slovic, 1992). 따라서 이러한 입장에서는 입지선정과 관련하여 직접적인 수용토지에 대한 경제적인 보상뿐만 아니라 지역 사회에 대한 다양한 형태의 경제적 보상도 충분히 주어진다면 지역주민들의 반대나 저항은 해소될 수 있다고 보는 것이다. 예를 들면 우리의 도농복합시의 근교 농촌지역의 경우 이러한 시설물의 건설로 인한 지가상승에 대한 기대(유병규, 2000)의 좌절 혹은 대안적 삶의 공간으로서의 지역 문화 생태 사회 공동체적 가치(이한기 · 박덕병 · 박은식, 2002) 등의 파괴, 그리고 개인의 건강에 대한 위험가능성의 증가 등에 대한 주민들의 우려는 다양하고 충분한 경제적 보상에 의해 해소될 수 있다고 보는 것이다.

1.4 신뢰의 문제

지역주민들의 반대를 이해하는 데 있어서 경제적인 이해관계의 문제도 무시할 수는 없지만 관련기관들에 대한 신뢰의 문제도 고려되어야 할 중요한 문제 중의 하나이다(Cvetkovich and Earle, 1992). 정부에 대한 지역주민들의 신뢰성은 시설물의 건설과정과 건설 후 시설물을 관리하는 과정에서 나타날 수 있는 각종 사고나 위험을 통제하고 대처하는 정부의 능력과 투명성을 반영하는 것이다. 따라서 쓰레기 처리장 건설과 사후 관리를 담당하는 정부에 대한 지역주민들의 신뢰성을 높이면 그러한 시설물로 인해 발생할 수도 있는 위험성에 대한 인식이 낮아지고 결과적으로 지역주민들은 그러한 시설물의 건설을 수용하게 된다는 것이다(Bord and O' Connor, 1992; Flynn, Burns, Mertz, and Slovic, 1992; Kasperson, Golding, and Tuer, 1992; Cvetkovich and Earle, 1992; Slovic, Layman, and Flynn, 1991).

1.5 위험성의 문제

일반적으로 과학기술의 위험성에 대한 평가는 전문가 집단과 일반대중들 간에는 큰 차이가 있다. 전문가 집단의 입장은 쓰레기 처리장이나 혹은 방사성 폐기물 처리장 등은 기술적으로 안전하게 건설될 수 있을 뿐만 아니라 이러한 시설물을 운영하는 각종 테크놀로지는 인체에 영향을 미치는 위험을 최소화할 수 있다고 본다. 반면에 일반대중들은 그러한 시설물로부터 위험한 오염물질들이 방출되어 건강과 환경을 위협할 수도 있다고 인식하고 있으며 이러한 위험에 대한 인식 정도에 따라 이와 같은 시설물의 지역 내 건설을 반대하거나 혹은 수용하게 된다고 할 수 있다. 일반대중들의 이러한 위험에 대한 인식은 과학기술의 불확실성에 대한 반응이기도 하면서 동시에 다양한 사회적 조건들에 의해 영향을 받으면서 사회적으로 구성되는 경향이 있다.

따라서 이러한 시설물로 인한 잠재적인 위험가능성에 대한 일반대중들의 인식은 이러한 시설물의 건설과 관리를 담당할 정부에 대한 신뢰와 보상 등의 정도에 따라 달라질 수 있다고 지적되고 있다(Flynn, Burns, Mertz, and Slovic, 1992). 그리고 이러한 시설물에 의한 위험성을 지역주민들이 낮게 인식하면 할수록 이러한 시설물의 건설에 대한 지역주민들의 반대도 낮아질 수 있는 것이다(Bord and O'Connor, 1992; Flynn, Burns, Mertz, and Slovic, 1992; Kasperson, Golding, and Tuer, 1992; Cvetkovich and Earle, 1992; Slovic, Layman, and Flynn, 1991).

1.6 낙인효과

그동안 경제적 개발논리를 따르는 연구들에서 소외되어 있었던 요인들이 사회문화적 가치와 관련된 요인들이다(Cvetkovich and Earle, 1992). 예를 들어 지역 주민들의 지역에 대한 정체성의 상실, 지역공동체의 붕괴와 주민들의 일상생활의 변화에 대한 불안감, 혹은 해당 지역에 대한 타 지역으로부터의 평가의 변화 즉 낙인효과 등은 이러한 시설물의 입지에 대한 지역주민들의 반대를 강화시키는 것으로 나타나고 있다(Slovic, Flynn, and Gregory, 1994; Kasperson, Golding, and Tuer, 1992; Flynn, Burns, Mertz, and Slovic, 1992).

2. 구조방정식 모형의 구성

구조방정식 모형의 분석을 위한 자료는 경산시 쓰레기 처리장 입지 후보지로 선정된 4개 지역이 포함된 남산면, 용성면, 자인면과 동부동 지역주민들을 대상으로 하여 표본조사를 실시하여 수집되었다. 조사에 필요한 표본은 각 면의 인구비례에 따라 무작위로 추출하였다. 표본으로 추출된 지역주민들을 대상으로 2002년 6월 15일—25일 동안 질문지에 의한 면접조사를 실시하였다. 회수된 질문지 356

그림 1. 쓰레기 처리장 건설 반대 구조모형

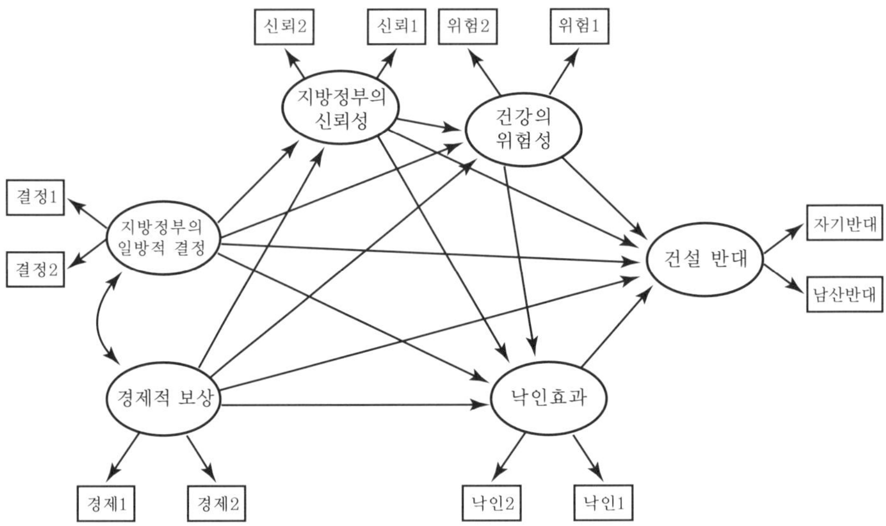

매 중에서 분석에 부적절한 질문지를 제외한 312매의 질문지가 최종적으로 분석에 사용되었다.

〈그림 1〉에 나타나 있는 것처럼 이론적 변수들은 경험적 지표들과의 관계를 포함하는 전체적인 인과관계의 구조에서 내생적(endogenous) 혹은 외생적(exogenous) 변수로서 설정되어 있다. 이러한 시설물을 건설하는 전통적인 방식은 전문가의 전문적인 자문을 구하여 행정부가 모든 계획과 절차를 결정하고 그런 다음 일반 대중에게 그 계획과 절차를 공포하고 입지를 선정하여 경제적인 보상을 절차에 따라 이행하고 시설물의 건설이 시행되는 방식이었다는 점을 고려하여 두 개의 외생적 변수 즉 정부의 일방적 결정과 경제적 보상 간에는 인과관계보다는 상호관계가 있는 것으로 설정하였다. 외생적 변수들과 내생적 변수들 그리고 내생적 변수들 간의 인과구조를 살펴보면 지역주민들의 쓰레기 처리장 건설에 대한 반대의견은 입지를 선정하는 과정에서 주민의 참여가 배제된 일방적 결정여부, 지역과 지역주민들에게 주어지는 경제적 보상에 대한 지역주민들의 태도, 해당 지방자치단체에 대한 신뢰의 정도, 쓰레기 처리장 건설 이후에 예상되는 건강과 신체에 대한 위험성의 정도와 지역에 대한 부정적인 사회적 평가 즉 낙인효과에 대한 태도에 의해 영향을 받는다.

그리고 이중 지방자치단체에 대한 신뢰의 정도, 쓰레기 처리장과 관련된 위험성의 정도, 그리고 지역에 대한 부정적인 사회적 평가 즉 낙인효과와 같은 변수들은 외생변수들인 경제적 혜택과 지방자치단체의 일방적 결정과 종속 변수인 쓰레기 처리장 건설 반대의사에 미치는 영향을 매개하는 변수들이다. 이러한 이론적 변수들은 각기 몇 개씩의 경험적 지표들에 의해 측정되었다.

3. 분석 결과

이 연구에서 구성된 구조방정식모형의 분석결과가 〈그림 2〉에 제시되어 있다. 이 구조모형이 표본자료에 전체적으로 비교적 잘 부합되는 것으로 나타나고 있다 (Chi-square = 53.099, df=39, p=0.066, GFI=0.973, AGFI=0.946, NFI=0.970, CFI=0.992, IFI=0.992, RMR=0.052, RMSEA=0.034). 따라서 이 연구의 구조모형은 이 연구의 표본자료를 이용하여 인과관계구조를 설명하는 데 있어서도 적합하다는 것을 의미한다.

〈그림 2〉에서 알 수 있는 바와 같이 정부의 일방적인 결정과 경제적 보상이

그림 2. 쓰레기 처리장 건설 반대 구조모형 분석결과

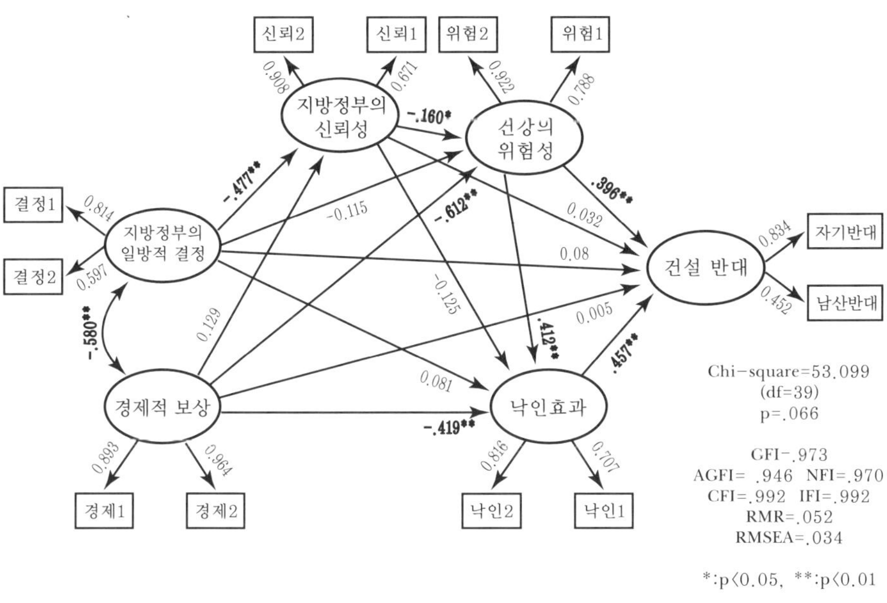

쓰레기 처리장 건설 반대에 미치는 영향을 살펴보면 먼저 지방정부의 일방적인 결정은 건강의 위험성, 낙인효과와 건설반대에 통계적으로 유의한 직접적인 영향을 미치지는 않는다. 그러나 지방정부에 대한 신뢰성에 미치는 직접적이고 유의한 영향을 매개로 하여 간접적으로 건강의 위험성과 낙인효과에 영향을 미치게 되고 계속해서 이들을 통해 건설반대에 간접적으로 영향을 미치고 있다. 이러한 점은 쓰레기 처리장 건설을 위한 입지를 지방자치단체가 일방적으로 결정한다고 해서 이러한 일방적인 결정이 주민들의 쓰레기 처리장 건설 반대의사를 곧바로 유발시키거나, 건강에 대한 위험성과 지역에 대한 부정적인 사회적 평가에 대한 우려를 직접적으로 높이는 것은 아니라는 사실을 의미한다. 그렇지만 입지선정에서 주민의 참여가 배제된 지방자치단체의 일방적인 결정은 지방정부에 대한 신뢰성을 떨어뜨리고 이는 건강에 대한 위협과 낙인효과에 대한 우려를 고양시켜서 간접적으로 쓰레기 처리장 건설에 대한 반대의사를 유발하고 있다고 볼 수 있다.

이와 유사하게 경제적 보상은 지방정부의 신뢰성과 건설반대에 통계적으로 유의한 직접적인 영향을 미치지는 않는다. 그러나 경제적 보상은 건강의 위험성과 낙인효과에 대해 통계적으로 유의한 직접적인 영향을 미치고 이들을 통해 간접적으로 건설반대에 영향을 미치고 있는 것으로 나타나고 있다. 이러한 점은 지역과 개인에 대한 경제적인 보상이나 혜택이 지방자치단체에 대한 주민의 신뢰성에 직접으로 영향을 미치지도 않을 뿐만 아니라 쓰레기 처리장 건설에 대한 지지나 혹은 반대의사를 곧바로 직접적으로 유도할 수도 없다는 것을 의미한다. 다만 높은 경제적 보상은 건강의 위험성과 낙인효과에 대한 우려를 약화시킴으로써 간접적으로 쓰레기 처리장 건설에 대한 긍정적인 태도를 유도할 수 있다고 할 수 있다. 그러나 이러한 현상은 경제적 보상이 실제로 건강에 대한 위험성이나 지역공동체에 대한 부정적인 사회적 평가에 대한 우려를 변화시키기보다는 경제적 보상이 충분하다면 그러한 가능성과 위험을 감수할 수도 있다는 주민들의 태도로 해석되어야 할 것이다.

건강의 위험성과 낙인효과에서 건설반대로 직접 연결되는 각각의 경로계수들은 정적인 것이며 통계적으로 유의한 것으로 나타나고 있다. 또한 건강의 위험성은 낙인효과에 직접적이고 유의한 영향을 미치고 있다. 따라서 건강의 위험성은 건설반대에 대해 직접적인 영향을 미칠 뿐만 아니라 낙인효과를 통한 간접적인 영향도 동시에 미치고 있다. 즉 건강의 위험성과 낙인효과에 대한 우려가 높을수록 쓰레기 처리장 건설에 대한 반대의사가 높다. 그리고 건강의 위험성에 대한 높은 인식은 낙인효과에 대한 우려를 높여 쓰레기 처리장 건설에 대한 반대의사를 간접적으로도 높이게 되는 것이다.

지방정부의 신뢰성에서 건설반대로 직접 연결되는 경로계수는 예상과는 달리 통계적으로 유의하지 않은 것으로 나타나고 있다. 그러나 지방정부에 대한 신뢰성은 건강의 위험성과 낙인효과에 미치는 직접적인 유의한 영향을 통해 건설반대에 간접적으로 영향을 미치고 있다. 즉 지방자치단체에 대한 신뢰의 정도는 쓰레기 처리장 건설에 대한 지역주민들의 반대의사에 직접적으로는 영향을 미치지 않지만, 지방자치단체에 대한 지역주민들의 낮은 신뢰는 건강에 대한 위협의 증가와 낙인효과에 대한 우려를 높임으로써 지역주민들의 쓰레기 처리장 건설 반대의사를 간접적으로 강화하게 되는 것이다.

쓰레기 처리장 건설에 대해 지역주민들이 반대하게 되는 이유는 다른 어떠한 요인들보다도 그러한 혐오시설로 인해 지금까지 살아온 삶의 터전으로서의 지역공동체가 부정적으로 평가되거나 혹은 붕괴될 수도 있다는 우려에 기인하고 있으며 또 동시에 쓰레기 처리장이 건설되어 가동을 시작했을 때 새로운 질병 등 건강을 위협할 수 있는 조건들이 증가될 수도 있다는 두려움에서 찾을 수 있다. 건강에 대한 위험성과 공동체에 대한 부정적 평가 가능성에 대해 우려하는 인식을 불식시키거나 그 정도를 낮추기 위해서는 경제적 보상과 지방정부에 대한 신뢰의 정도가 높아야 한다. 그러나 경제적 보상이 높거나 혹은 낮다고 해서 지방정부에 대한 지역주민들의 신뢰의 정도가 변화되는 것이 아니라 지방정부에 대한 신뢰의 문제는 입지를 선정하는 지방정부의 결정방식과 그 과정에 의해 영향을 받고 있다. 즉 주민의 참여를 배제하고 지방정부가 일방적으로 결정하게 되면 지방정부에 대한 주민들의 신뢰는 기대할 수가 없는 것이다. 이렇게 볼 때 높은 경제적 보상은 건강의 위험성과 사회적 낙인으로 인한 공동체의 해체 가능성에 대한 인식을 낮춤으로써 쓰레기 처리장 건설에 찬성하는 태도를 유인할 수 있다. 그러나 이와는 반대로 지방정부가 입지를 일방적으로 결정하게 되면 지방자치단체에 대한 신뢰성이 낮아지고 이는 건강의 위험성과 지역에 대한 부정적인 사회적 평가 가능성에 대한 인식을 높임으로써 쓰레기 처리장 건설을 반대하게 되는 것이다.

4. 결론 및 제안

쓰레기 처리장 건설에 대한 지역주민들의 반대는 이기적이거나 비합리적인 행위라고 할 수 없는 것으로 이 연구의 분석결과가 보여 주고 있다. 쓰레기 처리장의 건설로 인해 지역에 대한 부정적인 사회적 평가 등 지역 공동체가 해체될 수도 있다는 우려와 건강과 신체적 안전에 대한 위험성이 증가될 수도 있다는 인식이 쓰레기 처리장의 건설에 대해 지역주민들이 반대하는 직접적인 요인들로서 나타나고 있다. 따라서 주민들의 반대는 단순히 이기적이고 비합리적이며 맹목적인 것이 아니라, 쓰레기 처리장 건설에 따른 건강을 위협하는 위험성의 증가와 지금까지 살아 온 지역공동체에 대한 부정적인 사회적 평가 등 지역공동체의 해체 가능성에 대한 반응으로 이해되어야 할 것이다.

경제적 보상이나 지방정부의 일방적 결정 그리고 지방정부에 대한 신뢰성 등은 쓰레기 처리장 건설에 대해 지역주민들이 반대하는 직접적인 요인은 아니다. 그러나 경제적 보상에 대한 기대는 건강상의 위험성을 상쇄시키고 지역에 대한 부정적인 사회적 평가나 혹은 공동체의 해체에 대한 우려를 약화시킴으로써 결과적으로 쓰레기 처리장 건설에 대한 지역주민들의 긍정적인 의사를 유도하게 된다. 그러나 쓰레기 처리장건설을 위한 입지선정과정에서 주민들의 참여가 배제된 지방정부의 일방적인 결정은 지방정부에 대한 지역주민들의 신뢰성을 약화시켜 건강상의 위험성을 더욱 높은 것으로 인식하게 만들고 낙인효과나 혹은 지역공동체의 해체 가능성에 대한 우려를 높이게 된다. 따라서 결과적으로 쓰레기 처리장 건설에 지역주민들이 반대하게 되는 것이다.

여기에서 주목해야 할 점은 쓰레기 처리장 건설에 대한 지역 주민들의 태도에 경제적 보상과 지방정부의 일방적인 결정은 서로 상반되는 영향을 미치고 있다는 점이다. 이러한 점은 충분한 경제적 보상을 통해 쓰레기 처리장 등과 같은 기피시설의 건설에 대한 지역주민들의 반대를 감소시킬 수 있다는 기존의 전통적인 행정부의 입장을 무시할 수도 없지만 동시에 엄청난 경제적 보상이 주어진다고 해도 그러한 경제적 측면만으로는 주민들의 반대를 무마할 수도 없다는 것을 의미하는 것이다. 즉 입지선정과정에서 지역주민의 참여가 배제된다면 정부의 신뢰가 추락하고 그 결과는 그러한 시설의 입지에 대한 주민들의 반대를 유발하게 된다. 그리고 정부에 대한 신뢰는 경제적 보상의 정도에 의해 결정되는 것도 아니다. 이러한 점에서 볼 때 정부가 일방적으로 결정하고 경제적 보상을 통해 입지를 확보하려는 경제와 개발논리에 따른 정부의 기존 정책 수행방식은 그 자체로서 갈등을 배태하고 있는 것이다. 따라서 경산시의 경우에서도 확인된 것처럼 쓰레기 매립장 등과 같은 시설의 건설과 관련하여 발생하는 갈등은 해당지역 주민들의 이기적이고 비합리적이며 경제적인 동기에서 발생한다는 정부 관료들의 전통적인 입장은 설득력이 약하다고 할 수 있다. 이러한 입장을 따르게 되면 발생한 갈등을 해소할 수 있는 사회적 기회구조도 그만큼 제한된다고 할 수 있을 뿐만 아니라 그로 인한 사회적 비용도 증가할 수밖에 없을 것이다.

이러한 점에서 그동안 정부의 지역 개발 등과 같은 정책 수행과정에서 거의 소외되어 있었던 비경제적인 조건들에 대한 관심이 요구되는 것이다. 사회 문화적 측면을 무시한 경제적 측면과 개발의 논리에만 집착하는 행정 관료들의 기존의 입장은 갈등을 해소하기보다는 오히려 갈등의 단초가 되거나 혹은 갈등을 심화 지속시키게 된다. 따라서 오로지 지역주민들의 부정적 성향이나 경제적인 측면에서 접근하기보다는 관련기관들에 대한 신뢰의 문제, 지역 공동체의 문화적 가치, 그리고 정치적 성향 등을 고려하여야 할 것이다. 왜냐하면 관련기관들에 대한 신뢰의 문제는 공정성과 공평성의 문제와 관련이 있기 때문이다(Vaughan and Seifert, 1992; Bord and O' Connor, 1992). 그리고 지역주민들의 참여가 제한되거나 일방적일 경우에도 공평성의 문제 등이 경제적인 보상의 차원을 넘어 갈등의 핵심적인 요인으로 등장하기도 한다(Slovic, 1993).

그리고 기존의 전통적인 입장에 따른 입지의 타당성 조사나 혹은 환경영향평가는 물리적, 경제적 조건과 비용만을 지나치게 강조한 나머지 사회문화적 조건과 특성을 간과하고 있다. 이러한 사회문화적 조건과 특성을 고려하여 계획을 개방적이고 민주적이며 투명하게 추진한다면 행정부에 대한 주민들의 신뢰를 상실하지도 않을 것이며 설사 갈등이 발생하였다고 하더라도 그 해소방안이 보다 다양하게 제시될 수 있을 것이다. 특히 도농 복합시의 농촌지역은 도시의 주변으로 밀려나 정치적으로 소외되어 온 경향이 많다. 그리고 이러한 시설물들은 대부분 정치적인 고려에 의해 그 위치가 결정되는 경우가 많으며, 정치적인 영향력이 약한 지역들에 이러한 시설물이 집중되어 있다는 사실은 이러한 갈등이 사회 불평등과 사회정의의 문제로서 이해될 수 있다는 것을 의미한다(Ringquist, 1997; Bullard, 1996;

Pollock and Vittas, 1995; Albrecht, 1995; Anderton, Anderson, Okes, and Fraser, 1994; Zimmerman, 1993). 이러한 점들은 정부의 정책 입안이나 실행에 대해 몇 가지 시사점을 제공해 주는 단서가 된다. 먼저 지역주민들의 참여를 개방하고 신뢰를 확보한다면 이러한 기피시설물의 입지에 대한 반대의사를 줄일 수 있을 뿐만 아니라 경제적 보상의 문제도 적정한 수준에서 해결하여 사회적 갈등과 비용을 최소화할 수도 있을 것이다. 이러한 점에서 이 연구에서 제시되고 분석된 모형은 기피시설물의 건설에만 한정된 것으로 이해할 필요는 없다. 오히려 농촌지역을 포함한 다양한 지역개발계획에도 폭 넓게 적용될 수 있을 것이다.

위천공단조성을 둘러싼 지역간 갈등의 정치경제학

박 재 욱

지방자치제 실시의 주요한 목적 중의 하나는 지방의 자주적인 특성을 살려 잠재적인 지역성장력을 창조적이고 경쟁적으로 개발하여 각 지역의 발전을 유도하며, 이를 통해 국가의 발전을 극대화하는 데 있다. 그리고 지역의 특수성과 지역주민들의 요구를 반영하는 정책의 전개와 집행을 통해 행정의 민주성과 대응성을 제고시키는 데 역점이 주어진다. 그러나 지방자치의 이와 같은 목적지향성에도 불구하고 오히려 지방정부간 갈등이나 분쟁이 분출되어 지방자치의 기본이념은 물론 국가의 효율적인 기능이 저해되기도 한다(Richman & Roger, 1986:510-511).

이러한 관점에서 볼 때, 지방정부간 갈등관계에서 정치적 차원으로 제기될 가능성이 가장 큰 것이 바로 환경문제이다. 왜냐하면 삶의 질을 구성하는 가장 중요한 요소들 중 하나가 환경문제이며, 따라서 본격적인 지방정부의 단체장선거를 계기로 하여 정치적 쟁점으로 환경문제가 중요한 비중을 차지할 것이기 때문이다. 나아가 환경문제는 정치적 의사결정의 준거틀로서 작용하게 될 것이다. 말하자면, 환경문제가 여론형성 및 각종 선거와 정책결정에서 중요한 선택의 기준으로 작용하게 됨을 의미한다.

이러한 지방정부간 환경분쟁 중에서도 특히 위천공단조성을 둘러싼 지역간 갈등은 대표적인 갈등사례이다. 이 갈등사례는 지난 90년 이래로 대구 · 경북지역의 경제활성화를 목표로 하여 위천공단 조성을 추진하고 있는 대구광역시 · 경상북도와 수자원 보호를 이유로 공단건설을 반대하는 부산광역시 · 경상남도 등지의 기초자치단체 및 광역지방정부간에 발생한 첨예한 대립현상으로서 아직껏 합리적인 협력방안을 마련하지 못하고 있다. 또한 중앙정부의 중재에도 불구하고 중앙정치권과 지역 국회의원의 정치적 이해관계의 개입, 지역상공인의 경제적 이해관계, 지역시민운동의 조직적 참여 등으로 인해 범지역적인 문제뿐만 아니라 전국적인 관심사가 되었다.

1. 이론적 배경과 기존연구

1.1 지방정부간 관계의 갈등요인: 오염정치(pollution politics)와 외부효과성

뮐러(D. C. Mueller)의 경우, 오염문제의 가장 명백한 특징을 공공재의 성격에서 찾는다(Mueller, 1979:12-14). 그러나 오염문제는 그 자체로는 공공재의 성격을 띨 수 있으나 지방정부간에는 복잡한 외부효과적 갈등을 야기시킨다. 즉, 오염의 문제는 오염 그 자체만의 문제가 아니라 지방정부간 복잡한 이해관계를 낳는다. 이러한 이해관계는 지방정부간의 발전과 저발전, 정치적 분절현상 등을 내포한다. 특히 지방자치가 과도기적으로 실시되고 있는 상황에서 지방정부에 의한 분리형 토지이용관계로 인해 지방정부간의 이해관계는 격렬한 오염정치의 형태로 나타난다. 그 이유는 개별지방정부가 오염으로 인하여 생기는 가치배분의 왜곡현상을 더 이상 허용하려고 하지 않기 때문이다. 그 결과 지방정부간에 오염문제의 의제형성, 정책개발, 집행, 평가 및 환류과정을 둘러싸고 복잡한 정치적 갈등관계가 형성된다. 이를 지방정부간의 오염정치(pollution politics)라고 정의할 수 있다.

'외부효과성' 또는 '외부적'(externality)이란 가구나 기업 중 어느 일방의 활동이 가격을 지불함이 없이 타방의 효용이나 생산 가능성에 영향을 미치는 것을 의미한다. 여기서 가격을 지불하지 않는다는 것은 영향을 주는 일방에서 영향을 받는 타방에게 편익이나 손실을 고려할 유인책을 갖고 있지 않음을 말한다. 이렇게 될 경우 영향을 주는 일방은 어떠한 행위를 추구하기 위해 자원을 비효율적으로 활용하게 되는 결과를 초래한다(Roadway & Wildasin, 1984:105). 이와 같이 외부효과는 일방과 타방과의 관계 속에서 가격지불을 수반하지 않으면서 긍정적 · 부정적인 영향을 미치는 일체의 행위로 정의할 수 있다. 지금까지 외부효과에 관한 논의는 주로 시장경제부문에서 자원의 비합리적 배분이라는 측면에서 다루어져 왔다. 그러나 이러한 외부효과는 그 대상을 지방정부로 할 때, 지방정부간에도 동일한 당사자관계가 성립한다. 이를 외부효과와 관련시켜 볼 때, 부정적 외부효과는 바람직하지 못한 결과를 회피하기 위해 정책갈등이 발생할 수 있고, 긍정적 외부효과의 경우 긍정적 효과의 분배를 둘러싼 정책갈등이 발생할 수 있다(Grindle, 1980:19-20). 그러나 더욱 문제가 되는 것은 부정적 외부효과를 유발하는 정책을 둘러싼 관련집단들간의 정책갈등이라고 할 수 있을 것이다.

1.2 중앙-지방간 관계론: 村松의 수평적 정치경쟁모델의 적용

위천문제는 기존의 중앙정부의 지방정부에 대한 절대적, 일방적 주도관계에서 지방정부의 위상과 역할이 상대적으로 강화되어 가고 있음을 보여 준다는 점에서 중요한 사례라고 할 수 있다. 이렇게 된 요인에는 지방정부 자체의 자치권의 강화라는 측면도 존재하지만, 중앙정부부처의 정책 주도성이 약화되고 있는 동시에, 중앙정치권의 조정역할도 한계를 보이고 있다고 할 수 있다. 이러한 현상은 이미 중앙-지방정부간 관계가 수직적 행정통제모델에서 수평적 정치경쟁모델로 변화하고 있었던 70년대초의 일본에서도 나타났던 현상이라고 볼 수 있다. 일본의 무라마쯔 미치오(村松岐夫)는 이러한 변화에서 중앙-지방정부관계론은 행정적 측면뿐만 아니라 정치적 관계 역시 중요한 부분을 차지하며, 기존의 수직적 행정통제모델의 수요한 작동메커니즘이었던 공유시스템에 있어서 주민운동은 지방자치단체를 움직이고 중앙정부의 판단의 변경을 재촉할 수 있었다고 지적한다(村松岐夫, 1991:69). 그는 여기서 당시의 중앙-지방관계의 변화에 대해 다음과 같이 정곡을 찌르고 있다.

> 중앙레벨의 정치와 지방정치는 서로 연동하여 실질적인 중앙 · 지방관계를 규정하고 있다. 그 연동의 성격은 행정관계에서 설명되어야 할 부분과 정당의 활동이나 선거에서 설명되어야 할 부분이 있다. 그리고 필자의 주장은 밑에서부터 일어나는 압력활동과 경쟁이 중앙 · 지방관계를 규정해가는 면이 확대되고 있다고 하는 것이다. 환경문제나 복지정책은 신산업도시와는 다른 의미로 더욱 철저하게 수평적 정치경쟁모델이 작용하고 있었다(村松岐夫, 1991:72).

90년대 후반의 한국의 경우, 70년대초의 일본의 중앙-지방관계의 변화, 즉 무라마쯔가 제시한 수직적 행정통제모델에서 수평적 정치경쟁모델로의 변화가 가능하게 되었던 정치행정적 환경과 반드시 일치한다고 할 수는 없지만, 지방정부간의 경쟁양상이 일정부분 나타난다는 점에서 무라마쯔의 논의는 참조가 될 것이다.

1.3 지역성장연합론(theory of local growth coalition)과 지방정치

도시성장연합이론의 중요한 이론적 틀을 제시한 것이 하비 모로취(Harvey Molotch)의 '성장머쉰' (growth machine)이론이다. 성장머쉰의 중심을 이루는 '성장연합' (growth coalition)이란 '어떤 비용이 들더라도 성장을 추구하려는 영향력이 있는 행위자들의 집단' 으로 정의된다(Molotch, 1976:309-310). 예를 들어, 성장연합의 주요 구성원인 금리생활자들은 토지와 재산을 보다 집약적으로 사용하여 교환가치에 의한 이득을 수취하려는 적극적인 행위주체로 나서게 된다. 곧 이들은 지방정부에 압력을 가하는 성장연합체 결성의 주도자로 파악된다. 지방의 토지기반엘리트는 도시개발의제를 장악하고 도시내부와 도시의 하부구조의 건설과 이용에 중요한 역할을 수행한다.

공식적인 정부간 관계에서는 지방광역정부간의 갈등으로 표면화되고 있지만, 위천공단문제를 보다 거시적인 지역갈등문제로 증폭시킨 주체는 시민운동단체나 지역상공인들이라고 볼 때, 기존 연구들의 경우, 갈등의 주체를 너무 제한함으로써 위천문제의 본질과 내부과정에 관한 분석이 배제되어 있다. 따라서, 위천공단 조성문제는 도시정치라는 분석적 대상이 전제하고 있는 도시의 경제적 이익을 둘러싼 지역 제 이익집단들의 도시간 경쟁, 이러한 과정에 있어 중앙정부와 지방정부간 관계(재정경제원, 건설교통부, 부산광역시, 대구광역시, 울산광역시, 경상남도, 경상북도), 지역 제 이익집단의 이해관계의 지방정부의 지역정책으로의 반영과정, 지역정치 엘리트들간의 상호작용(정치적 엘리트, 경제적 엘리트, 언론엘리트, 시민운동가)과 도시주민의 조직적 동원화 과정(시민 및 민간시민단체 등), 그리고 결과적으로 도시성장연합으로 이행하는 과정에 대한 면밀한 검토가 필요하다.

1.4 기존연구의 검토와 분석틀

1.4.1 기존연구의 검토

지금까지 당사자간의 타협과 조정을 통한 위천공단분쟁을 해결하기 위한 연구는 대략 다음과 같은 연구경향으로 나누어 정리할 수 있다.

우선 적절한 보상체계의 확립을 통해 분쟁해결책을 제시하는 연구들을 지적할 수 있다(박기묵, 1997; 김상헌, 1997). 이 중에서 박기묵(1997)은 분쟁당사자들의 이해관계를 보상을 통해 해결하는 '상환가치기법'을 낙동강 사용갈등에 적용하였는데, 상환가치를 이용하여 물의 경제적 가치를 계량화하고 이를 토대로 하여 오염피해의 정도에 따라 적절한 보상액을 산정하여 대구 지역의 오염자가 하류의 지역주민들에게 보상하는 방안을 제안하였다. 또한 김상헌(1997:218)은 님비현상을 해결하기 위해서는 조정자가 필요하며, 혐오시설의 비용이 혐오물질을 생산하는 개인들의 의사결정에 반영되도록 해야 한다고 주장하면서, 구체적으로 어떤 보상체계를 택해야 하느냐는 해당지역들간의 비용에 대한 정보구조가 어떻게 되어 있느냐에 따라 달라진다고 보았다. 즉, 경제적인 요인으로 인해 발생하는 분쟁을 경제적인 보상을 통해 해결하기 위해서는 분쟁당사자들을 '규제할 수 있는 규칙'과 그 규칙의 실행이 필요하다는 것이다. 김인철 · 최진식의 논문(1999) 역시 위천공단문제의 해법을 비용편익을 기초로 하여 환경논리보다 경제논리에서 찾아야 한다는 사실을 강조하면서, 조정된 타협안, 상호의존적 기구의 제도화, 그리고 이를 바탕으로 한 객관적인 대안마련을 제안한다.

그리고, 환경보전과 관련하여 "특정 지역의 토지 및 수자원의 이용을 제한"함으로써 그 지역이 부담하는 비용은 상당히 높은 데 반해, 특정시설의 설치 또는 자원의 이용제한으로 인한 편익은 그 지역의 범위를 벗어나 광범위하게 향유되는 지역간 비용과 편익의 불공평성에서 발생한다고 보는 연구시각도 있다(박동수, 1995; 김선기, 1992). 특히 김선기(1992)는 광역상수원 보전을 위한 광역적 비용분담체제를 제안하면서, 하류지역 주민들의 수익자 부담과 국가재정보조, 수혜 지방자치단체부담의 원칙을 제시한다. 유재원(1996:17) 역시 자치체간의 분쟁은 많은 경우 비용의 분배를 둘러싸고 발생하는 갈등으로 환원되므로 분쟁의 해결은 분쟁 당사자들 모두를 만족시켜 줄 수 있는 비용배분점을 찾는 데 있음을 강조한다.

하지만, 이들 경제적 비용편익분석에 의한 연구경향들은 합리적, 논리적 분석 성과에도 불구하고 합의된 비용부담원칙을 세우기 힘들다는 근본적인 이유 때문에 분쟁의 해법으로서는 한계를 지닌다. 그 이유로는 첫째, 수질오염의 공간적 확산효과에 기인한 외부효과를 측정하기 어렵고, 둘째, 환경갈등 주체의 불특정 다수화가 문제해결을 위한 제도적 접근을 용이하게 만들지 않으며, 셋째, (오염자 부담원칙, 수혜자 부담원칙간) 수질보전비용 부담원칙의 혼합성에 기인한다.

또 다른 연구경향은 보다 정치적 · 사회운동적 관점에서 위천공단문제에 접근하는 방식이다(강문구, 1996; 이종열 · 권해수, 1998). 강문구는 민주화과정에서 신사회운동으로서의 환경운동의 역할에 대한 분석에 초점을 두고서 위천공단 조성문제를 쟁점으로 하여 한국의 환경운동을 민주화와 신사회운동과의 관계에서 파악하려고 하였다. 한편, 이종열 · 권해수(1998)는 위천공단의 갈등과정에 초점을 맞추면서 갈등의 환경적 요소와 갈등의 동원화 기제의 두 가지 차원에서 분석하고 있다. 이들 갈등의 환경적 요소는 정치 · 행정적 요소, 경제적 요소, 그리고 사회적 요소로서 상호간에 복합적으로 작용하고 있다고 보면서, 이들 갈등요소가 동원화기제를 통해 표출되었다고 본다. 이 논문은 위천공단문제를 둘러싼 지역간 갈등의 문제를 단순한 경제적 차원에서 이해하지 않고 정치적 영역까지 확대하고 있다는 점에서 다른 연구와의 차별성을 보여 준다.

2. 지방정치와 지역성장연합의 형성: 지역이해관계의 표출과 의제화

2.1 지역이해관계의 결집과 지역성장연합의 등장

1994년 위천지역이 행정구역개편으로 대구시에 편입되면서, 대구시가 이를 국가산업단지를 조성하려는 계획을 발표하자 양 지방정부간의 갈등은 본격화되었다. 이후 1996년 3월 13일 김윤환 당시 신한국당 대표의 위천공단지정에 대한 발언, 동년 6월 29일 환경부장관의 위천공단 조건부 승인발언, 동년 9월 14일 이수성 국무총리의 위천공단 수질개선 병행추진 발언 등으로 정치이슈화되기 시작하였으며, 97년 대선과 보궐선거, 지방선거 등을 거치면서 정치이슈화의 강도가 높아졌다(이종열 · 권해수, 1998:166).

이러한 과정에서 대구는 위천공단 지정 촉구운동을 시가 주도하여 전개하였고,

부산에서도 지정반대운동을 시가 적극적으로 참여하여 이끌어 왔다고 볼 수 있다. 이러한 양상은 과거 임명직 시장의 시절에는 시민운동에 소극적인 반응만을 보여왔던 것과는 매우 대조적인 일이다. 관이 적극적으로 운동을 이끌어가자 시의회, 시민단체, 상공인, 지식인 등 전 부문에 걸친 집단들이 자연스럽게 하나로 묶여질 수 있었다. 한편, 경상북도는 낙동강 상류지역에 독자적인 공단조성을 꾀하고 있었기 때문에 자연스럽게 대구시의 입장을 지지하였고, 경상남도의 경우에는 먹는 물의 문제를 부산과 공유하고 있었기 때문에 자연히 유치반대의 입장에 서게 되었다.

여기서 환경문제나 지역경제활성화가 야기하게 되는 차별적인 혜택과 이해관계에 따라 각 지역 내에서도 상이한 입장과 대응을 통하여 시민운동이나 환경운동이 활성화되지 못하고, 한국사회에 고질화되어 온 지역배타주의를 더 악화시키거나 여기에 편승하는 경향마저 노정시켰다고 볼 수 있으며(강문구, 1996:156), 한국사회의 고질적인 지역배타주의 내지 지역감정은 지역성장연합의 중요한 토양이 되고 있다. 서구사회와 같이 도시경제의 활성화나 지역경쟁력 강화를 주된 이해관계로 하는 경제적 요인이 주요한 성장연합으로의 발생요인이 되고 있으나, 한국사회에서는 이러한 요인뿐만 아니라 사회심리적인 지역배타주의까지 가세함으로써 타지역이나 도시와는 더욱 배타적인 입장을 취하는 성장연합의 특성을 보여 주고 있다.

위천공단조성문제의 경우, 경제적 이해관계의 논리가 환경보호논리에 굴복하였다기보다는 대구지역성장연합의 정치력이 부산경남지역성장연합의 지원을 바탕으로 한 부산경남반성장연합(환경보호주의 세력)의 정치력을 압도할 수 없었다는데 문제의 핵심이 있는 것이다. 이러한 정치력은 지방권력의 지역적 영향력 및 경제적 자원의 보유능력, 지역성장연합의 중앙정부에 대한 접근가능성과 그 실효성, 그리고 시민동원능력 등에 기반을 두고 있다. 또한, 중앙정부에 대한 지방정부의 자치권의 강화는 중앙정부와 정치권의 일방적 정책결정의 여지를 축소시켰으며, 그 결과 중앙정부부처의 정책방향의 애매모호성, 중앙정치권의 동요를 야기시킨 것이다.

2.2 정치적 동원화

1995년 6.27 기초 및 광역자치단체장 선거 이후 중앙정부의 하부조직으로 정부의 명령이나 지시를 충실히 이행해 온 과거의 임명직 단체장에 비해 민선단체장들은 유권자인 주민의 의사에 민감한 반면, 상대적으로 중앙정부에 대한 충성심은 약화되고 있다고 볼 수 있다. 따라서 사안에 따라서 이들은 중앙정부의 입장에 배치되는 지역의 요구를 서슴없이 제기하고, 지역주민들을 동원하여 요구의 관철을 위한 운동을 펴기도 하며, 경우에 따라서는 지역주민들을 조직화하고, 동원하기 위해서 지역감정을 자극하는 등으로 정치적 상징을 동원하기도 한다.

문제대안의 여지가 큰 추상적인 가치의 대립보다 '공단지정' 과 '공단반대' 라는 구체적인 대안의 대립은 문제해결을 위한 타협, 절충의 가능성을 최소화시킨다. 실제로 양 도시에 사는 시민들의 입장에서는 다양한 의견의 편차가 보여질 수 있음에도 불구하고, 지역간 요구가 단일화되어질 수 있는 이유는 '지역' 이라는 정치적 상징이 가능하기 때문이다.

위천공단조성문제에서 드러난 정부간 갈등에서 주도적인 역할을 한 것은 지방정부를 중심으로 한 제도권이다. 대구 및 경북의 경우 '위천공단 추진 범시민대책위' 의 핵심은 대구시와 대구시의회였으며, 경상북도와 대구상공회의소 등이 이에 연합하여 위천공단조성을 추진하였다. 부산 및 경남의 경우도 지방정부와 지방의회가 반대운동의 주도권을 행사하였으나, 차이점은 부산의 경우 범시민단체가 총결집된 '위천공단저지 부산시민대책위원회' (이후 '위천공단 결사저지 부산시민총궐기본부' 로 개칭)가 강력한 지역연합의 핵심역할을 수행하였다는 사실이다.

정치적 동원화의 방식에 있어서도 대구시의 경우, 중앙정부에 대해 공단승인을 위한 공식적인 청원이나 장관의 면담, 시장의 시정홍보, 공청회 등 공식적인 제도적 통로를 주로 활용한 데 반해, 부산시의 경우 거의 대부분의 시민단체를 총결집시켜 이를 강력한 반대투쟁의 거점으로 삼아 대구시와 같은 공식적인 방식 이외에도 가두시위나 시가지행진, 관련기관 항의방문 등의 비공식적이고 비제도권적인 방식도 병행함으로써 결과적으로 반대운동의 효과성을 제고시켰다고 평가할 수 있다.

2.3 이념과 정당성

대구광역시의 위천국가공단의 승인요구의 기본 논리는 적극적 의미에서는 지역경제개발의 필요성을 내세우면서, 부산 · 경남지역의 반발에 대한 대응적 논리로서 위천국가공단은 경제적인 요인뿐만 아니라 환경적인 요인에서도 조성하는 것이 바람직하다는 주장을 펴고 있는 것이다. 즉 대구 · 경북지역의 경우 공장의

70퍼센트가 공단밖에 위치하여 공해관리가 제대로 안돼 이를 집단화시켜 일괄 처리하는 것이 부산 · 경남지역의 수질개선이나 수자원보호에 유리하다는 것이다. 따라서 대구광역시의 입장에서는 부산 · 경남지역의 반대운동을 이미 중앙정부부서 내부에서 공단건설의 최종적인 결론이 난 사안에 대한 극단적인 지역이기주의적 행동으로 인식하고 있다(대구광역시청 문영수 경제국장).

반면에, 부산광역시를 비롯한 경남지역은 대구광역시가 거액의 예산을 들여 오염방지장치를 설치해 낙동강 수질악화를 저지하고 있다는 대구광역시의 주장에 대해 기본적으로 회의적이고 부정적인 입장을 취하고 있다. 그러한 입장의 근거는 첫째, 물의 오염정도를 측정한 BOD지수만으로 소량만 포함되어도 치명적 장애를 야기하는 중금속, 화학물질 등을 모두 거를 수 없다고 보기 때문이다(크롬, 페놀 등 중금속물질의 배출을 원천적으로 막을 수 없음). 둘째, 오염방지 시설비와 정화처리 비용은 향후 거액의 예산이 지속적으로 소요되는 사업인데 이를 대구광역시의 재정상태로 보아 설사 국가지원을 받는다 해도 현실적으로 감당하기 어려울 것이라는 판단을 전제로 하고 있다. 셋째, 과거 페놀사건, 암모니아성 질소유입 등의 사건의 경험과 정부의 수질개선정책에 대한 불신감으로 인해 대구광역시나 중앙정부의 정책의지를 신뢰할 수 없다는 입장이다. 그리고 넷째, 대구광역시가 제시한 향후 위천공단 건설 및 운영계획안에 대해서도 그 내용의 비구체성, 비현실성을 지적하면서, 선수질개선, 후공단조성 정책원칙을 정하고 가칭 「낙동강 수질보전을 위한 특별법」을 제정하고 낙동강을 상수원특별대책지역으로 지정하라는 요구를 제시하고 있다.

3. 중앙-지방정부간 관계: 중앙정부의 조정역할 약화와 시민참여의 필요성

3.1 중앙정부의 조정역할 약화와 지방정부간 갈등의 심화

3.1.1 중앙부처의 정책혼선과 조정역할의 약화

통상산업부 · 재정경제원:

이들은 경제성장관련 업무를 주관하는 부서로서 원칙적으로 대구시의 입장을 지지하지만, 건설교통부나 환경부와는 달리 자기들이 어떤 입장표명을 반드시 취할 필요가 없으므로 개입을 자제하였다고 할 수 있다. 이들 부처는 원칙적이고 원론적인 입장만을 밝히면서 뜨거운 감자인 위천공단문제에 대해 어떠한 형식으로든지 관여하지 않으려고 하였다.

건설교통부:

96년 3월에 건설교통부는 대구시의 '위천공단조성에 따른 수질보전대책'에 대한 반대여론이 격화되자 서울, 대구, 부산, 경남 등 전국 각 지역의 관계학자와 전문가 등 11명이 참여하는 수질평가단을 구성하여 두 차례에 걸쳐 전문가회의를 열고 검토의견서를 제출받았다. 이를 바탕으로 건설교통부는 내외의 반대여론을 의식하여 위천공단의 국가공단지정은 어렵다는 내용의 자체심사결과를 발표하기도 하였다. 그러나, 8월 22일에는 신한국당이 대구 위천국가공단 설립을 적극 추진하되 이에 따른 낙동강 수질개선 종합대책도 병행해 추진할 방침을 표명하자, 이에 동조하는 입장을 취하면서 당정회의를 갖고 향후 5~6년간 5천여억원을 투입하는 낙동강 및 금호강 수질개선을 위한 종합대책을 위천공단 설립문제와 병행해 추진키로 방침을 정하기도 하였다. 이와 같이 정부 및 여당이 각종 선거에서의 '표'를 의식한 정치적 계산으로 대구 위천공단조성문제에 접근함으로써, 부산·경남과 대구·경북주민간의 갈등을 부채질하고 혼선을 빚게 한 사례는 96년만 국한시키더라도 무려 5차례 이상이나 나타났다. 그 이유는 위천공단 지정은 대통령 공약사업이지만, 부산시의 반발이 크고 부산시의 정치적 비중이 크기 때문에 결정이 지연될 수밖에 없었기 때문이다. 따라서 건설교통부는 위천공단의 국가공단지정에 대한 공식적인 결정권한은 가지고 있으나, 정책사안의 비중이 일개 부서에서 결정하기에 부담이 됨에 따라 정치권과 지역여론에 따라 결정권을 제대로 행사할 수 없었다. 따라서 분명 공식적 결정권자임에도 불구하고 결정의 추인자 지위로 전락하고 말았던 것이다.

환 경 부:

위천공단과 관련한 정부의 입장은 94년 1월 20일 환경부의 '낙동강 수질 2급수 회복후 공단조성' 공식발표를 계기로 애당초 공단불가 입장에서 출발했다. 따라서 위천공단문제에 대해 정부의 중앙부처 중 가장 최초이자 가장 확실한 입장을 보였던 부서가 환경부였던 것이다. 그러나 타 부처 및 정당의 입장에 따른 정책혼란으로 인해 환경부 역시 부처입장이 애매하기는 마찬가지였다. 이에 따라 환경부는 96년 당시 위천공단의 설치가 낙동강 수질에 미칠 환경영향평가를 해야 할 주무부서임에도 정치권에 책임을 미루거나, 상위부서에 책임을 전가하고 있다는 비판을 듣기도 하였다(동아일보, 1996. 9. 15).

국무총리실:

여러 행정부처가 관련된 사안에 대한 정책조정역할은 국무총리실에서 담당하도록 되어 있다(이를 관장하는 행정조정실장은 장관급). 그러나 위천공단 문제는 행정적인 문제가 아니라 정치적인 문제(총선 및 차기 정권창출과 밀접히 관련된 문제로 인식)로서 행정부처간 이견조정차원을 넘어섬에 따라 조정역할을 할 수 없게 되고, 결과적으로 정치권에 문제해결의 책임이 전가되고 말았다.

정 당:

일반적인 사안에 대해서는 대통령의 재가를 거쳐 당론으로 확정지은 뒤 당정협의를 거쳐 구체적인 정책대안을 정부로 하여금 발표하도록 하는 것이 관례이나, 당시 여당인 신한국당은 양 도시의 반발을 우려해 입장표명이 수시로 바뀌는 등 정치적 이해득실에 따라 정책의 방향이 일관성을 잃는 상황을 연출했다. 한편, 당시 정치적 부담이 적은 야당은 대구에 대한 지지입장을 견지함으로써, 대구지역의 보수적 정서상 국민회의는 그다지 득이 없었지만 보수적 색깔이 농후한 자민련의 경우는 보수적인 여당인 신한국당과의 경쟁에서 유리한 이점을 차지하기도 하였다. 전라, 충청, 부산 · 경남이라는 지역할거구도에서 대구 · 경북은 정치적 향배를 결정짓는 캐스팅보트(casting vote) 역할을 수행함으로 부산 · 경남쪽에서 어차피 많은 표를 기대할 수 없는 야당으로서는 대구 · 경북편에서 위천공단문제를 처리하는 편이 유리하다는 판단을 내렸던 것으로 보인다.

3.1.2 대응상의 특징

위천공단문제에 대응하는 정부부처 및 정치권의 입장에서 드러나는 가장 큰 특징은 낙동강의 수질관리에 대한 정책적 혼선을 지적할 수 있다. 위천공단문제는 정책당국에 의해 정책의제가 이미 채택된 이후 정책결정과정에서 갈등이 야기되었으며, 특히 최종적 정책결정권을 가진 건설교통부가 정치적 민감성을 의식하여 책임을 회피함에 따라 분쟁이 격화되는 양상을 보이게 되었다. 오히려 지방정부는 수질 2급수 개선 및 환경오염 방지시설 설치 등 여러 제도를 통해 분쟁의 해결을 모색하기도 하였으나, 식수원을 둘러싼 근원적인 문제에 부딪혀 어떤 경제적 보상이나 대책으로 쉽사리 조정되지 못하는 정치적 분쟁의 성격을 더욱 뚜렷이 하고 있다. 특히 중앙정부의 '선 수질개선, 후 공단조성' 정책방침은 정부부처의 정책혼선과 애매성으로 지방정부의 의혹과 주민들의 불신만 더욱 가중시키고 있는 형편이며, 오히려 지방정부의 자치권을 무시한 중앙정부의 구태의연한 관치주의적 행정편의적 해결방식에 대해 비판적 분위기를 자아내고 있다. 이러한 중앙정부부처의 정책적 혼선은 이미 페놀사태 등의 경험으로 인해 중앙정부의 환경정책에 대한 불신과 더불어 전통적으로 주무부서인 환경부의 행정적 권한의 미약성으로 인한 지역주민의 불신감이 증폭되었다. 또한 부산 · 경남의 입장에서는 정부는 경제성장만을 중시하고 환경에 대해서는 별로 노력을 기울이지 않는다는 불신감이 팽배하였다고 볼 수 있다.

따라서, 중앙정부는 위천공단문제와 같이 지방정부간 갈등에 있어서 당사자간 합의가 불가능하거나 진척이 어려울 때 중재자 역할을 수행해야 할 필요가 있었지만, 이제까지의 위천공단문제를 둘러싼 진행과정을 살펴볼 때, 중앙정부와 정치권은 합리적 해결방안을 제시했다기보다는 정치적 이해득실에 따른 정치적 처리방안에 치중해 왔다고 할 수 있다(이종열 · 권해수, 1998:178; 김인철 · 최진식, 1999:106). 특히 96년 4.11총선을 전후해서 당시 여당인 신한국당은 '공단조성'과 '선수질개선'이라는 양립할 수 없는 공약만을 양 지역에 제시함으로써 지역간 갈등을 조정 및 중재했다기보다는 오히려 증폭시킨 결과만을 초래했다고 할 수 있다.

3.2 정부간 분쟁해결에서 시민참여의 필요성

지방자치의 일천한 경험과 역사로 인해 지역간 이해관계를 자율적으로 조정, 타협할 수 있는 제도적 틀이나 규범이 형성되지 못하였고, 과거와 마찬가지로 중앙정부가 이러한 문제에 대한 결정권한을 독점하고 있는 상태였으나, 중앙정부는 민선단체장에 대한 제어능력의 저하, 정부간 갈등 조정역할의 약화 등으로 각 지역에서 일시적으로 분출하는 욕구와 갈등을 효과적으로 제어하거나 충족시켜 주기에는 역부족이었다. 즉 중앙정부의 정부간조정역할은 과부하상태(overload)였던 것이다. 또한 대구 · 경북 및 부산 · 경남 모두 정책결정자인 중앙정부에 대한 강력한 불신감을 가지고 있었기 때문에 중앙정부는 더욱 더 정책의 선택폭이 좁아진 상황이었다. 중앙정부나 정당의 입장에서는 대구 · 경북 및 부산 · 경남간의 정치적 세력이 균형상태를 이루고 있기 때문에 정부나 정당으로서는 어느 한쪽으로 정책선택을 할 경우 이에 따라 치러야 할 정치적 비용이 막대하였다고 볼 수 있다.

4. 결론: 위천공단문제의 정치경제적 성격

위천공단문제는 외연적으로 경제적 비용부담에 따른 갈등발생으로 보여질 수 있으나, 다음과 같이 경제외적인 차원이 존재한다.

첫째, 수자원 오염에 따른 환경보전에 대한 위기의식은 반드시 경제적 보상책을 통한 합리적 해결방안으로 처리될 수 없다는 점에서 경제적 차원과는 구분되는 비환원적 차원이 존재하고 있다. 다시 말해 상당한 경제적 보상책이 제시된다 하더라도(물론 이러한 과정에서 수자원의 경제가치산정을 통한 보상액 책정, 분쟁조정역할자나 조정기구의 등장, 그리고 광역적 보상체계 및 분담원칙의 설정 등이 설득력있게 제시된다) 광역구역에 거주하는 대규모의 인구집단의 생명원인 수자원의 생활적 가치, 환경적 가치, 생명적 가치와 등가하기에는 어렵다는 점이다.

둘째, 정치적인 맥락이다. 95년 이후 위천공단조성 문제를 둘러싸고, 양 지역의 지방정부는 물론 중앙정부의 관련부서, 그리고 지방 및 중앙정치권의 개입이 이루어지면서 해결방안은 중재나 타협을 위한 진전보다는 지역정서와 감정을 이용한 정치적 상징화, 동원화가 더욱 더 문제해결을 어렵게 만들고 있다. 대구를 중심으로 한 경북지역과 부산을 핵으로 하는 경남지역은 6공화국까지만 해도 호남정치세력에 대항하는 정치연합적 성격을 유지하면서, 영남정치세력권을 창출하여 왔다. 이 과정에서 정치적 기득권은 대구지역이, 경제적 기득권은 상대적으로 부산지역이 향유하면서 영남정치연합을 유지하였던 것이다. 이러한 영남정치연합은 92년 김영삼정권의 창출까지만 해도 결정적인 지지세력으로 존속하였다. "우리가 남이가" 하는 시중 유행어가 만들어질 정도로 김영삼정권 초창기만 하더라도 이러한 정치연합의 지속성은 유효한 것처럼 보였다. 하지만, 이제까지 경제적 기득권만으로 만족했던 부산 · 경남권이 정치적 기득권마저 차지하면서 양 지역간의 정치적 연합은 붕괴되고 지역간 갈등이라는 새로운 양상이 전개되었다. 특히 당초 대구지역에 설립되기로 예정되었던 삼성자동차공장이 부산 신호공단으로 변경되고, 대구 · 경북출신 정치실력자들의 잇단 퇴진사태는 대구 · 경북지역으로 하여금 경제발전에 대한 기대감의 상실과 더불어 기존의 정치적 기득권마저도 모두 부산 · 경남지역에 넘겨줄 수밖에 없다는 상대적 박탈감이 심화되었다고 볼 수 있다. 이러한 지역간 갈등의 전개과정에서 보다 중립적인 입장을 취할 수 있었던 김대중 정권과 국민회의는 오히려 이러한 지역간 갈등을 자신들의 정치적 입지 강화를 위해 수단화함으로써 더욱 더 위천공단건설 문제는 난맥상을 보이게 되었다. 예컨대, 김대중 대통령의 선거공약으로 6개월 내 위천공단건설승인을 약속하였다가, 부산 · 경남지역의 여론을 의식해 이를 지연시키는 등 오히려 지역간 분할(divide and rule)전략을 통해 두 지역이 또 다른 지역정치연합을 구축하지 못하도록 하려는 정치적 의도를 부인하기 어려울 것이다.

셋째는 중앙정부기구나 정책에 대한 경험적 불신감이다. 이미 91년에 낙동강 페놀오염사건을 겪은 부산 · 경남지역은 당시 중앙정부가 보여 주었던 미온적이고 소극적인 해결책에 대한 불신감이 경험적으로 의식구조화되어 있다. 더군다나 95년 이후 중앙정부부서의 구태의연한 책임전가 양태와 정치권의 정치적 이해관계에 따른 조령모개식의 정책수정은 중앙정부와 정치권에 의한 중재나 타협 가능성에 대해 원천적인 불신감을 가지고 있으며, 이러한 의식구조가 경험적으로 더욱 강화되어 가는 형편이다. 여기다가 지방자치제 실시 이후 지방정부의 역할 정립이나 지방정부간 갈등해결에 있어 규칙의 미비도 정치적, 행정적 차원의 해결에 대해 계속적인 의혹감을 떨쳐 버리지 못하게 만드는 주요한 요인으로 자리잡고 있다. 특히 경제성장기에 있어 중앙정부에 의해 일방적인 국토개발이나 경제발전전략이 수행과정에서 지방정부나 지역주민의 요구나 참여가 배제되어 왔기 때문에 그 과정에서 야기되었던 지역간 불균등성장, 환경파괴, 성장이익분배의 불공정성 등으로 인해 응축되었던 불만과 불신이 자치시대 민선지방정부의 출현을 계기로 일시적으로 분출하였다고도 볼 수 있다.

따라서, 중앙성부는 이전까지의 관치행정에 의한 일방적이고 독단적인 문제해결방식에서 벗어나 지방의 정치세력이나 지방정부의 자치권으로 상징되는 대표성을 더욱 강화시켜 주는 방향으로 제도개선에 힘써야 할 것이다. 중앙정부가 제시하는 중재안이 아무리 합리적이고 실현가능성이 높다 하더라도 지방정부나 시민이 이에 동조하지 않을 경우 대안으로서의 실효성은 사라지게 되는 결과를 가져오기 때문에, 가능하면 지방정부간 상호존중과 신뢰감 속에서 타협할 수 있는 법적, 제도적 환경을 조성하는 데 노력해야 할 것이다.

위험시설 입지 정책결정과 위험갈등: 부안 방사성폐기물처분장 입지선정을 중심으로

노 진 철

원자력발전소와 그 결과물인 방사성폐기물의 처분장은 과학 · 기술의 고도 발전에 수반되는 현대사회의 대표적인 위험시설이다. 우리나라에는 1978년 고리 원자력 1호기가 상업운전에 들어간 이래 현재 총 18기의 원전이 고리, 영광, 울진, 월성 등 4개 원전지역에서 가동 중에 있다. 지난 20여 년 동안 우리의 원자력발전은 설비용량을 기준으로 세계 6위(1,371.6만kW)의 규모로 급성장했다. 그 결과 이들 원전의 가동 중에 필연적으로 발생할 수밖에 없는 방사성폐기물은 중 · 저준위 폐기물은 연간 3,120드럼에 이르고 '사용후핵연료'는 연간 596톤에 이른다. 2003년 말 현재 총 누계발생량은 중 · 저준위 폐기물은 61,563드럼(200ℓ 기준)이며 '사용후핵연료'도 6,588톤이다. 정부에 따르면 각 원전부지 내에 설치된 임시저장고는 2008년~2014년에 걸쳐 포화상태에 이른다. 물론 저장고의 포화시기는 초고압 압축기술, 유리(琉璃)고형화기술 등 고도의 기술개발을 통해 다소 늦출 수는 있다. 그러나 이것은 임시방편에 불과할 뿐 근원적인 해결책이 되지는 못한다. 따라서 방사성폐기물처분장(이하 '방폐장')의 입지정책은 향후 정부의 에너지정책 방향의 타당성여부와는 별개로 더 이상 미룰 수 없는 시급한 국책사업임에 틀림없다.

정부는 현재 방폐장 입지선정 문제를 해결할 실마리를 찾지 못하고 있다. 1989년부터 지금까지 정부는 다양한 방법을 통해 방폐장 입지정책을 추진해 왔지만 아직도 부지를 확보하지 못한 상태이다. 방폐장의 부지확보는 매번 지역주민들의 강력한 저항에 부딪혀 실패했다. 최근에는 2003년 7월 산업자원부(이하 '산자부')와 한국수력원자력(이하 '한수원')이 전국의 지방자치단체를 대상으로 실시한 후보지 자유공모에서 부안군수가 위도의 방폐장 유치신청을 해왔음에도 불구하고, 주민들의 거센 저항에 부딪혀 입지선정이 유보되고 있다. 부안주민들은 지난 2004년 2월 14일 민간 차원에서 관리하는 주민투표를 실시하여 주민 73%의 투표율에 90% 이상의 압도적인 다수의 반대로 방폐장 유치거부의 의사를 분명히 했다. 그리고 정부는 정부대로 이미 2월 5일 전국 지자체를 대상으로 '원전수거물센터 유치신청' 공고를 내놓은 상태이다.

부안 방폐장 입지정책은 정부가 6번째 시도하는 위험시설의 입지정책이다. 정부는 이번에는 법적, 제도적으로 비교적 완벽한 사업시행요건을 갖추었다. 그러나 여기서도 과거 5차례에 걸친 방폐장 입지정책이 지역주민들의 거센 저항으로 인해 철회될 수밖에 없었던 전철을 그대로 밟고 있다. 부안사태는 여러 차례에 걸친 '경험에 의한 학습'에도 불구하고 다시 맞이한 위험갈등이라는 점에서 그 정치적 의미를 심층적으로 음미해 볼 가치가 있다. 국책사업인 방폐장의 설치결정이 집행되지 못하고 실패를 거듭하는 이유는 무엇인가? 왜 지역주민과 환경단체는 방폐장의 설치를 이처럼 강력히 반대하고 있는 것인가? 방폐장이 정말 물리적으로 위해하기 때문인가, 아니면 위험에 대한 인식상의 문제인가?

1. 위험의 인식과 위험갈등

위험갈등은 원자력의 막강한 파괴력에 대한 두려움과 공포를 갖게 하는 돌발적인 대형 재난사고와 연계하여 위험/안전의 구분에 의해 소통된다는 점에서, 동강 다목적댐 건설, 새만금 간척지조성, 경인운하건설, 수도권 외곽순환고속도 건설, 경부고속철도 금정산 · 천정산 터널건설 등 다른 국책사업의 집행과정에서 지역개발/환경보전 간의 대립으로 빚어지는 환경갈등과는 그 성격을 달리한다. 그동안 반대시위를 벌여온 주민들과 반핵 · 환경단체들이 방폐장을 '핵폐기장'으로 명명함으로써 "죽음을 불러오는 핵"(포항연구, 1989:27)에 대한 불안을 가시화했다면, 정부는 이것을 '원전수거물 관리시설'이라고 명명함으로써 애써 설치물에 대한 주민들의 인식을 핵의 공포로부터 분리시키려고 노력했다. 그러면 위험갈등의 중심을 이루는 방폐장의 실체는 무엇인가? 방폐장은 방사선 구역 안에서 작업하던 고속증식로의 운전원 및 보수요원이 착용했던 방호복, 장갑, 모자, 덧신, 가운 등 방호용품과 기기처리 과정에서 발생된 걸레 등 쓰레기, 그리고 기체 · 액체폐기물의 처리계통에서 사용된 필터, 여과제 등 각종 교체부품 등의 중 · 저준위 원전쓰레기를 저장하는 곳이다. 이 중 · 저준위 폐기물은 재처리를 통해 핵폭탄의 원료인 플루토늄을 추출할 수 있는 '사용후핵연료'에 비해 방사능 수치가 수백만 분의 1(약 0.1mSv/h)에 불과하다. 이처럼 방사능누출시 인체에 미치는 폐해의 정도가 작음에도 불구하고 위험갈등이 유발되는 것은 인체에 치명적인 핵폐기물이 존재한다는 사실 자체가 주민들을 불안케 하기 때문이다.

적어도 체르노빌 원전사고 이후 우리는 안전관리체계, 위험관리체계 등에 의해 위험요소가 엄밀하게 관리되는 구조화된 위험환경에서도 일이 잘못되어지는 돌발적인 상황을 인정해야 한다. 비록 통제된 위험이지만 위험을 인정하는 순간 재난의 가능성을 동시에 인정하지 않을 수 없다(Giddens, 1997:295). 원자력기술은 원자력이 인류파괴의 무기가 아니라 평화적으로도 이용될 수 있음을 보여 주었다. 그러나 이 '계산된 신뢰'가 돌발적인 재난으로 갑자기 깨졌을 때 불안은 더욱 현저해진다. 대부분의 사람에게 비록 확률은 낮더라도 재난으로 이끌어질 수 있는 구조화된 위험에 대한 인식은 불안의 원천이다. 그리고 누구도 재난가능성에 대해 불안해하는 것을 '합리적'이지 않다고 비난할 수는 없다(노진철, 2004a:227).

루만(Luhmann, 1991)은 생태학적 위협과 기술적 위험사건에 대한 소통적 특성을 기술하기 위하여 위해(danger)와 위험(risk)의 구분을 제안한다. 그에 따르면 위해는 자연현상이나 타자, 다른 조직의 결정 등 외부로부터 오는 직접적인 위협인데 반하여, 위험은 기능적으로 분화된 사회체계들이 환경을 합리적으로 통제하는 결정에 내재된 위협이다. 즉 위험은 위해와 달리 항상 결정을 전제한다. 생태학적 위협이나 기술적 위험사건이 더 이상 어쩔 수 없는 위해가 아니라 감내하고 피할 수 있는 위험으로 소통되면서, 이들 사건은 필연적으로 결정에 귀속된다. 핵폐기물의 위험은 자연재해와 달리 사회 스스로 만들어 낸 피해가능성이다(노진철, 2004b). 즉 방폐장 입지정책에 따른 방사능누출의 위험은 인간의 의도적인 시도의 결과이며, 그 원인이 정책결정자에게 귀속되는 위협이다. 그에 반하여 그 결정의 당사자인 지역주민들은 자신의 통제 밖에 있는 위해에 어쩔 수 없이 방치된다. 다시 말해 결정자에게는 위험으로 인식되는 것이 당사자에겐 위해로 인식된다.

나아가 루만(Luhmann, 1990:163)은 현대사회의 특성으로 인간의 개입, 즉 인간의 행위와 그 결정가능성의 증가에 따른 '위해에서 위험으로의 전환'을 지적한다. 우리는 사회적 성찰성의 증대와 함께 일상에서 점점 더 어쩔 수 없이 당하는 위해가 사회적으로 생산된 위험으로 변형되는 것을 경험한다. 특히 사회가 '의도하지 않은', '기대하지 않은' 결과에 대해 위험의미론을 가지고 조작을 시작하면서 위험이 점점 더 많이 보이게 된다(노진철, 2004a:229). 이러한 위해의 위험으로의 전환은 결정자와 당사자 간에 위험갈등의 지속적인 재생산을 위한 구조적인 동기를 제공한다. 즉 반핵운동, 반전운동, 그리고 유전자조작, 생명복제에 대한 생태학적 비판이 최근의 사회적 소통을 지배하면서 위험을 결정에 귀속시키는 위험갈등 상황이 점차 시대적 의미를 갖는다. 이에 따라 합리적인 결정에 대한 요구도 점점 더 절박해지고, 그와 동시에 결정자와 당사자 간의 위험갈등도 증가한다. 루만의 위험/위해의 개념구분이 갖는 이론적인 장점은 위험을, 벡이 그의 '위험사회'(Beck, 1997)에서 주장했던 것처럼 기술투입의 증가와 같은 외부 환경으로부터 오는 직접적인 물리적 위험으로만 보지 않고, 사회 내부적으로 환기된 사회적 소통의 결과이자 '당사자연관'(Betroffenheit)으로 보는 데 있다(노진철, 2004c).

위험갈등은 방폐장 후보지역의 주민들처럼 —핵폐기물에 대한 두려움과 공포에 근거하여— 자신들이 입을지도 모르는 피해에 대한 원인자 귀속이 가능한 경우에 발생한다. 방폐장의 위험에 대한 지역주민들의 민감성이 증대하는 것은 주민들이 이 재난을 자신의 통제 밖에 있는, 어쩔 수 없는 위해로 받아들이기보다는 국가와 시설물 운영기관, 전문가집단이 내린 결정에 따른 위험으로 받아들이기 때문이다. 국가가 적극적으로 위험을 관리함에도 불구하고, 혹은 바로 그 때문에 야기되는 위험에 대한 주민들의 불안은 주민 수용에 지향된 입지정책의 집행에서 단순히 방폐장의 기술적 안정성에 대한 홍보보다는 결정자와 당사자 간의 신뢰가 더 중요함을 시사한다.

루만(Luhmann, 1968)은 일찍이 체계에 대한 신뢰 개념을 도입함으로써 특정한 제도 안에서 결정자와 당사자가 역할을 수행하고 규정하는 상호관련성을 분명히 드러냈다. 그에 따르면, 당사자가 의식적으로 다른 대안을 고려하는 특정한 상황에서 결정에 따른 위험을 인식하고 있음에도 불구하고 결정자에게 기꺼이 믿음을 보내는 것이 신뢰이다. 즉 위험의 존재는 신뢰의 전제조건이 되며, 위험에 대한 고려가 없는 것은 신뢰라고 할 수 없다. 왜냐하면 모든 것이 확실하고 결정에 따른 위험이 없다면 신뢰는 문제조차 되지 않을 것이기 때문이다.

따라서 위험에 대한 공중의 반응은 책임 있는 정부당국에 대한 신뢰와 밀접한 관련이 있다. 다시 말해 원자력 위험의 수용성은 위험과 관련된 결정권한과 비록 분석적으로는 구분되지만 상호 밀접하게 연관되어 있다. 우선 신뢰는 결정절차의 공정성에 대한 믿음과 관련이 있으며, 또한 일어났던 재난피해를 극복했던 과거의 경험과 관련이 있다(Wynne, 1987). 전자가 위험정책의 결정과정에 대한 신뢰라면, 후자는 정부당국의 위험관리 능력에 대한 신뢰이다. 즉 위험정책과 관련하여 결정권한이 있는 정부당국과 당사자인 주민들 사이에는 신뢰가 형성되기도 하고 깨어지기도 하는 것이다.

만일 우리가 정부가 행하는 위기관리 능력의 신빙성에 대해 평소 회의하거나 의심한다면, 그리고 원자력 전문기관이 제시하는 전문지식에 대해 회의적이거나 부정적인 태도를 취한다면, 그것은 불신 때문이다. 루만(Luhmann, 1968:78 이하)에 따르면, 불신은 신뢰의 단순한 반대 현상이 아니라 기능적 등가 현상인 것이다. 왜냐하면 양자는 질적으로는 다르지만 모두 외부로부터 주어진 정보나 복잡한 상황을 단순화시키는 기능을 하기 때문이다. 사실 정부에 대한 주민들의 불신은 관료의 권위주의적인 행태에 대한 개인적 수준의 상이한 신뢰 철회의 동기에서 비롯되기보다는 정책의 수립 혹은 결정과정에서의 주민의견의 수용배제와 협상실패에서 비롯되고 있다. 관료적 권위주의가 지배하던 과거에는 주민들은 통상적으로 중앙정부의 정책결정에 대해 무조건 수인하는 태도를 취했다. 즉 정부에 대한 신뢰는 문제조차 되지 않았다. 그러나 정치 · 행정의 민주화와 지방자치로 인해 주민들의 의견이 정책결정 과정에서 높은 비중을 차지하게 되면서, 주민들은 지역의 이해관계와 상반되거나 불안을 야기하는 정책에 대해서 거부를 한다. 즉 불신은 주민들이 갈등의 상대방인 정부를 적대적으로 대함으로써 집합적인 연대를 용이하게 해주는 저항의 전략인 것이다(노진철, 2004b).

2. 부안 방사성폐기물처분장 사태를 둘러싼 위험갈등

1983년 정부는 기존의 원전부지 외부에 방폐장을 따로 건설키로 결정하고 동력자원부의 주관 하에 '방사성폐기물관리대책위원회'를 구성했다. 이 위원회는 중·저준위 폐기물은 1995년말까지 지중매몰식의 영구처분시설을 건설하여 관리하고, '사용후핵연료'는 1997년 12월말까지 중간저장시설을 집중식으로 건설하여 별도 관리하도록 결정했다(한국원자력연구소, 1990:474 이하). 1985년 6월 '방사성폐기물처분장 설립추진협의회'는 「방사성폐기물 운영관리기구 설치방안」을 의결하고 한국핵연료(주)를 방사성폐기물 운영관리기구로 결정했다.

1986년 정부는 「원자력법」을 개정하여 이 위험정책의 의결기관으로 국무총리 산하에 원자력위원회를 설치하고 집행업무를 과학기술처(이하 '과기처')와 한국원자력연구소의 전신인 한국에너지연구소로 이관했다. 한국에너지연구소는 한국전력기술(주)에 부지환경현황조사 용역을 의뢰하여 1988년 11월 동해안 지역인 영덕, 영일, 울진 3개 지역을 후보지로 선정했다. 그러나 이 첫 입지정책은 1989년 3월 지역주민의 소요로 인해 지질조사를 중단함으로써 실패했다(포항연구, 1989). 1990년 초 과기처는 중·저준위 폐기물처분장은 무인도에, '사용후핵연료'의 중간저장시설은 임해지역에 분리 건설하기로 결정했다. 그에 따라 한국원자력연구소는 비공개 조사를 통해 서해안의 안면도를 최종후보지로 내정하고 제2차 입지정책을 추진했다. 그러나 안면도 주민들의 격렬한 저항으로 과기처장관이 책임을 지고 사퇴했으며 계획은 철회됐다(박재묵, 1995). 그 후 정부는 원자력 위험에 대한 주민 수용성의 어려움을 깨닫고 지역의 여론주도층을 상대로 방폐장의 안전에 대한 홍보를 강화하는 한편으로, 1991년 비공식적 '밀실행정'에 대한 비난을 극복하기 위한 방안으로 서울대 인구및발전문제연구소와 지방 4개 대학부설연구소에 부지확보방안 연구를 의뢰하여 행정결정의 정당성 확보를 시도했다(서울대 인구및발전문제연구소 외, 1991). 그해 12월 정부가 고성, 양양, 울진, 영일, 장흥, 안면도 등 6개 지역을 선정 발표하자 해당 지역에서는 저항운동조직이 결성되고 집회와 시위가 잇따랐으며, 주민들은 유치파와 반대파로 나뉘어 분열됐다. 1993년 1월 안면도 유치활동을 주도하던 김남영 씨가 과기처장관과 한국원자력연구소의 사주가 있었다는 양심선언을 했고, 이를 계기로 과기처장관이 물러났으며 제3차 입지정책도 철회됐다(김길수, 1997).

1993년 11월 정부는 「방사성폐기물관리사업의추진및시설주변지역지원에관한법」(이하 '방촉법')을 제정함으로써 위험정책에 대한 법적 신뢰의 기반을 조성했고, 500억의 지역발전기금 제공을 통해 위험시설에 대한 주민의 수용성 강화를 의

도했다. 그러나 1994년 5월 정부가 울진군 기성면과 양산군 장안읍을 후보지로 발표하자, 여전히 두 지역에서는 저항운동조직이 결성되어 집회와 시위를 주도했으며 정부에 대한 불신이 유치파와 반대파 간의 주민갈등으로 표출됐다. 결국 과기처는 제4차 입지정책도 철회해야 했다(이종열, 1995). 그 후 1994년 6월 정부는 위험시설 입지정책에 대한 신뢰를 강화하기 위해 집행업무를 대행기관인 한전으로부터 떼어 내어 국무총리를 위원장으로 하는 '방사성폐기물관리사업추진위원회'를 발족시켜 직접 정부차원에서 관장하기로 결정했다. 이에 따라 부지결정권도 과기처에서 사업추진위원회로 변경됐다. 그해 12월 사업추진위원회는 원자력위원회의 「방사성폐기물관리시설지구 개발계획안」에 대한 심의의결을 거쳐 방폐장 입지정책의 실시 이래 처음으로 굴업도를 최종후보지로 공식 발표했다. 그러나 굴업도의 방폐장은 주민의 저항도 있었지만 땅속에서 활성단층대가 발견되면서 안정성에 대한 논란 끝에 1995년 11월 부지지정이 취소되었다. 이로써 제5차 입지정책은 종결되었지만 정부는 신뢰를 잃었다(서울시립대, 2001).

1997년 1월 정부는 잃어버린 신뢰를 회복할 목적으로 이 위험정책의 집행기관을 과기처와 한국원자력연구소에서 산자부와 한수원으로 이관했다. 그리고 한전은 이 위험시설의 안전성을 과학적으로 뒷받침하기 위한 원자력환경기술연구원을 설립했다. 1998년 9월 원자력위원회는 2008년까지 중 · 저준위 방폐장을, 2016년까지 '사용후핵연료' 중간저장시설을 준공한다는 내용의 「방사성폐기물관리대책」을 의결했다. 산자부와 한수원은 지난 위험정책의 실패 이유를 지역주민과의 협의 없이 사업자주도 방식으로 진행됐던 데 있다고 보고, 사업방식을 과거의 지정고시에서 해당 지역주민들의 의견을 수렴하는 유치신청으로 바꾸었다. 과거에는 중앙집권화된 개입주의 국가의 틀 안에서 주로 중앙정부가 일방적으로 판단하고 결정했지만, 지방자치가 실시되면서 지방정부 혹은 지역주민의 의견이 정책집행에서 중요한 변수로 작동하게 된 것이다. 그리고 최종부지로 선정된 지역은 언론발표가 아니라 「전원개발에 관한 특례법」 등 법적 절차에 따라 고시하도록 했다. 또한 주민들이 위험시설의 입지를 비용/편익에 따른 경제적 관점에서 판단하도록 유인하기 위해 지원금을 3,000억원으로 대폭 늘렸고 정부 각 부처가 「방촉법」에 의거하여 각종 지역개발사업을 적극 지원할 것을 약속했다.

원자력위원회는 동해안과 서해안에 1개소씩 방폐장을 건설하기로 결정했고, 2001년 12월부터 1년 동안 입지기준에 합당한 예비후보지 도출과 지역협력방안 수립을 위한 용역을 실시했다. 예비후보지의 도출은 위험시설 입지정책에 정당성을 부여할 목적에서 이전과는 다른 과학적 평가방법에 준거하여 5단계의 결정으로 이루어졌다. 최종단계에서는 지진, 지질구조 등 자연환경 조건에다가 인문 · 사회환경의 조건을 추가하여 정한 순서와 부지개발조건, 경제성, 시설운영, 지역경제 기여도 등 사업여건, 그리고 원전의 지리적 분포 및 방사성폐기물의 운송용이성을 계산하여 11개 후보지를 서열화했고, 그 중에서 동해안 2곳과 서해안 2곳을 선택했다. 그에 따라 2003년 2월 정부는 동해안의 경북 영덕군 남정면과 울진군 근남면, 서해안의 전남 영광군 홍농읍과 전북 고창군 해리면 중 2개소에 설치할 방침임을 발표했다. 그와 함께 당사자인 해당지역 주민들의 과학에 대한 신뢰와 입지정책 프로그램의 수용이 기대됐다. 그러나 어느 지자체도 유치신청을 하지 않았다.

정부는 공모기간을 7월 중순까지 연장하고는 기존의 원전부지별 저장고가 2008년까지 포화상태에 이른다는 위험의 긴급성을 홍보했다. 산자부는 5월 들어 해당 지역주민에게 비용/편익의 경제적 유인효과를 강화시킬 요량으로 과기부와 공조하여 방폐장 유치 지자체에게 양성자가속기의 추가적인 설치계획을 공고했으며, 6월에는 20년간 2조1천억 원의 추가적인 지원계획을 발표했다. 주민들의 위험수용성에 지향된 이 정책프로그램이 해당 지역주민에게 받아들여진다면, 정부는 방폐장 유치조건에 적합한 부지를 선택하여 소기의 목적을 효과적으로 달성할 수 있을 것이었다. 이에 대한 반향으로 7월 14일 전북 부안군수가 위도주민 80% 이상의 서명으로 방폐장과 양성자가속기의 유치신청을 해왔다.

각계 전문가 14명으로 구성된 '원전수거물관리시설 부지선정위원회' 는 부안군 위도만이 단독으로 유치신청을 해오자 위도의 지질 · 해양 조건에 대한 검토평가를 거쳐 24일 위도를 방폐장의 최종부지로 확정 발표했다. 산자부와 한수원은 '자율적' 유치신청에 고무되어 중 · 저준위 폐기물과 '사용후핵연료' 를 위도에 합쳐 집중관리한다는 수정된 계획안을 함께 발표했다. 그러나 이 사전 계획에 없던 정부의 발표는 부안주민들이, 중앙정부가 군의회의 '위도 유치안' 부결 결정을 무시했을 뿐 아니라 '사용후핵연료' 중간저장시설의 추가적 입지를 일방적으로 결정한 데 대한 강한 불신과 핵폐기물의 위험에 대한 불안이 상승작용을 일으키면서, 장장 7개월에 걸친 반대투쟁을 전개하는 도화선이 되었다.

이 위험갈등의 진행상황을 살펴보면, 2003년 5월 7일 위도주민들은 '방사성폐기물처분장 유치위원회' 를 구성하고 방폐장 유치를 위한 서명작업에 들어갔으며,

13일 주민 80% 이상의 서명을 받아 부안군의회에 유치청원을 냈다. 그러나 20일에는 이에 반대하는 부안지역의 종교단체, 사회단체, 정당 등이 연석회의를 열고 반대서명운동에 들어갔다. 7월 2일에는 환경운동연합, 녹색연합, 참여연대, 에너지대안센터, 전교조, 농민회, 천주교, 원불교, 위도향우회 등 34개 단체가 참여하여 '핵폐기장 백지화 · 핵발전소추방 범부안대책위원회'를 결성했고, 9일에는 군청 앞에서 첫 반대결의대회를 갖고 천막농성이 시작됐다. 11일 부안군수는 방폐장의 안전성과 타당성에 대한 주민공청회를 거치지 않은 채 종전의 거부 입장을 바꾸어 위도 방폐장 유치선언을 하는 기자회견을 했다. 그 즉시 열린 부안군의회는 위도의 유치신청안을 7 : 5로 부결시켰다. 그럼에도 불구하고 14일 부안군수는 군의회의 결정을 무시하고 산자부에 유치신청을 냈다.

이날부터 반대 측 부안주민들은 반대궐기대회, 초중고생 등교거부 등에 들어갔으며, 21일 군의회는 군수 사퇴권고안을 8 : 4로 가결시켰다. 그리고 방폐장 선정발표 직후인 25일 부안에서는 약 1만여 명의 주민이 모인 가운데 요식적 절차의 일방적인 결정의 부당성에 대해 항의하는 결의대회가 열렸다. 26일 행자부장관과 산자부장관, 과기부차장이 개입하여 현지주민의 설득에 나섰지만, 산자부장관의 '현금보상 검토가능' 발언은 오히려 사태를 더욱 혼란에 빠뜨렸다. 그날 이후 부안에서는 연일 촛불시위가 종교단체의 주도로 벌어졌다. 28일 국무회의는 위도 현금지원의 불가와 실질적인 지역지원사업의 추진을 재확인했다.

부안지역에는 7월 이후 '위도지역발전협의회'와 '원전수거물관리시설 유치위원회', '범부안군국책사업유치추진연맹'을 한쪽으로 하고, '위도지킴이모임'과 '핵폐기장 백지화 · 핵발전소추방 범부안군민대책위원회'를 다른 한쪽으로 하여 유치파와 반대파 간에 하나의 갈등전선이 형성되었다. 유치파와 반대파 두 집단이 조성하는 사회적 긴장이 워낙 팽배해진 탓으로 정부의 홍보활동이나 환경운동단체의 생태학적 의식화 작업은 주변적인 위치에 머물렀다. 또 다른 갈등전선은 중앙정부와 지방정부를 한쪽으로 하고, 부안주민들을 다른 한쪽으로 하여 형성되었다. 부안주민들은 군내 이장단의 동반사퇴와 군의회의 등원거부에 이어 부안군수의 퇴진, 전북도지사의 퇴진, 산자부장관의 퇴진을 차례로 요구했다. 이로써 정부와 당사자인 주민들 간의 위험갈등은 행정적 결정의 수용위험을 넘어 국가의 정당성 위기로까지 첨예화되었다.

정부는 대두된 위기를 회피하기 위해 국무총리 산하에 '부안군 지원대책위원회'를 설치하고 8월 14일 정부 각 부처가 제공하는 20개 사항의 지원사업을 명시적으로 결정했다. 이 지원사업은 소득증대사업, 공공시설사업, 육영사업 등 기본지원사업과 전기요금보조사업, 주민복지지원사업, 기업유치지원사업 이외에 하반기 중 부안군에 특별교부세 우선배정, 농업기반공사의 지사승격, 수산물 판로지원사업, 초중고생 장학지원 등으로 구성되었다. 그리고 8월말 정부는 대안으로 정부와 지역주민대표, 전문가 등이 참여하는 한시적인 대화기구의 구성을 제안했으나 반대파의 거부로 위험갈등의 해결에는 실패했다.

9월초 정부의 현금보상이 소문에 불과했음이 확인되고, 사용후핵연료 중간저장시설의 위도입지가 쟁점화되면서 정부에 대한 부안주민들의 불신은 극에 달했다. 각종 결의대회와 가두시위, 차량시위, 해상시위, 촛불시위, 초중고생 등교거부 등 소요가 계속된 끝에 정부는 9월말 위도 방폐장 건설계획을 원점에서 재검토하기로 결정했다. 10월초 등교거부는 철회되었지만 부안군의회가 군수의 퇴진을 요구하며 등원을 거부하는 상황에서, 민주당과 한나라당은 진상조사단을 파견했고 민주당은 위도방폐장 백지화를 당론으로 확정 발표했다.

10월초에는 반대파가 입장을 바꾸어 정부와의 대화에 나서면서 '부안지역 현안해결을 위한 공동협의회'가 결성되고 10월말부터 11월 중순까지 4차례 개최되었다. 그러나 방폐장 백지화나 전면적 유보 또는 중단을 전제하는 범부안군민대책위원회 측과, 방폐장 입지의 기본원칙 하에 주민의사의 확인방법만을 논의하려는 정부 측 간에는 합의의 접점을 찾기가 어려웠다. 11월 중순 시민단체가 중재안으로 연내 주민투표 실시를 통한 해결방안을 제시했지만, 대책위는 이를 전격 수용했던 반면에 정부는 관련법의 부재와 결부된 법적·제도적 한계를 문제 삼아 거부했다. 그러나 이러한 정부의 거부는, 연내 주민투표가 행자부장관이 8월초 먼저 제안했던 사안이었기 때문에, 정부정책의 일관성 결여로 인하여 주민들의 불신을 키웠으며 총궐기대회, 격렬한 시위 등 저항의 재개를 촉발시켰다.

12월 들어 정부는 다른 지자체들을 상대로 추가적인 유치신청을 받는 것으로 방폐장 입지정책을 선회했다. 그 반면에 부안주민들은 정부와의 대화를 단절한 채 전국 규모의 시민단체, 종교계, 학계 등 외부인사로 구성된 '주민투표관리위원회'의 감독 하에 자체적으로 주민투표를 준비하고 2004년 2월 14일 사발적으로 주민투표를 치렀다. 비록 이 투표는 2004년 1월말 공포된 「주민투표법」의 7월말 시행 탓으로 법적 효력이 없는 사적 주민투표이긴 했지만 주민의 거부의사를 공개적으로 확인했다는 점에서 정치적 효과는 컸다. 이로써 지난 1986년부터 시도된 정부의 위험시설 입지정책은 다시 원점으로 돌아갔다.

3. 결정자와 당사자의 위험인식의 차이

정부는 여러 차례에 걸친 위험정책의 실패에 따른 '경험에 의한 학습' 의 결과로 위험시설 입지지역의 지원과 주민참여절차를 「방촉법」으로 입법화했다. 그러나 부안사태는 주민들의 불안이 단순히 전통적인 정책집행 수단인 입법과 공적자금의 투여로 처리될 수 있는 것이 아님을 여실히 대변한다.

관료들은 불확실성이 높은 상황에서 위험한 결정을 집행해야 하기 때문에 실패를 예방하기 위하여 불확실한 여건을 극복하거나 변형시키는 대안적 전략을 구사하려든다. 과거 사업집행 과정에서 소요가 터질 때마다 결과에 대한 책임을 져야 했던 관련부처 장관 등 관료들은 정책집행에서 합법성을 점차 고도화시키는 한편으로, '책임분산' 의 한 방법으로 주민들과의 비공식적인 교섭에 매달리는 것이다. 그러나 6차례의 방폐장 입지정책의 실패는 이 비공식적 교섭이 책임분산의 수단으로 기능하기보다는 행정절차의 불투명성(비공개), 그리고 특정한 당사자의 선별적 이해수용(보상)과 그와 연관된 주민대표성 문제, 배제된 제3자(비보상지역 주민 등)의 반발, 행정적 동일처리권의 손상 등과 관련하여 오히려 집행마비의 책임을 정부에 귀속시키는 계기로 작동했음을 확인시킨다.

책임을 져야 하는 관료와 그들에게 책임을 지우는 주민들 간에 위험에 대한 인식과 평가가 상충되면 될수록, 위험갈등의 유발에 대한 주민들의 정부에의 책임전가는 더욱 더 개연적이 된다. 당사자인 주민들은 누구도 위험갈등에 대한 책임이 없다. 따라서 주민 누구도 위험갈등을 어떻게 회피할 것인지에 대해서는 고려하지 않는다. 비록 정부의 정책집행이 정당한 법적-제도적 절차를 거쳐 행해졌다 하더라도, 주민들이 위험정책을 수용하지 못하는 이유는 정부의 행정결정 방식에 대한 비판을 포함하여 무수히 많다. '부안주민대책위', '부안지역 현안해결을 위한 공동협의회' 를 상대로 실시된 설문조사(조승헌, 2003:9 이하)에 따르면, 주민들은 사업목적의 타당성 결여, 사업추진의 정당성 부재, 주민의견의 수렴결여, 주민동의의 절차부재, 타성적인 관료주의 등 정부의 책임을 물어 위험시설의 입지를 거부한다. 주민들은 정부의 비공식적 행정행위에 대해서도 관료의 이중행동, 진지하지 못한 협상태도, 약속불이행 등을 들어 강한 불신을 드러낸다.

그러나 정책집행이 주민들의 유치신청에도 불구하고 주민들의 저항에 부딪힌다는 것은 주민들의 정책수용 거부가 정책결정의 투명성이나 주민의 의견수렴 여부, 정부의 행정행위에 대한 불신 등 외형적으로 드러난 책임귀속의 요인보다는 정책결정의 당사자 여부에 달려 있음을 시사한다.

방폐장은 입지결정을 내린 정부 관료에게는 그럭저럭 감내할 수 있는 위험이지만 그 결정에 의해 당했다고 아는 주민들에겐 '참아내야 하는' 혹은 '참을 수 없는' 위해인 것이다. 중앙의 정치권력이 서울대 인구및발전문제연구소, 환경기술개발원, 원자력환경기술연구원 등 전문가집단의 과학적인 조사연구 결과와 자문을 토대로 하여 아무리 합리적인 조정과 책임 있는 위험계산을 시도한다 하더라도, 해당 지역의 주민들에겐 방폐장은 여전히 위해일 뿐이다.

당사자인 주민들은 부안의 주민투표에서 드러났듯이 외부의 결정을 거부하는 그들의 연대를 정치적으로 소통시키기 위해 '정의', '주권재민'(하승수, 2004:50) 등 절대적인 기준, 즉 사회적 조건으로부터 독립된 기준을 정식화하는 경향이다. 그리고 무엇보다도 정책결정과정에의 주민의 직접적인 참여와 정보공개에 대한 요구가 강화되고 있다. 이런 정치적 대화가 결정자와 당사자를 합의로 이끌어낼지 이견(異見)으로 이끌어낼지는 정부의 '올바른' 계획보다는 우연에 달려 있다. 이런 조건에서는 양자간에 신뢰가 형성되기 어렵다는 것은 쉽게 알 수 있다. 이처럼 결정자와 당사자의 불일치에 의해 구조적으로 생성된 신뢰하락이 지난 10여 년간에 걸쳐 지역주민들의 수용거부를 연쇄적으로 재생산해 낸 것이다.

4. 맺 음 말

주민들은 방폐장 입지에 따른 방사능누출의 위험을 어떤 경우이든 직접적으로 그들의 생존을 위협하는 위해로서 받아들일 수밖에 없다. 따라서 해당 지역의 주민들은 방폐장 입지에 대해 명료한 거부의사를 표명하는 것이다. 이러한 주민들의 위해 인식을 위험정책에서 고려한다면, 비공식적 행정행위가 성공하기 위해서는 방폐장 입지의 위험에 대한 주민들의 수용을 정치적인 합의를 믿고 마냥 기다릴 수만은 없으며, 어쩔 수 없이 중앙정부에서 주도하여 결정할 수밖에 없다는 결론에 이르게 된다. 다시 말해 당사자와의 협상, 신조합주의적인 교섭, 당사자의 참여에 의한 결정으로는 성공하기가 어려우며, 결국 일부의 사업반대를 무시하면서 적극적으로 사업을 추진하는 '강한 국가'를 요구한다는 모순이 생겨난다(Hiller, 1994:115).

우리는 그동안 정부가 이러한 해결책을 택할 것을 우려하여 상이한 이론적 토대를 가진 다양한 논거들을 제시하면서 논쟁을 벌여 왔다. 사실 이러한 '모순된' 결론은 위험갈등의 딜레마의 실체를 극명하게 보여 준다. 위험시설 입지의 정책결정과 위험갈등, 그에 따른 연속적인 정책실패는 국가와 행정이 이러한 현존하는 문제 상황으로 인해 강화되기보다는 오히려 약화된다는 사실이다. 그리고 중앙정부가 그동안 누려왔던 결정의 권위가 위험갈등에 의해 문제로 제기된다는 사실이다. 이러한 부정적인 조건에서 정부와 주민 간, 유치파 주민과 반대파 주민 간에 갈등은 첨예화되고, 행정부의 집행능력은 불안정하게 동요하게 마련이다.

궁극적으로 우리가 다다르게 되는 결론은 방폐장 입지정책에 관한 한 빠른 해결책은 없으며, 단지 다른 OECD국가들이 해왔듯이 정부가 장기간에 걸쳐 주민들과의 신뢰를 형성하여 그들이 위험정책을 수용하도록 충분히 설득하는 수밖에 없다는 것이다.

주민기피시설의 입지갈등과 중첩적 합의

박 종 화

> 지역 주민 및 지역 정치가들이 그들의 지역사회 내부 또는 근처에 주민기피시설들이 들어서는 것을 격렬하게 반대하고 있다. 교도소, 마약중독자 치료센터, 양육능력 없는 부모를 가진 병든 아이들의 보호시설, 보호 감호소, 고가도로와 청소트럭차고, 쓰레기 소각시설, 그리고 무의탁 자들이 거처할 곳 등을 찾아내는 것이 여간 어려운 일이 아니다. 하지만 님비(NIMBY: Not In My Backyard) 현상은 이제 도시가 도시로서 제대로 기능을 하기 위해서 필수적인 시설들을 세우거나 입지하는 것을 거의 불가능하게 만들고 있다. 만일 행정부나 입법부의 지도자들이 두려움과 의심 등으로 이와 같은 님비현상에 적절하게 대처하지 못하게 되면 우리는 새로운 봉건제로 회귀하게 될 것이다. 그 방벽이 전 세계에 드리우게 되는 바로 그 순간에 우리는 우리 자신들이 님비라는 담에 의해 보호되는 봉건봉토의 상상 속의 안전으로 나아가고 있다는 것을 발견하게 될 것이다.

위의 인용문은 1977년부터 1989년까지 12년간 뉴욕 시 시장을 역임했던 Edward I. Koch가 그가 시장 직을 떠나기 며칠 전인 1989년 12월 26일에 한 경고성 발언의 내용이다(Dear, 1992:288). 현대 도시생활의 속성상 다양한 서비스 시설에 대한 의존이 필수적인데, 그 서비스 시설들 중 일부는 근린 주민들의 반대로 인하여 제대로 입지할 곳을 찾지 못하고, 결과적으로 그와 같은 서비스가 필요한 시민들이 큰 어려움에 처하게 될 것이라는 것을 지적하고 있다. 뿐만 아니라, 서비스 시설의 속성상 소수의 장소에 대규모로 공급하는 것이 다수의 장소에 소규모로 공급하는 것보다 사회경제적, 환경적, 또는 위생적인 측면에서 효율적인 경우에도 그와 같은 방안을 택하기가 점점 더 어려워져 가고 있다는 것을 시정의 책임자였던 입장에서 간접적으로 피력하고 있는 것이다.

폐기물 매립시설 및 소각시설, 하수처리시설, 공원묘지시설, 정신병동 등 각종 기피시설의 입지갈등문제가 정도상의 차이는 있지만 산업화된 사회에서 거의 보편적으로 나타나고 있다. 그런데 이와 같은 입지갈등 사안은 흔히 소모적이고 경우에 따라서는 파괴적인 결과를 초래하여 관련 당사자 모두에게 바람직하지 않은 결과를 초래하고 있다. 게다가 이와 같은 주민기피시설의 입지갈등문제는 우리의 현재와 미래의 환경변수를 고려할 때 더욱 격화될 가능성이 높다.

이와 같은 입지갈등 사안을 해결해가기 위해서는 여러 가지 접근방법이 가능할 것이다.

첫째, 입지갈등의 원인을 기계론적인 분해방식으로 사안별로 낱낱이 파악하고, 그에 대한 대처방안을 행정 실무기관 위주로 마련하여 집행해 가는 방식이다. 주로 권위주의적인 사회에서 널리 채택되었던 방안들이다.

둘째, 입지갈등이란 기본적으로 갈등 관련자들의 인식의 반영이라는 측면에서 행정기관의 실무자들뿐만 아니라 해당 지역사회의 주민 등을 포괄하여 분쟁 관련자들의 인식을 파악하여 긍정적인 반응을 유도할 수 있도록 그 인식수준에 영향을 주는 방안들을 마련해 가는 방식이 있다. 다원주의적인 서구사회에서 주로 강조된 방안들이다.

셋째, 첫째와 둘째의 접근방법을 나름대로 개선 발전시킨 형태로서 입지갈등의 원인을 기계론적인 분해방식에 입각하여 사안별로 파악하되, 대처방안의 모색과정에서 영향대상지역의 주민들을 절차상 참여시키고, 그 참여자들의 인식 내지 욕구실태를 파악하여 문제에 접근해 가는 보다 진전된 접근방법이다.

1970-80년대에 들어서면 국가별로 다소 차이가 있지만 보다 개방적인 사회로의 이행(정보화와 세계화의 흐름), 보다 분권화된 사회로의 이행(지방화의 흐름), 소외된 이해관계집단들의 권리주장의 표면화 내지 강화(시민의식수준의 향상 등) 등이 상승적으로 작용하여 보다 공정한 '게임의 규칙' 모색과 함께 '실제적인 게임참여자들의 확대'를 초래하게 된 것이다.

그런데 이 세 가지 접근방식은 주민기피시설의 입지갈등과 같이 동태적이고 복잡할 뿐만 아니라 분쟁자체가 '생명이 있는 실체'와 같이 살아 움직이는 경우에 그 적용성에 상당부분 한계를 가질 수밖에 없는 공통적인 결함을 가지고 있다. 그 결함이란 바로 기계론적인 분해방식에 입각한 접근 및 경직적인 틀에 입각한 해소전략의 집행 또는 이해당사자들의 인식상태에 대한 정태적 파악을 전제로 갈등상황에 대한 정형적인 통제가 가능할 것으로 보고 있는 점들이다. 결과적으로 이와 같은 접근방식들은 환경변화에 대한 대처능력이 낮을 뿐만 아니라 다원화된 사회에서 추구되는 다양한 가치를 제대로 포괄할 수가 없을 것으로 보인다.

본 연구의 목적은 이와 같은 제반 접근방식 내지 흐름을 참고 내지 보완하여 주민기피시설의 입지갈등의 해소과정에서 유연하고 탄력적이며 그러면서도 시스템 전체의 역학관계를 포괄할 수 있는 중첩적 합의의 필요성 및 과정 그리고 그 중첩적 합의과정의 잠재적 적용성을 검토하는 것이다. 급격하게 변화하고 있는 환경(turbulent environment)하에서는 경직적인 갈등대처방식은 아무리 정교한 방식을 고안하더라도 한계를 가질 수밖에 없는 것으로 보인다. 정치철학자인 Rawls(1993)의 구분을 따른다면, 기술적인 합리성을 충족할지는 몰라도 합당성을 상실하기 쉽고 그 결과 공유할 수 있는 가치의 영역을 확대시키기 어렵기 때문이다.

참고로, 합당한 것과 합리적인 것은 어느 쪽도 상대편이 없이 홀로 존재할 수 없다. 단순히 합당하기만 한 행위자는 공정한 협력에 의하여 추진하고자 하는 자신만의 목적을 가지지 못할 것이다. 또 단순히 합리적이기만 한 행위자는 정의감을 결여하고 있고 타인의 주장의 독립적 타당성을 인정하지 못할 것이다(장동진 역, 1998:65).

분석과정에서 관련 사례로서 주민기피시설 관련 정부와 주민간 108건의 갈등사안을 분석하게 될 것이다. 분석을 위한 기본 자료는 행정자치부외(1999) 지방자치시대의 분쟁사례집 1, 2 를 이용한다. 이 보고서는 민선 1기(1995. 7–8. 6) 3년 동안 발생 · 관리되고 있는 300여건의 방대한 갈등사례를 행정자치부 · 국토연구원 · 한국지방행정연구원에서 공동으로 정리해 놓은 것으로 본 연구의 기본 자료로서 적절한 것으로 판단된다.

1. 입지갈등에 대한 실태분석

우리나라의 경우 주민기피시설의 입지갈등은 대략 1980년대부터 심각한 사회문제로 부각되고 있다. 소득수준의 전반적 상승, 정보화와 개방화의 급속한 진전, 권위주의적인 정치체제의 급격한 몰락, 그리고 사회적 소외집단의 권리주장의 강화 등은 서로 상승적인 작용을 하면서 주민기피시설의 입지갈등문제를 증대시키고 있는 것으로 보인다. 게다가 지방화와 지방자치의 흐름은 주민기피시설의 입지갈등문제를 더욱 복잡한 형태로 진전시키고 있다.

1.1 입지갈등의 발생 실태

민선단체장의 선출 이후 2년간 개발과정에서 발생한 다양한 갈등 내지 분쟁유형을 개괄적으로 정리하면 〈표 1〉과 같이 나타낼 수 있다.

〈표 1〉에 의하면 민선자치제 이후 정부간 분쟁이나 정부-주민간 분쟁이나 사례 수에 있어서 동일하다. 하지만 분쟁성격에 있어서 입지관련분쟁이 권한관련분쟁에 비해 거의 2배 가량 발생하고 있다. 그리고 분쟁내용에 있어서는 광역시설 관련 분쟁이 개발사업이나 하천 관련 분쟁에 비해 각각 3-4배 정도 많이 발생하고 있다.

표 1. 국토개발 분쟁 유형별 발생현황(1995. 6-1997. 5)

구 분	분 쟁 유 형	분쟁발생사례(%)
분쟁주체	정부간 분쟁	170(50.0)
	정부-주민간 분쟁	170(50.0)
분쟁성격	입지분쟁	221(65.0)
	권한분쟁	119(35.0)
분쟁내용	하천관련 분쟁	54(15.9)
	광역시설관련 분쟁	213(62.6)
	지역개발사업 및 기타 분쟁	73(21.5)
총 분쟁건수*		340(100.0)

*: 총 분쟁건수는 민선자치제 이후 2년간(1995. 6-1997. 5) 중앙 및 지방 일간지에 게재된 분쟁건수.
자료: 김용웅, "국토개발관련 분쟁조정제도 개선방안," 21세기 선진국토를 향한 정책과제, 1998, p.172.

환경문제관련 갈등 내지 분쟁사안에 대한 지난 8년간의 전체 현황과 그 자료를 지방자치 이전과 이후로 구분하여 정리해 놓은 것이 〈표 2〉이다. 〈표 2〉에 의하면 전반적으로 지방자치 이전에 비해서 지방자치 이후에 환경문제관련 분쟁이 크게 증가했음을 알 수 있다. 특히 국가와 자치단체간 및 국가와 지역주민간 분쟁은 지방자치 이후에 급격하게 증가했다는 것을 알 수 있다. 지방자치 이전에는 거의 6년간 국가와 자치단체간 분쟁이 한 건도 나타나지 않다가 지방자치 이후 2년 남짓 만에 분쟁이 18건이나 나타나는 것은 지방화의 효과로 추론해 볼 수 있을 것이다.

표 2. 환경 분쟁의 발생현황(1990.1-1997.12)

(단위: 건)

분야 / 당사자		계			물			환경기초시설관련						자연환경			소음 · 진동			대기		
								폐기물			하수(분뇨)											
		계	지방자치이전	지방자치이후	계	지방자치이전	지방자치이후	계	지방자치이전	지방자치이후	계	지방자치이전	지방자치이후	계	지방자치이전	지방자치이후	계	지방자치이전	지방자치이후	계	지방자치이전	지방자치이후
계		280	90	190	61	24	37	64	14	50	18	0	18	24	5	19	82	34	48	31	13	18
환경피해분쟁 (사업자 대 피해주민)		134	70	64	21	16	5	2	2	0	0	0	0	9	5	4	82	34	48	20	13	7
국가, 지방자치단체를 당사자로 하는 환경분쟁	소계	146	20	126	40	8	32	62	12	50	18	0	18	15	0	15	0	0	0	11	0	11
	자치단체간	34	6	28	13	5	8	8	1	7	7	0	7	6	0	6	0	0	0	0	0	0
	자치단체와 지역주민간	72	13	59	4	2	2	52	11	41	10	0	10	4	0	4	0	0	0	2	0	2
	국가와 자치단체간	18	0	18	8	0	8	2	0	2	1	0	1	5	0	5	0	0	0	2	0	2
	국가와 지역주민간	22	1	21	15	1	14	0	0	0	0	0	0	0	0	0	0	0	0	7	0	7

주: 지방자치 이전과 이후는 1995년 7월 1일을 기준으로 구분.

자료: 환경부 중앙환경분쟁조정위원회, 환경오염피해분쟁 조정사례집, 각 연도분(1993-1997년); 중앙 및 지방 일간지 보도자료(1991-1997년)를 각각 참조하여 작성한 정회성 · 이성우 · 강철구(1998: 15)의 재인용.

〈표 2〉에 의하면 전형적인 주민기피시설들인 폐기물 및 하수 처리시설 관련 환경분쟁들이 분쟁당사자들을 기준으로 나누어 볼 때 지난 8년간 전체 분쟁건수 중 자치단체와 지역주민간에 약 78%(62/80) 가량 발생하고 있음을 알 수 있다. 자치단체간은 약 19%(15/80), 국가와 자치단체간은 약 4%(3/80) 그리고 국가와 지역주민간은 전무한 실정이다.

2. 입지갈등 사안별 상충가치

입지갈등 사안별 상충가치를 분석하기 위한 사례로서 행정자치부외(1999) 지방자치시대의 분쟁사례집 1, 2 를 이용한다. 이 보고서는 민선 1기(1995. 7-98. 6) 3년 동안 발생 · 관리되고 있는 300여건의 방대한 갈등사례를 행정자치부 · 국토연구원 · 한국지방행정연구원에서 공동으로 그 내용을 정리해 놓은 것이다. 이 중 주민기피성 정부-주민간 입지갈등 사례로서 108건의 사례를 선정하고 각 사안별 상충가치들을 다음과 같은 기준에 의해서 저자가 개별적 가치, 집단적 가치, 그리고 공익적 가치로 구분하였다.

개별적 가치:

상충되는 가치가 단일한 경우 또는 상충구도가 양자구도로 단순할 때, 예컨대 보상대책에 관한 이해상충이나 사업시행자의 일방적 시행으로 인한 갈등사안을 생각할 수 있다.

집단적 가치:

개별적 가치에 비해 보다 복잡한 형태의 이해상충형태로서 상충되는 가치가 복수의 형태로서 존재하고 있거나 상충구도가 복잡한 형태로 나타난다. 흔히 시민(환경) 단체가 관련 이해당사자로 등장하며 환경보전 등의 공익적 내용보다는 개별 집단들의 이해관계 주장이 두드러진다.

공익적 가치:

환경보전이나 문화재 보전 등과 같이 불특정 시민 내지 차세대를 위한 요구로 인한 이해상충의 형태이다. 주민이나 정부뿐만 아니라 관련 시민(환경) 단체가 공익적 내용에 대한 분쟁의 직접 당사자로 개입하게 된다.

따라서 그 표출된 가치의 형태와 해결여부와의 사이에 어떤 상관성이 존재하는지를 제1단계로 검토한다. 이어서 제2단계는 그 표출된 가치의 형태가 어떠하든 갈등해소를 위하여 협의, 토론, 공청회 등 합의도출을 위한 제반 노력의 정도와 해결 여부와의 사이에 어떤 상관성이 존재하는지를 검토한다. 그리고 주관성 평가의 적절성을 고려하여 합의도출을 위한 제반 노력의 정도는 강, 중, 약의 형태로 구분한다.

표 3. 정부-주민간 입지분쟁 사례(108건)

사례		상충가치			해결여부		협상정도
		개별적 가치	집단적 가치	공익적 가치	해결	미해결·갈등	
쓰레기 처리 시설 (50)	목동 자원회수시설 증설 분쟁	○	×	△	○		◎
	마포 자원회수시설 건설 분쟁	○	△	×	○		○
	도봉 자원회수시설 건설 분쟁	○	×	×	△		○
	노원 자원회수시설 건설 분쟁	×	○	△	○		◎
	생곡매립장 침출수 유출사태로 주민과 마찰	○	×	△	△		∘
	구포동 쓰레기소각장 관련 분쟁	△	×	○	○		◎
	고양시 소각시설 안전성 확보에 따른 지역민원해소	○	×	△	○		◎
	중동폐기물소각장 폐쇄요구	○	×	△	△		◎
	수원시 세류동 쓰레기집하장 설치 주민반대	○	△	×	△		◎
	의정부시 쓰레기소각장 증설계획 반대	△	○	×	○		◎
	부천시 폐기물종합처리시설 건설공사 반대	○	×	×	○		○
	군포시 산본 쓰레기소각장 건설 분쟁	△	○	×	○		◎
	홍성 위생쓰레기 매립장 설치 강행에 반대	○	×	×	○		◎
	예산 지정폐기물 처리시설 반대	×	△	○	△		∘
	경주시 건천읍 쓰레기소각장 건설 주민반대	○	△	×	○		◎
	고령군 쓰레기매립장 조성 주민반대	○	×	△	○		◎
	사도 쓰레기매립장 사후공사 미비로 주민반대	○	×	×	○		○
	밀양 기산일대 혐오시설 집중 주민반대	○	×	×	△		◎
	무안 지역주민 쓰레기매립장 조성반대	○	×	×	○		◎
	합천 쓰레기 매립장 건설 추진 주민반대	○	×	×	○		○
	서귀포시 신규 쓰레기매립장 시설 조성반대	○	△	×	○		◎
	서귀포시 쓰레기매립장 사용기간 연장 반대	△	○	×	○		◎
	광양 죽림쓰레기매립장 조성사업 반대	○	△	×	○		◎
	장흥군 농어촌 쓰레기 위생매립장 설치 합의	○	×	△	○		◎
	장성군 쓰레기위생매립장 설치 주민반대	○	△	×	○		◎
	춘천시 혈동리 생활폐기물 처리시설 반대	△	○	×	○		◎
	동해시 폐기물 종합단지 조성반대	○	×	×	○		◎
	태백시 쓰레기매립장 조성사업 반대	○	×	△	△		○
	당진 쓰레기매립장 조성 관련 분쟁	○	×	×	○		◎
	진주시 광역쓰레기매립장 건설 사업	○	×	×	○		○
	경기도 화성산업폐기물처리장 건설 관련 분쟁	×	○	△	○		◎
	김포 수도권 광역쓰레기 매립지 건설 분쟁	△	○	×	△		◎

사례		상충가치			해결여부		협상정도
		개별적 가치	집단적 가치	공익적 가치	해결	미해결·갈등	
쓰레기처리시설	김포 학운리 특정 산업폐기물소각장 건설관련 분쟁	○	△	×	○		◎
	경산 하양쓰레기 매립장 후보지 주민반대	○	×	△	○		○
	성주 대황리 쓰레기매립장 조성 주민반대	○	△	×	○		◎
	남원시 주생면 광역쓰레기 매립장 조성 주민반대	○	×	×	○		◎
	전주시 호동골 쓰레기매립장 조성 분쟁	○	×	×	○		◎
	산업폐기물 소각장 설치 주민반대	×	△	○		○	○
	광주 동림동 폐기물처리시설 설치 주민반대	○	×	×		△	◦
	달성군 쓰레기매립장 확장 주민반대	○	△	×		△	◎
	온산 쓰레기매립장 조성 반대	△	○	×		△	◎
	두서 활천 폐기물 조성 반대	○	×	×		○	◦
	남양주권 쓰레기처리시설 설치	○	△	×		△	◎
	포항 흥해읍 폐기물매립장 설치 반대	△	○	×		△	○
	포항 대보면 산업폐기물매립장 설치반대	×	○	△		○	◎
	구미 쓰레기매립장 조성 주민반대	○	×	×		△	○
	경산 환경관리종합센터 설치 주민반대	○	△	×		△	○
	봉화군 쓰레기매립장 설치반대	△	×	○		△	◎
	고창 쓰레기매립장 건설 주민반대	○	×	△		△	◦
	고성 농촌 폐기물 종합처리시설 조성 반대	△	○	×		△	◎
하수·분뇨처리시설 (11)	의왕시 부곡하수처리장 건설분쟁	○	△	×	○		◎
	포항 축산물종합처리장 건설반대	○	×	×	○		◎
	영천 하수종말처리장 무산 위기	△	○	×	○		◎
	고령 하수종말처리장 설치반대	○	×	×	○		◎
	정선 분뇨처리장 설치반대	×	○	△	○		◎
	제주시 도두동 주민 하수종말처리 고통호소	○	×	×	○		◎
	남양주시 수동하수종말처리장 건설	△	○	×	△		○
	서귀포시 분뇨연계처리시설 추진사업 변경요구	○	×	×	○		◎
	익산시 왕궁 축산폐수처리시설 관련 분쟁	○	×	×	○		○
	속초시 대포동 하수처리장 건설관련 분쟁	×	△	○	○		◎
	남제주군 동부 광역하수종말처리시설 건설사업 반대	○	×	×	○		◎
위험·기피시설 (37)	침례병원 영안실 위치에 따른 주민반대	○	×	×	○		◦
	부산시 영락공원 납골당 증설계획에 주민반대	○	×	×	○		◎
	부산 다대변전소 설치 주민반대	○	×	△	○		◎
	한국티타늄공장 건립반대	×	△	○	△		○
	LPG 충전소 설치반대	○	×	×	○		◎
	부천시 원미구 장례식장 건축반대	△	○	×	○		○
	포항교도소 건설 주민반대	△	○	×	○		○
	거제시 고현항 폐유저장시설 설치 분쟁	×	○	△	○		◦
	거창 양돈단지 설립 주민과 마찰	△	○	×	○		◎
	성산읍 난산리사격장 설치 반대	×	○	△	○		◎
	인제 기린면 군(軍)복지회관 건립 반대	○	×	×	△		◦
	동해시 공설묘지 조성 반대	○	×	×	○		○
	고성 명파지역 원전 및 핵폐기물처리장 건설반대	○	×	△	△		○

사례		상충가치			해결여부		협상 정도
		개별적 가치	집단적 가치	공익적 가치	해결	미해결 갈등	
위험·기피시설	나주시 장의시설 건립 주민반대	○	×	×	△		○
	곡성 석유비축기지 건설 반대	×	○	△	○		◎
	진주 이현변전소 건설관련 한전과 주민의 마찰	○	×	×	○		◎
	굴업도 핵폐기물처리장 건설사업	○	×	×	○		○
	석모도 화력발전소 건설백지화와 강화그린프로젝트	×	△	○	△		◎
	경북저유소 건설 주민반대	○	×	×	○		○
	둔치도 연료단지 조성공사 주민반대	△	○	×		△	○
	춘천 학곡리 엔젤장례식장 건축 관련 분쟁	○	×	×		△	◎
	태백시립공원묘지 조성사업 반대	×	△	○		○	○
	고리원전 추가건설 반대	○	×	×		○	○
	옥동 군부대 두왕동 갈현마을 이전 반대	○	×	×		△	○
	수진동 한전 고압변전소 건설 반대	△	○	×		○	○
	울진 원전 추가건설 반대	○	×	×		○	◎
	안동 공설공원묘지 조성사업 주민반대	△	○	×		△	◎
	경산 하양읍 공원묘지 주민반대	○	×	×		○	○
	경산 남천면 하도리 대구공원묘지 주민반대	○	×	×		○	◦
	남원시 공원묘지 건설 주민반대	○	×	×		△	◎
	군산시 LPG공급기지 건설 주민반대	○	×	×		△	○
	삼척 원전후보지 선정반대	×	○	△		○	◦
	고압송전선로 및 신태백변전소 설치 반대	○	×	×		○	◎
	영광원전측 방류제방 설치 결정에 주민 반대	×	○	△		○	◎
	영광원전 1-4호기 피해에 따른 주민과 한전간 마찰	○	×	×		○	○
	국방·군사시설 이전에 따른 주민 반대	△	○	×		○	◎
	신도림동 공해공장 이전을 둘러싼 환경분쟁	×	△	○		○	○
사회복지시설(10)	사회복지시설(정신요양시설) 설치 반대	△	○	×	△		○
	노인 건강(치매)센터 건립 주민 반대	○	×	×	○		◎
	달서구 청소년수련관 건립 주민 반대	○	×	×	○		◎
	상북 등억 노인병원 건립 반대	○	×	×	○		○
	도립 우산청소년야영장 건립사업 반대	×	○	△	△		◎
	전남 교육청, 상록수 인근 청소년수련원 건설 반대	×	○	△	○		◎
	해남정신병원 설립 주민 반대	○	△	×	○		◎
	노인전문병원 건립 주민 반대	○	△	×	○		◎
	입곡군립공원 인근 장애인 복지시설 설치반대	△	○	×		△	◎
	장애학교 건립에 관련된 분쟁	○	×	×		○	○

주: 1) 분쟁사안별 상충가치의 상대적 영향도에 따라 높음(○), 중간(△), 낮음(×)으로 표시. 중간과 낮음을 구분하기 곤란한 경우는 둘 다 낮음(×)으로 표시.
2) 해결사례와 미해결 사례에서 그 정도에 따라 ○와 △로 표시.
△는 불완전해결 내지 장래에 해결될 소지가 있는 미해결을 표시.
3) 협상 정도는 이해당사자간에 협의, 토론, 홍보와 설득 등 이해당사자간에 이해 증진의 기회가 충분히 주어졌는가의 여부에 따라서 강(◎), 중(○), 약(◦)의 형태로 표시.

〈표 3〉의 결과를 이용하여 분쟁사안별 상충가치의 상대적 영향도 그리고 협상의 정도와 해결여부를 표로써 정리하면 〈표 4〉와 〈표 5〉로 표시할 수 있다.

표 4. 분쟁사안별 상충가치의 상대적 영향도 (단위: 건, %)

영향도	상 충 가 치			소 계
	개별적 가치	집단적 가치	공익적 가치	
강	69(64%)	30(28%)	9(8%)	108(100%)
중	21(33%)	21(33%)	22(34%)	64(100%)
약	18(12%)	57(37%)	77(51%)	152(100%)

표 5. 협상의 정도와 해결 여부 (단위: 건, %)

협상정도	협 상 여 부			소 계
	해 결	중 간	미해결	
강	44(69%)	15(23%)	5(8%)	64(100%)
중	13(38%)	13(38%)	8(24%)	34(100%)
약	2(20%)	5(50%)	3(30%)	10(100%)

〈표 4〉의 상충가치 항목을 검토하면 우선, 개별적 가치가 분쟁상황에서 주도적 형태로 나타나고 있는 경우가 전체의 64%이고 집단적 가치가 28%이며 공익적 가치가 8%에 불과하다. 이는 우리나라의 경우 최근까지 정부-주민 간 입지분쟁의 경우 개별 이해관계 주장에 따르는 이해상충이나 시행기관의 일방성으로 인하여 촉발되는 양자간의 대결구도가 지배적이라는 것을 나타낸다. 특히 공익적 가치로 인한 분쟁사안의 비중이 전체의 8%에 불과한 것은 정부-주민간 입지분쟁의 형태가 아직 미성숙된 상태에 있다는 것을 시사하고 있다고 볼 수 있다. 다만 복잡한 형태의 이해상충 내지 복합적인 이해상충구도를 나타내는 집단적 가치가 분쟁사안에 있어서 지배적인 경우가 28%에 이르는 것은 분쟁해결 방식에 있어서 전통적인 단순한 방식 적용에 한계가 나타날 것임을 시사한다.

상충가치 중 어느 가치가 지배적인가 하는 것과 해결여부와의 사이에는 어떤 일관성을 찾기 어려울 정도로 거의 무작위 분포의 형태가 나타나고 있다. 즉, 누드러진 상충가치의 형태와 해결여부와의 사이에는 정(正)이든 부(負)이든 상관관계를 찾기 어렵다.

따라서 협상의 정도와 해결 여부와의 관계를 2차적 단계로 분석해 본 결과 흥미롭게도 협상의 정도와 해결 여부와의 사이에는 상당히 강한 정의 상관성이 나타났다(표 5). 협상의 정도가 강하게 나타난 경우 해결로 나타난 경우가 69%, 중간으로 나타난 경우가 23%, 그리고 미해결로 나타난 경우가 8%이었다. 협상의 정도가 중간인 경우에 해결로 나타난 경우가 38%, 중간으로 나타난 경우가 38%, 그리고 미해결로 나타난 경우가 24%이었다. 그리고 협상의 정도가 미약한 경우에 해결로 나타난 경우가 20%, 중간으로 나타난 경우가 50%, 그리고 미해결로 나타난 경우가 30%이었다. 이와 같은 결과는 해결과 미해결의 여부와 합의형성으로 이르는 제반 노력들, 예컨대 이해당사자간의 지속적인 대화와 설득, 설명회 개최, 토론 등의 사이에는 정의 상관관계가 높게 나타난다는 것을 보여 주고 있는 것이다.

다시 말하면, 특정 갈등 내지 분쟁사안이 아니라 민선 1기 3년 동안 발생한 거의 모든 정부-주민간 주민기피성 입지갈등 사례를 분석의 대상으로 해서 검토해 보았을 때 갈등사안의 해결과정에는 합의형성노력이 차지하는 비중이 높다는 것을 알 수 있다.

3. 중첩적 합의의 모색

앞서 논의되었듯이, 입지갈등의 원인은 다양한 역할주체들의 결합적 상호작용으로서 파악할 수 있다. 다양한 사안, 다양한 시점의 측면에서 종합적으로 바라보면 그 역할수제늘간의 역학관계는 더욱 복삽한 형태로 나타날 수 있다. 따라서 입지갈등이란 현상 그 자체를 어떤 단일한 실체로 파악하여 정형적인 문제해결 방식 내지 단일한 정답이 존재할 것으로 가정하여 입지갈등 문제에 접근하는 것은 한계가 있는 것으로 보인다.

그래서 입지갈등의 실태를 개략적인 차원에서 먼저 검토를 하고, 다양한 상충가치들이 현실적인 갈등사례에서 어떤 형태로 나타나며 갈등의 해결 및 미해결과정에 무엇이 중요한 변수로 작용하는지를 분석하고자 하였다.

다양한 가치들의 동시적 충족영역의 확대, 다시 말해서 중첩적 합의영역의 확대를 위한 제반 과정이 갈등사례의 해결 및 미해결과 상관관계가 아주 높다는 것이 분석결과 밝혀졌다.

따라서 여기서는 복합적이고 유동적인 사안에 대처할 수 있는 보다 유연하고 탄력적인 대안모색의 방안으로서 중첩적 합의를 이론적 측면에서 깊이 있게 논의하고자 한다.

3.1 왜 중첩적 합의인가?

다원적인 사회에서 비롯되는 가치갈등의 중첩적 합의란 여러 가지 측면에서 접근될 수 있다. 정치철학자인 Rawls(1993)가 명료하게 구분하고 있는 합리적인 것(the rational)과 합당한 것(the reasonable)간의 구분은 물론이고 합당한 가치들간에도 갈등이 빚어질 수 있다. 성별, 종교, 이념, 문화 등의 차이에 따른 가치갈등은 각각 합당하지만 기계론적인 단순 합의가 불가능할 수 있다. 우리가 다원화된 민주사회를 현실로 받아들일 때 갈등문제를 해결하기 위한 최선의 방안은 Rawls의 언급(장동진 역, 1998:9)처럼 불일치의 범위(the range of disagreement)를 축소하는 것일 것이다. 사회 협력적 체계 내지 사회적 협력의 공정한 조건은 자유롭고 평등한 시민들이 합의하는 것이라는 Rawls의 주장(장동진 역, 1998:28)과 기계론적인 세계관이 아닌 유기체론적인 세계관을 받아들인다면 그 합의의 형태는 단일적 합의의 형태라기보다 중첩적 합의의 형태를 띠게 될 것으로 보인다.

주민기피시설의 입지갈등과 같이 사안의 성격 자체가 대개 복잡 미묘하고 유동적이며, 관련 실체들이 다수이며 그 경계를 명확하게 확정하기 곤란한 경우에는 특히 기계론적인 관점의 적용성이 낮을 것으로 보인다. 하지만 최근까지 현대문명이 기계론적이고 분해적인 관점을 토대로 발전해 왔다는 것을 부인하기 어렵다.

> 인간이 만든 기계와 같이, 우주라는 기계는 기본 부품들로 이루어져 있다고 생각되어져 왔다. 결과적으로, 복잡한 제 현상은 그 구성요소로 분해하고 그 세부적인 구성요소들이 상호작용하는 메커니즘을 살펴봄으로써 우리는 그 복잡한 현상 전체를 항상 파악할 수 있다고 믿어 왔다. 이 관점은 우리의 문화에 깊이 각인되어 왔고 과학적인 방법으로 받아들여져 왔다. 다른 과학 분야들은 현실의 올바른 기술이나 이론화 작업을 위해서 고전적 물리학의 기계론적이고 분해적인 관점을 받아들여 왔다(Capra, 1982:47).

Capra가 지적한 것은 기계론적인 관점에서는 시스템의 구성요소를 적절하게 분해해서 파악함으로써 시스템의 흐름을 통제 내지 예측할 수 있다고 보는 것이다. 하지만 현실세계에 있어서 기피시설의 입지갈등과 같이 복잡하고 미묘한 사안의 경우 정확한 관찰과 적절한 투입만으로 시스템의 전체 흐름을 의도한 대로 움직여 갈 수는 없다는 것이 점점 더 명확하게 되고 있다. 기계는 속성상 복제될 수 있고 투입된 대로 움직여 가지만 다원화된 현실세계의 복합문제는 대개 그렇지 못하다. 사안자체가 단일하고 정태적인 것으로 존재하는 것 같지만 계속 환경과 상호작용하고 환경자체를 변화시켜 간다. 결과적으로, 사안별 합의과정은 참여자와 맥락에 의해서 복합적 특성을 지니게 되고 그 과정을 전체적인 시각에서 바라보게 되면 여러 장의 관련된 사진들을 겹친 것과 같은 중첩적 특성을 지니게 될 것이다. 중첩적 합의형성은 네트워크화된 현실사회에서 관련 당사자들의 동의와 적절한 행동을 확보할 수 있는 수단으로서뿐만 아니라 불확실하고, 복잡하고, 그리고 논쟁적인 사안에 대처하는 중요한 방법이 될 수 있다. 중첩적 합의의 형성은 갈등의 골이 깊고 관련 당사자들을 분명하게 확정하기 어려운 상황에서도 정보 내지 지식의 공유 및 연계를 확대할 가능성이 크다. 그리고 그와 같은 속성은 갈등의 자기 파괴적인 패턴을 최소화시켜 적응적 개선의 여지를 넓혀 갈 것이다.

불확실성이 높고 급변하는 현실사회에서 중첩적 합의의 형성은 자기 발전적인 특성을 가질 수 있다. 다른 조건이 동일할 때, 중첩적 합의의 형성은 단일적 합의에 비해 상대적으로 환경으로부터 정보를 수집하는 데 유리할 뿐만 아니라 관련자들 간에 보다 효과적인 연계를 맺을 수 있고 학습을 가능하게 할 것이기 때문이다. 복잡한 현실세계에서 불가피하게 빚어지는 갈등 내지 분쟁상태 하에서 시스템의 적응적 향상(adaptive upgrading)에 대한 일단의 아이디어는 체계이론 등으로부터 나타나고 있다(Parsons, 1971). 이들 아이디어들은 중첩적 합의의 과정이 우리의 인식체계에 영향을 미칠 것이라는 것을 암시하고 있다. 동일한 맥락에서 Senge(1990:72-73)는 체계적 사고의 본질은 우리의 인식체계 내지 마음의 자세를 다음과 같이 새롭게 바꾸는 것이라고 주장한다:

- 원인과 결과의 일방적인 형태보다 상호관계성에 주목한다.
- 특정시점의 결과보다 변화의 과정에 주목한다.

108건의 사례분석 결과 최근까지 정부-주민간 기피시설의 입지분쟁의 경우 개별 이해관계 주장에 따르는 이해상충이나 시행기관의 일방성으로 인하여 촉발되는 양자간의 대결구도가 지배적이었다. 이는 입지분쟁의 형태가 아직 미 성숙된 상태에 있다는 것을 시사하고 있다고 보여진다. 그리고 상충가치 중 어느 가치가 지배적인가 하는 것과 해결 여부와의 사이에는 어떤 상관성 내지 경향성을 찾기 어려웠다. 그런데 합의형성으로 이르는 제반 노력들과 해결 여부와의 사이에는 비교적 높은 정의 상관성이 포착되었고 이는 다양한 가치들의 동시적 충족 영역의 확대를 강조하는 중첩적 합의형성의 필요성을 뒷받침하는 중요한 자료로 보여졌다. 다만 본 연구의 한계로서 저자의 주관성 평가라든지 개별 사례들의 갈등의 강도 및 갈등의 전개과정을 상세하게 포착할 수 없었다는 점 등이 지적되어야 할 것이고 관련 연구가 계속되어져야 할 것이다.

혁신

지역의 새 성장동력

혁신의 공간적 분포 및 지역격차에 관한 연구

권 영 섭

세계경제구조 변화는 주로 기술혁신의 역동성에 의하여 결정되어 왔다. 선진국의 경우 경제발전의 50% 이상이 기술발전에 의하여 이루어졌다고 분석되고 있다(김인수, 이진주, 1982:19). 예컨대 미국의 경우 1909년과 1949년 사이에 달성했던 경제성장의 3/4 이상이 기술변화에 기인한다고 추정되었다.

기업이 기술혁신을 통해 기술진보를 이룩할 경우 그 기업은 지역, 국가 및 세계시장에서 경쟁적 이점을 갖게 될 뿐 아니라, 그 기업이 소재한 지역의 산업 · 소득 · 고용 · 직업 등의 구조개선에도 영향을 미쳐서 결국 지역경제성장 및 국가경제성장에 크게 기여하게 된다(Thwaites & Oakey, 1985). 이와 반대로 기술개발이 낙후된 지역은 그 지역의 경제기반과 시장이 외부의 경제력이나 기술에 의하여 침식되어 낮은 생산성과 저소득, 그리고 고용구조의 취약성을 면치 못한다. 예를 들면, 1970년대에 들어서서 주요선진국에서는 높은 성장률을 보여 주는 중소도시 중심의 주변지역들이 등장한 반면, 한편에서는 기존에 성장지역이던 대도시 및 제조업 집적지역들이 쇠퇴하는 현상이 나타났다. 미국에서는 성장축이 북동부지역(snow-belt)에서 남서부지역(sun-belt)으로 이동하였고, 유럽에서는 런던으로부터 브뤼셀과 프랑크푸르트를 거쳐 밀라노에 이르는 거대도시지역의 축인 소위 블루바나나 대신 성장축이 주변부 유럽 특히 지중해 남부(바르셀로나에서 마르세이유, 니스를 거쳐 이탈리아중부에 이르는 지역)지역인 세컨드바나나(기술을 기반한 중소도시 중심축)로 옮겨갈 것이라는 전망이 나오고 있다(Illeris & Sven, 1992:201-215). 이러한 현상과 전망의 배경에는 기술변화(기술혁신)가 가장 중요한 요인으로 지적되고 있으며, 이에 따라 혁신에 영향을 미치는 요인과 혁신적 지역환경에 대한 관심이 증대되어 가고 있다.

경제성장 및 지역개발에서 혁신과 혁신적 기업의 역할에 대해 영국에서는 1960년 이후, 그리고 미국에서는 1970년 이후 활발히 연구되고 있다. 혁신과 혁신적 제조기업에 대해 여러 나라들이 지원하고 관심을 갖는 이유는 혁신적 기업은 혁신하지 않는 기업에 비해 높은 부가가치를 창출하고 경제를 쇄신하며 따라서 지역경제성장 및 국가경제 성장에 더 크게 기여하기 때문이다(Meyer-Krahmer & Friedler, 1985:523). 수출지향적 산업을 통해 1970년대 이래 높은 경제성장률을 유지해 온 우리나라는 1980년대 말, 1990년대 초부터 고지가, 고임금 및 고금리로 기술도입에 의한 성공을 검증받은 상품의 제조에서는 가격경쟁력을 잃게 되었다. 또 더 정교한 상품에 대해서는 선진국으로부터 기술경쟁에 직면하게 되었다. 한국경제도 기술개발 · 기술혁신에 의한 제품혁신 없이는 성장을 계속적으로 지속해 나가기 어려운 단계에 이른 것이다.

1. 연구의 범위 및 방법

혁신이란 본디 J. A. Schumpeter의 혁신(Innovation)개념으로부터 유래했다. 그는 「경제발전의 이론」(1934년)에서 자본주의 경제의 참된 질적 발전이란 "생산수단의 새로운 결합"을 통한 혁신에 의해서만 가능하다고 주장한다. 그는 혁신의 다섯 가지 주요 유형으로 새로운 상품의 소개, 새로운 생산방법의 소개, 새로운 판로와 새로운 시장의 개척, 새로운 원자재 공급원의 창출, 그리고 새로운 산업조직의 형성을 들고 있다(산업기술연구소, 1996:6). 한편, 1971년 OECD연구에 의하면 "기술혁신이란 새로운 방법을 사용하여 상업적으로 성공한 과학과 기술의 첫 번째 응용"이라고 정의된다. 이것은 신제품을 만들어 내서 시장의 인정을 받은 상품과 생산과정에 초점을 맞추고 있다(OECD, 1992:24). OECD기준에 의거할 때 우리나라에서 현재 신상품혁신을 인증 받은 자료로는 수상목록 및 인증마크목록 등이 있다. 그 중 시상이나 인증의 역사 및 건수, 인증정도, 질적인 측면으로 볼 때 장영실상을 수상한 제품과 기업 및 NT마크를 획득한 제품과 기업의 경우 가장 혁신적이라 할 수 있다.

혁신적 제조기업에 관한 정보를 수집하는 데는 보통 영국의 SPRU(Science Policy Research Unit), 독일의 IFO(Institüt für Wirtschafts-forschung München), 그리고 미국의 중소기업청 SBA(Small Business Administration)이 사용하는 세 가지 방법을 따른다.

2. 이론적 배경 및 기존연구의 검토

2.1 혁신의 공간적 접근에 관한 기존연구

16세기 이후 아니 그 이전부터 지역과 국가의 운명은 지역과 국가에 활력을 불어넣고 경제성장을 촉진시키는 새로운 아이디어와 새로운 상품들에 의존해 왔다. 이러한 아이디어와 상품들의 근저에는 기술혁신이 존재하며, 기술혁신의 존재유무가 지역의 성장과 쇠퇴를 좌우한다(Feldman & Florida, 1991). 이렇듯 지역의 성장과 쇠퇴를 좌우하는 혁신의 범주는 광범위하며, 정확한 의미는 측정이나 분석에서 정의한 목적에 따라 다르다.

혁신의 공간적 측면에서의 연구는 혁신확산에 관한 해거스트랜드의 혁신확산이론과 프란시스 뻬로의 성장극 이론이 최초였고, 그 뒤 생산주기이론 및 필터링다운 접근으로 계속 이어진다(Tödtling, 1991에서 재인용). 이러한 계층 이론이 강조한 것은 혁신의 발생(상품혁신)과 혁신확산(혁신의 채택, 주로 공정혁신)과정에서 입지적인 요인들이다. 입지요인을 강조하는 계층이론에서는 혁신이 일어나는 과정을 선형모델 즉, 혁신은 기초 및 응용기술연구(발명)에서 상품개발, 조립, 시제품생산, 그리고 신상품소개로 이어지는 일련의 순차적인 단계로 가정한다. 초기단계(연구개발, 발명과 상품혁신, 확산과정에서 초기의 채택)는 거대한 집적지역에 집중하는 반면에 공정혁신과 후기단계는 지방이나 농촌 및 주변지역에서 나타난다고 본다(Lasuén, 1973; Hansen, 1981; Tödtling, 1991에서 재인용). 혁신의 초기단계는 거대한 집적지역을 요구한다. 집적지역은 고급자질의 노동력(기술적 경영능력, 교육제도), 새로운 해결책이 도출될 수 있는 강력한 지식기반(기술 및 경제계 대학과 연구기관), 생산자서비스(관리 및 기술컨설팅, 마케팅, 법률서비스) 및 다양한 투입물을 가진 잠재적 공급자들, 거대한 시장과 고객에의 양호한 접근성, 정보통신 및 바른 교통인프라를 갖추고 있기 때문이다(Utterback, 1979; Erickson & Leinbach, 1979; Davelaar & Nijikamp, 1987; Stöhr, 1987).

그러나 최근의 연구들은 혁신의 계층적 접근보다는 더 복잡한 공간적 패턴을 보여 주는 비계층적 접근을 지적하고 있다. 이들은 혁신과정에는 입지요인뿐 아니라 기업, 기업가, 노동력 및 다른 지역적인 요인들로 이루어진 사회경제적 특징들을 중요한 요인으로 간주한다(Tödtling, 1991). 즉, 혁신은 입지보다는 기업가적 전통, 기술, 노동력의 기술적 지식, 혁신관련기능과 기업들 사이의 강력한 상호작용 같은 기업의 구조적 · 행태적 특성 —산업분야, 기업규모, 조직상태, 기업의 전략, 노동력의 자질, 네트워크(기술계약, 협력 및 하청), 연구개발활동, 마케팅 등등— 과 더 관련이 있으며(Tödtling, 1991; Tödtling, 1992), 이러한 상호작용 및 시너지는 혁신과정에 중요한 역할을 하지만 반드시 거대한 집적을 필요로 하는 것은 아니라고 한다(Aydalot, 1986; Stöhr, 1987).

이상에서 논의된 개념적 접근과 경험적 연구들로부터 얻은 결과를 종합해 보면, 혁신은 입지적 요인과 사회경제적 요인의 상호작용 결과로써 공간상에 투영된

그림 1. 혁신에 영향을 미치는 요인

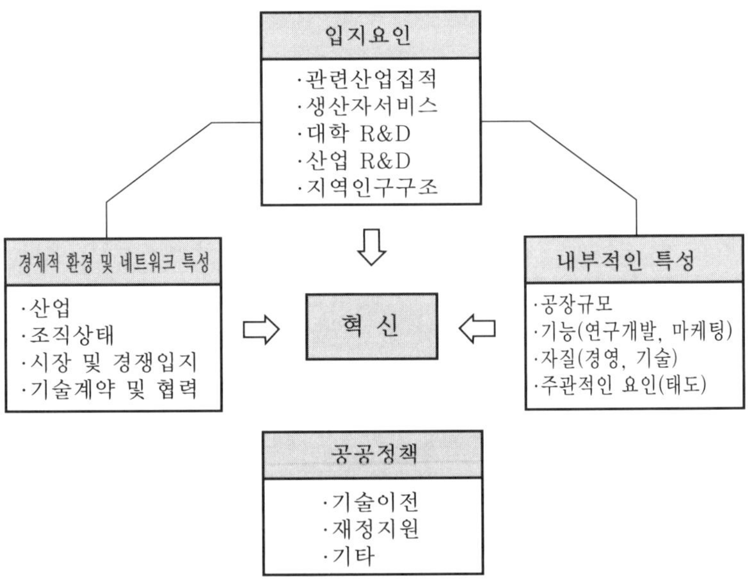

다고 볼 수 있다. 혁신의 입지적 요인은 기술적 하부구조 요인이라고도 볼 수 있는데, 그 변수로서 R&D 자원, 고급 인력 및 숙련노동자, 관련산업집적 및 생산자서비스가 사용되고 있다(Feldman, & Florida, 1991). 사회경제적 특성을 반영하는 기업구조적 · 행태적 요인으로는 산업분야, 기업규모, 조직상태를 들 수 있다(Oakey, Thwaites & Nash, 1980; Dixon, 1996; Frankel & Shefer, 1996; Tödtling, 1991 등). 그리고 공공정책요인으로는 벤처기업과 재정지원 등 재정환경, 그리고 지역의 기술혁신프로그램 혹은 지역경제개발정책 등 정책개발도 포함된다고 할 수 있다.

2.2 혁신의 지역격차에 관한 기존연구

혁신의 발생에 관한 서구의 실증적인 연구에서는 1960년대 이후 국가나 사회 전체적으로 연구개발과 혁신이 크게 증대되고 있음을 밝히고 있다. 그러나 지역별로 격차가 매우 심한 것으로 나타나 지역적 수준에서 혁신에 영향을 미치는 요인에 대한 관심이 높아지고 있다. 따라서 지역적인 차원에서 혁신을 결정하는 요인이 무엇인지를 규명해 볼 필요가 있다.

SPRU자료를 바탕으로 한 영국에서의 연구는 혁신이 지역별로 큰 격차를 보임에 따라 핵심지역 외에서 혁신적인 활동을 활성화시키려는 지역정책이 제시되고 있다. 기술혁신은 주로 제조업체의 혁신을 다루는데 영국의 경우 제조업고용자수 23,900명당 1건의 혁신을 생산한 것으로 나타났다. 전국평균 이상으로 혁신적인 지역들은 런던을 중심으로 한 동앵글리아, 남동지역, 남서지역 그리고 북부지역이었다. 반면에 동 미들랜드, 요크셔와 험버사이드, 서 미들랜드, 북서부지역, 스코틀랜드 및 웨일즈는 전국평균을 크게 하회하는 혁신을 보여 주었다. 동앵글리아지역은 제조업 종사자 17,100명당 1건의 혁신을 기록한 반면 웨일즈 지역은 제조업 노동자 55,500명당 1건의 혁신을 기록하여 웨일즈지역은 동앵글리아의 1/3에도 못 미치는 혁신율을 나타내고 있다(Oakey, Thwaites & Nash, 1980).

SBA자료를 사용한 미국의 연구는 주별 혁신율을 제조업고용자 10만명당 혁신 건수로 산정할 때, 뉴저지(52.33), 매사추세츠주(51.87), 그리고 캘리포니아에서 상품혁신율은 국가평균(20.34)의 2배 이상이다. 첨단전자산업의 집적, 비즈니스서비스 제공자, 벤처캐피탈리스트들이 집적된 실리콘 밸리가 속한 캘리포니아는 전자와 관련된 혁신에 특화되어 있다. 대량의 화학, 약학 단지들을 가진 뉴저지는 의약품 및 의료기기분야에서 혁신의 센터이다(Feldman & Florida, 1991; Feldman, 1994).

오스트리아 제조업의 혁신활동에 관한 연구에서는 혁신활동(관련비용)을 생산의 합리화, 사무활동에 대한 투자, 생산준비 및 시장소개에 대한 투자, 내외부 연구, 개발, 디자인, 특허를 포함한 관련비용을 광범위하게 정의하여 측정하고 있다(Tödtling, 1991; Tödtling, 1992). 혁신활동은 거대 집적지역인 비엔나와 린즈지역보다는 혼합된 경제구조를 가진 신산업지역(Vöcklabruck)에서 더 높이 나타났다. 농촌지역들은 높은 혁신을 보여 주는 지역(Südstewiermark)과 매우 낮은 혁신을 보여 주는 지역(Waldviertel, Burgenland)으로 나뉘는 강한 이질성을 나타냈다. 또한 지역 사례연구에 의하면 공장의 구조적 · 행태적 특성 및 지역의 사회경제적 구조는 입지요인들과 더불어 혁신에 영향을 미치는 중요한 요인으로 간주되는데 이러한 요인들에서 강한 지역격차가 나타나고 있다.

영국, 미국 및 오스트리아에서와 같이 몇몇 지역의 높은 혁신율과 지역별 혁신의 격차는 대부분의 서구 여러 나라에서 공통적으로 발견되고 있는 현상이다. 기존의 실증연구에서는 혁신의 지역격차를 다섯 가지 차원에서 설명하고 있다.

첫째, 혁신은 모든 산업에서 같은 속도로 일어나지 않는다는 산업구조가설이다. 즉 산업부문 사이에는 혁신율이 다양하다고 한다. 성숙산업은 쇠퇴할 가능성을 많이 가진 반면에 새로운 성장산업은 혁신할 가능성을 더 많이 가진다. E. G. Hirt의 연구에 따르면 혁신의 대다수가 전자산업 같은 몇 가지 산업부문에 집중한다고 주장한다. 실제로 영국의 경우 혁신당 공장수, 혁신당 고용지수면에서 가장 혁신적인 부문은 전자공학, 기계공학, 화학과 관련산업, 정밀기기공학 및 자동차 · 항공산업이며, 이 부문들이 모든 혁신조사의 75%를 차지한다. 기기공학(instrument engineering)부문은 제조업 고용자수의 단지 2%를 차지하지만 혁신조사 건수의 10%를 차지한 가장 혁신적인 부문이다(Oakey, Thwaites & Nash, 1980).

둘째, 지역별 혁신율은 기술적 하부구조가 잘 발달된 지역일수록 혁신율이 높다는 기술적 하부구조 가설이다(Feldman & Florida, 1991). 기술적 하부구조란 관련 제조업, 지역의 R&D 지출수준(산업 R&D 및 대학 R&D)그리고 비즈니스 서비스 등을 일컬으며, 이러한 기능이 집적된 지역일수록 혁신율이 높다고 한다. 이유는 혁신이란 발명이나 아이디어로 끝나는 것이 아니고 상품화된다는 전제가 있기 때문에 그에 따라 연구개발과 관련산업의 노하우, 그리고 이를 지원해 주는 마케팅 및 재정 등 생산자서비스산업이 요구되기 때문이다.

셋째, 회사 내 비생산직 고용비율이 높을수록 혁신율이 높음을 주장하는 직업분포가설이 있다(Oakey, Thwaites & Nash, 1980). 이 가설에 의하면 혁신은 성공적인 개발과 신상품의 마케팅, 과정상 사용된 장비의 상업적 이용 또는 사회적 서비스에 과학적, 기술적, 상업적 그리고 재정적 지식이 필요하기 때문에 비생산직 고용비율이 높을수록 혁신율이 높다고 한다. 이것은 지역노동력, 또는 지역주민의 직업분포의 경우를 적용하여도 같은 결과를 가져올 수 있음을 시사해 주고 있다. 예를 들면, 루트 128, 실리콘 밸리 같은 첨단산업기술지역에서 비즈니스서비스 제공자들의 역할이 중요하다는 것이 지적되었다. 영국의 경우 혁신적 제조기업의 지역격차는 총제조업 고용에서 측정된 고장의 규모나 지역산업구조라기보다는 서비스 고용에 더 영향을 받는 것으로 나타났다(Oakey, 1980). 또한 외부 생산자 서비스의 이용은 상품혁신과 밀접한 상관관계가 있다(MacPherson, 1991). Frascati의 Manual에서도 혁신에서 여섯 가지 비(非) R&D 활동 즉, 신상품 마케팅, 특허관련작업, 재정적 · 조직적 변화, 디자인, 엔지니어링, 산업공학과 제조업창업 등의 중요성을 강조하고 있다(OSLO Manual, OECD, 1992).

넷째, 기업규모가설이다. 기술적 하부구조가 빈약한 지역에서는 주로 대기업이 혁신을 일으키기 용이하다고 한다. 왜냐하면 대기업들은 혁신적인 투입물과 혁신을 용이하게 하는 보완적인 활동(디자인, 마케팅, 엔지니어링, 특허 등등)을 내부화(insourcing)할 수 있기 때문이다. 반면 소기업들은 혁신에 참여하기 위하여 외부적인(outsourcing) 보완자원들에 의존한다. 따라서 기술적 하부구조가 잘 발달된 지역일수록 소규모회사의 혁신적인 활동이 그렇지 못한 지역보다 활발하다. 반면 대기업은 기술적 하부구조가 덜 발달된 지역에서도 사내 네트워크를 통하여 혁신을 빈번히 발생시킬 수 있다.

다섯째, 공공혁신정책의 지원을 받은 지역은 혁신과정에서 재정적 · 기술적 애로를 쉽게 극복한다고 한다. 따라서 공공정책은 R&D에 대한 재정적 지원과 기술센터의 설립, 관련하부구조(대학, 교육, 커뮤니케이션 등) 및 입지관련시책 등 다양한 프로그램과 도구로써 혁신을 자극한다. 이외에도 교육의 질, 기업의 구조적 · 행태적 특성(설립 연도, 매출액, 조직상태, 매출액 대비 수출규모 및 기업간 연계 등), 수요와 공급, 교통망과 가용토지 등도 지역 내 혁신에 영향을 미치는 중요한 요인이 된다.

3. 요약 및 결론

연구결과 나타난 혁신의 공간적 기능분포를 보면, 수도권은 본사(74.6%)-기술개발(61.4%)-생산기능(44.9%)순의 역할을 담당한 반면 대전 · 충남은 본사(5.8%)-기술개발(12.6%)-생산(6.0%)으로 기술개발이 본사기능과 생산기능의 2배를 차지하며 나머지 지역은 본사보다는 기술개발이 기술개발보다는 생산이 두드러진 입지를 나타내고 있다. 또한 기술개발지와 생산지가 다른 77건의 혁신 중 98%가 수도권과 대전에서 개발되어 타지방으로 이전 · 생산된 것으로 나타나 우리나라에는 아직 혁신의 공간적 계층 구조, 즉, 기획 및 연구개발과 생산의 공간적 분업현상이 존재하고 있음을 보여 줬다. 그리고 경남(창원 및 울산)에서의 활발한 혁신개발 및 생산은 서구에서 증명된 바와 같이 입지가 불리한 지역에서도 대기업의 지사공장인 경우는 본사와의 사내 네트워크를 통하여 단일공장기업들보다 재정자원, R&D, 시장네트워크, 정보네트워크 자원에의 접근성이 좋아 훨씬 혁신생산이 활발하다는 주장이 입증되었고 더불어 지역 혁신성과도 높게 나타났다.

혁신의 지역적인 차이는 지역의 주력업종, 관련산업집적, 연구소의 분포, 직업분포, 기업규모, 및 공공정책 등 여러 가지 요인에 의해 발생한다. 이런 요인들을 바탕으로 혁신잠재력분석과 지역혁신성과 분석결과를 보면 지역혁신성과와 지역별 혁신잠재력 순위는 거의 일치하고 있으며, 비교적 높은 상관관계를 나타내고 있다. 단, 대구와 부산의 경우는 혁신잠재력이 높은 반면 지역혁신성과는 낮게 나타났고, 충남과 전남의 경우는 지역혁신성과는 높은 반면 혁신잠재력은 낮은 것으로 나타났다. 또한 혁신은 지역별로 상이한 변수에 의하여 영향을 받은 것으로 나타났는데, 경기 · 서울 지역은 다양한 여러 변수들에 의하여 골고루 영향을 받았고, 경남, 경북, 인천의 경우는 제조업집적의 영향을 크게 받았으며, 대전의 지역혁신성과는 서구의 첨단산업지역에서 중요한 영향을 미친 기술적 하부구조가 지대한 역할을 하였다.

상관관계분석에서는 직업분포가설, 기업규모가설, 기술적 하부구조가설, 정책기반가설에 관련된 변수들이 높은 상관관계를 나타내 혁신잠재력 분식과 유사한 결과를 나타냈다.

한편, 회귀분석결과에서도 잠재력 분석과 상관관계 분석에서 확인된 제조업

종업원수 지역비중, 연구개발예산, 생산자 서비스 및 제조업 창업률 등이 지역혁신성과에 긍정적인 영향을 미쳐서 기술적 하부구조가설이 입증되었다. 따라서 향후에는 이 변수들을 대상으로 심층적인 영향력을 분석해 볼 필요가 있다.

혁신은 객관적 조건 즉, 잘 발달된 대학과 연구시설, 관련산업의 집적, 고도로 숙련된 노동력, 양호한 커뮤니케이션 및 교통인프라, 그리고 잘 발달된 생산자 서비스가 존재하는 지역에서 빈번하게 발생한다. 통계적 분석에서는 혁신에 관한 입지의 직접적인 영향을 추정(기업구조 · 행태적 접근)하기보다는 직접적 접근과 상호작용하며 중 · 장기적으로 혁신에 영향을 미치는 요인에 더 관심이 있기 때문에 본 연구에서는 혁신의 객관적 조건을 대상으로 한 간접적인 영향을 분석하였다.

따라서 혁신에 직접적 영향을 미칠 요인에 대해서는 미시적 분석을 통하여 더 정확하게 각 요인의 영향력을 분석해야 할 과제를 안고 있다. 또한 향후에는 집적지역, 중간지역 그리고 농촌주변지역 등으로 지역을 구분하여 기존 제조업 집적지역이 아닌 지역에서 혁신 및 혁신활동이 활발히 이루어지고 첨단산업 및 혁신산업이 집적된 지역이 있는지를 분석해 볼 필요가 있다.

자립적 지방화와 지역혁신체계의 구축

김 영 정

역대 중앙정부는 지역격차를 줄이기 위한 갖가지 묘안을 '균형개발정책' 이라는 이름으로 발표하였다. 수도권 정비사업, 거점개발 중심의 지역발전전략, 정주생활권 개발 중심의 지역발전전략, 서해안개발사업계획 등이 대표적인 예이다. 그러나 이러한 정책들은 문서상의 구호에 지나지 않았을 뿐 낙후지역에 대한 투자의 약속은 한결같이 '관심의 투자' 로 끝나고 말았다. 상황의 급박성을 인식했던 역대 정부는 출범과 더불어 하나같이 '지역간 불균형 해소' 를 국정의 최고목표로 채택하기에 이르렀다. 그러나 지난 10여 년간 지역간의 격차는 이전보다 훨씬 더 심화된 것으로 나타나고 있다. 더욱이 80년대 중반 이후 중앙정부가 추진하고 있는 산업구조조정의 핵심내용인 신산업부문(조립금속제품 제조, 영상음향통신장비, 의료정밀기기, 자동차트레일러 제조 등)의 경우마저도 90% 이상이 수도 · 영남권에 집중된 것으로 나타나고 있다. 영남 · 수도권에의 산업 및 생산시설이 과도 집중되어 있는 상황 하에서 이들 지역에 신산업 부문의 민간투자가 집중되는 것은 자연스러운 일이다. 집합적 소비수단이 집적되어 있지 않은 공업적 저발전 지역(호남 및 중부권 등)에 새로운 민간투자가 이루어지리라고 기대하기는 정말 어렵다.

한마디로 역대 중앙정부의 모든 노력은 실패로 끝났나. 우리 국민의 대나수는 역대 중앙정부의 노력을 지역간 불균등 정책배분을 전제로 한 의도적 불균등성장정책이었다고 평가하고 있다. 이러한 국민의 목소리는 무엇을 의미하는가? 그것은 중앙주도에 의한 지역발전격차의 해소는 더 이상 불가능하기 때문에 '지방주도의 특성화 발전전략' 즉 <자립적 지방화>의 전략을 세우고 실천에 옮겨야 한다는 의미로 받아들일 수 있다.

1. 자립적 지방화의 성공조건: 지방분권과 RIS 구축

1. 1 자립적 지방화의 제도적 조건: 지방분권의 확립

자립적 지방화의 가장 중요한 제도적 조건은 '지방분권'의 확립이다. 지방분권은 한마디로 중앙정부와 수도권에 집중된 권한과 재정을 지방(또는 지방정부)으로 이전시키는 것을 의미한다. 이는 세 가지 차원을 갖는다. 〈그림 1〉이 보여 주고 있듯이, 정치적 분권, 경제적 분업, 사회적 분산이 그것이다.

정치적 분권은 중앙정치의 폐해를 극복하고 주민자치의 활성화를 위한 기본적인 조건이다. 주민투표제, 주민소환제의 실시 등이 대표적인 조치이다. 그 밖에

그림 1. 지방분권의 차원

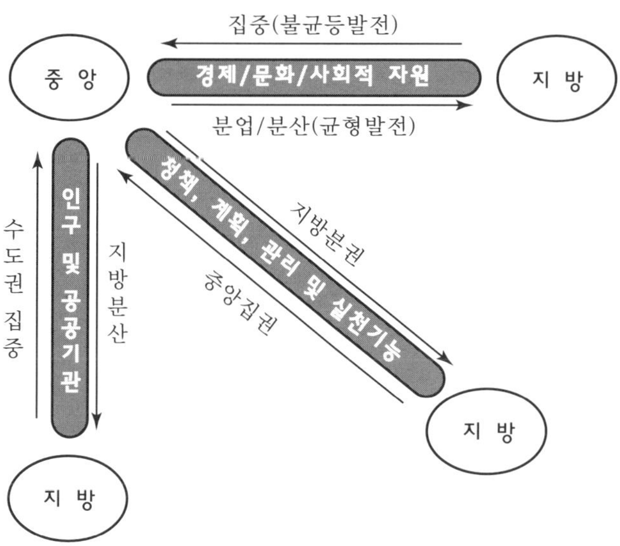

행정분권, 경찰자치, 교육자치의 실시 등도 정치분권의 중요한 영역이다. 경제적 분업은 수도권과 지방이 경제적 생산의 역할을 분담하는 제도적 조건의 마련을 의미한다. 이를 위해서는 과밀화한 수도권의 경제적 집중을 합리적으로 조정하고, 공동화된 지방경제를 살리기 위한 다양한 조치들이 마련되어야 한다. 그러나 사적 부분에 대한 강제적 조정은 단기적으로는 추진하기 어렵다. 따라서 공공부문의 개혁이 우선적으로 필요가 있다. 그중 가장 중요한 조치가 세제개혁을 통한 재정분권의 실현이다. 마지막으로 사회적 분산이란 수도권에 집중된 공공기관의 지방분산을 의미한다. 특히 7,000여개가 넘는 특별지방행정기관의 지방이전은 절대적으로 필요한 조치이다.

1.2 자립적 지방화의 내생적 조건: RIS의 구축

정치적 분권, 경제적 분업, 그리고 사회적 분산이라는 제도적 조건의 구비가 곧 자립적 지방화의 달성을 담보하지는 않는다. 이것들은 필요조건일 뿐 충분조건은 아니다. 자립적 지방화의 달성을 위해서는 제도적 조건의 구비와 더불어 내부적으로 이를 추동해 낼 수 있는 충분조건이 필요하다. 이러한 조건이 곧 지역문제를 지역 스스로 결정하고 집행하는 내생적 시스템 즉 지역혁신시스템(RIS/ Regional Innovation System)의 구축이다.

참여정부는 이러한 이론적 근거에 기초하여 지역단위별 RIS 구축을 통한 자립적 지방화 전략을 국정의 가장 중요한 목표의 하나로 상정하고 있다. 〈그림 2〉에서 보듯이, 신정부 구상의 핵심은 지방의 자생력과 발전 잠재력을 극대화할 수 있는 여건을 조성해 줌으로써, 지방이 자주적으로 특성화된 지역발전모델을 마련하고 추진할 수 있도록 필요한 제도적 장치를 마련하여 지원하는 것이다. 이 구상은 각 지역별로 지역의 실정에 맞는 RIS 구축을 통해 완성된다.

RIS는 지방정부, 지방대학, 기업체, 시민사회, 지방언론, 연구소 등의 지역내 다양한 경제주체들이 네트워크를 형성해 생산과정 및 새로운 지식의 창출/확산/활용과정에 공동으로 참여함으로써 지역발전을 주도해 내는 시스템이다. RIS는 지역내 경제주체간의 상호작용과 공동학습을 가능케 해 줌으로써 지역의 자생력을 키우는 데 있어서 다른 어떠한 시스템보다도 효과적이라는 발전철학에 근거한 것이다. 서구의 수많은 성공사례들이 이의 타당성을 경험적으로 입증하고 있다.

그림 2. RIS 구축과 균형발전의 개념도

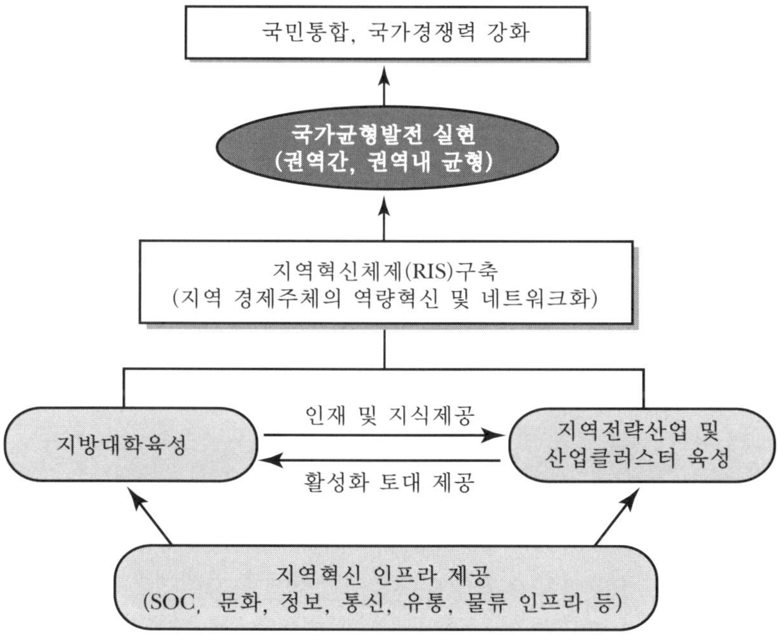

RIS는 본래 국가혁신체제(national innovation system NIS)의 하위개념이다. NIS는 지식기반경제의 도래, 현대산업기술의 시스템적 성격의 강화, 그리고 세계화의 확산과 같은 급속한 세계경제의 변화에 대한 국가차원의 대응적 체제구축의 필요성 때문에 제안된 것이다. 룬드발(Lundvall, 1992), 넬슨(Nelson, 1993), 에드퀴스트(Edquist, 1997) 등에 의해 이론체계가 확립된 NIS는 진화경제론적 입장에서 기술혁신과정의 상호작용과 지식의 집단학습을 강조한다. 지금까지 기술혁신은 대기업의 연구소나 국가기관에 의해서 가능한 것으로 생각했다. 이러한 모델은 연구기능과 생산기능의 분리, 그리고 기초, 응용, 생산, 연구의 분업화를 전제로 기술혁신이 이루어지는 것으로 간주한다. 이러한 모델을 선형모델이라고 본다면 최근에 각광을 받고 있는 모델은 상호작용모델이라고 규정할 수 있다. 상호작용모델은 생산과 연구기능의 상호협력, 산학관(기업, 대학, 정부)의 교호작용, 기업간의 네트워크(공급기업, 고객기업, 경쟁기업간의 협조) 등을 통한 기술혁신의 가능성을 강조한다. 이는 상호작용을 통해 집단학습이 이루어지고, 그러한 집단학습이 기술혁신의 기반을 이룬다는 사실을 강조하는 이론이다(박삼옥, 2001:244). 이러한 영향은 지역단위에서 제도적으로 확립된 학습과 상호작용의 중요성을 강조하는 논의로 이어졌다.

RIS라는 개념은 유럽의 학자들이 비교적 엄격한 의미로 사용하기 시작한 학술적-분석적 개념이다. 이들에 따르면 RIS 구축이란 "세계화 시대의 요구에 부응하는 지식기반경제의 확산 및 첨단기술(high technology)의 발전에 기초한 지역발전(및 국가발전)을 가능케 해 줄 지역 나름의 혁신적인 제도적 시스템의 마련"이라는 의미로 정의된다. 따라서 RIS는 지역(지방)에 첨단기술의 개발과 응용을 가능하게 해주는 잠재적 기반여건(예컨대, 세계적인 대학, 첨단 연구소, 첨단 기업 등)이 갖추어진 선진국의 경우에는 아무런 부담 없이 정책개념으로 바로 채택될 수 있다. 그러나 우리나라의 지방여건은 사뭇 다르다. 대부분의 지방산업은 하이텍(high-tech)과는 거리가 먼 낮은 차원의 전통 제조업 또는 포디즘적 산업이 주종을 이룬다. 대학 및 연구소의 잠재적 능력도 매우 낮다. 이러한 상황에서 RIS 개념을 유럽적인 의미의 정책용어로 사용할 수는 없다. 참여정부의 자립적 지방화의 달성을 위한 핵심적인 정책용어로 사용되고 있는 RIS 개념은 유럽의 경우와는 달리 모든 지역 및 여건에 적용될 수 있는 범용적인 정책개념으로 사용되고 있음을 주지할 필요가 있다.

2. 기존 정부의 RIS 구축 전략의 방향: 비판적 고찰

우리나라 중앙정부가 RIS 구축을 통해 지역발전을 이루겠다는 전략을 지방정책의 기조로 받아들이기 시작한 것은 1990년대 중반 이후의 일이다. 이때부터 정부는 지방대학을 사업주체로 삼고 기업, 지자체 등 유관기관이 참여하는 지역기술혁신사업을 추진하기 시작하였다. 당시 사업은 〈표 1〉에서 보는 바와 같이 테크노파크의 조성, 창업보육, 과학기술증진, 정보통신사업지원사업 등이 핵심을 이루고 있었다. 모두 〈탈공업화산업〉의 육성과 관련된 것으로 지역단위의 첨단산업클러스터 조성을 시도해 보겠다는 의도가 작용한 것으로 보인다. 그러나 기존사업에 대한 평가는 부정적이다. 다음과 같은 문제점을 지니고 있었기 때문이다.

첫째, 지방분권의 제도화와 같은 기반여건이 구비되지 아니한 채 시도된 서구

표 1. 신정부 출범 이전의 지역혁신지원사업

유 형	주관부서	사업명	지원대상	사업주체
지역기술혁신 지원사업	산업자원부	테크노파크조성사업	대학, 지자체	대학/지자체
		지역기술혁신센터(TIC)	지방중소기업	지역대학
		신기술창업보육사업(TBI)	교수, 연구원	대학(29개)
	중소기업청	창업보육센터지원사업	예비창업자	중진공
		벤처창업타운조성사업	예비창업자	중진공/지자체
	과학기술부	과학연구센터(SRC)	기초과학	대학(26개)
		공학연구센터(ERC)	재료, 기계공학	대학(35개)
		지역협력연구센터(RRC)	지방산업체	대학(37개)
		첨단기술사업화센터	KAIST	KAIST
		신기술창업지원단	예비창업자	KAIST
	정보통신부	한국SW지원센터지원사업	예비창업자	SW지원센터
		정보통신창업지원센터지원사업	예비창업자	대학

자료: 김영정(2002:3).

모델의 실험은 태생적으로 성장의 한계를 지니고 있었다. 분권의 고도화를 일찍이 달성한 서구 국가의 RIS 모형은 〈지방주도-중앙후원〉형의 모델이다. 그러나 우리나라는 역으로 〈중앙주도-지방후원〉형의 RIS 모형을 추구하였다. 이러한 시스템하에서 지역별로 특성화된 RIS 구축은 원천적으로 불가능했다.

둘째, RIS 구축의 기본조건으로서, 분권의 제도화만큼이나 중요한 조건이 지방대학의 육성이다. RIS 구축의 포괄적 역할 담당자이기 때문이다. 그러나 기존 정부는 지방대학육성에 관심을 표명하지 않았다.

셋째, RIS 모델의 다양성이 전혀 없었다. 지역별로 특성이 없는 모델이 일률적으로 적용되었다는 뜻이다. 〈표 1〉에서 보듯이 모든 모델은 한결같이 〈탈공업화산업〉의 육성을 지향하는 것이었다. 우리나라의 모든 지방을 탈공업화산업의 기지로 만들겠다는 의도로 해석될 수밖에 없다. 탈공업화 산업은 통상 〈지식산업〉으로 불린다. 이의 신비화를 부추기는 탈공업화론자들은 세계경제가 이미 제조업 중심경제에서 탈공업화산업 중심의 경제로 이행하였다고 믿는다. 그리고 탈공업화산업이 미래의 성장을 보장하는 중추역할을 맡게 된다고 주장한다. 따라서 이 영역을 지원하는 지역단위의 혁신체제(RIS) 구축이 절대 필요하다고 강조한다. 이는 서구사회의 경우 타당한 논리로 받아들여진다. 많은 나라들이 탈공업화 정책을 지향하고 있고, 또한 성과를 거두고 있는 것으로 보고되고 있기 때문이다. 그러나 우리의 사정은 조금 다르다. 포디즘적 산업과 전통산업을 여전히 국가경제의 중심축의 하나로 삼고 있고, 그러한 산업과 연관된 영세 협력업체들이 지방에 산재해 있다. 그렇기 때문에 이들 업체와 지방의 경제주체들을 네트워킹하는 다양한 RIS 모델의 개발이 당연히 요청된다. 그러나 기존 정부는 이 점을 간과했다.

넷째, 기존 정부는, 대체적으로 보아, RIS 구축의 공간적 기본단위를 광역자치단체로 삼은 듯하다. 기초자치단체의 내부역량을 키우는 구체적인 전략이 특별히 고려되고 있지 않았던 점으로 미루어 그렇게 평가할 수 있다. 광역단위의 RIS는 전략적 차원에서 고려되어야 함은 당연하다. 그러나 기초단체별 RIS의 구축은 정의적 균형발전의 실현을 위해 절대적으로 필요하다. 지난 정부는 이 점을 소홀히 했다.

지난 정부는 RIS 지원사업과 더불어 지역별 전략산업육성을 통해 지역경제의 활성화를 도모하는 전략을 채택했다. 이 양자가 지역성장정책의 핵심이었던 셈이다. 전략산업육성정책은 산업자원부의 주도하에 99년부터 3년간 한국개발연구원(KDI), 산업연구원(KIET), 삼성경제연구소, 포스코 산하 연구소 등 4개 경제연구기관이 참여, 타당성을 검토해 성안된 것이다. 이 계획을 관통하는 대원칙은 '선택과 집중'이었다. 한정된 자원의 효율적인 지역분배를 통해 지역 생산성을 극대화한다는 전략이다. 그러나 전략의 실천과정에서 중대한 문제점이 노출되었다.

우선, 전략산업의 성공조건 중 가장 중요한 것이 사업의 효율적인 지역안배이다. 그러나 이 점에 있어서 기존 정부정책은 실패했다. '선택과 집중'의 원칙을 내세웠으나 최종적인 결과는 전혀 그렇지 않았다. '골고루 나눠주기'로 끝나버렸다. 〈표 2〉에서 보듯이 BT산업은 모든 권역에서 예외 없이 전략산업으로 선정되었다. IT산업 또한 호남권을 제외한 전 지역에서 전략산업으로 선정되었다. 본래 이 계획을 주도한 4개의 연구기관은 수도권과 대덕연구단지를 IT와 함께 BT를 집중적으로 육성하여 주변지역으로 파급시키는 방안을 생각했던 것으로 알려지고 있다. 그러나 최종 확정단계에서 전국의 지자체들이 너나할 것 없이 BT 아니면 IT를 전략산업으로 육성하겠다고 아우성치는 바람에 전국에 골고루 나누어줄 수밖에 없었다는 섯이다. 지원자금 역시 세 개 지역권에 3천억원 안팎씩 사이좋게 나눠주는 것으로 결정되었다(중앙일보 2002. 10. 28). 본래의 정책 취지는 사라져 버렸다.

그 밖에도, RIS 구축 전략에서 노정되었던 약점들이 전략산업육성전략에서도 그대로 나타나고 있다. 전략추진의 공간적 단위가 광역단체 중심으로 이루어져 있기 때문에 기초단위의 발전문제가 등한시되고 있는 점, 전략의 내용이 한결같이 '탈공업화 산업' 중심으로 구성되어 있는 점, 기반여건의 고려 없이 계획 추진을 강행하고 있다는 점 등이 그것들이다.

왜 역대 정권은 이와 같은 문제점에도 불구하고 탈공업화 산업 중심의 획일적인 RIS 구축 및 전략산업육성정책을 성급하게 추진하려 했을까? 이것은 역대 정부의 '성장정치' 의 문제와 관련 있는 것으로 보인다. 성장정치(growth politics)란 정치적 선전이나 동원을 목적으로, 지역성장의 문제를 정치적으로 활용하는 행위를 지칭한다. 저발전국가, 공업적 후발지역, 도시의 슬럼가 등에서 자주 발견되는 정치술수이다. 성장정치의 주체는 관료 및 정치인들이다. 이들은 보통 타당성이 없고, 실현불가능한 발전정책을 통해 오도된 성장이데올로기를 조성하고, 이를 정치적으로 이용한다.

RIS 구축 및 전략산업육성정책은 지역의 사회경제적 여건, 입지여건, 자원동원의 가능성 등이 복합적으로 고려되어 확정되어야 한다. 그러나 역대 정부는 그러한 원칙보다는 정치적 판단과 이해관계에 근거하여 전략을 선택했다. 그들이 가장 크게 고려한 점은 분명 '정치적 선전효과' 였다. 검증되지 아니한 탈공업화론자들의 주장을 받아들여 〈제조업 = 낡음, 사양산업, 저생산성, 환경파괴, 노동운동〉, 〈탈공업화산업 = 새로움, 선도산업, 고생산성, 환경친화, 노동해방〉이라는 성장이데올로기를 바탕으로 '성장의 정치' 를 시도했다.

표 2. DJ정부의 지역전략산업

유 형	주관 부서	사 업 명	지원 대상	사업 주체
지역전략산업 육성전략	산업 자원부	1) 대전, 충청권 - 전자, 생물(의학, 화학, 동물자원)산업 2) 전라, 제주권 - 자동차부품, 기계, 생물(자생식물, 농업) 3) 울산, 경북, 강원권 - 자동차, 전자, 생물(의료, 환경, 건강분야)	지자체	중앙정부/ 지자체

자료: 김영정(2002:3).

3. RIS 유형의 다양성

중앙집권국가의 지방화 전략은 과거의 우리의 경험이 잘 보여 주고 있듯이 중앙정부가 전략을 주도하고, 그것을 시혜적 차원에서 지방에 분배하는 〈지도적, 하향적, 강제적, 그리고 의존적 발전모델〉이다. 그러나 RIS 구축전략을 통한 자립적 지방화 모델은 지방이 전략을 주도하고 중앙은 여건을 조성하는 〈자주적, 상향적, 합의적, 그리고 내생적 발전모델〉에 해당한다. 이러한 모델을 신정부는 적극 받아들이고 있다. 그러나 신정부의 RIS 전략이 성공하기 위해서는 기존 정부의 실패를 他山之石으로 삼아야 한다.

RIS 구축 전략의 성공은 지역별로 특성화된 RIS를 구축할 수 있느냐의 여부에 달려 있다. RIS 모델을 다원화해야 한다는 의미이다. RIS 구축의 기반여건은 지역마다 상이하다. 대학이 존재하고 있는 지역과 그렇지 않은 지역, SOC와 집합적 소비수단의 집적도가 높은 지역과 그렇지 못한 지역, 생산 중심도시와 소비 중심도시, 공업 중심지역과 농림어업 중심지역, 내륙지역과 해안지역 등등의 RIS 구축의 기반여건은 상이할 수밖에 없다. 따라서 이들 지역에 동일한 모델을 적용할 수는 없다. 기존 정부는 〈탈공업화 산업 중심의 RIS 모델〉이라는 단일 모델만을 추구했다.

RIS 모델과 관련하여 필자는 〈그림 3〉과 같은 이념형적 모델을 제안하고 싶다. 이것은 RIS 구축단위와 모델이 크게 4가지 유형으로 나누어질 수 있음을 보인 것이다. 유형화의 기준은 (1) RIS 구축의 기반여건(대학, 연구소, 기업체, SOC, 집합적 소비수단 등)의 조성정도와 (2) 공간단위(행정구역, 인구규모 등)의 크기 등 두 가지이다.

〈그림 3〉의 A형은 기반여건이 잘 구비되어 있고, 공간단위가 큰 광역도시지역의 모델이다. 이러한 지역에는 국가경제의 중추기능을 이끌고 갈 RIS 모델(국가경제 선도형 모델)이 적절하다. 예컨대, 서울에는 금융 및 유통산업 중심의 RIS, 울산에는 자동차 및 중화학공업 중심의 RIS, 대전에는 IT산업 중심의 RIS, 광주에는 문화산업 중심의 RIS, 부산에는 물류 중심 RIS 구축전략 등을 생각해 볼 수 있겠다.

그림 3. RIS 모델 및 구축단위

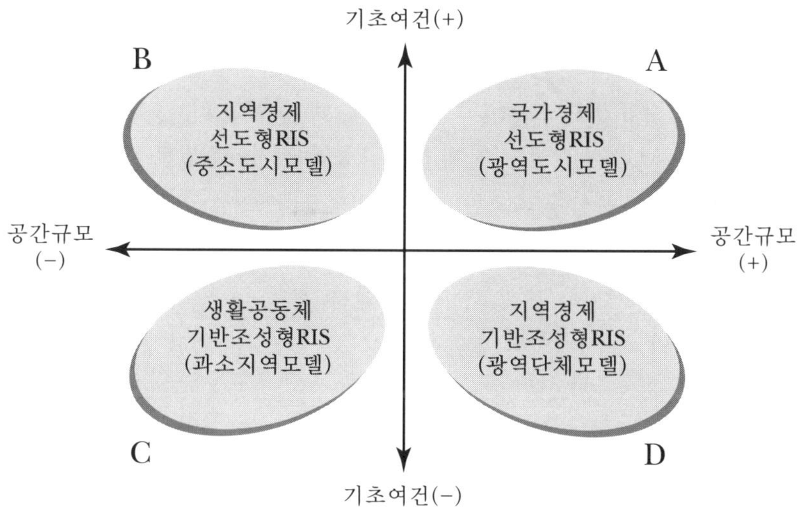

B형은 공간규모가 크지 않지만 비교적 기초여건이 잘 구비된 중소도시형 모델이다. 이 모델은 지역경제를 선도할 목적으로 구축된다. 따라서 지역경제선도형 RIS라고 명명할 수 있을 것이다. 예컨대, 전주시에는 전통문화 도시화 모델, 군산시에는 자동차부품 산업 중심의 RIS 모델 등을 생각해 볼 수 있다.

C형은 공간규모가 작은 기초자치단체(농어촌지역)의 활성화를 목적으로 구축되는 RIS 모델이다. 이 지역은 RIS 구축의 기반조성이 전혀 갖추어지지 않은 과소지역이다. 따라서 광역단체 및 중앙정부의 전략적 지원이 필요하다. 예컨대, 농공단지 중심의 RIS, 그린투어리즘 및 어메니티 개발 중심 모델, 화훼산업 중심 모델 등을 구축할 수 있도록 정부가 지원할 필요가 있을 것이다.

D형은 광역자치단체 모델이다. 광역단체는 인구 및 자원의 공간적 분산도가 높은 지역으로 표준화된 RIS 모델 구축이 쉽지 않은 지역이다. 광역단체의 중요한 임무의 하나는 지역경제의 성장기반을 조성하고 관리하는 것이다. 따라서 지역경제의 관리 및 연구기능을 담당할 R&D형 RIS 구축이 필요하다고 판단된다. 그 밖에도 광역단체는 중앙정부의 전략산업을 위임받고 수행해야 할 임무를 갖는다. 예컨대, 양성자 가속기 건설 사업이나, 방사성 폐기물 관리시설 건설사업 등과 같은

대규모 정책사업이 그것이다. 따라서 광역단체는 이와 같은 대규모의 중앙정부 위임사업과 연관된 전략적 RIS 모델을 탄력적으로 운영해야 할 필요가 있다.

한편, RIS 모델은 구축단위별뿐만 아니라, 추구하는 사업의 내용에 따라 구분될 수도 있다. 일단 필자는 그것을 세 가지 유형—즉 (1) industrial polis 지향형 RIS, (2) art polis 지향형 RIS, 그리고 (3) eco-polis 지향형 RIS—으로 나눌 수 있다고 본다. 이러한 구분은 각급 지자체들이 그동안 지역단위별로 추진하고 있는 발전프로젝트들의 내용분석에 기초한 것이다(김영정, 2002 참조). 모든 지자체들이 지향하는 발전이념은 사실상 크게 다르지 않다. 모두가 지역실정에 맞는 산업화를 추진(industrial polis 지향)하고 있고, 지역문화를 계승 및 발전시키는 조치를 강구(art polis 지향)하며, 환경친화적 발전을 도모(eco-polis 지향)하겠다는 전략을 구상하고 있다. 이중 국가 및 지역경제 발전에 가장 파급효과가 큰 industrial polis 지향형은 다시 (1) 신산업 추구형 RIS(또는 탈공업화산업 추구형 RIS)와 (2) 전통산업 혁신형 RIS로 나누어진다.

이와 같은 세 가지 발전의 기본이념과 〈그림 3〉에 제시된 네 가지 모델을 교차시킬 경우 매우 다양한 RIS 세부모형이 조성될 수 있다. 여기에 제시된 세부 모형〈표 3〉은 예시에 불과하다. 지역의 기반여건에 따라 훨씬 탄력적인 모형의 개발이 가능하다. 앞으로 신정부는 면밀한 지역단위의 기초 여건조사를 실시하고, 그 결과에 따라 실천가능한 RIS 모델을 채택하여 지역별 특성화 발전을 유도해 내야 한다.

서구사회의 경험에 비추어 볼 때, RIS의 중심은 당연히 industrial polis 지향형이다. 세계경제의 지식경제화에 발맞추어 국가 및 지역경제에 미치는 효과가 다른 어떠한 모델보다도 크고 직접적이기 때문이다. 이 유형은 추구하는 산업의 유형에 따라 (1) 정보집약(과학기반)형, (2) 수요대응형, (3) 전문공급자형, (4) 규모집약형 등으로 나누어질 수 있다. 정보집약형은 미국의 실리콘 밸리의 경우처럼 긴밀하게 연결된 기업네트워크, 창의적인 기업가 정신의 확산, 완벽한 인프라(기업서비스업) 지원 등과 같은 기반여건의 구비에 따라 형성된 정보 및 과학 집적형의 RIS를 의미한다. 수요대응형은 예컨대, 패션의류, 신발, 가구 등과 같은 전통산업에 대한 지속적인 수요에 혁신적으로 대응하기 위해 추구되는 RIS 모델이다. 이 경우 전문화된 중소기업의 네트워크가 핵심적 조건이다. 유관산업의 상호협력 및 학습효과를 통한 혁신이 가능하기 때문이다. '제3 이태리'의 성공이 바로 이러한 사례에 해당한다. 전문공급자형은 독일의 기계공업의 경우처럼, 중견 및 중소기업이 상호 협

표 3. RIS 세부 모형 및 예시

<table>
<tr><th colspan="2">구축단위별 모델 구분
구축 내용별 모델 구분</th><th>광역도시형 RIS
(국가경제선도형)</th><th>중소도시형 RIS
(지역경제선도형)</th><th>과소지역형 RIS
(생활공동체 기반조성형)</th><th>광역단체형 RIS
(지역경제 기반조성형)</th></tr>
<tr><td rowspan="2">industrial polis 지향형 RIS</td><td>신산업 (탈공업화 산업)추구형</td><td>IT, BT, ET, RT, NT, SW, 금융, 첨단제조업 육성형</td><td>첨단기계/생물벤처/영상산업 등 지역선도산업 육성형</td><td>–</td><td>전략 및 지역기반 산업의 R&D 중심형</td></tr>
<tr><td>전통산업 혁신형</td><td>Fordism산업을 중심으로 한 국가기간산업 혁신형</td><td>기간 중소기업, 신발, 패션의류, 가구, 악기 등 지역경제 혁신형</td><td>농공단지, 축산, 임업단지 등 육성형</td><td>전통산업의 R&D 중심형</td></tr>
<tr><td colspan="2">art polis 지향형 RIS</td><td>문화수도 구축형</td><td>예술, 전통문화, 영상문화, 축제 등 개발 및 육성형</td><td>지방문화, 문화유적, 축제 등 개발 및 계승형</td><td>지역문화 R&D 및 기반조성형</td></tr>
<tr><td colspan="2">eco polis 지향형 RIS</td><td>환경도시 및 도시어메니티 (amenity) 개발형</td><td>생태도시 구축, Retirement Community 조성형</td><td>생태관광 및 농촌amenity 개발형</td><td>지역환경 R&D 및 amenity 개발형</td></tr>
</table>

주 1) 유럽 및 선진국의 경우 RIS는 industrial polis 지향형 RIS 중 특히 신산업 중심형에 해당함.
2) 그 밖의 유형은 앞서 논의한 바와 같이 RIS를 범용개념으로 간주하고 구분한 것임.

력 네트워크를 구성하고, 이를 통한 기술혁신을 바탕으로 독점적 시장지위를 누리는 전문제품을 생산해 내는 RIS 모델이다. 현재 독일의 기계산업은 생산의 60%를 수출하고 있으며, 86년 이래 수출 세계 1위의 놓치지 않고 있다. 규모집약형은 일본의 자농자산업의 경우가 대표적이다. 일본 자동차 산업은 부품업체와의 긴밀한 상호교류를 통해 부품의 공용화를 달성하고, 기술의 공동학습으로 생산의 극대화를 달성하였다.

한편 RIS는 혁신주체(innovative players)의 역할에 따라 (1) 대학주도형, (2) 연구기관 주도형, (3) 기업주도형, (4) 외국인 투자주도형 등으로 나누어지기도 한다. 미국의 실리콘 밸리는 스탠포드 대학 등이 주도하는 대표적인 대학주도형의 RIS에 해당하고, 우리 나라의 대덕연구단지는 연구기관 주도형의 RIS에 해당할 것이다. 또한 기업수도형의 대표적인 예로는 미국 오리건주 포틀랜드에 위치한 반도체 및 하이테크 집적지인 Silicon Forest를 꼽을 수 있다. 대학 및 연구소가 특별히 존재하지 않은 상황에서 Intel 및 Tektroniks 등이 지역혁신시스템 구축의 중핵역할을 담당하고 있다. 우리나라의 울산(자동차), 포항(제철), 구미(전자) 등의 경우도 기업주도에 의한 RIS 구축 사례에 해당한다 하겠다. 외국인 투자주도형의 세계적인 사례는 영국 웨일즈의 지역혁신체계를 들 수 있다. 영국 RDA(Regional Development Agency)의 하나인 Wales Development Agency를 통해 외국인 투자를 적극 유치한 웨일즈에는 Sony, Ford, Nortel 등 300여개 외국기업이 진출해 약 73,000명의 노동자를 고용하고 있는 것으로 알려지고 있다. 우리나라의 마산시의 경우도 이에 해당한다. Nokia 등의 외국기업이 진출해 있는 자유무역지역이 마산지역 생산의 상당부분을 차지하고 있는 점으로 보아 외국인주도의 RIS에 해당한다 하겠다(국가균형발전추진단, 2003).

4. RIS 구축을 위한 내발적 조직(지역혁신협의회)의 결성

4.1 지역혁신협의회 구성의 의의

지역은 본래 물질적 단위(material unit)와 사회적 단위(social unit)로 구성된다. 물질적 단위는 지역의 생산환경을 구성하는 조건들의 관계망(생산조건들의 네트워크)을 의미하며, 사회적 단위는 제도 및 참여주체(actors)들의 관계망의 집합(거버넌스)을 의미한다. 지역발전(혁신)은 궁극적으로 이러한 두 가지 조건의 성장을 통해 달성된다. 그러나 양자는 독립적으로 성장하는 것이 아니라 서로를 매개하는 조직적(또는 물리적) 조건을 통해 성장한다. 〈그림 4〉에서 보듯이, Crevoisier(2000:68-69)는 그러한 조건을 ILS(interaction and learning sites/상호작용 및 학습의 장소)라고 개념화하고 있다.

ILS는 지역발전의 아이디어를 도출하고 협의하기 위해 구성하는 연구/훈련센터, 전문결사체 등을 의미하지만, 다양한 주체들의 공동 협의체가 될 수도 있다. 지방자치의 역사가 깊고 주민자치가 철저히 제도화된 선진국의 경우 지역단위의 다양한 자발적 결사체들이 ILS의 기능을 수행하고 있다. 그러나 지방자치의 역사가 일천하고, 주민자치가 전혀 활성화되어 있지 않은 우리나라의 경우 ILS의 기능을 담당할 수 있는 자생적 조직은 사실상 존재하지 않는다고 봄이 옳다. 따라서 RIS 구축을 통한 자립적 지방화 전략이 성공하기 위해서는 지역단위에서 ILS의 기능을 담당할 조직의 결성이 절대 필요하다. 참여정부가 '국가균형발전특별법'을

그림 4. RIS구축과 지역혁신협의회의 역할

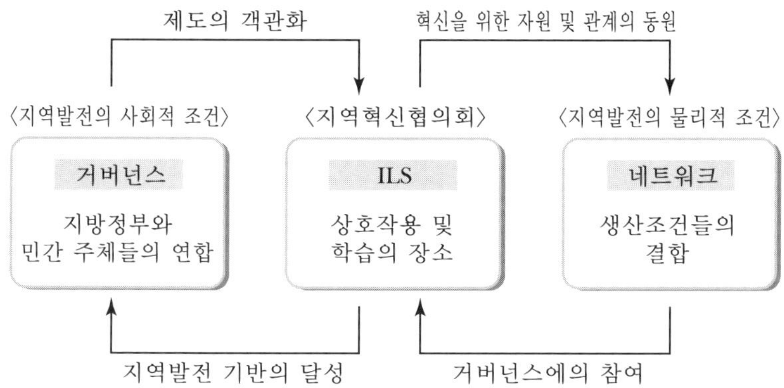

통해 지역의 혁신사업을 기획하고 추진하기 위한 기구로 '지역혁신협의회'를 조직하려는 이유가 바로 여기에 있다.

지역혁신협의회의 기능은 크게 보아 네 가지로 나누어진다. 구체적으로 (1) 지역혁신발전계획을 심의하고 구체적인 추진과제와 전략을 설정하는 조정자(coordinator)로서의 역할, (2) 지역혁신주체들간의 네트워킹을 주도하여 RIS 형성을 촉진하는 형성자(facilitator)로서의 역할, (3) 지역사회의 혁신분위기를 확산하고 혁신역량을 강화하는 혁신주도자(innovator)로서의 역할, 그리고 (4) 지방과 중앙의 원활한 의사소통의 창구 및 다리(bridge)의 역할 등이 그것이다. 따라서 지역혁신협의회에는 이러한 임무를 충실히 수행할 수 있는 혁신적 인물들이 참여해야 한다. 만약 지역혁신협의회가 지역의 기득권 수호세력들의 ILS로 변질된다면 지역의 '성장정치'는 한층 강화될 수밖에 없다.

5. 결론: RIS 구축 전략의 발전론적 함의

자립적 지방화의 핵심내용은 중앙(수도권과 중앙정부)에 집중되어 있는 가공할 만한 권한과 재정이 지방으로 이양하는 분권/분업/분산형의 국가를 건설하고, 그에 기초한 특성화된 지역발전을 달성해 내는 것이다. 돌이켜 보면, 수도권과 중앙정부에의 집중 문제를 백안시했던 역대 정부는 없었다. 모든 정권은 출범과 더불어 '지역균형발전'을 국정의 최우선 과제로 채택했고, 이를 실천키 위해 다양한 정책들이 추진되었다. 수도권 정비계획, 거점개발 중심의 지역발전계획, 정주생활권 개발 중심의 지역발전계획, 서해안개발사업계획 등이 대표적인 것들이다. 그러나 정권이 마감될 무렵 불균형의 정도를 출범 당시보다 좁혀 놨다고 자랑할 수 있는 정부를 우리는 아직 갖지 못했다. 한마디로 과거 정권이 내세운 대부분의 전략은 정치적 수사에 지나지 않았다. 바로 막을 내린 '국민의 정부' 역시 마찬가지이다. 김대중 정부는 2000년 1월 대통령 직속 하에 낙후지역 지원을 위한 '지역균형발전 3개년 기획단'을 창설하고, 대기업의 본사 지방이전, 지방교육특성화, 지방특화산업육성 등으로 요약되는 75개 개혁과제를 발표했다. 그러나 아무런 성과도 거두지 못한 채 정권과 더불어 역사 속으로 자취를 감추었다.

참여정부가 내세우는 전략은 일단 기존 정권의 그것보다 훨씬 강렬하다. 무엇보다도 '국가균형발전특별법', '지방분권특별법', '신행정수도건설특별법' 등 소위 지방화 3대 법안을 마련하고, 이를 통해 강제적으로 지방을 구하겠다는 의지를 보이고 있음이 주목된다. 역대 정권의 정책 추진 과정에서 노정되었던 제약 및 장애요인을 법적으로 제거함으로써 자립형 지방화를 추진하겠다는 것이다. 이러한 제도적 기반조성과 더불어 '내생적 발전전략'의 병행 추진이 강조되고 있다. 이것은 이제까지의 지방정책이 중앙정부의 감독과 지시와 시혜에 근거한 '외생적 발전전략'이었던 점을 감안할 때 신선한 변화임에 틀림없다. 내생적 발전을 도출해 내기 위한 구체적인 실천전략은 지역별 혁신체계(RIS)를 구성하고, 이에 기초한 특화된 발전을 유도해 내는 것으로 완성된다. 이것은 지역의 혁신역량을 갖춘 세력(혁신주체)들의 상호 교통을 가능케 하는 네트워킹을 구축하고, 이를 통해 지역의 잠재역량을 발현케 함으로써 특화된 발전을 도출해 낼 수 있다는 자주적 지역발전관에 기초한 것이다. 이는 지역발전 전략의 계획수립과 실천과정을 독점해 왔던 기존의 공적 기구(governmental actors/지방정부, 국책연구소, 친정부기업, 관변단체 등)들은 물론, 그동안 소외되었던 민간 기구(non-governmental actors/대학, 민간기업, 민간연구소, 언론, NGO 등)들의 참여까지가 제도적으로 보장되는 로컬 거버넌스(local governance) 체제를 구축함으로써 지역의 경제적 성장은 물론 지역단위의 정치적 활성화(참여 민주주의 확산과 지방분권의 기초역량 강화)를 동시적으로 달성해 내겠다는 발전론적 의미를 함축하고 있다.

그러나 신정부의 정책이 어느 정도 탄력을 받고 추진될지 알 수 없다. 새로운 정부가 탄생할 때마다 다양한 개혁 프로그램이 추진되었지만, 곧 자가당착에 빠져 흐지부지 되어 버린 적이 한두 번이 아니다. 참여정부의 지방화 정책은 참으로 야심찬 프로젝트이다. 그것들이 먼 훗날 성공했다는 평가를 받을 수 있을지 지금으로서는 결코 예단할 수 없다. 또다시 의미없는 시지프스의 노동으로 끝나지 않기를 간절히 바랄 뿐이다.

지역혁신체제론의 비판적 재검토: 무엇을, 누구를 위한 지역혁신체제인가?

이 용 숙

1. 지역혁신체제의 개념

지역혁신체제에 대한 정의는 학자들마다 다양하게 내려지지만, 보통 일반적으로 지역경제의 혁신능력을 증가시키기 위하여 적절한 환경적 조건들 특히 제도적 조건들을 창출하고 이들이 지역의 내재화된 제도적 환경을 통해서 상호작용적인 학습에 참여하는 체제로 정의되고 있다(권영섭, 2001). 지역혁신체제란 지역단위에서의 혁신을 유발시키기 위한 구성원들간의 유형 · 무형의 조직화된 네트워크 체계를 포함하기 때문에, 도로, 항만, 통신망 같은 물리적 하부구조와 대학, 연구소, 금융기관, 교육훈련기관, 지방정부 등과 같은 사회적 하부구조, 그리고 조직과 제도, 문화, 분위기, 규범 등 상부구조를 포함한다(Cooke, 1998a). 따라서 지역혁신체제는 혁신의 창출과 확산에 도움을 주는 지역의 학습과정이나 매개기관, 제도적 뿌리내림 등 지역이 가진 고유한 특성에 관심을 두고 있으며, 물리적 혹은 사회적 하부구조의 존재여부보다는 지역 내 혁신주제들간의 상호삭용, 학습네트워크의 질과 시너지 효과의 창출 등 혁신의 효율적 운영여부에 초점을 두고 있다(권영섭, 2001; 최용호, 2001).

지역혁신체제론이 지역 내 혁신활동에 초점을 두는 이유는 혁신이 특정한 공간 및 지역 내의 비공식적인 학습의 상호작용을 통해서만 성취될 수 있다고 믿기 때문이다. 혁신의 창출에 있어서 가장 중요한 요소는 암묵적 지식(기호화하거나 문서화되지 않은 지식)인데, 이러한 암묵적 지식은 시장에서 거래되지 않고 공간적으로 확산이 매우 제한되어 있으며, 단지 지역 내에 한정된 주체들의 상호작용을 통한 학습과 비공식적인 메커니즘을 통해서만 축적되기 때문에, 혁신활동은 특정의 영역적 범위 내에서 이루어지는 성향을 지니는 것으로 인식된다. 이러한 혁신과 학습 과정의 영역성(territoriality)에 대한 강조가 지역혁신체제의 논리적 근간이 되는 것이다.

그런데 이러한 혁신과 학습의 영역성에 대한 강조와 더불어, 지역혁신체제 주창자들은 자신들 논의의 기본전제로 지식기반경제로의 이행을 수용하고 있다. 이들에 따르면 경제의 세계화 및 기술 정보화의 진전에 따라 산업환경 자체가 지식기반 경제로 이행되었으며, 이러한 지식기반경제에서는 자본, 노동 혹은 토지 같은 전통적 생산요소들 대신 지식이 성장의 동인으로 등장하게 된다. 그런데 이 과정에서 국민국가의 역할은 축소되는 반면 지역이 경제활동의 주요 단위로 등장하게 된다고 하는데, 이는 지식기반경제에서 경쟁력은 생산요소들을 적절히 배분하는 국가의 산업정책에 달려 있기보다는, 얼마나 신속하게 지역내에서 혁신을 창출하느냐에 달려 있기 때문이라는 것이다. 이런 맥락 속에서 지속적으로 연구개발을 할 수 있는 학습 경제(learning economy)나 지역혁신체제의 구축(영역적 뿌리내림)이 중요한 정책적 방안으로 제시되는데, 이러한 지역혁신체제의 구축을 위해 지역내의 혁신 주체(기업, 지방정부, 연구소, 대학 등)들의 상호 협력과 이러한 주체들간의 상호 협력을 강화하는 데 필요한 지역 문화의 중요성이 강조된다(Cooke, 1998a; 최용호, 2001).

2. 지역혁신체제론의 이론적 · 역사적 배경

지역혁신체제론은 경제활동의 영역성을 강조하고 신산업지구의 출현에 주목해온 경제지리학을 중심으로 발전해 왔지만, 사회학과 경제학의 여러 이론들로부터 영향을 받았다. 지역혁신체제론에서 혁신의 배태성(embeddedness), 지역제도 및 문화에 대한 강조는 그라노베터(Granovetter, 1985)로 대변되는 경제사회학(economic sociology)과 경제발전의 경로 의존성(path dependency) 및 제도들의 역할을 강조하는 진화경제론(evolutionary economics)과 제도경제학(institutional economics)으로부터 영향을 받았다(Lagendijk, 2003). 또한 혁신의 영역성에 대한 강조는 지역혁신체제론이 산업집적지에 대한 기존 이론들에 기반을 두면서 룬드발(Lundvall, 1992), 넬슨(Nelson, 1993), 에드퀴스트(Edquist, 1997)에 의해 발전되어 온 국가혁신체제이론을 융합하였음을 보여 준다. 따라서 지역혁신체제론이란 산업집적지에 대한 기존 이론에 지식의 창출과 혁신에 대한 이론을 결합함으로써 혁신과 영역간의 관계를 이해하는 데 결정적인 기여를 하였다고 할 수 있다(Lawson and Lorenz, 1999; 홍성범 외, 2000). 이와 더불어 지역 내 일련의 구체적인 제도들과 조직들간의 사회적 관계와 의사소통관계의 중요성에 주목함으로써, 경제적 수행력과 역동적인 공간적 다양성을 설명할 수 있는 새로운 통찰력을 지역혁신체제론이 제공하였다고 평가된다(홍성범 외, 2000).

그런데 모든 사회과학이론의 등장이 시대의 정치경제적 상황과 무관하지 않듯이, 지역혁신체제론의 등장도 1980년대 이후 서구 여러 나라들이 겪어 온 정치경제적 구조변화와 밀접한 관련이 있다. 1980년대 이후 나타나는 국제적 자본이동의 심화, 국제분업구조의 재편, 포디즘적 조절양식의 쇠퇴 등과 같은 매우 거시적이고 구조적인 변화의 결과로서 선진산업국들은 장기적인 경기침체를 경험하면서 신보수주의적 정치세력이 득세하였다. 이와 함께, 지역적으로는 전통적 산업지역들이 탈산업화와 실업의 문제를 겪으면서 쇠퇴하는 경향을 나타내었다. 이런 와중에서 교통과 정보통신기술의 발전과 더불어 정치, 경제, 문화적 세계화가 진전되면서, '시공간 압축(Time-space Compression)'의 현상이 일어나고 있다는 인식이 확산되면서 '국민국가의 소멸'과 '지리의 종말'이 예견되기도 하였다(Ohmae, 1995). 즉, 세계화의 진전 속에서 자본과 노동의 이동성이 증가하면서, 경제활동의 영역성은 더 이상 중요하지 않게 될 것이라는 주장이 신자유주의적 정책변화를 주장하는 학자들에 의해 제기되었다.

그러나 이러한 예견과는 달리, 서구 선진국들에서 기존의 전통적 산업지역이 아닌 다른 지역에서 새로운 산업지구들이 성장하고 있나는 사실이 시역경제학 빛 경제지리학자들에 의해 주목받기 시작하였고, 이런 맥락에서 '지역혁신체제'는 유럽 및 미국의 지역경제학자 혹은 경제지리학자들에 의해 '지역의 경제적 소생'

을 설명하는 개념으로 주목받게 되었다. 이들은 유럽과 미국의 주요 성장지역들인 바덴-뷔르템 베르그, 에밀리아-로마냐, 투스카니, 바바리아, 실리콘 밸리 등의 지역 제도들과 지역문화가 이들 지역의 경제적 부활의 원인임을 지적하면서, 세계화와 '흐름의 경제'에 의해 수동적으로 결정되는 지역이라는 인식에 반하는, '장소 중심적' 세계화의 가능성을 강조하였다. 즉, 지역혁신체제론자들은 지역내의 혁신제도, 학습과정, 제도적 밀집(institutional thickness) 등에 초점을 두면서 지역경제의 회복을 개념화함으로써, 신산업지구들을 세계화의 맥락 속에서 능동적으로 위치지우려 노력하였다. 특히, 혁신시스템이 강한 이들 지역들의 일반적 특성으로, 지방정부재정의 자주성, 지역밀착형 금융, 대학, 연구소, 직업훈련기관 그리고 지역내 기업간 협력 및 혁신의 자세, 지방정치의 분권적이고 민주적 자세 및 이를 강화시켜 주는 지역의 협력적인 제도 및 문화 등이 지적되었다(Cooke, 1998a). 따라서 지역혁신체제론은 도시 및 지역 차원에서 세계화 과정에 대응하는 주요한 개념적 및 현실적 대안으로 인식되었고 도시 및 지역 경제개발에 대한 내생적, 상향적 접근법으로서 주목받게 되었다.

3. 지역혁신체제론에 대한 비판적 고찰

세계화 과정에 대응하는 도시 및 지역 차원의 내생적, 상향적 지역발전 전략으로서 지역혁신체제론이 지니는 의미에도 불구하고, 이 이론의 개념화, 방법론, 정치적 입장, 정책적 방향 등에 대해 영미학자들을 중심으로 비판적 논의가 있어 왔다. 비판의 주된 초점은 지역혁신체제 구축을 통한 국지적 경제발전의 전망 및 가능성이 새로운 지역주의를 유발하고 있다는 점이다.

3.1 개념의 모호성

우선 지역혁신체제의 개념이 모호하다는 지적이 있다. 학자들마다 자신들의 기준에 따라 지역혁신체제에 대한 다양한 개념화를 시도해 왔을 뿐만 아니라, '관계적 자산'(relational asset), '학습지역'(learning regions), '사회적 자본'(social capital), '제도적 밀집'(institutional thickness), '연합경제'(associational economies),

'클러스터 혹은 군집'(clusters) 등 다양한 개념들이 '지역혁신체제'와 구별됨 없이 지역 내에서 지식 및 학습과 제도의 중요성을 강조하는 개념들로 사용되어 왔다. 예를 들어, 클러스터와 지역혁신체제 두 개념의 차이를 살펴보면, 일반적으로 클러스터는 독립적인 기업들이 '가치 체인'(value chain) 내의 기업들 및 지식생산기관들과 지리적·수평적·수직적 네트워크로 서로 연계된 생산의 네트워크를 의미한다. 반면에, 지역혁신체제는 클러스터뿐 아니라 금융환경, 제도적 환경, 지식하부구조, 생산의 특화구조를 포함하는 보다 포괄적 의미에서 지역에 혁신체제를 뿌리내리게 하는 집합적 시스템으로 정의되기 때문에(권영섭·김동주, 2002), 두 개념간의 차이가 명백한 것처럼 보이지만 클러스터를 광범위하게 정의하면, 두 개념간의 차이는 모호해진다. 아래의 클러스터에 대한 설명은 클러스터와 지역혁신체제에 대한 개념 구분이 모호하다는 사실을 보여 준다.

> "클러스터는… 완성품 생산업체와 서비스 업체를 비롯한 전문화된 원재료나 부품, 기계, 서비스 등을 제공하는 공급업체, 금융기관, 연관산업에 속한 기업 등으로 구성된다. 또한 클러스터에는 (유통업체나 구매나 같은) 전방산업분야의 기업, 보완제품의 생산업체, 전문화된 기간시설 공급업체, 정부 등과 전문화된 교육, 정보, 연구, 기술 등을 제공하는 기관(대학, 연구기관, 직업훈련원 등), 공인된 표준화 기관 등이 포함된다. 클러스터에 상당한 영향을 미치고 있는 행정기관도 클러스터의 일원이다. 마지막으로 다수의 클러스터는 협회나 클러스터에 참여한 기업들을 지원하는 여타 민간 형태의 기업협의체를 포함하고 있다"(김경묵·김연성 공역, 2001; 복득규, 2003에서 재인용).

지역혁신체제론을 한국에 처음으로 소개한 하씽크(Hassink, 1996, 1999) 역시 지혁혁신체제를 지역 내에서 혁신과 막연하게 관련된 모든 것을 포괄시킬 수 있는 블랙박스나 컨테이너로 간주한 것처럼, 지역혁신체제의 개념과 내용은 모호하다. 이는 지역혁신체제를 구성하는 요소는 무엇인지, 혁신요인은 무엇인지, 혁신의 요인들은 어떻게 상호작용하여 혁신에 영향을 미치는지, 혁신의 최적체제는 무엇인지에 대한 학자들 사이의 통일된 견해가 없음을 보여 준다(최용호, 2001). 박경 외(2000) 역시 지역혁신체제론은 아직 형성중의 시론적인 이론이며, 이론을 실제에 적용한 경험적인 연구가 드물다는 점을 지적했는데(박경·박진도·강용찬, 2000), 이는 지역혁신체제론의 이론적 빈약함을 간접적으로 인정한 것이라 볼 수 있다.

또한 1990년대 클러스터와 혁신체제에 대한 연구를 선도했던 라겐딕 역시 최근의 연구(Lagendijk, 2003)에서 지역의 혁신, 학습, 제도들을 설명하는 여러 개념들 중 지역혁신체제란 개념이 유럽 지역경제학회에서 광범위하게 인용되지 않았음을 지적하면서 점차 그 이론적 지위를 상실하고 있음을 주장하고 있다.

3.2 로칼리즘의 함정

3.2.1 내생적 발전에 대한 환상

지나친 로칼리즘에 빠짐으로 인해 지역혁신체제론은 지역발전에 있어서 지역의 내생적 조건들과 내생적 가능성에만 초점을 둔 채, 국가 및 다국적 기업의 역할 등 외생적 요인들의 중요성을 간과하고 있다(MacKinnon, Cumbers, and Chapman, 2002). 지역혁신체제의 옹호론자들이 흔히 내생적 지역발전의 사례로 언급하는 것이 실리콘 밸리이다. 내생적 발전론자들은 1970년대 초반 이후 반도체와 컴퓨터 산업의 전세계적 중심지로 부상한 실리콘 밸리의 성장을 지역내 대학, 기업, 연구소들 사이에 형성된 긴밀한 정보교류의 네트워크를 바탕으로 한 혁신의 창출, 그리고 실패를 두려워하지 않고 스핀오프와 창업을 유도하는 지역내의 기업가적 정신과 문화, 그리고 이를 바탕으로 형성된 지역혁신체제 등과 같은 내생적 요인들로 설명하면서, 실리콘 밸리를 내생적 지역발전의 전형적 예로 제시하고 전 세계 혁신 클러스터의 벤치마킹 대상으로 언급한다(Saxenian, 1994; 복득규 외, 2003).

그러나 실리콘 밸리 성장에 대한 이러한 내생적 요인론은 여러 사람들에 의해 비판을 받아 왔다. 특히, 마커슨(1999)은 지역의 내생적인 요인들이 실리콘 밸리 성공을 설명하는 데 중요한 요인임을 부인할 수는 없겠지만, 연방정부로부터 지원된 R&D 자금에 대한 언급 없이 실리콘 밸리의 성공을 설명할 수 없음을 강조하고 있다. 마커슨의 설명에 따르면, 실리콘 밸리 내 반도체 및 전자산업의 성장은 그 지역 내에 입지하고 있는 Lockheed, FMC Corporation, Loral Western Division 등과 같은 대규모 방위산업체들의 기업활동과 이들 방위산업체들에게 지원된 연방정부의 막대한 R&D 자금과 밀접히 관련되어 있다.

그레이 외(Gray et al., 1999:95)는 실리콘 밸리의 방위산업에 대한 의존성이 내생적 지역발전론자들에 의해 의도적으로 무시되거나 축소·해석되었다고 주장하면서, 방위산업의 역할은 실리콘 밸리 형성의 초창기에서뿐만 아니라, 현재까지도 실리콘 밸리의 성장과 발전을 설명하는 데 매우 중요한 요인중의 하나라고 주장한다. 그리고, 방위산업을 위해 미국 연방정부가 실리콘 밸리 지역의 대학, 기업, 연구소 등에 투자한 막대한 자금이 현재 실리콘 밸리가 누리고 있는 역동적 기업가 정신, 혁신을 창출하는 고급두뇌집단 등이 성장할 수 있는 기반이 되었음을 주장한다.

마커슨(1999)은 실리콘 밸리의 성장에 영향을 미친 외생적 요인으로, 연방정부의 방위산업관련 지원뿐 아니라, 실리콘 밸리 내에 위치한 외국계 다국적 기업들의 기업활동, 그리고 실리콘 밸리 지역 외의 기업들과의 연계의 중요성을 강조한다. 실리콘 밸리 지역 내에 입지한 외국계 기업들의 기업활동과 그들이 구축하고 있는 해외 네트워크는 실리콘 밸리에서 전자 및 컴퓨터산업의 성장을 가져온 요인 중의 하나였다. 그리고, 실리콘 밸리 지역 내의 전자 및 컴퓨터 산업에 종사하는 혁 신적인 중소기업들은 샌프란시스코의 도심에 위치한 사업자 서비스업체들과의 밀접한 외생적 연계를 통해 성장했는데, 이러한 지역 외의 기업과의 연계가 지역내 기업간의 연계에 못지않게 실리콘 밸리의 성공을 설명하는 중요한 요인 중의 하나이다(Markusen, 1999; Gray et al., 1999). 이렇듯 실리콘 밸리의 성공과 성장은 내생적 조건뿐만 아니라, 외생적 연계와 투입에 의해 촉발된 측면이 크다고 할 수 있다.

실리콘 밸리와 더불어 지역혁신체제 성공사례의 하나로 많이 언급되는 것이 영국 웨일즈 지역의 사례이다. 웨일즈는 지역혁신체제의 다른 성공사례와 달리 낙후지역이 지역혁신체제를 바탕으로 성장한 사례로 많이 언급되고 있는데, 쿠크(1998b)에 따르면 영국에서 가장 가난한 지역 중의 하나였던 웨일즈는 1970년대 말 WDA(Welsh Development Agency)의 설립을 계기로 웨일즈 지역에 국내외의 자본을 끌어들이기 위한 여러 가지 산업발전전략들이 추진되면서 새로이 성장하는 지역으로 변모하게 되었다. 쿠크(1998b)는 웨일즈 지역의 이러한 성장을 지역 내에서 혁신과 기술 학습을 도모하는 각종 제도 및 네트워크의 성장에 기인하는 것으로 해석한다. 쿠크의 이러한 연구는 국내에도 소개되어, 영국 웨일즈 지방을 지역혁신체제의 한 유형으로 간주하고, 낙후지역이 내발적 혁신자원을 활성화하고 집약적으로 활용하여 성장을 이룩한 성공사례의 하나로 언급되어 왔다(문미성, 2000; 최용호, 2001).

하지만, 러브링(Lovering, 1999)은 웨일즈 지역에 대한 사례 연구를 바탕으로 신지역주의에 바탕한 지역혁신체제론의 허구성을 신랄하게 비판하고 있다. 그는, 지역혁신의 성공 사례로 웨일즈가 지역혁신체제론자들에 의해 인용되고 있지만, 이는 웨일즈의 실제 현실을 왜곡하는 것이라고 지적하면서, 웨일즈의 성공 사례는 베일(Vale)이라는 일부 국지적인 지역에 국한될 뿐, 1990년대 말 현재 웨일즈는 여전히 영국에서 가장 낙후되고 가난한 지역임을 강조하면서, 베일 지역의 성공을 웨일즈 전체로 일반화하는 것은 위험하다고 지적한다. 게다가, 러브링은 베일 지역의 국지적인 성공마저도 영국 중앙정부나 유럽연합으로부터의 자금 지원 없이는 불가능했다고 강조하면서, 웨일즈 성공에 대한 내생론적 설명의 한계를 지적한다.

이외에도 지역혁신체제의 옹호자들이 제시하는 내생적 지역발전론을 반박하는 경험적 연구들이 이루어져 왔다. 영국의 모터스포츠밸리(Motor Sport Valley)의 성장을 지역내의 네트워크 및 혁신체제의 성립을 바탕으로 설명하는 내생론에 반발하는 한 경험적 연구(Henry & Pinch, 2001)에 따르면, 이 지역의 경제 성장은 영국 정부에 의해 몇십 년 동안 지속적으로 이루어진 우주항공산업에 대한 국가적 투자의 결과로 이루어진 것이며, 중앙정부의 집중적 투자에 따라 지역경제가 어느 정도 성장한 이후에서야 무역협회가 활성화되고 지역의 관련기관들이 설립되었다고 한다(최병두, 2002 재인용). 제솝이나 맥키논 역시 최근의 연구를 통해 E-commerce나 바이오테크놀로지와 같은 지식기반산업들의 성장에서 국가의 역할이 여전히 중요함을 밝히고 있고(Jessop, 2000; MacKinnon, Cumbers, and Chapman, 2002), 또한 영국 남동부 지역의 혁신적인 기업들을 대상으로 한 최근의 또 다른 연구(Simmie, 2003)는 조사자료(Community Innovation Survey 3)의 분석을 통해 혁신적 기업들의 경쟁 우위 확보에 가장 핵심적인 요소는 그 지역 내부에서 기업간 네트워크를 통해 형성된 지식이기보다는 그 지역 밖의 국내기업이나 외국기업들과의 연계를 통해 얻게 되는 외생적 지식이었다고 밝히면서 지역발전을 설명하는 데 있어서 외생적 요인의 중요성을 강조하고 있다.

이러한 내생적 발전에 대한 환상을 비판하는 견해에 대해, 지역혁신체제의 중요성을 강조하는 학자들도 최근 지역혁신체제에 있어서 고착효과(lock-in effect)의 위험성을 인식하면서 외부와의 연계의 중요성을 강조한다. 지역 내 경제주체들간의 네트워크가 너무 강해 외부 지식과 아이디어가 들어오지 못하면 지역혁신시스템 자체가 폐쇄적이게 되고, 그 결과 장기적으로 기술 혁신에 장애가 될 수 있기 때문에, 지역 내부 기술과 지식의 고착효과를 막기 위해 외부지역에 있는 네트워크들과 결합되는 것이 필요하다(Hotz-Hart, 2000; 박삼옥, 2001). 지역혁신체제론의 창시자인 쿠크 역시 최근 자신의 연구에서 지역혁신체제의 성격을 다시 규정하고 있는데, 이는 그 역시 완전한 의미의 내생적 발전이란 존재하지 않음을 인정한 것이라 볼 수 있다. 그는 지역발전에 있어서 국가 및 다국적 기업의 역할의 중요성을 간과했다는 비판을 일정 정도 수용하면서, 국가적, 국제적 차원의 혁신결절 및 네트워크와 밀접히 상호작용하는 열린 시스템(open system)으로 지역혁신체제를 재규정해야 한다고 주장한다(Cooke, Roper, and Wylie, 2003).

3.2.2 방법론적 개인주의와 지역불균형 심화에 대한 인식 부족

지역혁신체제론이 지니는 로칼리즘의 또 다른 함정은 혁신을 통한 지역경쟁력 강화를 절대적 가치로 받아들이다 보니 근시안적인 방법론적 개인주의에 빠져 개별 지역의 경쟁력 강화에만 초점을 두면서, 지역간 불균형의 심화나 지역간 갈등의 문제를 등한시하고 있다는 것이다(Lovering, 1999). 특히, 지역발전의 문제를 보다 거시적이고 구조적인 사회변화와의 관련 속에서 파악하는 노력을 소홀히 한 채, 지역 내부의 사회적 관계, 문화, 제도적 조건 등에 한정해 설명하는 한계를 지닌다는 것이다.

물론 지역혁신체제론 역시 혁신주체들간의 상호작용, 구성 주체들간의 네트워크 형성, 산업부문과 연구부문의 연계 강화 등을 강조하고 있기 때문에 '관계'에 대한 강조가 지역혁신체제론의 근간이 됨을 주장할 수 있다. 그러나 지역혁신체제론에서 제시하는 관계적 사고는 지역 내의 관계로 한정되며, 그 결과 지역 외의 관계들이 사상되고 상이한 규모들(global-national-local scale)간의 역동적 관계가 소홀하게 취급된다. 또한 지역혁신체제론이 지역 내 관계의 중요성을 강조할 때조차 '지역경쟁력'에 초점을 둠으로써 지역 내의 '협력적' 관계만이 당위로서 주장될 뿐, 지역 내 혁신 혹은 구성 주체들간의 불평등한 권력관계에 대한 분석이 결여되어 있다.

조절이론가들은 자본주의 국가 성격 자체가 케인즈주의적 복지국가(Keynesian Welfare State)에서 슘페트주의적 근로연계복지국가(Schumpeterian Workfare State)로 변화된 존재론적 현실이 지역발전에 막대한 영향을 비침을 지역혁신체제론이 인정하지 않은 채, 국지적인 지역의 성장에만 집중하고 있다고 비판한다(MacLeod & Goodwin, 1999; MacLeod, 2001). 존스(Jones, 2001)는 지역혁신체제에 관한 논의가 자본주의 국가의 특성, 특히 복지국가의 성격 변화에 관한 논의들을 생략하고 있을 뿐 아니라, 국가적 차원의 조절양식, 특히 노동시장 및 노동훈련에 대한 정책들이 지역의 성장에 미치는 영향을 거의 무시하고 있다고 지적한다. 이런 맥락에서 맥리오드(MacLeod, 2001)는 성장과 고용, 복지를 동시에 추구해 온 케인즈주의적 복지국가로부터 지역 경쟁력 강화를 최우선의 목표로 하는 슘페트주의적 근로연계 복지국가로의 이행은 사회보장 프로그램의 축소를 지향하는 신자유주의적 정책의 승리를 의미하는 것이며, 그 결과로 지역 불평등이 심화되고 있는데, 지역혁신체제론은 이러한 거시적인 변화로 인해 지역발전을 영향받는 측면을 무시한다고 주장한다.

이렇듯 방법론적 개인주의와 로칼리즘에 바탕을 둔 지역혁신체제론은 왜 특정 지역들이 특정 시기에 새롭게 성장하고 다른 지역들은 왜 정체하게 되는지에 대해 만족스러운 설명을 제공하지 못할 뿐 아니라(MacKinnon, Cumbers, and Chapman, 2002), 세계화 과정 속에서 더욱 증폭되고 있는 지역들간의 불균형발전에 대한 유용한 분석틀을 제공하지 못한다.

3.2.3 신자유주의와 공간의 물신성

지혁혁신체제론의 핵심적 논지는 지역 경제 활성화를 위해 지역 경쟁력을 강화하는 것이 필수적이라는 것이다. 이 이론은 세계화 과정에서 자본이나 기술에 대한 경쟁이 심화되면서 국민국가보다는 지역이 중요한 경쟁 단위로 떠오르고 그 결과 국가의 경쟁력보다 지역의 경쟁력이 더 중요해지고 있다고 주장한다. 다시 말해, 경제활농에서 세계화의 진전으로 국가간 경계가 희미하게 되면서 국내산업과 시장을 보호할 수 있는 국가의 역할과 힘이 약화되고 있기 때문에, 지역이 핵심 경쟁단위로서 세계시장을 상대로 무한 경쟁할 수밖에 없음을 주장하는 것이다. 이렇듯 지역 경쟁력 강화에 초점을 두고 있기 때문에, 이 이론이 경제사회학과 진화경제론 및 제도경제학으로부터 경로의존성, 배태성, 협력, 신뢰 등과 같은 주요 개념들을 수용하여 신자유주의적 시장주의와 구분되는 지역발전전략을 추구하고 있음에도 불구하고, 신자유주의적이라는 비판에서 자유롭지 못하다고 할 수 있다.

지역혁신체제론이 지역 차원의 경쟁력의 개념을 무비판적으로 수용함으로 인해서, 지역 내의 사회적 관계, 계급관계, 그리고 계급 격차, 소득 불균등 확대의 문제들을 사상시키는 공간 물신화(spatial fetishism)의 문제를 초래한다(MacKinnon,

Cumbers, and Chapman, 2002). 즉, 지역이 경쟁의 단위가 됨으로써, 다른 지역과의 경쟁에서 이기기만 하면 지역 내에서 나타나는 불균형, 계급간 갈등과 같은 모든 문제들이 해결될 수 있다는 환상을 심어주게 된다.

이러한 공간물신화를 바탕으로 한 경쟁력 개념의 무비판적 수용은 지역 경제 엘리트 집단의 이해를 정당화시켜 주는 역할을 한다(Lovering, 1999; MacKinnon, Cumbers, and Chapman, 2002). 지역 경쟁력이라는 명분 속에서 지역의 경제적, 계급적 조건들이 자본에게 유리한 방향으로 설정되고, 또한 지역 혁신을 위해 필요하다고 주장되는 제도의 도입은 지역의 경제엘리트를 위한 사업 추진 전략의 일환으로 이용된다. 실제로 영 · 미의 경우, 지역 경쟁력 강화의 이데올로기 속에서, 자본과 기술을 향한 지역간의 경쟁에서 이기기 위해서는 보다 친기업적이고 협력적인 지역문화가 형성되어야 한다는 담론이 확산되면서, 지역 내의 노동운동에 대한 사회적 압력이 증가하고, 기업친화적 환경을 만들기 위한 방안의 하나로 노동자들에 대한 복지 혜택을 축소시키려는 정치적 움직임이 일어나고 있으며, 금융지원제도 역시 자본에게 유리한 방향으로 재편되는 모습을 보이고 있다. 이러한 현실을 바라보면서, 하비(Harvey, 1989)는 지역혁신체제 혹은 신지역주의가 지역경제엘리트의 이해를 대변하는 이데올로기로 이용되고 있다고 주장한다. 이와 관련하여, 최병두(2002)는 지역혁신체제론 혹은 신지역주의에서 지방정부의 역할과 지역 내 네트워크와 민관파트너십에 대한 강조는 성장연합이 추구하는 지역발전의 이데올로기적 홍보로서 공동체적 부흥주의 혹은 지방정부의 기업가주의적 도시관리와 별 다를 바 없다고 지적한다.

3.2.4 신지역서비스계급(New Regional Service Class)의 등장

앞에서 살펴본 것처럼, 지역혁신체제 옹호론자들은 지역혁신체제 구축의 근거로 지난 십수 년간 지식기반경제로의 이행이 빠르게 진행되고 있다는 점을 강조한다. 이들에 따르면, 지식기반경제에는 지식의 창출, 활용, 확산이 핵심활동이 되고, 지식과 기술 자체가 부 창출의 핵심자원이 된다는 것이다. 따라서 어떻게 경쟁력을 높이는가는 지식의 창출뿐만 아니라 창출된 지식의 활용 및 확산이 효율적으로 이루어지는 시스템을 어떻게 효율적으로 구축하는가에 달려 있고, 혁신의 영역성으로 인해 혁신 시스템의 구축은 특정 지역 범위 내에서 이루어지는 것이 효율적임이 강조된다. 그리고, 효율적인 지역혁신시스템의 구축을 위해서 대학,

연구소, 금융기관, 교육훈련기관, 지방정부 등과 같은 사회적 하부구조와 지역의 조직과 제도, 문화, 분위기, 규범 등의 중요성이 강조된다.

그런데, 이러한 논리적 주장의 기반이 되는 지식기반경제로의 이행이 역사적 필연이라는 주장에 대한 문제제기가 있어 왔다. 특히, 러브링(1999)은 지역혁신체제론과 관련하여 제기되는 지식기반경제로의 이행이라는 주장이, 지역부흥주의적 선전(boosterism)의 결과라고 주장한다. 그에 따르면, 특정 방향의 지역개발전략을 정당화하려는 이해를 지닌 지역정책입안자들이나, 학자, 지역의 기구 및 관련 단체들이 지역부흥주의적 이데올로기를 기반으로 지식기반경제에 대한 담론적 자원을 끊임없이 생산하고 동원한 결과로 지식기반경제로의 이행이라는 담론이 만들어졌다고 주장한다.

이와 더불어, 영 · 미의 경우, 신지역주의라는 이데올로기의 부상은 여러 가지 지역경제기구들의 급증과 밀접히 관련된다(Lovering, 1999; MacLeod, 2001). 예를 들어, 러브링에 따르면, 영국의 경우 1980년대 초반 12개 미만이었던 지방경제기구들이 1990년대 말 수백 개로 급증하였는데, 이는 지식기반경제와 관련된 '신지역서비스계급' (new regional service class)이 등장했음을 의미한다. 다시 말해, 이러한 '신지역서비스계급' 은 지식기반경제라는 담론의 확산과 더불어 지역의 혁신과 지식창출을 도모한다는 취지하에 만들어진 각종 지역경제기구들과의 관련 속에서 만들어진 계급이고, 이들은 지식기반경제와 지역혁신의 담론을 지속적으로 확대재생산시킴을 통해 자신들의 지위, 직업, 소득을 보장받게 되기 때문에, 이들에 의해 지역혁신체제를 비롯한 신지역주의의 담론이 만들어지고 확산되었다는 것이다.

4. 균형발전과 분권화: 무엇을, 누구를 위한 지역혁신체제인가?

위에서 검토한 지역혁신체제에 대한 비판적 논의들은 한국의 국토균형발전 및 분권화에 대한 논의에 많은 이론적, 정책적 시사점을 제공한다. 참여정부의 '국가균형발전위원회' 는 강력한 중앙집권형 국가체제와 성장거점개발정책을 지역간 불균형의 원인으로 지목하면서, 새로운 분권-분산의 발전모델로의 전환을 주장하고 있으며, 구체적인 지역균형발전 전략으로 지역혁신체계 구축, 지역전략산업 육성, 국가균형발전특별법 제정 및 제도 개선을 제시하고 있다(국가균형발전위원회, 2003). 이러한 맥락에서 성장거점개발정책은 중앙정부에 집중된 자원을 더 많이 분배받으려고 로비경쟁을 벌일 수밖에 없는 중앙 의존형 지역불균형발전 전략으로 지역간 발전 격차를 야기한 원인으로 인식되고 있다. 이와 관련하여 국내 일부 학자들은 지역혁신체제를 성장거점개발정책을 대체하는 새로운 지역발전 전략으로 제시하고 있으며, 지역혁신체제의 구축의 전제 조건으로서 지방분권을 주장하고 있다.

4.1 균형발전을 이루는 정책적 수단으로서 지역혁신체제?

우선 과연 지역혁신체제가 국토균형발전을 달성하는 유용한 전략인지를 살펴보자. 국내 학자들의 지역혁신체제 논의에 기초하여, 국가균형발전위원회는 "내생적 발전전략을 통해 지방이 스스로의 힘으로 일어설 수 있는 '자립형 지방화' 를 실현해 나가야 하며"(국가균형발전위원회, 2003:5) 지역혁신체계의 구축을 통해 지역 특성화를 진전시켜 국가균형을 이루자고 주장한다. 그러나 이미 살펴본 바와 같이, 지역혁신체제론은 지역 경쟁력을 가장 중요한 가치로 내세우면서 개개 지역의 성장 전략에 초점을 두고 있는 논의이다. 즉, 지역혁신체제론을 기초로 한 지역발전 전략은 지역간 균형발전을 지향하기보다는, 세계시장을 상대로 무한 경쟁하는 세계화 시대에서 개별 지역의 생존 전략이라는 것이다. 따라서, 개별 지역들의 경쟁을 기반으로 지역발전을 추구하는 이 전략은 지역간 경쟁에서 승자와 패자를 만들어 내어, 지역간의 격차를 더욱 더 확대시킬 가능성이 크다고 할 수 있다.

특히, 내생적 지역발전을 강조하는 지역혁신체제 전략은 자율과 자주성을 강조함으로써 주어진 여건과 능력 면에서 다른 지역보다 상대적으로 우월한 지역과 그렇지 못한 지역간의 발전 격차를 더욱 심화시킬 수 있다(오연천, 2001). 물론, 지역 내부의 역량의 강화를 통한 내생적인 지역개발 노력의 중요성을 무시하는 것은 아니다. 지역 내에서 아무리 생산성이 높은 산업이나 기업이 입지해도 생산활동을 통해 창출된 가치가 그 지역 내에 포획되지 않은 경우 실질적인 지역경제 발전은 성취될 수 없기 때문에, 지역에서 창출된 가치가 외부로 유출되는 것을 막고 지역 내에서 가치의 재생산을 최대화하기 위해 기업을 지역에 뿌리내리게 하고, 기업, 대학, 연구소, 여타 지역 행위자들 사이의 연계와 네트워크를 강화하여 지방의 자주적 산업화 역량을 강화하는 내생적인 지역개발전략이 중요한 것도 사실이다.

하지만, 지역혁신체제의 성공 사례들의 대부분이 이미 어느 수준의 경제성장을 바탕으로 혁신의 경험을 지닌 산업화의 핵심 지역이나 첨단산업 집적 지역이라는 사실에서 보여지듯이, 지역간의 경쟁에서 승리하는 것을 목적으로 하는 내생적 발전전략은 기존의 성장을 기반으로 혁신의 창출과 경쟁에서 상대적으로 유리한 조건을 지닌 지역들과 성장을 경험하지 못한 낙후지역 사이의 격차를 더욱 심화시킬 가능성이 크다고 할 수 있다. 즉, 협력적인 지역문화, 지역 규범 및 제도 등 지역의 상부구조의 효율적 운영에 초점을 두는 전략은 한국에서 서울, 인천, 경기, 울산, 부산, 대전, 대구 등 이미 물리적 하부구조와 산업기반, 그리고 대학, 연구소, 교육훈련기관 등의 사회적 하부구조를 갖추고 있는 지역의 성장 전략으로서 어느 정도의 의미를 지닐 수는 있겠지만, 물리적 하부구조의 미비와 인구 및 자원의 유출로 저발전과 정체에 빠져 있는 대부분의 중소도시나 농촌의 현실을 개선하는데 기여하여 지역간 격차를 줄이는 유용한 정책적 수단은 아니라고 할 수 있다.

결국, 지역혁신체제는 현실적으로 "불균형성장 전략"으로 전락할 가능성이 크기 때문에 기존의 성장거점개발정책을 대체하는 새로운 의미의 균형발전 전략이라고 볼 수는 없다. 다만, "지방이 주도하는 지역발전전략"이라는 점에서 중앙정부가 주도하는 성장거점개발정책과는 구별된다고 할 수 있다. 성장거점개발정책이 중앙정부의 정책적 혹은 정치적 판단에 의해 성장 거점을 선정하고 그 지역에 재원을 집중 투자하여 지역간의 불균형을 심화시켰다고 한다면, 지역혁신체제 전략 하에서는 지역간의 자유로운 경쟁 과정을 바탕으로 승자와 패자가 나뉘어짐을 통해 지역간의 불균형이 나타난다고 할 수 있다. 물론, 성장거점전략이 중앙정부에 의한 재원의 임의적 분배를 바탕으로 한 정책이어서 특혜 시비로부터 자유롭지 못하였기 때문에, 지역혁신체제가 중앙정부의 특혜 시비를 줄이는 데 기여할 수는 있겠으나, 자율적 경쟁이라는 명분하에서 상대적으로 우월한 특정 지역의 지속적 성장을 정당화시켜 주는 역할을 한다고 할 수도 있다.

4.2 지역혁신체제 구축의 필요조건으로서 분권화?

저발전과 낙후의 위기에 처하게 된 지방의 문제는 과도한 수도권의 비대화와 결코 분리되어서 분석될 수 없기 때문에, 지방과 수도권간의 격차를 해소하기 위해 중앙에 과도하게 집중된 기능, 권한, 재원을 지방에 이양시키는 것이 필요하다. 특히 지역 내 재원이 취약해 세입자치가 없고, 중앙정부의 세밀한 예산편성 지침으로 인해 세출자치도 이루지 못하고 있는 지방자치의 현 상태에서 지방 스스로가 자기 지역의 발전을 주도적으로 설계할 수 있기를 기대하는 것은 거의 불가능하다. 따라서 지방의 자립화를 위해서는 지역개발수단의 지방화가 불가피한데, 이를 위해 인력의 활용, 세원확충, 중앙정부 지원금의 사용에 대해서 지방자치단체의 판단과 권한이 최대한 존중되어야 한다.

이러한 분권화에 대한 시대적 필요에도 불구하고, 본 연구는 분권화가 균형된 지역의 발전을 과연 가져올 필요조건인지 따져보고자 한다. 보다 구체적으로, 과연 중앙집권체제가 지역간 불균형 심화를 초래한 주된 원인이었는지, 또한 이러한 불균형발전의 문제를 해소하기 위해 분권화가 전제조건인지를 문제제기하고자 한다. 권의주의적 독재체제인 박정희 정권 하에서 지방자치 선거제도의 폐지로 지방자치가 왜소화되고 왜곡되었다는 점은 부정할 수 없으나, 중앙집권체제가 지역간 불균형을 심화시켰다는 논의는 엄밀히 재검토될 필요가 있다.

중앙집권체제가 지역간 불균형을 초래했다는 주장은 한국의 경험적 현실을 바탕으로 중앙집권체제와 지역간 불균형 사이의 상관관계만을 제시하고 있을 뿐, 중앙집권적 정치체제가 어떠한 메커니즘을 통해 지역간 불균형을 초래하는가에 대한 엄밀한 논리적 근거는 제시되지 않고 있다. 만약 중앙집권체제가 지역간 불균형 심화의 주된 원인이라면, 가장 중앙집권적 시대였던 박정희 정권 하에서 지역간 격차가 심화되었어야 하나, 오히려 이 시기에 중화학공업화전략과 성장거점전략의 추진으로 수도권과 지방(특히 동남권)간의 격차는 완화되었다. 또한 수도권 비대화와 지방의 정체는 1990년 이후, 특히 외환위기 이후 더욱 심화되었는데, 사실 이 시기는 그 이전의 시기에 비해 중앙집권체제가 많이 약화되어 있던 시기였다. 따라서, 수도권과 지방의 격차 심화를 설명하는 원인으로서 중앙집권체제를 지적하는 것은 논리적으로 타당하지 않아 보인다. 오히려 1990년대에 수도권과 비수도권 사이의 불균형 심화는 첨단산업 및 지식기반산업의 육성과 자유화(liberalization) 및 탈규제(deregulation)의 진전과 관련하여 이해될 필요가 있다. 즉, 중앙집권의 정도가 불균형 발전에 영향을 미친다기보다는, 산업 및 경제정책 추진과정에서 나타나는 국가조절의 공간적 선택성(spatial selectivity)이 지역간 불균형의 심화를 초래한 보다 직접적인 원인일 수 있기 때문에, 중앙집권체제가 지역간 불균형을 필연적으로 야기하였다는 주장은 보다 체계적인 실증 연구를 통해 재검증되어야 할 필요가 있다.

이런 맥락에서, 분권화가 국가균형발전을 이루는 대안이라는 주장 역시 엄밀히 재검토될 필요가 있다. 과도한 중앙집권의 폐해를 시정하고 지방의 자립화를 이룩하기 위해 지역산업정책과 관련하여 중앙과 지방정부간 협력적 역할 분담은 필요하다. 그 역할 분담의 기본 골자는 계획수립과 집행은 지자체가 담당하고 사후 평가 및 관리는 중앙정부가 책임지는 지방과 중앙간의 협력적 분권이어야 하는데(정준호, 2003), 극단적 분권화를 주장하는 일부 학자들은 지역산업정책의 자금과 평가권한을 지방에 모두 넘기는 방안을 제시하고 있다(박경, 알맹이가 빠진 지역혁신체제 구상. http://tiss.re.kr/divpower6/divpower3.html). 그러나 미국과 유럽에서의 분권화의 경험은 이러한 극단적 분권화 논의의 위험성을 잘 보여 준다. 지방의 개발업자들과 엘리트에 의해 장악되어 성장제일주의를 추구하는 미국의 성장연합(growth coalition) 경험과 분권화의 진전으로 지역간 경쟁이 격화되어 지역간 격차 심화, 복지혜택의 축소와 노동조건의 악화를 경험했던 유럽 여러 국가들의 경험은 극단적 분권화 논의의 위험성을 지적해 준다.

물론 국내의 일부 학자들은 지역단위에서 민주화의 진전을 통해 대안적이고 진보적인 발전연합의 구성을 통해 분권화의 위험이 극복될 수 있다고 주장하기도 하지만(김형기, 2001), 필자는 이 가능성에 대해 회의적이다. 강한 사회주의적 전통을 바탕으로 유럽에서 가장 진보적 도시정치를 지닌 곳으로 평가되던 스페인의 바르셀로나가 1990년대 초 올림픽의 유치와 관련된 지역부흥주의의 영향 하에서 철저히 성장정치에 의해 지배된 사례는(McNeill, 1999) 과연 지역차원의 진보적 발전연합의 성립이 가능한지 회의하게 만든다. 게다가, 내생적 기반이 취약한 상황에서 자본, 기술 및 고급인력을 유치하기 위해 서로 경쟁해야 하는 한국 대부분의 지방의 현실을 고려할 때, 극단적 분권화는 복지정책의 후퇴, 노동조건의 악화, 지역간 격차를 더욱 심화시킬 가능성이 높다. 지방 산업정책의 자금과 평가권한을 모두 지방에 넘긴 후, 만약 지역간 격차가 심화된다면, 그 때 어떤 메커니즘과 정책적 수단으로 지역간 격차를 완화시킬 수 있을지를 문제제기하면서 국가차원의 조절과 관리의 중요성을 다시 한번 강조하고자 한다.

동남권 중소기업의 거래네트워크와 기술혁신: 신지역주의의 비판적 검토

홍 장 표

1. 신지역주의와 신지역주의 비판

1.1 신지역주의

글로벌화의 진전을 배경으로 국민경제의 응집력이 약화되고 정부의 통제력이 축소됨에 따라 지역 차원에서의 지방정부의 개입에 대한 관심이 높아졌다. 그리고 지식기반경제로 이행함에 따라 학습과 혁신을 지원하는 지역의 능력이 경쟁우위의 핵심요소로 부각되었다. 이를 배경으로 경제지리학자들은 학습지역, 사회자본(social capital), 착근성(embeddedness), 지역혁신체제(regional innovation system) 등 지식과 학습의 중요성을 강조하는 개념들을 발전시켰다. 이와 같은 흐름은 1990년대 이후 유럽에서 등장한 신지역주의(new regionalism)를 주요한 이론적 토대로 하고 있다.

유럽에서 산업지구, 클러스터에 대한 논의는 1980년대 유연전문화론에서 출발한다. 유연전문화론에서는 제3의 이탈리아 지역과 같은 신산업지구의 등장을 배경으로 포드주의 대량생산방식을 대체하는 새로운 생산방식으로서 유연전문화체제를 옹호한다. 특정 지역에 집적하여 제품생산과 개발에서 전문화된 소기업들 사이의 네트워크체제가 기존의 대량생산방식에서의 대기업체제보다 우월하고 이를 중심으로 수직적 분리(vertical disintegration)와 재집적이 이루어진다는 것이다(Piore & Sabel, 1984). 신지역주의는 포드주의의 위기로부터 출현한 유연전문화체제와 공간적 집적을 특징으로 하는 지역의 재등장을 경제적 배경으로 한다.

한편 글로벌화와 시장자유화에 따른 시장기능의 강화가 국민국가의 조정기능을 약화시켰다. 세계경제의 글로벌화에 따라 국민국가의 역할이 축소되면서 위로가 아니라 아래로부터의 자발적이고 다원적인 조정기구와 새로운 유형의 지역정책을 출현시켰으며 중앙정부의 위계적 조정과 대비되는 새로운 다원적인 거버넌스가 등장하게 된다. 세계경제의 글로벌화가 진행되는 것과 더불어 성장지역이 동시에 나타나는 현상 속에서 중앙정부 주도의 톱다운식 정책의 실패에 대한 대안으로 기업간 네트워크와 민관 파트너십에 바탕을 둔 아래로부터의 새로운 조정양식이 등장하고 있다는 것이다(Morgan, 1997).

이러한 사회경제구조의 변화가 지역연구에서는 지역경제의 발전에서 무엇보다도 제도가 중요하다는 인식으로 나타났다. 신지역주의의 출발점은 '지역경쟁력'(regional competitiveness)인데, 이는 원거리에 있는 경쟁자들이 얻지 못하는 지식, 관계, 동기와 같은 지역적인 것들로부터 나온다. 신뢰, 협력, 상호주의와 같은 제도들이 경제주체의 행위와 혁신역량에 영향을 미치며, 학습과 혁신, 성장을 유도하는 환경을 창출하는 지역의 '제도적 역량'이 지역경쟁력의 핵심이라는 것이다. 이런 맥락에서 로버링(Lovering, 1999)은 신지역주의란 지역이 경제발전의 결정적 요인이 되고 있다는 역사경험적 주장과 지역이 경제정책의 핵심이 되어야 한다는 규범적 주장으로 정의하고 있다.

신지역주의의 특징으로는, 첫째 혁신과 학습과정에서 지역내부의 역량과 공간적 근접성을 강조하는 데 있다. 신지역주의에서 지역 내부에서의 혁신활동에 초점을 두는 이유는 혁신이 특정 공간내의 비공식적인 학습의 상호작용을 통해서 성취될 수 있다고 보기 때문이다. 지식창출에 필요한 암묵지는 지역내 한정된 주체들의 상호작용을 통한 학습과 비공식적 메커니즘을 통해 축적되므로 혁신활동은 특정 지역내에서 이루어지는 경향을 갖는다는 것이다(Cooke & Morgan, 1998).

둘째 신지역주의에서는 생산시스템으로 표현되는 물질적 연관체계와 구분되는 '지식의 생산과 유통과정'을 강조한다. 벨과 알부(Bell & Albu, 1999)는 기술변화는 기본적으로 지식과정이며, 지식의 생산과 유통을 담당하는 지식시스템(knowledge system)이 기술혁신을 좌우된다고 한다. 그리고 지식시스템은 대학, 연구소에 의한 지식창출시스템과 기업에서의 지식활용시스템이라는 두 핵심적 하위 시스템으로 구성된다(Cooke et al., 2003).

셋째 신지역주의에서는 네트워크를 강조하여 혁신을 다양한 주체들 사이의 상호작용과정으로 이해한다. 혁신은 개별 경제주체에 의해 고립 분산적으로 이루어지는 것이 아니라 집합적 과정으로, 혁신의 성과는 기업내부의 역량과 외부자원을 결합시키는 네트워크 역량에 좌우된다(Cooke, 1998a; Bell & Albu, 1999). 지역혁신체제(regional innovation system)란 이처럼 지방정부, 기업, 대학 등 지역내 혁신주체들의 상호작용과 긴밀한 네트워크를 형성하여 상호 학습하는 사회적 관계망이다(Cooke et al., 2003).

1.2 신지역주의 비판

신지역주의에 대한 비판은 크게 패러다임 자체에 대한 비판과 내재적 비판으로 구분할 수 있다. 먼저 패러다임에 대한 비판은 신지역주의 지역정책의 근본적 속성이 글로벌화에 순응하는 신성장주의라는 점에 맞추어져 있다. 신지역주의에서는 시장과 국가의 이분법을 대체하는 제3의 대안이라고 보지만, 실제로는 글로벌화과정에서 나타나는 황폐화 압력에 대항하는 예방적 대응이 아니라 신자유주의 이데올로기를 정당화하는 것에 불과하다는 것이다. 게다가 지역차원에서의 정책조정이 경제성장의 핵심이라는 신지역주의는 사실상 신개발주의이며 결과적으로 지역간 불균형을 초래한다는 점에서 저발전지역의 재구조화를 통해 지역간 불균형 해소를 주장한 1980년대 신국지주의(new localism)로부터 후퇴하고 있다는 것이다(Webb & Collis, 2000).

이와 같은 비판이 신지역주의의 본질은 신성장주의에 있다고 보는 것이라면, 내재적 비판은 지역경쟁력, 국지적 네트워크와 산업의 공간적 집적을 중시하는 신지역주의가 과연 지역정책으로서 현실 적합성이 있는가 하는 데에 맞추어져 있다. 다음에서는 신지역주의에 대한 내재적 비판의 주요 내용을 검토해 보기로 한다.

첫째 신지역주의에시는 지역내 국지적 네트워크와 공간적 근접성을 지나치게 강조하고 국민경제나 세계경제와의 초지역적 네트워크의 중요성을 과소평가하고 있다는 것이다(MacKinnon et al., 2002). 지식전달에서 공간적 근접성이 유용하지만 최근 정보통신기술의 발달로 그와 같은 지리적 한계가 돌파되고 있다. 또한 지역에 한정된 네트워크가 지닌 약점도 무시할 수 없다. 특히 학습지역을 지탱하는 제도기반이 현재 사양화되고 있는 부문을 반영하고 있는 경우 변화에 대한 적응능력을 갖지 못하는 제도적 고착 상태에 빠질 가능성이 있다. 신지역주의에서 가장 대표적인 성공 사례로 꼽고 있는 실리콘 밸리조차도 자생적으로 형성된 중소기업들의 집적지라는 주장에 의문이 제기되고 있으며, 실리콘 밸리의 성장에는 지역외부 대기업이나 해외 기업과의 네트워크가 중요한 역할을 한다고 지적되고 있다 (Marcussen, 1999; Brown & Duguid, 2000).

둘째 지역경쟁력, 지역기업들의 '협력적 경쟁'(cooperative competition)을 중시하는 신지역주의는 혁신활동에서 기업 내부 자원 활용의 중요성을 간과하고 있다는 것이다. 신지역주의에서는 지역내부 기업들 사이의 기술인력의 이동과 정보의 흐름에 우호적인 환경에 주목하여 기업이 아니라 지역, 지역의 네트워크가 경쟁력의 원천이라고 주장한다. 하지만 혁신은 기본적으로 기업 내부에서 이루어지며 혁신성과의 대부분은 기업 자체활동의 성과이다(Nelson, 2000). 또 협력적 경쟁이란 실리콘 밸리와 같이 생존확률이 매우 낮은 벤처기업이 집적된 지역에서 기업간 인력이동이 빈번한 특수한 환경에서나 가능할 뿐, 일반적으로 기업의 경계가 뚜렷하기 때문에 경쟁기업들 사이의 인력교류나 지식전파가 용이하지 않다(Marcussen, 1999). 요컨대 혁신의 기본 단위는 지역이나 네트워크가 아니라 기업이라는 것이다.

셋째 신지역주의는 기술의 공급 측면을 지나치게 강조하고 수요 측면을 경시하고 있다는 것이다. 신지역주의와 달리 수요견인형 혁신가설에서는 대기업이나 해외바이어 등 선진화된 고객의 수요에 대응하는 과정에서 혁신의 인센티브가 발생하며 혁신에 필요한 노하우가 고객으로부터 전달된다고 본다(Simmie, 2003). 이와 같은 수요견인형 혁신가설은 후발국의 기술추격과정을 설명하는 데 유용하다. 자생적 혁신역량이 취약한 기술추격국에서는 기술의 공급측 요인보다는 품질이나 가격에 대한 세계시장으로부터의 요구에 대응하는 과정에서 지역기업의 혁신능력이 향상된다는 것이다.

2. 연구가설: 중소기업의 거래네트워크와 기술혁신

신지역주의는 기술선도국으로서의 유럽과 미국의 역사적 특수성을 반영하고 있다. 서구의 지역혁신은 지역사회 성원들이 보유한 높은 수준의 사회적 지식(social knowledge)과 긴 역사를 통해 형성된 시민사회의 기구의 작동을 배경으로 한다(조명래, 2000). 이에 비해 후발국으로서 서구와 다른 기술추격형 발전경로를 취해 온 한국적 현실에서 이 이론이 적용 가능한지 여부에 대해서는 실증적 연구가 부족한 가운데 아직 제대로 밝혀지지 않고 있다. 기술추격국으로서 서구와 다른 기술발전경로를 취해 온 우리나라에서 신지역주의가 적용될 수 있을 것인가?

본 연구에서는 기술추격국으로서 기술발전경로의 특수성에 주목하여 동남권 기계부품소재산업 중소기업의 네트워크 특성과 산업클러스터가 기술혁신에 미치는 영향을 검토하고자 한다. 이를 위해 신지역주의에 대한 비판적 독해와 기술추격국 중소기업 기술혁신의 특수성에 주목하는 선행연구들을 검토함으로써 본 연구의 작업가설을 설정한다.

2.1 네트워크특성과 기술혁신: 글로벌 네트워크인가 국지적 네트워크인가

기술추격국에서는 글로벌 네트워크가 혁신활동을 촉진한다. 우선 외국 바이어나 현지에 진출한 구매기업이 현지기업의 기술학습을 자극한다(Bell & Albu, 1999). 왕(Wong, 1992)은 싱가포르에 진출한 외국인 투자기업의 역할을 평가하면서, 외국인 투자기업이 현지기업으로부터의 구매과정에서 실시하는 엄격한 품질관리와 개선활동이 토착 기업의 혁신활동을 자극한다고 한다. 수출기업은 또한 내수기업에 비해 혁신인센티브가 강하고 지식 정보에 대한 접근 가능성도 높다(Hobday, 1995; Rogers, 2004).

한편 해외로부터의 기술도입이 기술추격국 기업의 혁신을 촉진시키는지 아니면 위축시키는지는 논란거리이다. 도어(Dore, 1984)는 기술수입이 기술수입국 기업의 자체 연구개발을 억제시킨다고 주장한다. 이에 대해 쿠마르(Kumar, 1987)는 외국인 직접투자를 통한 기술도입은 토착기업의 연구개발투자를 위축시키지만 라이센싱을 통한 기술수입은 기술학습과 기술응용을 촉진시킨다고 한다. 한편 레이와 바두리(Ray & Bhaduri, 2001)는 인도산업에 대한 실증분석에서 기술이 체화된 자본재 수입은 기업의 연구개발 활동을 촉진시킨다는 것을 보였다. 이처럼 엇갈린 실증결과는 기술수입이 토착기업의 기술개발투자를 위축시킨다는 기술종속론의 입장과 기술도입과 기술학습의 선순환이 가능하고 이는 기술도입자의 학습능력에 좌우된다는 기술추격론의 입장 차이를 반영하고 있다.

우리나라 산업의 기술능력 발전에 관한 선행연구들은 기술추격론을 뒷받침하고 있는데, 초기 해외기술도입 이후 도입기술을 소화하여 이를 응용하는 노력이 내재적 기술능력 향상으로 이어졌으며 주력 산업부문에서 기술추격이 성공적으로 이루어진 것으로 평가되고 있다(김양희 외, 1999; 이근, 2004). 본 연구에서는 이와 같은 선행연구를 토대로 네트워크 특성이 중소기업의 기술혁신에 미치는 영향에 관해 신지역주의에 비판적인 기술추격론과 수요견인형 혁신가설을 채택하여 다음과 같은 가설을 설정한다.

(가설 1) 네트워크의 특성에 따라 중소기업의 혁신활동이 다르다.

(a) 글로벌 네트워크에 의존하는 기업의 혁신활동이 활발하다.

(b) 국지적 네트워크에 의존하는 기업의 혁신활동이 부진하다.

2.2 고객-공급자관계와 기술혁신: 강한 연계인가 약한 연계인가

우리나라 산업발전의 역사적 경로는 재벌중심의 발전과정이고 많은 중소기업들은 대기업과 수직적 거래네트워크에 편입되었다. 이와 같은 수직적 거래네트워크 속에서 기계부품산업의 중소기업은 대기업과의 하도급거래를 통해 성장해 왔다. 이런 이유로 기업간 기술과 지식의 확산은 신지역주의의 주장과 달리 지식 연계보다는 구매-판매와 같은 실물적 연계를 통해 이루어졌다(김양희 외, 1999; 신태영 외, 2002). 이와 같은 기술 전달경로의 특징을 고려할 때 지식연계보다는 기업간 실물적 연계가 기술혁신에 미치는 영향에 주목할 필요가 있다.

경제사회학에서는 연계형태와 기술혁신의 관계를 둘러싸고 강한 연계 우위론과 약한 연계 우위론이 대립되고 있다. 강한 연계 우위론에서는 강한 연계가 특정 기술을 깊이 있게 이해하는 데 유리하기 때문에 기술변화와 수요가 안정적인 환경 속에서 기존의 기술을 점진적으로 개선하는 데 적합하다고 본다(Coleman, 1988;

Krackhart, 1992). 이에 대해 약한 연계 우위론에서는 약한 연계가 갖는 정보전달에서의 이익에 주목한다(Granovetter, 1973; Burt, 1992). 기술변화가 극심한 환경에서는 폭넓고 일반적인 기술정보를 습득하여 여러 가지 대안을 검토할 필요가 있으므로 약한 연계를 통해 다양한 새로운 정보를 전달받는 것이 유리하다.

국내에서도 하도급기업의 연계형태가 기술혁신에 미치는 영향을 둘러싸고 상반된 평가가 이루어졌다. 수직적 도급관계를 특징으로 하는 우리나라에서는 도급대기업의 요구가 하도급기업에 신속하고 강력하게 전달되면서 기술이전과 학습에 이점을 활용하였다는 긍정적인 평가가 있는가 하면(김양희 외, 1999), 최근에는 신기술 창출이 요구되는 혁신단계에서는 강한 연계가 중소기업의 혁신을 저해하는 장애요인이 된다는 비판이 제기되고 있다(조성재 외, 2004).

고객과의 관계가 고정적일 때 강한 연계의 역기능이 나타날 수 있다. 이에 비해 다수의 고객과 거래하거나 독자적으로 시장을 개척하는 중소기업은 고객의 다양한 요구와 시장의 경쟁압력에 대응하여 신제품과 신기술개발 활동이 활발하다. 실제로 우리나라 자동차산업, 조선, 기계산업을 대상으로 한 실증연구에서 중소기업의 고객이 다변화될 때 기업성과가 개선된다는 사실이 입증되고 있다(복득규, 1998; 홍장표 · 윤성민, 2001).

표 1. 연계형태와 혁신능력의 관계

구 분	약한 연계	강한 연계
연계형태의 특징	독립성, 개방성, 유연성	충성심, 안정성, 신뢰구축
혁신능력	새로운 정보전달 명목지 전달 신기술개발에 유리	구체적 상세정보전달 암묵지 전달 기술학습, 기술개선에 유리
적합한 산업환경	불확실성이 큰 시장 급격한 기술변화	안정적 시장 점진적 기술변화

한편 고객과의 관계뿐 아니라 공급자관계(supplier relation)도 기술혁신에 영향을 미친다. 중소기업은 아웃소싱을 통해 외부 역량을 활용함으로써 부족한 내부역량을 보완할 수 있다(Freel, 2000). 또 생산설비에 대한 투자를 절약할 수 있으므로 신기술 개발에 자원을 집중시킬 수 있다. 본 연구에서는 이와 같은 논의로부터 약한 연계 우위론을 채택하여 고객-공급자관계가 기술혁신에 미치는 영향에 대해

다음과 같은 가설을 설정한다.

(가설 2-1) 약한 연계를 맺는 기업의 혁신활동이 활발하다.
(a) 시장판매비중이 높을수록 혁신활동이 활발하다.
(b) 고객집중도가 높을수록 혁신활동이 부진하다.
(c) 아웃소싱비중이 높을수록 혁신활동이 활발하다.

(가설 2-2) 거래유형별 중소기업의 혁신활동이 다르다.
(a) 전속형보다 독립형 중소기업의 혁신활동이 활발하다.

2.3 산업집적지와 기술혁신

신지역주의에서는 산업의 공간적 집적과 지역내 협력네트워크가 학습과 지식이전의 주요한 수단으로 이해한다. 인접 지역으로의 공간적 집적은 중소기업의 혁신활동에 필요하다. 대기업과 비교할 때 중소기업의 외부 기술협력기관은 지역내부에 의존하는 경향이 있다. 대기업에 비해 코드화된 과학적 지식을 탐색하고 활용하는 역량이 취약한 중소기업은 대면적 관계를 통한 암묵지의 전달과 실행을 통한 학습, 상호작용을 통한 학습에 의존한다. 중소기업은 암묵지를 교환하고 공동혁신 프로젝트를 수행할 대면적 관계의 필요성이 크기 때문에 지역이 중소기업의 유익한 지원공간이 된다는 것이다(Maillat, 1998; Cooke, 1998a).

한편 이에 비판적인 입장에서는 공간적 근접성을 혁신기업의 특성으로 볼 수 없다고 반박한다(Karlsson & Olsson, 1998; Freel, 2003). 대기업은 지역단위를 넘어 연계할 수 있는 능력을 보유한 반면 중소기업은 그렇지 못한 것이 일반적이다. 이런 현실을 감안할 때 기업이 지역내부의 국지적 네트워크에 의존한다고 해서 혁신적이라고 볼 수는 없고 이는 단지 기업의 취약한 역량을 보여 줄 뿐이라는 것이다.

산업집적이나 공간적 근접성이 혁신성과에 미치는 영향에 관한 외국의 실증연구에서도 상반된 결과를 보이고 있다. 뱁티스타와 스완(Baptista & Swann, 1998)은 영국 248개 제조업을 대상으로 산업집적도를 지역내 해당산업의 고용비중으로 측정하여 실증 분석한 결과 산업집적도가 높은 지역에 입지한 기업이 다른 지역에 입지한 기업보다 더 혁신적임을 보였다. 또 키블 등(Keeble et al., 1998)은 영국의 캠브리지 지역에 대한 실증연구를 통해 혁신적 기업이 지역내 연계가 활발하다는 것을 보였다. 이에 비해 영국 북부지역 597개 중소기업을 대상으로 한 프릴(Freel, 2003)의 실증연구에서는 신기술 위주의 혁신기업은 지역을 초월한 광역 네트워크에 의존하는 것으로 나타났다. 오스트리아 지역중소기업을 대상으로 한 오르망과 뮤스(Oerlemans & Meeus, 2005)의 연구에서도 지역내부와 함께 지역을 초월한 광역 네트워크를 맺고 있는 중소기업의 혁신성과가 우수한 것으로 나타났다. 이와 같은 상반된 실증결과는 기술선도국에서도 공간적 집적이 중소기업의 혁신을 촉진하는지 여부는 지역경제구조의 구체적 성격에 따라 다를 것임을 시사하고 있다.

기술선도국과 비교할 때 기업의 경계를 뛰어넘는 중소기업간 협력이 취약하고 또 산업집적지의 발전이 초기단계에 있는 우리나라에서 산업집적지에 입지한다고 해서 기업의 혁신활동이 반드시 촉진된다고 볼 수는 없다(김동주 외, 2001; 이용숙, 2003). 본 연구의 대상인 동남권 기계부품산업에서도 지역별로 산업집적지의 특성 차이가 존재한다.

표 2. 동남권 기계부품소재산업의 집적지

산업	업종(세 자리 표준산업분류)	부산	울산	경남
소재금속	철강(271)	사상, 사하	북구, 울주	창원, 김해, 양산
기계	일반특수기계(291-4)	사상, 사하		창원*, 김해
전기전자	가전(295)			창원*, 마산*, 양산
	전자통신부품(321-2)		울주	마산
	영상음향(323)			창원, 마산, 양산
자동차	자동차 및 자동차부품(343)		북구*, 울주*	창원
조선	조선 및 조선기자재(351)	영도	동구*	거제*, 진해
우주항공	항공부품(353)	강서		창원*, 사천*

주: 1) 산업집적지는 해당산업의 전국 대비 생산액비중과 종사자비중이 모두 1% 이상인 시군구.
2) *는 해당산업의 전국대비 생산액비중이나 종사자비중이 10% 이상인 대표집적지.
자료: 김동주 외(2001).

〈표 2〉에서 보듯이 울산경남지역은 우리나라의 자동차, 기계, 조선산업의 대표적인 산업집적지로서 울산의 북구, 울주, 동구(자동차, 조선), 경남의 창원(기계, 가전), 거제(조선)는 전통적 중공업부문의 대표 집적지이다. 이 지역은 현대자동차, GM대우자동차, 현대중공업, 대우조선해양, LG전자와 같은 선도기업과 연관 기업

이 입지하는 선도-연계기업형(hub-spoke) 산업집적지로서의 특성을 보인다(박삼옥, 1999; 복득규 외, 2003). 이에 비해 부산 사상, 사하구의 기계부품산업 집적지는 뚜렷한 선도기업이 없이 지역중소기업 위주로 구성되어 있다. 부산의 집적지는 울산이나 경남과 달리 선도기업에 의해 조직된 것이 아니라 소기업들이 자연발생적으로 집적되면서 집적지가 형성되었고 지역내 네트워크가 발달되었다는 점에서 울산경남지역의 하위 산업집적지 혹은 마샬리안(Marshallian) 산업집적지로서의 특성을 갖고 있다(산업연구원, 2003; 홍장표, 2004).

울산경남지역 중소기업의 지식원천은 지역 외부의 대기업이나 외국기업과의 연계를 통해 유입된 것인 반면, 부산지역의 중소기업은 지역 내부에서 기업간 네트워크를 통해 형성된 내부 지식에 의존하는 경향이 강하다. 울산경남지역 중소기업이 대기업의 강한 요구에 따라 기술학습과 기술개량활동을 수행하고 있다면, 부산지역의 중소기업은 전통적 생산방식에 의존한 채 제도적 고착 상태에 놓여 있을 가능성이 크다. 이와 같은 산업집적지의 특성 차이가 집적지 입지기업의 혁신활동에 차별적인 영향을 미칠 것이다. 본 연구에서는 이러한 논의를 토대로 산업집적이 기술혁신에 미치는 영향에 관한 신지역주의의 입장을 반영한 (가설 3-1)과 지역간 산업집적지 발전의 불균등성을 고려하여 이를 수정한 (가설 3-2)를 설정한다.

(가설 3-1) 산업집적지에 입지하는 기업의 혁신활동이 활발하다.

(가설 3-2) 산업집적지의 특성에 따라 입지기업의 혁신활동이 다르다.

3. 실증모형과 자료

3.1 실증모형

본 연구에서는 앞서 제시된 연구가설의 타당성을 검토하기 위해 다중회귀모형의 한 형태인 로짓(logit) 모형을 이용한다. 네트워크특성이 혁신활동에 미치는 영향을 알아보는 다중회귀모형에서는 기술혁신성과 변수가 질적 변수로 1(기술혁신성과가 있는 기업)과 0(기술혁신성과가 없는 기업)으로 측정되기 때문에 로짓 모형을 적용하는 것이 적절하다. 동남권 기계부품소재분야 중소기업의 네트워크 특성이 기술혁신에 미치는 영향을 검정하기 위해 다음과 같은 실증모형을 사용하였다.

$$P(Y_i=1 \mid X_i,\ \beta) = \Phi\ (SC,\ VC,\ SI\ ;\ EX,\ LS,\ LN\ ;\ MK\ CS\ OS;\ LO)$$

Y_i =산업재산권 보유(산업재산권 모형), 품질인증 획득(품질인증모형)

SC=기업규모, VC=벤처기업, SI=지식기반산업

EX=수출기업, LS=기술도입, LN=역내거래기업,

MK=시장판매의존도, CS=고객집중도, OS=아웃소싱비중

LO=산업집적지

실증분석에서 설명변수의 측정방법과 가설의 예측 부호를 요약하면 〈표 3〉과 같다.

표 3. 설명변수의 측정방법과 가설의 예측 부호

구분	변수명	측 정	가 설	예측 부호
통제 변수	규모	매출액의 로그값	슘페터가설	(+)
	벤처기업	벤처기업=1, 일반기업=0	기업역량이론	(+)
	지식기반산업	지식기반산업=1, 생산집약적산업=0	Pavitt(1984)	(+)* (−)**
네트워크	수출기업	수출실적이 있으면 1, 없으면 0	가설1	(+)
	기술도입기업	기술도입기업 1, 아니면 0		(+)
	역내거래기업	주거래처가 동남권이면 1, 아니면 0		(−)
고객-공급자 관계	시장판매비중	시장판매액이 매출액에서 차지하는 비중	가설2-1	(+)*
	고객집중도	최대 고객에 대한 매출의존도		(−)*
	아웃소싱비중	외주생산/(외주생산+자체생산)		(+)*
	거래유형	전속형, 준전속형, 모기업분산형, 독립형	가설2-2	(−)*
입지	집적지 입지기업	산업집적지 입지기업 1, 아니면 0	가설3-1 가설3-2	(+) (+)/(−)

주: *는 산업재산권 모형, **는 품질인증모형.

3.2 자 료

본 실증연구에서 이용된 자료는 기술신용보증기금에서 제공하는 2003년도 동남권 중소기업 DB로서, 그중 한국 표준산업분류에서 기계부품소재산업(D27-35)에 속하는 기업 중 관련 정보를 일관되게 제공하고 있는 2,678개 기업을 추출하여 표본기업으로 사용하였다. 표본기업의 규모는 종업원수 500인 미만의 중소기업이고, 표본기업의 수 2,678개사는 통계청의 「광업제조업 통계조사보고서」(2002)의 전체 사업체수 9,899개사의 27.1%에 해당된다. 주요변수의 기초통계는 〈표 4〉와 같다.

표 4. 주요변수의 기초통계

	동남권 전체 (N=2,678)		부산 (N=1,226)		울산경남 (N=1,452)	
변수	평균값	표준편차	평균값	표준편차	평균값	표준편차
산업재산권 보유(%)	17.5	38.0	17.8	38.2	17.3	37.9
품질인증 획득(%)	24.5	43.0	19.6	39.7	28.8	45.3
매출액(억원)	29.2	9.6	23.3	7.7	34.4	11.0
벤처기업(%)	4.7	21.1	5.0	21.8	4.4	20.5
지식기반산업(%)	11.2	31.6	10.2	30.2	12.1	32.7
수출기업(%)	12.3	32.9	12.3	32.9	12.3	32.8
기술도입기업(%)	3.1	17.3	2.2	14.8	3.8	19.2
역내거래기업(%)	80.0	41.4	76.8	42.2	79.0	40.8
시장판매의존도(%)	5.1	16.5	6.5	18.7	3.5	13.3
고객집중도(%)	48.4	28.0	42.5	25.9	53.5	28.8
아웃소싱비중(%)	14.2	17.0	14.2	17.3	14.3	16.7
산업집적지입지(%)	31.4	46.4	32.9	47.0	30.0	45.9

4. 실증결과

〈표 5〉는 네트워크, 고객-공급자관계, 입지특성이 혁신성과에 미치는 영향에 관한 실증결과이다. 우선 네트워크특성 변수의 추정결과를 보면, 산업재산권모형에서 수출기업 변수가 1% 유의수준에서 (+)의 부호를 보여 로저스(Rogers, 2004)의

표 5. 네트워크, 고객-공급자관계와 혁신성과: 동남권 전체 중소기업(N=2,678)

구분	변 수	산업재산권 모형	품질인증 모형
	상수항	−8.103(71.62)***	−22.581(405.14)***
통제변수	규모	0.322(50.12)***	1.030(374.38)***
	벤처기업	2.188(88.15)***	1.099(21.08)***
	지식기반산업	0.656(15.75)***	−0.703(12.71)***
네트워크	수출기업	0.701(19.06)***	0.344(4.61)**
	기술도입기업	0.534(3.71)*	1.210(13.37)***
	역내 거래기업	−0.479(14.03)***	0.007(0.00)
고객-공급자관계	시장판매의존도	0.014(22.68)***	−0.000(0.00)
	고객집중도	−0.012(26.65)***	−0.003(1.94)
	아웃소싱비중	0.016(25.57)***	0.002(0.47)
입지	산업집적지	0.000(0.00)	−0.215(3.16)*
Likelihood Ratio		557.40***	918.74***
Max-rescaled R^2		0.31	0.43

주: 1) ( )는 χ^2값임.
2) ***는 1% 유의수준, **는 5% 유의수준, *는 10% 유의수준.

연구와 같이 수출기업일수록 혁신활동이 활발한 것으로 나타났다. 기술도입기업 변수는 혁신성과와 10%의 유의수준에서 (+)의 부호를 보였는데, 이는 해외로부터의 기술도입이 기업 내부의 혁신활동을 대체하는 것이 아니라 촉진시키고 있음을 뜻한다. 이에 비해 역내거래기업 변수는 1%의 유의수준에서 (−)의 부호를 보여, 지역내 국지적 네트워크에 의존하는 기업일수록 혁신적이지 않은 것으로 나타났다. 품질인증 모형에서는 수출기업변수와 기술도입변수가 5%의 유의수준에서 (+)의 부호를 보였다. 이와 같은 추정결과로부터 네트워크 특성에 관한 (가설 1)을 채택할 수 있으며, 글로벌 네트워크에 의존할수록 혁신적이며 국지적 네트워크에 의존적일수록 혁신적이지 않다고 할 수 있다.

다음으로 고객-공급자관계 변수를 보면, 산업재산권 모형에서는 시장판매의존도변수는 1% 유의수준에서 (+)의 부호, 고객집중도는 (−)의 부호를 보였다. 이는 시장판매비중이 높을수록 혁신적인 반면, 특정 고객에 대한 의존도가 높을수록 혁신적이지 않다는 것을 뜻한다. 그리고 아웃소싱비중이 높을수록 혁신활동이 활발한 것으로 나타났다. 하지만 품질인증모형에서는 산업재산권 모형과 달리 시장판매비중, 고객집중도, 아웃소싱비중과 같은 고객-공급자관계를 반영하는 변수들이 통계적으로 유의미한 결과를 보이지 않았다. 이상의 실증결과로부터 "약한 연계에 의존하는 기업의 혁신활동이 활발하다"는 (가설 2-1)이 산업재산권모형에서 채택된다고 할 수 있다. 한편 입지 변수를 보면, 집적지 입지기업은 산업재산권모형에서 통계적으로 의미있는 결과를 보이지 않았다. 그리고 품질인증모형에서는 5% 유의수준에서 (-)의 부호를 보여 산업집적지 입지기업이 혁신적이라는 신지역주의 접근을 반영하는 (가설 3-1)이 채택될 수 없는 것으로 나타났다.

표 6. 거래유형과 혁신성과: 동남권 전체 중소기업(N=2,678)

구분	변 수	산업재산권 모형	품질인증 모형
	상수항	-8.002(75.74)***	-22.498(416.49)***
통제변수	규모	0.338(58.40)***	1.003(376.68)***
	벤처기업	2.359(104.89)***	1.237(27.34)***
	지식기반산업	0.733(22.06)***	-0.713(14.04)***
네트워크	수출기업	0.682(18.81)***	0.403(6.52)**
	기술도입기업	0.761(7.76)***	1.139(12.27)***
	역내거래기업	-0.530(18.45)***	-0.018(0.89)
거래유형	전속형	-1.240(35.34)***	-0.098(0.62)
	준전속형	-0.847(19.69)***	0.191(0.33)
	모기업분산형	-0.524(12.12)***	0.223(0.19)
입지	울산	-0.417(3.38)*	0.063(0.74)
	경남	0.032(0.07)	0.316(7.33)***
Likelihood Ratio		531.66***	963.08***
Max-rescaled R^2		0.28	0.43

주: 1) ( )는 χ^2값임.
2) ***는 1% 유의수준, **는 5% 유의수준, *는 10% 유의수준.

다음으로 〈표 6〉은 거래유형과 혁신성과의 관계에 관한 실증결과이다. 거래유형 변수를 보면, 산업재산권 모형에서는 전속형, 준전속형, 모기업 분산형 변수가 1%의 유의수준에서 (-)의 부호를 보였다. 이는 전속형, 준전속형, 모기업 분산형 기업이 독립형 중소기업에 비해 혁신적이지 않다는 것을 뜻한다. 그리고 추정치를 보면 전속형이 가장 크고 모기업 분산형이 가장 작은데, 이는 전속형에 가까울수록 혁신적이지 않다는 것을 말한다. 그렇지만 품질인증모형에서는 산업재산권 모형과 달리 거래유형 변수들이 통계적으로 유의미한 결과를 보이지 않았다. 이상의 실증결과는 산업재산권 모형에서 "전속형 기업에 비해 독립형 기업의 혁신활동이 활발하다"는 (가설 2-2)가 채택될 수 있음을 보여 준다.

한편 앞의 〈표 5〉에서 동남권 기업 전체를 대상으로 한 실증결과 산업집적지 입지기업이 혁신적이라는 (가설 3-1)이 채택될 수 없음을 보았다. 그렇다면 신지역주의 가설을 수정한 "산업집적지의 특성에 따라 입지기업의 혁신활동이 다르다"는 (가설 3-2)를 검정할 필요가 있다. 이를 위해 부산지역과 울산경남지역으로 나누어 실증 분석하였는데 그 결과는 〈표 7〉과 같다.

표 7. 산업집적지와 혁신성과

		부산지역(N=1,226)		울산경남지역(N=1,452)	
		산업재산권 모형	품질인증 모형	산업재산권 모형	품질인증 모형
	상수항	-6.608(21.99)***	-22.120(155.53)***	-9.414(46.80)***	-22.158(223.17)***
통제변수	규모	0.253(14.16)***	1.010(144.76)***	0.384(35.16)***	1.011(228.14)***
	벤처기업	1.852(32.28)***	1.026(9.48)***	2.493(52.08)***	1.158(10.72)***
	지식기반산업	1.060(17.36)***	-0.792(5.12)**	0.391(3.04)*	-0.679(8.03)***
네트워크	수출기업	0.989(17.69)***	0.589(6.29)**	0.451(4.00)**	0.187(0.72)
	기술도입기업	1.016(4.27)**	1.284(5.03)**	0.318(0.81)	1.188(8.54)***
	역내거래기업	-0.681(13.47)***	-0.142(0.50)	-0.305(2.85)*	0.122(0.47)
고객-공급자 관계	시장판매의존도	0.014(13.02)***	-0.002(0.13)	0.015(9.26)***	0.003(0.44)
	고객집중도	-0.011(7.75)***	-0.005(1.68)	-0.015(23.22)***	-0.004(2.33)
	아웃소싱비중	0.018(16.25)***	0.002(0.18)	0.013(8.27)***	0.003(0.35)
입지	집적지 입지기업	-0.474(5.79)**	-0.438(4.61)**	0.386(5.33)**	-0.091(0.35)
Likelihood Ratio		288.14***	410.41***	293.63***	491.36***
Max-rescaled R^2		0.34	0.45	0.30	0.41

주: 1) ( )는 χ^2값임.
2) ***는 1% 유의수준, **는 5% 유의수준, *는 10% 유의수준.

부산지역 중소기업을 대상으로 한 실증결과를 보면, 산업재산권 모형과 품질인증모형에서는 집적지 입지기업 변수가 모두 5%의 유의수준에서 (-)의 부호를 보였는데, 이는 산업집적지에 입지한 기업이 혁신적이지 않다는 것을 뜻한다. 이에 비해 울산경남지역의 경우 품질인증모형에서는 통계적으로 유의미한 결과를 보이지 않았지만, 산업재산권모형에서는 5%의 유의수준에서 (+)의 부호를 보였다. 이와 같은 결과는 부산지역의 경우 산업집적지 입지기업의 혁신활동이 저조한 반면, 울산경남지역의 경우 산업집적지 입지기업의 혁신활동이 활발하다는 것으로 "산업집적지의 특성에 따라 입지기업의 혁신활동이 다르다"는 (가설 3-2)가 채택될 수 있음을 뜻한다. 이는 울산경남지역에서는 산업집적지가 혁신을 촉진하는 순기능을 하는 반면, 부산지역의 전통적 산업집적지는 오히려 혁신활동을 저해하고 있음을 시사하고 있다.

5. 맺 음 말

본 연구의 주요결과와 그로부터 도출되는 시사점은 다음과 같다. 첫째 네트워크 특성과 관련하여 기술추격과정에 있는 동남권 중소기업에서는 수출시장 진출이나 해외로부터의 기술도입 등 글로벌 네트워크가 기술혁신에 기여하는 것으로 나타났다. 반면 동남권 지역내 국지적 네트워크에 의존하는 기업은 혁신적이지 않음이 밝혀졌다. 이로부터 동남권 기계부품소재산업에서는 국지적 네트워크를 강조하는 신지역주의보다는 수요견인형 혁신가설이 타당한 것으로 평가된다. 이와 같은 결과는 지역내부 지식에 의존하는 전략을 채택하기에는 동남권의 혁신기반이 취약하다는 것을 시사한다.

둘째 고객-공급자관계 특성과 관련해서는 강한 연계 우위론보다는 약한 연계 우위론이 타당한 것으로 나타났다. 또 거래유형과 관련해서는 전속형이나 순전속형 기업보다는 거래선을 다변화한 모기업 분산형이나 독립형 중소기업의 기술혁신 활동이 활발한 것으로 나타났다. 이와 같은 결과는 동남권 기계부품소재산업에서 고객업체와의 강한 연계가 중소기업의 신기술개발활동을 억제시키는 반면 중소기업의 거래선 다변화와 개방화가 기술혁신을 촉진시킬 수 있음을 시사하고 있다.

셋째 산업집적이 혁신에 미치는 영향에 관해서는 울산, 창원, 거제 지역과 같은 대기업이 주도하는 산업집적지는 혁신을 촉진하지만, 부산지역에서 보듯이 중소기업 위주의 산업집적지는 혁신에 기여하지 못하는 것으로 나타났다. 이는 대기업이나 외국기업과의 연계망을 통해 외부로부터 지식이 유입되는 지역에서는 산업의 공간적 집적이 혁신을 촉진시키지만, 지역외부로부터의 지식 유입이 미약한 가운데 내부 역량에 주로 의존하는 지역에서는 신업집적지가 혁신에 기여하지 못함을 뜻한다. 이 결과는 또한 지역내부 역량에 의존하는 발전전략이 추진된다면 이용숙(2003), 박경(2005)이 지적하듯이 지역간 격차가 오히려 심화될 수 있음을 보여 주는 것으로 해석될 수 있다. 따라서 지역간 여건의 차이를 감안할 때 울산경남지역은 선도-연계기업형 산업집적지로서 대기업-중소기업 협력관계의 장점을 유지하면서 거래의 개방성을 강화하는 거래구조개혁이 필요하다면, 부산지역은 지역산업을 주도할 수 있는 선도기업의 유치, 글로벌 연계망의 확대 등을 통해 취약한 내부 역량을 보완하는 방안이 필요하다고 할 수 있다.

이상의 분석결과를 종합해 평가한다면, 전통 중공업부문의 선도-연계기업형 산업지구로서의 특징을 전형적으로 보이는 동남권 지역은 유럽식 유연전문화체제를 개념화한 신지역주의 발전모델보다는 최근 네트워크형 개방거래를 확대하고 있는 일본식 대기업-중소기업 협력모델로부터 유익한 정책적 시사점을 얻을 수 있을 것이며 향후 이에 대한 심층 연구가 필요한 것으로 보인다.

세계화

한국 거리에서의 재발견

제국주의의 변화와 공간재편: 세계도시를 중심으로

안 영 진

세계경제는 수세기에 걸쳐 꾸준히 확대되어 왔으나, 지난 수십 년 이래 포드주의의 위기에 대응하여 등장한 신자유주의 이데올로기의 확산 및 현실 사회주의의 붕괴와 함께 새로운 특질을 보이며 역동적으로 전개되고 있다. 이에 따라 국민국가의 역할이 크게 변하고 경제활동에 있어서는 초국적 공간이 결정화되고 있다. 우리는 이러한 새로운 전개양상을 예전의 식민지적 제국시대나 정부가 국제무역이나 투자, 금융시장 등에 중요한 규제자 역할을 행한 제2차 세계대전 직후의 국제경제체제와 구별지워 세계경제체제라고 일컫는다.

1980년대까지만 해도 세계화는 전지구적 현상이 아니었다. 즉, 세계화는 어느 정도 명확히 규정된 테두리 안에서 진행되었다. 세계경제가 체계화되는 제도적 틀은 초기 제국주의 시대로부터 1970년대에 붕괴한 팍스 아메리카나의 제국시대까지 계속 변신해 왔다. 사실 서유럽과 일본의 재건경제가 자본주의의 황금기를 거쳐 세계시장에 등장하면서 팍스 아메리카나는 균열을 일으키며, 세계경제는 새로운 국면을 맞이하게 되었다. 많은 논자들(Harvey, 1989; Taylor, 1985; Bischoff, 1996)은 세계경제가 1970년대 중반을 지나면서 색다른 면모를 보인다고 지적한다. 첫째로 국제거래의 지리적 축이 전통적인 남북축에서 동서축으로 변했다는 것이다. 이 과정에서 아프리카와 남아메리카의 많은 국가들이 전통적으로 강한 연계를 가졌던 상품과 원자재의 국제시장으로부터 이탈하게 되었으며 주변화를 겪게 되었다는 것이다. 둘째로 제조업 및 서비스의 해외직접투자가 크게 증가하였으며, 국제금융시장의 역할이 강조되기 시작했다는 것이다. 세 번째로는 전후 국제경제의 제도적 틀을 이루었던 브래튼우즈체제가 붕괴한 점을 들고 있다. 경제적으로 그리고 군사적으로 유일한 초강국이었던 미국의 영향력이 약화되고 일본과 유럽의 다국적 기업과 은행이 미국 기업의 주요 경쟁자로 등장하였으며, 근래에는 신흥공업국들과 일부 개도국이 이에 가세하고 있다고 한다.

이러한 과정에서 전통적인 제국주의와 전혀 다른 초국적 세계성에 부응한 공간경제와 이에 대한 조절기제가 새로운 차원에서 부각되고 있다. 20세기말 정보통신 혁명으로 많은 사람들은 '지리의 종언'을 예고하고 있다. 논자들은 이제 공간과 지리는 우리 삶의 기축으로서는 낡은 개념이 되어 버렸다고 단정한다. 나아가 우리는 교통기술의 발달로 단위시간에 극복할 수 있는 거리가 비약적으로 증가하는 축소지향의 세계에 살고 있을 뿐 아니라, 자본주의적 생활양식이 전세계적으로 확산되면서 상품주기가 짧아지고 새로운 혁신의 확산속도가 가속화되며 따라서 인간의 일생생활의 리듬이 빨라지는 시공간의 압축(time-space-compression)을 언급하는 이들도 있다. 결국 시공간의 압축과 공간거리의 극복이 더욱 용이해지고, 세계적 차원의 기능적 상호의존성과 통합성이 비약적으로 증대하였으며, 그래서 국가중심의 세분화 및 파편화 현상을 탈피한 전지구적 기능공간적 통합화와 상호연계성이 크게 확대되었다고 지적한다.

인류 사회의 다양한 부분과 장소를 서로 연결짓는 것이 세계화의 요체일 것이다. 그러나 이것만으로 오늘날 우리를 둘러싸고 큰 물줄기를 이루며 전개되는 변화의 본질을 모두 설명할 수 없다. 이것은 세계화의 기본요소 중 하나이며 필요조건이지 충분조건은 아닌 것이다. 여기서 짚고 넘어가야 할 것은, 세계화가 전 지구를 대상으로 전개될 활동들을 구상하고 그 활동들을 공간적으로 어떻게 (재)배치할 것인가를 설계하는 과정을 통해 진행된다는 점이다. 거기에는 우리의 삶을 지탱하고 고수하거나 아니면 전혀 새롭게 바꾸어 놓는 것과 연관된 인간집단의 모든 구상이 포함된다. 세계화는 결국 이러한 구상들을 실현시키고 물질적으로 뒷받침하고 관리하기 위해 각종 물적, 지적 수단을 동원함으로써 가능한 것이다. 구상들이 실현될 수 있도록 지지해 주는 기술의 발달과 그 구상들을 창출해 내는 시적 활동도 세계화에 없어서는 안 될 요소들인 것이다(돌퓌스, 1998:21-22).

인간은 지구상에 처음 출현한 이래 기술발달에 따라 활동무대를 부단히 넓혀 왔다. 고을에서 지방으로, 나라에서 나라 밖으로, 그리하여 마침내 21세기에 들어서면서 지구 전체를 하나의 무대로 묶어 가고 있다. 사람과 물자, 자본과 기술과 정보가 국경을 낮추고 무너뜨리면서 지구 구석구석을 무소불위로 넘나들고 있다. 따라서 인간의 활동무대와 그 스케일이 넓어지는 공간발전으로서 세계화는 하나의 양식이 되고 있으며, 이러한 의미에서 단순한 현상으로 끝나지 않고 있다. 확대된 행동공간은 필연적으로 지금까지와 다른 행동양식을 요구하고 있기 때문이다. 세계화라는 현상에 대응한 행동양식을 우리는 또 다른 의미의 세계화로 부를 수 있다. 이 경우 세계화는 규범적 행동양식을 지칭하게 되며, 따라서 전략인 것이다.

오늘날 세계경제를 둘러싸고 백화쟁명식의 논의가 진행되고 있다. 아직도 화폐의 즉각적 전송, 정보경제화, 텔리메틱스(telematics)에 의한 거리의 중립화 등과 같은 이미지가 지배하고 있다. 경제의 세계화와 정보화라는 용어와 이미지가 난무하는 현 단계에 있어 장소와 국지의 중요성은 과연 무엇인가? 세계화를 둘러싼 추상적 담론은 세계화가 수행되는 중요한 물리적 과정, 활동, 기반활동 등이 내포한 의미를 간과할 위험이 있다. 경제의 세계화에 있어 정보화와 흐름의 관계라는 측면을 지나치게 강조하는 것은 그러한 흐름과 관계가 장소를 매개로 하는 재생산과 조절의 기제를 평가 절하하는 것이다. 오히려 세계화의 새로운 시대적 변화 속에서 새로운 전략적, 표상적, 규범적 조절체계의 의미를 띠고 있는 공간과 그 구체적 입지이자 장소인 도시와 지역을 검토해 볼 필요가 있다. 다시 말해 세계화의 진행경로와 현실적 변화들은 세계화가 구현되는 장소와 구도를 밝힘으로써 규명될 수 있다는 것이다.

1. 세계화의 공간지도

지난 20여 년 동안 세계의 경제정치적 질서에서 커다란 전환이 일어나고 있다. 우리의 삶을 둘러싼 제도적, 구성적 틀뿐만 아니라, 공간적 측면에서도 근본적인 변화가 나타나고 있다. 물론 자본주의의 세계경제가 지난 수세기 동안 존재해 왔으나, 그 틀이 완전히 재편되고 있을 뿐 아니라, 새로운 차원 또한 더해지고 있다. 세계화의 본질과 그 조건, 그리고 공간질서의 변화에 대해서는 다양한 측면에서 논의할 수 있으나, 가장 뚜렷한 성격 중 하나는 생산의 장소와 시장입지에 있어 탈중심화 내지 분산이 급속히 진행되고 있다는 점이다. 전후 짧은 기간동안 이나마 낡은 위계적 제국주의 질서를 유지하고 종속지역들과 지배국가들 사이에 부등가 교환을 매개로 한 신식민지적 시기가 있었으나, 지난 20여 년 이래 세계경제 구조는 새로운 질적 변화를 거듭하고 있다. 무엇보다도 다국적기업들은 전지구를 횡단하여 지구 구석구석에서 자신들의 활동영역을 구축하기 시작하였으며, 전지구를 가로질러 확대된 생산기반 위에서 순환하는 부를 결집시키고 있다. 지속적으로 증가되어 온 다국적기업과 그 해외지사의 수만 보더라도 생산의 지리적 분산과 함께 소유의 집중이 계속되고 있음을 알 수 있다. 따라서 생산자본은 이미 지구를 대상으로 생산네트워크를 구축하여 국가나 지역차원을 넘어 장소단위의 공간적 노동분업을 추구하고 있다. 생산사슬(chain of production)의 분산을 통해 새로운 전지구적 노동분업(신국제노동분업)은 단순한 공장의 이전만이 아닌, 생산공정 자체를 분리하여 세계적 규모로 재배치된 자본과 노동에 각 공정을 선택적으로 할당하면서 교묘하게 연계시키고 있다. 이러한 전략은 자본이 공간을 초월하는 것이 아니라, 더욱 더 미시적인 공간차별화를 통해 자본축적을 원활히 하는 것이다.

지난 십 수년 동안 세계화의 가장 중요한 양상 중 하나는 자본의 국제적 기동성이 크게 증가해 왔다는 점이다. 오늘날 금융활동의 국제화는 세계화를 지탱하는 또 다른 토대가 되고 있다. 자본은 '로드러너'(road-runner)처럼 지구를 빵빵 도는 초이동성을 보이면서도 확실한 이윤이 보장되는 곳에 멈춰 서고 있다(Gordon, 1998). 투기적 국제금융시장의 형성과 가상자본의 폭발적 증가, 선물이나 스왑과 같은 새로운 파생금융상품 내지 금융수단의 발전, 다양한 역외금융기지(offshore financial centers)의 증가 등은 세계화시대를 맞이한 금융의 변신을 잘 보여 준다. 바로 세계경제와 세계시장의 구축은 무엇보다도 일국적 내지 지역적 화폐 조절체제의 해체와 국내 시장의 세계금융 권력에의 종속과 연결되고 있다. 이런 의미에서 자본의 세계화는 급속히 진행되고 있으며, 그 조절방식에 있어서도 직접적 규제방식에서 벗어나 국제금융자본의 흐름과 국제적 신용창출의 기제를 고려하는 간접적 규제방식이 뚜렷이 관철되고 있다(코헨, 1999). 나아가 세계금융체계의 지리적 중심시들이 달러화, 엔화, 유로화 등의 국제유통을 시시하며 선세계적 척도에서 분점적으로 형성되면서 새로운 화폐의 재영토화라는 암운을 확산시키고 있다.

이뿐만 아니라 지구적 통합을 기저로 한 세계화는 문화적 측면에서도 과거와 차별적으로 전개되고 있다(김용창, 1998). 제임슨이 지적하듯이, 지방적 경험이 더 이상 그것이 차지하고 있는 장소와 일치하지 않고 있다. 장소감과 문화적 의미가 과거와 다른 논리로 형성되고 있다는 것이다. 이제 특정지역에서 벌어지는 하나의 문화 이벤트를 세계의 모든 지역이 동시에 향유하는 것이 가능해졌고, 상호작용 또한 심화되면서 일종의 지구적 의식, 지구적 문화가 형성되기에 이르렀다고 한다. 이에 따라 소비자들은 전세계의 다양한 양식들을 동시에 수용하게 되고, 전파 속도도 빨라지면서 도시경관도 이에 조응하여 끊임없이 변하고 있다. 또한 현대의 세계문화는 특정 국가나 지역에 귀속되지 않는 제3의 성격을 띠게 됨으로써 비국지적 성향을 보이고 도시경관 또한 비국지적 성격을 강화하고 있다. 따라서 과거 기능적 영역을 중시했던 건축양식도 이러한 복잡다단한 경향을 수용하는 양식으로 변모를 거듭하고 있다. 도시계획이나 토지이용도 이러한 변화를 수용하는 데 그치지 않고 더욱 더 조장하는 의미에서 규제적 체계에서 건축자의 자율권을 최대한 보장하는 방향으로 바뀌고 있다. 나아가 도시개발방식에서 개발공간의 상징성을 의도적으로 판촉하는 전략을 수행하기도 한다. '쉼이 없는 도시경관'(restless urban landscape)은 이러한 변화양상을 잘 말해 준다. 오늘날 포스트모던적 도시경관은 국제적 혼성모방, 절충주의, 다원주의, 지역성 등으로 표출되는 상이한 의미를 동시적으로 발산하고 있다. 따라서 이미지의 범세계적 통합과 상호작용의 초문화적 매체의 발전에 따라 세계문화의 발전가능성을 제시하고 있다. 하지만 이와는 정반대로 불안정해지는 정체성에 대응하여 장소화와 지역문화에 기반으로 하는 (보수)반동적 문화의 형성가능성이 증가하고 있는 것도 사실이다.

따라서 세계화 과정은 시구상 어디서나 똑같은 영향력을 행사하는 것이 아니라, 지역적으로 현격한 차이를 보여 주고 있다. 자본주의적 세계시장에의 공간적 통합은 불균등하고 상이한 속도로 진행되고 있다. 서로 다른 지역에서 그리고 종종 같은 지역 내에서도 상이한 사회적 재생산 체제들이 공존하듯이, 세계화는 다양한 노동형태 및 생산양식을 공존시키고 있다. 전 지구적 생산과 재생산을 재구조화하는 일관된 중심축을 가진 세계화는 동시에 수많은 독특한 지리적 분절을 창출하며 어디에서나 독특하게 경험되고 있다. 포드주의의 위기에 대응한 새로운 축적체계 및 조절양식이 정형화되는 과정에서 지역적으로 다양하고 경쟁적인 생산체계가 등장하고 있는 것이다. 신자유주의를 바탕으로 하여 정치적 국경에 제약받지 않는 세계시장으로의 획일적인 통합과정에도 불구하고, 이는 동시에 지역화로 대변되는 블록화와 분리양상을 통해 작동하고 있다.

오늘날 지구상 어느 곳도 세계화의 물결을 피할 수 없으나, 그 차별적 파고와 파장은 후진지역에서 더욱 가시화되고 있다. 사하라 이남 아프리카지역과 같은 가장 종속된 지역들은 세계적 자본흐름과 새로운 생산 및 기술 체계에서 효과적으로 배제되고 있으며 심지어 착취와 만성적 빈곤의 악순환에도 불구하고 전혀 주목받지 못하고 소멸하고 있다. 다른 한편으로 경제활동의 국제적 분산에 따라 새로운 형태의 집중양상이 발생하고 있다. 국제거래를 원활히 하기 위해 새로운 입지가 창출되고 있지만, 위계 및 명령구조로서의 세계시장은 구 제국주의가 이전에 작동시켰던 모든 지대와 지역에서 여전히 중요하고 결정적으로 작용하고 있다. 따라서 세계화의 동태적 과정은 매끄럽게 진행되는 균질적 현상이 아니라, 지역에 따른 독특한 분절화와 불균형을 증가시키고 있다.

이러한 맥락에서 세계화의 지정경학적(地政經學的, geopolinomical) 구도는 다시금 결정화되고 있다. 중심과 주변, 북과 남이라는 오래된 세계구도의 이원적 구분은 더 이상 생산, 축적 그리고 사회형태에 대한 전지구적 분할과 통합을 파악하는 데 충분치 않다. 다시 말해 생산의 탈중심화와 초국적 세계시장의 공고화를 통해, 노동과 자본의 국제적 분업과 흐름은 다원화되고 더욱 파편화되면서, 거대한 지리적 지대들을 단순히 중심과 주변, 북과 남이라는 구도로 나눌 수 없게 되었다는 것이다. 지난 십 수년 남짓한 기간동안 북아메리카, 카리브해, 동아시아, 그리고 유럽의 여러 국가들로 구성된 세계의 주요 경제권역이 출현하였다. 이들 지역은 보통 3극(global triad)이라고 부르는, 세계경제의 세 거인인 미국, 일본, 유럽연합에 주렁주렁 매달려 있다. 지리적으로 이들 세 지역은 국제화가 가장 진행된 생산체계의 영토적 토대를 형성하고 있다(무디, 1999:91). 하지만 우리는 라틴아메리카나 동남아시아와 같은 지역에서도 폭넓은 스펙트럼의 기술, 생산, 그리고 축적양식을 동시적으로 나란히 발견할 수 있다. 중심부의 대도시에서도 자본주의 생산양식의 모든 부문이 공존하기는 마찬가지이다. 즉, 뉴욕과 파리의 영세착취공장이나 가내하청업은 홍콩과 마닐라의 그것과 경합하고 있다. 과거에는 제1세계와 제3세계, 중심과 주변, 북과 남이 국경선을 따라 분리되어 있었다면, 이제 그것은 단절과 연결을 되풀이하는 내치선을 따라 불평등과 장벽을 보여 주면서도 서로 접합되어 있다. 물론 이는 미국과 브라질, 영국과 인도가 자본주의적 생산 및 유통이라는 측면에서 현재 동일한 영역이라는 것을 의미하지 않는다. 오히려 이들 국가

사이에는 본질의 차이보다 정도의 차이만 존재할 뿐이다. 오늘날 봉제선 없이 깔끔한 세계적 시장, 모든 곳에서 갖은 비중을 가진 기업경영, 세계 전체를 균등하게 묶어 내는 생산체계 등은 존재하지 않는다.

이와 동시에 자본의 전지구적 확장에 따른 새로운 이주와 그 거시경제적 효과도 한 예로 살펴볼 수 있다. 오늘날 인구집단의 높은 이동성으로 말미암아 국내시장, 즉 일국의 노동시장을 개별적으로 관리하는 것이 점점 어려워지고 있다. 일자리와 부를 위해 제3세계에서 제1세계로 이주하는 노동자들은 두 세계간의 경계선을 크게 흔들어 놓고 있다. 이들은 제1세계로 뛰어들어 게토와 판자촌, 빈민가를 확장하고 있다. 이와 반대로 제1세계는 증권거래소와 은행, 다국적 기업과 화폐와 명령을 지닌 차가운 고층 사무공간의 형태로 제3세계로 침투하고 있다. 다양한 국가와 지역들은 제1세계와 제3세계, 중심과 주변, 북과 남 등을 구성하는 질료들을 차별적으로 지니고 있다. 세계화라는 불균등 발전의 지리와 분할 및 위계의 선은 더 이상 안정된 일국적 또는 국제적 경계를 따라 등장하는 것이 아니라, 가변적이고 유동적인 국가 내 또는 초국적 국경 속에서 중층적으로 자리잡고 있다(Hardt & Negri, 2000:334-336). 우리는 여기서 지리적 척도를 따라 외연적으로 확대된 세계화와 함께 그 본질상 새로운 배제와 차별, 균열을 안고 있는 상호 교차되고 다원화된 내포적 세계화를 인식할 수 있다. 따라서 세계화는 총체적으로 개방화와 통합을 지향하면서도 내적 응집력과 구성도를 담보하고 새로운 전략과 공간적 조절체계를 모색해 가고 있는 것이다.

2. 세계경제의 고정핀: 세계도시의 형성

자본주의 체제는 세계시장을 조직할 수 있는 역량을 확보하기 위해 재구조화를 거듭하고 있다. 오늘날 생산력과 자본축적구조는 과거와 달리 지역을 벗어나 완전히 보편화되고 있다. 동시에 계속 확대되고 있는 생산체계와 자본의 이동성으로 미묘한 분절화와 함께 이를 얽어내는 네트워크 구조가 세계경제의 주된 조직원리로 대두하고 있다. 여기서 세계화의 외연적 확장과 내포적 심화와 관련하여 흥미로운 점은 생산입지와 시장조직에 있어 탈중심화와 전지구적 분산이 생산 및 시장에 대한 통제와 조절에 있어 집중화와 맞물려 있다는 사실이다. 다시 말해 경제활동의 수평적 분산이 경제력의 수직적 통합을 수반하면서 더욱 더 집중화된 관리 및 통제양식을 필요로 하고 있다는 것이다.

오늘날 뉴욕, 런던, 그리고 도쿄와 같은 세계의 선택된 대도시들에서는 금융 서비스와 교역과 관련된 서비스가 전지구적 차원에서 운용되는 생산네트워크를 경영하고 지배하고 있다. 또한 제조업의 쇠퇴 및 공동화에도 불구하고 세계의 주요 도시들은 사령부경제(headquarter economy)의 통제중심지로 성장하고 있다(Schmid, 1996). 바로 이러한 맥락에서 현대 세계경제에서 도시의 전략적 성격은 중요하게 인식되고 있다. 넓은 의미의 도시가 이러한 활동의 주된 입지—더 정확히 말해 초국적 기업의 본사와 국제금융산업의 입지—라고 인식하는 것이 초국적 세계경제의 조직과 관리의 전략적 측면을 이해하는 데 도움이 될 것이다. 자본주의 경제를 세계적으로 엮어내는 '고정핀'으로서 세계도시는 이러한 배경에서 성장하고 발전해 왔다(Feagin, 1985).

사실 도시를 구심점으로 하여 통합되는 세계경제라는 개념 자체는 고대까지 거슬러 올라갈 수 있을 정도로 오래된 것이다. 월러스틴이 지적하듯이 이를테면 '긴 16세기'를 거쳐 근대적 세계체제(world system)가 태동한 이래 국가의 경계를 넘어선 공간조직에 중핵적 기능을 수행해 온 특정 도시들은 항상 존재하였다. 초기에 있어 대도시의 역할은 문화적 무역거래를 조직하고 식민지적, 제국주의적, 지정학적 각종 정책을 수립하고 추진하는 데 있었다. 17세기의 세계도시(Weltstadt)로서는 런던과 암스테르담, 엔트워프, 제노바, 리스본, 베네치아 등이 있었다. 18세기에 들어와서는 파리, 로마, 비엔나 등이 세계도시의 위상을 얻었다면, 엔트워프나 제노바는 그 영향력을 상실하였다. 19세기에는 베를린, 시카고, 맨체스터, 뉴욕, 상 페테르부르크 등과 같은 도시들을 세계도시로 부상하였다면, 베네치아는 이미 쇠락의 길로 들어서고 있었다(King, 1990). 현금의 세계화 시대에 있어 세계도시는 구 제국주의적 권력의 구축이나 무역거래의 관리보다는 초국적 자본에 의해 조직되고 통제되는 세계경제의 조정과 통제 그리고 자본 축적의 중핵 역할을 수행하며 거대 금융기관과 다국적 기업의 본사, 각종 국제조직의 본부가 결집해 있는 세계적 금융, 행정, 이데올로기의 조절지점이자 자본 및 정보이동의 결절점으로서 다기능적 특징을 지닌 도시라고 할 수 있다.

제2차 세계대전 이후 자본주의의 각종 기구들은 국가의 제약을 배제하며 자본축적과 지칠 줄 모르는 이윤추구를 위해 세계적 규모의 생산네트워크와 시장조직을 꾸준히 확장시켜 왔다. 바로 국가간 경제관계의 세계체제를 현실적으로 구현하고 담아내는 장소가 세계도시인 것이다. 정보기술의 발달로 인해 경제활동의 분산이 촉진됨으로써 도시는 더 이상 쓸모 없는 곳이 되기보다는 오히려 관리 및 통제기능을 집중시키며 변신하였다. 세계도시는 곧 경제활동의 지리적 분산과 세계체제의 안정적 통합에 연결고리로 작동할 뿐 아니라, 초국적 공간의 발전논리에서 그 전략적 영향력을 확대하고 있다.

위에서 언급하였듯이 세계도시의 성장은 일차적으로 지난 십 수년간 세계화과정을 통해 새로운 공간조직의 필요성에 기반하고 있다. 국제거래에서 무역이 주도적인 역할을 하던 과거에 비해 세계경제에서 정부의 역할은 점차 약화되고, 초국적 기업이 세계시장의 운영을 조직하고 조정하는 역할을 담당하게 되었다. 이들 기업이 입지하는 세계도시는 생산과 시장의 공간적 조직 및 네트워크의 기점으로서 세계자본을 제어하는 장소가 된다. 따라서 세계도시에는 전세계에 걸친 생산네트워크와 해외직접투자, 금융 및 서비스 활동 등을 통제하는 각종 다국적 기업들의 본사들이 집적되고 있다. 나아가 세계적으로 확대된 이들 기업들의 역동적 활동과 금융거래를 뒷받침하기 위해 창출되는 새로운 특화된 전문서비스(생산자서비스)가 1980년대 이래 세계화과정의 또 하나의 중요한 구성조직으로서 세계도시의 일정한 산업 활동층을 형성하고 있다. 즉, 국제투자와 무역이 증가함에 따라 이와 연관된 금융과 고차서비스 활동이 필요하게 되면서 세계의 주요 대도시에는 이들 기능들이 크게 성장하고 있다. 예컨대 제너럴모터(GM)사는 디트로이트에 중요 업무시설들이 있지만, 거대한 다국적 기업이 요구하는 전문적 금융 및 고차서비스업무를 처리하기 위해서 맨해튼에 본사를 입지시키고 있다.

이러한 새로운 형태의 생산은 통신의 발달에서부터 공장, 사무실, 금융시장의 세계적 네트워크의 운영에 필요한 특화된 서비스에 이르기까지 실로 다양하다. 이러한 서비스생산은 독자적인 입지패턴을 갖고 있으며, 고도의 공간적 집적경향을 보여 주고 있다. 따라서 몇 안 되는 세계도시가 주요 금융시장과 전문화된 서비스기업의 생산입지가 되고 있으며, 다른 한편으로 세계의 많은 도시지역들이 생산의 세계화로 인해 제조업 수출센터로서의 전통적 기능을 상실하며 노동시장에 심대한 영향을 미치는 커다란 구조조정을 겪고 있다. 하여튼 오늘날 세계도시는 후기산업사회의 선도산업인 금융과 전문화된 서비스업의 생산장소이며, 기업과 정부가 금융상품과 전문화된 서비스활동을 구매할 수 있는 초국적 소비시장으로서의 역할을 수행하고 있다. 이런 의미에서 세계도시는 국제자본의 집중과 더불어 축적이 이루어지는 핵심장소인 것이다(Sassen, 1991; Friedmann, 1995).

더욱 흥미로운 것은 이러한 세계도시가 이미 국경을 넘어서 또 다른 도시들과 다양한 연계관계를 맺고 있다는 점이다. 자본주의적 세계경제 안에서 위상에 따라 모든 도시는 급격한 분화를 경험하고 있는데, 도시가 지닌 자본축적 역량과 대외적 영향력에 기초한 도시계층이 조직되며 전세계적 척도의 도시망이 결정화되고 있는 것이다. 세계도시는 곧 다국적화하는 기업의 의사결정센터로서 세계적 도시계층의 최상위를 차지하는 도시로 자리 매김될 수 있다. 이러한 연계의 주요 사례는 제조업과 전문서비스 부문의 주요 기업들에서 전형적으로 나타나는 다국적 지사 및 하청 네트워크이다. 또한 다양한 금융시장의 국제화와 규제완화는 초국적으로 도시를 연결하는 발전양상을 보여 주고 있다. 이러한 양상은 현재 세계적 증권시장에 참여하고 있는 각국의 주식시장 수가 증가하고 있는 것으로 설명할 수 있다.

바로 이러한 맥락에서 세계도시들은 서로 경쟁할 뿐 아니라 수많은 입지를 포섭하고 구조화하는 초국적 과정이 발생하는 장소로 확립되고 있다. 사실 세계도시는 전지구적 차원에서 중심지기능을 수행하며, 독특하고도 체계적인 방식으로 상호 연결되어 있다. 이를테면 금융과 투자의 측면에서 뉴욕, 런던, 도쿄간의 상호작용은 금융에서의 생산사슬로 볼 수 있는 일련의 진행과정들을 부분적으로 구성하고 있다. 1980년대 중반에 도쿄는 화폐라고 부르는 원자재의 주요 수출기지였다면, 뉴욕은 세계 제일의 가공 중심지였다. 수많은 새로운 금융제도가 고안되고 원래의 형태이든 부채의 형태이든 간에 화폐가 최대 이윤을 추구하는 도구로 전환되는 곳이 바로 뉴욕이었다. 한편 런던은 세계도처의 수많은 소규모 금융시장에서 이용 가능한 소량의 자본이 집중되는 네트워크를 갖춘 주요 집산지였으며, 부분적으로 과거 대영제국 시절의 행정네트워크 기능을 수행하였다. 이는 세계 도시들이 동일한 사업을 놓고 반드시 경쟁하는 것은 아니라는 점을 보여 준다. 하여튼 세계금융체계가 뉴욕, 런던, 도쿄로 대표되는 세 가지 독특한 입지유형에 의존하고 있음을 알 수 있다(Sassen, 1994:50). 이런 의미에서 다국적 기업을 비롯한 금융기관 등은 생산과 사업활동의 공간적 장인 도시의 세계화를 주도해 왔다고 할 수 있다. 하지만 다른 한편으로 이를 세계적 척도로 활동하는 자본에 있어서는 도시야말로 그 결정적인 축적의 무대라고 할 수 있다.

이처럼 세계화에 있어 새로운 중심성의 지리를 구성하는 가장 중요한 지역은 주요 국제금융과 사업중심지들이다. 뉴욕, 런던, 도쿄 이외에도 파리, 프랑크푸르트, 취리히, 암스테르담, 시드니, 홍콩 등의 도시들도 있다. 여기에는 상파울로, 멕시코시티, 봄베이 등 제3세계 도시들도 포함된다. 이러한 도시들간의 거래, 특히 금융시장과 서비스교역, 투자 등의 상호연계는 갈수록 강화되고 그 지배력은 외연적으로 꾸준히 팽창하고 있다. 당연히 세계도시의 형성 이면에는 초국적 경제성장에 토대가 되는, 그렇지만 경제과정에서 갈수록 주변화되고 배제되는 방대한 수동공간(Passivraum)이 존재한다. 선 · 후진국을 막론하고 과거에 중요했던 수많은 산업도시와 항구도시들이 그 기능을 상실하고 쇠퇴하고 있다. 나아가 한 국가 내에서도 세계도시와 기타 도시지역간에 전략적 자원과 산업활동의 불균형적 배분에 따른 격차가 더욱 커지고 있다. 예컨대 프랑스의 경우 20년 전에는 마르세유도 중요한 경제중심지였으나 그 후 정체를 거듭하고 있는 반면, 파리가 주요 경제부문과 국부를 거의 독점적으로 차지하고 있다. 다른 나라에서는 수도나 지역중심지가 주요 경제기능과 권한을 세계도시에게 빼앗기고 있으며, 세계도시는 조정 및 중추관리기능과 시장 및 시장과정 등을 더욱 집적시키고 있다. 상파울로는 한때 브라질의 수도였던 리우데자네이루와 현재의 수도인 브라질리아, 리우 등의 중심축으로부터 상업과 금융기능을 빼앗아 막강한 힘을 보유하고 있다. 이러한 사례들은 세계적으로 통합된 초국적 공간체제가 형성과정에서 부각되는 일부일 뿐이다.

따라서 세계도시들에서 현저히 나타나는 세계시장 지향성은 당연히 도시의 배후지 및 해당 국가와의 접합에 커다란 의문을 던져 주고 있다. 전통적으로 (대)도시는 전형적으로 그들이 속한 지역경제에 깊이 뿌리내려 왔고, 지역경제의 특성을 반영해 왔나. 그러나 세계경제에서 전략적 입지를 지닌 도시들은 부분적으로 그들이 속한 지역과 분리되는 경향이 뚜렷하다. 오늘날 인간 삶의 핵심공간인 도시간에 새로운 불균형과 부조화를 야기하는 두 가지 경향이 도시체계의 지리와 그 특성에서 가시화되고 있음을 알 수 있다. 그 하나는 초국적 차원에서 도시간의 접합이 심화되고 있다는 점이다. 이는 지역적 그리고 세계적 차원에서 분명히 드러나고 있다. 지리적으로 중첩된 접합이나 하나 이상의 차원에서 작용하는 중첩된 계층이 존재한다는 것이다. 일국적 도시체계 혹은 계층에 속하면서 초국적인 유럽체제와 범세계적 차원의 체제에 속한 파리나 런던 같은 도시들이 존재한다는 것이다. 반면에 이러한 계층에 속하지 않는 도시나 지역들은 한계지역으로 전락하거나 과거보다 더욱 더 주변부화되고 있다(Sassen, 1994:52). 이것이 세계화의 또 다른 측면으로, 선진국과 개도국 모두에서 갈수록 증가하고 있는 중심성과 주변성의 대조적 발전양상은 누가 세계화의 승리자와 실패자인가를 가시적으로 드러내 주고 있다.

3. 세계경제의 내파: 세계도시의 구조변동

선진국, 후진국을 불문하고 새로운 중심성의 지리를 대변하는 세계도시는 세계적 경제순환의 공간적 시종점이 되고 있다. 세계도시는 도시지역간에 새로운 불균등을 야기하는 진앙지일 뿐 아니라, 확대된 자본순환을 내부적으로 파열시키며 새로운 사회경제적 불균형을 가장 극명하게 공간적으로 응축시키는 장소이기도 하다. 바로 세계화의 내적 모순과 갈등은 그 어떤 지역보다 세계적 대도시에서 심각하고 깊어지고 있다는 것이다.

위에서 이미 언급하였듯이, 1980년대 초 이래 세계경제에서 급속히 용량과 도달범위를 확대해 온 세계도시의 독특한 역할과 관련된 두 가지 진행과정의 상호작용에 초점을 맞추어 논의를 시작할 수 있다. 첫 번째의 진행과정은 경제활동의 세계화가 급속히 확대되고 이러한 전개양상은 국제적 거래규모와 업무의 복잡성을 증폭시켰고 다국적 기업의 본사기능의 성장과 특히 선진 기업서비스와 같은 생산지원서비스 부문의 성장을 촉진시켰다는 것이다. 두 번째 과정은 모든 산업조직에서 정보 및 고차서비스의 기능이 확대되고 있다는 것이다. 이에 따라 광공업에서 금융 및 소비자서비스에 이르기까지 모든 산업부문에 걸쳐 기업의 서비스에 대한 수요가 크게 늘어났다. 도시는 기업서비스를 생산하는 주된 장소이다. 따라서 모든 산업조직에서 서비스의 역할증대는 1980년대 도시성장에 큰 영향을 미쳤다 (Sassen, 1998:203-207). 그 결과 과거의 전형적인 제조업 지향의 업무핵을 대체하는 금융과 고차서비스 활동의 새로운 도시경제의 핵이 형성되는 것을 관찰할 수 있었다.

주요 국제업무 중심지 역할을 수행하는 세계적 대도시에서 이러한 새로운 핵의 규모와 힘, 그리고 이윤 수준을 보면, 새로운 도시경제의 변화를 쉽게 파악할 수 있다. 이는 최소한 두 가지 측면에서 살펴볼 수 있는데, 우선 이러한 도시들은 비록 오랫동안 업무와 금융의 중심지였지만, 1970년대 말 이후 업무와 금융부문의 구조가 극적으로 변하였을 뿐 아니라, 이러한 부문의 전체 규모와 도시경제에서 차지하는 비중이 급속히 높아졌다. 또한 새로운 금융 및 서비스지구의 급성장은 특히 국제금융부문에서 새로운 경제체제로 간주될 수 있는 지배구조를 창출하였다. 이러한 부문은 도시경제의 극히 일부분을 차지하고 있지만 경제를 주도하고 있다.

전문화된 고차서비스업과 금융부문은 전통적인 산업부문보다 이윤창출능력이 월등하다. 이는 도시경제의 대부분을 황폐화시키는 결과를 초래하고 있다. 예컨대 최고급 레스토랑과 호텔과 같은 국제화된 부문은 그 사업활동에서 얻는 높은 이윤 수준으로 인해 공간 및 투자경쟁에 있어 다른 부문보다 우위를 갖게 된다. 때문에 많은 다른 부문들은 상당한 쇠퇴 혹은 대체를 겪고 있다. 예컨대 국지적 수요에 부응하던 근린상가는 새로운 고소득 도시 엘리트집단을 겨냥한 고급 부티크나 레스토랑으로 대체되는 것이다.

데이비스(M. Davis)는 로스엔젤레스를 사례로 이러한 건축을 '요새(要塞)건축'이라고 부르고 있다. 세계도시에서는 빈부 격차가 증가하고 부자와 가난한 자의 신체적 거리가 줄어들고 있다. 한편으로 이러한 분리를 유지하기 위해 정교한 조치가 취해지고 있다. 요새건축에서는 사적 주택뿐 아니라 상업센터와 공공건물들이 폐쇄되고 들어갈 수 없는 외부를 만들어 냄으로써 자유롭고 열린 환경을 내적으로 만들어 내고 있다. 도시 계획과 건축에서 이러한 경향이 강화됨으로써, 개방적이고 프로그램화되지 않은 사회적 상호작용을 가능케 하는 전통적 공공공간이 크게 쇠퇴하는 독특한 양상이 나타나고 있다(Davis, 1990).

비록 규모의 수준은 다르지만, 이러한 경향은 1980년대 말 이래 세계시장에 본격적으로 통합되기 시작한 개도국의 많은 대도시들에서도 나타나고 있다. 상파울로, 부에노스아이레스, 방콕, 타이베이, 멕시코 시티, 서울 등이 그 예이다. 또한 이러한 도시들에서 새로운 도시 핵은 금융시장의 규제완화, 금융 및 전문 서비스부문의 급성장, 그리고 세계시장으로의 통합 등에 의해 부상하고 있다. 주식시장의 대외개방과 공기업의 민영화는 이러한 접합에 결정적으로 작용하는 제도적 장치가 되고 있다(Sassen, 1994:55).

오늘날 새로운 도시경제는 여러 측면에서 구조변화와 이에 따른 다양한 문제점을 유발하고 있다. 특히 세계도시와 대도시 지역에서 그 증상이 훨씬 뚜렷한데, 전통적인 산업부문은 도시경제의 운영과 도시민의 일상적인 필요를 충족시켜 주는데 유용하였으나, 금융과 전문화된 고차서비스 부문이 막대한 이윤을 창출하는 상황에서는 그 존재기반을 위협받고 있다. 서로 다른 산업부문간 이윤창출 능력에 있어 심각한 양극화 현상은 사실 오래 전부터 있어 온 일이다. 그러나 현 단계의 상황은 그 파급효과가 훨씬 크며, 주택시장에서 노동시장에 이르기까지 다양한 시장기제에 심대한 왜곡을 가져오고 있다. 예컨대 외환 딜러나 국제변호사와 같은 초국적 엘리트의 봉급이 비정상적으로 급속히 상승하고 육체노동자나 단순사무직의 임금은 급격하게 하락하고 있다. 나아가 수많은 부동산 개발업자들이 저소득층 주택건설을 포기하고 고소득의 전문직 종사의 고급주택만 지어서 주택가격을 상승시키는 과정을 목도할 수 있다. 국제부동산 시장의 빠른 성장은 이러한 불균등을 더욱 더 악화시킨다. 즉, 뉴욕 중심부 맨해튼의 부동산 가격은 뉴욕시 다른 지역의 부동산 가격보다는 런던이나 도쿄, 프랑크푸르트의 부동산 시장과 더욱 긴밀히 연계되어 있다. 새로운 성장산업의 높은 이윤창출능력은 상당부분 부동산 투기활동에 의존하고 있음은 두말 할 나위가 없다. 이러한 의존도는 1980년대 부동산과 금융산업의 비정상적인 높은 이윤발생으로 말미암아 1990년대에 이미 위기로 표출되었다. 그러나 부동산과 금융산업의 위기도 이러한 부문의 근본적인 역동성을 바꿔놓지 못하고, 이윤수준을 투기적 단계에서 좀 더 합리적 단계로 하향 조정하는 데 그쳤다. 경제에서 이윤수준의 양극화 현상과 그 동태는 세계도시라는 장소에 남아 있고, 다양한 측면에서 시장을 왜곡하고 새로운 갈등을 야기하고 있다.

따라서 오늘날 세계화 과정이 응축되고 있는 세계의 주요 도시들에서는 경제적 불평등이 급격히 상승하고 있다. 우리는 경제공간적 차원에서 파악한 것과 마찬가지로 사회공간적 차원에서도 이러한 경향의 연장선을 발견할 수 있다. 다시 말해 고도로 발전한 선진 산업국의 거의 모든 대도시에서 비공식경제가 회귀하고 있으며, 노숙자(homeless)와 실직자가 대량으로 확대되고 있는 동시에 고소득층 위주의 산업 및 거주재활성화가 추진되고 있다(Ernst, 1993). 이와 같은 사실에는 단순히 양적 차원에서 세계화에 의한 불평등이 증가하는 것에 그치지 않는, 경제적 구조조정에서 새로운 사회형태가 출현하고 계급재편과정이 진행되고 있음을 알 수 있다.

1970년대 중반 이후 경제활동의 사회적, 경제적 전환은 특히 대도시 노동시장에 특수한 존재양식을 창출하고 있다. 무엇보다도 고용구조상 직업 및 산업부문의 균형이 변하고 있다. 이것은 소득수준, 고용안정, 지역 내 노동자에게 유효한 경력형태 등 직업특성의 혼합에 영향을 주고 있다. 수요측면에서 이러한 전개는 이른바 유연성의 확대를 의미하는 시간제 근무와 임시직의 증가와 연결되고 있다. 다른 한편으로 공급측면에서는 만성적인 대량 고실업과 노동시장에서 최약자 집단의 불안정과 주변화가 확산되고 있다(Mingione, 1996; Schneider-Silwa, 1996). 노동시장상의 수급구조의 변화는 도시 핵심지에서 가장 강력히 작용하며, 이것은 한편으로 직업의 임시고용화(casualization) 혹은 비공식화를 유도하고, 다른 한편으로 새로운 형태의 사회적 분화를 가져오며 고용 불평등을 심화시키고 있다. 그러므로 오늘날 주요 대도시의 노동시장에서는 고용관계가 점차 단기화되고 있다. 의류교역, 소비자서비스, 역사적으로 대량생산과 관련된 무역 등과 같은 패션지향산업이든 아니면 최근의 투기적 금융서비스산업이든, 모두 경쟁적이고 또한 극히 불안정한 시장에서 작동하고 있다. 이렇게 불안정한 활동들은 유동적인 노동시장을 통해 쉽게 고용조정을 행할 수 있는 대도시를 특히 선호하고 있다. 다른 한편으로 공급측면에서 높은 회전율을 투기적 이민자들, 특히 보다 폐쇄적 고용부문으로의 접근이 어려운 소수민족 출신의 이민집단과 고용의 안정성에 상대적으로 낮은 우선순위를 부여하는 젊은 독신 노동자들에게 도시의 매력을 높이는 역할을 한다. 무엇보다도 제3세계 출신의 대규모 이민노동력의 존재 여부는 하층 노동시장의 임금수준과 그것이 생활비와 도시경제 활동의 경쟁력에 대해 갖는 의미뿐 아니라, 노동시장의 분절화 패턴을 잘 반영한다. 이민자와 소수민족 집단은 오늘날 뉴욕과 도쿄와 같이 세계도시에 가장 뚜렷이 집중되고 있다(Henning, 1996). 이는 세계 경제체제의 핵심에 위치한 대도시의 내부에 주변부가 재생산되고 있음(peripheralization at the core)을 보여 주는 것이나. 제3세계에서 유입된 노동자들은 세계도시 내에서 사회계층의 밑바닥인 기층을 형성하며 주변국에서와 별반 차이가 없는 열악한 조건에서 살아가고 있다. 직업상의 건강, 안전, 환경, 그리고 법률적 배려가 전무한 것은 두말 할 나위가 없다.

세계도시에서 경제성장과 더불어 확대되고 있는 저임금 고용은 자본과 노동관계의 재조직화를 함축하고 있다. 그 영향을 살펴보기 위해서는 직업의 특징과 부문별 입지를 구분해야 할 것이다. 왜냐하면 대단히 동태적이고 또한 기술적으로 발달한 산업부문일지라도 저임금의 밑바닥 직업들을 포함하고 있기 때문이다. 더욱이 부문별 특성과 그 성장패턴을 구분하는 것은 중요한데, 쇠퇴하는 제조업이나 저임금 서비스직업 등 정체부문은 고도로 발달한 경제체제 내에서 성장의 보완적

일부분일 수 있다. 같은 맥락에서 금융과 고차서비스 부문 등 현재 성장하고 있는 산업들은 대부분 보수가 좋고 건사한 사무직 고용으로 이뤄져 있다고 생각되나 실제로는 청소부에서 주식사무원에 이르기까지 저임금 고용 또한 상당한 높은 비중으로 안고 있다.

그동안 비공식부문은 제3세계 도시들에서만 출현하는 것으로 여겨졌으나, 오늘날에는 뉴욕, 파리, 암스테르담, 함부르크 등 선진국의 주요 대도시에서도 비공식 노동이 급격히 성장하고 있다. 물론 쇠퇴하는 제조업 부문이 비공식화의 실례이며, 또한 비공식 부문의 중요한 구성요소가 되고 있다. 비공식 부문에서 생산되는 상품과 서비스의 순환에는 두 개의 서로 다른 작동영역이 존재한다. 그 하나는 내부적으로 순환하며, 대체로 구성원의 수요를 충족시키는 영역으로, 예컨대 이민집단들의 공동체에서 이들의 수요를 충족시키기 위해 이민자들이 소유한 소규모 상점이 있을 수 있다. 또 하나는 공식적 경제부문 전체를 순환하는 것이다. 이 두 번째 영역에서 비공식화는 직접적인 이윤극대화 전략을 대표하는데, 이는 하청, 영세착취공장, 가내하청업, 또는 상품과 서비스의 직접적인 인수를 통해 이뤄질 수 있다. 제조업의 쇠퇴뿐 아니라 특정 고객을 대상으로 하는 소비자서비스의 성장으로 인해 공공 또는 민간의 대량 소비자서비스 역시 점차 쇠퇴하고 있다. 그래서 오늘날 세계도시에서는 몇 가지 경향이 결합하여 비공식화가 폭넓게 유도되고 있다. 이러한 경향으로는 고소득층의 확대로 인한 고가의 주문서비스와 상품에 대한 수요증가, 저소득층의 확대로 인한 초저가 서비스 및 상품에 대한 수요증가, 주문서비스와 상품 또는 하청의 성장으로 최종 또는 중간 단계 기업의 제한 조업에 대한 수요, 주도적인 산업부문의 급속한 성장과 강력한 집중패턴으로 인한 기업의 토지입찰 능력상 불평등의 심화, 주도적인 산업부문과 고소득 근로자들 등을 포함한 다양한 기업과 인구집단의 낮은 이윤율을 갖는 기업에서 생산하는 상품과 서비스에 대한 수요증가 등이다. 이들 기업은 지대와 생산비의 상승으로 점점 생존조차 어려워지고 있다. 오늘날 최종 및 중간 소비로의 전환과 기업과 가구의 경쟁력에 있어 불평등의 심화는 광범위한 경제활동에 있어 비공식화를 초래하고 있다. 비공식 경제는 비용을 줄이기 위한 기제로 출현하였으나, 이제 비공식 경제가 필요치 않는 기업과 가구에서도 나타나고 있는 것이다(Sassen, 1994:107; Sassen, 1997).

이미 언급하였듯이 고소득과 저소득 직업이 집중되어 있는 산업부문의 급속한 성장은 소비구조상 뚜렷하게 구분되며, 이것은 다시 노동조직과 새롭게 창출된 직업의 형태에 영향을 미치고 있다. 오늘날 세계도시에서는 거의 예외 없이 새로운 문화양식의 출현과 함께 고소득 노동력의 확대로 방대한 저임금 노동자의 유용성에 의존하는 고소득 도심회귀(gentrification) 과정도 관찰되고 있다. 고소득층의 도심회귀는 그 성격상 노동집약적이다. 이는 자본집약적 과정, 예컨대 교외집단주택, 도로와 고속도로 건설, 개인승용차나 통근열차 중심의 교통체계, 모든 종류의 가구와 가재도구에 대한 신뢰, 셀프서비스의 대형 쇼핑몰로 표현되는 전형적인 중간계급의 교외화 등과는 대조를 이루는 것이다. 고소득층의 도심회귀는 자본집약적인 상당 부분을 직·간접적으로 노동자로 대체하고 있다(Hamnett, 1994; Sassen, 1994:114).

현재 세계적 대도시의 다양한 발전은 세계경제의 근본적인 변화와 무관할 수 없다. 경제의 중요한 추동력이었던 대량생산의 후퇴에 기여한 경제적, 정치적, 그리고 기술적 힘들은 고용관계를 형성하는 광범위한 제도적 틀에 커다란 변화를 가져오고 있다. 1980, 90년대에 이르는 경제를 주도한 일련의 서비스산업은 소득규모의 확대, 직업의 분화, 노동조합의 약화, 고소득 직업의 증가와 함께 보호받지 못하는 저임금 직종의 확대로 특징지워진다. 특히 고용관계를 형성하는 제도적 틀은 이전과는 전혀 달리 조형되고 있다. 이 새로운 틀은 사회적 재생산과 소비를 새롭게 만드는 데 기여하며, 이것은 다시 경제조직과 소득에 영향을 미치고 있다. 초기에 이러한 작용은 중산계급의 재생산에 기여한 반면, 최근에는 소득격차의 증가와 도시 노동시장의 임시노동자화, 그리고 소비양식의 양극화에 지대한 영향을 미치고 있다. 이점은 토지이용패턴, 노동시장의 구조, 주택시장, 소비패턴 등에서 분명히 확인된다.

세계경제, 도시, 새로운 성장부문 등에 대한 전형적인 시각은 이러한 다양한 차원을 설명하지 못한다. 세계화에 대한 일반적인 관점은 세계화가 정보화경제와 텔리메틱스를 의미하는바, 장소란 더 이상 의미가 없다고 보며, 고도의 교육을 받은 전문직 종사자에만 논의의 초점을 맞추고 있다. 세계화의 추종자들은 정보의 세계적 전송을 가능케 하는 기존 기반시설이 집중된 지역보다 전세계적인 전송능력 자체를 선호하며, 정보를 생산하는 노동자보다는 정보 산출물 자체를 선호하고, 문화환경의 다양성—예를 들어 범세계적 정보화경제가 창출하는 다양한 직종 내에서의 영역화된 이민문화—보다는 새로운 초국적 문화 자체만을 선호한다. 다시 말해 자본의 하위순환보다는 상위순환에만 초점을 두고 있는 것이다. 이처럼 제한된 시각은 세계화의 중요한 요소들이 지닌 장소구속성을 배제하고 그로 인해 세계화의 줄거리에서 국제금융과 범세계적 텔레커뮤니케이션만큼이나 중요한 활동의 전체적인 조직과 실질적 생산과정, 노동유형을 간과하고 있다.

4. 맺 음 말

세계도시는 초국적 생산 및 시장공간과 생활공간이 어떻게 발전하고 있는지를 잘 보여 준다. 이러한 발전에 비추어 볼 때, 도시를 국가의 하위단위로 보는 전통적인 시각에서 벗어나 현금의 세계경제체제가 배태하고 있는 질서원리가 무엇인지를 다시금 평가하게 해준다. 세계도시는 세계화의 과정에서 구체화되고 국지화되는 장소이다. 이렇게 국지화된 형태가 바로 세계화의 일면이다. 하지만 도시는 또한 자본의 세계화와 모순과 갈등이 첨예하게 미시생태적으로 재생산되는 장소이기도 하다. 세계화의 진행과정은 이들 도시 자체의 사회구조를 근본적으로 변화시키며, 새로운 사회공간적 불평등을 창출하고 있다. 이런 의미에서 세계도시에는 또한 바로 세계화의 지배문화뿐 아니라 이를 통해 이식되고 생산된 다양한 이질문화 및 정체성이 공존하며 각인되고 있다. 세계화란 기업경제와 새로운 초국적 시장문화뿐 아니라 새로운 이민노동자와 세계화과정에서 낙오된 한계집단의 존재양식과 문화가 어우러진 과정이라는 것을 알 수 있다. 그러므로 세계도시는 기업경제의 가치증식이 집중한, 기업의 영향력이 응축되고 결국 파급되는 장소이기도 하지만, 하위계층이 집중하여 제3의 공간(thirdspace)을 만들어 가는 세계경제의 저항공간일 수도 있다. 이러한 공존양상은 도시가 세계화의 진행과정 속에서 세계자본의 전략적 요충지가 되면 될수록, 하위계층이 증가하고 이들이 도시에서 자신들의 주장을 표출하게 될 때 더욱 극명하게 부각될 것이다. 세계도시의 중심성은 세계적 통제역량과 막대한 이윤을 창출하는 강력한 권력과 영향력을 수직적으로 집중시키는 것이다. 반면에 이 장소의 주변성은 취약한 정치적, 경제적 영향력에도 불구하고 새로운 문화와 정체성의 정치를 통해 수평적 이질성을 구조화하는 것이다. 이 양자가 삶의 공간을 담보로 하여 어떻게 전개되고 표출될 것인지는 세계화의 현실적 변화를 구체적으로 이해하는 데 중요한 관건이 될 것이다.

한국 경제자유구역의 개발배경과 동인: 인천 송도 경제자유구역을 중심으로

김준우, 안영진

세계화가 도시에 과연 어떤 영향을 미치느냐는 많은 도시 연구자들의 관심사가 아닐 수 없다. 일련의 학자들은 세계화 과정에서 시장의 역할에 크게 주목한다. Soja(2000)는 국가라는 공간 단위를 중심으로 한 과거의 국제적 분업은 초국적 기업에 의해 추진되는 경제 세계화와 새로운 정보통신기술의 발달에 의해 와해되었다고 주장한다. Ohmae(2001)는 이러한 세계경제의 통합과 정보화가 민족국가의 쇠퇴를 수반하고 있다고 지적한다. Douglass(2002)는 아시아 · 태평양 지역의 도시화를 설명하면서 세계화 과정을 통해 국제적으로 유동적인 자본을 유치하기 위해 도시들이 서로 경쟁하게 되었다고 주장한다.

다른 한편, 적잖은 학자들은 이러한 동일한 현상을 국가에 좀 더 중점을 두고서 설명하고 있다. Hill & Kim(2000)은 각 국가의 고유성을 주장하면서 세계도시론의 보편적인 적용을 비판하고 있다. 그들은 McKinnon 등(1997)과 Rosen 등(1997)의 주장을 인용하면서, 심지어 뉴욕과 같은 세계도시의 금융과 생산자서비스 부문에 있어서의 강점은 지불과 계산, 가치보전 등의 수단인 미국 달러화에 기초하고 있다고 주장한다. 이러한 미국 달러화는 미연방정부의 힘과 무관하지 않다는 것이다. 또한 Wall Street의 투자은행뿐 아니라 뉴욕 도시의 개발계획가들까지도 뉴욕의 금융 및 생산자서비스 회사가 외국시장에 접근할 수 있도록 공개적으로 워싱턴에 요청한다는 것이다(김준우, 2004:250).

Bunnel(2002)은 말레이시아의 MSC(Multimedia Super Corridor)의 사례를 들면서 세계화 시대에 있어서도 국가 차원의 제반(개입)과정이 여전히 중요하다는 점을 강조한다. 실제로는 말레이시아의 수도인 쿠알라룸푸르의 남부로의 확장 사업인 이 대규모 개발계획은 기존의 균형발전을 중시해온 말레이시아의 국토계획과 모순된다고 할 수 있다. 하지만 이 사례는 국가 계획이 세계화의 힘에 의해 무너진 사례로서 단순히 파악될 수 없다고 한다. 그는 오히려 MSC는 국가가 세계화 과정에 적극적으로 관여하고 있음을 의미한다고 주장한다. 첨단기술이 구현된 이러한 도시는 국가의 힘과 이상을 보여 주는 이른바 '국유화(nationalization)된' 장소가 된다는 것이다. 이러한 Bunnel의 분석은 국가의 의미가 공간과 지역을 통해 나타난다는 점에서 Brenner의 연구와 연결되고 있다. Brenner(2004)에 따르면, 1980년대 중반 이후 유럽의 공간정책은 이전의 분배 위주로부터 점차 벗어나고 있다고 한다. 유럽연합(EU)이나 여러 국가들이 지역에 '시장경쟁'이라는 압력을 행사하고 있다는 것이다. 시장원리에 따른 자연스러운 세계화가 아니라 국가가 지역이라는 단위(scale)에서 효율 위주의 세계화 정책을 구현하는 주체로서 막강한 영향력을 행사하고 있다는 것이다.

위에서 언급한 세계화의 작용에 대한 두 가지의 입장은 서로 상반되기도 하지만 경제적인 측면을 강조한다는 점에서는 공통점을 지니고 있다. 현재 수많은 국가에서 진행되고 있는 주요한 도시공간의 변화는 세계화와 결부된 경제적 힘에 따른 것이라고 가정하고, 이러한 경제적 힘을 발휘하는 주체가 누구이며 그리고 어떠한 방식으로 전개되는가에 관심을 기울이고 있다는 것이다. 국가의 역할을 강조하는 연구자들의 경우에도 세계도시나 첨단 정보도시가 기본적으로는 경제적 필요성에 의해 건설되고 있다고 설명한다는 것이다.

사실 도시 연구자들이 경제적 힘을 중요시하는 것은 결코 새롭거나 드문 일이 아니다. Gurr 등(1987:3)은 미국과 영국의 신보수주의적 우익과 네오 마르크스주의적 좌파 간에 묘한 합의가 있었다고 주장하는데, 이는 도시의 성장과 쇠퇴가 기본적으로 경제적 요인에 의해 이루어진다는 가정에 의존하고 있는 것이다. 이들에 따르면, 좌파는 도심의 쇠퇴를 사적 자본(private capital)이 보다 큰 이윤을 얻기 위해 도심으로부터 옮겨가는 것에 따른 결과임을 지적하고 있다. 한편, 우파에게서는 도시의 운명이 시장의 복원 기능에 맡겨져야 한다고 지적한다. 즉, 시장이 살아남을 가치가 있는 도시들을 활성화시킬 것이라는 주장이다.

물론 세계화와 도시간의 관계에서도 경제주의적 설명이 전부를 차지하는 것은 아니다. Olds(1998)는 1990년대에 시작된 30억불(캐나다 달러) 규모로 캐나다 밴쿠버 도심의 80헥타르에 달하는 Pacific Place라는 재개발 사업이 함축한 사회문화적 의미를 분석하였다. 그는 이 전형적인 도심 재개발 사업이 통상적인 경제성으로 설명되기 어렵다고 지적한다. 즉, 홍콩에 기반을 둔 초국적 부동산 기업인 리그룹(Li Group)이 무엇보다도 이윤을 추구하기 위해 국경을 넘어 투자했다고 설명하기는 어렵다는 것이다. 이 재개발 사업은 기본적으로 리그룹의 회장인 리카싱(李嘉誠)이 그의 맏아들에게 기술과 평판 그리고 자신감을 불어넣어 주기 위한 교육적 목적에서 추진된 것이었다는 것이다. 기업의 세습과정과 관련된 가족 및 회사조직 차원의 목적이 이윤 추구보다 강하게 작용했다는 분석이다.

이런 점에서 우리는 세계화와 도시간의 관계가 단순히 경제적 차원에서 충분히 이해하기 어렵다고 판단한다. 좀 더 엄밀하게 언급하자면, 세계화와 도시간의 관계는 대단히 복잡다단하다는 것이다. 앞서 논의하였듯이, 세계화의 경제적 산물로 여겨지는 많은 개발사업들이 반드시 경쟁과 이윤의 논리만을 따르고 있는 것은 아니라는 것이다. 또한 이러한 사업들이 미치는 영향도 도시에 따라 다양할 수 있는 것이다. Marcuse 등(2000)이 지적하였듯이, 세계화가 공간적 형태로 자동적으로 변환된다고는 할 수 없다.

하지만 그동안 우리나라에서는 이 주제를 둘러싼 다양한 논의가 있었지만, 지나치게 일반화된 맥락에서 진행되어 왔다고 할 수 있다. 따라서 무성한 토론 속에서 세계화의 영향에 대한 구체적인 분석을 결여하였다. 이런 의미에서 본 연구는 경제 세계화의 담론과 더불어 이를 구현하는 대형 개발사업으로서 주목을 받아온 인천 송도 경제자유지구를 사례로 하여 세계화와 도시간의 관계, 즉 세계화에 대응한 송도 경제자유지구의 개발의 배경과 동인, 그리고 그 함의를 실증적으로 탐색해 보고자 한다. 이 글은 먼저 송도에 대한 개략적인 소개에 이어 송도 경제자유지구의 개발이 지닌 의미와 맥락들을 하나하나 자세히 검토하고 설명해 보고자 한다.

1. 송도 경제자유지구 개관

2002년 11월 14일 국회를 통과한 '경제자유구역의 지정 및 운영에 관한 법률'에 따르면, '경제자유구역'이라 함은 외국인 투자기업의 경영환경과 외국인의 생활여건을 개선하기 위하여 조성된 지역(로앤비, 2004)이다. 국가 및 지방자치단체는 경제자유구역에 입주하는 외국인 투자기업에게 세금감면, 부지조성, 토지 등의 임대료 감면, 의료시설 · 교육시설 · 주택 등 편의시설 지원, 외국어 공문서 처리 등의 혜택을 줄 수 있다(김준우, 2004).

송도는 인천의 경제자유구역 중 하나의 지구이다. 재정경제부 경제자유구역 위원회에 의해 2003년 8월 우리나라에서 최초로 지정된 경제자유구역이 인천 경제자유구역이다. 총 면적이 209km^2(약 6,336만평)에 달하며, 송도(약 1,611만평), 영종(약 4,184만평), 청라(약 541만평) 등 세 개의 경제자유지구로 이루어져 있다. 사업기간은 2003년에서 2020년까지이며, 기반시설 조성비로 147,610억원이 투입될 것으로 계획되어 있다(인천경제자유구역청, 2005).

오는 2009년 영종도와 인천대교로 연결될 송도 신도시는 인천 앞바다인 연수구 동춘동 일대를 매립해 조성되는 대규모 단지이다(그림1 참조). 송도지구는 인천시 남단의 연수택지개발지구와 남동공단 앞 해상에 건설되며, 인천 도심과는 약 8km, 서울 도심과는 약 30km 떨어진 지점에 위치하게 된다(인천광역시, 2003). 송도신도시는 원래 인천 기존 시가지내 개발가능지 부족으로 매립이 추진되었다. 바다매립은 1994년 7월에 시작되었다.

송도의 특징은 엄청난 예산을 투여해서 만드는 국제도시라는 것이다. 2002년 투자계약을 체결하여 1공구일대에 비즈니스센터와 부대시설을 건립하고 있는 게일(Gale)사의 CEO이며 국제업무를 맡고 있는 John B. Hynes에 따르면, $183billion의 건설비용이 들어가는 송도는 말레이시아의 사이버자야에 들어가는 비용인 $17billion보다 훨씬 규모가 크다. 홍보책자들에 따르면, 송도신도시는 베네치아를 모방한 6km의 운하와 파리의 거리풍경, 시카고를 모델로 삼은 부두, 미국 동부 사립 고등학교에서 영감을 얻은 학교들을 갖추고, 하버드대의 의료서비스를 제공할 것이다. 한국정부의 입장에 의하면, 송도 신도시는 중국으로 향하는 야심찬 관문들 중 하나로 싱가포르 등과 경쟁하게 된다(뉴스위크, 2004).

그림 1. 송도신도시 주변교통망

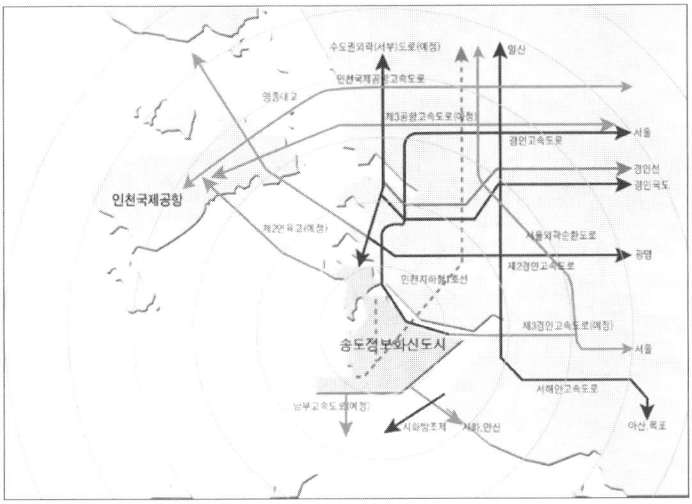

출처: 연수구청, 2004. http://www.yeonsu.go.kr/korea/econo/songdo_index.html 7월 27일 접근.

2. 세계화에 대한 대응: 송도 경제자유지구 개발의 배경과 동인

그렇다면, 송도 경제자유지구의 개발이 함축하는 것은 무엇인가? 송도 경제자유지구는 기본적으로 외국자본으로 대표되는 시장에 의해 세계화가 자동적으로 실현되었다기보다는 세계화에 대한 한국 정부의 대응이라는 성격을 띠고 있다고 볼 수 있다. 한국에서 경제자유지구에 대한 논의가 시작된 것은 1990년 중반이었다. 1990년대 중반에 중앙정부의 정책 차원에서 '세계화'의 추진 과정에서 일부 논의가 있었다. 1990년대 말에는 제4차 국토종합개발계획을 수립하면서 동북아 거점에 대한 논의가 이루어졌다(인천경제자유구역청, 2005).

특히 제4차 국토종합계획은 송도 경제자유지구의 개발이 우발적인 사건이 아니라 세계화에 대한 체계적 대응차원에서 검토되었다는 점을 알 수 있다. 2000년에서 2020년까지의 20년을 계획기간으로 삼고 있는 제4차 국토종합계획은 이전의 계획에 비해 크게 다른 내용을 다루고 있다. 그것은 다름 아닌 수도권의 국제기능 강화와 세계도시로의 발전기반 구축이라는 세계관을 담고 있다는 것이다. 이전의 국토개발 계획은 소규모 중소도시 육성이나 서울을 대치할 중심지를 지방에 확보하는 방식을 취하였다.

제4차 국토종합계획에 따르면(대한민국정부, 2000:26), 국제기능의 수행을 위한 수도권의 물적 기반 조성, 전문 서비스산업의 육성과 서울의 국제 금융 · 교역 · 업무 및 문화교류 기능을 강화하고 다국적 기업의 거점화하는 세계도시로의 개발이 언급되어 있다. 이에 따라 영종도와 인천은 국제 물류 · 수송 · 정보 및 첨단기술 수용에 있어서 거점 기능의 수행이라는 역할이 부여되어 있고, 구체적으로는 인천국제공항과 연계한 공항 배후도시, 송도 미디어밸리 조성 등이 적시되어 있다. 이러한 계획 수립의 배경이 되는 여건 변화로서는 세계경제의 자유화를 들고 있다(김준우, 2004:255).

앞서 언급하였듯이, 과거의 시장주의적 시각이나 국가주의적 시각은 세계화와 도시간의 관계를 지나칠 만큼 단순하게 파악했다고 사료된다. 즉, 경제적 요인이 기본적 동인이라고 생각하고 있는 것이다. 시장주의적 입장에서 볼 때, 송도경제자유지구와 같은 이른바 '거대사업'(mega-project)은 세계화에 따른 치열한 도시경쟁이 낳은 결과이다. Douglass(2000)는 이러한 거대사업은 초고층 업무지구, 허브(hub) 공항, 초대형 컨테이너 부두, 고속철도 등 갖가지 형태로 존재한다고 지적한다. 그는 아시아에서 홍콩의 첵랍콕 공항, 쿠알라룸푸르의 SMC, 상하이의 푸동 개발을 그 대표적인 예로 들 수 있다고 한다.

초국적 자본으로 대표되는 시장이 각 도시의 개발형태에 지배적인 영향을 미쳤다는 주장뿐만 아니라 국가의 역할을 중요시하는 입장 역시 단순하기는 마찬가지이다. 국가가 자국 경제의 경쟁력을 강화시키기 위해 시장에 개입한다는 가정을 전제하고 있기 때문이다. 세계경제 지도를 그리는데 국가는 여전히 유효하다는 Dicken(2003)은 이러한 입장을 잘 대변하고 있다.

하지만 우리는 한국 정부의 송도 경제자유지구 추진이 일차적으로 비교우위라는 경제적 이유 때문이라고 생각하지 않는다. 바꿔 말하자면, 세계화와 도시 간의 관계가 단순하게 경제적 원인에 의해서 결정되지 않는다는 것이다. 이러한 판단의 근거들을 진술하면, 다음과 같다.

먼저, 송도 경제자유지구는 초국적 자본의 경제적 요구를 고려하지 않은 사업이라는 것이다. 앞서 언급한 것처럼, 경제자유지구의 추진은 중앙정부의 선언으로 시작된 사업이다. 인천경제자유구역청(2005)에서 제공하는 백서를 보아도 투자의 주체가 될 초국적 기업들의 의견을 묻는 과정은 보이지 않는다.

전국경제인연합회(2002)가 주한 외국기업 61개사를 대상으로 실시한 '경제특구의 실효성에 관한 주한 외국 기업인 인식조사'는 의미하는 바가 크다. 동아시아 주요 경쟁국별 입지조건에 대한 종합 경쟁력은 최우수 지역인 싱가포르를 100으로 할 때, 홍콩(75.0), 상해(73.5), 한국의 경제특구(54.4), 말레이시아의 탄정(16.2) 순으로 나타났다. 현 시점에서 경제특구에 입주할 의사가 없거나 미정이라고 응답한 기업이 95%(57개사)로 나타났다. 입주 의사가 있다고 밝힌 업체는 5%(3개사)에 불과한 실정이다.

한국의 역사적 경험에 비추어 볼 때, 세계화에 따른 자본의 움직임은 인천보다는 서울이라는 공간에서 두드러지게 나타났다. Hong(2003)은 IMF 외환위기 이후 외국자본의 직접투자(FDI)를 분석하였다. 그는 먼저 1997년을 기점으로 국내로 유입되는 외국 자본이 폭발적으로 늘었다는 점을 잘 보여준다. 외환위기 후인 1998~2000년 사이에 투자액은 1962~1997년 사이의 투자 금액과 비슷하다는 것이다. 그에 의하면, 두 기간의 지역별 투자분포를 비교해 볼 때 외환위기 이후 가장 큰 수혜자는 서울이라고 한다. 서울의 비중은 외환위기 이전 기간의 29.6%에서 이후에 34.5%로 증가하였다. 이러한 서울의 증가는 서비스 분야의 집중에 기인한다고 볼 수 있다. 외환위기 이후 기간 동안 서울은 보험에서 100%, 은행과 기타 금융서비스에서 89.6%, 해외무역에서 87.9%, 부동산업에서 79.8%를 차지한다. 박영철(홍성웅, 2001:101에서 재인용)이 제시한 1962년부터 1999년까지의 산업별 시도별 외국인 투자의 누계 역시 비슷한 경향을 드러낸다. 서울은 서비스업에서 금액 기준으로 62.4%를 차지하고 있다. 반면, 인천은 금액 기준으로 2.3%이다. 이는 부산의 3.9%, 대전의 6.6%에도 못 미치는 낮은 수치이다. 이는 고급 기업서비스인 소위 FIRE(finance, insurance and real estate: 금융, 보험, 부동산업) 분야가 세계적 대도시에 집중된다는 세계도시론의 기본적인 주장과 유사하다. 이기석(2001)은 재경부의 1999년 1월 31일까지의 시도별 외국인 투자유치 실적(본사 소재지 기준)을 분석하여 전체의 94%가 서울에 집중하고 있다고 지적하고 있다. 서울 시내에서는 강남구와 중구, 그리고 종로구가 주요 집중지이다. 그는 외국 기업체들의 지역적 선호지역이 세계도시의 특성을 갖춘 지역에 집중하고 있다는 점을 밝히고 있다.

오히려, 송도 경제자유지구의 추진 과정은 국가조직의 이익 추구를 반영한다.

송도 경제자유지구를 통하여 국가가 얻는 이익으로는 몇 가지가 있다.

첫 번째는 상징적 정당성의 확보이다. Olds(2001)가 언급한 것처럼, "세계화가 지니고 있는 위협"에 대처하는 사업을 벌인다는 당위성의 확보이다. "위대한 사업을 수행하는 것보다 군주를 위엄 있게 하는 것은 없다"는 마키아벨리의 표현을 상기시켜 볼 수 있다.

두 번째는 막스 베버(Max Weber)가 자주 언급한 관료제 조직의 이익이다. 재정경제부는 조직도에 '경제자유구역기획단'을, 인천광역시는 '인천경제자유구역청'을 조직도에 추가시켰다. 직제와 인원의 확장보다 더 중요한 부분은 행정 권력의 유지 및 확대이다. 송도 경제자유지구에서는 세계화를 위한 개방의 속도와 폭, 그리고 주도권을 중앙정부가 계속 유지하겠다는 의지를 찾아 볼 수 있다(김준우, 2004).

세 번째는 개발과 관련한 지지 기반의 확보이다. 성장기제(growth machine)이론에서처럼 토지가 개발의 주된 원인은 아니지만, 결과적으로 토지사용을 통한 이익이 발생하였고, 이는 국가를 둘러싼 지지 기반층을 형성한다. 2005년 10월 6일 윤호중 의원이 배포한 자료를 보면, 이때까지 9개 건설사가 송도국제도시 내 32만 1351평의 택지에 분양한 아파트를 분석한 결과, 평균 분양가를 800만원으로 추정할 때, 추정 분양가 총액이 3조 80억원이다. 그는 아파트 분양을 통해 9개 건설사가 1조 2,900여억 원의 개발이익을 챙겼다는 의혹을 제기하였다(한겨레, 2005).

이러한 지지 기반층 가운데 하나가 인천 시민이다. 인천 시민들은 분양과정에서 우선적인 권리를 가질 수 있다. 또한 세 개의 경제자유지구들과 관련된 여타 도심정비사업의 수혜자가 될 수도 있다. 인천광역시(2005)가 밝히듯이 "인천대교 접속도로, 제2 외곽순환도로, 인천 지하철, 수인선, 제3 경인고속도로 등의 광역 도로망은 모두 인천 경제자유구역 밖에 있는데, 이것은 인천의 개발계획과 함께 맞물려 진행될 수밖에 없는 사업"인 것이다.

인천시민들의 경우 부동산 관련 이익이 있지 않더라도, 토지개발과 연관된 인천시의 경제발전에 대한 기대를 가질 수 있다.

세계도시와 문화적 다양성: 서울의 사례연구

설 동 훈

20세기 중엽 이후 세계 각 지역의 경제는 더욱 급속히 점차 하나의 세계경제체계로 통합되고 있다. 자본은 국경을 넘어 자유로이 이동하고 있다. 실시간 정보전달을 가능하게 하는 정보통신기술의 발달로 '거리'(distance)는 그 중요성이 점차 약화되고 있다. 그래서 일부 학자들은 전지구적인 실시간 정보통신과 세계경제의 상호연계성이 장소의 의미를 약화시키고 도시의 해체를 초래할 것으로 예측하였다. 이러한 예측은 유럽 · 북미 등의 제조업 중심 도시의 쇠퇴를 설명하는 데는 적절하다. 왜냐하면 제조업체들이 아시아 · 중남미 및 기타 제3세계 나라로 옮겨가면서 경제적 쇠퇴를 경험하고 있기 때문이다.

그러나 뉴욕 · 런던 · 도쿄와 같은 도시는 결코 쇠퇴하지 않았을 뿐 아니라, 오히려 부와 권력이 더욱 집중되면서 성장을 거듭하고 있다(Sassen, 1994). 세계경제의 구조재편에 따라 생겨난 전지구적 조립라인(global assembly line)을 관리하고 통제하는 기능은 특정 대도시로 집중되었다. 금융 · 정보통신 · 연구 · 개발의 중심지로서 이미 제반 환경이 갖춰진 도시들이 그 역할을 수행하였다. 즉, 제조업은 세계 도처로 분산되고 있지만, 은행 · 금융, 기업의 기획 및 관리부문은 몇몇 도시에 점점 더 집중되고 있다. 이러한 도시를 세계도시라 한다.

세계도시는 금융 · 재정 · 행정 · 전문서비스 및 고도기술을 이용한 생산이 집중되는 중심지로서(Sassen, 1991, 1994, 1998; Friedman, 1986, 1993; King, 1990; Hall,

1984), 초국적 기업의 본사가 자리잡고 있으며, 세계경제의 주요 의사 결정이 이루어지는 곳이다. 프리드만(Friedman, 1986)은 세계도시를 전지구적인 생산과 시장체계가 공간적으로 접합된 곳으로 정의하면서, 그것을 파악하기 위한 준거로 국제금융 중심지, 초국적 기업의 본사 소재지, 국제기구의 사무국 소재지, 사업서비스 부문이 급격히 성장하는 곳, 핵심 제조업의 중심지, 주요 교통의 결절, 대규모 인구 등을 꼽고 있다.

사센(Sassen, 1991)은 "공간적 분산과 세계적 통합이 결합됨으로써 세계의 주요 도시들은 새로운 전략적 역할을 담당하게 되는데, 세계경제를 통제하는 기능이 집중된 지역, 금융 및 전문 서비스 기업의 핵심적 입지, 첨단산업의 혁신을 주도하는 생산의 장소, 이러한 생산제품이나 혁신의 소비시장 등 네 가지 측면의 중심지로서 새로운 기능을 수행하게 된다"고 주장하였다. 몇몇 대도시에 전지구적 자원에 대한 통제력이 집중되었고, 금융과 전문서비스업은 그 도시의 사회 · 경제적 질서를 재편하였다. 그 결과 새로운 유형의 도시가 출현하게 되었다. 그것이 '금융 · 재정 · 행정 · 전문서비스 및 첨단 신기술 산업의 중심지'로서의 세계도시다. 〈그림 1〉은 세계도시가 국제자본이동과 국제노동력이동이 세계 여러 국가의 중심

그림 1. 세계도시 형성의 사회적 과정

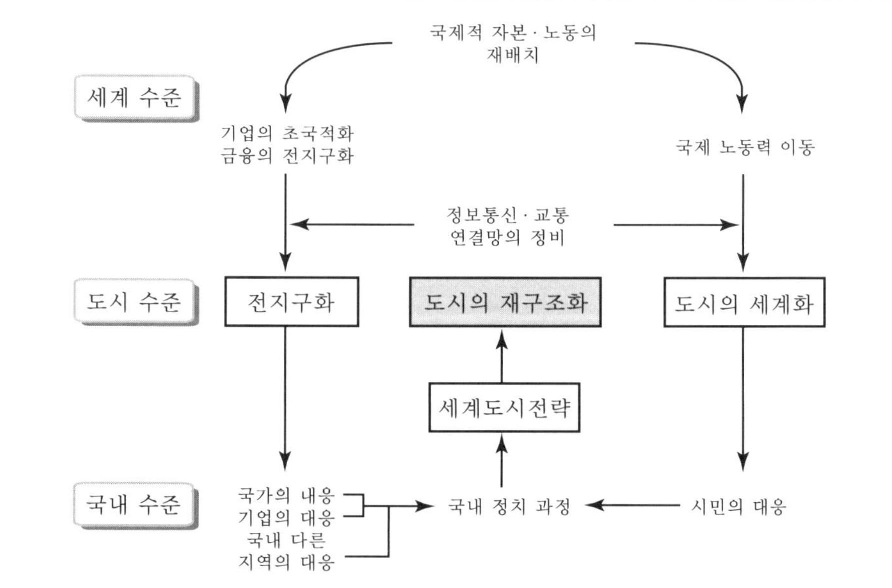

자료: 町村敬志(1992:126); 설동훈(2000:22).

도시에서 발현된 현상임을 예시하고 있다.

사센(Sassen, 1994)은 세계경제를 대략 40개 '세계도시'의 네트워크로 개념화한다. 세계도시에는 세계시장을 지향하는 초국적 기업의 본사나 전문기업서비스, 그리고 금융기관 및 은행 등 자산관리기관들이 집중되어 있다. 그러나 여러 세계도시들이 모두 똑같은 역할을 수행하는 것은 아니다. 세계도시들의 네트워크는 계층구조를 이루고 있다. 뉴욕 · 런던 · 도쿄 · 프랑크푸르트 등은 최고의 전문가들과 정보인프라가 구비되어 있기 때문에 최상층을 점하고 있다. 서울 · 홍콩 · 방콕 · 쿠알라룸푸르 · 마닐라 등 그 아래 층위에 있는 나머지 대부분의 세계도시들은 각국가 내의 외국자본을 관리하고, 자국의 자본을 세계경제로 끌어내는 역할을 수행한다.

한편, 세계도시에 살고 있는 외국인의 직종은 전문기술자와 단순노동자로 양극화되어 있다. 먼저, 전기 · 전자 · 컴퓨터 · 정보통신 등 신기술을 활용한 제조업과 금융 · 재정 · 행정 · 의료 · 보건 · 교육 등 전문 서비스 부문이 확대됨에 따라 고학력 노동자와 외국인 고급기술인력이 세계도시로 집중되고 있다. 초국적기업의 전문기술자 인력충원 방식이 국경을 넘나들며 이루어짐에 따라 전 세계 각국에서 사람들이 모여들었다.

다음, 선진국 국민들이 취업을 기피함에 따라 인력부족을 겪게 된 일자리에 저개발국 출신의 단순노동자들이 충원되었다. 간호 · 보육 · 청소 · 원예 · 접대 · 매춘 등 기계화 · 자동화가 본질상 어려운 서비스업, 건설업 · 광업 · 농업과 같이 시리직으로 고정되어 있어 해외 이전이 불가능한 산업, 혹은 인쇄업 · 낙농업 등 제품의 속성상 시간을 다투는 노동집약적 산업은 어쩔 수 없이 노동력 부족에 시달리게 되었다. 선진국의 내국인노동자는 이러한 최하층 직업에 취업하는 것을 기피하였다. 그 결과 단순 기능직 외국인노동자가 거의 모든 세계도시에서 청소부 · 가정부 · 건설노동자 등의 직종을 담당하고 있고, '노동조건이 열악한 영세 제조업체'(sweatshop)의 생산직노동자로도 일하고 있다.

결국 세계도시에는 '고등교육을 받고 초국적기업에서 일하는 부유한 전문가 집단'과 '가난하고 교육을 제대로 못 받아 부유한 집단에 서비스를 제공해야 하는 집단'의 두 부류의 외국인노동자가 모여든다. 세계도시의 주민은 부유한 소수와 가난한 다수로 나뉜다. 사센(Sassen, 1991)은 후자를 일컬어 '중심부 내 주변부의 생성'(peripheralization at the core)으로 개념화한다. 슈레커(Schrecker, 1996)는 주민 내부의 경제적 불평등의 증가에 주목하여 세계도시(world city)가 '하나의 도시에 두 개의 국민이 성벽을 쌓고 사는 성곽도시'(walled city)의 형태를 취한다고 주장한다.

도시 자체의 관점에서 보면, 그것은 풍요로운 지역과 빈곤한 지역으로 이중구조화가 진행됨을 의미한다. 이중도시(dual city)는 전통적으로 시카고학파 도시사회학의 고전적 주제였다(Zorbaugh, 1929). 카스텔(Castells, 1989)은 도시 내부에서 정보부문의 성장과 공업 부문의 쇠퇴가 발생하고, 고급 노동력을 필요로 하는 부문과 단순 노동력을 수요로 원하는 부문으로 직종의 양극화가 이루어져, 결국에는 시민의 주거지역도 빈부에 따라 분화된다고 주장한다. 특히 외국인 단순노동자들은 내국인 노동자들이 더 이상 하지 않으려 하는 궂은 일들을 기꺼이 담당함으로써 노동계급의 하층을 점하게 된다. 사회의 저변층을 형성하는 외국인노동자들은 일자리를 구하고, 자녀를 돌보는 등 서로의 필요성 때문에, 대체로 출신국별로 모여산다(Portes, 1995, 1998; Portes and Sensenbrenner, 1993). 결국 외국인노동자가 유입된 후 일정기간이 흐르면 외국인 밀집주거지역(ethnic enclave) 내지 게토(ghetto)가 자연스럽게 만들어지는 것이다(박경태 · 설동훈 · 이상철, 1999).

1. 외국인의 사회통합 방식과 문화적 다양성

노동력 유입국 사회가 외국인노동자를 받아들이는 유형은 차별배제모형, 동화모형, 다문화주의모형의 세 가지 범주로 구분할 수 있다(Castles and Miller, 1998; 설동훈, 2000:135-137). '차별배제모형'은 노동력 유입국 사회가 외국인노동자나 이민자를 3D직종의 노동시장과 같은 특정 경제적 영역에만 받아들이고, 복지 혜택, 국적 또는 시민권, 선거권 · 피선거권 부여와 같은 사회적 · 정치적 영역에는 절대 받아들이지 않는 것을 말한다. '동화모형'은 외국인노동자나 이민자가 출신국의 언어 · 문화 · 사회적 특성을 완전히 포기하여 주류 사회의 성원들과 차이가 없게 되는 것을 이상으로 삼는다. '다문화주의모형'은 이민자가 그들만의 문화를 지켜 가는 것을 인정하고 장려하며, 정책 목표를 소수민족의 주류사회로의 동화가 아닌 공존(symbiosis)에 둔다.

차별배제유형이 외국인에 대해 가장 배타적 태도를 취한다면, 다문화주의모형은 가장 우호적 태도를 취하며, 동화모형은 그 중간에 해당된다. 차별배제모형은 외국인력 정책의 핵심이 '이주노동자'에 있는 사회에서, 동화모형과 다문화주의모형은 '이민자'에 있는 사회에서 발견된다. 한국은 독일 · 일본 등과 마찬가지로 차별배제모형의 대표적 사례다. 차별배제모형을 채택한 나라의 정부들은 외국인노동자들이 자신의 문화를 유지하는 것을 장려하고 있다. 그것은 다문화사회의 성립을 위해서가 아니라 그들이 모국으로 돌아가는 것을 도와주고, 그럼으로써 자기 나라의 문화적 단일성을 보존하기 위한 것이다.

외국인 통합 방법은 국적 부여 원칙과 밀접한 관련을 갖고 있는데, 대체로 차별배제모형과 혈통주의(jus sanguinis), 동화모형과 거주지주의(jus domicili), 다문화주의모형과 출생지주의(jus soli)가 강한 친화력을 갖고 있다. 혈통주의는 부모가 그 나라 국민인 사람에게 국적을 부여하는 것이고, 출생지주의는 태어난 곳을 국적 부여 기준으로 삼는 것이며, 거주지주의는 일정 기간 이상 거주한 지역을 국적 부여 기준으로 하는 것이다.

동화모형과 다문화주의모형은 한국의 외국인 사회통합 방식과 너무 거리가 멀기 때문에, 차별배제모형의 사례를 중심으로 쟁점을 정리하기로 한다. 차별배제모형을 적용하는 나라의 정부는 외국인의 영주 자체를 고려하지 않고 있고, 외국인들도 그와 같은 기대를 갖고 있지 않다. 즉, 외국인노동자들 중 상당수는 자기들이 처한 상황을 일시적 경제적 유배로 생각한다. 몇 년간 일하고 나서 돈을 조금 모으면 모국으로 돌아갈 계획을 갖고 있다. 그렇기 때문에 그들은 이민자와는 달리 자신의 문화적 관습을 기꺼이 희생한다.

그런데 이주가 상당 기간 지속되면, 차별배제모형을 적용하는 나라에서도 합법적 혹은 불법적으로 장기 체류하는 사람들이 점점 증가한다. 이러한 점을 고려하여 카슬과 코삭(Castles and Kosack, 1985)은 이주노동자(migrant workers)와 이민노동자(immigrant workers)의 개념 구분이 무의미하다고 주장한다. 모든 외국인노동자는 영구 정착할 가능성이 있다는 것이다. 그들이 정착하기 시작하면서, 체재국에서 자기들의 문화를 펼치려 한다. 그러면서 그 사회 내에는 문화적 다양성이 커지게 된다. 외국인노동자의 정착은 그들 자신의 문화적 폭을 확장시킬 뿐 아니라 새로 정착한 사회의 문화적 폭을 확장시키는 데도 기여한다. 물론 이는 때로는 손쉽게 이루어지지만, 때로는 격심한 갈등을 겪는다. 그러한 과정을 거치면서 외국인노동자를 받아들인 나라의 문화는 계속해서 변화한다.

이주가 지속되면서 외국인노동자의 집단이 형성된다. 그들 중 일부는 개방적 정체성을 갖고 주류 사회 속으로 침투하지만, 다른 일부는 순수성과 배타성을 부르짖으며 자신들의 공동체에 폐쇄적으로 집착하기도 한다. 후자의 경우 공동체나 민족 또는 종교 안에 고립됨으로써, 출신국 사회의 독특한 문화를 간직한 게토를 형성한다. 유럽과 미국의 대부분 도시에서 외국인노동자들이 민족 · 종교에 따른 공동체 안으로 고립되는 경향이 발견된다. 마르티니엘로(Martiniello, 1997)는 이를 '문화적 게토' 라고 부른다. 문화적 게토 중 어떤 것은 장기간 지속하지만, 또 어떤 집단은 일시적으로 존속하다 사라진다. 그것들은 형성되고 변모되며, 나타나고 사라진다. 외국인노동자들이 문화적 게토를 형성하게 되면, 그것은 경우에 따라서는 유입국 사회의 문화를 풍요롭게 하지만, 또 다른 경우에는 위험에 빠트린다.

외국인이 대거 모여 살고 있는 세계도시에서는 문화적 다양성이 필연적으로 수반되며, 그것은 문화적 풍요로움으로 직결된다. 예컨대, '특별 외국요리' 를 제공하는 식당이 있고, 다양한 민족의 음악 공연이 열리며, 종교 · 철학 · 의상의 다양성이 존재하는 것 등이다.

그러나 극단적이고 폐쇄적인 게토는 사회의 위험 요인으로 간주된다. 마약 · 매춘을 비롯한 각종 범죄와 일탈이 만연한 지역이 한 도시 내에 자리 잡는다. 미국과 유럽의 문화적 게토는 빈민지역에 자리잡고 있다. 정도 차이는 있지만, 미국과 유럽 사회에서 주류 사회와 문화적 게토의 '격리 정책' (apartheid)이 이루어지고 있다. 게토에는 대부분 공공 복지 서비스 혜택이 거의 미치지 못하기 때문이다. 사회 · 경제적 불평등과 불안이 증가할수록, 배타적이기는 하지만 그 성원을 보호해주는 문화적 · 민족적 집단 안에서 피난처를 찾는 사람들이 많아지고, 그럴수록 자기와 다르다고 생각하는 사람들을 거부하는 경향이 강하다.

주류 사회는 '사회문제의 온상이 될 수 있는 게토' 의 형성을 예방하고, 이미 형성되어 있는 그러한 게토를 해체하려고 노력한다. 문화적 게토가 생겨나는 것을 피하거나, 혹은 이미 존재하는 게토를 없애려면, 외국인노동자 집단에 대한 불평등과 사회 · 경제적 배제를 없애는 것 이외의 다른 대안은 없다.

2. '세계도시' 서울의 이중구조화와 문화적 다양성

2.1 외국인노동자의 유입

한국 정부는 외국인력에 대해 이중적인 정책을 구사하고 있다. 전문기술직 종사자는 적극적으로 유치하고, 단순기능직 종사자는 가급적 유입을 억제하는 것이다. 한국 정부는 단순기능 외국인력제도로 '산업연수제도' 혹은 '연수취업제도'를 운영하고 있다. 한국 정부가 공식적으로 단순기능 외국인력의 유입을 억제하고 있지만, 실제 외국인노동자의 대다수는 '미등록노동자' 다. 그것은 기업이 외국인 불법체류자를 고용하는 것을 정부가 오랫동안 묵인해 왔기 때문에 발생한 필연적 결과다(설동훈, 1999, 2000). 그래서 설동훈과 스크렌트니(Seol and Skrentny, 2002)는 한국의 외국인력 정책의 핵심은 '미등록노동자의 수입' 에 있다고 주장한다. 그 결과, 국내 외국인노동자는 전문기술자 6%, 산업연수생과 연수취업자 14%, 불법체류자 80%의 구성을 갖게 되었다(표 1).

전문기술자는 선진국 출신이 대다수를 차지하고 있지만, 단순노동자는 전원이 중국 · 방글라데시 · 필리핀 · 몽골 · 베트남 · 인도네시아 등 저개발국 출신이다. 한국에서 일하는 미등록노동자는 세계 96개국에서 온 것으로 알려져 있다(표 2). 그들은 제조업과 건설업, 음식 · 가사 · 용역 서비스업 등에 종사하고 있다.

표 1. 한국의 외국인노동자 구성, 2002년 4월

(단위: 명, %)

전체	근로자			산업연수생		미등록노동자	
	소계	전문 기술자	연수 취업자	업종단체 추천	해외투자 기업 초청	불법 체류자[1]	밀입국자[2]
350,436 (100.0)	31,986 (9.1)	21,057 (6.0)	10,929 (3.1)	26,573 (7.6)	13,143 (3.8)	268,258 (76.5)	10,476 (3.0)

주: 1) 불법체류자는 체류기간초과자와 자격외 취업자를 포괄함.
2) 밀입국자는 2002년 3월 25일부터 5월 25일까지 법무부 출입국관리국에 불법체류 사실을 자진 신고한 사람들 중 "밀입국"하였다고 밝힌 사람들임.

자료: 노동부, "외국인력제도 현황 및 개선방안," 2002, p.1.
국무총리 국무조정실, "외국인력제도 개선방안," 2002, p.20.

표 2. 국적 · 업종별 한국의 외국인 불법체류자 현황, 2002년 (단위: 명, %)

구분	전체	제조업	건설업	음식점	가사서비스	용역서비스	기타
계 (%)	255,978 (100.0)	89,174 (34.8)	55,907 (21.8)	35,117 (13.7)	9,564 (3.7)	8,892 (3.4)	57,324 (22.6)
중국 (재중동포)	151,313 (91,736)	19,001 (8,577)	52,002 (32,691)	34,063 (21,913)	9,303 (6,495)	6,456 (4,096)	30,488 (17,964)
방글라데시	17,087	11,746	325	52	9	261	4,694
필리핀	16,078	12,811	133	48	62	246	2,778
몽골	13,952	7,351	1,190	517	106	627	4,161
베트남	10,608	7,707	228	46	9	155	2,463
기타91개국	46,940	30,558	2,029	391	75	1,147	12,740

자료: 국무총리 국무조정실, 「외국인력제도 개선방안」, 2002. 7. 15.

2.2 서울의 외국인 거주지역 분포

외국인들은 서울의 어느 지역에 거주하고 있을까? 정부가 발표한 불법체류자 현황은 전국을 단위로 한 자료밖에 없으므로, 서울의 상황을 파악하기 위해서는 주민등록인구 통계를 활용할 수밖에 없다. 주민등록이 된 외국인은 전문기술자, 연수취업자 · 산업연수생, 외교관 등과 그 가족들이다. 먼저, 〈표 3〉을 통해 외국인 수의 추이를 살펴보기로 한다. 서울의 외국인 인구는 극심한 경기침체에 시달렸던 1998년 일시적으로 감소한 경우를 제외하고는 꾸준히 증가해 왔다. 성별로는

표 3. 서울의 외국인 주민등록인구, 1993~2001년 (단위: 명)

연도	전체	남자	여자
1993	35,965	18,793	17,172
1994	39,246	20,727	18,519
1995	45,072	23,745	21,327
1996	51,776	27,208	24,568
1997	52,923	27,736	25,187
1998	50,990	26,731	24,259
1999	57,189	29,521	27,668
2000	61,920	31,581	30,339
2001	67,908	34,045	33,863

자료: 서울특별시, 2002. 1993~2001년 주민등록인구통계. http://webseoul.metro.seoul.kr

남자가 여자보다 약간 많다.

서울의 자치구별 외국인 수는 용산구가 가장 많다. 〈표 4〉에 의하면, 2001년 9,517명이 용산구에 거주하고 있었다. 용산구에는 미군 기지가 있고, 이태원 등지에 외국인 마을이 형성되어 있다. 또한 강남구 · 서대문구 · 서초구 · 중구 · 영등포구 · 마포구 등에도 외국인이 다수 모여 살고 있다. 이 지역에 거주하는 외국인들은 주로 회화지도(E-2), 기업투자(D-8), 특정직업(E-7), 유학(D-2), 예술흥행(E-6), 상사주재(D-7), 일반연수(D-4), 종교(D-6), 교수(E-1), 무역경영(D-9), 연구

표 4. 서울시의 구(區)별 외국인 수와 가구 수, 2000~2001년 (단위: 명)

구	2001년 주민등록인구			2000년 인구주택총조사				
	전체	남자	여자	전체	남자	여자	가구	가구당 인원
서울특별시	67,908	34,045	33,863	41,245	23,443	17,802	21,086	1.96
용산구	9,517	5,181	4,336	4,944	2,836	2,108	2,326	2.13
강남구	5,398	2,957	2,441	1,914	1,252	662	1,118	1.71
서대문구	5,088	2,445	2,643	2,856	1,450	1,406	1,208	2.36
서초구	4,134	2,159	1,975	1,243	685	558	648	1.92
중구	3,319	1,947	1,372	4,803	3,425	1,378	1,196	4.02
영등포구	3,060	1,619	1,441	2,631	1,546	1,085	1,701	1.55
마포구	3,054	1,584	1,470	1,822	972	850	832	2.19
성북구	2,915	1,396	1,519	1,500	743	757	647	2.32
종로구	2,813	1,463	1,350	1,239	629	610	676	1.83
송파구	2,759	1,331	1,428	973	522	451	682	1.43
금천구	2,585	1,265	1,320	3,221	1,917	1,304	2,074	1.55
구로구	2,123	1,036	1,087	2,266	1,323	943	1,426	1.59
성동구	2,096	1,160	936	2,261	1,311	950	1,125	2.01
강서구	2,053	1,073	980	705	391	314	409	1.72
동대문구	2,023	863	1,160	1,314	651	663	771	1.70
광진구	1,981	932	1,049	1,404	740	664	696	2.02
관악구	1,977	911	1,066	1,079	516	563	688	1.57
양천구	1,750	822	928	645	329	316	354	1.82
노원구	1,710	815	895	569	280	289	351	1.62
동작구	1,677	764	913	782	414	368	490	1.60
은평구	1,523	665	858	515	218	297	263	1.96
강동구	1,344	527	817	672	312	360	368	1.83
도봉구	1,059	392	667	604	309	295	322	1.88
중랑구	1,037	393	644	845	437	408	472	1.79
강북구	913	345	568	438	235	203	243	1.80

자료: 서울특별시, 2002. 2001년 주민등록인구통계. http://webseoul.metro.seoul.kr
서울특별시, 2002. 2000년 인구주택총조사. http://webseoul.metro.seoul.kr

(E-3), 전문직업(E-5), 기술지도(E-4), 취재(D-5), 문화예술(D-1) 사증을 소지한 전문기술자들이다.

한편, 금천구 · 구로구 · 성동구 · 동대문구 · 광진구 · 관악구 등에는 생산기능직에 종사하는 외국인들이 주로 거주하고 있다. 그들은 제조업체는 물론이고 건설현장 및 음식점 등에서 일한다. 그들 중 합법적으로 체류하는 자는 산업연수(D-3) 또는 연수취업(E-8) 사증을 소지하고 있다. 이 지역에는 불법체류자들도 다수 거주하고 있다. 이 지역에서는 때에 따라서 한국인보다 외국인노동자가 더 자주 목격되기도 한다.

〈표 5〉에는 서울에 사는 외국인의 출신국이 제시되어 있다. 미국 · 일본 · 캐나다 · 프랑스 · 영국 · 독일 · 오스트레일리아 등 선진국 출신 외국인은 전문기술직에 주로 종사하는 반면, 중국 · 필리핀 · 인도네시아 · 베트남 · 방글라데시 사람들은 생산기능직에 종사한다. 또한 인도인은 소프트웨어 산업에 종사하는 비율이 높고(설동훈, 2001), 화교(華僑)가 대다수인 대만인은 무역업에 주로 종사하고(설동훈, 2000), 러시아인은 대부분 여성들로 대다수가 유흥업소에 취업하고 있다(설동

표 5. 출신국별 서울의 외국인 주민등록인구, 2001년 (단위: 명)

출신국	전체	남자	여자
계	67,908	34,045	33,863
중국	21,259	9,331	11,928
미국	15,814	8,615	7,199
일본	7,793	3,473	4,320
필리핀	2,665	1,114	1,551
캐나다	1,909	1,134	775
대만	1,371	695	676
러시아	1,302	378	924
프랑스	1,257	758	499
인도네시아	1,210	595	615
베트남	1,109	505	604
영국	977	647	330
독일	937	579	358
오스트레일리아	868	500	368
인도	574	390	184
방글라데시	448	432	16
기타	8,415	4,899	3,516

자료: 서울특별시, 2002. 2001년 주민등록인구통계. http://webseoul.metro.seoul.kr

표 6. 출신국별 서울의 각 구의 외국인 주민등록인구, 2001년 (단위: 명)

구	중국	미국	일본	필리핀	캐나다	대만	러시아	프랑스
서울	21,259	15,814	7,793	2,665	1,909	1,371	1,302	1,257
용산구	1,027	1,854	2,067	822	197	0	232	233
강남구	791	2,409	603	85	341	14	101	125
서대문구	2,827	929	517	41	83	0	103	34
서초구	540	1,779	322	66	186	31	95	564
중구	1,864	473	183	114	60	70	48	67
영등포구	733	597	165	69	55	7	107	6
마포구	1,671	452	267	41	110	140	48	13
성북구	79	765	840	101	37	73	65	59
종로구	755	653	179	98	82	287	62	45
송파구	707	1,253	194	64	164	0	45	5
금천구	1,248	57	67	215	7	48	17	2
구로구	936	176	136	165	19	216	4	3
성동구	665	327	150	164	24	113	17	7
강서구	591	346	155	110	70	166	128	9
동대문구	896	286	269	42	5	42	44	16
광진구	636	494	360	55	49	0	31	5
관악구	986	288	247	40	47	15	51	8
양천구	698	520	99	98	59	0	9	3
노원구	501	558	178	20	95	8	30	17
동작구	671	480	212	39	43	0	8	21
은평구	832	265	171	30	34	0	3	2
강동구	497	348	128	36	52	4	24	2
도봉구	328	205	80	78	41	1	2	2
중랑구	478	154	118	36	18	0	15	4
강북구	302	146	86	36	31	136	13	5

훈 · 이지연, 2002; 장미진 · 김규원 · 설동훈, 2002).

서울에 거주하는 외국인들은 출신국별로 선호하는 거주 지역이 다르다. 〈표 6〉은 외국인의 출신국별로 그들의 거주지역이 분화되어 있음을 보여 준다. 미국인들은 강남구 · 용산구 · 서초구 · 송파구에 주로 거주한다. 용산구는 미군 기지 인접지역이고, 나머지 지역은 서울에서 주거 환경이 우수한 곳이다. 캐나다 사람들의 거주지 분포는 미국인과 유사하다. 프랑스 사람들은 서초구 · 용산구 · 강남구에 주로 거주한다. 이는 서초구 방배동에 프랑스학교가 있는 것과 연계하여 이해할 수 있다. 프랑스인들은 자녀의 통학이 쉽도록 서초구와 그 인근 지역에 주로 거주한다. 독일과 영국 및 오스트레일리아 사람들은 용산구와 강남구에 모여 산

구	인도네시아	베트남	영국	독일	오스트레일리아	인도	방글라데시	기타
서울	1,210	1,109	977	937	868	574	448	8,415
용산구	0	20	258	411	260	289	0	1,847
강남구	101	5	94	132	95	56	7	439
서대문구	0	0	88	23	69	0	0	374
서초구	16	22	70	58	58	42	8	277
중구	7	18	56	68	28	53	7	203
영등포구	72	140	28	20	24	23	21	993
마포구	18	3	35	12	16	17	17	194
성북구	228	0	86	48	66	0	0	468
종로구	17	41	76	38	25	37	23	395
송파구	10	13	29	11	40	6	3	215
금천구	257	270	1	5	1	0	112	278
구로구	136	66	4	2	4	0	42	214
성동구	37	182	14	25	7	15	101	248
강서구	49	19	23	8	32	8	18	321
동대문구	0	0	14	6	7	0	0	396
광진구	20	23	29	13	13	0	9	244
관악구	33	38	9	13	13	7	10	172
양천구	56	29	13	7	26	5	12	116
노원구	20	24	19	6	22	12	1	199
동작구	0	0	0	10	13	0	0	180
은평구	8	28	3	4	14	0	12	117
강동구	26	25	4	5	8	1	13	171
도봉구	44	98	12	4	8	3	18	135
중랑구	37	22	3	3	11	0	10	128
강북구	18	23	9	5	8	0	4	91

자료: 서울특별시, 2002. 2001년 주민등록인구통계. http://webseoul.metro.seoul.kr

다. 일본 사람의 거주지는 용산구에 집중되어 있다. 러시아인은 용산구와 강서구에 주로 살고, 대만인은 종로구와 구로구에 많이 산다.

한편, 중국인의 거주지역은 서대문구 · 중구 · 마포구 · 금천구 · 용산구에 집중되어 있다. 필리핀 사람들은 용산구와 금천구 · 구로구 · 성동구에 주로 모여 살고 있다. 용산구에는 가수와 악사 혹은 댄서 등 예술흥행 사증 소지자들이 많고, 나머지 지역에는 산업연수 사증 소지자들이 대부분이다. 인도네시아 · 베트남 · 방글라데시 사람들의 거주지도 금천구 · 구로구 · 성동구에 집중 분포한다. 금천구 · 구로구 · 성동구에는 공장이 밀집되어 있으며, 쪽방촌 등 하층민의 거주지가 곳곳에 산재해 있다.

요컨대, 서울에 살고 있는 외국인은 이 전문기술자와 단순노동자라는 대조되는 두 부류의 사람들이다. 그들은 한국 경제에 필요한 노동력만 단순히 제공하는 것이 아니라, 자기 나라의 문화를 한국에 옮겨 심고 있다. 중산층은 거의 없고, 최상층과 최하층만 있다. 서울의 외국인의 계층 양극화(polarization)로 인해, 그들이 모여 사는 지역도 양극화되고 있다. 이는 홍두승 · 김병조 · 조동기(1999:100-101)가 구와 직업간의 관계를 분석한 결과와 매우 유사하다. 즉, 서울에서는 한국인과 외국인 모두 직업을 매개로 거주지 분화가 뚜렷이 발생하고 있는 것이다(홍두승 · 구해근, 2001:124 참조). 외국인의 경우 직업의 양극화는 주거의 양극화와 민족적 격리현상(ethnic segregation)을 수반하고 있다. 강남구 · 서초구의 고급 아파트와 단독주택, 구로공단 · 성수공단 주변의 쪽방이 그것을 상징하고 있다.

3. 서울의 이방인 거리

서울의 몇몇 지역에는 외국인들이 한데 모여 살면서 이방인 거리가 형성되기에 이르렀다. 대표적인 곳은 이태원과 동대문시장, 구로공단과 성수공단 주변이다. 또 외국인들이 참석하는 교회나 성당 내지 모스크가 있는 곳 주위는 종교행사가 있는 날에는 이방인의 거리로 변한다. 대표적인 곳이 혜화동성당 주변이다. 그 각각을 살펴보기로 한다.

3.1 이 태 원

이태원은 인사동과 동대문시장과 더불어 서울에서 외국인이 많이 모이는 곳으로 유명하다. 이태원은 용산 미군기지와 밀접한 관련이 있다. 1962년 이후 주한미군을 상대로 한 술집들이 그 기지의 동쪽 끝에 생겨나면서 유흥가가 만들어졌고, 1970년대 미군 121후송병원이 부평에서 미8군 영내로 이전한 이후 본격적인 이방인 거리가 형성되었다.

1988년 서울올림픽을 계기로 이태원은 "한국을 대표하는 쇼핑타운"이 되었다. 당시 이태원에서는 가방 · 모피 · 피혁 · 신발 · 양복 등 5대 주력 품목이 인기를 끌었다. 그 이후 이태원은 "가짜 상품의 천국," "바가지 상혼이 극성인 곳"이라는 오명을 들었을 뿐 아니라, 제품 가격도 중국과 동남아시아보다 비싸서 신발과 가죽 제품만 겨우 명맥을 유지하고 있다.

이태원이 서울의 다른 거리와 구분되는 것은 상가와 음식점 · 술집의 고객이 주로 외국인이라는 점이다. 이태원은 낮에는 쇼핑상가로, 밤에는 미국식 술집(pub)과 바(bar) 등이 외국인들을 끌어들이고 있다. "서울 속의 작은 외국," "쇼핑과 별미로 가득 찬 세계인의 거리," "세계적인 관광 쇼핑코스" 등이 이태원을 홍보하는 문구들이다. 이태원에는 항상 외국인들이 북적대고 있다. 이태원을 방문하는 외국인 수는 연간 240만 명, 하루 6,500~7,000명에 달한다. 이러한 이태원의 문화는 외국인들에게는 "마치 고향에 온 듯한 편안한 느낌"을 주고, 한국인들에게는 외국의 생활문화를 이 땅에서 체험할 수 있는 기회를 제공하고 있다.

이태원 사거리 쪽에서 한남 2동사무소까지 1.4km에 걸쳐 2,481개 업소가 들어서 있는 이태원 거리를 찾는 사람들은 확연히 구분된다. 미국식 술집이 밀집한 반포로 쪽에서부터 해밀턴호텔에 이르는 거리는 주로 미국인과 유럽인들이 주류를 이루고 있고, 한남 2동 구 자동차운전면허시험장 쪽 유흥업소들에는 일본인들이 자주 발견되며, 언덕에 자리잡고 있는 이슬람사원 부근 일대에서는 서남아시아와 아프리카 및 중남미 사람들이 많다. 이슬람사원을 드나들던 파키스탄 · 방글라데시 사람들을 상대로 한 음식점과 상점이 생겨났고, 나이지리아 · 가나 · 카메룬 · 튀니지 사람들도 모여들었다. 이태원의 서남아시아와 아프리카 사람들 중에는 "보따리장사" 무역상이 많다. 그들은 한국에서 일해서 번 돈을 그냥 송금하는 것이 아니라 한국에서 물건을 사들여 컨테이너에 담아 모국이나 이웃 나라에 수출한다. 그들은 국내의 노동시장의 공백을 메워줄 뿐 아니라, 미지의 시장을 개척하는 첨병 역할을 충실히 수행하고 있다. 즉, 이태원은 다양한 나라의 문화가 어우러져 공존하는 공간으로 자리잡아 가는 과정에 있다.

3.2 동대문시장

도매점과 소매점이 같이 있어 하루 24시간 쉬지 않고 사람과 제품 · 자동차가 드나드는 세계 유일의 심야 패션시장, 동대문 의류상가의 하루 유동 인구는 약 100만 명이다. 점포 29,000여 개, 상인 10만 명, 연 매출액은 서울시 1년 예산과 비슷한 10조 원이다. 서울에 오는 외국인 관광객의 80%가 동대문시장을 찾는다. 중저가 패션 전문상가들로 특화되어 가격 부담이 크지 않은 데다, 다양한 볼거리가 관광 상품화되어 있기 때문이다. 관광객뿐 아니라 동대문시장을 무대로 활동하는 외국인 보따리 상인도 적지 않다. 그들을 위하여 동대문시장은 1999년 '외국인 구매 안내소'를 설치하여 유용한 정보를 제공하고 있다. 2002년에는 영어 · 일본어 · 중국어로 된 동대문상가 명소 가이드북을 배포하였고, 외국인 쇼핑불편신고센터를 운영하기도 했다.

1990년대 초반에는 러시아 보따리상인들이 동대문시장에 대거 몰려들었다. 그들은 을지로 6가의 대화호텔을 숙소 겸 집결지로 이용하며, 의류제품을 구매하여 모국으로 실어 날랐다. 그러나 최근 동대문시장에서 러시아 상인의 수가 급격히 감소하였다. 그들이 한국에서 썰물처럼 빠져나간 것은 동대문시장보다 훨씬 값싼 제품을 중국에서 살 수 있기 때문이다. 러시아 보따리 상인들은 제품의 질보다는 가격에 민감하게 반응한다. 또한 러시아 여성의 유흥업소 취업을 막기 위해, 한국 정부가 러시아 사람의 입국 심사를 강화하고 사증 연장을 어렵게 만든 탓도 있다. 그 결과 러시아 상인들의 수는 점점 줄어들었다.

최근 동대문시장을 찾는 외국인 상인은 일본인들이 주류를 이룬다. 일본인 관광객과 상인이 전체 외국인 고객의 70% 정도다. 나머지는 중국과 동남아시아 상인들이다. 중국과 동남아시아의 경제발전이 지속되면서 제품 가격보다는 질을 찾는 상인들이 동대문시장을 찾고 있는 것이다. 동대문시장에서는 중국인 상인들을 유치하기 위하여 중국인 요리사가 조리하는 음식백화점(food court)을 개장하였고, 중국인 선호상품 상설 할인매장도 운영하고 있다.

이태원과는 달리 동대문시장의 주역은 외국인이 아니다. 그러나 외국인 상인이 동대문시장에 들끓고 있다는 점은 중요하다. 중국 상인들이 몰려들게 되면, 동대문시장은 한류(韓流)의 기지가 될 것이다.

3.3 구로공단 주변

재중동포 노동자의 국내 이주 역사가 약 10년에 달한 1998년 무렵부터 서울 구로공난 주변의 구로구 가리봉동 · 구로동, 영등포구 대림동, 금천구 가산동 일대에 이른바 '조선족타운'이 형성되었다. "서울 속 옌볜(延邊)," "구로구 옌볜동," "중국동포 타운" 등으로도 불리는 이 지역은 중국 식료품점 · 잡화상 · 음식점 · 주점 · 노래방 · 환전상 등이 모여 있는 주한 재중동포 집거지역이다. 이 지역에 재중동포 노동자들이 밀집하게 된 원인은 싼 주거비용과 인력시장 때문이다. 1997년 경제위기 이후 생활이 어려워진 중국 동포들이 값싼 방을 찾아 쪽방이 많은 이 일대에 모여들었고, 쪽방촌 거주자는 한국인 노동자들에서 재중동포 노동자로 바뀌었다. 지금도 월세 10만원이면 부엌이 딸린 2평 반짜리 쪽방을 얻을 수 있다. 서울 시내에서 이처럼 싼 주거를 구할 수 있는 곳은 여기밖에 없다. 또한 주변에 공장이 많아 공장노동자로 쉽게 취업할 수 있고, 공사장 막노동, 식당일, 파출부 등 일자리를 구할 수 있는 인력시장이나 인력소개업체가 이곳에 있다. 그 결과 전 세계 각지에 산재한 한인촌(韓人村)처럼 서울시내에 재중동포촌이 만들어졌다.

중국 식료품점, 중국노래방, 한약재상 등이 들어섰다. 그러면서 한족(漢族) 중국인도 이 지역으로 몰려들었다. 약 4만 명이 모여 사는 이 지역에서, 가게의 중국어 간판은 지극히 당연한 것이다. 재중동포들은 서울에서 중국 문화를 재생산하고 있다. 음식과 놀이, 여흥 · 오락 등 중국식 문화가 서울에서 숨쉬고 있다. 한국과 중국의 생활방식을 절묘하게 결합한 재중동포 특유의 문화를 한 눈에 볼 수 있어, 시간을 내 이 지역을 방문하는 한국 사람들도 있다. 구로공단 주변 조선족 타운은 2001년에 최고 전성기를 누렸다.

불법체류자 단속이 강화된 2002년 여름 이후 조선족들은 이 지역을 대거 빠져나가고 있다. 그들은 불법체류자 집중단속의 표적이 되는 것을 피하기 위해, 인근 신림동과 봉천동 지역의 판자촌 등으로 분산되고 있다.

3.4 성수공단 주변

서울 성동구 성수공단에는 약 2,000명의 외국인노동자가 200여 개 중소제조업체에 취업하고 있다. 그들 중 200여 명은 산업연수생으로 합법적인 절차에 따라 입국했으나, 나머지 1,800여명은 불법 체류자 신분이다. 그들은 대부분 중국과 필리핀 · 베트남 등 동남아시아 나라 출신이다. 그들은 같은 나라 출신 친구들끼리 모여서 공장 주변의 민가에 방을 얻어 살고 있다. 또한 외국인노동자들은 출신국별로 서로 돕는 모임을 만들어 운영하고 있다. 그들은 인근 교회나 성당에서 주로 모임을 가진다.

성수동 뚝섬운동장에는 외국인노동자들이 개최하는 체육대회도 종종 열린다. 2001년 10월 추석 연휴 때에는 중국 · 태국 · 인도네시아 · 베트남 · 미얀마 · 파키스탄 · 스리랑카 · 이란 · 나이지리아 · 페루 등 전 세계 14개 나라 출신의 외국인노동자 3,000여명이 뚝섬운동장에 모여, 축구 경기와 응원전을 벌였다. '외국인노동자 축구한마당' 은 외국인노동자대책협의회가 주최하였고, 대한축구협회가 후원하였다. 언론은 이 대회를 "세계 14개국 대표팀"이 참여한 '미니 월드컵' 으로 불렀다. 이 대회에 참석한 선수들에게는 유니폼과 축구화 등이 무료로 지원되었고, 행사 당일에는 선수들과 응원단에게 패스트푸드가 제공되었다.

한편, 성동구청이 외국인노동자의 인권문제에 관심을 갖고 행정에 반영하고 있다. 성동구청은 기초단체로서는 드물게 '외국인근로자의 날' 을 선포하고 '외국인근로자센터' 를 운영하는 등 실질적인 지원사업을 수행하고 있다. 성동구청에서는 2000년부터 5월 31일을 '외국인근로자의 날' 로 정하고 매년 기념행사를 갖는다. 외국 산업연수생이 1994년 처음 한국에 들어오기 시작한 날을 기념, '외국인근로자의 날' 을 선포함으로써 그들을 우리의 이웃으로 인정하는 첫 계기가 됐다. 아울러 그들을 위한 '종합적인 지원대책' 도 마련, 외국인노동자의 국경일이 되면 기념품을 전달하고, 생일에는 축하 선물을 보내고 있다. 또한 성동구청은 2001년 12월 14일 '외국인근로자센터' 를 설립하였다. 이 센터는 외국인노동자의 만남의 장소로 활용되고 있고, 법률 · 노동 · 인권상담을 비롯해 생활 · 취업까지 안내해 주며, 한국에서의 불편과 불이익을 최소화하는 불평등 시정의 버팀목이 되고 있다. 즉, 성동구는 외국인노동자를 '이방인' 으로 간주하기보다는 내국인과 똑같은 지역주민으로 받아들여 주민복지 차원에서 접근하고 있다. 성동구의 사례는 지방자치단체가 외국인노동자의 문화생활을 위해 개입할 수 있는 본보기 사례로 평가할 수 있다.

3.5 혜화동성당 주변

일요일의 혜화동성당 주변은 "작은 마닐라"(little Manila)로 불린다(Burgeson, 2002:140-151). 천주교 서울대교구 혜화동성당 주변은 일요일마다 필리핀인들로 넘쳐난다. 매주 일요일 오후 1시 30분에 가톨릭 국가인 필리핀에서 온 노동자들을 위한 미사가 열리기 때문이다. 필리핀에서 온 신부가 영어와 타갈로그(Tagalog)로 동시에 집전하는 이 미사에는 1,000여 명의 필리핀 사람들이 참석한다. 필리핀인 미사가 끝날 무렵인 매주 일요일 오후 3시경, 혜화동 로터리 부근의 천주교 혜화동성당부터 마로니에 공원까지 인도(人道)에는 긴 난장이 선다. 승합차와 소형트럭들이 모여들어 물건을 팔고 사는 필리핀 벼룩시장(flea market)이다. 파는 물건들 모두가 필리핀 제품이어서 상인들이 내뱉는 어눌한 한국어만 빼면 마닐라의 장터를 연상시킨다. '델 몬트'와 '바 리오 피에스타' 등 필리핀 식당 겸 식료품 가게에서 음식을 사먹을 수도 있다.

"필리핀 7일장"은 혜화동성당에서 열리는 미사에 참석하는 자국인들을 대상으로 물건을 팔려는 필리핀 사람들이 모여들어 생겨났지만, 최근에는 이국적인 모습에 이끌린 한국인들도 찾고 있다. 이 시장에서는 치즈, 말린 생선, 필리핀산 망고, 햄, 붉고 가는 필리핀 당근 등 식료품을 비롯하여, 필리핀 영화 · 드라마 · 코미디 등을 담은 비디오테이프와 필리핀 신문, 의약품(아스피린 · 진통제 등), 화장품, 비누 등 각종 생활용품이 거래되고 있다. 또 국제전화카드, 불법 복제 CD, 의류 등도 인기 상품이다. 그들은 대부분 주중에는 제조업체에서 노동자로 일하면서, 일요일에 부업으로 장사를 한다. 관할 종로구청은 이 곳의 노점상을 불법으로 규정하여 단속하고 있다. 그러나 단속반이 사라지는 즉시 장터가 열린다.

4. 배타의식의 기원

서울은 인종적 · 민족적 다양성이 이미 충분히 확보된 세계도시다. 전 세계 각국에서 온 외국인들이 서울에서 주민으로 생활하고 있다. 그러나 한국인들은 외국인들을 받아들일 준비가 아직 덜 되어 있다. 한국인은 외국인과 한 데 어울려 산 적도 없고, 같이 일한 적도 없이 단일민족사회를 수천 년간 유지해 온 데서 비롯된 폐쇄적 속성을 버리지 못하고 있기 때문이다. 전지구화로 인하여 세계시민사회가 실질적 의미를 가지게 된 현 시점에서, 과거의 고립된 상황에서 형성된 사고를 간직하고 있다는 점은 문제가 아닐 수 없다.

한국인의 폐쇄적 민족주의는 배타의식과 긴밀히 연관된다(설동훈, 2001). 그것은 한국에서 외국인 차별이 만연해 있다는 점으로 입증된다. 한국인들이 외국인을 차별하는 현상은 다음 다섯 가지 점에서 역사적으로 만들어진 전통적 배타의식과

도 깊은 연관이 있다.

첫째, 역사적으로 볼 때 한국은 주로 지정학적 이유로 외세의 침입과 정복을 빈번하게 경험하였다. 이로 말미암아 한국인의 사회적 심성 깊숙이 외국인 공포증, 즉 외세에 대한 피해의식이 뿌리내려 있다.

둘째, 조선시대 유교의 소중화(小中華) 사상은 주변의 외국인 또는 타민족을 친구가 아니라 오랑캐로 간주하는 관념을 조장하였다(설동훈 · 정태석, 2002).

셋째, 과거의 생활권은 기본적으로 친족과 촌락이었으므로, 동족과 마을을 벗어난 타 혈족 및 외지인은 경계와 불신의 대상이었다. 제한된 이질문화와의 접촉 경험은 외국인노동자에 대한 차별적 태도의 근원이 되었을 수 있다(김경동, 2000:317-318).

넷째, 폐쇄적 공동체를 유지해온 한국인들은 한국사회 자체를 동질적인 것으로 가정하는 경향이 있다. 한국사회에서는 외국인의 유입을 순수혈통을 훼손하는 잡종교배로 파악하는 경향이 있다. 이러한 경향은 '단일민족의 신화'를 간직하고 있는 거의 모든 사회에서 발견된다(Coates and Japan Pacific Resource Network, 1990; Weiner, 1997).

다섯째, 20세기 한국인들이 경험한 역사적 사건은 외국인에 대해서 배타적 태도를 더욱 강화시켰다. 35년간의 피식민 경험, 40여년간 지속된 냉전체제, 1980년 광주민주화운동 이후 확산된 반외세주의의 영향으로, 한국인들은 외국인들을 두려움 혹은 극복의 대상으로 설정해 왔다. 예컨대, 한국 사람들은 미국놈, 왜놈, 뙤놈 하는 식으로 강대국 사람들을 의도적으로 비하하는 말을 종종 사용한다. 자기보다 좀더 잘 나가는 사람들을 낮추어 부름으로써 심리적 위안을 삼는 것은 역사적으로 외적의 침략에 숱하게 시달리며 배양된 왜곡된 정서라 할 수 있다.

배타의식은 위계의식과 상호작용하며 차별적 태도를 배양하여 왔다. 배타의식이 강한 한국인들은 '우리'를 강조한다. "우리가 남이가?"라고 할 때, 여기에는 우리는 무조건 좋은 것이고 남은 무조건 좋지 않은 것이라는 의미가 담겨져 있다. 외국인에 대한 차별적 태도는 민족문화에 대한 과장된 자부심과 열등감의 기묘한 혼합물이다. 한국인들 중에는 백인과 선진국에서 온 외국인에게는 필요 이상으로 친절하고, 중국과 동남아시아 및 아프리카 등에서 온 외국인노동자를 근거 없이 깔보는 인종주의(racism)적 태도를 가진 사람도 적지 않다.

그러나 이제는 사정이 달라졌다. 선진국 · 강대국 국민을 말로써 학대하지 않아도 될 만큼 우리의 실력과 자부심이 향상되었다. 한국에 외국인이 몰려든 것도 그와 관련 있다. 전지구화된 사회에서 살아남기 위해서라도 한국인들은 인종적 · 문화적 다양성을 인정하고 존중하는 자세를 학습하여야 한다. 그러기 위해서는 이해(understanding)와 관용(tolerance)의 정신이 절실히 요구된다. 관용은 참아준다는 뜻이다. 당사자에게는 모욕일 수 있다. 그래서 궁극적으로는 다른 사람을 이해하고 존중하며 인정하여야 한다. 즉, 한민족만의 단일한 문화를 고수하려는 태도를 버리고, 우리와 이미 더불어 살고 있는 이웃들의 문화를 이해하려는 태도를 배양하여야 한다. 우리 문화가 우수하다는 자부심을 갖는 것은 좋으나, 그것이 다른 문화를 무시하는 것으로 연결되어서는 안 된다. 문화적 상대주의(cultural relativism)를 견지하려는 훈련을 하여야 한다.

'문화적 상대주의'에서는 "모든 믿음은 개별 사회에 대해 상대적인 것이므로 비교의 대상이 될 수 없다"고 상정한다. 그런데 문화적 상대주의가 극단적이 되면, 모든 문화에 동일한 가치를 부여하기 때문에, 인권과 민주주의를 훼손하는 것까지 용인하지 않으면 안 되는 문제점에 직면할 수 있다. 그러므로 문화적 상대주의를 견지하되, 인간의 '보편적 가치 존중'이라는 기준으로 그 경계선을 설정할 필요가 있다(Martiniello, 1997).

종교와 음식을 통한 도시공간의 다문화적 네트워크: 서울 이태원 '이슬람 음식점'들의 사례

송 도 영

1. 문제의식: 도시공간의 문화적 다층화

해방 후 급격한 인구증가와 경제발전에 따라 계속 팽창해 온 서울의 도시공간은 도시 내 인구규모가 정점에 도달한 1990년경부터 새로운 차원의 변화를 경험하기 시작했다. 그것은 한편으로 서울의 외곽에서 본격적으로 발전해 온 신도시 개발의 영향이기도 하지만, 다른 한편으로는 세계화 혹은 전지구화로 표현되는 정보, 자본, 인구의 세계적 이동과 재배치라는 흐름(Appadurai, 2001) 속에서 발생한 도시공간의 변화이다.

전지구화에 따른 서울 도시공간의 재편성에는 여러 가지 차원이 존재한다. 이 연구에서 주목하고자 하는 것은 그 중 공간성격이 다문화적으로 재편성되는 부분이다. 인구 1000만 여에 달하는 대규모 도시인 것에 비해 서울은 도시인구의 다문화성이 덜 발달한 곳이었다(최종일, 2003:24). 그것은 한국 사회의 유별난 단일민족적 이데올로기의 영향이기도 하며, 서울의 식민지적 근현대사 경험이 타 문화세력의 공간점유에 대한 경계심을 불러일으켜온 연유이기도 하다.

그런데 1980년대 이후, 그리고 특히 1990년대에 들어서 새로운 현상이 대두하기 시작했다. 서울의 여러 지역에서 '디아스포라 외국인들의 공간' 이 늘어나기 시작(김현미, 2005:25)한 것이다. 그중 일부에서는 이전의 외래 문화적 요소가 서울의 도시공간 점유와 연결되었던 것, 예를 들면 군사력에 의존하거나 강력한 경제력의 힘을 통해 점유를 늘려간 것과 구분되는 양식을 보인다. 그뿐 아니라 이전에 어느 한 외래세력이 절대적인 힘을 행사하던 공간에서 그 외래세력이 만들어 낸 틈새를 이용해 점차 다양한 다른 외래 인구들이 자신들의 문화영역을 만드는 경우도 나타나기 시작했다. 용산 미군 기지의 배후지 시장으로 발달해온 이태원의 일부 구역에서 최근 남아시아와 이슬람 문화 요소들을 표방하는 공간이 늘어나고 것이 바로 그 사례다.

본 연구는 서울시 용산구 이태원 일대에서 이슬람 음식점들이 들어서는 과정, 그리고 그들의 문화적 영역이 물리적 거점차원에서 확보되고 확장되어 가는 과정을 분석하고자 하며, 그중에서도 특히 다수를 차지하는 인도 파키스탄 계열의 음식점들의 사례를 검토하기로 한다. 이슬람 음식점은 특히 단순히 고향의 향수를 달래는 것에 그치는 것이 아니라 강력한 종교적 금기에 입각하여 조리되는 음식을 또 하나의 전제로 한다. 따라서 여기서는 이들이 음식행위를 통한 종교 및 종족적 정체성을 어떻게 재확인하는지, 그리고 종교문화적 뿌리가 같다는 주장을 근거로 한 이슬람권 내 다국적적 음식 유통과 소비의 네트워크의 조성은 이루어지고 있는지를 볼 수 있을 것이다.

이 연구는 2003년 여름에 시작되었다. 먼저 이태원의 지역 역사를 일상문화사의 차원에서 조사하는 작업이 이루어졌는데, 이 과정에서 얻은 자료의 상당 부분은 이 논문에서는 직접 이용되지 못했다. 다시 2005년부터 2006년 여름까지 음식점들 및 식료품점들에 대한 직접적 방문을 통해 주인과 직원, 소비자들로부터 많은 인터뷰 자료를 확보할 수 있었다. 한편 2005년부터는 잡지, 신문기사, 인터넷 웹페이지 등을 비롯한 각종 매체에 나타나는 이태원 외국 음식점들에 대한 자료를 조사, 정리하였으며, 이런 자료들은 다시 현장 방문과 인터뷰를 통해 확인 또는 수정되었다. 또한 서울의 도시적 전개 속도가 빨라지면서 조사된 자료의 내용이 계속 바뀜에 따라 지속적인 현장 방문을 통한 업데이트가 이루어져 왔다.

2. 이태원의 다문화 지대화와 새로운 음식문화 영역

> " …일상에서 벗어나 색다른 문화를 느끼거나 다른 나라의 독특한 음식을 경험하고 싶다면 지하철을 타자. 6호선 이태원역에 서울 속의 이방지대가 기다리고 있다. 이태원의 세계 별미 음식점… 국내 유일의 이집트 요리집, 알리바바… 파키스탄, 인도 음식점… 당구대가 놓인 널찍한 홀이 시원해 보이는 멕시코 음식점… 태국의 유명 그룹 베이욕 호텔이 운영하는 정통 태국 음식점… 동남아 음식과 한식, 중식, 일식까지 그야말로 연중 내내 '요리 박람회'가 펼쳐진다… "
> (www.empas.com:empas 뉴스/스포테인먼트 2002-03-25 기사 "서울 속 작은 세계 이태원")

이태원의 역사성은 조선시대의 역관 자리에서 시작, 개화기 이후 청국 군대 주둔지와 이후 일본군 주둔지, 다시 해방 직후부터 미군 주둔지로 이어지는 용산 일대의 맥락과 함께 한다(송도영, 2007). 단적으로 해방 이후의 이태원 지역은 용산 미군기지의 배후 상업지로서, 가장 직접적으로는 용산 주둔 미군들의 유흥위락지역으로 발전했다. 이후 이태원은 서울 중심부의 치외법권 지대(김은실, 2004)로서뿐 아니라 미국문화를 향수하기 원하는 한국의 문화 소비자들에게 그 문화소비 통로로서의 역할, 그리고 다시 특수한 문화적 프로그램을 접할 수 있는 이행지대로서의 역할을 담당해 왔다. 이러한 이태원 시장의 성격은 1988년 서울 올림픽을 계기로 외국 관광객들의 관광쇼핑시장으로, 다시 여행개방화와 전지구화의 영향이 확산된 1990년대 이후로는 외국 비즈니스맨들과 외국인노동자, 한국 소비자들이 각기의 목적에 따라 혼합되고 공존하는 일종의 다문화적 공간으로 발전해 왔다. 이태원 일대의 음식점들은 이러한 소비공간의 다문화화를 보여 주는 가장 단적인 예다.

이태원 시장의 상권은 이태원에 존재하는 외국 음식점들은 일차적으로 외국인들을 손님으로 해서 형성되기 시작했다. 일단 급격하게 늘어난 외국인 관광객들이 자신들의 입맛에 맞는 자기 고향의 음식을 찾는 수요에 부응하는 것이 한 요소다. 그러다보니 영미 혹은 유럽계 음식을 만든다고 해도 한국인들의 입맛에 적응해서 변형, 가미된 영미음식 혹은 유럽 음식이 아니라 자국인들이 먹던 그대로의 음식 맛을 지향하는 음식점들이 발전했다.

이러한 '본토 음식적 성격'을 확인할 수 있는 것은 오히려 한국인들이 이전부터 잘 알고 있는 음식이라고 이야기하는 피자나 파스타, 샌드위치 등을 파는 간이 음식점들에서이다. 다분히 코스모폴리탄적인 상층 비즈니스맨 등 국제적으로 활동해 온 고객들을 위한 고급 레스토랑의 음식들이 오히려 일정한 정도에서 '표준화된 수준의 입맛'을 지향함으로써 각 나라 음식의 '독특성'을 상대적으로 축소시켰다는 인식이 존재하는 데 비해, 각국의 가정에서 만들어 먹는 '진짜 본토 냄새'가 나는 '본토인을 위한' 음식들이 새로이 부각되기 시작한 것이다.

이러한 경향은 한편으로는 이태원 일대에 거주하는 외국인들의 구성 성격이 변화한 것과도 관련된다. 용산 기지로 출퇴근하는 미군과 외국계 회사 서울지점에 근무하는 외국인들이 살던 이 일대에 최근 젊은 영어학원 강사들이 대거 몰리면서(김은실, 2004:41) 새로운 음식수요가 생겨났다. 길을 오가는 외국인이 늘어나면서 외국 각지의 '오리지널' 맛에 가까운 샌드위치와 햄버거, 타코, 기타 스낵을 파는 간이음식점들이 다수 등장한 것이다(서울경제신문 2005). 그리고 거기에 가담하는 한국인 소비자들 또한 외국 거주 경험이 있는 사람들이 많아, 이미 자신이 습득하고 익숙해진 입맛을 다시 찾는 곳이 된다. 이전까지는 우중충한 통로역할에 그쳤던 중앙경리단과 6호선 녹사평역 사이의 짧은 구간에 2004년 이후 생겨난 작은 식당들이 그 대표적인 사례다.

이 거리에서 그나마 오래된 식당은 멕시코 식당 '칠리칠리'로서, "한국인의 입맛은 전혀 고려하지 않은" 것이라고 '선전'된 멕시코 음식을 저렴한 가격에 내놓는다. 터키 음식점 '이스탄불'에서는 터키 빵 에크맥에 싸서 먹는 되네르 케밥을 3,500원에 판다. 똑같은 햄버거라도 한국 안에 들어온 다른 대형 체인점과 달리 미국의 특별한 햄버거 브랜드 스타일을 가져온 '썬더 버거' 가게는 직접 자신들이 준비한 커다란 고기와 채소를 얹어 만들어 판다.

이런 음식점들의 배치와 공급 및 소비에 있어서는 이전에 이태원의 전형적인 '탈영토성'의 내용을 규정짓는 요소로 여겨졌던 미국문화 일변도의 '헤게모니'적 성격도 더 이상 뚜렷이 보이지 않는다. 그보다는 다양한 인구 계층 전역에, 그리고 다양한 국적의 인구들에게 적용되는 이주와 혼합, 문화적 혼성의 일상 경험이 각기 다른 출신 문화 사람들이 표준화되지 않은 각기 다른 입맛들을 필요와 상황에 따라 뽑아가며 소비하는 소비시장 형태로 얽힌 네트워크를 이태원 안에서 펼쳐놓는 양상으로 전개시킨다.

이러한 음식의 본토성, 그러니까 '고향의 음식'을 맛본다는 점은 그동안 미국 문화에 나름대로 익숙해져 온 한국문화에 주는 충격 정도가 상대적으로 적은 편이었다. 하지만 1990년대 들어 이슬람 문화권의 외국인들과 중국계 인구가 대거 들어와 활동하면서 그 차원이 달라졌다. 특히 비서구권 외국인 노동자들이 한국에 들어와 활동하면서 그들이 먹을 수 있는 음식을 만들기 위한 재료가 대량으로 필요해졌다. 현재 한국에 거주하며 활동하는 외국인 노동자의 수는 100여만에 달하며, 그들 중 상당수는 한국에서 구할 수 있는 재료를 가지고 식사를 준비해야 하는 것이 일반적인 사정이다. 하지만 그들의 음식은 한국 음식이 아니라 자기 출신 지역의 음식인 경우가 대부분이다. 그렇다고 외국인 노동자들이 매번 식당에서 음식을 사먹을 수 있는 형편은 되지 못한다. 더군다나 그들의 입장에서 볼 때 일반적으로 가격이 비싼 이태원에 있는 인도 음식점을 비롯한 관광객 상대의 음식점에서 음식을 사먹기는 어렵다. 대신 그들은 이태원에 올 경우 식당에는 들르지 않더라도 식료품점에 들러 음식 재료를 구입해 간다.

한편, 2000년 이후부터는 안산과 이태원 일대에도 비교적 저렴하게 파키스탄과 인도 등지에서 온 외국인 거주민들이 음식을 사먹는 식당들이 나타나기 시작했다. 이태원의 경우는 이태원 소방서 골목 아래쪽에서 다시 보광동 방향으로 내려가는 길목에 있는 '타크와'(Taqwa)와 '마하라자'(Maharaja) 등의 식당이 그것이다. 복덕방과 수퍼, 순대국밥집들을 지나 몇 차례 좁은 골목을 돌아야 만날 수 있는 이 식당들은 번듯한 손님을 맞아들일 만한 접근성을 갖고 있지도 않고, 화려한 면도 선혀 없다. 그 식당의 손님들은 관광객이나 한국인들이 아니라 파키스탄과 방글라데시 출신의 방문객이나 중소상인, 또는 인근에서 장기투숙하는 현지인들이 대부분이며, 그 외의 사람들은 식당의 존재 자체를 제대로 인식하지 못하고 있다.

음식점들의 다문화성은 각 음식 문화권의 인구학적, 계층적 특성뿐 아니라 각 문화권의 가치관과 세계관에 연결되어 그에 따라 분절되거나 융합, 혹은 대립하는 일종의 영토성을 구성한다. 이태원 음식문화의 영토성과 거기서 나타나는 역학을 살펴보기 위해 우리가 선택한 사례는 음식문화의 금기가 상대적으로 강하게 부각되는 이슬람 문화권의 음식을 만들어 파는 '이슬람 음식점들'의 사례다.

3. 이태원 내 '이슬람 음식점'의 문화적 영토성

음식이 종교적 세계관을 반영하고 있다는 사실은 예외적이기보다는 오히려 보편적인 사항에 속한다. 한국인들의 경우도 자신들의 문화적 정체성과 특정 음식의 맛, 이미지를 끊임없이 연결시키고 있으며(한경구, 1994; 권숙인, 2005), 실은 한국의 일상음식과 그에 영향을 미치는 기준으로서의 의례음식들은 종교적 세계관을 일상생활 깊숙이 반영시키고 있는 증거로 예시될 수 있다(주영하, 2000:270). 그렇지만 전 지구화된 현대도시 서울의 다문화지대 이태원에서 특별히 유독 눈에 뜨이는 음식과 세계관의 연결은 이슬람 계율에 따른 할랄(Halal) 푸드의 영역에서 나타난다.

인도, 파키스탄, 그리고 기타 이슬람 문화권 사람들에게 있어서는 음식금기가 자신들의 종교적, 종족적 정체성 그 자체와 연결된다. 힌두교에서는 부정과 부정하지 않은 것이 음식을 통한 접촉에서 가장 중요한 일상적 계율로 적용된다. 이슬람교에서도 음식금기는 매우 중요하다. 돼지고기를 안 먹는 것뿐 아니라 어떤 종류의 고기든 고기를 준비하는 과정 자체에서 특별한 종교적 의식과 도살법을 거치지 않은 고기를 소비하는 것을 원칙적으로 금한다(김용선, 2002:173). 이슬람교에서는 일상생활 영역에서의 금기영역에 대해 '금지한다'는 의미의 '하람'(Haram)개념을 제시한다. 이와 반대로 허용되는 사항을 가리키는 용어로 '할랄'(Halal)이란 개념을 함께 씀으로써 두 영역의 구분을 짓고 있다. 그중 음식에 해당되는 부분은 다음과 같이 설명된다:

> 이슬람이 무슬림에게 금하고 있는 음식은 구약 레위기 11장 3-8절에 잘 나타나 있다. '짐승 중 굽이 갈려져 쪽발이 되고, 새김질하는 것은 먹되 토끼는 새김질하나 굽이 갈라지지 아니하였음으로 먹지 말고 돼지는 굽이 갈라져 쪽발이나 새김질을 못함으로 식용으로 금지한다'라고 되어 있다….
>
> 이렇게 허용된 음식 역시 꾸란(6:121)에 따라 특별한 도살법에 의해 도살되는데, 짐승의 얼굴 왼쪽 편을 메카에 있는 카바 신전쪽으로 향하게 하고, '비스밀라 알라후 아크바루'를 암송한 후 가장 잘 드는 도구로 목과 식도, 정맥을 단번에 절단하여 피를 완전히 제거한다. 이러한 도살법을 Zabiha라고 하고 이렇게 도살된 고기가 HALAL Meat 이다(최영길, 1997, 『이슬람 문화의 이해』, pp. 205~209, 서울: 신지평).

위의 내용에서 소개된 것을 통해 알 수 있듯 이슬람교에서의 음식에 대한 금기는 우선적으로 육류에 신경을 쓰고 있다. 하지만 1976년 이태원 지역에 이슬람 중앙 성원이 건립되고 이후 중동 석유파동과 건설경기 붐을 타고 적지 않은 이슬람 문화권의 사람들이 서울에 드나들었어도 이슬람의 종교계율에 의한 고기 조리 음식, 즉 종교적으로 허용되는 할랄 푸드를 표방하는 음식점들이 들어설 수 있는 일반 환경은 쉽게 조성되지 않았다. 그것은 할랄 푸드를 만드는 것이 요리법에만 국한되는 것이 아니라 요리를 하기 위한 재료준비 과정, 특히 고기를 도축하는 방법을 통제할 수 있어야만 가능하다는 점(버나드 루이스, 1996:47)과도 관련된다. 또한 이슬람 문화권 사람들이 음식을 소비하는 데 있어서 할랄은 가급적이면 지켜야 하는 사항이지만, 피치 못할 경우에는 이것을 지키지 못하는 것이 용서받을 수 있다는 상대적인 관용의 조건이 붙는 것도 사실이다.

한국 내에서, 그리고 그중 대표적으로 이태원에서, 음식점과 음식재료에 대해 비로소 '할랄'이라고 하는 요소가 내걸어지고 선전되기 시작하는 것은 1990년대 초부터라고 할 수 있는데, 이는 앞서 이야기된 것처럼 이 시기에 이민 노동자의 대규모 유입이 시작되는 점(설동훈, 1999:78), 한국인들의 해외여행 자유화가 1980년대 말에 이루어져 해외음식 경험이 급격히 늘어난 점, 이태원 방문객들의 성격이 국제적인 이민뿐 아니라 관광객 방문의 증가로 다국적화, 다문화화하는 정도가 역시 급격하게 전개된 점, 그리고 이와 함께 이태원의 상권 성격이 변화(최종일, 2003:112)하는 것과 맞물린다. 이에 따라 이태원에도 할랄 음식을 표방하는 음식점들이 하나 둘 생기기 시작한다. 그 시작은 '인도음식 전문 음식점' 중 일부라고 할 수 있는데, '인도 음식 전문점'을 자처하는 음식점들 중 일부가 '이슬람 음식' 혹은 '할랄 푸드'(Halal Food)를 제공한다는 점을 내걸면서 영업하는 특이한 현상이 전개된다.

인도 및 파키스탄 음식점들 중 무슬림들에 의해 운영되는 몇 식당에서 '할랄' 음식들이 제공되다가 뒤를 이어 소수의 터키 음식점, 그리고 한참이 지나 2000년대에 들어 중동 지역 출신 주방장이 중동지역 음식을 파는 음식점이 몇 개씩 생기면서 '할랄' 음식점들은 그 내부에서도 다양한 스펙트럼을 갖고 분산되게 된다. 주로 맞이하는 손님 층에 있어서도 초기에는 주로 외교가 사람들과 영미 및 유럽계 국내 거주 인구 및 관광객, 그리고 상대적으로 소수이던 한국인들을 대상으로 상대적으로 비싼 값의 음식을 파는 소위 '고급 레스토랑' 성격에서 출발(야은숙,

1997:13)하여 점차 간단한 스낵류를 주로 취급하거나, 이슬람 문화권 출신의 국내 장기 투숙 상인을 위해 가정에서 먹는 일상식과 같은 음식을 비교적 저렴하게 내놓는 소위 '이슬람 인구 전용'의 소규모 식당들이 늘어난다.

그렇지만 한국인들의 해외 관광경험이 다양화되고 다른 문화, 특히 음식문화를 통한 다른 문화경험의 욕구 또한 급격히 증가하면서 비교적 허름한 시설에 간단한 메뉴, 한국인이나 서양인의 입맛을 그리 생각하지 않은 음식들이 상대적으로 저렴하게 제공되는 이 간이식당들도 '색다른 외국 현지의 입맛'을 찾는 한국인들의 새로운 방문 대상에 끼이기 시작했다. 그 배경에는 또한 일간지와 주간 및 월간잡지, 인터넷 여행사이트를 비롯한 정보매체의 네트워크가 중요한 환경으로 자리를 잡는다. 개인적 음식경험의 내용을 공유할 수 있는 장의 확산이 음식문화의 상호침투와 확산 경향을 강화시키는 형태다.

3.1 인도 파키스탄계 할랄 음식점들의 전략과 네트워크

할랄 음식점들은 그 등장 시기와 국적, 그리고 주로 맞아들이는 고객 및 영업형태에 따라서 몇 가지로 분류될 수 있다. 이태원의 경우 이 분류는 우선 음식 가격에 따라 고객층이 그 국적구성에까지 영향을 미치면서 달라지는 경향(김은실 2004:42-44)이 있다. 즉 1인이 먹는 한 끼 음식 가격이 2006년도 기준으로 할 때 보통 2~3만원 이상인 경우를 비교적 고급 관광음식점으로 분류해 볼 수 있다. 1982년에 처음 생긴 인도, 파키스탄 음식 전문인 'M음식점'의 경우 전형적인 고급음식점으로 자처해 왔고 또 그렇게 인정받으며 영업을 해오고 있다. 그리고 이후 생긴 이태원의 인도, 파키스탄 전문점들도 그러한 형태를 이었다. 1990년대 중반에 들어서는 고급 음식점을 지향하면서도 상대적으로 좀 더 저렴한 가격을 표방하는 인도, 파키스탄 음식점들이 생겼다. 여기서는 그 식당을 방문하는 손님 층의 변화가 나타나기도 한다. 그리고 다시 인도, 파키스탄 계열이 아닌 중동과 북아프리카의 음식국적을 내세우며 문을 여는 식당들이 나타난다.

이 음식점들 간에는 손님의 계층적 성격, 국적적 성격, 그리고 지신들이 드러내고사 하는 음식문화의 특성에 부여되는 지역적 가치와 종교적 가치, 계층적 가치들이 각기 다르게 위치를 매기면서 혹은 서로 경쟁하고 혼합되며, 혹은 서로의 영토를 구분한 뒤 각자의 영역을 구축하기 위해 노력하는 다양한 양상을 보인다.

인도와 파키스탄은 수십 년째 분쟁이 끊이지 않는 이웃국가이고, 인도의 경우 다수의 종교는 '힌두교' 라는 점이 눈에 뜨이지만, 음식의 성격이나 음식 금기에 있어서는 매우 유사한 점들을 공유한다. 힌두교도들은 쇠고기를 기피하고 이슬람 교도들은 돼지고기를 기피하므로 양고기와 닭고기를 주로 사용한다. 그리고 양념으로는 다양한 종류의 커리와 마살라 등 비교적 향이 강한 것들을 사용하며, '난' 이라 부르는 빵의 여러 종류와 직접 발효시킨 요거트, 샐러드류와 만두류를 대표적으로 내놓는다. 이러한 메뉴구성은 이후 이태원에서 문을 열게 되는 다른 인도 파키스탄계 식당들이 거의 그대로 따르는 내용이 된다. 힌두교도들 중 적지 않은 수는 고기를 전혀 먹지 않는 채식주의자들이다. 그러나 육식을 하는 경우라도 힌두교도들은 짐승을 도축할 때 무슬림들처럼 온 몸의 피를 빼낸 고기를 사용한다. 따라서 비록 도축현장에서의 이슬람 의례는 치러지지 않는다고 하지만 그것을 제외하면 기본적으로 같은 성격의 고기를 쓴다고 할 수 있다.

초기에 생긴 인도, 파키스탄 식당들은 대부분 '인도 음식' 을 표방해 왔으며, 대부분이 영미 혹은 유럽인 관광객을 대상으로 하는 고급식당으로 문을 열었다. 그러나 시간이 지나면서 이태원의 다문화, 다인종적 출입 인구가 증가하고, 특히 한국과 이슬람 문화권과의 경제적 상호작용이 큰 규모로 발전하면서 많은 상인들과 다양한 계층의 무슬림 인구가 이태원을 출입하게 된다. 특히 파키스탄과 방글라데시 노동자가 늘어나고, 말레이시아 및 인도네시아와 중동 상인들의 이태원 출입도 늘어난다. 이에 따라 초기에는 '인도 음식' 을 홍보의 주안점으로 삼던 식당들이 곧 '할랄' 음식, 즉 음식의 이슬람적 종교금기 준수 여부를 주요 홍보요소로 삼게 된다. 그리고 시간이 지나면서 이들 파키스탄 등지 출신의 주인과 주방장이 늘어날 뿐 아니라 음식점을 거점으로 한 다양한 사업 네트워크가 확산되어 새로운 문화적 영토들의 형성을 모색하는 현상이 나타난다. 이제 몇 개의 대표적인 사례들을 통해 이러한 현상과 각 식당들의 문화적 영토전략을 보다 자세히 살펴보도록 한다.

3.2 M음식점의 사례

M음식점은 이태원에서 고급 레스토랑들이 주로 자리 잡고 있는 해밀턴 호텔 바로 뒷길이 시작되는 곳에 자리 잡고 있는 좌석 80여석의 음식점이다. 커다란 이

층 주택을 개조해서 테라스형 정원도 갖추고 있는 이 식당은 자칭 ‘인도, 파키스탄 궁중요리 전문점’ 을 표방한다. 초기의 선전에 따르면 M음식점은 “영국의 왕실에서 즐겨 찾는 음식”으로서 인도요리를 소개한다. 1982년에 개업을 했으며, 이후 주로 주한 외교가 인구와 주로 영미계 비즈니스맨들이 주요 손님층을 이루며 발전해 왔다. 또한 1980년대 초에는 한국에서 ‘할랄 푸드’ 를 제공하는 드문 음식점으로서 중동 지역과 동남아 지역 이슬람 문화권 출신의 외교가 사람들과 비즈니스맨들이 회식 또는 외식을 하는 중요한 장소로 사용되어 왔다.

초기에는 ‘인도요리 전문 음식점’ 의 고급식당 개념을 사용했으나, 현재는 인도나 파키스탄 등의 국적적 요소를 크게 내세우지 않는 편이다. 예를 들면 최근에 올린 간판에서는 이미 인도음식에 관심있는 한국인 소비자들에게는 일반화된 음식 명칭인 탄두리와 커리 그리고 할랄 푸드(Tandoori, Curry & Halal Food)전문 식당이라고 명기하고 있다.

음식 가격은 2006년 봄 가격 기준으로 저녁 뷔페 1인당 23,000원, 코스요리 1인당 25,000원 수준이다. 이러한 음식 가격은 1990년대 이후 국내에 급증한 파키스탄, 방글라데시 출신의 외국인노동자들이 M음식점과 같은 음식점을 자신들의 식사장소로 선택하기는 거의 불가능하다는 점을 알게 해주며, 실제로 M음식점의 손님들은 비교적 깔끔한 서양식 정장을 한 유럽계 인구와 기타 그들을 동반한 한국인들이 다수를 이룬다.

이 식당이 ‘할랄 음식’ 을 주요한 사항의 하나로 내걸고 있는 것은 인도, 파키스탄 출신 무슬림뿐 아니라 이슬람 문화권 전 영역의 손님들이 적어도 이 식당에서는 그들의 종교적 음식금기에 대해 걱정할 것 없이 식사를 할 수 있음을 선전하기 위한 것이다. 요리사와 서빙하는 직원들, 기타 경영진은 대개 파키스탄 출신 인구로 구성되어 있다. 관광음식점을 지향하는 M음식점으로서는 당연히 고객의 변화에 따른 음식맛의 ‘적응’ 과 ‘현지화’ 에 적극적일 수 있다. 그러지만 홍보 내용에 있어서는 여전히 ‘정통 탄두리’ 등 ‘적응이 이루어지기 이전의 진짜 본토’ 맛을 강조한다. 그러나 음식 맛 선전에 있어서도 세계화 전략과 함께 지역화를 통한 특성화의 캐릭터를 부여하는 이중적 적용방식은 시간이 지나면서 음식 프로그램의 정체성에 관한 소비자들의 혼돈을 불러일으킬 수 있다.

3.3 U음식점의 사례

U음식점은 2000년에 문을 연 음식점으로서 간판에 'Halal Food'를 파는 곳임을 적극적으로 표방하고 있는데, 위치는 M음식점의 바로 맞은편에 위치하고 있다. U음식점을 개업한 주인은 B씨의 세 형제다. 지배인 및 종업원들의 이야기에 따르면 세 형제 중 큰 형인 파키스탄 출신의 B씨가 한국국적으로 귀화를 해서 동생 두 명을 데리고 와 음식점을 열기 시작했다. 이후 사업이 번창하면서 큰 형은 이 음식점의 실질적인 소유자인 채 따로 카펫 가게를 열었다. U음식점의 한국인 여종업원은 U음식점의 사장이 현재 이태원에서 알아주는 '유지'로서, 여러 개의 사업체를 성공적으로 운영하고 있고, 이태원 일대 거주 외국인 커뮤니티 안에서 발이 상당히 넓어 그 네트워크를 효과적으로 사용하고 있음을 자랑했다. 실제로 큰 형은 외교가와 이태원 일대 외국인들 커뮤니티에서 확보된 네트워크를 활용해 카펫 수입상도 번창하고 있다. 현재 큰 형은 주로 카펫 가게에 가 있고, U음식점의 운영 책임은 셋째에게 맡겨놓은 상태다. 둘째는 또 다른 사업영역을 준비하고 있다고 한다.

역시 인도, 파키스탄 정통 음식을 표방하는 이 음식점은 음식 가격에 있어서 자신들의 위치를 가장 비싼 M음식점과 A음식점, 그리고 보다 저렴하면서 중간층 손님을 대상으로 하는 또 다른 인도, 파키스탄 음식점인 T음식점의 사이에 위치한 중간적 성격을 지향하고 있다. 2006년 봄 U음식점에서는 총 5명의 파키스탄 출신 남성들이 일하고 있었으며, 늘어나고 있는 한국인 손님을 효과적으로 응대하기 위해 2006년 초부터 한국인 여성 한 사람이 계약되어 일하고 있다.

손님 층은 영미 계통의 외교가 손님과 기타 국적의 비즈니스맨들이 가장 많지만, 파키스탄, 말레이시아, 그리고 중동 지역 출신 손님도 적지 않다. 유러피언 중에는 역시 인도 파키스탄과 전통적으로 식민지 관계를 맺어온 영국계통 손님이 많다. 음식점 지배인은 음식점 손님 층이 고급이고 따라서 음식점의 위상이 높다는 것을 강조하기 위해 최근 파키스탄 대사관과 말레이시아 대사관에서 대사관 주최 파티 행사가 있을 때 U음식점에 특별히 요청을 해서 U음식점 요리사들과 직원들이 출장 서비스를 나가는 경우도 적지 않다고 강조한다. 그리고 한국인 손님도 서서히 늘어 2006년 봄 현재 한국인 손님은 전체 손님의 약 3분의 1 정도를 차지하게 되었다.

U음식점은 음식의 맛과 메뉴 구성에 있어서 인도, 파키스탄 요리의 전통적 '정통성'을 강조하면서도 실제에 있어서는 보다 유연한 '현지화'를 추구하고 있다. 가장 대표적인 예가 늘어나고 있는 한국인 손님들이 매워서 먹기 곤란해 하는 마살라와 커리류의 음식들을 한국 손님용으로 따로 조리한다는 사실이다. 즉 이들은 손님 중 한국인이 포함되어 있을 경우 마살라 주문이 오면 향료와 소금의 양을 따로 조절하여 맛을 약화시키는 방법을 쓴다. 물론 그것을 한국인 손님에게 따로 알리지는 않는다. 가끔 가다가 더 강한 맛을 원하는 한국인 손님도 있는데, 그것은 인도여행을 했거나 인도에서 오래 근무했던 경험이 있는 한국인들 중 일부의 경우다.

음식재료 조달에 있어서는 선전 문구에 따르면 '인도 현지에서 직수입' 등을 이야기하고 있는데, 2006년 현재 이태원 내에서 인도, 파키스탄, 방글라데시의 식재료를 수입해서 판매하는 식료품점들이 성업 중이어서 그곳에서 구입해 쓰는 것이 상당 부분을 차지한다. 방글라데시아 출신으로서 현재 한국 국적을 취득해서 사업 활동을 하고 있는 사장이 운영하는 이 식료품점은 간판에서부터 '할랄 미트'(Halal Meat)를 판매한다는 사실을 매우 강조하고 있다.

그런데 U음식점의 2006년 봄 메뉴 중 특이한 것은 '중국음식'(Chinese Food)라고 소개되고 있는'치킨 샐러드'와 '치킨 튀김'이 있다는 점이다. 이 음식을 메뉴에 집어넣은 이유를 물어보면 지배인은 한국인 손님들이 어쩌다 가족동반을 했을 때 어린이들이 탄두리 치킨을 먹지만, 그것도 쉽게 먹지 못하는 경우 제시하는 메뉴라는 것이다. 이러한 점은 '할랄' 음식의 정통성과 종교성을 강조하는 경향과 부분적으로나마 모순되는 경향을 보여 준다. 고객확보 전략의 다양화는 결국 각 요소가 어필하려는 대상 인구가 각기 다른 방향에 동시에 위치해 있다는 전제로 이루어지고 있다. 엄밀히 보자면 이러한 메뉴구성은 U음식점만의 특징이 아니다. 인도대륙이 관광지로 발달하면서 적지 않은 인도 내 식당들이 더 폭넓은 관광객들을 끌어들이기 위한 방법의 하나로 활용하고 있는 메뉴구성이다.

3.4 T음식점의 사례

T음식점은 1990년에 이슬람 교도인 한국인 사장이 개업한 식당으로서, "인도 음식 전문점"을 표방함과 동시에 '할랄 푸드'를 팔고 있음을 강조하고 있다. 초기

에는 한국인 사장이 직접 요리를 담당했었는데, 차츰 손을 떼고 이제는 방글라데시와 파키스탄 출신의 요리사들을 쓰고 있다. 그러나 각종 언론에 소개되었던 이 식당의 소개 기사와 업소의 간판, 선전문들 어디에도 '파키스탄'이나 '방글라데시'에 대한 언급은 없다.

T음식점의 위치는 이태원 소방서 옆 골목, 이슬람 중앙 성원으로 올라가는 길 오른쪽 도로변이다. 1990년에 처음 문을 열 당시 이 식당의 상호명칭은 'T음식점'이 아니고 '게스트'(Guest)였다. 1995년 한 여성지의 소개기사에 따르면 '게스트'의 음식은 인도요리 중에서도 향료가 덜 강해서 비교적 맛이 부드럽고 "한국인의 입맛에 더 잘 맞는 '뉴 델리' 풍 요리 전문"이라고 소개되어 있다(Feel, 1995년 4월호). 초기부터 한국인의 입맛을 신경쓰는 것은 메뉴 중 "김치 브리야니"라는 혼성적 메뉴를 갖추고 있다는 점에서 단적으로 드러난다. 주인 겸 요리사인 S 사장에 대한 소개는 그 "부부가 독실한 이슬람 신자"이며, '인도 현지'에 가서 요리를 배우고, 또 한국 내에 거주하는 '인도인'들을 찾아다니며 다시 요리를 익힌 1급 요리사라고 되어 있다.

또 다른 1995년의 잡지 기사에 따르면 이슬람 교도인 S씨가 이태원 부근에서 (인도계) 외국인들을 상대로 하숙집을 운영하다가 현지인들을 통해 배운 인도음식과 함께 자신이 익혀온 요리법을 접목시켜 메뉴를 개발하면서 식당을 열었다고 한다. 이 기사에서는 S씨가 인도 현지에서 음식 수업을 받은 사실에 대한 언급이 없다. 두 번째 기사에서 눈에 뜨이는 점은 "'아랍 음식'과 '인도 음식'은 거의 흡사해 특별히 구분하지 않고 판매하고 있다"는 알 듯 모를 듯한 내용이다(휘가로 1995. 5). 음식 명칭 소개에서도 음식의 국적성과 종족성은 큰 범수에서 혼합된다. 대표적인 빵의 명칭인 "난"은 "페르시아어로 빵을 뜻하는" 것으로 소개된다.

'할랄' 그리고 이슬람교의 종교성에 대한 강조는 실은 전형적인 '인도 문화'의 이미지와 금세 연결되지 않는다. 그것은 '인도음식'이란 용어의 복합성과 광범위한 해석 가능성을 전제로 한다. 이슬람적 전통을 인도 정체성의 일부로 받아들일 것인지 배제할 것인지에 대한 논란은 인도 현대 정치사에서도 가장 민감하고 중요한 문화적 정체성의 영역을 건드리는 갈등의 대상이다. 그런데 게스트 혹은 T음식점에 대한 자체 소개에서는 이에 대한 어떤 정리가 없이 '전형적인 인도 음식점'과 함께 '전형적인 이슬람 음식점'으로서의 '아랍 음식점'이라는 표현까지도 쓰이고 있다. 이와는 약간 다른 차원이지만, 2006년 여름 현재 T음식점을 방문해 보면 식당의 외부에 설치된 간판에는 T음식점 사원의 모습이 그려져 있고, 식당의 내부 홀에는 사우디 아라비아의 메카 성지의 커다란 사진이 중앙부를 장식하고 있는 것을 볼 수 있다. 전체적인 자료들을 검토하고 직원들과 몇 차례 인터뷰를 한 결과, 주인이 이 곳을 소개하는데 있어 한국인들과 영미계통의 손님들에게는 '인도 음식점' 이라는 점을 주로 강조하는 셈이고, 그 밖의 주된 고객인 방글라데시, 파키스탄, 말레이시아, 네팔 등 출신의 손님들에게는 '할랄 음식점' 이라는 점이 어필 요소로 사용되는 것을 알 수 있다.

식당에서 오래 일한 직원과의 인터뷰에서 얻은 내용에 따르면 1990년 시작된 이 식당의 주인은 파키스탄, 방글라데시, 인디아 등에서 거주하며 활동한 경력이 있는 무슬림이다. 초기에는 손님 대부분이 방글라데시와 파키스탄 사람들이었다. 음식 가격은 이 전부터 있었던 몇 개의 인도음식 전문점에 비해 훨씬 저렴하게 출발했다. 이후 음식을 점차 고급화하면서 유럽인과 미국인, 그리고 할랄 음식을 찾는 아랍인들도 오기 시작했고, 지속적인 한국 잡지에 대한 홍보와 소문이 퍼져 한국인들도 많아지기 시작했다. 한국인 손님이 많아진 직접적인 시기로 직원들은 2002년경을 꼽으며, 그 이전에는 한국인 손님이 적었다고 증언한다. 2006년 현재의 고객층 비율에서는 한국인이 절반을 넘는다고 한다.

한국인 고객들은 따로 '할랄' 의 종교적 기준을 따지기보다는 이곳을 비교적 저렴하면서도 맛있는 '인도 음식점' 으로 이용한다. 그리고 인도 음식점에 대한 이용은 '색다른 음식' 맛보기 시도의 하나로 통한다. 하지만 물론 인도 음식의 중요한 한 부분인 채식주의 식당은 아니다. 채식주의 음식은 한국인과 영미계 외국인들에게도 어차피 인기가 없기 때문에 문제가 되지 않는다. 한국인 손님이 많아지면서 음식도 한국 손님들이 찾는 대로 '현지화' 가 진행되었다. 한국인들이 좋아하는 메뉴로는 탄두리 치킨, 버터 치킨, 마늘 빵, 빠람바탕, 마살라 등인데, 메뉴는 손님들의 반응을 보면서 매년 조금씩 바꾸어나간다고 한다. 한국 손님들은 특히 상당수가 찰지고 물기가 있는 한국식 쌀밥을 요구한다. 그렇지만 인도를 여행하면서 인도음식을 이미 맛본 경험을 가졌거나 더욱 색다른 '비 한국적' 음식 요소를 원하는 한국 손님들의 경우는 "우리는 인도식 음식을 먹으러 왔는데 왜 한국 쌀을 내 놓느냐" 하면서 인도 쌀을 요구하고, 커리에 대해서도 "확실하게 맵고 자극적인 본토 맛"이 요구되기도 한다.

이렇게 다양한 한국 손님들의 요구와 함께 파키스탄, 방글라데시 출신의 손님들을 동시에 염두에 둔 식당 측의 대응방안은 쌀에 있어서는 한국 쌀과 인도 쌀로 만든 두 종류의 밥을 함께 준비하는 방식이고, 커리 요리의 경우 매운 정도가 다른 3 종류를 준비하는 방식이다. 한국 손님들 중 인도 음식에 익숙하지 않는 사람들이 먼저 선택하는 뷔페 코스에 내놓는 요리에서는 본래 인도음식보다 기름도 덜 들어가게 하고 매운 맛도 감소시킨다. 대신 메뉴 카드에서 주문하는 것들에서는 제대로 된 맛들을 준비한다. 현재 방글라데시 국적을 가지고 있는 요리사의 생각에 따르면 마살라는 아주 매운 맛이 나야 제격이라고 한다.

근래에 들어 T음식점에서는 알코올 음료를 찾는 것도 어렵지 않다. 늘어나는 한국 손님들이 원하는 경우가 워낙 많다고 한다. 그나마 1999년까지는 "맥주만 있었다"고 하는데, 2002년부터는 와인을 갖다 놓고 다시 위스키, 진, 샴페인도 갖다 놓아서, 지금은 보다 다양한 알코올 음료들이 갖추어져 있다. T음식점의 주인인 S씨는 1990년대 중반부터 할랄 고기를 파는 가게를 운영했었는데, 3년전 문을 닫았다. 대신 현재 길 건너 방글라데시 출신 사장이 운영하는 동네 '할랄' 식료품점에서 대부분의 음식재료를 구입해 쓴다고 강조한다.

4. 할랄 음식점들의 문화 범주 활용전략

인도 파키스탄계 할랄 음식점들의 전반적인 경향은 종교적 성격과 음식의 국적을 함께 표방하고 있지만 그 강조하는 정도에서 차이가 있고 특히 대상에 따라 홍보에 있어 강조하는 내용이 날라신나는 점이나. 이태원의 공간이 미국문화 중심 공간에서 다문화 공간으로 변화하고 있고, 그 가장 대표적인 표상이 각 문화권 전문 음식점들의 성업인 것은 사실이다. 그렇지만 이태원의 다문화 공간 안에서도 각 문화는 국적별로 다른 위상과 대접을 받는다. 음식의 차원에서 가장 높은 위상을 차지하는 것은 역시 유럽 음식 전문점들이다. 유럽 음식 전문점들과 손님 층과 가격대가 나름대로 일치하거나 소통되는 인도 파키스탄계 음식점으로는 M음식점과 A음식점, 그리고 U음식점 정도이다. 우선 이 식당들은 지리적으로도 해밀턴 호텔 안이거나 해밀턴 호텔 뒷실의 상대적으로 고급 음식점 거리를 형성한 골목안에 서로 인접해 위치한다. 이태원 일대 거주 외교관들과 비즈니스 맨, 기타 영미 및 유럽계 손님 층들의 외식 동선 위에 자리잡은 것이다.

A음식점과 M음식점, U음식점은 세 식당의 명칭 자체가 왕조나 제국의 이름을 따온 것처럼 자신들의 음식이 '인도'의 '전통', '귀족' 음식임을 가장 먼저 내세운다. 그리고 세 음식점 중 불교왕국의 이름을 딴 A음식점은 채식주의자 식당이 아님에도 불구하고 오로지 정통 인도음식이라는 점만을 집중적으로 강조하며 할랄 푸드를 언급하지 않는다. 이에 비해 M음식점과 U음식점은 "인도, 파키스탄 음식점"이라는 사실과 "할랄 음식점"이라는 사실을 내세운다.

좀 더 자세히 보면 '할랄' 음식점을 표방하는 인도 음식점은 대부분이 '파키스탄'인 주인과 요리사 혹은 방글라데시 요리사가 운영하거나 활동하는 음식점들인 것을 알 수 있다. 이들은 위에 언급한 외부 소비자들의 음식국적과 그에 따른 인식의 위계를 의식하기 때문에 '파키스탄 혹은 방글라데시 음식 전문' 식당이라는 사실만을 언급하는 경우는 드물다. 이태원에서 2006년 현재 조사된 바에 따르면 '파키스탄'만의 음식 국적성을 내세우는 식당은 파키스탄 국기를 간판에 그려 넣은 간이식당 'Swat foods & Restaurant'의 사례가 유일하다.

'방글라데시 요리'를 표방하는 음식점은 현재 이태원에 존재하지 않는다. 'T음식점'의 경우 1990년대 후반부터 방글라데시 출신의 요리사들이 요리를 담당해 왔지만 이 식당은 자신들의 음식이 '정통 인도음식'이며, 특히 '뉴 델리 풍'의 부드럽고 고급스러운 입맛을 지닌 인도음식임을 내세우고 있다. 실제 인도와 파키스탄, 방글라데시 출신 인구로서 이태원의 이 음식점들을 찾는 손님들은 한국인 손님과 영미 및 유럽계통의 외국인 손님들의 음식 국적 인지와는 다른 형태를 나타낸다. 특히 수십 년 전부터 질시와 반목을 통해 서로 대립중인 이 세 나라 출신의 사람들은 자신들 사이의 출입영역 구분을 보다 민감하게 관리한다. 예를 들면 무슬림이 아닌 인도출신의 비즈니스맨이, 특히 그가 무슬림이 아닌 다른 종교집단의 소속이라고 할 경우는 더군다나, 이태원에서 자기나라 음식 혹은 그와 비슷한 음식을 먹고자 할 때는 '인도, 파키스탄 전문 음식점'을 가지 않는다. 그가 가는 곳은 인도 본토계열의 자본이 운영하는 해밀턴 호텔 내의 'A음식점' 정도이다. 방글라데시 및 파키스탄 출신 사람들이 식당을 찾을 때도 우선 자신의 국적과 같은 사람들이 운영하거나 일하는 식당을 찾는데, '마하라자'나 '타크와' 같은 뒷골목 안 깊숙이 위치한 식당들이 대표적이다.

인도 및 파키스탄 음식을 표방하는 음식점들 중 일부가 '할랄' 음식을 취급함을 강조하는 것은 동남아시아와 아랍계 국가 출신을 포함한 모든 무슬림 고객을 염두에 둔 전략이다. 즉 유럽계와 한국인 손님을 대상으로는 음식의 국적성, 그중에서도 '인도' 음식을 가장 앞에 내세워 음식점을 홍보하는 반면, 이슬람 문화권 출신의 이태원 방문 인구 중 음식점에서 음식을 사먹을 수 있는 여유가 있는 잠재 고객층에게는 그들의 가장 큰 관심인 종교적 금기 사항을 지키고 의례를 따른 부정하지 않은 음식, 즉 '할랄' 음식을 제공하는 음식점임을 광고하는 것이 우선적이다. 실제로 할랄 음식재료를 어떻게 조달하는지, 그리고 각 음식점들은 어느 정도로 엄격한 할랄 음식을 조리해 내어 놓는가 하는 것은 뒤에 다시 살펴볼 사항이지만, 할랄 음식을 제공한다는 점은 '이슬람'의 종교성이 손님과 음식점 경영진의 국적성을 초월하여 보다 광범한 상호작용을 하고 그만큼 손님층을 넓힐 수 있는 가능성을 제공하는 것으로 인식된다. 따라서 여러 인도 파키스탄계 음식점들은 그 영업 초기부터 '할랄 음식'을 취급한다는 점을 주로 외국인 손님층, 그중에서도 아랍계 국가 출신의 비즈니스 맨을 비롯한 무슬림 손님 층을 대상으로 강조해온 것이다.

5. 맺음말: 전지구적 네트워크 공간 속의 음식문화 소비 프로그램

인도 파키스탄 계열의 할랄 음식점들이 자기 음식점을 소개하는 전략을 검토하면서 우리는 이들이 자기문화 출신의 사람들에게는 출신국의 음식 국적성을 강조하는 경향이 있지만, 그 외의 외국인들에게는 대체적으로 '인도 음식'이라고 하는 광범위하고 보다 널리 인지되는 음식국적의 이미지, 또는 '할랄 음식'이라고 하는 종교문화권의 이미지를 활용하고 있는 현상을 보았다. 그리고 그 과정에서 영미계 및 유럽인 고객층과 한국인 고객층들이 대체로 음식의 국적성을 기준으로 그 음식의 문화적 우열성 지위를 매기고 있으며, 그에 따라 음식점의 가치와 서열을 매기는 경향이 존재함을 알 수 있었다. 또한 그러한 서열은 다시 음식의 가격으로 결정되어 음식점의 이미지와 고객층의 서열이 재생산되는 경향을 갖는 것을 알 수 있었다. 음식 소비에서도 소비자들의 문화적 전략은 다층적으로 이루어진다. 다른 나라의 경우에도 그렇지만 한국에서도 다른 나라의 음식을 '제대로' 먹을 줄 안다는 것은 소비자의 문화적 자본을 드러내며(서현정, 1992), 손님 스스로도 그러한 느낌을 소비하는 일종의 '구별짓기'의 프로그램 중 하나로 활용되어 왔다.

그러나 최근 음식국적에 따른 음식문화의 위계질서에 의미있는 변화의 조짐이 나타나기 시작했다. 그 변화는 기존의 서열 또는 권위체계의 부분적 파괴라는 점에서 '문화적 의미부여 주체 간 권력이동' 현상의 단서(Lull, 2001:139)로 해석될 수 있다. 특히 정보 네트워크의 전반적인 지형이 변화하면서 문화적 정보의 제공과 해석에 있어 고전적인 안내자(Cultural Gate Keeper) 역할을 해오던 문화 비평가, 기자, 학자 등의 전문가가 아닌 일반인들이 스스로 문화상품이나 문화적 대상에 대한 가치를 부여하고 평가하면서 그 의견을 공개적으로 표명하는 행위가 늘어났으며, 그런 행위의 결과 스스로 문화적 의미를 규정하는 '힘의 공간'을 얻기 시작했다.

한국 일간지의 문화 난과 국내 외국인 커뮤니티에서 유통되는 외국어로 된 주간 정보지와 같은 기존의 매체 외에 이것이 가장 두드러지는 정보활동 네트워크 영역은 한국의 인터넷 웹 사이트에서 차려지는 여행 및 음식 가이드 페이지와 각 개인들의 블로그(Blog)들이다. 주 5일 근무제의 확산과 함께 주말 문화 특집난이 보강되었고, 특별한 입맛을 지닌 문화요소를 소개해야 하는 정보매체들에서는 사람들이 일반적으로 알고 있는 음식 맛과 음식점을 벗어나 계속 '새로운 문화 프로그램'들을 개발해야 한다는 과제를 안고 있다. 그 결과 이들 매체들은 1990년대 중반부터 가장 먼저 할랄 음식점들을 소개하기 시작했다. 그리고 2000년대에 들어와서는 음식점 인테리어 장식의 화려함이나 깔끔함에 못지않게 "서민스러운 분위기"와 "허름한 장식," "한국인이 쉽게 적응하기 어려운 음식맛"에서 오히려 더 강한 '독특함'과 '생생한 외국적 현실경험'의 현장들을 찾아내어 이를 적극적으로 해석하기 시작했다. 특히 개인 소비자들의 블로그에서는 형식과 남의 시선을 따지지 않고 각 개인이 즐기는 '특별한 맛'을 적극적으로 탐색하는 사람들의 정보가 게시되어 있다.

'N음식점'이나 'SS음식점' 같은 작은 규모의 식당들은 호화로운 실내장식과 품위 있는 분위기, 그리고 궁중음식 등의 상징적 음식지위를 포장할 자본도 여력도 없다. 그런데 이태원을 출입하는 외국인 커뮤니티와 한국인 커뮤니티 일부에서는 이렇게 상대적으로 저렴하면서도 그렇기 때문에 관광 상품 차원의 '포장'과 '혼합' 과정을 덜 거침으로써 어찌 보면 출신국 본토의 보통사람들이 일상적으로 조리하고 먹는 '세련되지 않은' 음식들을 다소 낯설고 거치른 형태 그대로 선호하고 즐기는 층이 늘어나기 시작했다. 언론에서도 이런 경향을 적극적으로 받아들여

'패스트 푸드' 점 또는 간이음식점 형태이면서도 '진짜 외국맛' 을 보여 주는 음식점들을 고급 음식점과 차별 없이 나란히 수평적으로 소개하기 시작했다.

온라인 네트워크가 오프라인 음식점들의 서열적 의미와 지형을 바꾸는 것도 의미있는 현상이다. 그것은 오프라인 공간에서 이루어지는 여행과 인구의 국제적 이동 급증, 그에 따른 해외 음식문화에 대한 직접적 경험들이 다양한 층위에서 다양한 연령과 계층의 사람들에 의해 경험되고 해석되는 것을 다시 온라인(On-Line)상에서 반영하게 된다. 즉 이전에 강한 힘을 가지고 음식과 음식점들의 위계질서를 매겼던 매체와 문화 권력의 힘이 상대적으로 약화되면서, 고급음식점과 골목길의 허름한 음식점 사이의 위계가 무너지고 프랑스 요리와 인도식 소스, 모로코 수프 사이의 상징적 위계질서가 약화된다.

이는 한편으로 보면 이태원 음식문화의 기존 문화영토 경계가 이전보다 약화되는 경향으로 해석될 수 있다. 그것은 퓨전음식의 전략을 통해 미국화된 인도음식, 프랑스화된 아랍음식 등을 낳는다. 한편 소비자의 입장에서 보면 동일한 소비자가 '허름한' 음식점은 허름한 음식점대로 그 '서민적인 분위기' 에서 오히려 더 '정통적인' 이슬람 문화권 국가의 골목길 간이식당의 기억과 환상을 소비하다가, 다시 화려한 장식의 고급 인도 음식점에서는 그 '귀족적인 분위기' 의 또 다른 전통을 소비하는 데로 무리 없이 이동할 수 있다. 이태원의 한 골목길 안에 여러 국적의 음식점들이 섞여 배치되어 있고, 같은 외국인 주인이 동시에 프랑스 가정 요리 전문점과 스페인 바비큐 요리 전문점을 운영하면서 요리도 함께 하는 것이 드물지 않은 것과 같다. 요리사의 이동, 음식재료의 공유, 손님 층의 부분적인 공유 등을 통해 각 음식문화의 경계가 부분적으로 겹쳐지기도 하고 새로운 차별성의 전략을 낳기도 한다.

전지구화는 하나의 세계문화(World Culture)적 맥락 속에서 자본주의 강대국들의 문화적 헤게모니를 강화시키는 방향으로만 움직일 것이라는 우려를 낳기도 했지만(한스 피터 마르틴, 2001), 이태원의 음식문화 현장에서 나타나는 현상을 놓고 보면 이와 다른 경향도 보인다. 즉 전지구화와 함께 이전에 존재했던 미국문화의 일방적 주도는 오히려 약화되고, 인구의 이동과 문화간 이동의 전반적인 영역 확대를 통해 다문화성이 증가하는 경향을 보이고 있다. 여기서 다문화성의 공간이 확보되는 이유는 정보와 이동 네트워크의 다양화를 통해 한정된 지리적 영역 안에서도 지역의 문화적 구성요소가 다양화, 다층화되기 때문이다. 이러한 다양화, 다층화의 바탕에는 이태원뿐 아니라 서울의 전 영역, 나아가 한국의 모든 지방에서 외국인과 외국 문화요소를 어렵지 않게 만날 수 있는 환경의 변화가 자리잡고 있다.

그리고 이러한 추세를 움직이는 전지구화의 대표적인 매개 장치는 '시장'(market) 영역의 확장이라고 할 수 있을 것이다. 이태원의 할랄 음식점의 사례에서는 외국인의 국내 귀화가 전보다 용이해지고 외국인 노동자의 등록제 시행, 그리고 외국인들이 국내에서 음식점을 여는 일이 한국인뿐 아니라 외국인에게도 이전보다 손쉽게 허가되고 있는 사실이 되는 것과 관련된다. 또한 고급 음식점뿐 아니라 서민 음식점 수준에서도 사업이 가능하도록 허가가 남으로써 그 가능성의 공간이 확장되었음을 의미한다. 즉 시장 내 공급자가 될 수 있는 조건에 대한 개방과 확장을 의미한다. 그것은 소비자의 영역에서도 마찬가지다. 소비자도 집단적인 소비의 기준과 방식에서 점차 이탈하면서 개인의 차원에서 각 개인이 원하는 문화적 소비품목을 스스로의 포트폴리오 구성방식에 따라 차려 넣을 수 있는 가능성의 공간이 전보다 훨씬 많이 갖게 되었는데, 그 중심에는 인터넷과 각종 통신기구 보급을 통한 정보매체의 민주화와 이동의 빈도 증가가 있다고 할 수 있다.

이러한 문화소비의 환경변화를 다시 표현하자면 글로벌한 문화 수퍼마켓(Cultural Supermarket)(Mathews, 2000)의 공간이 늘어나고 그 수퍼마켓에 진열되는 품목의 종류가 소품종 다량으로 다양화되는 경향이 진전되고 있다고 하겠다. 이태원의 할랄 음식점의 사례에서는 할랄 음식 문화요소의 공급과 소비 영역이 출발에서는 한정된 채널을 통해서만 가능했으되, 이후 점차 다층적인 형태로 공급되고 또 소비되며 의미가 각기 부여되는 양상은 이러한 문화를 구체적으로 반영한다고 할 수 있다. 이합집산과 그것을 가능하게 하는 상대적으로 유연해진 '이동성'의 틀은 법과 제도의 차원에 있어서, 공간배치의 권력과 물자이동, 소비자의 움직임 권역 확장 차원에서, 그리고 그런 모든 현상들에 대한 공급자, 유통자, 소비자 모두가 활용하는 정보매체의 급증과 다층화 차원에서 전지구화된 오늘날의 지역적 공간 영역이 문화적으로 어떻게 현현되어 가는지를 단적으로 보여 주는 실험실이 되고 있다.

일상 속의 세계화: 먹거리와 지역여성

허 미 영

1. 먹거리: 일상 속에 들어온 세계화

먹지 않고서는 살 수 없기 때문에 먹는 행위야말로 생존의 가장 기본적인 근간을 형성하는 행위이다. 따라서 먹기야말로 일상을 구성하는 가장 기본적인 행위이며, 이 행위에서 변화는 우리의 삶의 양태에서 변화를 의미한다. 일상 속에 들어온 세계화, 특히 먹거리의 세계화는 단지 사회적 문제, 정치적 문제 이전에 우리의 가장 직접적인 삶의 문제이다. 이런 점에서 음과 식의 일상생활의 사회학은 중요한 의미를 지닌다.

일상성은 특별한 것도 없이 반복되는 삶의 주기적인 형태를 말하며, 일상생활이라 함은 통상적인 사회영역으로 민중의 삶이 이루어지는 영역이다(김상우, 2004). 그렇다고 본다면, 먹는 행위는 일상생활이며, 나아가 지위, 권력의 유무와 상관없이 인간이면 누구에게나 진행되는 일상성을 잘 대변해 준다. 그런 점에서 일상생활의 사회학적 관점에서 먹거리의 세계를 바라보는 것은 사람들의 일상적인 삶의 모습을 관찰하고 분석하기 위함이고, 그를 통해 나타나는 삶의 변화와 내용을 알아보고자 함이다.

> 일상사 연구와 서술의 중심이 흔히 서민으로 분류되는 사람들의 행위와 고통에 놓여 있음을 알 수 있다. 물론 서민은 함축적인 만큼이나 막연한 용어이다. 중요한 것은 그들의 노동, 비노동 세계이다. 모사되는 것은 주거, 복장, 식사, 말하자면 일상적인 의식주의 양식이다. …일상사는 더 이상 업적(과 범죄)에만 주목하지 않는다. 그리고 위인들, 즉 세속 혹은 교회지도자들의 화려함에만 주목하지 않는다. 오히려 중요해지는 것은 전승 속의 대다수 이름 없는 사람들이 매일매일 고생해가면서, 또 가끔씩 '과시적으로 소비'해 가면서 일궈냈던 삶과 생존이다(Ludtke, 2002, 이동기 외 옮김).

Ludtke의 주장을 통해서 보면, 일상생활에 대한 관심은 매일 되풀이되는 그래서 진부하다고 느끼기 쉬운 사람들의 일상적인 먹거리에 대한 분석을 통해서 서민의 일상과 삶의 변화를 읽는 것은 중요한 사회학적 문제임을 보여 주고 있다.

세계화의 흐름 속에서 우리의 일상이 변하고 있다. 특히 음과 식에서 여러 가지 변화들이 눈에 띄고 있다. 그중 하나는 식사방식의 변화이다. 예전에는 먹을 것이 부족해서 제대로 먹지 못했기 때문에 끼니를 거르는 것이 이제는 아침하기로부터 벗어나고자 하는 여성의 요구로부터 아침 먹기를 하지 않고 있다. 아침을 먹지 않음으로써 여러 가지 대체재의 개발이 상품화(예를 들어, 생식)되어 있다. 바쁜 일상 혹은 다이어트를 위하여 아침 먹기를 포기한 현대인의 삶에서 또 다른 요소는 완조리, 혹은 반조리 제품의 증가이다. 조리제품이 가지고 있는 문제점은 지역 특성의 고유한 식품문화를 파괴하고 다국적 농기업의 지배 하에 놓이는 식품산업의 발달을 가져온다는 점이다. 뿐만 아니라 아이들의 음식취향을 길들임으로써 미각교육에 부정적으로 영향을 미치고 있다. 여기에다 흔히 조미료를 첨가함으로써 건강에도 부정적인 영향을 미치고 있다.

두 번째는 먹는 재료의 변화이다. 산업형 농업의 발달은 먹거리에서 양의 문제를 해결하였지만 질의 문제를 야기시켰다. 다양한 질의 농산품이 생산되고 있으며 무엇보다도 먹거리의 안전성 문제가 가장 큰 문제 중의 하나가 되었다. 안전성 문제에서 보면, 생산지와 생산방법이 중요한 분석요소가 될 수 있다. 생산방법은 농약과 화학비료 등 화학자재를 사용하는 관행농법과 화학재의 사용을 제한하거나 최소화하는 친환경농법 농산물을 들 수 있다. 다른 하나는 생산지에 대한 문제로 외국산의 경우에 이중의 문제가 야기된다. 하나는 대개 이윤을 목적으로 하는 현대농법으로 생산된 것이라는 점과 다른 하나는 긴 유통과정을 거치면서 방부제나 광택제와 같은 화학제를 사용한다는 점이다.

이 문제와 관련지어 논의해야 할 다른 요소는 상품의 가격문제이다. 일반적으로 생산방법과 생산지를 조합하여 생산품의 가격을 비교해 보면, 전체적으로 보면 대량의 수입된 외국농산물이 가격이 가장 싸고, 그 다음에는 관행농법으로 생산된 국내 농산품이 싸며, 국내에서 생산된 친환경농산물이 그 다음으로 비싸다(김창길 · 김태영, 2003). 가장 비싼 것은 외국에서 생산된 수입된 유기농산물이라고 할 수 있다. 이와 같은 가격구조 내에서 일반적인 가정에서는 관행농법으로 생산된 국내 농산물이 가장 많이 소비되며, 대량의 식재료가 사용되는 일반음식점에서는 수입농산물이, 그리고 예외적으로 친환경농산물의 소비가 이루어지는 것으로 보인다.

세 번째는 식단의 변화이다. 식탁에 올라오는 음식의 내용들이 옛날하고 많이 다르다. 우리는 좋아하는 음식의 변화만큼 식단도 많이 변했다. 식단 변화에서 가장 큰 요소는 육류의 증가이다. 고단백, 고칼로리의 육류의 소비가 증가하는 것은 식생활에서 비롯되는 여러 가지 건강상의 문제와 관련되어 심각하게 고민되는 요소이다. 가장 큰 문제 중의 하나는 고혈압과 같은 질병의 문제이고, 다른 하나는 비만과 같은 사회적 문제이다. 이에 대해서 지불하는 사회적 비용 또한 적지 않은 것으로 나와 있다(임인숙, 2004).

네 번째는 외식문화의 정착이다. 하루 세 끼를 집에서 먹는 경우는 드물어졌다. 아이들은 유치원이나 학교 급식으로, 직장인은 구내식당과 가까운 식당에서 점심을 해결하다. 그리고 직장인들의 경우 회식 등을 통하여 저녁을 해결하는 경우가 다반사이다. 외식은 무엇보다도 대량의 식재료가 사용되는 식당을 이용하고, 식당은 이윤을 목적으로 하기 때문에 값싼 외국 농산물을 주로 사용할 가능성이 높으며, 또한 맛을 내기 위한 각종 조미료를 사용하고 있는 가능성이 높기 때문에 건강에 부정적인 영향을 미친다.

전반적으로 현대의 음식문화에 익숙한 우리는 알지 못하는 사이에 세계화의 영향 하에 있으며, 그 문화에 젖어 있다. 문제는 이와 같은 흐름 속에서 우리의 일상이 변하고, 그 변화 속에서 우리가 병들어가고 있다는 점이다.

2. 경계 긋기—지역 여성의 작은 대응, 생협

현대 먹거리의 문제는 세계화와 지역 여성이 만나는 하나의 미시적 공간이다. 이 공간에서 우리는 세계화의 거대한 흐름과 알든 모르든 상호 작용한다. 이 거대한 세계화의 흐름에 저항하기는 힘겹지만 이미 우리 사회에서도 작은 노력들이 지역여성들에 의하여 이루어지고 있다. 여기서는 현재 먹거리에 대한 문제점을 인식하고 구체적인 대응을 하고 있는 생협의 소비자운동을 알아보고자 한다. 생협은 친환경농산물의 주요 소비루트이며, 대자본에 대항해서 시민들이 협동하여 소비나 생산을 스스로 해결하려는 모임(정진성, 1996)이기 때문이다.

생협은 안으로는 산업화의 과정에서 발생한 인간관계와 자연 생태계의 파괴에 대해, 그리고 밖으로는 밀려오는 저가격 오염 농산물에 대한 자기 방어 운동으로서 1980년 중반에 지금과 같은 유형의 생협운동이 태동하였다. 생협운동은 기존의 사회구조를 밑에서부터 뒤흔드는 전혀 새로운 차원의 혁명적인 운동으로 기존의 사회가 남성, 직장인이 중심이었던 것에 반해 생협운동은 생활자를 운동의 주체로 전면에 드러냈으며, 지금까지의 사회운동과는 다른 생활운동, 즉 먹거리라는 아주 구체적인 생활의 영역에서 하나씩 새로운 사회의 대안을 모색하였다(김기섭, 2004).

생협운동은 상품에 대해 생활재를 발견한, 산업화 사회에 대해 농업의 가치와 회생을 주장한, 보이지 않는 손에 의해 작동되는 시장 경제에 대해 생산과 소비의 대면관계를 통해 협의의 경제를 회복해 가는 인류 역사상 최초의 여성에 의한 새로운 사회운동적 생태적 관계를 모색하는, 구체적 생활영역의 운동으로 한마디로 생활자, 일상생활, 생활재로 구체화되는 '생활' 의 재발견 운동이었던 것이다(김기섭, 2004). 따라서 생협은 지역여성이 세계화에 대항하는 미시적 공간이다.

먹거리를 둘러싼 생협 관련 활동을 고려해 보면, 교육 및 홍보, 생활재 보급 및 판매, 생산지 지원 및 교류로 나누어 볼 수 있다. 이와 같은 일련의 활동들은 보다 큰 목표, 즉 안전한 먹거리 제공, 환경과 생태계 보호, 나아가 공동체적 삶을 추구한다(전울한울생협과 여성민우회 선언문 참고). 기본적인 활동은 생협 조합원에게 안전한 생활재를 보급하고 판매하는 것이다. 생활재의 보급 및 판매를 위해서 생활재를 발굴 및 개발하고, 매장을 통하여 판매하고, 지속적인 판매가 이루어지기 위하여 조합원의 가입, 홍보, 교육을 하며, 생산자를 지원하고 생산자와 교류하는 활동을 한다.

또한 자연 환경의 보호 및 안전한 먹거리 추구라는 목표 하에 '생활재가 중심이 되는 조합원 활동을 통해 세계화의 문제에 대응하고'(www.minwoocoop.or.kr), '수입농산물의 홍수 속에 건강한 우리 농산물 이용을 통해 우리의 농촌과 농민을 살리는 일에 앞장설 것(www.hanwool.or.kr)'이라고 주장하면서, 농산물의 세계화 문제에 대한 대응도 분명히 하고 있다. 이와 같은 대응은 첫째 원재료의 안전성 확보를 위한 방안으로 진행되고, 두 번째는 구체적으로 소비자 운동을 통하여 대응한다.

원재료의 안전성 확보는 생협활동의 가장 중요한 작업이다. 친환경농산물의 소비는 시장부적합의 원리, 즉 공급과 수요에 따른 시장원리가 아니라 생산자와 소비자간의 신뢰에 근거하기 때문이다. 이는 또한 세계화에 대응하며, 지역 및 환경을 보호하려는 맥락과 같이 한다. 첫째, 생협에 공급되는 가공품의 원재료 점검, 국내생산기반이 무너져서 공급이 원활하지 않은 원재료 수매, 생협가공품의 모든 원재료 표시 운동 등으로 활동한다. 구체적인 활동을 살펴보면, 사양성을 재정비하고, 특별취재와 연계하여 원재료를 점검하고, 대표적인 국내생산기반이 무너진 농산품인 우리밀이나 참깨를 수매하며, 생활재에 대한 모든 정보를 공개하고 표시한다는 원칙에 맞추어 현재 법적 기준준수 여부, 정보공개수준 등 생활재의 표시현황을 조사하고, 생산지에 표시사항을 강화하였다. 구체적인 홍보 및 교육, 다양한 이벤트를 통하여 우리 농산물 소비, 나아가 친환경농산물 소비를 위한 구

표 1. 세계화에 대한 생협의 대응

운동	내용	활동
하루 두끼 이상 밥먹기 운동	우리쌀을 지키는 가장 중요한 일은 우리쌀의 소비이므로 소비확대를 위하여 하루 밥 두끼 먹기를 권장한다.	-쌀의 중요성 연재 -쌀소비성향 설문조사 -격주 안내지 2회 통보
맛있는 밥 만들기	맛있는 쌀을 생산하여 이용을 높일 수 있는 방안으로 열열 쌀사랑 캠페인과 연계하여 식량주권을 지키고 우리쌀을 지키기 위한 쌀품평회 진행	-수입개방과 우리쌀 지키기 강의 -쌀밥먹고 평하기 -생산자와 함께하는 쌀이야기
다양한 쌀 가공품 개발	쌀가공품을 개발하여 쌀의 소비를 촉진한다.	-생활재위원회에게 개발품목논의 -쌀소비성향에 대한 조합원설문실시 -실시 결과 쌀라면과 쌀빵이 가장 많았음

유기농 볍씨 키우기 운동	식량주권과 환경보호의 의미를 조합원과 가족이 직접 벼를 키우며 체감할 수 있는 기회를 제공한다.	-지구의 날 행사 -어린이날행사 참여 -기타 참여
열열 쌀사랑 캠페인	쌀수입문제를 자신의 문제로 받아들이고, '하루 세끼 밥을 먹기 운동'을 통해 쌀수입개방 반대에 참여할 수 있는 기회제공	-생산자와 함께 나누는 추수의 기쁨행사 -거리 캠페인으로 열열가족 선언 -생산자와 소비자가 함께하는 맛있는 밥 품평회 -우리 쌀 지켜요 유기농볍씨 키우기 어린이 캠페인 우수관찰일기 시상

체적인 대응을 실시한다. 〈표 1〉은 여성민우회 생협의 친환경 쌀소비를 중심으로 한 이와 같은 대응들을 정리한 것이다(www.minwoo.or.kr).

보다 중요한 것은 이와 같은 활동에 대한 조합원 및 일반 주부들의 참여 정도이다. 그렇게 하기 위해서 생협 본부에서는 꾸준하게 일반 주부 및 조합원을 대상으로 홍보하고 교육하는 작업을 진행한다. 이와 같은 활동의 결과들이 결국 조합원 및 일반 주부들의 참여 수준을 결정하기 때문이다. 다음은 여성민우회 생협 고

표 2. 여성민우회생협 대표지부의 교육 프로그램

지부	기간	주제	비고
고양지부	미정	식생활프로젝트 '살림' 1) 우리가족 식단으로 보는 건강지수 2) 이것만은 피해가자-식품첨가물, GMO식품 3) 건강을 부르는 식사 4) 밥과 몸과 땅의 삼각관계 5) 캠프 '흙에서 흙으로'	-1달 완성 집중 교육 -가족단위의 생협체험시도 -지역별 마을모임에서 진행
	3월 – 11월	환경강좌기획 1) 3월 봄철 보양식 요리 2) 4월 홈파티 및 선물을 위한 떡 만들기 3) 5월 선물용 스카프 만들기 염색 4) 6월 천연 화장품 만들기 5) 7월 생산자 초대석 6) 9-11 미정	-매달 1회 진행
동북지부	2월	현직교사와 함께하는 2005 새학기 학부모 교실	-총 3회 실시
	4월 – 9월	생태 농업 생활재를 중심으로 교육 -조합원을 대상으로	-상하 반기에 각 한번씩
	5월 – 10월	생협월례포럼을 지부에 맞게 구성 교육 -핵심활동가 대상	-상하 반기에 각 한번씩
	연중	공동체 활성화 방안 -공동체 대표자 교육	-월 1회

양지부와 동북지부에서 실시한 교육내용이다. 뿐만 아니라 조합원자녀가 참여하는 먹거리교육, 미각교육을 실시하며, 나아가 산지견학 프로그램을 통하여 친환경농업을 실제 확인하여 생태농업의 중요성을 인식하게 한다(www.minwoo.or.kr).

조합원 자녀의 참여 프로그램은 몇 가지 중요한 의미를 지니고 있다. 후세대의 환경의식 및 미각교육의 의미를 담고 있기 때문이다. 이와 같은 의미로 진행되는 것 중의 산지견학을 들 수 있다. 산지견학은 2월 대보름, 6월 오리입수식, 10월 가을걷이 나눔잔치로 진행되었으며, 각 지부별로 참여한다. 예를 들어, 고양지부의 경우에 3월에는 팔당에, 4월에는 미디언 농장을 견학하였으며, 5월에는 상주 땅모임공동체, 6월 마하탑(천연염전)에 1박 2일로 오리입식행사에 참여하였다. 7월에는 경기 이천의 연꽃마을, 8월에는 1박 2일코스로 일송제다를 다녀왔다(www.minwoo.or.kr).

표 3. 대표지부의 자녀체험 프로그램

지부	기간	주제	비고
고양지부	2회	어린이 성교육	-주 2회 매주 수요일 -2회 완성교육
	8월	랄랄라 방학교실 글쓰기, 미디어, 미술, 풍물	
	8월	캠프- 흙에서 흙으로	-1박 2일
동북지부	7월	어린이 농촌 체험캠프	-2박 3일
	연중	함께 크는 민우 어린이 학교	-상 · 하반기 학기제
	연중	개성만점! 박물관 학교	
	연중	대안생리대 학교에 가다	연 4회
	연중	청소년 자원활동 학교	방학중

이와 같은 결과들은 결국 친환경농산물의 소비와 이어진다. 따라서 일반주부들과 생협회원들을 대상으로 친환경농산물의 구입빈도와 전체 식료품비 중 친환경농산물의 구입비중을 통해서 보면 이런 차이가 확연함을 알 수 있다. 생협조합원들이 일반주부들에 비하여 친환경농산물의 소비 빈도가 높다고 응답하였으며(X^2=107.874, p<.001), 친환경농산물의 구입비중도 높았다(X^2=89.908, p<.001). 참고로 여기에 제시된 자료는 필자가 정농생협과 여성민우회생협, 부산, 경남 한살림 생협조합원과 일반 주부를 대상으로 친환경농산물소비양식에 관한 조사결과 중 일

표 4. 친환경농산물 구입빈도

	매우 자주 구입	자주 구입	보통	거의 구입 안함	전혀 구입 안함	전체
생협회원	68(39.3)	63(36.4)	39(22.5)	3(1.7)	0(0)	173(100)
일 반	10(5.1)	43(21.9)	99(50.5)	37(18.9)	7(3.6)	196(100)
전 체	78(21.1)	106(28.7)	138(37.4)	40(10.8)	7(1.9)	369(100)
X^2=107.874, p<.001						

부이다.

이와 같은 결과들은 소비자 만족도로 이어진다. 생협소비자들이 일반 주부들에 비하여 가격, 신뢰, 품질면에서 더 만족하고 있었다. 이와 같은 결과들은 생협회원들이 친환경농산물에 대한 신뢰를 더 많이 하고, 그 품질을 더 인정하며, 그에 따른 가격의 차이 또한 만족하고 있음을 보여 주고 있다.

표 5. 친환경농산물 만족도

변수	생협		일반		전체		유의도
	평균	사례수	평균	사례수	평균	사례수	
물품가격	3.26 (.724)	171	2.96 (.726)	158	3.12 (.740)	329	t(327)=3.843 p<.001
물품신뢰	3.90 (.648)	171	3.45 (.780)	157	3.69 (.747)	328	t(326)=5.681 p<.001
물품품질	3.76 (.641)	169	3.51 (.738)	158	3.64 (.699)	327	t(325)=3.207 p<.001

뿐만 아니라 친환경농산물 만족도도 높았으며, 생협회원으로 가입한 후 여러 가지의 변화들도 나타났다. 농민의 고충에 대한 이해 증가, 음식에 관한 관심의 증

표 6. 생협활동 후 변화

변인	평균	표준편차	사례수
농민의 고충 이해 증가	4.06	.925	157
음식에 관한 관심 증가	3.91	.820	158
사회문제에 대한 관심 증가	3.73	.853	152
가족의 건강 개선	3.60	.804	149
자원봉사활동의 증가	2.82	1.09	148

5점 척도상의 점수로 5는 '매우 그렇다'를, 1은 '전혀 그렇지 않다'를 나타냄.

가, 사회문제에 대한 관심의 증가, 가족의 건강 증진 등이 크게 나타난 변화들이다.

3. 결　론

다국적 기업에 의하여 유통되는 수입농산물은 몇 가지 점에서 건강에 부정적인 영향을 미친다. 우선 생산지와 생산자가 숨겨져 있으며, 따라서 어떤 과정을 통하여 생산되었는지 아는 바가 거의 없다. 둘째 먼 거리 유통이라는 과정을 거칠 때 생산과정 이외 처리과정이 부과된다. 셋째, 이와 같은 것이 주로 값이 싸기 때문에 수입 유통되기 쉬우며, 가공식품의 원료로 대량 소비된다. 결과적으로 대규모 생산을 위한 방편으로 화학재의 사용, 장기간 유통을 위한 방부제와 광택제의 사용으로 인하여 건강에 해롭게 된다.

이와 같은 병폐로부터 우리의 건강을 지키는 것은 국가적 차원의 문제가 아니라 이제 개인의 선택에 운명의 주사위가 맡겨져 있다. 그래서 농산물의 소비에 중심적인 역할을 하는 여성이 어떤 선택을 하느냐가 가장 중요하다. 이와 같은 상태에 대한 반성과 노력으로 가장 대표적인 주체들이 생협조직이다. 생협에서는 우선 수입 농산물에 대한 것뿐만 아니라 관행농법으로 생산된 먹거리에 대한 경각심을 가지고 친환경농산물의 생산과 소비에 역점을 두고 활동하고 있다.

앞으로 생협의 활동을 활성화시키고, 친환경농산물생산기반을 확대하는 것은 시실은 소비자의 역할에 많이 기댄다고 볼 수 있다. 몇 가지 대안으로 지역농산물체계의 지원과 생협과 같은 지역여성네트워크를 조직하고, 조직된 네트워크를 활성화시킬 수 있는 정책적, 경제적 지원을 해야 할 것이다. 이렇게 하기 위해서는 생협도 조합원을 참여시키고 일반 주부들을 영입할 수 있는 구체적인 프로그램의 개발이 요구된다.

지배구조

주민과 지역유지

성장연합이냐 후견인 정치인가?
개별화된 개발이익과 지역정치

이 은 진

지역정치를 분석하는 것은 지역정치의 영역에서 활동하는 행위자들을 확인하고, 이들의 활동 법칙을 발견하는 것이다. 지역개발이라는 현상이 지역정치의 장에서 다루어지기 위해서는 지역개발이 각 행위자에게 갖는 이해관계를 정의하고, 이들이 이해관계를 추구하고, 이해관계의 갈등을 조정하고 타협하고 그리고 투쟁하는 양상이, 개인적으로 더 나아가 집단적으로 나타나는 양상을 서술할 수 있어야 한다. 이러한 양상은 때로는 공식적으로 드러나기도 하고, 법적 행정적 제도화(지속적으로 반복되는 수준)의 과정을 거치기도 하며, 때로는 비공식적인 관행의 수준에서 진행되기도 한다.

이와 같이 정치의 장에서 행위자들이 각축을 벌이는 현상을 설명하기 위해 권력의 개념이 동원되어져 왔다. 그러나 권력의 개념 역시 고정적이고 가시적인 것이 아니라, 사후적으로 드러난 가시적 효과를 통하여 알아낼 수 있을 뿐, 효과가 나타나기 전에 가시적으로 알아내기는 어렵다. 그렇다고 하여도 단순히 권력의 영향을 받았다는 것과 권력을 행사한다는 것은 다르다. 일단 권력은 그 사회과학적 정의에서 "상대방의 의사에 반하여 행사자의 의도를 관철시키는 것"이라고 정의된다. 또한 권력은 정당화 안에서 그리고 정당화과정을 통하여 존재한다고 말하기도 한다.

권력이 행해진 결과, 정책결정과정에서 나타나는 양상은 대개 세 가지 양식으로 표현된다. 첫 번째 방식은 행동주의적 용어로 설명을 시도하는 것이다. 즉 의도된 결과이든, 의도되지 않은 결과이든 행동으로 나타나는 것만을 표현하는 방식이다. 이러한 설명 방식은 행위자의 주관적 이해관계를 표현하며 사람들이 인지하지 못하는 객관적 이해관계는 무시하는 경향이 있다. 두 번째 방식은 드러나지 않은 무결정, 잠재적 쟁점에 관심을 갖는 것이다. 즉 드러나지 않은 결정이나 쟁점에 관심을 갖는다. 세 번째로 객관적 이익, 잠재적 갈등, 집합적 힘을 표현하는 것이다. 즉 권력의 체계적 측면, 권력의 전략적 행사를 제약하는 규범적이고 물질적 구조들, 정당이나 노조, 기업이 권력 행사자라는 것을 인식하여 권력을 분석한다. 이럴 경우 개인의 욕구는 사회화나 구조적 제약에 의해 형성된다고 파악하여, 사람들은 위치가 다르면 스스로 원하는 것을 인지하지 못한다고 가정한다.

권력이란 결국은 이익이 결정되는 과정에서 특정 세력의 이익이 추구되고 반면에 특정 세력의 이익은 무시되고, 의제 설정에서는 특정 의제가 채택되고, 아니면 특정 의제가 등장되지 않음으로써, 이익이 보호되고 무시되는 과정, 편견의 동원 차원(유리한 이데올로기를 통한 상황 조성)에서 행사된다(Dowding, Dunleavy, King, and Margetts, 1995)고 설명된다.

이 글은 우리나라의 지역정치에서 어떤 이론이 타당한가를 검토하기 위하여 행위주체로서 시장(선출된 공직자, 기초자치단체장), 관료, 사업가집단 일반, 토지이용집단으로 나누어서 설명한다.

1. 선출된 공직자

선출된 공직자가 특히 지역정치에서 선출된 자치단체장들의 경우에는 중앙정부와의 관계와 지역 내 정치세력들(관료, 사업가 일반 아니면 토지이용집단)과의 관련 방식이 주요 행위 전략으로 떠오른다. 특히 중앙정부와의 관계는 지방자치단체장과 의회가 1991년 이후 주민들의 선거에 의해 선출되기는 하지만, 재정, 조직, 인사, 업무 범위가 중앙정부에의 의존과 통제가 강한 가운데 일을 하여야 하기 때문에 자치단체는 중앙정부와의 관계 설정에 어려움을 겪는다.

1.1 중앙정부

현재 지방정치는 1991년 이후 의회가 먼저, 그리고 1995년 이후 단체장의 선출 이후 선거정치로 나아가기는 하였지만 여전히 업무상의 한계, 재정, 조직의 자율성이 제한되어 있기 때문에 중앙정부의 힘이 강하게 작용한다. 우리나라의 경우에 지방자치제가 실시됨으로써 지역발전을 둘러싼 갈등의 해소과정을 보면, 이전의 중앙정부와 지역민 간의 갈등이 이제는 지역내부에서의 갈등으로 전환됨으로써, 중앙의 지방에 대한 통제가 간접적이면서도 더 정교해지는 경향이 있음을 보여 준다. 정당의 지구당이 시민들로부터 영향력은 있지만, 실제 시민사회 영역에 확고히 뿌리를 내리고 있지 못한 우리나라의 현실을 잘 보여 주고 있는 것으로 이해할 수 있다. 정당은 대개 보스중심으로 운영되고 있다. 즉 정당의 보스는 구성원들과 개인적으로 법이 아닌 공동체적인 보호나 연계망을 통하여 거래한다.

우리나라에서 일어나고 있는 중앙집권적 권력구조와 지방분권적 권력구조의 대립은 프랑스에서도 발생한다. 프랑스의 예는 중앙과 지방의 권력 매개점에 정당이 위치하고 있음을 보여 준다. 프랑스에서는 지역의 파당을 대표하는 정치인들은 이를 기반으로 지역의 이익을 대표하고, 이익을 대표하는 통로를 독점함으로써 중앙정치와 연계를 맺는다. "프랑스의 지방정부는 정책적 자율성을 갖고 있고, 상당한 정도의 주민들도 시민정체성을 갖고 있다. 그러나 다른 한편 정당의 경선자들은 실은 지역의 파당을 대표하고 있다. 따라서 국가적 세력과 지방 선거의 밀접한 연관성은 강하게 부서지지 않고 지속되고 있다. 이러한 이유 중의 하나는 중앙의 선출직에 지방선출직이 다중으로 선출될 수 있기 때문이다"(Jérôme & Lewis-Beck, 1999).

중국의 경우는 중앙정부의 권한이 약화되면서 지역의 정부와 기업은 개발위주의 정책으로 나아가고, 중앙정부는 여기에 대응하는 형태를 띠고 있다. 중국의 경우(Zhu, 1999)는 중앙정부나 국가 소유기업이 지역차원에서 토지이용집단으로 등장하여 지역의 정부와 더불어 개발연합의 한 구성원이 되고 있다. "1954년에서 1984년까지 중국에서 토지는 자유롭게 이용할 수 있고, 경제적 자산은 아니었다. 1988년에 이르러서야, 소유권이 아닌 사용권을 분리시키고, 이를 상품화시켰다. 또한 임대받은 사용권을 매매할 수 있게 하였다. 그러나 사용권의 매매는 경매나 시장에서 이루어지는 것보다는 대부분 정부의 보조금을 통하여 지방정부와 협상을 통하여 이루어졌다. …1988년 이전에는 토지의 99.8%가 사용권 이전 없이 정부의 토지 배분에 의해 이루어졌으나, 1988-1994년에는 이것이 54.3%로 축소되었다. 그러나 보상을 통해 이루어진 토지사용권의 이전 중 98.3%는 협상에 의한 것이었고, 1.5%만이 매매방식이었으며, 0.2%만이 경매에 의한 것이었다. 전체 거래된 토지(4,543.7 hectares)중에 0.8%인 35.8 hectares만이 시장 방식으로 거래되었다. 특히 국가 소유기업과 국가개발업자인 경우에는 모두 협상과 국가보조에 의하여 거래가 성립되었다. …그러나 사회주의적 시장경제체제로 접어들면서 도시재산개발에 의해 자본이익을 얻으려는 과정에서 도시성장연합이 형성되었다." 연구자는 중국에서 나타나고 있는 위와 같은 현상을 성장연합, 성장기제의 개념으로 설명하고 있다. 즉 중앙정부의 강압에 대항하여, 지방정부-기업의 성장연합이 형성되기 위하여 점진적 도시 토지개혁정책이 채택되었다고 한다. 이는 또한 시장의 이익을 강화시키는 것이었다. 이를 가리켜, 비공식적 지역 도시체제라고 표현한다. 비공식적이라 함은 토지시장 부패 정도의 심각성, 연성 재정제약, 시장 규제의 부재, 보조된 토지 공급 등이 광범위하게 퍼진 상황에 발생한 것이다. 실은 우리나라의 경우에도 중앙정부의 권한이 강한 가운데, 지방분권이 시작되면서 지방의 유력한 정치세력들은 내부의 개발연합을 형성하여 때로는 중앙정부와 협력하고, 때로는 저항하는 형태를 띠고 있다.

1.2 성장연합론의 검토

한국의 도시정치는, 시장 독주체제 또는 시장 중심의 지배연합체제(박종민 외, 1999), 도당정치(신희권, 1999), 철의 삼각관계(임도빈, 1999) 등으로 표현된다. 이와 같은 표현은 실은 서구의 개념을 우리의 도시정치 현실에 비추어 설명을 시도한 것이다. 따라서 연구자들은 성장연합론의 핵심적 맥락인 성장위주의 정책결정이 나온다는 점은 인정하지만, 행위자들간의 연합과 편성에는 한국의 현실을 강조한다. 이런 맥락에서 신희권(1999)은 한국의 지방정치를 도당정치라고도 표현한다. 즉 市長에 권력이 집중되었음을 지적하면서, 지방정치가 徒黨정치화(machine politics)할 수 있음을 지석하였다. 따라서 "우리나라의 지방정치가 도당정치화(시장의 손에 집행권력이 집중, 도당의 우두머리는 막후에, 도당구성원에 매우 대응적, 현상 유지적), 아니면 최소한 준도당 정치화할(시장권력이 강, 시의원도 선출, 정당의 역할 중요, 정실임명) 가능성은 농후하다. 그리고 요즈음 여러 지방정부에서 이러한 징후가 조금씩 나타나고 있다"고 한다. 또한 임도빈(1999:33)은 단체장의 역할을 강조하기는 하지만 단체장과 기업간의 개별적인 후견인 역할을 강조하기보다는 단체장과 언론, 전문가 엘리트 집단간의 성장연합을 지적하고 있다. "이렇게 소수의 엘리트-언론-단체장간의 암묵적인 연합으로 정책결정이 이루어지는 것을 '新 철의 삼각관계'라고 부를 수 있을 것이다."

시장이 지방의 정치에서 중심적인 역할을 담당한다는 주장은 1950년대 미국의 한 중소도시를 연구한 자료에서도 드러난다(Dahl, 1961). 즉 그에 따르면, 도시재개발은 재개발의 전과정을 통하여, 소수의 지도자의 직접적인 산물이라고 분석한다. 이때 소수는 市長을 의미하며, 보조적으로 경제지도자를 말한다. 반면에 유권자는 사후에 시장의 리드에 따라 움직이는 특성을 지닌다고 한다. "유권자의 재개발과 관련된 중요 결정과정에 대한 직접적 영향력이 소수의 지도자에 비해 미약했었다. 유권자가 재개발을 하도록 압력을 행사했다고 말하는 것은 옳지 않다. 초기에, 그리고 형성과정에서, 실행에서도 도시재개발은 소수의 지도자의 직접적인 산물이라고 말해도 과장된 것은 아니다. 시장이 미래를 내다보며, 이해관계를 조직화하고, 정치적인 지지를 이끌어 내며 투표자의 지지를 이끌어 낸 결과였다. 뉴 헤이븐에서 경제적인 유력자의 지지는 하나의 필요 요건일 뿐, 재개발을 실행하는데 충분요건은 아니었다. 물론 경제지도자들은 도심지가 회복되기 위해서는 재개발이 필수적이라고 주장하기는 하였다"(Dahl, 1961:119).

나라마다 성장연합의 형태는 다르다. 하비는 지배연합을 형성하는 가능성들의 기반을 제공해 주는 것은 국가와 시민사회 내부와 그들간에 있는 계급, 집단, 개인에 대한 해석이라고(데이비드 하비, 1989/1995:198) 주장한다. 성장연합의 다양한 형태는 할 수 있는 것과 할 수 없는 것(예를 들면 국가기구에 대한 통제, 지방예산 통제, 토지사용규제와 같은 것에 대한 정치적 통제와 투자 자금줄에 대한 통제와는 전혀 다른 권력을 제공해 준다)을 제한시키는데 개방된 수단과 자원에 따라 달라진다고 한다. 그러나, 지배계급 동맹은 실천뿐만 아니라 정신에 있어서도 친자본주의적 계급동맹일 때 성공한다고 결론을 내린다.

1.3 후견인 정치론의 검토

후견인 정치와 성장연합의 차이점은 기업인 집단이나 관료집단이 보다 조직적으로 그들의 이익을 대변하느냐에 달려 있다. 즉 지역의 개발이익을 취하려는 세력이 조직화되어 그들의 이익을 관철시키기 위해 보다 조직적으로 대응할 경우에 우리는 성장연합의 가능성을 본다. 그러나 기업가들조차도 그들의 이익을 개별적인 관료들과의 관계를 통하여 관철하려 할 때 후견인 정치가 발생한다. 최근의 연구결과에 따르면, 우리나라는 현재 후견인 정치가 이루어지고 있다고 평가된다.

즉 박종민 외(1999)는 성남, 부천, 평택, 청주와 진주의 지방정치를 분석한 결과, 지방정부는 성장 위주의 개발을 추구하고 있는 것으로 나타났다고 한다. 이를 시장독주체제 혹은 시장지배연합의 특징을 보이는 것으로 나타났다고 한다. 즉 지방정부에 대항할 수 있는 기업공동체, 이익집단, 시민단체 및 근린주민조직이 제대로 형성되어 있지 않은 상황에서 공식정부의 정점에 있는 시장은 후견인-고객의 교환관계를 통하여 혹은 사적 유대관계를 통하여 시의회와 행정관료제를 압도하면서 지역사회를 통치하는 것으로 분석한다. 아직 기업집단이 자신의 이익을 조직화하여 집단적으로 성장연합을 이루고 있지 못하며, 개별적으로 시장과 후견인 관계를 맺는 것으로 분석하였다. 즉 "기업이익의 조직화는 상대적으로 미약하여 자본가집단이나 대지주집단과 같이 금력에 기초한 사회경제엘리트의 영향력은 아직 제한적이다. 1997년 IMF관리 사태로 과거보다 금력에 기초한 경제엘리트의 목소리가 지방정치과정에서 커질 가능성은 있지만 아직도 성장환상에 빠져 있는 지방정부는 기업이익에 호소하려고 하지 않는다. 이러한 지방정부를 경제엘리트가 금력을 사용하여 통제한다는 것은 아직 상상하기 어렵다. 기업의 영향력이 있다면 그것은 지방정부로부터 이권을 따내거나 행정적 편의를 얻기 위해 개별기업차원에서 市長에 접근하여 형성된 사적 교환관계를 통할 뿐"이라고 한다.

신희권(1995), 역시 지방정부 역시 단일의 권력으로 형성되지 않은 것처럼, 기업가들도 단일된 조직과 행동양식을 보여 주고 있지 않다고 한다. 즉 지방정부는 지방정부 장, 지방의회, 지방관료로 구성되기 때문에 동질적인 단일체가 아니고, 마찬가지로 지역기업들도 지방정부의 특정 활동으로부터 입게 되는 편익과 비용이 균등하지 않기 때문에 지방정부에 대하여 통일된 행동을 보인다고 말할 순 없다고 한다.

후견인 정치가 이루어지는 곳은 정치적 이해관계를 조절할 제도적인 장치가 미흡하거나, 민주적인 절차에 대한 관행이 형성되지 않은 곳에서 나타나는 경향이 있다. 예를 들면 브라질의 민주주의는 지나치게 정치화되어 있다는 표현을 사용하기도 한다(Power, 1991). 즉 끊임없는 선거, 정당의 난립, 행정과 의회의 대립에서 나아지지 않는 행정능력의 예를 들면서, "민주주의의 지나친 정치화에 따른 시민의 피곤함"이라는 용어로서 현재 브라질의 상태를 표현한다.

2. 관료들의 행위 전략

관료들의 권력은 체계의 속성에 기인한다. 체계적인 속성이란 그들이 공개적으로 정책결정을 할 때에는 표출되지 않지만, 경제적인 이익, 조직내 다른 집단과의 관계, 사회적인 관계가 영향을 미치는 상황을 의미한다. 이러한 상황에서 관료들은 가장 힘을 발휘하며, 특정 집단에 유리한 정책결정을 내리고, 다른 집단에 불리한 결정을 내리게 된다. 대개 경험적인 자료들은 형식적 민주주의가 강조될 때에는 가시적인 행동을 취하거나, 중산층을 유인하는 선거전략을 사용할 때이며, 실제로 행정을 집행할 때에는, 특히 시간과 공간이 퍼져 있고 어떤 뚜렷한 쟁점이 부각되지 않을 때에는 상층부의 이익을 위한다는 결론을 내린다.

2.1 지방재정

전라북도 지역의 지역정치를 연구한 이성호(1998)는 지역정치의 결과는 구조적 제약과 지역사회 내부의 전략적 선택간의 상호작용의 결과라고 결론을 내린다. 성장지향적인 지역정치가 형성되는 이유를 지방정부의 재정기반에서 일차적으로 찾고 있다. 즉 "지방정부는 재정적으로 지방의 조세수입에 의존할 뿐 아니라, 지역경제의 성장을 정치적 기반으로 삼고 있으며, 따라서 지방정부의 지역계획은 기본적으로 성장 지향적이다." 그러나 다른 한편, "조세수입 때문에 성장지향적이라고 평가하는 것은 지나치게 단순한 결론"이라고 유보적인 입장을 취한다. 1980년대 중반까지 전라북도 지역정치는 지방정부와 성장연합간의 긴밀한 연계를 기반으로 이들에 의해 독점적으로 지배되고 있었다. 이 시기의 지역성장정치는 어디까지나 국가에 종속적인 틀 내에 머무르는 것이었다. 지역개발 의제가 정치적 지역주의와 지방자치제의 실시와 결합하면서 정치적 쟁점으로 확산되는 계기가 된다. 성장연합과 반 성장연합의 구도는 그대로 유지되면서 최근에는 정치화로 나아가고 있지만 지방자치제의 실시가 곧 반성장연합에 유리하다고 판단할 수는 없다고 평가한다.

2.2 관료제적 절차

창원시 의회 도시건설위원회의 속기록 분석을 통해 의제형성과정을 연구한 이은진(1999)은 대부분의 정책 결정이 관료제적인 절차를 중심에 놓고 논의가 이루어지고 있음을 발견한다. 즉 일반적인 이익에 대한 토론, 사업의 타당성, 개별 사업에 대한 평가보다는 사업수행과 관료제적인 절차에 대한 논의가 주를 이루고 있음을 발견한다. 이러한 상황은 비공식적인 이해관계의 조정이 필요하거나 아니면 관료적인 절차를 피하는 방식을 사용하게 한다. 의원들은 관료들을 일단 사업의 계획이 세워져도, 그것이 제대로 집행되지 않는다고 평가한다. 즉 집행능력이 부재하다는 것이다. 심의한 예산이 대부분, 수정을 가정하고 예산이 세워지거나 아니면, 사업에 대한 책임 주체의 불명확성, 형평성 논란, 집행의 자의성, 행정당국 스스로의 집행에 대한 차별적 기준 적용, 사익과 공익의 구분의 애매성 등이 그 원인으로 지적된다. 의원들은 의회내 질문의 근거로, 집행의 일관성 결여, 잦은 변경, 관료체제의 집행능력 부족, 형식적으로 일을 할 뿐 성실하게 집행을 하지 않는다는 점 등을 지적한다.

지방정부가 사업을 확대시키는 경우에도, 불법으로 점유하고 있어도, 시의 재산관리와 법집행 능력 부족으로 많은 비용만 야기시키며, 사업의 타당성을 검토하지 못하고, 관료적인 절차나 법적으로 강제된 관료적인 절차는 또 다른 비용낭비만 발생하게 된다고 지적한다. 관료적인 절차는 타당성 부족, 비용낭비, 절차상의 정당화만 가능하게 하여, 무계획성, 무책임성을 낳게 한다. 행정자치부가 지방정부에 보낸 예산 편성 지침은 또한 관료들 자체의 내부 결속 비용, 비관료적인 절차를 통한 관료들의 권한 강화를 위한 비용을 상정하고 있다. 이것 역시 비용 낭비를 불러 온다. 관료제적인 절차의 문제는 관료들에게 권한을 더 많이 줌으로써 해결되거나, 절차를 단순화시켜서 해결되는 것이 아니라, 더 자세하고 세밀하게 절차를 규정함으로써만 해결될 수 있다. 이는 베버가 주장하듯이 관료제의 문제는 어쩔 수 없이 더 강한 관료제를 통해서만 조금 문제를 해결할 수 있다는 언급이나, 아니면 정보화가 진전되어 규칙의 적용은 관료 개개인이 아닌 정보처리 절차에 의거하여 이루어질 수 있지만, 여전히 현실에서의 행정처리는 관료 개개인에 의존할 수밖에 없는 현실을 반영한 것이다.

그러면 왜 이와 같이, 시의 사업을 입안하고 집행하면서 발생하는 문제는 단순히 관료제적인 절차에서 비롯된 것일까? 이은진은 두 가지 면에서 그 이유를 찾고 있다. 즉 (1) 도시정부는 기본적으로 토지의 가치를 결정한다. 창원시의 경우는 특히 계획도시의 형태로 지어졌기 때문에, 창원시 관할 구역내 거의 전부가 창원시 행정에 의해 재산가치가 결정되었다고 해도 과언이 아니다. 또한 시는 재산거래를 자주 하게 하고, 재산 변동을 많게 하는 것이 시의 재정수입이 많게 재정구조가 짜여져 있다. 반면에 현행 세제는 토지의 자산가치 변동에 따른 이익을 개인에게 귀속되게 되어 있어, 공공적인 개입에 의한 사유재산 가치의 변화라는 방식으로 시의 개입이 이루어지고 있다. (2) 여기에 공공의 이익이 보장되기 어려운 정책결정과정의 제도적 어려움이 발생한다. 즉 토지가 지나치게 정치화되어 있어, 개인의 이익을 위한 정치만이 이루어지고, 공공의 이익을 위한 정치가 만들어지기가 어렵다. 따라서 기본적으로는 관료들이 지역정책의 중심에서 결정적인 권력을 갖고 있으며, 지방자치 이후에 의회의원들이 이들의 결정에 토지 자산가의 입장에서 개입하고 있는 것으로 분석된다.

관료들의 특징인 정보 독점은 정책결정에 대한 정보 공개를 거부하여, 사업자체, 사업의 과정, 사업의 결정, 사업의 집행, 결과에 대한 정보를 독점함으로써 가능해진다. 이러한 독점 행위를 지대행위라고 일컫는다. 관료들은 정보 공개는 오히려 정치적인 공세에 시달려 객관적인 판단과, 공정한 집행이 어렵다는 주장으로서 지대가 아니라고 주장한다.

우리의 지방정부의 조직형태를 관료제로 표현해야 할지 분명치는 않다. 다만 대규모 조직인 것과 관료제의 형태를 띠고 있는 것만은 분명하다. 이러한 불완전한 관료제의 형태 속에서의 해결 방안은 관료제를 제대로 운영하는 것이라는 주장이 나오고 있다. 새로운 경영전략의 일환으로 행정구조 개편은 효율성을 중시여기는 면에서는 바람직한 것으로 보이지만, 관료들의 전문성을 무시하고, 정치적으로 예속시킴으로써 부정적인 면모를 보여 주고 있다. 우리나라의 관료제는 관료들의 부패, 하부시설의 노후화, 서비스의 비효율성이 남아 있으나 이를 해결하기 위해, 유령 노동자의 가공 서류 작성, 부적절한 회계 체계 등을 그대로 둔 채, 실적급을 채택하면, 당초 의도한 성과가 나타나지 않는다는 것이다. 따라서 현재는 오히려 베버 스타일의 관료제(정교한 규칙을 만들고 이를 따르게 하는 것과, 정교한 규칙 속에서 정책실명제, 정보 공개, 주민 참여를 강화시키는 것이 필요하다)를 강화시키는 것이 더 급선무이다(Kearney and Hays, 1998). 불완전한 형태의 관료제 하에서 탈관료제, 탈중심화, 민영화, 경영주의의 도입은 공직자의 전문가 주의, 정치적 중립성이 훼손될 가능성이 높다는 것이다. 따라서 경영의 책임성은 강해져도, 정치적 책임은 줄어들 가능성이 있다고 한다. 즉 정치인은 이제 경영의 책임만 지려고 할 뿐 정치적 책임은 지려고 하지 않는다.

2.3 지방자치

앞으로 지방정부에 대한 중앙정부의 권한이 이양되면, 지방정부의 정책결정은 더욱 정치화하여, 그 이해갈등을 조절하기 위한 새로운 방식을 만들어 나갈 것으로 추정된다. 그 예를 염미경(1998)은 환경 분야에서 들고 있다. 1991년 대구 페놀사태 이후 지방에서의 환경규제권한이 중앙정부로부터 지방자치단체로 대폭 이양되었다. 점차 환경문제는 지역정치의 중요한 쟁점으로 떠오르고 있다. 이는 일본 지방자치의 역사에서 증명되고 있다. 일본 키타 큐슈 지역사례를 연구한 염미경은 공해반대운동 발생이후 지방자치단체가 성장을 조절하고, 사회관계를 관리하는 성장관리자로서 등장했다고 지적하면서, 지방정부는 노조의 정치참여를 조직화해 지역관리의 효율성과 지방정치의 안정을 꾀하고, 이러한 기반하에 기업의 축적기반을 정비해 나가고자 했다고 갈파한다.

3. 경제엘리트 집단

지역의 경제적 엘리트 집단이 지역정치에 개입하는 방식에는 관변단체와 개별

연줄망을 통하는 방식, 지방의회에 진출하여 영향력을 발휘하는 방식, 개별적인 유착관계, 언론기관을 통하여 행정기관에 영향력을 행사하는 방식 등을 통한다.

3.1 관변단체

청주지역의 권력구조를 연구한 민경희 외(민경희, 강희경, 배영목, 최영출, 1996)는 위원회나 관변단체를 통하여 영향력을 행사한다고 주장한다. "경제단체, 구체적으로 기업체나 상공회의소, 또는 금융기관에 속하고 있는 인사들이 청주지역사회의 권력구조에 편입되기 위해서는 행정기관 주관하의 위원회에 참여하거나 아니면 바르게살기운동이나 새마을운동단체와 같은 관변단체 활동을 활발히 전개하고 있다는 것이다. 관변단체와 행정기관 산하 위원회는 경제계 인사들이 권력을 행사할 수 있는 통로로서 활용되고 있다." 또한 부수적으로 그들이 가진 연줄망 그중에서도 특히 학교(고등학교) 동창관계에 의존하는 성향이 높다고 한다. "청주의 권력자들은 사업업무관계를 중심기제로, 그리고 학연을 보조기제로 서로 연결되고 있다."

3.2 지방의회

1991년부터 시작된 지방의회의원에 대한 선거는 의회에 지역자산가들이 대거 공식적인 정치에 참여하는 계기가 되었다. 경남도의회와 마산시의회를 분석한 이은진(1994)은 "아무튼 지방의회나 공직자들의 경우에 특히 1991년에 시작된 지방의회에는 유력 자산가들이 대거 들어온 것은 거의 확실한 것으로 보인다. …더욱 중요한 것은 사업체를 소유한 사람들이 도의회를 장악함으로써 지역민의 삶의 이해보다는 소유권에 대한 이해에 의회활동을 집중할 가능성이 높다는 것이다. …사실상 현재의 경상남도는 개인적으로 행정당국과 이해관계를 가진 인사와 토지소유자들이 대거 들어가 있는 것으로 판단된다. 이는 의회가 지역민의 이해보다는 지역자산가들의 이익을 보호하는 수단으로 바뀌어 있음을 볼 수 있다"고 결론을 내렸다.

또한 1998년에 선출된 부산시의회 의원들의 출신을 분석한 결과 같은 결론에 도달하고 있다(이은진, 1999). 시의회 의원들은 "지역의 토지와 금융자산가와 운수,

의료 등 정부로부터 독점적 사업을 허가받은 직업을 가지고 있다는 점이다. 시장의 원리를 중요시하는 사업가들이 아니라 독점의 원리와 정부와의 유착을 통해 이익을 추구하는 세력이라는 점이다. 따라서 토지소유자들은 부담은 하지 않고 이익을 챙기려고 하기 때문에 의회에 토지소유자들의 진출이 많아지며, 이들은 다시 자신의 사적인 이익을 위해서는 지방정부의 재정견실화에 반대되는 행동을 할 수밖에 없다."

이러한 상황은 결국 지방자치가 민주주의라는 허울 아래 실제로는 지역사업가들의 이익을 더욱 철저하게 보호해 주는 방패막이 구실을 하고 있다고 평가되게 한다. 이러한 양상은 대기업이 장악하고 있는 기업도시에서 대기업이 지역의회에 진출을 시도하고 있는 현상에서도 나타난다. 즉 광양제철소가 있는 도시의 경우, 대기업이 도시정치의 주도적인 행위자로서 등장하였다고 평가한다. 즉 "광주 전남지역의 대부분의 선거구가 지역정당의 공천(또는 내천)이 후보의 선거운동과정 및 당선에 큰 영향을 미쳤던 데 반해, 광양제철소 노동자 거주지역의 경우는 기업의 지원여부가 후보의 선거운동과정 및 당선에 결정적인 영향을 미쳤다. 이와 같은 상황에서 노동자들에 대한 일상적 관리체제가 구축되어 있는 대기업의 경우 기업귀속의식이 강한 노동자들과 그 가족들의 지지에 기반해 도시정치에 참가하여 간섭이 확대될 전망이며, 그에 따라 기업본위의 선거가 나타날 가능성은 더욱 높아질 것이다."

이상의 지역 자산가와 대기업이 지역정치에 영향력을 쉽게 미칠 수 있는 장치가 바로 민주주의라는 것으로 나타난다. 즉 민주주의의 제도화가 촉진되지 않은 상황에서의 선거를 통한 민주주의라는 것이 끼치는 해악은 결국 자산가들의 이익이 행정조직을 통하여 그대로 관철되는 결과를 초래한다는 것이다. 이러한 양상은 지나친 정치화와 강요된 선거의 계속, 유권자들의 바꿀 능력이 없다는 것에 대한 무능감으로 나타나고 있어 궁극적으로 선거제도에 대한 정당성 회의로 나아가기도 한다.

3.3 재정기반

경제엘리트들이 지방정부에 영향력을 미치는 중요한 요인은 기업들이 지방정부의 주요한 재정적 기반이 된다는 점이다. 이에 따라 기업들의 이익이 시행정에 차별적으로 영향을 미치며, 지방의회에서도 왜곡되어 대표된다고 주장된다(박재욱, 1996).

3.4 유착관계

지방자치의 역기능 중 가장 대표적인 것으로 지역의 토호세력이 집단적으로든 아니면 개인적으로든 맺는 지방의회 혹은 지방자치단체와의 유착관계를 들 수 있다(임승빈, 1995). 역설적이기는 하나 주민의 분권화에 대한 욕구가 커지고 지역의 자율성이 강조되고 지역개발에 의한 소득증대정책이 과감하게 실시되면 될수록 지역유착의 빈도가 높아질 수 있다. 즉 개발이익이 발생하는 곳, 신규사업의 인허가과정에서 유착관계가 잘 나타난다.

3.5 언론기관

지역의 대부분의 언론기관들은 지역의 기업들이 장악하고 있는 것으로 파악된다. 이들 언론기관은 대부분 적자운영에서 벗어나지 못하고 있다. 그럼에도 불구하고 지역의 토착기업들이 언론기관을 운영하고자 하는 이유는 언론을 통하여 행정에 자신들의 이익을 관철시키고자 하기 때문이라고 분석된다. 홍덕률(1997)은 대구지역의 언론 현황을 분석하면서, 매일신문과 영남일보, 대구일보의 3개 광역신문 가운데 가톨릭 대구대교구가 소유하고 있는 매일신문을 제외한 영남일보와 대구일보가 각각 지역의 대표적인 재벌인 갑을그룹과 보성주택의 소유이며, 1995년에 불하된 지역민영방송인 TBC는 지역의 대표적인 건설업체인 청구그룹이 소유하고 있고 지역의 대표적 백화점 업체인 대백이 대주주로 참여하고 있다고 한다. 이러한 현상을 두고, 홍덕률은 "지역기업들이 특히 지역정치에 비교적 적극적이라는 점이 눈에 띈다. 보다 정확히 표현하면 지역정치라기보다는 지역내 권력집단과의 유착에 적극적이라고 할 수 있다"고 표현한다.

3.6 대 기 업

토착기업의 발달이 저지되어 온 저개발지역과 대기업 위주로 도시가 형성된 지역(울산, 포항, 광양)에서 대기업은 지역정치에 큰 영향력을 발휘한다. 이성호(1998)는 전라북도의 지역개발을 분석하면서 "1980년대까지는 관주도의 관리가 행해지면서 민간기업의 역할이 활발해지고 있으나, 그 주도적 역할은 지역 토착기업이 아니라 외부 대기업이 담당하고 있다"고 결론을 내린다. 대기업이 주도하고 있는 울산시의 지역정치를 분석한 박재욱(1999)은 대기업 주도형 도시정치체제를 "기업가주의적 레짐, 기업형 레짐, 시장주도형 레짐"으로 규정한다. 즉 울산시에서는 기업의 헤게모니가 기업복지차원에서 시행되는 집합적 소비재의 독점적 공급에 기반을 두고 있다고 하면서도, 그러나 지방자치제의 미발달로 인해 주민자치조직이 미약하고 비활성화되어 예를 들어 일본의 토요다시와 같은 곳의 개입방식과는 다른 양태를 보이고 있다고 한다. 이는 두 가지 차이점에서 비롯된다. (1) 즉 지방자치제의 미발달로 인해, 지방정부는 정책결정권의 한계가 있고, 따라서 기업은 지방정치에 개입할 필요성이 줄어들고, 대기업 엘리트들이 지방정치에 조직적으로 참여하지는 않는다는 점에서 나타난다. (2) 또한 울산시는 타업종집단(화학공단)의 존재에 의한 현대의 정치적 독주 견제, 비현대계열사의 노동자들의 반현대의식 등의 요인으로 대기업의 영향력이 일본의 토요다시에 비해서는 크지 않다고 분석한다.

4. 토지이용 집단

4.1 객관적 이해관계

자본주의발전의 측면에서 사회간접 자본의 형태를 띠고 있는 교통, 주택, 공장 단지 조성은 직접적 이윤이 발생하지 않는 부문이다. 따라서 여기에는 필연적으로 정치적인 결정에 의해 정부부문이 나설 수밖에 없다. 그렇다고 하여 사회간접 자본에 투자하는 자본은 이윤이 없다는 것은 아니다. 오히려 정치적으로 결정된 사회간접자본 부문에서 자본은 항상 초과이윤을 획득하고 원시적 축적을 행해온 것이 역사적으로 보여지고 있다(데이비드 하비, 1989/1995). 바로 이때, 지방정부와 토지관련 기업가는 시장논리보다는 정치적 논리에 의해 투자결정을 하게 된다. 이럴 경우, 몰로치가 주장하듯이 어떤 지배적 이익들(은행과 금융자본, 부동산자본의 이익, 건설이익, 개발가들과 정부기구의 야심적 대행자들의 이익)이 전향적으로 일을 좌우하는 것이 바로 자본주의적 성장이다. 그들은 선행조건의 생산으로부터 이윤을 추구한다. 그 이윤의 실현은 그런 선행조건들이 증진시켜 주는 축적의 이윤성에 의존한다(데이비드 하비, 1989/1995:202-203).

이러한 도시기반시설의 확충은 토지의 교환 및 사용가치를 제고시켜 부동산 소유자에게 이득을 주며 따라서 그들 대부분이 이를 지지한다(박종민 외, 1999). 영국의 사례를 들어서 서술한 연구자들(Elliott, and McCrone, 1982:129)도 지역정치의 핵심 쟁점은 거대한 공공재산(도시의 하부구조, 교통, 주거와 교육 체계들)의 분배와 통제라고 지적하고 있다. 또한 엘킨스(Elkins, 1995)는 미국의 상공회의 회원들을 대상으로 조사한 결과 개발과 연계된 집단은 토지의 집약적 이용과 관련된 사업가 집단과 선출된 공직자들에 의해 장악되어 있다는 결론을 내린다.

4.2 의 회

지역내 정치는 토지를 매개로 한 계급정치의 성격을 보인다. 그 증거로서 지주와 토지 거래를 담당하는 이들이 직접 의회에 들어간 경우와 지역정치인들과 광범위한 연계를 맺고 있다는 점이 제시된다(Elliott, and McCrone, 1982:131). 실은 개발업자와 개발업자에 의해 그들의 집과 삶이 위협받는 이들 간의 관계는 계급관계이다. 따라서 개발업자들은 시장상황을 공유하고 있을 뿐만 아니라, 이에 의해 사회적 연결망을 형성하고 모임을 구성한다.

4.3 비공식적 연결망

홍덕률(1997)은 대구, 광주, 인천의 지방권력구조를 분석한 후에 건설업 종사자들이 대표적인 지역유지로 행세하고 있다고 평가하였다. 대구의 경우에 지역의 토착 경제인들은 지역의 정치 행정엘리트에게 경제적 후원과 정치적 동원을 제공하였으며, 정치행정엘리트들은 그 대가로 토착경제인들에게 각종 특혜와 정치행정적 편의를 제공하는 거래관계를 형성하고 있음을 발견하였다. 이를 홍덕률은 "지역사회의 정치 행정엘리트와 토착경제인들은 뗄 수 없는 공생관계"라고 표현하고 있다. 이러한 연결망은 주로 학연을 통하여 맺어지고 있었다. 인천의 경우에도, 지역의 토착 경제인 집단은 주로 하역, 창고, 海沙 채취 등 항만 관련 산업에서 오랫동안 경제활동을 해온 사람들이었다. 그들은 지역경제에 대한 장악력에 기초해 지역의 정치 행정에까지 강한 영향력을 행사해 왔으며, 인우회라는 조직까지 갖고 있었다. 과거 임명직 인천시장, 지방검찰청장, 지방경찰청장 등이 부임해 오면 이들에게 인사를 해야 할 정도로 그들의 권세는 대단하였다고 한다. 그들은 또한 지역의 관변단체 임원 등을 역임하면서 중앙과 지역의 정치 행정 엘리트가 요구하는 정치자금 제공과 지역민의 동원역할을 맡기도 했다. 그 대가로 그들은 특혜와 정치 행정적 편의를 제공받으면서 자신의 기득권을 유지해 온 것으로 파악하고 있다.

최근 들어서 각 지방정부는 그들의 기업가적 역할을 강화하고 있다. 이에 따라 지방자치단체들마다 지방재정의 확충과 일거리확보를 위해 지역개발을 서두르고 있으며, 지역에의 기업체 유치, 지역기업체의 애로타개, 지역기업체와의 업무협의 강화 등에 경쟁적으로 나서고 있다. 그것은 이전에 음성적으로 이어져 내려오던 자치단체와 지역기업과의 유착을 더욱 강화하고, 나아가 공식화하는 결과를 낳고 있다.

4.4 언 론

토지이용관련 기업들이 지역의 언론을 소유하고 있는 예는 많다. 광주를 연구한 홍덕률(1997)은 지역의 대표적인 토착기업들이 지역언론사를 소유 경영하고 있다는 점을 지적하고 있다. 토착 경제인이 소유 경영하는 언론들은 당연히 토착경제인과 유착될 수밖에 없었고, 그들과 유착한 지역정치 행정엘리트와도 역시 유착되어 있을 수밖에 없었기 때문이다. 건설업은 관청으로부터의 인허가 사항이 가장 많은 업종이어서 그만큼 여러 기관들로부터 간섭과 감독이 빈번하기 때문에 사업상의 목적으로 신문소유의 유혹이 크다고 할 수 있다고 평가한다. 브라질의 레시페시의 권력구조를 연구한 결과에서도 개발업자들이 지역언론을 장악하고 있음을 지적하고 있다. “부동산개발업자들은 지역부르주아지로 구성되어 있고, 이들과 함께 공공공사 계약자, 소매업자, 금융기관과 같이 지역세력이 장악하고 있으며, 반면에 제조업은 국제자본이 통제하고 있다. 또한 개발업자들은 신문을 장악하고 있어 사실상 초기의 개혁적 계획을 지지하는 뉴스는 기사화되지 못하였다”(Cabral, and Sobreira de Moura, 1996).

5. 요약과 논의

여기에서 본인은 한국의 지역정치가 지방정부와 기업가집단 모두 체계화되지 못하고 파편화된 상태에서 거래가 이루어지고 있는 상황이라고 판단하였다. 기존의 권력관계의 개념에서는 후견인 정치라고 파악하는 것이 옳을 듯하다.

우선 시장은 아직 중앙정부로부터 독립적인 재정, 조직, 인사, 업무권한을 획득한 것은 아니지만, 우리나라의 취약한 관료제 덕분에 광범위한 자의적인 권력을 행사할 수 있는 장을 갖고 있는 것으로 파악하였다. 이를 통하여 시장은 의회의원, 개별 기업가와 후견인 정치의 관계를 맺고 있는 것으로 분석하였다. 지방정부는 경제인들과는 우선 재정적인 기여에서 그리고 토지거래와 개발을 통한 이익의 재정전환과 사적 이익의 증대라는 면에서 이해관계가 일치한다. 따라서 관료들은 경제인과 이해관계가 친화적이라고 표현할 수 있다. 우리나라의 관료제는 아직 베버가 규정한 전문적인 지식, 절차를 중시하는 행정, 비인간적인 규정에 의존하는 관료제가 운영되지 않고 있는 상황에서 정책에 따라 매우 자의적으로 판단되고, 집행되며 결과가 평가되고 있음을 알 수 있다. 이러한 상황에서 탈관료제는 오히려 관료제가 갖고 있는 정치적인 중립성 유지와 정치적인 책임성의 면에서 문제가 발생할 소지가 많다고 보여진다.

경제인집단은 관변단체나 위원회, 개인적인 학연을 통하여 지방정부에 영향을 미친다. 또한 의회를 통하는 방식, 개별적인 유착, 언론기관을 통한 압력도 행사한다. 물론 객관적으로는 경제인들이 지방정부의 재정적인 기반이 된다는 점이 작용한다. 토지 소유 기업은 보다 직접적으로 지방정부와 연계된다. 지방정부의 대부분의 업무는 토지 이용을 규제하고 배분하는 역할을 담당하는 것이다. 따라서 토지와 관련된 경제집단은 보다 적극적으로 지방정부에 영향을 미치려고 시도한다. 즉 토지 이용은 시장에 의한 논리보다는 정치적인 논리가 개입될 여지가 많다는 점, 따라서 그 투자자본에 대한 이윤도 시상이윤보다는 정치적인 기준에 따라 결정될 가능성이 높아지는 것이다. 이와 같은 상황은 결국 의회의 장악, 비공식적 연결망의 구축, 언론 소유욕을 강하게 자극하고 있으며, 실제로 상당한 무리를 하면서까지(정치자금, 언론의 적자 운영, 뇌물제공) 그들의 이해를 관철시키기 위한 정치적인 노력을 경주하게 만든다. 그러나 결국 이러한 경제인 내지 토지이용 집단의 지방정치에의 개입은 아직은 조직적인 개입이라기보다는 개별 기업인들의 움직임으로 파악되고 있다.

지역사회의 지배구조에 대한 실증 연구: 대구, 광주, 인천을 중심으로

홍 덕 률

우리나라 지역사회의 지배구조를 실증적으로 분석하기 위해 이 연구는 영남과 호남, 그리고 경인 지역의 대표적인 대도시인 대구, 광주, 인천광역시를 사례연구 대상으로 선택하였다. 세 도시는 중앙집중형의 사회 구조 하에서 중앙에 예속된 지방들이 갖는 공통점을 공유하면서도 몇 가지 중요한 측면에서 비교의 가치가 있다고 판단되었기 때문이다. 예를 들면 세 도시는 중앙 권력과의 관계와 지역정치 지형에서 뚜렷한 차이를 보인다. 뿐만 아니라, 지난 30여년의 지역간 불균등발전의 결과 세 도시의 경제력과 산업 구조도 차이가 나며, 역사적 · 문화적 전통에서도 적지 않은 차이를 갖고 있다고 판단되었다.

이 연구는 세 지역사회의 각계 지도층 인사들을 대상으로 한 심층 인터뷰 방법을 활용하였다. 우선 지역별로 3~5명의 자문 교수단의 도움을 얻어, 지역사회 지배층의 일원인 지배엘리트를 지역 정치계, 지역 행정계, 지역 경제계별로 각각 2명씩, 그리고 지배집단의 사정과 지배 메커니즘을 잘 알 것으로 추정되는 인사로 지역 언론계, 지역 학계, 지역 사회운동계에서 역시 각각 2명씩 선정하였다. 먼저 그들을 대상으로 인터뷰 요청 공문을 띄웠으며, 그들 가운데 인터뷰 수락이 된 인사들을 대상으로 1차 인터뷰조사하였다. 인터뷰는 같은 내용의 구조화된 질문과 몇 가지 개방형 질문을 포함한 질문지에 따라 진행되었다. 중요한 질문 내용만 간추려 소개하면 다음과 같다. 지역사회의 정치 · 행정 · 경제 · 사회문화 영역별로 영향력 있다고 생각하는 사람 및 기관, 그들간의 공통점과 유대 메커니즘, 지방자치제 실시 후의 영향력 집단의 변화 등을 공통 설문으로 물었으며, 그 외에 지역사회 지배구조, 지배집단 내부의 유대와 갈등, 지배집단의 특성, 지배집단의 지배이데올로기 등과 관련된 다양한 개방형 설문을 제시하였다.

인터뷰 대상으로 선정된 인사들 가운데는 인터뷰에 응하지 않은 인사들도 적지 않았으며, 그 경우 그들을 대신할 수 있는 인사들을 재선정하여 2차 인터뷰하였다. 2차 인터뷰 대상자 가운데서도 인터뷰에 응하지 않은 사람이 많아, 최종적으로 인터뷰에 응한 사람들은 지역별로 7~10명씩, 모두 27명이었다. 인터뷰는 1996년 4월부터 8월에 걸쳐서 진행되었으며, 모두 필자가 직접 인터뷰하였다. 대개 1시간 30분에서 2시간 가량 소요되었으며, 경우에 따라서는 4시간에서 6시간 가량 장시간 인터뷰가 진행된 경우도 있었다. 또한 필자의 요청에 따라 두 차례 인터뷰를 실시한 경우도 있었다. 대부분의 피면접자가 익명을 요구하였기 때문에, 본고는 그들의 요청에 따라 인용문을 익명 처리하였다.

1. 대구, 광주, 인천 지역사회의 개관

인구사회학적 특징으로는 1996년 현재 대구가 약 250만, 인천이 약 240만의 인구 규모를 갖는데 비해, 광주는 그 반인 약 120만의 인구 규모를 갖고 있다. 대구와 인천이 각각 1981년에 직할시로 승격되었으며, 광주는 1986년에 직할시로 승격된 후, 1996년에는 모두 광역시로 개편되었다. 특기할 사실은 대구와 광주의 인구 구성이 비교적 동질적인데 반해, 인천의 240만 인구는 매우 이질적이라는 점이다.

대구와 광주는 내륙에 위치하고 있고 주변의 같은 생활 · 문화권인 영남과 호남 농촌 출신자들의 유입으로 성장한 거대 도시이나, 인천은 휴전선에 인접한 항구 도시이자 공업 도시로서 북한으로부터의 월남인, 그리고 다른 생활 · 문화권인 호남과 충청도에서 이주해 온 유입 인구로 성장한 거대 도시이기 때문이다. 대구와 광주는 영남과 호남의 행정 · 교육 · 문화의 중심 도시로 기능하고 있는 반면에, 인천은 거대 도시이면서도 서울에 근접해 있어서 독자적인 도시 기능과 문화적 정체성을 제대로 갖추지 못하고 있다는 특징도 갖고 있다.

정치적으로도 세 도시는 매우 다른 특징을 갖는다. 먼저 대구는 1961년 이후 1992년까지 중앙 권력을 배출한 지역임에 반해, 광주는 중앙 권력으로부터 철저하게 배제되어 왔을 뿐만 아니라, 광주사태와 같은 비극적인 역사 체험을 겪은 지역이라는 특징을 갖는다. 그것들은 두 도시 거주민의 정치적 정향의 상당 부분을 규정하고 있다. 그에 비해 인천은 현대 정치사에서 독특한 정치적 체험을 갖지 못했으며, 그 결과 지역의 정치적 아이덴티티도 상대적으로 약한 도시라는 특징을 갖는다.

경제적으로는 광주가 개발이 크게 뒤진 반면에, 대구는 산업화 초기 단계에 섬유 도시로 일찍 개발되었으나, 1980년대 말 이후 섬유산업이 사양화되면서 지금은 매우 취약한 경제 기반을 가진 소비 도시로 전락하고 있고, 인천은 남동 · 목재 · 부평 · 주안 공단 등을 갖고 있으면서 항만까지 끼고 있어서 상대적으로 고른 산업구조와 경제적 활력을 갖고 있다.

2. 지역사회 지배구조의 비교 분석

2.1 문민정부 출범 이전의 지역사회 지배구조 개관

2.1.1 대구: 중앙 권력에 의해 장악된 지역사회

대구는 1961년 이후 6공화국까지 30여년간 중앙 권력을 창출한 지역이다. 지역 인사의 중앙 권력 기구로의 진출은 어느 도시에 비해서도 두드러졌다(남영신, 1992; 김용학, 1991; 홍기훈, 1995). 그들은 특히 학연을 통해 결집되었다. 가장 중요한 학맥은 경북고등학교다. 경북고등학교 동창회는 대구 지역사회에서도 대단히 중요한 역할을 한다. 특히 경북고등학교를 졸업하여 정치, 행정, 경제계 등 각계에서 고위직까지 올라간 기별(期別) 대표주자들은 별도의 모임을 갖고 친목을 도모하는데, 경심회(慶心會)가 그것이다. 경심회는 서울에서도 모이고 대구에서도 모인다. 한 증언자(대구 ⑨)에 따르면, 대구 지역사회의 중대 현안이 이 경심회에서 논의되고 방향이 잡힌다고 한다. 중앙 권력과의 연계는 적지만, 지역사회에서 작동되는 중요한 고등학교 학맥으로는 계성중고와 대구상고를 들 수 있다. 전자는 지역 행정계에 그리고 후자는 지역 경제계에 많은 인사를 배출하였다.

지역의 정치 · 행정 엘리트들도 그들과 긴밀하게 연계되어 있었다. 중앙의 지역 출신 권력자들에 의해 선택된 '작은' 권력자들이었다. 중앙 권력자들로부터 위임받은 권력을 지역에서 행사하면서, 중앙 권력기구로 진출하기 위해 기회를 엿보는 지역 지배엘리트들이었다. 그들 가운데 핵심 인사는 지역구 국회의원, 임명직 시장, 대구지방 검찰청장과 대구지방 경찰청장, 그리고 대구 안기부 지부장과 대구 기무사 사령관, 대구 국세청장 등이었다.

지역의 토착 경제인들 역시 그들과 유착되어 있었다. 대구의 토착 경제인들은 주로 섬유산업과 건설업, 유통업종의 경제인들로 구성되어 있다. 이들은 전통적으로 지역 출신 여당 국회의원들의 후원자 역할을 하거나 지역의 관변단체(새마을운동조직, 바르게살기운동협의회, 자유총연맹 등) 임원을 맡아 지역민을 정치적으로 동원하는 역할을 수행하면서 정치 · 행정 엘리트와의 연대망을 형성해 왔다(대구 ①의 증언).

지역 언론도 지배집단의 일원으로 기능하였다. KBS와 MBC는 중앙과 지역 권력의 통제 하에 있었으며, CBS는 1980년의 언론 통폐합 이후 1990년까지 선교방송만 하도록 제한받았다. 발행 부수가 가장 많은 매일신문은 천주교 대구대교구가 소유하고 있는데, 소유주인 천주교 대구대교구가 사회적 인식 면에서나 이념면에서 매우 보수적이어서 매일신문 역시 지역사회의 지배집단을 적극 대변해 왔다고 할 수 있다.

종교 지도자는 대구, 광주, 인천 모두에서 지역사회에 영향력을 행사하는 인물로 많은 증언자들이 지적하였다. 그러나 세 도시에서 영향력 있는 종교 지도자들은 차이가 있다. 광주와 인천의 경우는 진보적이고 개혁적인 사회인식과 종교관을 가진 지도자들(예를 들어 광주의 경우 윤공희 대주교, 조비오 신부, 강신석 목사 등이, 인천의 경우는 김병상 신부, 오경환 신부 등)이 거명된 반면에, 대구에서는 개신교, 불교, 가톨릭 모두에서 대개 보수적 사회 인식과 종교관을 가진 지도자(대표적인 예로 이문희 가톨릭 대구대교구 대주교)가 지역사회에 영향력을 행사하는 종교 지도자로 지적되었다.

1987년에 복간된 영남일보 역시 대구 지역의 대표적인 재벌이라고 할 수 있는 갑을그룹의 소유이다. 영남일보 외에 대구일보 역시 지역 건설업체인 보성주택의 계열사이며, 1995년에 설립된 대구방송(TBC)도 지역의 대표적인 건설업체인 청구그룹이 대주주로 되어 있다. 대구 지역에서 유일하게 진보 언론을 표방하면서

1993년에 출범한 시민주 신문(하나신문)이 있었으나, 채 2년을 지속시키지 못하고 개인에 인수되었으며 그와 함께 신문의 성격도 완전히 바뀌었다.

대구의 여러 응답자들(대구 ⑥, ⑦, ⑧, ⑨, ⑩)이 대구 지역사회 지배 집단의 공통분모로 앞에서 든 학연 외에 '보수적 이념'과 '극우 성향'을 들었다. 이는 그들을 응집시켜 온 핵심 집단이 지역 출신의 중앙 권력 담당자였고, 그 핵심이 물리력과 반공 이념으로 무장된 군부 실력자였기 때문으로 풀이된다.

지역민에 뿌리를 둔 비판적 대안 세력은 6공화국까지 제대로 형성되지 못했다. 지식인을 중심으로 한 비판적 시민 세력과 노동운동, 재야운동은 일정하게 존재하였으나, 시민사회에 뿌리를 내리지 못한 채 고립되어 있었다. 그것의 가장 큰 요인은 지역민의 의식이 제도권 엘리트에 의해 통제되고 동원되어 왔으며, 지역의 언론과 종교까지도 보수 이념을 대변해 왔다는 사실에 있다. 특히 지역주의가 지역민의 동원 메커니즘으로 적극 활용되기 시작한 5공화국 이후부터, 비판적 · 대안적 이념과 운동은 더욱더 고립되어 갔다. 권위주의적 지배엘리트들은 선거를 비롯한 정치 과정에서 이성적 판단을 마비시키는 정치적 지역주의를 조장함으로써, 지역민의 의식과 정치 행위를 통제해 왔던 것이다.

2.1.2 광주: 지역주의와 결합한 시민적 리더십

광주는 지역민이 공통의 역사 체험과 동질적인 의식에 기반해서 강한 연대를 형성하고 있다는 점에서 대구와 유사하다. 종교 지도자와 사회단체 지도자들이 강력한 사회적 영향력을 행사하는 것도 광주지역사회의 중요한 특징이다. 지역민의 소외의식, 지역사회의 정신적 지도자와 사회운동가, 그리고 그들의 정서를 정치적으로 대변하면서 동원해 온 중앙의 야당 정치인(김대중 총재와 그가 이끄는 야당) 모두가 하나의 거대한 집단을 형성하고 있는 것이다. 단지 대구와 다른 것은 지역을 대변하는 정치 집단이 수십 년간 권력에서 배제되어 왔다는 사실이다.

지역민이 공유하고 있는 정서도 대구 지역민의 우월의식, 소중앙의식과는 전혀 다른 소외의식이요 피해의식이자 한(恨)이었다. 다시 말해 공감대와 정서의 내용은 크게 다르지만, 광주는 대구와 유사하게 강한 지역 동질성을 갖고 있는 것이다.

그리고 그것은 강력한 지역주의의 토양으로 작용하기도 하였다. 그러나 강력한 지역주의에 토대를 둔 거대한 지역 에너지는 지역을 대표하고 상징하는 중앙의 정치인이 집권하도록 하는 것으로 주로 동원되어 왔다. 지역사회의 여타 현안이나 지역민의 삶의 질 향상은 부차적이거나 집권 후의 과제들로 치부되었다. 누적된 지역 문제들은 모두 중앙정치의 탓으로 돌려지고, 지역 출신 정치인의 집권이 최우선 과제로 설정되었던 것이다. 그러나 지역 출신 정치인의 집권이라고 하는 지역민의 절대적인 소망이 좌절할수록 광주 지역민의 정서도 함께 기형화해 갔다(광주 ①, ②, ③, ⑦).

중앙의 야당 정치인집단과 지역의 정치인, 지역의 재야 · 시민단체가 만드는 거대한 지역 집단은 중앙 정치에서는 강력한 저항 집단으로, 그리고 지역 수준에서는 절대적인 정치 · 사회적 영향력 집단으로 자리잡고 있다.

그러한 지역 정치의식은 지역사회 내에서 자신의 의견과 다른 여타의 의견을 수용하는 데 인색할 정도로 위압적이기까지 하였다. 심지어는 다양성과 토론을 허용치 않는 획일주의 문화가 지배하게 만들었다(광주 ①, ②, ⑦).

한편, 강력한 중앙 집권의 정치 · 행정 구조 하에서, 광주 지역의 행정만은 다른 지역과 마찬가지로 중앙 권력의 직접적인 통제 하에 있었다. 지역 경찰, 지역 검찰, 지역 안기부, 지역 국세청 등의 권력기구는 다른 지역과 마찬가지로 중앙 권력이 지역을 통제하는 가장 유력한 기구이다.

지역의 토착 경제인들도 중앙과 지역의 권력 기구에 유착해 있었다. 금호그룹은 지역 경제에 미치는 영향과 상징성이 대단히 크며, 모든 응답자들이 지역의 대표적인 경제엘리트로 광주 상공회의소장이기도 한 금호그룹의 박정구 회장을 들었다. 그 외에 지역의 토착 기업들은 대개 건설회사였다. 특히 두드러진 특징은 지역의 대표적인 토착 기업들이 지역 언론사를 소유 · 경영하고 있다는 사실이다.

그렇게 볼 때 광주 지역사회의 지배 구조는 이원화되어 있다고 볼 수 있다. 하나는 지역민을 동원하고 있는 비제도권 영향력 집단이며, 다른 하나는 중앙권력의 지역 통제 역할을 맡고 있는 파견된 제도권 지배 집단이다.

2.1.3 인천: 중앙권력과 차단된 허약한 토착세력

인천은 대구나 광주에 비교해 인구 구성의 이질성을 특징으로 갖는다. 인천 토박이는 약 10% 내외에 불과하며, 외지 유입 인구의 인천 출생 자녀들을 모두 포함해노 30%에 불과할 정도이다. 그 밖의 대부분은 이북 출신자, 호남과 충청 출신자들이다.

또한 인천 지역민은 함께 거주하면서 대구나 광주처럼 동질적인 역사적 체험도 공유하지 않았다. 역사적 체험은 출신 지역별로 분절되어 있다. 북한 출신자들은 대개 강한 반공 의식과 보수적 사회의식을 공유하며, 1960년대 이후 빠른 산업화 과정에서 호남 지역에서 이주해 온 유입 인구들은 대개 비판적 정치 · 사회의식을 갖는 경향을 보인다. 그것의 결과는 지역 공통의 아이덴티티가 존재하지 않는, 다시 말해 지역 공동체 의식이 빈약한 것으로 나타난다. 그것은 지역주의 정치 구도 하에서 인천이 특정 정파에 예속될 수 없음을 의미하는 것이다.

인천 지역사회의 정치 · 행정 지배 집단은 지역사회에 깊고 넓게 뿌리내리지 못하였다. 중앙 권력은 인천과는 아무런 연고도 없는 충실한 심복을 인천의 기관장으로 파견하였다. 그들(임명직 시장, 인천 지방검찰청장, 인천 경찰청장, 인천 지방법원장, 안기부 인천지부장, 인천지방 국세청장 등)은 중앙 권력의 신탁통치 임무를 부여받고 파견되어, 그들의 위계적 통제를 받는 엘리트집단이었다. 그들이 행사하는 힘은 위로부터 나왔다. 잠시 머무는 그들이 지역사회에 애정을 가지고 지역민과 일치되려는 노력을 하지 않을 것은 당연한 일이었다. 중앙 권력의 지시에 따라 인천을 통제하고 관리하다가, 중앙 권력자의 부름을 받고 다시 중앙 무대로 진출하는 것이 그들의 가장 큰 관심사였다.

한편, 지역과는 아무런 관계도 없을 뿐만 아니라 지역민의 지지를 받지도, 그렇다고 지역민을 동원할 능력도 없는 파견된 기관장들 밑에 있으면서, 지역민 위에 실질적으로 군림해 온 지역 출신의 정치 · 행정 엘리트 집단이 있다. 그들은 중앙에서 파견된 상층 엘리트 집단으로부터 일정하게 위임된 권력을 집행하는 중하위직의 관료 집단이었다. 인천 ①, ⑥은 그들을 가리켜 '아전'이라고 칭했다. 그들은 지역에 뿌리를 두고 있으면서 학연으로 결집되어 하나의 세력을 형성하고 있었다. 그들은 주로 인천중학교-인천고등학교 출신이었다. 이들은 토착 경제인들과도 보이지 않게 유착되어 있으면서 실질적인 지배 집단으로 군림하였다.

지역의 토착 경제인 집단은 주로 하역, 창고, 해사(海沙) 채취 등 항만 관련 산업에서 오랫동안 경제 활동을 해온 사람들이었다. 그들은 지역 경제에 대한 장악력에 기초해 지역의 정치 · 행정에까지 강한 영향력을 행사해 왔다. 인우회라는 조직까지 갖고 있었다. 과거 임명직 인천시장, 지방검찰청장, 지방경찰청장 등이 부임해 오면 이들에게 인사를 해야 할 정도로 그들의 권세는 대단하였다고 한다(인천 ⑧의 증언). 그들은 또한 지역의 관변단체 임원 등을 역임하면서 중앙과 지역의 정치 · 행정 엘리트가 요구하는 정치자금 제공과 지역민의 동원 역할을 맡기도 했다. 그 대가로 그들은 특혜와 정치 · 행정적 편의를 제공받으면서 자신의 기득권을 유지해 온 것이다.

반면에 지역 시민사회 안에서 시민적 리더십을 발휘하면서 지역사회에 영향력을 행사하는 세력은 강력하지는 않지만, 대구나 광주와 비교해서는 활성화되어 있었다. 지역민들 가운데 지역주의에 동원되지 않는 주민이 상대적으로 많았고, 특정 정치 집단에 포섭되지 않은 노동운동이 발달해 있었기 때문이다. 그러나 그들이 주체적으로 여론을 형성하거나 정책 결정 과정에 영향력을 행사하는 수준으로까지 발전하지는 못했다.

3. 문민정부 출범 이후 지역사회 지배구조의 변화 계기

한국의 정치와 시민사회는 문민정부 출범을 전후하여 거대한 변화의 물결을 타고 있다. 그것은 비단 중앙 정치와 전국 차원의 시민사회에 국한된 것은 아니다. 문민정부의 출범은 지방자치제를 열었으며, 시민사회의 개화를 가져 왔고, 또 중앙 권력 구성의 변화를 가져 왔다. 그것들은 지역사회의 지배구조를 변화시키는 계기로도 작용하였다. 문민정부 이후 지역사회의 지배 구조를 변화시키는 데 작용한 몇 가지 중요한 계기들을 살펴본다.

3.1 지방자치제의 실시

지방자치제는 다음의 몇 가지 변화를 초래함으로써, 지역사회의 지배구조에도 많은 영향을 미쳤다.

첫째, 선출직인 지방자치단체장과 지방의회 의원들이 지역 현안의 문제를 풀어 가는 정책결정 과정에서 지역 주민의 요구나 의사를 고려하기 시작했다는 사실을 들 수 있다.

둘째, 지방자치제는 또한 지역의 현안을 둘러싸고 지역민의 의사를 대변하거나 조직화하는 지역 언론과 시민단체의 역할을 자극하였다. 문민정부 출범을 전후하여 대구, 광주, 인천 모두에서 지역 신문이 우후죽순처럼 생겨났으며, 지역방송도 문을 열었다. 전국 차원의 문제보다는 지역의 현안에 관심을 갖는 지역 시민운동단체의 활동도 활발해졌다.

셋째, 지방자치제는 지방 정부의 기업가적 역할을 강화하고 있다. 지방자치단체들마다 지방 재정의 확충과 일거리 확보를 위해 지역개발을 서두르고 있으며, 지역에의 기업체 유치, 지역 기업체의 애로 타개, 지역 기업체와의 업무 협의 강화 등에 경쟁적으로 나서고 있다. 그것은 이전에 음성적으로 이어져 오던 자치단체와 지역 기업과의 유착을 더욱 강화하고 나아가 공식화하는 결과를 낳고 있다.

3.2 중앙 권력 구성의 변화

문민정부의 출범에 따른 중앙 권력 구성의 변화가 지역사회 지배구조에 미치는 영향은 지역에 따라 다르게 나타났다. 대구를 지배하던 지역사회 정치 · 행정 · 경제 엘리트 집단은 자신의 힘의 원천이었던 중앙의 후원 세력이 갑자기 몰락하면서, 정당성의 위기와 재생산의 위기를 맞게 되었으며, 그것은 새로운 시민적 리더십의 형성 가능성을 열어 놓기도 하였다.

문민정부 출범과 중앙 권력 구성의 변화는 광주의 지역 지배구조에는 어떠한 변화도 가져오지 않았다. 그러나 그것은 한 가지 중요한 변화의 가능성을 열어 놓았다고 할 수 있다. 지역민을 강력하게 동원해 온 야당 정치 집단의 절대적 권위가 부분적으로 해체되고 새로운 시민적 리더십의 형성 필요성이 조심스럽게 논의되기 시작한 것이다.

인천은, 중앙 권력 구성의 변화로부터 비록 제한적이긴 하지만 영향을 받았다. 중앙 권력의 핵심이 상대적으로 민주적인 세력으로 변화하면서, 지역민에 뿌리를 내리지 않은 허약한 토착 지역엘리트들의 입지가 크게 위축되는 결과를 가져온 것이다. 반면에 개혁을 표방하면서 새로 등장한 중앙 권력에 의해 선택되었거나 자생적으로 시민적 리더십을 확보한 신진 지역 엘리트들이 부상하는 계기로 작용하였다.

3.3 아래로부터의 시민적 리더십의 형성

지역사회 지배구조의 변화와 관련하여 결정적으로 중요한 것 가운데 하나는 시민적 리더십의 형성이다. 그러한 노력이 먼저 시작되어 상대적으로 활성화된 곳은 인천이다. 대표적인 움직임만 추려 보면, 새얼문화재단의 설립(1986), 목요회의 결성(1989), 계양산 살리기 범시민운동 전개, 인천대학교 사태를 우려하는 시민모임 결성(1991), 인천 경실련 창립(1992), 굴업도 핵폐기장 대책위원회 결성(1995), 인천 시민포럼 결성(1995) 등을 들 수 있다.

대구 역시 인천 못지않은 노력이 일찍부터 보이기 시작했지만, 지역사회에의 파급력은 상대적으로 크게 떨어졌다. 대표적인 움직임으로는 지역의 진보적인 대학 교수 중심의 지방사회연구회 창립(1985), 그것의 대구사회연구소로의 확대 발전(1992), 대구 경실련의 창립(1990), 진보적 지식인과 각계 전문가들이 중심이 된 새대구경북시민회의의 창립(1996)을 들 수 있다.

광주의 경우는 인천이나 대구에 비해 상대적으로 늦게 시민적 리더십의 형성 움직임이 태동하고 있는 것으로 보인다. 인천이나 대구에 비해 한 방향으로 정형화된 지역의식이 강고한 때문으로, 1992년 대선 이후에야 중앙의 정치 집단으로부터 자율적인 지역 시민사회의 활성화와 시민적 리더십의 형성 필요성이 조심스럽게 확산되기 시작하였다.

결국 지역주의의 강한 포로가 되어 있는 대구와 광주는 아래로부터의 시민적 리더십의 형성과 발전 가능성이 상대적으로 적게 열려 있다고 할 수 있다. 지역민이 기존의 지배집단에 의해 강력하게 포섭되어 있고, 지역주의가 합리적인 토론과 이성적인 대응을 가로막기 때문이다. 광주에서는 김대중 총재가 이끄는 정치집단에 대해 무조건적으로 지지하는 정서가 지배하고 있으며, 김대중 총재의 집권에 기여하지 못하는 사회적 실천은 무의미하거나 비난받기조차 함으로써, 밑으로부터의 또 다른 시민적 리더십 형성이 매우 어려운 실정이다. 광주에서는 YMCA, YWCA, 시민연대, 환경운동연합 등이 지역사회의 민주화 개혁에 강한 문제의식을 가지고 활동하였으나, 뚜렷한 성장이 이루어지지 않았던 것으로 보인다(광주 ⑤ 증언). 대구의 경우는 보수적 시민의식에 덧붙여 과거의 정치집단과 스스로를 동일시하는 TK정서가 강력하게 지역민을 장악하고 있는 상황에서 역시 시민적 리더십의 형성이 쉽지 않다.

반면에 인천은 시민운동의 공간이 상대적으로 넓게 열려 있다고 할 수 있다. 지역 아이덴티티의 결여를 극복하기 위한 지역운동의 필요성이 크게 공감되는 한편, 그것을 방해하는 정서적 요인과 기득권세력의 저항이 상대적으로 적기 때문이다. 몇 차례의 시민운동의 성공 또한 인천 시민운동이 도덕성과 사회적 힘을 갖춰

나가는 데 유리한 여건을 형성해 주었다. 인천대학교 시립화운동, 굴업도 핵폐기장 건립 반대운동, 계양산 환경 보존 운동, 영종도 국제공항의 인천 국제공항으로의 명칭 확정운동 등이 성공 사례이다.

한국의 지방정치: 청주시 사례

유 재 원

1. 청주시의 정치: 개관

1995년 6.27 지방선거에서 청주시의 초대 민선시장으로 당선된 K 후보는 2선 국회의원을 지닌 정치인 출신으로 자민련 공천을 받아 출마하였다. 전 청주시장 출신으로 당시 여당인 민자당 공천을 받은 J 후보가 무난히 당선되리라는 예상과 달리 K 후보가 J 후보와 10% 이상의 격차를 두고 시장에 당선되었다. 당시 거세게 불었던 자민련 바람이 작용한 것이다.

재임기간동안 K시장의 통치스타일은 매우 권위적이었던 것처럼 보인다. 권위적이고 독선적인 시장의 개성은 "청주시에서 향후 20년 동안 시장할 사람은 나밖에 없다"라는 시장 본인의 표현에서도 잘 나타나 있다. 이러한 통치스타일은 당연히 외부의 반발을 사기가 쉬웠고 그래서 그런지 통치과정에서 적지 않은 마찰과 갈등이 노출되었다.

그럼에도 불구하고, 재임기간 동안 K시장은 청주시의 의사결정과정에서 지배적인 영향력을 행사하였다. 다알(Dahl, 1961)이 뉴헤이븐시에서 발견한 시장 중심적인 연합(executive-centered coalitions)을 넘어 청주시는 시장지배적인(executive-dominant) 통치형태를 유지하고 있었다. 극단적으로 표현하면 청주시라는 무대의 주역은 시장이었고 시정은 시장에 의해 연출된 드라마였다. 이러한 시장의 지배적인 영향력은 "내가 지역에서 하지 못할 일이란 아무것도 없다"라는 그의 자평에서도 잘 나타나 있다. 이러한 표현은 듣는 사람으로 하여금 반발을 자아낼 수 있는 것이었지만 피면접자 누구도 이것에 이의를 제기하지 않고 거의 모두 동의하였다.

다음은 K시장의 청주시 통치과정을 지역의 주요 행위자(기업, 집단 · 단체, 지방의회)를 대상으로 각기 조망해 봄으로써 청주시가 시장 지배적인 정치체제라는 결론을 논증하고자 한다.

2. 기업권력의 한계

외국의 지방정치이론은 거의 예외가 없이 경제엘리트 혹은 기업이 지방정치에서 차지하는 높은 영향력을 인정하고 있다. 엘리트론(Hunter, 1953; Domhoff, 1978)은 경제엘리트들이 지방정부의 의사결정을 사실상 장악하고 있으며, 선거직 또는 임명직 공무원은 경제엘리트들의 지시에 따라 움직이는 종속적인 존재로 파악하고 있다. 한편 신다원론(Lindblom, 1977; Dahl, 1985), 도시한계론, 성장기구론(Molotch, 1976; Logan & Molotch, 1987), 레짐이론(Elkin, 1987; Stone, 1989)은 기업이 구조력 권력을 갖고 있다는 데 공히 의견의 일치를 보이고 있다.

지방자치실시 이후 자치단체가 공통적으로 지방재정의 확충에 열을 올리고 있으며, 이를 위해 지역경제의 활성화를 제1의 시정목표로 내세우고 있다. 이러한 상황변화에 주목하여 일부 지역연구자들은 지방정치 과정에서 기업의 위상과 영향력이 강화될 것이라고 예상하기도 한다.

하지만, 청주시의 정치 및 정책과정에서 발견한 것은 이와는 상반된 것이었다. 자치단체가 기업에 의존하기보다는 군림하고 있었으며, 최소한 기업요구에 미온적으로 대응하였다. 기업의 요구에 미온적인 자치단체의 태도를 지적하는 지역신문의 보도기사 하나를 소개하면 다음과 같다.

> 청주공단에 따르면 일부 공단업체들이 시설투자를 위해 청주시에 유휴지 사용을 신청해도 뚜렷한 이유 없이 승낙을 하지 않고 있다는 것이다. … 반도체 일부 공정을 처리하고 있는 현대전자 청주공장은 97년 6월 이천공장에 있던 전 공정을 청주공장으로 이전하면서 공장신축을 위한 설계에 착수, 추석연휴를 마치고

> 건축에 돌입키로 했다. 현대전자는 전 공정이 청주공장으로 이전될 경우 2,000여 명의 근로자가 필요할 뿐 아니라 공장규모가 대폭 확대돼 지역경제활성화에도 기여할 것으로 예상했다. 그러나 이 회사는 공장 건축을 위해 필요한 물품창고 등 2,000여 평의 부지를 마련하지 못해 당초 1,000여 억원 규모의 투자계획을 축소할 움직임을 보이는 등 투자계획에 큰 차질을 빚고 있다. 부지마련을 위해 이 회사는 주변업체 매입을 시도했으나 무산됐고 대안마련을 모색하던 중 청주시 신봉동 준공업단지내 농지를 6개월 정도 임대해 사용할 계획이었으나 청주시가 뚜렷한 이유 없이 허가를 내주지 않아 실현되지 못하였다(동양일보 1997. 11. 4).

2,000명에 달하는 근로자를 고용하는 대기업의 요구에도 민감하게 대응하지 못하는 시가 중소기업의 요구에 대해서는 어떨지 쉽게 짐작할 만하다. 기업에 대해 미온적인 시의 태도는 면접에서도 확인되었다. 청주상공회의소(이하 청상회)의 P부장에 의하면, 기업이 개별적으로 혹은 상공회의소가 기업전체를 대표하여 제기한 요구에 대해 자치단체는 이런 저런 핑계를 대면서 회피하려는 경향이 강하다. 기업이 제기한 문제에 대한 책임을 다른 부서로 떠넘기려는 공무원의 이러한 모습을 그는 핑퐁게임에 빗대어 묘사하였다. 그의 주장을 구체적으로 확인하기 위해 청상회가 중앙부처, 충북도, 청주시 등 관계기관을 상대로 제출한 건의서와 그에 대한 회신결과를 담은 청상회 내부자료를 검토하였다.

1996-97년 동안 청상회가 기업을 대표하여 시에 문서로서 건의한 사항은 총 3건이었는데, 그것은 소득할 주민세 소급적용, 공단내 노상주차장 설치, 공업지역의 건폐율 상향조정에 관한 건의서였다. 소득할 주민세 소급에 관한 건의서는 개인사업소득세, 법인세, 농지세 등에 부과되는 소득할 주민세를 10% 인상시킬 것을 골자로 하는 지방세법의 개정과 관련되어 있다. 법개정과 함께 내무부는 인상세율을 1995년의 귀속소득분부터 소급 적용할 것을 요구하는 “인상된 주민세율 적용요령”을 각 자치단체에 시달하였다. 이에도 불구하고 서울시의회는 귀속소득에 대한 주민세율의 인상은 소급과세라는 근거 하에 소득할 주민세의 세율을 종전대로 적용하기로 결정하였다. 이에 자극받은 청상회는 조세형평을 위해 청주시도 동일한 조치를 해줄 것을 요구하였으나, 시는 이들의 요구를 기각하였다.

두 번째 요구사항은 건폐율 상향조정에 관한 건의로, 이는 1995년 개정된 건축법과 관련되어 있다. 개정된 건축법은 경제행정규제완화의 일환으로 건폐율을 일반공업지역에 대해서는 70/100, 전용공업지역(공단)에 대해서는 80/100으로 상향

조정하고 자치단체가 건폐율의 최대한도를 법률의 범위내에서 조례로 정할 수 있도록 허용하였다. 당시 청주시의 건축조례는 일반공업지역이나 전용공업지역 공히 건폐율을 60/100으로 규정하고 있었기 때문에, 청상회는 이를 개정하여 건축법이 허용하는 상한선까지 건폐율을 상향조정해 줄 것을 요청하였다. 시는 건의한지 1년이 지난 1997년 11월이 되어서야 청상회의 주장을 부분적으로 수용하여 일반공업지역과 전용공업지역의 건폐율을 공히 70/100으로 하는 내용의 조례개정안을 통과시켰다.

셋째, 청주공단의 관리공단은 1995년 주차난 및 교통난 해소를 위해 공단내 노상 주차장을 설치해 줄 것을 시에 건의하였다. 이에 대해 시는 지하에 매설된 통신, 상하수도 등의 관로와 보행자의 안전성을 위협한다는 이유를 제시하면서 건의를 기각하였다. 청상회는 1996년에 동일한 내용을 재차 건의하였다. 청상회의 2차 건의에 대해 시는 상당한 기간이 지나서야 그것도 부분적으로 수용하여 일부 노상에만 주차장 설치를 허용해 주었다.

이러한 사례는 해석하기에 따라 기업의 영향력을 나타내는 것일 수도 있다. 기업의 요구에 대해 시가 비록 부분적이지만 수용한 것이기 때문이다. 하지만, 기업의 요구가 그들의 代議조직인 청상회에 의해 공식적으로 제기되었고, 시가 청상회의 모든 요구를 전면적으로 그리고 즉시 수용할 수 있었는데도 불구하고 일부만, 그것도 상당 기간이 지난 후 수용했다는 사실은 시에 대한 기업의 영향력이 매우 제한적이라는 것을 시사한다. 의식적인 노력이 없더라도 자치단체가 기업의 요구를 미리 알아서 수용한다는 구조적 권력의 모습은 아니었고, 지방정부의 의사결정은 경제엘리트의 봉이라는 엘리트론의 수상은 더욱너 아니었나.

청주공단내 입주기업인 S기업 대표 K씨의 주장은 지방정치에서 차지하는 기업의 위치를 더욱 극명하게 보여 준다. "기업이 청주시의 의사결정에 어느 정도의 영향력을 행사하느냐?"는 포괄적인 질문에 그는 "기업의 영향력은 무슨 영향력이오? 기업이 영향력이 있으면 왜 정치인과 공무원에게 비자금을 갖다 바치겠소" 하며 다소 냉소적으로 답변하였다. 이어서 언급하기를 "IMF가 터진 후에야 고용증대의 중요성을 인식해 공직자들이 기업의 애로사항을 수용하려 나섰지 그전에는 기업의 애로사항 해결은 단지 구호에 그친 것이었소." 그의 주장을 액면 그대로 받아들인다면 자치단체 내에서 기업위상의 제고가 있었다면, 그것은 지방자치가 아니라 IMF로 인한 경제구조의 변경 때문이라는 것이다.

이러한 K씨의 주장은 대한상공회의소가 1998년 전국의 기업인을 대상으로 한 설문조사에서도 지지되고 있다. 민선시대에 들어 새로이 대두된 기업경영 애로사항이 무엇이냐는 질문에 "각종 준조세의 증가"를 최우선으로 꼽아 지역사회에서 기부금, 찬조금 등의 경영외적 비용지출이 지자제 실시 이전보다 늘어났다고 밝히고 있다(상공회의소, 1998). 이러한 응답은 지방자치 실시 이후 기업환경이 개선되지 않았으며, 기업환경을 기업위상을 측정하는 지표로 볼 때 자치단체 내에서 기업의 위상 또한 강화되지 않았다는 것을 의미한다.

기업위상의 미약함은 기업인협의회의 설치와 운영에서도 볼 수 있다. 기업인협의회는 단체장 민선 이후 설치되기 시작한 것으로 유행처럼 번져 현재 많은 자치단체에 설치되어 있다. 기업인협의회는 지방경제의 활성화를 도모하고 기업의 애로사항을 구제하는 데 그 주요 목적이 있다고 하나, 이것은 단지 표면적인 목적에 불과하고 실제로는 기업인들을 하나의 조직으로 묶어 통제하고 기부금, 찬조금 등 경제적 지원을 효과적으로 끌어내는 데 있다는 것이 중론이다. 그러니 자연스럽게 기업인들의 관심이 저조하여 유명무실하게 운영될 수밖에 없는 것이다. 기업인협의회가 기업의 요청에 의해서가 아니라 관 주도로 조직되었고, 청주시의 경우 시장이 기업인협의회의 명예회장으로 추대되어 있다는 사실 또한 기업인협의회가 기업인의 영향력을 확대하기 위한 수단으로 조직된 것이 아님을 시사한다.

한편 기업인들은 자치단체 산하의 각종 위원회 위원으로 참여하고 있다. 하지만, 이 또한 기업인이 자치단체의 핵심 의사결정에 영향력을 미치고 있다는 단서로 해석되어서는 금물이다. 위원회는 위원의 의견을 자치단체의 의사결정에 반영하기 위한 장치로 기능하기보다는 자치단체의 정책을 정당화하고 민감한 사안에 대한 책임회피수단으로 주로 활용되기 때문이다. 청상회 임원으로 위원회에 참여한 K씨의 진술에 따르면, 중대한 사안을 둘러싸고 시의 입장과 기업인을 포함한 위원들간 이견이 있는 경우 위원들의 입장이 관철되는 경우는 거의 없다.

3. 기업권력의 구조적 한계

그러면, 기업이 자치단체에서 향유하는 지위와 영향력의 미약함은 무엇에 기인하는가? 무엇보다 중요한 요인은 우리의 경우 기업의 구조적 권력을 가능하게 만드는 조건들을 결여하고 있다는 데에서 찾아볼 수 있다. 첫째, 기업의 영향력은 자본이 최적의 투자환경을 제공하는 자치단체를 찾아 자유롭게 이동할 수 있을 때 가능하다. 자본의 자유로운 이동이 보장되지 못할 경우, 자치단체는 기업의 요구에 부합하는 정책을 실현할 필요를 느끼지 못하게 된다. 자치단체가 기업에 비우호적으로 행동하더라도 기업은 문제의 자치단체에서 탈출하여 다른 자치단체로 이동할 수 없기 때문이다.

우리의 경우 자본의 이동성이 크게 제약되어 있다. 지방에 소재한 기업이 보다 나은 기업환경을 제공하는 대도시권으로 이동하기 위해서는 순수한 이전비용 외에 토지나 건물매각에 따른 양도소득세와 특별부가세를 함께 지불해야 한다. 설사 지방기업이 이러한 경제적 손실을 감내할 용의가 있다 하더라도 대도시권으로 자유롭게 이전할 수 있는 것은 아니다. 수도권으로 이전하려 할 경우가 특히 그러한데 수도권의 인구 및 산업집중을 억제하기 위해 제정된 수도권정비계획법에 의해 까다로운 진입규제를 받기 때문이다. 이와 유사하게 대도시권에 소재한 기업이 지방으로 이전하는 것 또한 용이하지 않다. 대도시권에서 지방으로 이전하는 기업에 대해서는 양도소득세나 특별부가세를 감면해 주고, 과세이연제도 등을 비롯해 각종 금융세제상의 혜택을 주고 있다. 그럼에도 불구하고 대도시권에 소재한 기업이 지방으로 이전하는 것은 여전히 쉽지 않다. 고급인력, 금융, 시장, 산업정보, 사회간접자본 등 대도시권에서 제공하는 각종 집적이익을 포기해야 되기 때문이다.

둘째, 자치단체가 경쟁적으로 기업을 유치하기 위해 노력할 수밖에 없을 때, 기업의 영향력은 강해질 수 있다. 자본은 입지의 선택권을 바탕으로 자치단체에 영향력을 발휘할 수 있게 되기 때문이다. 그런데 한국의 자치단체는 자본을 경쟁적으로 역내로 유치할 필요를 크게 느끼지 못하도록 구조화되어 있다. 기업을 유치하더라도 지방재정확충에 크게 기여하지 못하기 때문이다. 고유의 세제로 인해 기업유치에 따른 신세원의 대부분은 국세로 빠져나가고 지방세로 징수되는 부분은 매우 적다. 뿐만 아니라, 기업유치를 통해 그나마 징수된 지방세조차도 전액 모두 지방재정수입으로 전환되지 못한다. 지방교부세라는 재정형평화 장치로 인해 특정 자치단체의 지방세 수입이 증가되면, 자치단체에 교부되는 지방교부세가 상대적으로 감소하기 때문이다. 고용창출을 위해 자치단체가 기업 및 사본 유치에 경쟁적으로 나설 수 있다. 하지만, 전통적으로 고용창출은 중앙정부의 거시경제기능으로 규정되어 있기 때문에, 자치단체가 고용창출을 위해 자본을 유치할 동기 또한 미약하다.

자본유치를 위한 자치단체의 노력을 저해하는 부가적인 요인은 자치단체의 자금 차입통로와 관련되어 있다. 미국, 캐나다, 영국 등의 경우 지방정부는 부족재원을 주로 민간자본시장에서 지방채를 발행하여 조달한다. 저리의 자금을 민간자본시장으로부터 조달하기 위해서는 지방재정의 건전성을 유지할 것이 요구된다. 그렇지 못할 경우, 투자자들이 투자를 기피하게 되고 이로 인해 지방재정이 악화된 지방정부는 필요한 자금을 조달하기 위해 민간자본시장에 보다 높은 이자를 지불해야 한다. 따라서, 이들 국가의 지방정부는 민간자본시장으로 자금을 저리로 조달하는 데 결정적인 역할을 하는 지방재정의 건전성을 유지하기 위해 노력하게 되고, 이를 위해 재정지출을 줄이거나 역외의 기업이나 자본을 유치하는 전략을 선택하게 된다(Keating, 1991:73). 그런데 한국의 자치단체는 민간자본시장으로부터 부족자금을 조달하는 경우가 거의 드물며, 거의 모든 부족자금을 중앙정부나 도에서 조달한다. 따라서, 자치단체는 민간자본시장으로부터 자금을 저리로 조달하기 위해 역외의 자본을 경쟁적으로 유치하여 지방재정의 건전성을 유지할 전략을 구사할 필요를 느끼지 못한다(행정자치부, 1998).

자치단체는 자본을 유치할 동기가 약할 뿐만 아니라 유치할 능력 또한 매우 제한되어 있다. 자본을 유치하려면 다른 자치단체와 구분되는 각종 행 · 재정적 인센티브 —예컨대, 지방세 감면 및 면제, 금융지원, 저가의 공장용지 제공, 규제완화— 를 제공할 수 있어야 한다. 하지만 자치단체는 이러한 정책들을 탄력적으로 실시할 정도의 자율성과 경제력을 보유하지 못하고 있다. 따라서, 투자 및 기업환경을 조성하는 데 소요되는 매력적이면서 차별적인 경제적 인센티브를 제공할 수 없게 되어 있다.

더 나아가, 자치단체는 지역을 효율적으로 통치하기 위해 기업과 연대를 맺어 통치연합을 형성할 필요를 크게 인식하지 못하고 있다. "강한 국가-약한 시장"의 전통으로 인해 권한과 자원이 국가에 집중되어 있기 때문에, 지방국가는 지역의 문제를 효율적으로 해결하기 위해 시장세력(또는 기업)과 연대할 절박함을 강하게 느끼지 못하고 있다. 한편 기업의 편에서도 지방국가와 통치연합을 형성할 동기가 강하지 못한 것은 마찬가지다. 정부권한의 중앙정부 집중으로 인한 지방국가의 낮은 정책자율성 때문에, 기업이 지방국가의 통치파트너가 되어 향유할 반사이익이 크지 않기 때문이다.

이러한 구조적 맥락 하에서는 지방정치 과정에서 기업의 영향력은 미약할 수밖에 없다. 설사 자치단체가 기업과 자본을 유치하는 데 필요한 자치권을 보유하고 있다 하더라도, 우호적인 투자나 기업환경을 조성하여 자본을 유치할 동기가 강하지 못하다면, 기업은 자신의 요구를 자치단체의 정책에 수용시키기 어렵게 된다. 그리고 기업의 요구를 수용하지 않는다 하더라도 자본의 이동성 제약으로 자본이 문제의 자치단체를 탈출하기 어렵다면, 기업의 요구는 더욱더 수용될 리 없다. 더 나아가, 강한 국가의 전통과 낮은 지방자율성으로 인해 지방국가가 지방기업과 통치연합을 형성하여 지배의 파트너로 삼을 필요성이 강하지 않다. 우리의 기업이 아직 지방정치에서 핵심적 행위자가 될 수 없는 이유가 바로 여기에 있다 할 것이다.

4. 서구의 지방정치이론의 한계

자치단체가 처해 있는 구조적 맥락은 외국의 지방정치이론이 바탕하고 있는 것과 다르기 때문에 지방정치의 형태 또한 상이하게 나타날 수밖에 없다. 도시한계론(Peterson, 1981)에 따르면, 경제성장에 최고의 가치를 두는 도시정부는 개발정책의 추구에는 정열을 쏟는 반면, 재분배정책은 가급적 기피하거나 최소화하려고 하며 할당정책의 추구에는 중립적인 입장을 취한다. 그리고 도시정부의 이러한 정책성향은 자본과 노동의 자유로운 이동을 포함한 지방정부가 통제할 수 없는 구조적 요인에 기인한다고 보고 있다.

그런데 우리의 자치단체는, 피터슨의 주장처럼 개발정책을 추구하는 데 적극성을 보이지 않을 것으로 기대된다. 개발정책을 실시한다 하더라도 기업의 이동성 제약으로 생산자본을 쉽게 유치할 수 있는 것도 아니며, 설사 생산자본을 유치하더라도 국세중심의 조세체계와 재정형평화 장치로 자치단체의 재정이 크게 확대되는 것도 아니기 때문이다. 다음의 두 가지 사실이 이러한 기대를 뒷받침한다.

하나는 전술한 청상회 건의사항과 관련되어 있다. 청상회가 건의한 사항인 소득할 주민세 소급적용금지, 공장건폐율 상향조정, 공단내 노상주차장 설치허가의 건은 모두 유리한 기업환경을 조성한다는 의미에서 개발정책으로 분류될 수 있는 것이다. 이러한 건의에 대한 시의 반응은 제한적이고 미온적이었다. 개발정책에 소극적인 자치단체의 자세는 상공회의소(1998)의 설문조사에서도 발견된다. 응답 기업인들은 "민선 단체장 출범이후 단기적으로 전시효과가 큰 지역개발사업에는 치중하였지만, 기업유치 등을 통한 지역경제의 회생에는 무관심하였다"고 지적하고 있다. 다시 말해, 자치단체가 진정한 의미의 개발정책 추구에는 무관심하고 기업유치와 상관없는 전시효과성 지역개발사업에만 관심을 보이고 있다는 것이다.

자치단체의 권한 부족으로 개발정책에 소극적인 것만도 아니다. 개발정책 추구에 필요한 권한이 충분하지는 않지만 그렇다고 해서 전혀 없는 것은 아니다. 자치단체가 의지만 있으면 탄력세율제도를 통해 조달된 재원으로 공단분양가의 인하나 공단의 저리임대와 같은 서비스를 제공할 수 있다. 하지만, 탄력세율제도를 이처럼 활용하고 있는 자치단체는 하나도 없었다. 청주시 세정과장에 의하면, 다른 자치단체와의 조세형평을 기하고 조세저항이라는 문제가 있어 탄력세율제도를 제대로 활용하지 않고 있다는 것이다.

피터슨의 주장과 달리, 자치단체는 또한 재분배정책을 기피하지도 않을 것으로 기대된다. 복지정책을 추구하더라도 생산적 자본이 급격하게 탈출하는 것도 아니고 이로 인해 지역재정이 심히 악화되는 것도 아니기 때문이다. 재분배정책을 회피해야 할 구조적 제약이 이처럼 약한 상황 하에서는, 재분배정책의 수준과 형태는 당해 자치단체의 정치적 요인에 의해 결정될 가능성이 높다. 이러한 발견이 옳다면, 이것은 자치단체의 정책정향에 관한 향후 연구에 중요한 시사점을 제시한다. 기존의 연구들은(이승종 · 김흥식, 1992; 김태일, 1998) 자치단체가 복지정책을 회피한다는 경험적 증거를 보고하면서 이것은 자치단체가 경제성장을 위해 경쟁적으로 자본을 유치할 수밖에 없는 구조적 제약에 의해 야기된 것으로 설명하였다. 하지만 이 연구의 발견은, 자치단체내의 독특한 지방정치 과정에서 그 주된 이유를 찾아야 함을 시사한다.

이러한 추정은 청주시 K공무원의 진술에 의해 지지된다. 민선시장 이후 청주시의 총예산에서 복지지출비가 차지하는 비율이 감소하였는데, 이에 대한 원인을 찾기 위해 "청주시에서 복지사업이 차지하는 우선 순위가 어느 정도이냐?"라는 질문을 던졌다. 이에 대해 그는 "노인이나 장애인은 투표장에 나오지도 않고 나오더라도 한 표에 불과하기 때문에 시장의 입장에서는 우선 순위가 낮은 사업이다"고 답변하였다. 구조적 설명이 아니라 정치적 설명이었다.

지방자치 이후 복지지출비율의 변화가 구조적 요인이 아니라 자치단체내의 고유한 정치적 요인에 야기된 것이라는 주장에 대한 추가적인 논거는 지방자치 이후 복지지출비율의 변화를 추적한 연구들이 서로 상반된 경험적 증거를 제시하는 데에서도 찾아볼 수 있다. 시 · 군을 대상으로 한 이승종 · 김흥식(1992)의 연구는 지방자치 이후 전체 예산에서 복지지출이 차지하는 비율이 감소하였다는 실증결과를 제시한 반면, 서울시의 자치구를 대상으로 한 김태일(1998)의 연구는 이와는 반대로 복지지출비율이 증가하였음을 입증하고 있다. 이와 같은 실증적 증거의 상반성은, 자치단체의 정책이 구조적 요인에 의해 결정되기보다는 자치단체의 내부의 고유한 정치적 변수에 의해 결정되고 있음을 강력히 시사하는 것이다. 다시 말해, 지방자치 이후 복지지출비율의 변화가 시 · 군과 자치구간에 상이하게 나타난 이유는 내부 정치적인 변수가 시 · 군과 자치구간에 다르기 때문이라는 것이다. 만약 피터슨을 비롯한 구조주의자들의 주장처럼 자치단체가 통제할 수 없는 구조적 요인이 자치단체의 정책을 결정하는 보다 중요한 요인이라면, 유사한 구조적 환경하에 놓인 시 · 군과 자치구간에 복지지출비율의 변화가 다르게 나타날 이유가 별로 없다.

기업의 구조적 권력이 약한 상황에서는 레짐이론 또한 우리의 지방정치를 설명하는 데 유용성을 상실한다. 레짐(또는 통치연합)은 공적목적을 달성하는 데 필요한 자원을 충족하지 못한 지방정부가 이를 보완해 줄 파트너를 모색하려는 동기에서 형성된다. 레짐이론에서는 기업이 어떤 다른 집단에 비해 정부의 통치능력을 향상시킬 인적 및 물적 자원, 정보력, 기술 등을 구비하기 때문에, 레짐은 주로 지방국가와 기업간에 형성되며 성장지향적인 목표를 갖게 된다. 하지만, 우리처럼 기업이나 市場의 자율성과 자원이 약하여 정부 의존성이 강한 상황에서는 기업과 자치단체간에 형성되는 레짐을 찾아보기 힘들다.

레짐이 있다면 상이한 수준의 정부간에 형성되어 있다. 즉, 기초자치단체가 상위정부, 특히 광역자치단체와 연대하여 '정부간 레짐' 을 형성하고 있다. 상위정부는 기초자치단체가 필요한 행 · 재정적인 지원을 제공하며, 후자는 전자의 정책이나 사업을 지역에서 집행하였다. 공직자라는 동류의식, 인사교류, 학연 그리고 이들 업무의 근거가 되는 법과 규칙의 공통성 등은 기초와 상위정부 공무원간에 공감대와 유대감을 강화시키고 장기간의 공동작업 경험은 연대를 지속적이며 안정적으로 만드는 토대가 된다. 이러한 연대는 매우 견고하여 지역주민이 틈새를 파고들기가 여간 어렵지 않다. 예컨대, 청주시가 추진하는 사업과 정책에서 문제를 발견한 지역주민이 충북도에 그것의 철회 또는 승인 · 허가거부를 요청할 경우 주민요구대로 수용되는 경우는 거의 없었다.

기업이 직면한 구조적 한계는 지역공간구조를 재편하는 과정에서도 독특한 정치현상을 창출한다. 성장기구론에 따르면, 지역성장에 따른 지대의 상승을 기대하는 이해관계자들이 토지소유자를 중심으로 성장연합이라는 동맹체를 형성하여 투자와 기업을 유치하고 지역개발을 주도한다. 우리의 경우에도 성장기구론에서 볼 수 있는 것과 유사한 형태의 성장연합이 공간구조의 재편을 주도하고 있다. 하지만, 성장연합의 구성원과 활동목표는 성장기구론의 그것과 사뭇 다르다. 성장기구론의 경우 지주가 성장연합의 핵심구성원이라면 우리의 경우에는 자치단체와 상공회의소이다. 그리고 성장연합의 주된 활동목표가, 성장기구론의 경우 기업과 자본을 유치하는 것이라면, 우리의 경우에는 중앙정부의 국책사업을 유치하는 것이다. 그리고 국책사업은 도 단위로 분배되기 때문에 성장연합 또한 도 단위로 구성되어 있다.

성장연합의 핵심구성원은 공공부문을 대표한 자치단체와 사적 부문을 대표한 상공회의소이다. 자치단체의 경우 과거 관선시장시절에는 성장연합의 핵심적인 역할을 수행하지 못하였다. 중앙정부가 단체장을 지역이익보다는 공익의 수호자로 간주하여 단체장에게 중립적인 입장을 취해 줄 것을 요청하였기 때문이다. 하지만 지역주민에 뿌리를 두고 있는 민선단체장은 그럴 필요가 없고 따라서 국책사업의 유치에 적극적이고 공개적으로 나서고 있다. 그리고 국책사업이 도 단위로 분배되었기 때문에 국책사업이 입지하는 기초자치단체는 물론 광역자치단체도 성장연합에 참여하고 있으며, 도내에 근거를 두고 있는 모든 상공회의소가 공동으로 참여하고 있다. 충북도의 경우 도청, 청주상공회의소, 충주상공회의소가 성장연합의 핵심구성원이며, 청주공항, 오송고속전철역, 오창과학산업단지, 오송의료보건단지를 유치하는 과정에서 주도적인 역할을 수행하였다.

상공회의소가 이처럼 성장연합의 핵심적 역할을 하게 된 이유에는 지역의 공익을 대변하여야 한다는 상공회의소의 전통과도 관련이 있지만, 이들이 대변하는 기업의 이동성이 제약되어 있다는 사실에도 기인한다. 앞서 지적하였듯이 우리의 기업은 사유롭게 이동할 수 없는 구조적 제약을 가지고 있다. 이처럼 이동이 제약된 상태에서 기업인은 성장기구론의 지주와 비슷한 처지에 놓이게 된다. 지주가 소유한 부동산이 움직일 수 없는 것처럼 기업인이 소유한 기업 또한 움직일 수 없는 부동산과 같은 존재이기 때문이다. 그리하여 성장기구론의 지주가 투자나 기업 유치를 통해 자신이 소유한 부동산의 교환가치를 증대시키려 하듯이 기업인은 국책사업의 유치를 통해 기업의 이익을 증대시키려 하고 있다. 요컨대, 기업의 제약된 이동으로 인해 지역기업인과 그들의 이익을 대변하는 상공회의소가 지방자치단체와 함께 성장연합의 주역이 되고 있으며, 역외의 자본이나 기업을 유치하는 것이 어렵고 또한 지역경제 및 지방재정에도 큰 도움을 주지 못하는 구조 하에서 국책사업의 유치가 성장연합의 주된 목표가 되고 있다.

도시성장은 국책사업의 유치나 국가공단의 지정을 통해서만 이루어진 것은 물론 아니다. 보다 보편적이고 일상적인 성장의 도구는 택지개발이나 도심지개발, 도로나 교량, 회관, 경로당을 포함한 각종 도시 편의시설의 확충 등을 통해 인구를 유입하고 도시의 부가가치를 높이는 것이다. 이러한 방식을 통한 도시성장은 국책사업의 유치를 통한 도시성장과 구별된다. 전자는 도시정부가 소유한 자원의 공간적 분배(또는 할당)를 통해 도시성장을 기도하는 것이라면, 후자는 외부자원을 유치함으로써 도시성장의 토대를 마련하는 것이다.

국책사업의 유치에 있어서는 자치단체와 상공회의소가 연대하여 성장연합을 형성하지만, 도시개발 및 재개발의 경우에는 시가 주도적인 역할을 한다. 도시개발 및 재개발은 도시기반시설의 확충을 통해 인구를 유입하고 도시재정기반을 확대하는 성장의 수단이기도 하지만, 도시자원 및 시설의 입지결정을 통해 정책의 편익과 비용을 분배하는 할당정책의 성격을 동시에 갖는다. 따라서, 그것은 시장의 정치적 지지기반을 확대하기 위한 매우 중요한 정치자원이 되고, 다른 정책결정과 마찬가지로 상공회의소와 기업인을 포함한 다른 행위자의 개입을 배제한 상태에서 시장과 집행부가 토지이용정책을 주도하고 있다. 이 경우 역시 토지소유자와 기업, 금융업자, 언론 등으로 구성된 성장연합이 도시공간구조의 재편을 주도하며 도시정부는 이들의 요구를 정책으로 구체화시킨다는 성장기구론적 도시개발의 유형을 찾아볼 수 없다. 기업이나 유산계층이 도시개발 및 재개발과정에 주도적으로 참여한다면, 그것은 시장과 집행부에 친분이나 음성적 교환관계를 통해 은밀히 접근하여 소유한 토지의 용도변경, 개발청탁 또는 개발권에서 제외해 줄 것을 요구하거나 개발사업을 수주하는 형식의 개별적이고 비공식적인 접근이다. 지방의원 또한 도시개발 및 재개발사업을 지역구에 유치하려고 시장에 접근하였고, 시장은 자신의 정책에 대한 시의원의 지지나 충성여부에 따라 사업을 차별적으로

배정하였다.

국책사업의 유치를 통한 성장이든 도시개발 및 재개발을 통한 성장이든 성장에 반대하여 조직적인 저항활동을 전개한다는 반성장연합은 거의 형성되어 있지 않다. 성장기구론에 따르면 반성장연합이 형성되는 것은 기본적으로 토지의 이용가치와 교환가치를 중시하는 부류가 각각 명확히 구분될 수 있는 데 기인한다. 그리하여 저밀도의 토지이용으로 안락하고 쾌적한 생활환경을 중시하는 사람들은 임대수입을 증대시키기 위해 토지를 고밀도로 개발하려는 사람들의 노력을 저지하려고 한다. 하지만 우리의 경우 이러한 구분이 명확하지 않고 일반적으로 토지의 이용가치와 교환가치는 비례 관계에 있다. 성장(또는 개발)은 생활환경을 개선시켜 토지의 이용가치를 상승시키고, 토지의 이용가치가 높아지면 부동산 매매에 따른 교환가치도 동시에 호전되기 때문이다. 따라서 적어도 아직까지는 거의 모든 부동산(토지, 건물, 주택) 소유자들이 비록 조직화되어 있지는 않지만 성장을 희구하고 있어 반성장연합이 형성될 여건이 마련되지 못하고 있다. 물론 환경단체를 중심으로 환경을 훼손시키는 토지개발에 반대하는 경우가 없는 것은 아니지만, 이것은 파편화된 반대에 불과할 뿐 반성장연합이라고 칭할 정도의 연합된 반대는 아니다. 반성장연합이 존재한다면, 그것은 토지의 이용가치와 교환가치를 동시에 하락시키는 유형의 도시개발, 예컨대 쓰레기매립장, 저유소, 발전소, 러브호텔 등의 혐오시설의 설치를 둘러싸고 형성되어 있다. 이 경우 지역의 부동산소유자와 환경단체는 연대하여 반성장 또는 반개발연합을 형성하여 조직적인 저항을 하였다.

5. 시민사회: 주민단체와 시민단체의 주변적 지위

기업이 지방정치에서 핵심적 위치를 차지하지 못한다면 일반시민 및 그들이 참여하는 각종 단체의 영향력은 어느 정도인가? 일부 다원론자의 주장처럼 집단이 지방정치에서 중심적인 위치를 차지하며 자치단체는 단지 집단들간의 경쟁을 중립적인 입장에서 조정하고 그 내용을 정책으로 구체화시키는 주변적인 지위에 있는가?

다수의 지방행정연구는 한국의 지방정치가 다원화되고 있다고 주장한다. 민주화가 진행되고 시민의 권리의식이 강해짐에 따라 시민의 조직화 및 영향력이 점차 증대되고 있으며, 특히 지방자치 실시로 지방정치공간에서 차지하는 시민의 비중이 증가되고 있다고 보고한다.

이 연구의 결론은 단체장이나 지방의원의 직선에도 불구하고 시민은 결코 지방정치과정에서 핵심적이고 지배적인 위치를 점유하고 있지 못하다는 것이다. 시민 개개인은 물론 시민들이 자신의 이익을 도모하려고 조직한 집단도 정책과정에서 독립변수의 지위를 차지하지 못하고 있었다. 그리하여 집단이 시장의 정책에 직접적인 영향을 미치기보다는 집단의 요구가 시장을 통해 여과되었으며 시장의 정책적 입장이나 정치적 이해에 따라 취사선택되었다. 집단의 요구가 시장의 입장이나 이해에 합할 경우에만 집단의 요구가 수용되었으며, 그것에 반할 경우에는 요구가 아무리 강해도 수용되지 않았다. 설사 수용되더라도 시장의 입장이나 이해에 맞추어 변형되어 수용되었다. 요컨대, 집단은 독자적인 영향력을 갖지는 못하였으며, 시장의 계획이나 정책에 따라 선택되거나 변형되는 상황유동적인(contingent) 존재였다. 통계학적으로 표현하면 집단의 요구는 시정에 직접적인 영향을 미치는 독립변수가 되지 못하고 시장의 이해를 통해 매개되고 여과되는 상황변수(contextual variables)에 불과하다.

5.1 주변적 존재인 주민집단

5.1.1 터미널 이전 사례

시는 1990년부터 도시의 균형발전과 미래의 교통수요에 대응하기 위해 도심 중심부에 위치해 있는 고속 및 시외버스터미널을 도시외곽인 가경지구로 1993년까지 이전할 계획을 수립하였다. 그리하여 서문동에 위치한 현 고속버스터미널은 가경 2지구로, 사직동에 위치한 현 시외버스터미널은 가경 3지구로 이전하기로 양 버스터미널 사업자와 합의하고 이전을 추진하였다. 이전계획에 따라 가경 2지구 고속버스터미널 신청사는 대우건설에 의해 1996년 5월 공사완료되었지만, 가경 3지구 시외버스터미널 신청사의 신축은 이러저러한 이유로 장기지체되었다. 이렇게 되자 고속버스터미널 신청사 주변의 대지를 매입하여 터미널이전에 따른 상권형성을 기대하고 있었던 가경동 주민들은 고속버스터미널이라도 우선 이전해 줄 것을 시와 고속버스터미널 측에 요청하였다. 이들은 1993년에 터미널이 이전될 것이라는 약속을 믿고 충북도 공영개발사업단으로부터 평당 5-7백만원의 고가로 대지를 매입하였는데, 이전사업이 장기화되자 막대한 금전상의 손실을 입었다고 주장하였다. 주민들의 이러한 긴박한 요청에도 불구하고, 고속버스운송업자인 속리산고속은 고속버스터미널만 이전할 경우 시민들이 시내에 위치한 시외버스터미널을 이용하여 막대한 경영상의 손실을 입는다며 시외버스터미널과 동시이전을 요구하였다. 이에 대해 시장은 주민의 편에 서서 고속버스터미널의 우선 이전을 추진하기보다는 1996년 6월 개최된 문화예술회관의 통반장 교육장에서 "내가 속리산고속이라도 터미널 이전을 하지 않겠다"고 하는 등 속리산고속의 이전거부를 오히려 부추겼다.

한편 사직동 시외터미널부지를 소유한 성안백화점이 현 터미널부지에다 유통사업을 할 생각에서 가경 3지구 부지에 시외버스터미널 신축건물을 준공할 때까지 조립식 임시터미널을 건축하여 시외버스터미널을 조기 이전시키려 하였다. 그러자 이번에는 사직동 시외버스터미널 입주 운송업체가 이런저런 이유를 내세우며 이전반대를 하였다. 시장은 이러한 시외버스터미널 운송업체의 주장을 수용하여 1998년 하반기까지 가경 3지구 시외버스터미널 부지에 고속버스터미널과 같은 완전한 시설을 갖춘 후 고속·시외버스를 동시이전하도록 하겠다고 밝혔다. 이러한 시장의 처사에 대해 가경 주민들과 지역구 의원들은 납득할 수 없다고 분개하며 수차례의 결의문 채택과 진정서 제출을 하였으며 심지어 감사원에 터미널 이전문제에 대한 감사까지 요청하였다. 이러한 와중에 IMF한파가 터지고 속리산고속과 시외버스터미널 사업자인 성안백화점이 부도처리됨에 따라 터미널 이전사업은 무기한 연기되었고 이것이 X시장의 재선실패에 대한 일부 요인으로 작용하였다.

이 사례는 주민의 요구가 시장의 정치적 이해에 따라 어떻게 좌절되고 변형되었는지를 극명하게 보여 준다. 시장이 차기 선거에서 자신의 경쟁자가 될 수 있는 나 전시장을 무력화시키려는 정치적 의도에서 가경 주민들의 터미널 이전요구를 의도적으로 좌절시켰다는 것이 중론이다. 다시 말해 터미널 이전을 지체시킨 실제 이유는 시외버스터미널 운송업자와 고속버스운송업자인 속리산고속의 이전반대 때문이 아니며, 시장이 터미널이전을 고의적으로 지체시켰다는 것이다. 사실 X 시장은 1996년 8월 농촌지도자 수련장을 비롯하여 공개적인 석상에서 "터미널 이전에 대한 전임시장의 다섯 가지 잘못 때문에 이전이 어렵다" 또는 "전임시장이 대우건설에 특혜를 주었다"고 주장하였다. 이러한 사실은 터미널 이전지체의 책임을 전임시장에게 돌림으로써 그에게 정치적 타격을 주려는 X 시장의 의도가 있었음을 간접적으로 시사하는 것이다.

시장이 가경 주민들의 요구에 전혀 무감각한 것은 물론 아니었다. 가경 주민의 터미널 이전요구를 전적으로 반대한 것이 아니라 단지 이전시기를 차기 지방선거 즈음으로 연기하려 했을 뿐이기 때문이다. 하지만 설사 속리산고속과 성안백화점이 부도처리되지 않아 터미널 이전이 시장의 공약대로 1998년 하반기에 완료되었다 하더라도 터미널 조기 이전을 기대하는 가경 주민의 요구는 이미 많이 변형되어 수용된 것이었다.

5.2 시민단체의 영향력 한계

시장은 자신의 이해를 집요하게 관철시켰다. 시장의 굽힐 줄 모르는 완강함은 시민단체에 대해서도 유감없이 발휘되었다. 자신의 계획이나 주장에 반대하는 시민단체를 압도하는 과정에서 시장이 흔히 사용한 전략은 시장의 동조집단이나 지지집단을 의도적으로 동원하거나 그들의 주장에 편승하여 시민단체를 무력화시키는 것이었다. 명암천 복개공사를 둘러싼 시민단체와 시의 대립이 이를 잘 보여 준다.

1997년 8월 시는 청주동물원 개장에 따른 교통난 해소 등을 위해 우암어린이회관에서 청주동물원을 잇는 600미터의 도로구간을 2차선에서 4차선으로 확장하는 명암천 복개공사를 시작하였다. 이에 청주환경운동연합을 비롯한 사회단체들은 일제히 성명을 내고 “녹지지역 청정하천을 복개하는 것은 있을 수 없는 일”이라며 계획을 취소하든지 공사를 하더라도 하천을 명암천 도로계획선 옆으로 이설하거나 도로선형을 동물원 주차장 쪽으로 변경시켜 줄 것을 요구하였다. 이러한 요구에도 시의 반응이 없자 시민단체들은 명암천 복개공사 현장을 일제히 방문하여 장시간의 농성에 들어갔다. 그러자 명암동, 산성동 등 인근 상가 주민 30여명은 명암천 일대 도로확장공사의 지연으로 생계에 타격을 입었다며 시민단체의 농성을 실력으로 저지하였다. 시민단체는 농성을 계속하기 위해 시청으로 자리를 옮겼고, 주민들도 이들을 따라 시청으로 몰려왔다. 주민들은 현장에 나와 있던 시공무원들에게 시청 소속 버스를 통해 자신들을 시청으로 이동시켜 줄 것을 요구하였고 공무원들은 이에 응하였다. 시민단체의 강력한 반대에도 불구하고 명암천 복개공사는 약간의 계획수정을 거친 후 결국 완료되었다. 시가 복개공사를 강행하기 위해 상가 주민들을 의도적으로 동원한 것은 아니라 하더라도 명확한 것은 이들 주민집단을 활용하거나 요구에 편승하여 자신의 이해를 관철시켰던 것이다.

주민집단을 활용하여 시민단체의 반대를 무력화시키는 “동원 또는 편승전략”의 사용은 운천동 하상주차장의 건설에서도 발견된다. 운천동 출신 K시의원은 지역주민들을 위하여 무언가를 해 주어야 한다는 생각에서 시의 젖줄이자 운천동을 끼고 흐르는 무심천에 하상주차장 건립을 구상하였다. 동네 유지와 인근 상가 주민들은 K의원과의 이러저러한 친분관계를 고려해 그의 아이디어를 시장이 운천동을 방문하였을 때 주민 전체의 숙원사업으로 요구하였다. 시장은 이들의 요구를 수용하였고 의회로부터 필요한 예산을 확보하였다. 이를 알게 된 시민단체들은 연대하여 환경파괴 반대서명운동과 시위를 전개하였고, 이에 대한 역공으로 동네 유지와 상가주민들은 지역구 의원과 시집행부의 명시적 혹은 암묵적 지지 속에 주차장 건설 찬성시위와 찬성서명운동을 벌였다. 그리하여 양자간의 대립은 주민전체로 확산되었다. 서명에 참가한 주민들 중 주차장 건설에 뚜렷한 이해관계를 갖고 찬성 또는 반대 서명한 사람은 극소수였다. 대부분은 서명운동자가 요구하니 단지 서명한 것뿐이었다. 동원된 서명이었고 따라서 몇 명의 주민들로부터 서명을 받았느냐 하는 것은 중요하지 않았다. 한 번 결정한 사항은 끝까지 밀고 나가는 시장의 성격과 주민집단의 지지에 편승하여 무심천 하상주차장은 시민단체의 강력한 저항에도 불구하고 결국 건립되었다.

물론 시민단체가 항상 무기력한 것은 아니었다. 시민단체의 강한 면모는 시의회 의장단을 새로이 구성하는 과정에서 나타났다. 구천서 의원을 위원장으로 하는 자민련 충북도지부는 운천, 신봉동을 지역구로 하는 K의원을 시의장 단일후보로 내세우고 19명의 자민련 소속 시의원에게 그를 의장으로 선출하도록 사전조정 작업에 나섰다. 이를 알게 된 청주환경운동연합 등의 시민단체는 K의원이 운천동 무심천 하상주차장 건립의 배후인물이라는 것을 내세워 강하게 반발하였고, 결국 K의원을 중도 하차시키는 데 성공하였다. 의장단 선거에서 시민단체의 승리는 시민단체가 강하게 뭉쳐 한 목소리를 낼 수 있었던 것과 무엇보다 중요한 것은 의원들 당사자간에 비토그룹이 형성되어 있었기에 가능하였다. 하지만 이러한 우호적인 여건이 항상 형성되는 것은 아니다.

6. 지방의회의 시장견제와 시장의 대의회 우위

시의회와 집행부간의 관계는 전반기 의회(1995. 7-1996. 12)에서는 매우 대립적이고 갈등적이었으나 후반기 의회(1997. 1-1998. 6)부터는 비교적 협조적인 모습으로 변모하였다. 변모의 가장 큰 요인은 집행부와의 원만한 관계를 중시하는 의원이 후반기 의장으로 선출된 데 있었다. 일부 피면접자는 후반기 의장선거에서 시장이 자파 의원을 동원하여 친시장적 성향을 갖는 의원을 의장으로 당선시켰다고 진술하였는데, 진위의 여부를 떠나 이는 시장의 대 의회 영향력이 어느 정도였는지를 간접적으로 시사하는 것이라 하겠다.

후반기 의회가 협조적이라고 해서 집행부와 의회간의 갈등이 전혀 없었던 것은 아니다. 후반기에도 갈등은 여전하였고 단지 갈등의 강도가 전반기보다 약화되었을 뿐이었다. 시장과 의회간의 갈등은 서로 시정의 주도권을 잡으려는 힘겨루기의 측면이 적지 않았고, 이를 더욱 부추긴 것은 의회를 무시하는 집행부의 태도와 발언이었다. 시장은 이유 없이 의회에 불참하거나, 의회가 의결한 공유재산관리계획을 임의대로 변경시킴으로써 의회를 적지 않게 자극하였다. 이러한 행위가 있을 때마다 의원들은 단결하여 시장의 독단과 자의를 제어하려 하였다. 집행부와 의회간의 마찰은 시장이 "洞의원"과 같은 의원을 경시하는 발언을 할 경우 더욱 두드러지게 나타났다. 이러한 발언이 있은 후에는 어김없이 양자간의 관계는 급격히 경색되었고, 친시장파나 비시장파 할 것 없이 거의 모든 의원이 연대하여 한 목소리로 시장을 비난하였다. 의회전체에 대한 모독을 주는 발언은 파의 구분없이 모든 의원을 하나로 묶어주는 기폭제가 되었다.

시장의 독단에 대한 의회의 견제노력은 두 가지 방향으로 나타났다. 하나는 시장과 집행부를 견제하는 조례를 의원발의로 제정하려는 것이었고, 다른 하나는 집행부의 예산, 특히 시장의 공약사업에 대한 예산승인을 거부하는 것이었다. 결론부터 말하면, 양자 모두 시장과 집행부의 판정승으로 끝났다.

6.1 의회의 시장견제

시의회는 지난 3년(1995-1998)의 구성기간 동안 집행부의 견제를 주목적으로 하는 3건의 조례안을 발의하여 의결하였다. 조례가 집행부 견제에 주목적이 있었기 때문에, 집행부는 조례제정에 미온적이었으며 경우에 따라 조례의 제정여부를 둘러싸고 집행부와 의회간에는 첨예한 이해의 대립을 보였다.

집행부와 의회간 분쟁을 야기한 첫 번째 조례안은 "청주시공유재산관리개정조례안"이었다. 이 조례개정안은 의원이 발의하여 의결을 얻은 것으로, 모든 공유재산의 취득, 처분시 시의원 9인, 관계공무원 3인으로 구성된 공유재산심의회의 심의를 받는 것을 주 내용으로 하고 있다. 집행부는 이 조례안이 법령에 위배된다는 이유로 의회에 재의를 요구하였다. 재의를 요구한 이유는, 지방재정법 제78조에 의해 공유재산심의회는 시장이 그 구성, 운영에 대한 전속권한을 갖는 시장의 자문기관으로 되어 있는 데에도 불구하고, 의원이 발의한 조례를 통해 심의회의 위원구성을 정하려 한 것은 인사에 관한 시장의 고유권한을 침범한다는 것이다. 시의회가 집행부의 재의 요구를 부결시키면서 원안대로 재의결하자 시는 조례에 대한 효력정지 가처분신청과 함께 대법원에 제소하였고, 대법원은 시의 주장을 받아들여 이 조례에 대한 무효판결을 내렸다.

혹자는 대법원 패소로 집행부의 주장이 결과적으로 관철되었지만, 의회가 집행부의 반대를 무릅쓰고 원안대로 재의결한 것이기 때문에, 이 사례는 오히려 집행부에 대한 의회의 우위를 입증하는 증거라고 주장할 수 있다. 이러한 문제제기에 응답하기 위해 조례처리과정을 담당한 공무원에게 "이 조례가 제정되면 시장이 갖는 공유재산취득처분권에 상당한 제약이 가해지는데, 집행부는 의회의 재의결 노력을 저지할 생각이 없었냐?"고 단도직입적으로 질의하였다. 해당 공무원의 진술은 "이 조례안은 명백히 위법한 것이어서 대법원에서 패소할 것이 분명한데 구태여 로비하여 재의결을 저지시킬 필요가 없었다"는 것이었다. 유사한 질문을 전반기 의장이었던 P의원에게도 하였다. 그의 대답 역시 마찬가지였다. "이 조례안이 위법한 조례로 대법원에서 패소될 줄 알았지만, 의원의 결속을 다진다는 차원에서 밀어붙였다"는 것이다. 그러면 집행부가 강력히 로비를 하면 의회가 심혈을 기울여 통과시키려 한 조례안조차 부결시킬 수 있는가? "청주시행정절차조례안"의 처리과정이 이에 대해 긍정적 답변을 준다.

행정절차조례안은 전국의 지방의회를 선도하겠다는 목표로 청주시의회에서 전국 최초로 발의된 것으로 당시 의회의장은 이 조례의 제정을 통해, 전국 최초로 제정된 다른 혁신조례인 정보공개조례를 통해 얻은 청주시의회의 위상을 제고시키려 하였다. 의장과 동조의원들은 공청회 개최 등을 통해 여론의 지지를 얻어내는 한편 의원들을 강력히 결집시켜 나갔다. 이러한 노력이 작용하여 집행부 측의 반대에도 불구하고 의결과정에서 의원전원찬성으로 조례안을 가결시켰다. 이 조례안이 제정되어 집행되면 시장이 정책수립이나 변경시 조례에서 정한 절차에 따라야 한다. 따라서 전임시장이 이미 결정한 사업을 후임시장이 백지화시키는 등 집행부 임의대로 사업을 수립, 변경, 중단할 수 없게 되어 집행부의 행정행위에 대한 강력한 견제장치가 된다. 또한 공유재산관리조례와는 달리 행정절차조례는 위법사항이 없어 일단 재의결되면 대법원에 제소하여도 무효화시킬 수 없는 형편이었다. 이것을 인지한 집행부는 재의 요구와 함께 재의결과정에서 조례안을 부결시키기 위해 대대적인 로비활동을 전개하였다.

이상한 낌새를 느낀 의장은 집행부의 로비에 넘어간 의원들을 심리적으로 저지시킬 목적으로 재의결 과정에서 기립투표를 표결방식으로 채택하였다. 자치단체장의 요구에 의한 재의 안건은 정실이나 압력을 배제하고 공정한 의사표시를 위해 무기명투표에 의해 표결하는 것이 원칙인데도 불구하고(청주시시의회 회의규칙, 제48조), 이례적으로 기립투표 방식을 선택한 것이다. 이러한 의장의 저지노력에도 불구하고 조례안은 집행부의 로비에 넘어간 의원들의 반대로 결국 부결 처리되었고(재의결 반대 15명, 찬성 18명, 기권 및 불참 10명), 일부 의원들의 갈대 같은 행위는 지역사회에 큰 파장을 일으켰다.

의회와 집행부간에 대립이 있었던 세 번째 의원발의 조례는 "청주시시민고충처리심의위원운영조례안"(이하 고충처리조례안)이다. 고충처리심의관을 두어 시민의 고충을 조사처리하고 시정을 감시하는 것을 주 내용으로 하는 옴부즈만 제도로, 앞서의 두 조례와는 달리 재의결 요구 없이 집행부가 수용하여 조례로써 확정되었다. 이 조례안에 대한 당초 집행부의 태도는 그리 우호적이지는 않았지만, 앞서의 두 조례에 비하면 반대의 정도가 매우 미약하였다. 행정절차조례안과 고충처리조례안을 발의한 J의원은 "자신이 행정절차조례안을 철회하면 고충처리조례안을 수용하겠다는 제안을 집행부가 제시하였다"고 실토할 정도로 이 조례에 대한 집행부의 자세는 유연하였다. 이처럼 집행부가 고충처리조례안에 대해 극적인 반대는 안했지만, 그렇다고 해서 의원이 발의한 조례안을 그대로 수용한 것은 아니었다. 집행부는 수용을 전제로 여러 가지 조례원안에 대한 수정을 요구하였고 의회는 집행부의 요구를 거의 다 받아들였다. 그리하여 집행부가 수용한 최종 조례안은 의회가 발의한 조례안인지 집행부가 발의한 조례안인지 구분하기 어려울 정도였다.

수정된 주요 내용을 간추려보면 첫째, 의회의 당초안은 고충처리심의위원의 직무에 고충민원 처리 외에 시정감시기능까지 부여하였으나, 최종안은 집행부의 요구로 시정감시기능을 제외시켰다. 둘째, 의회의 당초안은 시장이 의회의 동의를 얻어 심의위원을 위 · 해촉하도록 하였으나, 최종안은 집행부의 요구로 시장이 의회의 동의없이 할 수 있도록 수정되었다. 셋째, 당초안은 고충처리심의위원이 고충처리에 관하여 집행부에 제시한 권고 또는 의견표명을 직권으로 공표하도록 하였으나, 최종안은 집행부의 요구에 따라 시장과 협의하여 공표하도록 하였다.

사실 집행부는 애초부터 이 조례안에 대해 큰 거부감을 가지고 있지 않았다. 관계기관이 권고 및 의견표명에 의해 구속되지 않는다는 것을 명시하는 등 원안 자체가 집행부에 그리 위협적이 아니었기 때문이다. 이러한 태생적 한계와 조례에 대한 시장과 집행부의 무관심으로 고충처리조례는 시행이 확정된 1996년 5월부터 지금까지 근 2년 동안 단 6건의 운영실적만을 보이고 있다. 고충처리조례와 유사한 취지로 시장실에 설치된 직소민원창구가 261건의 운영실적을 기록한 것에 비하여 매우 저조하다 하겠다(시정과 내부자료).

시장은 자신이 원하지 않는 조례안에 대해서는 용의주도하게 부결 혹은 수정시키거나 집행을 무력화시켰다. 의회는 조례제정을 통해 시장과 집행부를 견제할 수 없게 되자, 시장의 주력사업에 대한 예산승인거부 또는 예산삭감을 통해 시장을 견제하려 하였다. 하지만 시장은 의회와 반목하고 대립하는 와중에도 자신의 의사를 집요하게 관철시키는 정치력을 발휘하였다. 그리하여 의회의 반대에도 불구하고, 자신의 의사를 관철시켜 시장의 공약사업인 노인종합복지관, 청소년수련관, 인력관리센터의 건립에 필요한 예산을 모두 확보하였다. 시장은 의회의 반대에도 불구하고 자신이 원하는 사업에 대한 의회의 동의를 얻어내는 데 결국 성공하였다. 의회의 반대에도 무릅쓰고 시장의 의사를 관철시킨 사례는, 노인종합복지관뿐만 아니라 시장의 다른 공약사업인 청소년수련관, 인력관리센터에서도 동일하게 발견되었다. 시장의 주력사업이 연기되는 경우는 있어도 전면 백지화되는 경우는 없었다.

6.2 시장의 對의회 우위의 근거

그러면 시장의 대의회 우위는 어디에 기인하는가? 첫째, 시민의 대표로서 시장이 갖는 상징성과 정당성이다. 시의원들에 의하면, 시민 전체를 위해 일하는 시장을 도와주라는 압력전화가 시민들로부터 많이 걸려온다고 한다. 그리고 시장이 지역을 순시하면서 그 곳 시의원을 평가하는 발언을 하는 경우가 종종 있는데 지역주민들은 이를 그대로 믿는 경향이 강하다는 것이다. 그러니 시의원들은 지역주민들로부터 좋은 평가를 받기 위해서라도 시장에게 잘 보일 수밖에 없다는 것이다.

둘째, 시의원들이 갖는 정보 및 전문성의 한계이다. 시의원이 발의한 고충처리조례안의 처리과정을 볼 때, 집행부는 갖가지 비상한 논리를 제시하며 원안의 수정을 요구하였고 시의회는 집행부의 논리에 말려들어 가는 인상이 짙었다. 예컨대, 당초안에 따르면, 고충처리심의위원이 의회의 동의를 얻어 시장이 위 · 해촉하도록 하였다. 하지만 그렇게 할 경우 의회의 동의지연 등으로 심의위원의 공백기간이 발생할 우려가 있다고 집행부가 이의를 제기하자 의회는 반대다운 반대 없이 이를 수용하여 의회동의 없이 시장이 위 · 해촉하도록 조례안을 변경시켰다. 사실 고충처리조례안이 발의되자 언론은 이 조례가 우리 실정을 전혀 고려하지 않고 일본 가와사키市의 시민 옴부즈만 조례를 처음부터 끝까지 그대로 옮겨놓았다는 기사를 내보내면서 노골적으로 의원들의 전문성 부족을 지적하고 나섰다. 이러한 비난성 기사는 여론의 지지를 상실시키고 의원들의 운신의 폭을 좁히는 결과를 가져왔다. 의원들이 수준 높은 전문성을 갖거나 또는 의원들의 부족한 지식을 보완해 줄 제도적 장치가 있었다면, 애초부터 비난의 여지가 없는 조례안을 작성하였을 것이고 집행부의 수정요구에도 보다 강도 높게 대응하였을 것이다.

셋째, 의원들을 하나로 결속시킬 기제가 부족하다는 것이다. 고충처리조례안만 하더라도 의원들이 하나로 결속하여 집행부의 시정요구에 단호하게 대처하였더라면 당초안을 그대로 관철시킬 수도 있었다. 하지만 의원들간에 분열이 나타났고 집행부의 의견을 노골적으로 지지하는 의원들도 있었다. 정당이 의원들을 결집시키는 구심점 역할을 할 수 있었으나 그렇지 못하였다. 시의원들은 비록 대부분 정당에 가입하고 있었으나, 정당이 의원들의 의정활동을 묶어주는 역할을 수행하지 못하였다. 그렇다고 의원간에 분파가 없는 것은 아니었다. 오히려 여러 가지 형태로 분열되어 있었으며 분파는 정당보다는 학연, 연령, 초 · 재선 여부, 지역구

이해관계 등에 따라 다양하게 형성되어 있었다. 이처럼 의원들이 구심점 없이 분열되어 있는 상태에서 시장은 쉽게 틈새를 파고들어 의회를 공략할 수 있었다. 자생적으로 분열되어 있으니 구태여 분할하여 지배할 필요조차 없었던 것이다.

J의원에 따르면, 민선시장 때보다 관선시장 때 집행부에 대한 의회 견제가 오히려 강하였다고 한다. 얼마 있으면 떠날 관선시장이 마찰을 최소화하려는 노력에서 의원의 요구를 가급적 수용하였기 때문이기도 하지만 의원들의 응집력 또한 매우 강하였다는 것이다. 하지만 민선시장 때는 의원들간의 응집력이 깨지면서 의회가 시장의 시녀로 전락하였다고 말하였다. "민선시장하의 의회에서 과반수를 얻는 것이 매우 힘들었다"는 K의원의 말은 시의회가 갖는 바로 이러한 한계를 지적한 것이다.

넷째, 적지 않은 수의 시의원이 사업상의 필요에 의해 시의회에 진출하고 있다는 것이다. 충청리뷰(1998. 7. 4)는 시가 한 담배소매인조합 출신의원의 요청으로 국산담배 애용홍보 행사의 지원비로 2,000만원을 예산에 계상시켰고, 소규모의 기업을 운영하는 한 의원이 1억원의 중소기업지원자금을 시로부터 지원받았으며, 의원이 되고 나서 사업의 수주량을 몇 배로 늘린 의원도 있다고 보도하였다. 이러한 의원들이 시장에 대한 견제역할을 제대로 수행하지 못하게 됨은 극히 당연한 것이다.

한 시민단체의 대표는 개인사업 관계로 시의회에 진출한 의원이 어림잡아 1/3에 육박하며 의원의 직업과 소속 상임위원회간에는 밀접한 관계가 있다고 주장하였다. 그리하여 땅 부자는 도시건설위원회, 공장이나 주유소를 운영하는 의원은 지역경제위원회, 방역, 재활용, 요식 또는 숙박업을 운영하는 의원은 보사환경위원회에 소속되어 있다고 주장하였다. 의원의 직업과 소속상임위원회간에 어느 정도 연관성이 있는지를 평가하는 일은 쉽지 않다. 보고된 직업과 사실상의 직업간에는 상당한 차이가 있기 때문이다. 이러한 단서에도 불구하고, 의원의 직업과 소속상임위원회를 대조한 결과, 대체로 직업과 소속상임위원회간에 상관성이 있는 것으로 나타났다. 예컨대, 지역경제위원회에는 금융업, 운수업 혹은 상업, 도시건설위원회에는 건설업이나 농업, 보사환경위원회에는 방역 및 보건사업, 재활용, 사회사업가 혹은 요식업, 내무위원회는 전직 직능단체장 출신 의원이 비교적 많았다.

한 시의원은 의원이 자신의 생업과 연관이 있는 분야의 상임위원회에서 활동할 경우 의정활동의 전문성을 높이는 순기능도 있기 때문에 반드시 좋지 않은 시각으로 바라볼 필요는 없다고 주장하였다. 하지만, 일부 의원들이 사업상의 이익을 추구하기 위해 의회에 진출하고 상임위원회를 선택한다는 시민들의 광범위한 인식은 사실의 진위와 상관없이 의회의 지지기반을 약화시키는 중대한 요인이 된다.

의회의 위상을 더욱 약화시키는 요인은 개인사업상의 이득을 위해 의회에 진출한 의원은 물론 그렇지 않은 의원들조차도 의정활동에 소요되는 경비를 조달하기 위해 집행부와 암묵적인 거래를 할 수밖에 없다는 데 있다. 이러한 결과, 의원은 부족한 의정활동비를 조달하기 위해 사업가를 대신해 시를 상대로 로비를 하고 이에 대한 대가로 사업가로부터 일정액의 중개료를 챙기는 현상이 관행처럼 되고 있다. 그리하여 기업-의원-집행부서로 이어지는 철의 삼각(iron triangle)이 형성되고 있다. 이러한 의원들이 집행부를 효과적으로 견제하지 못하는 것은 개인사업을 위해 의회에 진출한 의원들의 경우와 비교해 크게 다를 바가 없다.

다섯째, 시장은 예산이나 사업편성의 타이밍을 조절할 수 있다. 사업승인권과 예산심의권은 의회가 시장과 집행부의 독단성을 견제하는 데 동원할 수 있는 유효한 제어장치 중의 하나이다. 하지만, 이러한 제도적 장치 또한 타이밍을 이용할 줄 아는 시장에게는 강력한 무기가 될 수 없다. 시장은 사업안이나 예산안을 편성하는 시점을 변경시킴으로써 의회의 견제를 무력화시킬 수 있기 때문이다. 시장과 의회와의 관계는 항상 갈등적일 수는 없고 우호적인 순간도 있게 마련이다. 시장은 이처럼 유리한 기회를 포착하여 임시회를 소집하거나 추가경정예산을 편성함으로써 자신의 역점사업에 대한 의회의 사업 및 예산승인을 얻어내는 것이다. 시간은 단체장의 자원인 것이다.

여섯째, 지방자치법(제118조)은 의원들이 예산심의 과정에서 예산을 삭감할 수는 있어도 단체장의 동의 없이는 증액하는 것을 허용하지 않고 있다. 따라서 집행부가 의원 지역구의 숙원사업을 예산안에 편성시키지 않을 경우 의원이 예산심의과정에서 이를 추가로 반영시키는 것이 매우 어렵게 되어 있다. 결국 의원은 지역주민의 숙원사업을 유치하기 위해서는 예산편성단계에서 집행부를 상대로 사전에 로비를 벌어야 된다. 이러한 로비과정에서 의원은 아쉬운 소리를 할 수밖에 없게 되고 자연히 집행부에 의존하게 된다. "예산편성과정에 의원이 참여할 수 있는 제도적 장치가 마련되지 않는 한 의원들은 시장에 종속될 수밖에 없다"는 한 의원의 항변은 바로 이를 두고 하는 말이다.

시장은 예산편성권과 사업배정권을 통해 시장은 의원들의 협조와 순응을 유도하며 의회를 시장과 집행부에 종속시켜 나갔다. 단순히 의원들이 분열되거나 의회내에 우호적인 분위기가 형성될 때까지 기다리는 수동적인 자세를 넘어 능동적으로 의원의 지지를 구축하거나 유도해 나갔다.

집단이론, 후견주의 및 도시의 리더십

박 종 민

1. 집단이론의 가정과 한계

집단이론(group theory)은 정치과정에서 개인들이 범주집단의 구성원들로서 행동한다고 가정한다. 정치과정의 주 행위자는 집단 혹은 단체라는 것이다. 개인을 다룬다 하여도 그를 대변하는 집단 혹은 단체의 범주이익에 초점을 둔다. 이익을 공유하는 개인들의 집합인 집단은 범주이익을 표명하고 대변하기 위해 형성된다. 집단의 구성원들이 공동의 이익을 가지는 것은 그들이 직업 혹은 계급과 같은 사회적 배경을 공유하기 때문이다. 개인들이 집단을 형성하여 집합행동(collective action)을 하는 이유는 집단목표의 달성을 통해 함께 개별적으로 보상을 받을 수 있기 때문이다. 집합행동의 혜택은 범주집단에 속하는 구성원 모두에게 돌아가는 것이다. 이익집단이론의 영향으로 자기 자신의 이익을 스스로 표명하고 대변하기 위해 사적으로 애쓰는 개인들보다는 범주이익을 표명하고 대변하는 자발적 집단이 정치과정의 주요한 분석단위로 등장한 것이다. 서구의 주요 지방정치이론도 이러한 집단이론적 시각에 기초하고 있다.

1.1 다원론, 엘리트론 및 조합론

서구의 주요 지방정치이론은 공히 정책결정과정의 주요한 행위자로 조직화된 이익, 즉 자발적 범주집단을 강조하여 이익집단이론의 전통을 보여 주고 있다(Gray, 1994). 이들 이론은 크게 다원론(pluralism), 엘리트론(elitism) 및 조합론(corporatism)으로 구분할 수 있다. 첫째, 다원론은 정책결정과정의 주 행위자가 집단임을 가정하고 이들이 사회에서 효과적인 권력 소유자들이라고 주장한다(Dahl, 1961; Polsby, 1980). 이들 집단들은 구성원들이 공유하는 이익에 의해 결합되며 개인의 집단가입은 용이하다. 정부는 집단경쟁의 공정성을 보장하고 게임결과가 수용되도록 한다. 다원론자들은 분산된 불평등의 개념을 사용하여 한 정책영역에서 유력한 집단들이 다른 정책영역에서는 유력하지 않으며 정책결정과정이 분절화되어 있다고 본다. 그리고 정부정책이 개방적이고 공정한 정치과정에서 서로 갈등하고 경쟁하는 집단들간의 상호작용을 통해 형성된다고 본다. 신다원론도 정부정책이 집단경쟁의 산물이라고 보지만 초기 다원론과는 달리 정치과정이 모든 집단들에 동일하게 개방되어 있지 않고, 공정하지도 않다고 본다(Lindblom, 1977). 어떤 집단은 사회경제적 구조에서 차지하는 특별한 지위로 인해 정부로부터 특권을 부여받는데 대표적으로 기업집단은 정부가 필요로 하는 자원, 정보, 전문성을 갖고 있어 구조적 권력(systemic power)을 소유한다고 한다(Stone, 1980). 이처럼 다원론은 정치과정에서 범주적 이익집단에 의한 정치활동에 초점을 두고 있다.

둘째, 엘리트론은 권력이 단일의 엘리트 집단에 있다고 본다(Hunter, 1953). 같은 이익을 가진(주로 기업이익) 소수의 개인들로 구성된 권력엘리트가 모든 주요 결정을 통제한다는 것이다. 비엘리트 집단들이 존재할 수 있지만 이들은 정책결정에 영향을 주지 못하고 정책결정은 하나의 작은 집단에 의해 비밀리에 이루어진다. 엘리트 집단에 의해 통제되는 정부는 정책결정에 있어서 자율성을 갖고 있지 못하다. 정책분야가 다름에도 정책방향이 일관성을 나타내는 것은 엘리트 집단의 목적이 일치하기 때문이다. 엘리트론적 시각을 보여 주는 성장기구(growth machine)론은 토지이익이 중심이 되어 구성된 성장연합을 도시성장의 주도 세력으로 본다(Logan and Molotch, 1987). 토지의 교환가치로부터 이익을 얻으려는 '향리자본'은 동맹체를 형성하고 토지의 사용가치로부터 이익을 얻으려는 반성장연합을 압도하여 도시성장을 주도한다는 것이다. 신엘리트론도 권력이 하나의 소수집단의 손에 있다고 본다. 다만 권력엘리트가 단일의 통합집단이기보다는 다수의 집단들로 구성된다. 이들 집단들은 가치와 목적을 공유하지만 이를 달성하기 위한 수단과 관련해서는 상이한 입장을 갖는다. 엘리트 집단은 정책결정과정을 장악하여 정책방향을 통제하고 게임규칙을 수용하지 않는 행위자들을 배제시킨다. 소위 편견의 동원(mobilization of bias)을 통해 비의사결정을 유도하는 권력 엘리트가 존재한다는 것이다(Bachrach & Baratz, 1970). 엘리트론은 다원론처럼 집단 개념을 두드러지게 강조하지는 않지만 자본이익이나 토지이익 등 기업이익(business interests)을 분석범주를 활용하여 집단이론적 시각을 나타내고 있다.

셋째, 조합론은 정부와 조직화된 이익(organized interests)간의 관계에 초점을 둔다. 다원론이나 엘리트론에서는 사적 집단과 공적 정부는 구분되며 정부는 집단압력의 대상이 된다. 그러나 조합론에서는 집단과 정부간의 공사구분이 깨져 있고 정부는 자신의 이익을 갖는 자율적 행위자로 간주된다. 정부는 추진하려는 정책을 입법화시키고 집단은 정부에 접근하는 특권과 범주이익을 대변하는 독점적 지위를 확보한다. 정부조직과 독점집단들은 상호 제휴하여 정책결정과 집행을 통제한다. 다른 이익들은 정책과정에서 효과적인 역할을 못하도록 배제되며 정책통제는 조직화된 이익이 독점하게 된다. 집단활동이 수용되지만 다원론과는 달리 정책결정과정이 폐쇄적 성격을 갖는다. 조합론은 권력의 소재를 정부와 집단에 있다고 본다. 여기서 집단의 수는 다수가 아니라 소수이며 정부도 정책결정과정의 주요한 참여자이다. 정부정책은 집단간의 경쟁보다는 정부와 집단간의 협상과 타협의 산물이다. 엘리트론처럼 정책이 단일의 엘리트 집단에 의해서 결정되거나 혹은 다원론처럼 집단들간의 상호작용에 의해서 결정되는 것은 아니라는 것이나(Elkin, 1987; Stone, 1989). 조합론적 시각의 레짐(통치체제)이론에 따르면 문제의 복잡성과 권위의 분절성으로 정부나 집단은 단독으로 주어진 목적을 효과적으로 성취할 역량을 갖고 있지 못해 함께 통치연합, 즉 레짐을 구축하게 된다(이종원, 1999).

2. 후견주의와 도시의 리더십

공식정부에 대항하거나 혹은 그와 연합할 수 있는 자발적 범주집단이 거의 결성되어 있지 못하고 범주이익을 표명하는 집단활동이 거의 없는 상황에서 집단이론보다는 오히려 개인과 개인간의 교환관계를 강조하는 후견주의(clientelism) 이론이 현재 우리의 지방정치를 적절하게 기술하고 설명할 수 있을지 모른다. 아마도 우리의 지방정치과정은 지방자원의 권위적 배분을 통제하는 시장과 그를 후견인으로 삼은 시의원, 행정관료, 기업인, 지역유지들이 구축해 놓은 지방후견주의 네트워크라는 렌즈를 통해서 보다 잘 접근될 수 있을지 모른다. 사실상 전근대적인 보스 중심의 정치과정은 근대정치과정의 분석 도구인 집단이론의 유용성과 적실성을 제약하고 있다. 개인들이 정치과정에서 자발적 집단의 구성원으로 행동하는 것이 아니라 개별적으로 자신의 이익을 스스로 챙기려는 상황에서 우리의 지방정치를 이해하는 데 도움을 주는 분석렌즈는 엘리트론, 다원론 혹은 조합론에서보다 오히려 개인간의 사적 관계와 개인의 자기대변 활동에 주목하는 정치적 후견주의 이론에서 발견할 수 있을지 모른다.

2.1 정치적 후견주의

후견주의 이론은 사적(personal) 교환관계에 초점을 둔다. 집단간 관계보다 개인간의 관계에 초점을 둔다. 후견주의에 대한 기존의 이론적 논의는 다양한 측면에서 정리될 수 있는데 여기서는 후견주의의 핵심 요소인 후견인-피후견인(patron-client) 관계의 성격과 특징을 우리의 지방정치를 기술하고 설명하기 위한 개념틀을 도출하는 한도에서 간단히 소개하고자 한다(Schmidt et al., 1977).

Scott(1972)는 후견인-피후견인 관계를 역할간의 교환관계로 규정하고 두 사람간의 유대의 특별한 사례로 보고 있다. 이 유대는 주로 수단적 친교를 포함하는데 사회경제적 지위가 높은 한 사람(후견인)이 자신의 영향력과 자원을 사용하여 지위가 낮은 다른 한 사람(피후견인)에게 보호나 혜택 혹은 이 양자를 제공하고 피후견인은 후견인에게 사적 서비스를 포함한 일반적인 지지와 보조를 제공하여 그에 보답한다. 이처럼 후견인-피후견인 관계는 수직적인 양인(dyadic) 협력관계, 즉 지위, 권력 및 자원이 불평등한 두 사람이 각각 자신보다 우월한 혹은 열등한 다른 당사자를 동맹자로 삼는 것이 이득이 된다고 생각하여 맺은 동맹관계인 것이다(Powell, 1970; Lande, 1973). 이러한 정의가 내포하는 것처럼 후견인-피후견인 관계는 첫째, 두 당사자간 부, 권력 및 지위의 불평등을 반영하는 교환의 불균형이 존재하고 둘째, 대면적(face-to-face)이고 사적인 성격을 가지며 셋째, 명시적이고 비사적인 계약적 유대라기보다 일반적(diffuse)이고 총체적(total)인 유대이다. 후견인-피후견인 관계는 상호성의 규범(norm of reciprocity)에 의해 규율되는 두 개인간의 수직적 교환관계이다. 후견인은 피후견인에게 보호와 혜택을 제공하고 피후견인은 후견인에 대한 충성과 지지를 통해 그에 보답한다. 후견주의 관계의 핵심은 바로 교환과 불평등인 것이다(Clapham, 1982).

여러 개의 후견인-피후견인 관계들이 결합되면 단순한 두 사람간의 관계를 넘어 후견인-피후견인 군집 혹은 피라미드가 형성된다. 후견인-피후견인 군집(patron-client cluster)은 후견인 및 그와 직접 연결된 일차적 추종자들로 구성된다. 그러한 군집이 확대되어 수직적인 끈들이 밑으로 확장되면 이는 후견인-피후견인 피라미드(patron-client pyramid)를 형성한다(Scott, 1972). 군집이든 혹은 피라미드이든 한 사람의 후견인이 중심에 존재하며 다만 군집은 이 후견인과 직접 연결된 일차적 피후견인들로만 구성되지만 피라미드는 일차적 피후견인을 통해 간접적으로 연결된 이차적 피후견인들도 포함된다.

후견인-피후견인 군집은 범주이익에 기초한 자발적 집단과는 다르다(Scott, 1972; Lande, 1973). 첫째, 피후견인은 후견인과의 사적 유대에 의존하는 개별적인 목표를 갖지만 범주집단의 구성원들은 공유하는 특성들로부터 도출되는 공동의 목표를 갖는다. 둘째, 후견인의 리더십은 정책결정 및 동맹형성과 관련하여 보다 폭넓은 자율성을 갖지만 범주집단의 지도자는 집단의 집합이익을 존중하지 않을 수 없다. 셋째, 특정한 수직적 끈에 기초한 후견인-피후견인 군집은 지도자인 후견인의 기술에 의존하고 그의 자원 및 개별 피후견인들의 요구 만족에 따라 번창하기도 하고 해체되기도 한다. 반면 범주집단은 수평적으로 공유하는 특성에 뿌리를 두고 있어 집단의 생존이 리더십에 덜 의존적이며 보다 넓은 집합적 이익을 추구하는 데 안정적이다. 넷째, 후견인-피후견인 군집은 범주집단보다 직업적 및 계급적 구성에 있어 이질적이다. 다섯째, 후견인-피후견인 군집은 공통의 지도자와 수직적으로 연결되기 때문에 존재하며 따라서 사실상 집단이 아니다. 추종자들은 서로 직접 연결되지는 않아 서로 잘 모른다. 반면 범주집단은 구성원들을 결합시키는 수평적 끈을 가지며 따라서 지도자와 독립하여 집단이 존재하게 된다. 기본적으로 후견인-피후견인 군집은 추종자들간의 공유하는 특성 혹은 수평적 유대보다는 후견인인 지도자와의 개별적인 끈에 기초하기 때문에 후견주의 정치는 집단정치와 본질적으로 다른 것이다.

2.2 지방후견주의와 도시의 리더십

전술한 정치적 후견주의 이론은 도시의 리더십을 장악한 시장이 독주하는 지방정치과정을 조명하는 데 도움을 준다. 시장은 지방후견주의의 중심에 있다. 市場과 시민사회가 약하고 공식정부의 권한이 강한 지방정치공간에서 가장 유력한 후견인은 바로 시장이기 때문이다. 시장은 후견인-피후견인 관계를 형성하는 데 필요한 지방자원을 통제하고 있다. 시장직은 그에게 지위, 권력 및 자원을 제공한다(이승종, 1998). 시장은 예산, 인사, 인허가, 계약, 조달 등에 대한 통제권을 통해 지방후견주의를 구축할 수 있는 위치에 있다. 법을 정면으로 위반하지 않고서도 재량권을 사용하여 후견인-피후견인 군집을 형성할 수 있는 지위, 권력 및 자원을 시장은 가지고 있는 것이다.

지방선거는 시장으로 하여금 지방자원의 권위적 배분을 통제하여 광범한 지방후견주의 네트워크를 구축하도록 유도하고 있다. 관선시장의 경우 자신의 후견인이 되어 줄 중앙정치가와의 유대가 필요하였다면 민선시장의 경우 지방후견주의 네트워크의 형성이 필요하게 되었다. 물론 민선시장이 자신의 후견인이 되어 줄 중앙정치가와의 유대를 구축하는 데 무관심하다는 것은 아니다. 후술하지만 중앙집권적 통치구조와 지역주의 정치구도 및 정당공천이 선거당락에 결정적 영향을 주는 상황에서 중앙정치의 유력자 혹은 보스 정치인과의 수직적인 연계를 형성하는 것이 필요하다. 그러나 보다 중요하게 지방선거는 민선시장으로 하여금 지방후견주의 네트워크를 형성하도록 압박하고 있다. 유력한 중앙정치가의 지지와 후원을 얻기 위해서도 지역내 자신의 정치적 추종세력을 과시할 필요가 있는 것이다.

이러한 정치환경에서 시장은 자신의 지위, 권력 및 자원을 총동원하여 지방후견주의 네트워크를 구축하려고 한다. 이러한 네트워크를 통해 시장이 얻으려는 것은 피후견인들의 정치적 충성과 지지이다. 시장은 시정운영, 재선승리 혹은 중앙정계진출 등을 위해 자신의 정치적 추종세력을 관리할 필요가 있다. 그리고 시장은 이에 도움이 되는 지방자원의 권위적 배분을 설계한다. 일차적 피후견인들을 구성할 친시장파 시의원, 관료, 기업인 및 지여유지들에 호의와 편리를 베풀고 대신 그들로부터 정치적 및 선거적 서비스를 기대한다. 정치적 추종자들을 늘리기 위해 표가 많이 나올 수 있는 정책과 사업에 우선순위를 두며 할당정책이나 배분정책을 통해 개별적 및 집합적 후견주의를 구축하려고 한다(유재원, 2000b).

지방후견주의 네트워크를 확대하기 위해 시장은 성장정치 혹은 소비정치를 추구하기도 한다. 범주집단을 매개하지 않고 직접 개인들을 상대로 인기 위주의 정책과 사업을 추진하고 선심성 예산배정을 시도한다. 재선을 노리는 시장은 기회주의적 시정운영 행태를 보인다. 동네마다 상이한 득표전략을 구사하여 저소득층 동네에서는 복지 · 주거환경개선사업을, 중산층 동네에서는 문화 · 환경사업을 추진하기도 한다. 표밭인 계층, 집단 혹은 지역을 소외시키는 정책선택을 경계하며, 사회균열을 가져올 정책갈등을 회피하려고 한다. 이러한 기회주의적 통치전략과 행태는 도시 전체의 복지를 위한 자원배분보다는 지방후견주의의 강화를 위한 자원배분을 의도하는 것이다.

현 단계에서 지방선거는 지방후견주의를 더욱 조장하는데 특히, 선거정치를 위해 돈과 표를 필요로 하는 시장은 정치적 추종자들을 모집하고 관리하며 이를 위해 그들에게 개별적 혹은 집합적 혜택을 제공하거나 약속한다. 이것이 바로 기구정치(machine politics)에서 관찰되는 교환의 정치인 것이다. 이러한 교환의 정치는 집단이론보다 후견주의이론으로 더 잘 조명될 수 있는 것이다.

3. 시장의 후견주의 네트워크

3.1 시장의 피후견인

지역 내부에 존재하는 시장의 피후견인들은 그에게 정치적 및 선거적 서비스를 제공할 수 있는 시의원, 행정관료, 기업인 및 지역유지들이다. 이들은 시장을 후견인으로 삼아 시로부터 이득이나 보호를 얻으려고 하거나 혹은 사회적 신분을 고양시키려 한다. 시장은 그들에게 호의를 베풀어주는 대가로 그들로부터 충성과 지지를 기대하는 것이다. 이렇게 해서 이들간의 관계는 특정적(particularistic)이고 수직적인 교환관계가 형성된다.

첫째, 시의원들은 자신의 지역구 숙원사업이나 선거공약 사업을 성공적으로 진행시켜 재선의 기회를 극대화시키려고 한다. 이를 위해 예산편성권을 가진 시장을 후견인으로 삼아 시로부터 지원을 받으려고 한다. 시장은 이들 시의원들에게 예산배정 및 사업선정과 관련해 호의를 베풀어 이들을 친시장파로 만든다. 예산배정을 통해 시장으로부터 호의를 받은 시의원들은 지방정치과정에서 시장에게 충성과 지지로 보답한다. 개인사업을 위해 시의회에 진출한 의원들은 자신의 개인사업을 위해 시장을 후견인으로 삼아 시로부터 행정적 및 재정적 특혜를 얻으려고 한다. 이권개입을 통해 시장은 이들을 후원하고 이들은 충성과 지지로 시장에게 보답한다. 특히, 시장은 유력한 시의원들을 피후견인으로 삼아 시의회를 장악하고 제도로서의 시의회의 자율성을 약화시킨다. 이렇게 해서 형성된 시장과 친시장파 시의원들간의 후견인-피후견인 관계는 공리적 교환관계를 넘어 정서적 유대관계로까지 발전되어 시장과 친시장파 시의원들은 함께 정당입당과 탈당을 감행하기도 한다. 그러나 정당규율이 강하게 작동하는 지역에서는 시장과 시의원들간의 후견주의 관계가 약화되기도 한다.

둘째, 실적관료제의 전통이 확립된 상황에서 시장이 엽관제를 활용하여 공직을 알선해 주고 그 대가로 관료들로부터 충성과 지지를 획득하는 것은 어렵다. 그러나 시장은 인사결정을 통해 충성과 지지를 표시하는 유력한 관료들을 요직에 임용하거나 혹은 중립과 비판을 나타내는 관료들에게 인사상 불이익을 주어 정실주의(patronage)의 효과가 나타나도록 한다. 때문에 정치적 중립성 및 공무원의 신분보장에도 불구하고 관료들의 줄서기 행태가 나타나는 것이다. 관료들은 집단적이 아니라 개별적으로 자신의 이득을 챙기려고 한다. 인사상 혜택을 얻기 위해서 관료들은 시장을 후견인으로 삼아 친시장파 관료가 된다. 특히, 재선 가능성이 높은 인기 있는 시장의 경우 관료들은 친시장파로서 행동하여 미래의 확실한 이득을 추구한다. 선거과정에서 시장을 음양으로 지원하며 그 대가로 인사상의 이득을 기대하는 것이다. 한편, 재선 가능성이 낮은 인기 없는 시장의 경우 관료들은 비시장파로서 행동하거나 혹은 당선이 유력한 후보자를 위해 반시장파의 입장을 견지하기도 한다. 때문에 특히 선거를 앞두고 관료들의 눈치보기 행태가 극성을 부리는 것이다. 그러나 관료제 규율이 시장과 관료들간의 후견주의 관계를 약화시키기도 한다.

셋째, 지방상공회의소 등 조직화된 기업이익의 활동은 거의 미미하지만 개별 기업인들은 자신의 기업을 보호하거나 이권을 챙기기 위해 시청에 교두보를 구축하고 시장을 후견인으로 삼으려고 한다. 기업인들은 이권을 얻기 위해 혹은 사업상의 불이익을 피하기 위해 집단적으로 행동하기보다 개별적으로 시장과의 교환관계를 형성하려고 한다. 이들은 시장에게 선거자금을 후원하거나 혹은 선거장비나 인력을 지원하기도 한다. 때로는 단순히 불이익을 받지 않기 위해 혹은 만일을 대비하여 눈치보고 줄서기를 하기도 한다. 이에 대해 시장은 피후견인 기업인에게 특혜나 편의를 베풀거나 혹은 시의회 진출 기회를 제공하기도 한다. 재력이 풍부한 대기업가들은 지방정치가를 우회하여 직접 중앙정치가들과 교환관계를 구축하려고 하지만 그렇지 못한 중소기업가들은 시장과 교환관계를 구축하려고 한다. 특히, 유력한 중앙정치가가 후원하고 지지하는 시장을 후견인으로 삼으려고 한다. 그러나 관료적 보편주의와 市場의 합리성이 이러한 市長과 기업인들간의 후견주의 관계를 약화시키기도 한다.

넷째, 지역유지는 각종 사회단체의 임원이나 근린주민단체의 대표자들을 포함한다. 사회단체들도 조직화된 집합활동을 통해 이익을 표명하지 않는다. 단체임원들은 주로 단체의 이름을 활용하여 개별적인 차원에서 시청에 교두보를 구축한다. 친목 및 봉사단체는 주로 이러한 행태적 경향을 보이고 있다. 관변단체의 지도자들은 시청에 교두보를 형성하고 자신의 정치적 야망이나 사회적 신분을 고양시킬 목적으로 후견인-피후견인 관계를 형성하려고 한다. 심지어 일부 시민단체들의 행동가들도 개별적으로 시청과 교환관계를 구축하기도 한다. 또한 대학이나 지방언론과 같은 단체들도 사적 차원에서 접근하며 기관 자체보다는 기관의 일부 대표자들이 시청과 인연을 맺는 수단으로 활용하기도 한다. 주민단체도 자발적으로 조직화되지 않고 또 기껏해야 하향적으로 관에 의해 조직화되어 있기 때문에 회원들의 자발적 집합행동은 찾아보기 힘들다. 지역유지들은 사회적 지위를 제고하기 위하여 혹은 정치입문을 위해 시장을 후견인으로 삼아 유대관계를 구축하려고 한다. 시장은 이들을 지역유지로 대우하고 사회적 인정을 받도록 하는 대신 이들로부터 정치적 및 선거적 서비스를 기대한다. 지역유지들은 집단이나 단체를 통해서 범주이익을 표명하기보다 자신의 사적 이익을 표명하기 위해 시장과 후견주의 관계를 형성하려고 한다.

지역 내부에서 시장의 주요한 피후견인들은 시의원, 관료, 기업인 및 지역유지들이라고 할 수 있다. 시장은 이들과 수직적인 후견인-피후견인 군집 혹은 피라미드를 구축하여 자신의 정치적 추종세력을 관리하는 것이다. 이들 피후견인들은 시장과의 관계를 통해 '좋은 날' 한 몫 챙기거나 혹은 '비오는 날을 위해 우산을 준비' 한다. 이들은 집단이익의 표명과 대변활동을 가장하지만 사실은 정당, 관료기구, 기업단체 혹은 사회단체의 경계를 넘어 사적 차원에서 시장과 후견인-피후견인 관계를 형성하여 자기이익의 표명과 대변에 몰두하는 것이다.

3.2 시장의 후견인

시장은 자신의 지방후견주의 네트워크를 유지하고 강화하기 위해 중앙의 유력자와 후견인-피후견인 관계를 구축한다. 왜냐하면 시장의 지방후견주의 네트워크의 유효성은 그의 지위, 권력 및 자원에 의존하는데 이는 중앙정치와 관련되기 때문이다. 중앙집권적 국가통치구조에서 집권여당이나 중앙정부와 갈등관계에 있는 시장은 자신의 정책사업 추진과 관련하여 중앙의 승인이나 협조를 기대하기 어렵고 때로는 이를 백지화하기도 한다. 집권여당이 아니더라도 당선시의 정당을 탈당한 시장은 중앙정치의 맥락에서 중앙 정치가들로부터 직접 혹은 간접적으로 공격을 받아 시정운영에 애로를 겪으며 특히, 탈당 후 집권여당에 입당하지 못하고 무소속으로 남아 있는 시장은 심지어 통치불능을 경험하기도 한다(박종민, 2000a; 최흥석, 2000). 이러한 상황에서 시장은 자치단체연합체를 구성하여 공동의 목적을 위해 집단적으로 반응하기보다는 중앙정치의 유력자를 후견인으로 삼아 개별적인 이익을 추구하려고 한다. 시장은 중앙의 후견인과의 끈이 끊어지거나 혹은 그 후견인이 몰락하면 또 다른 유력자를 후견인으로 물색하여 자신의 정치적 생존을 추구한다.

중앙집권적 국가통치구조에서 시장은 원활한 시정운영을 위해 중앙정부의 행정적 및 재정적 지원을 필요로 한다. 설사 재정자립도가 높다 하여도 중앙정부가 갖고 있는 공식적 및 비공식적 압력수단은 시장으로 하여금 중앙정부의 눈치를 살피지 않을 수 없도록 한다. 중앙정부에 접근하는 것은 주로 중앙정부를 장악한 집권여당의 유력자와 정치적 유대를 통해 이루어진다. 중앙권력에 접근하기 위해 중앙의 유력자와 후견인-피후견인 관계를 구축하는 것이 시장의 합리적인 선택인 것이다. 중앙권력에 거슬리는 시장은 때로는 시장직 자체를 위협받기도 한다. 따라서 정치의 불확실성으로부터 자신의 지위, 권력 및 자원을 보호하고 자신의 안전을 도모하기 위해 시장은 실세 중앙정치가에게 줄서기를 하는 것이다.

이러한 상황에서 정당입당 자체보다 더 중요한 것은 이를 통해 유력한 중앙정치가를 후견인으로 삼는 것이다. 집권정당이나 지역패권정당에 입당하려는 것은 이를 위한 것이다. 무소속으로 당선된 경우도 집권정당이나 지역패권정당에 입당하여 유력한 후견인을 붙잡을 기회를 항상 엿본다. 때문에 필요하면 정당입당과 탈당을 수시로 하기도 한다. 정당입당과 탈당은 지방후견주의를 강화하기 위한 전략일 뿐이다. 검찰이나 감사원의 조사로부터 보호를 받기 위해서 집권정당이나 지역패권정당에 입당을 하기도 하고 야당으로부터 탈당하기도 한다. '비오는 날 우산'이 되어 줄 수 있는 유력한 중앙정치가가 필요하기 때문이다.

중앙정치가 역시 후견인-피후견인 관계를 통해 중앙정치무대에서 자신의 정치적 추종세력을 과시하여 정치적 입지를 강화하려고 한다. 지방후견주의의 중심이 되는 시장과 수직적 유대관계를 맺은 중앙정치가의 정치역량은 대선이나 총선에서 효과적으로 발휘된다. 따라서 유력한 중앙정치가는 시장의 공천에 개입해 자기 사람을 심으려고 하며 특히, 지방후견주의 네트워크가 견고한 시장을 피후견인으로 삼아 지원과 후원을 아끼지 않는다. 집권여당 소속이 아닌 시장의 지방후견주의 네트워크는 흔들릴 수 있다. 중앙정치의 개입으로 시의원, 행정관료, 기업인 및 지역유지들이 직접 중앙정치가와 후견인-피후견인 관계를 발전시키려고 할 수 있다. 이를 방지하기 위해서도 시장은 자신의 후견인이 되어 줄 중앙정치의 실세들을 찾아 나서는 것이다. 그러나 상호성의 규범을 어기고 '배신'을 하는 시장의 지방후견주의 네트워크는 중앙정치의 개입으로 약화될 수 있고 이 경우 시장의 도시 리더십은 효과적으로 행사되기 어려워진다.

3.3 후견주의 네트워크의 기초

지방후견주의에서 후견인-피후견인 관계는 두 가지의 유대로 연결될 수 있다. 하나는 공리적(utilitarian) 유대로 연결되는 것이고 또 다른 하나는 정서적 유대로 연결되는 것이다. 이러한 구분은 정치기구의 물질적(material) 교환모형과 정서적(affectual) 교환모형의 구분과 유사하다(Guterbock, 1980).

기본적으로 후견인-피후견인 관계에서 공리적 유대가 주요한 역할을 하지만 그렇다고 정서적 유대가 발전되지 않는 것은 아니다. 특히, 우리의 경우 같은 학교 출신이거나 같은 고향 출신일 경우 공리적 유대보다는 정서적 유대가 후견인-피후견인 관계의 단초가 되기도 한다. 학연이나 지연의 끈이 없는 경우 우선 이러한 끈을 가진 브로커를 통해서 연을 맺은 다음 공리적 유대에 기초하여 교환관계를 구축한다. 상호이득이 되는 이러한 교환관계가 지속되면 정서적 유대관계로 발전하기도 한다. 이처럼 지방후견주의 네트워크의 기초는 공리적 및 정서적 교환관계를 포함한다.

전술한 것처럼 교환관계의 단초는 원초적 특성의 공유이다. 교환관계는 기본적으로 이들간의 원초적 특성의 공유에 기초하여 개별적으로 형성되기 때문에 특수주의 및 연고주의라는 정치과정의 전근대성을 보여 준다. 정치적 행위자들을 연결시키는 주요한 연결고리의 하나가 귀속적 특징의 공유이다. 대표적인 귀속적 특징은 혈연, 지연 및 학연으로 이러한 특징의 공유에 기초하여 교환관계가 형성되고 발전된다. 특히, 학연과 지연은 시의원, 관료, 기업인, 지역유지 등과 권력자인 시장을 연결시키는 고리가 된다. 외지인의 유입이 적은 도시에서는 향우회보다는 종친회나 동창회가 교환관계를 형성하는 기초가 된다. 학연 및 지연과 같은 원초적 특성의 공유여부에 따라서 시의원, 관료, 기업인, 지역유지는 친시장파와 반(비)시장파로 구분되기도 한다. 따라서 지방 명문고 출신이 아닌 시장은 친시장파 시의원, 관료, 기업인, 지역유지를 묶어 친위집단을 형성하여 통치과정을 주도하는 것이 용이하지 않다. 특히, 각 분야에 진출한 동문을 하나로 묶어 광범한 네트워크를 형성하는 지방명문고 동창회는 시장의 통치자원을 증대시켜 줄 수 있는 지방후견주의 네트워크의 근원이다. 민주화운동의 전통이 강한 도시에서는 혈연, 지연 및 학연을 중심으로 하는 일차집단 이외에 자발적 시민단체와 같은 이차집단의 영향력이 가시적으로 나타나고 있다. 때로는 혈연, 지연 및 학연을 공유하여 형성된 사적 연결망이 시민단체의 조직과 활동을 강화하기도 한다. 그러나 원초적 특성의 강력한 작용으로 공익적 시민집단의 활동이 한계를 노출하기도 한다. 이처럼 기본적으로 지연, 학연 및 혈연에 기초한 귀속적 성격의 사적 끈은 지방정치의 주요한 행위자를 묶어 주는 중요한 요소인 것이다.

4. 맺 음 말

후견주의적 분석이 적실성과 유용성을 갖는 것은 아직 우리 사회에는 후견주의의 생존 조건이 존재하기 때문이다. 물론 우리 사회의 보편주의와 합리주의를 증진하는 사회문화적 '근대화'가 후견주의가 작동하는 영역을 점차 축소해 나갈 것이다. 그럼에도 아직 지방후견주의가 강력하게 작동하는 이유는 첫째, 법치주의(rule of law)의 부재에서 찾을 수 있다. 법치주의의 전통이 약하고 법을 권력의 도구로 생각하는 문화와 전통에서 법은 공식정부의 권한행사를 제한하는 기능을 하지 못한다. 법은 권력자의 통치수단일 뿐이다. 이처럼 법치주의의 전통이 강하지 못한 현실에서 권력자에 의한 법의 자의적 해석으로부터 다치지 않으려면 그와 사적 유대관계를 구축해야 하는 것이다.

둘째, 시민의 낮은 정치적 역량이 후견주의를 극복하지 못하게 하고 있다(유재원, 1999; 박종민, 2000b). 피후견인들이 공동의 이익을 인식하고 이를 달성하기 위해 집합행동에 실패하는 것은 바로 후견주의의 유지에 기여하고 있는 것이다. 비도덕적 가족주의(amoral familism)의 전통은 우선 자신이나 자기 가족만이 보호되고 살아남기 위해 유력자와 개별적이고 사적인 교환관계를 구축하게 된다(Banfield, 1958). 이렇게 되는 이유는 물론 법치주의의 결여에서도 찾을 수 있지만 보다 중요하게 낮은 수준의 사회신뢰와 사회자본으로 집합적 정치행동을 위한 자발적 단체와 조직의 형성이 어렵기 때문이다(Putnam, 1993; 박종민, 2000c).

이러한 사회문화적 조건으로 지방후견주의는 적어도 당분간 지속될 것이다. 지방정치의 민주화를 위해서는 이러한 지방후견주의를 극복하는 것이 필요하다. 권력자와 원자화된 무력한 개인들이 바로 직면하는 정치상황은 시민통제와 정치적 평등의 원리에 기초한 지방민주주의를 오히려 위협할 수 있다. 결사체적 혹은 조합주의적 민주주의(associative or corporatist democracy)는 시민과 국가를 연결시켜 주는 자발적 단체의 존재를 전제로 한다(Cohen & Rogers, 1995). 그러나 우리의 지방정치과정에서 관찰된 통치구조는 원자화된 일단의 개인들이 권력자인 시장과 수직적으로 연결된 후견주의 네트워크에 기초하고 있다. 이러한 상황에서 우리가 기대할 수 있는 것은 정치적 기회주의 혹은 민중주의에 기초한 시장의 人治(personalistic rule)일 뿐이다.

섭지코지의 관광지화와 지역거버넌스

염 미 경

관광지화 과정은 사회 · 문화변동, 정치 · 경제적인 권력과 통제의 문제, 기호의 영역에 걸쳐 나타난다(이진교, 2001). 특히, 관광지화는 필연적으로 부의 재분배 문제와 개발에 대한 통제의 문제와 같은 정치 · 경제적인 권력의 문제를 야기하는데, 정치 · 경제적인 영역은 관광지 주민들의 삶과 맞물린다는 점에서 주목된다. 이 글에서는 정치 · 경제적인 영역에 주목하여 관광지화가 해당 지역사회에 미치는 영향을 살펴보는데, 특히 지역거버넌스의 양상과 특성에 관심을 두고자 한다.

관광지화로 인한 정치 · 경제적 문제와 관련한 연구로는 관광개발의 통제권을 갖고 있는 집단(FIBAZI)과 주민들 사이의 토지수용과 보상을 둘러싼 갈등양상, 관광개발로 야기된 여러 문제들에 대처하는 지역사회개발위원회의 활동에 주목하여 관광개발과정에서의 분배문제와 분배 이후 지역사회, 새롭게 나타나는 불평등구조 등에 대해 보여 주고 있는 드 레그트와 레이노스 이바에의 연구(de Regt and Reynoso y Valle, 1994), 관광지화가 지역파벌주의를 형성한다는 것을 보여 주는 위태커의 연구(Whittaker, 1997), 관광개발이 지역엘리트의 정치 · 경제적 이해에 어떻게 기여하는지를 분석한 스미스의 연구(Smith, 1997) 등이 주목할 만하다.

한편, 관광지화에서 영화나 드라마의 중요성이 강조되면서(장양례 · 박정욱, 2004) 한 지역에 어떤 종류의 변화나 관광객 유치를 위한 캠페인 없이도 영화나 드라마의 배경이 되었던 장소에 관광객이 증가한 사례를 다룬 연구들도 상당수 있다.

국내의 영화나 드라마촬영지에 대한 연구로는 TV드라마 <모래시계>로 유명해진 정동진의 관광지로서의 형성배경과 발달 및 특성을 연구한 김명주(1999), 정동진 지역주민의 인구통계적 특성에 따른 관광영향 지각 차이에 대해 분석한 홍수희(2003), 부산지역을 사례로 주요 영화촬영지에 대한 관광자원적 이미지를 분석한 박중환(2003), 간접광고 형태를 띤 영상매체 내 장소배치에 관한 잠재 관광자의 태도를 연구한 손대현 · 이지은(2001), 관광대상의 유형화를 시도한 최인호 · 손대현(2004), 문경지역 관광활성화에 대해 연구한 정지원 · 전주형(2001), 안동 하회마을을 사례로 지역주민의 관광개발에 대한 기존의 태도와 신규개발계획에 대한 태도를 비교 · 분석한 강신겸(2002), 그리고 합천 영화촬영세트장과 청송 주산지를 사례로 해 관광객 행태와 지역경제에 대한 영향을 살핀 진영미(2005)의 연구 등이 있다.

이와 같이 영화나 드라마촬영지에 대한 연구는 지리학과 지역개발의 측면에서 장소마케팅에 대한 연구가 있기는 하지만 주로 관광학 분야에서 이루어진 것이고 주요 내용은 관광객의 행태나 관광자원의 측면에서 접근한 것이다.

제주의 관광지에 대한 연구로는 조광익 · 김남조의 연구(2002)와 오정준의 연구(2003a, 2003b), 고동완 · 김현정(2003), 김의근(2004) 등이 있다. 조광익 · 김남조는 제주 성읍 민속마을지역주민의 관광영향지각과 관광개발태도의 인과관계가 사회교환이론에 잘 부합하고 있다는 사실을 검증하였다. 오정준은 제주의 생태관광지 세 곳을 사례로 하여 제주도에서도 생태관광과 같은 새로운 유형을 표방하는 관광지가 나타나고 있고 이로 인해 제주도의 관광공간이 수직, 수평적으로 확산됨으로써 제주도 전역이 관광지화하고 있음을 보여 준다. 즉, 기존 제주도의 관광공간은 해안 경승지나 한라산과 같이 수려한 경관과 볼거리를 제공하는 특정 장소에서 형성되었고 그 결과 관광지 입지가 지역적으로 편중되어 나타났지만 관광객의 기호가 다변화되고 일상생활과 관광간의 경계가 소멸됨에 따라 관광지가 특정장소로 분화되어 발전하지 않고 일상장소를 따라 탈분화되어 입지하는 양상이 나타나고 있다는 것이다(오정준, 2003b:611). 고동완 · 김현정은 관광개발을 도입단계와 전개단계로 구분하여 태백지역과 중문지역을 대상으로 지역사회 애착과 관광개발에 대한 태도를 비교 · 분석하였다. 김의근도 1차 개발이 완료되고 2차 개발예정인 중문관광단지와 신규관광단지개발이 예정된 성산포 지역주민을 대상으로 하여 관광개발에 대한 인식과 관광개발영향 간에 상관성이 있는 것으로 분석하였다. 이외에 박현숙(1988)과 양선아(1999)의 연구가 주목할 만하다. 박현숙은 주민-관광중개자-관광객의 체계로 제주 성읍 민속마을의 관광현상을 살폈고, 양선아는 1990년대 한국사회에 등장한 문화관광이라는 맥락 속에서 각 집단들이 어떻게 제주도의 이미지를 생산하며 지역정체성을 구축하는지에 대해 살피고 있다. 이들의 연구는 관광에 대한 문화적 연구라는 데 일정한 의미가 있다.

이처럼 제주의 관광지에 대한 연구는 많지는 않지만 꾸준히 수행되어 왔다. 그러나 최근 들어 영화나 드라마촬영으로 인해 새로운 관광지가 등장하고 있음에도 불구하고 이에 대한 연구는 주민의 관광영향 지각과 관광개발 태도의 관계를 분석한 이후석의 연구(2004) 외에는 없다. 이후석은 그동안의 관광에 대한 연구가 경제적 측면과 관광자의 요구에 초점을 두어 왔지 관광을 수용하는 지역이나 주민의 요구는 소외된 경우가 빈번했다는 인식 하에, 관광개발 이전 상태인 섭지코지 인근의 신양마을주민을 대상으로 관광영향지각을 분석하였다. 이후석의 연구는 관광개발에 대한 지역주민의 태도가 관광지 발전의 필수 요소라는 점을 부각시킨 점에서는 일정한 의의가 있으나 관광학 분야의 다른 연구들과 마찬가지로 관광영향요인과 관광개발태도에 대한 양적 분석에 머물러 있다.

관광지화 과정이 다양한 행위주체들 간 상호작용 속에서 이루어지고 있다고 할 때, 특정 시기 관광현상과 문화를 이해하기 위해서는 행위주체들간 상호작용에 대한 분석이 필요하다. 이는 관광지화는 관광을 둘러싼 여러 주체들의 상호작용에 대한 과정과 결과의 의미를 지니기 때문이다. 그리고 구체적인 관계양상은 갈등, 협조, 긴장 등과 같이 상호작용하는 행위주체들의 모습과 특징을 나타내며, 이러한 행위주체들간의 상호작용은 권력관계의 모습을 띤다. 이 연구에서는 이에 주목하여 '올인' 드라마촬영을 계기로 급속하게 관광지화된 제주의 한 마을공동체를 분석한다. 구체적으로, 이 연구의 목적은 '올인' 드라마 촬영 이후 섭지코지 주변지역 운영 및 마을공동판매장 건립을 둘러싼 지역주체들간 갈등의 대두와 그것의 조정과정에 대한 분석을 통해 조사대상 마을의 거버넌스의 특성을 밝히는 것이 된다.

현대사회에서 사회적 분화와 상호의존성이 증대하면서 특정 현안을 둘러싸고 다양한 이해당사자들간에 갈등이 발생할 가능성이 증가하기 때문에 이해당사자들이 각자의 목표와 이해관계를 통합, 조정해가는 것은 중요한 의미를 지닌다. 더욱이 지방자치제 실시 이후 지역의 의사결정과정은 해당 지역의 내부 정치의 특성에 따라 상이한 양식으로 전개될 가능성이 커졌기 때문에 거버넌스 차원에서 갈등을 조기에 해소하거나 조정하는 것, 이때 이를 위한 제도적 기반을 갖추는 것이 보다 중요하게 되는 것이다. 이러한 측면에서 바람직한 거버넌스를 주요 현안과 관련된 이해당사자간 목표나 이해관계가 통합적으로 조정될 수 있는 제도적 기반을 갖추는 것으로 볼 수 있다(조영석, 2003:18-19). 이 글에서는 거버넌스의 형성과정을 강조하여 다양한 행위주체가 주어진 과제를 달성하기 위해 행위주체들 간의 권한 배분, 상호조정, 상호협력에 관한 개념으로 본다.

거버넌스의 요소로는 마을 내부의 기존의 리더십, 내부집단들의 존재와 이들 간의 관계, 경제적 · 신분적 사회관계의 존재, 의사소통구조, 이데올로기와 합리적 의사결정의 토대 등 합의를 가능케 한 논리, 외부적 법이나 행정의 영향 등이 포함될 수 있다. 이 글에서는 거버넌스를 조직에 관련된 중요한 의사결정을 내리는 제도와 방법으로 보고(정구현, 2002:7), 이를 의사결정구조라고 이해하며(박영선, 2003), 이 글에서도 이러한 의미로 거버넌스를 보고자 한다. 영화나 드라마촬영 이후 관광지로 급부상하면서 관광의 경제적 효과를 둘러싸고 지역성원들의 이해관계가 다양하게 표출될 수 있는데, 이때 이해갈등이 조정되는 방식은 지역거버넌스와 주민의사결정체계에 달려 있다.

1. 연구대상과 방법

이 연구의 분석대상은 영상매체에 의한 관광효과가 나타나고 있는 전형적인 사례로, TV에서 방영된 '올인' 시청경험을 통해서 급격히 관광객이 증가한 섭지코지가 있는 남제주군 표선면 성산읍 신양마을이다. 섭지코지는 단적비연수, 이재수의 난, 천일야화가 촬영되었으나 크게 주목받지 못하다가 SBS TV드라마 올인으로 인해 유명 관광지로 변모한 곳이며, 신양마을은 '올인' 촬영지 섭지코지와 바로 인접하여 직선거리 500~700m지점에 위치해 있다. 전체 면적은 약 303ha이고 대표적인 반농반어의 성격을 보여 주는 마을이다.

지방자치단체에서는 섭지코지에 설치되어 있던 성당과 수녀원, 보육원 등의 올인 촬영시설이 지난 해 9월 태풍으로 훼손되어 철거되면서 관광객들의 기대감을 충족시키지 못함에 따라 2004년 8월까지 10억원을 들여 촬영세트를 다시 짓게 되었고, TV드라마를 기억하고자 섭지코지를 찾았던 내외국인 관광객들이 성당 등의 촬영시설이 사라져 실망하고 있다는 관광업계의 여론에 따라 관광시설 확충차원에서 올인 건물을 복원하였다. 섭지코지는 드라마 '올인'의 유명세가 이어진 2003년에 모두 128만9천 명의 관광객이 쇄도해 자치단체에서 유료주차장을 설치한 2003년 6월부터 7개월 동안에 1억 2천여 만원의 수입을 얻었다(한겨레신문, 2004; 이후석, 2004:227).

이처럼 섭지코지와 신양마을이 급속하게 관광지화되는 데 있어서는 TV드라마의 영향이 컸지만 관광이 지역사회에 긍정적인 파급효과를 산출하기 위해서는 관광지 사회와 그 주민의 역할이 중요하다. 따라서 이 연구에서는 지역거버넌스 측면에서 관광지로 급성장하고 이는 신양마을에 접근하고자 한다.

이 연구의 분석범위는 사례지역인 섭지코지가 드라마 방영과 동시에 촬영지 이미지가 부각되어 급속히 관광지화되는 시점(본격적인 관광개발 이전)부터 그 후 관광객의 증가로 인해 지역사회에의 경제적 파급효과가 커진 시점을 대상으로 한다.

이 글의 자료는 문헌조사방법과 현지조사에 기반한 마을관계자들과의 심층면접방법을 병행해 수집한 자료이다. 예비조사를 거친 뒤, 2005년 6월 20일과 22일까지 2박 3일간의 현지체류조사, 그리고 추가조사를 통해 수집한 자료를 사용하였다. 조사에는 제주대 사회교육과 학생들이 참여하였다. 예비조사에서는 지방자치단체를 방문해 섭지코지와 관련된 문헌자료를 수집하는가 하면 섭지코지 주변의 운영을 둘러싼 의견을 청취했으며, 마을의 이장 및 여론주도자와의 면접을 통해 마을 상황 및 공동판매장 설치를 둘러싼 주민갈등과 상호조정과 협력에 대한 개략적인 상황을 파악하였다. 그리고 현지체류조사기간에 마을조직 관계자와 주민들과 심층면접을 실시하여 마을공동판매장 설치를 둘러싼 이해갈등 양상과 그것의 조정과정을 파악하고자 하였다. 이후 추가조사를 통해 자료정리과정에서 미비한 부분을 보완하였다.

2. 이해집단간 갈등과 지역거버넌스의 형성

2.1 '올인' 촬영세트장 설치 이후의 이해집단간 갈등양상

지역사회의 관광개발은 긍정적인 측면과 부정적인 측면의 사회변화를 수반하기 때문에 필연적으로 관광개발에 관련된 이해당사자간 갈등이 발생하게 된다. 관광개발의 이해당사자로는 관광객과 관광산업, 해당 지역사회, 그리고 환경보전단체 등으로 나눌 수 있다(김성일, 2001). 이러한 이해집단간 갈등은 갈등요인이 많거나 첨예화될수록 집단행동이나 집단운동으로 확산되어 지역사회의 불안과 불신을 유발하며 개발계획을 지연시키거나 무효화시키기 쉽다(김창수, 1991:72).

조사대상마을에서 '올인' 드라마 촬영 이후 나타난 이해집단간 갈등은 섭지코지 주변지역 운영을 둘러싼 지방자치단체와 마을간 갈등과 마을 내 주민간 갈등이다. 먼저 지방자치단체와 마을간 갈등이다. 이는 섭지코지 내의 주차장 운영을 둘러싸고 발생하였는데, 초기 주차장의 운영은 남제주군 측에서 당초 섭지코지 주차장을 확충해 관리, 운영권을 신양마을에 위탁하기로 했으나 후에 이를 번복하게 됨으로써 문제가 발생했다. 이에 신양마을 측에서는 남제주군의 이와 같은 처사는 섭지코지 지구 개발에 주민을 참여시킨다는 애초의 계획이 허울에 지나지 않았음을 단적으로 보여 주는 것이라며 당초 약속대로 주차장 관리, 운영권을 마을에 위탁하라고 주장하였다. 이에 대해 남제주군에서는 주차장 확충 이후 관리 운영권을 마을에 위탁할 것을 검토하겠다는 모 고위 간부의 말은 사견에 불과하며 이와 관련한 공식적인 입장을 마을 측에 밝힌 적이 없다는 주장을 하였다(제주일보, 2003. 9. 17).

이후 섭지코지 내 주차장의 운영과 관리를 두고 첨예한 갈등을 빚었던 남제주군과 신양마을은 남제주군에서 주차장을 관리하고 위탁 수수료를 신양마을에 지급해야 하나 지급기한이 늦춰짐에 따라 주차료 배분을 둘러싸고 심각한 문제에 봉착하게 된다. 그러나 섭지코지 내 주차장 운영과 관련한 마을과 지방자치단체와의 갈등은 상호 합의에 기반해 포장도로를 확충하는 것과 같은 도로건설과 관련된 모든 사항을 남제주군에서 맡기로 하였다. 또한 주차장 수익금과 관련한 양측의 입장을 조율하여 주차료 수입금 가운데 인건비와 화장실 관리 경비 등을 제외한 금액의 50%를 신양마을에 관리, 위탁 수수료로 지급한다는 내용에 서로 합의하게 된다.

다음은 마을 내 이해집단간 갈등이다. 이것은 섭지코지에서 가설 건축물을 설치하여 장사를 하고 있던 초기 기득권을 가지고 있는 마을주민 30여명(기득권자)과 그 외 마을의 이장을 대표로 하는 전체 마을주민간의 갈등이다. 이들의 갈등은 기존 가설 건축물의 철거와 공동판매장의 설치를 둘러싸고 발생한 갈등으로, 초기 기득권자들의 극심한 반대로 마을공동판매장 설치 계획을 지연시킨 경우이다. 그러나 초기의 이러한 갈등은 현재 주민참여와 공동의 이익을 중시하는 마을 의사결정과 적극적인 자제노력으로 인하여 원만하게 조정되었고 원만한 합의를 도출하여 지역주민 전체의 이익을 도모하는 방향으로 상호 협력하게 된다. 구체적으로는, 처음에는 가설건축물에 대한 보상을 해주려는 협상의 노력이 있었으나 초기 기득권층의 반발로 무산, 따라서 마을총회를 통해 철거하여 공동판매장 건설로 합의 의사결정을 이루었다.

신양마을에서 마을현안에 대한 의사결정기구로는 최고의결기구인 마을총회와 중요현안에 대한 심의 · 의결기구로서 마을총회 산하의 개발위원회의가 있다. 개발위원회의는 마을총회에서 선출된 대표들로 구성되어 마을 전반의 사업을 총회로부터 위임받아 심의, 의결하는 조직으로, 마을의 특성에 따라 달리 구성되는데 신양마을의 경우 개발위원장 1인과 개발위원 14명으로 구성되어 있다.

마을의 개발위원회는 1958년부터 실시하였던 지역개발사업에 그 원형을 두고 있는 것으로 본격적으로 설치된 것은 1972년부터인데, 이것은 마을주민의 의사를 수렴하여 마을단위의 개발사업을 최종적으로 결정하는 의사결정기구로, 이장을 비롯하여 반장, 새마을지도자 및 공식직책을 맡은 마을내의 유력인사로 구성되는데 개발위원회를 주도하는 사람은 이장이다. 마을의 의사결정기구의 성격을 가진 개발위원회는 실제로는 면의 지시사항이나 이장의 업무수행이 원활히 이뤄지도록 자문, 보조하고 주민을 설득하여 면이나 이장의 업무수행에 정당성을 부여하는 행정보조기구의 성격을 가졌다(한국농어촌사회연구소, 한국가톨릭농민회, 1990:163). 그러나 이러한 행정조직의 기능은 1990년대 지방자치제가 실시되면서 지역개발사업계획 수립과 집행에서 과거의 관료적, 하향적 방식 대신에 주민의 참여와 협의가 중요하게 되면서 변하게 된다. 개발위원회는 중앙행정당국의 마을 단위의 개발사업에 대해 마을주민의 의사를 수렴하는 의사결정기구라는 본래 기능을 수행할 수 있게 되었다. 그러나 개발사업을 둘러싼 마을의 의사결정기구의 운영과정에서 민주성이나 집행에 있어서 책임성은 마을에 따라 다르게 나타날 수 있다.

2.2 섭지코지 주변지역 운영을 둘러싼 갈등과 지역거버넌스의 형성

섭지코지가 제주의 관광명소로 천혜의 자연환경을 자랑하며 신양마을 주민들의 관광소득원으로 이용되게 된다. 초기에 섭지코지 주변에서의 상거래 행위는 비공식적으로 천막을 지어 이루어졌고 사실상 행정묵인 하에 운영되었다. 당시 약 30여명의 마을주민들이 장사에 참여하여 섭지코지 주변상가를 운영하였다. 그러나 당시 벌어들인 소득은 만족할 만한 수준이 아니었기 때문에 운영과정에서 몇몇 주민이 이탈하기도 하였다(마을주민과의 면접결과).

그러나 2003년 1월 드라마 '올인' 의 방영과 그 흥행에 힘입어 야외 촬영세트장이 만들어진 섭지코지는 새로운 관광명소로 부상하게 되었다. 섭지코지가 TV드라마 '올인' 의 배경이 되어 하루 최고 1만 명 이상의 관광객이 방문하는 관광명소로 부상하자 기존 상인들 외에 섭지코지 주변이 장사가 잘된다는 소문을 접한 여러 주민들이 대거 장사에 참여하기 시작하였다.

초기 섭지코지 주변 간이판매장 시설 현황을 보면 산책로변 14개, 주차장 주변 12개 등 총 26개로 이동식 천막과 파라솔, 차량으로 시설이 매우 난잡했음을 알 수 있다. 또한 공유수면 쪽에서도 파라솔과 천막을 설치한 20여 곳의 해산물 판매시설이 관광객을 상대로 장사를 하였다. 이러한 무분별한 운영으로 구역을 차지하기 위한 주민들간 마찰이 빈번하게 발생하였고 관광지의 미관을 해친다는 이유와 상인들의 무분별한 호객행위로 건전한 상행위를 해친다는 이유 등으로 민원이 제기되기에 이른다.

이같은 상황에서 섭지코지 주변 운영방안이 쟁점으로 부상하였고 급기야는 이 문제의 해결을 위해 남제주군과 마을 차원의 회의가 이루어지게 된다. 남제주군은 초기에 섭지코지에 설치된 가설 건축물에 한해 물건판매 등을 허용한다는 방침을 정하고 시설물 사용에 따른 주민간 의견 조율과정을 지켜보았으나 기존 업주들이 일정의 사용료를 지불해야 한다는 입장인 반면, 다른 주민들은 무상 입주 방침을 내세워 의견 차를 좁히지 못하게 된다. 결국 성산읍은 남제주군 관련부서 관계자 등이 참석한 가운데 회의를 개최하고 해산물 판매장과 산책로 주변 가설 건축물에 대한 철거계획을 확정하였고 이후 2003년 9월 가설건축물의 철거가 강행되었다.

이 과정에서 마을집단의 분화양상이 나타났다. 즉, 드라마세트장 건설로 인한 섭지코지 주변 관광객 증가로 인한 소득의 증가는 이웃간을 경쟁관계로 만들었으며 이로 인한 갈등은 기존 장사를 행하여 그 주변에서 기득권을 가지던 30여명의 주민과 이를 제외한 마을주민간 갈등으로 나타났다. 이 갈등양상은 크게 기존의 기득권을 인정하고 권리금을 지불하라는 30여명의 주장과 마을공동의 소유이기 때문에 그들의 권리를 인정할 수 없다는 마을주민의 의견으로 분화되었다.

마을공동판매장 건설 반대 측의 의견을 종합해보면, 이들은 초기에 공동판매장 건설 자체를 강력히 반발하면서 자신들의 기득권에 대한 권리를 요구하였다. 이에 대해 마을에서는 그들에 대한 보상을 통해 그들의 주장을 수용하려 했으나 기득권층에서는 보상에 관한 사항을 거절하였다. 그러나 이후 마을회의를 통해 공동판매장 운영이 기정사실화된 이후는 기득권을 주장하는 반대 측은 기존 참여자들의 전원 참여보장과 수익금 중 일부를 권리금으로 요구하였다. 그러나 마을차원에서는 섭지코지의 운영권한이 그들에게만 있는 것이 아닌 전체 마을 주민 공동의 권한이라 인정하고 이들의 권리요구를 거절하게 된다(마을관계자와의 심층면접결과).

이같은 상황에서 공동판매장 건설과 관련한 현안은 중요현안인 동시에 시급을 요하는 안건으로 판단하여 개발위원회의 의장이 개발위원회의를 소집하게 된다. 이후 '섭지코지 상가 건'은 개발위원회에 제기되었으며 이에 대한 임시총회의 필요성이 개발위원회 내에서 제기됨에 따라 몇 차례의 개발위원 회의를 거친 후 임시총회를 열어 '섭지코지 상가 건'에 대한 의견수렴과정을 거치게 된다.

2003년 10월 2일에 있었던 개발위원 회의는 섭지코지 상가의 집회신청으로 인해 이를 마냥 방치하고만 있어서는 안 된다는 의장의 결정 하에 개발위원회가 소집되었다. 이 당시 기득권자들의 요구는 첫째로는 보상이었고 둘째로는 35명으로 구성된 상가 1동 요구였다.

이에 대해 신양마을의 개발위원회의에서는 이미 보상에 관한 문제는 강제 철거 이전 협의가 끝나버린 문제이기에 더 이상의 논의는 불필요하다고 보고 마을차원에서는 상가구성에 관한 논의만을 포함시킬 것을 결의하였다. 이로 인해 발생하는 상가기득권을 주장하는 30여 명의 반발을 충분히 고려하고 그들의 주장에 대한 대책을 마련하기로 하였다. 이후 2003년 10월 23일에 있었던 개발위원회의에서는 구체적인 상가운영을 위한 규모 및 장소결정, 시설에 따른 소요경비, 운영방법 및 시설비 환수방법 등의 논의가 이루어졌다. 이 자리에서 구체적인 운영방안으로 공동참여, 공동분배의 방법이 결정되었으며 수수료 환원문제 등은 마을 전체의 의사를 반영해야 하기에 임시총회를 통해 결정하기로 하였다.

이후 개최된 마을 임시총회에서는 '섭지코지 상가 조성 건'이 토의안건으로 상정되어 상가위치와 관련한 문제는 추후 행정과 협의하여 결정할 것을 의결하였고, 상가규모, 시설에 다른 예산승인과 운영방법의 결정, 입주조건 및 자격, 시설비 환수방법에 대한 구체적인 논의가 이루어졌다. 이 임시총회에서는 초기 기득권을 주장하던 사람들과 마을주민이 공동으로 참여한 가운데 의사결정이 이루어졌다. 이 과정에서 토의 안건으로 상정된 '섭지코지 상가 조성 건'은 성산읍과 남제주군 차원에서 마을이해의 관철과정을 지켜보기로 하고 마을주민이 의견을 조율, 통합하여 상가를 조성한다면 임시총회에서 결정된 사항을 받아들이기도 하였다. 이에 임시총회에서 마을주민들은 지난 번 강제철거와 관련되었던 모든 사항을 잊고, 앞으로는 전 주민이 단합하여 보다 나은 환경에서 섭지코지 상가를 구성할 것에 합의하였다.

이렇게 하여 남제주군이 2003년 9월 섭지코지 내 불법 건축물과 잡상인 등에 대한 대집행을 실시한 지 6개월여 만인 2004년 3월 21일 마을공동판매장이 문을 열게 되었다. 공동판매장은 신양리 마을회가 총 사업비 9천만 원을 투자해 2개 동 100m² 규모로 설치하였으며, 마을 임시총회를 열어 운영방향과 지침 등에 대해 결정을 하여 주민자체적인 운영이 이루어지게 되었다. 요컨대, 신양마을은 강제철거 집행 직후 마을회의를 통해 공동으로 운영, 관리하는 농수산물 판매장 설치를 건의했고, 정식 허가 등을 거쳐 마침내 본격적인 운영에 들어가게 된다.

마을공동판매장의 운영내용을 살펴보게 되면, 우선 개발위원회의를 통해 공동 참여 공동분배의 방법의 안건이 나왔고 임시총회를 통해 전원 동의 하에 공동참여 · 공동분배의 방법이 결의되었다. 또한 섭지코지 상가 참여과정에서 일정한 자격조건을 정하여 마을주민의 신청을 받고 신청자들의 연령을 고려하여 10개조로 편성하였다. 마을공동판매장 참여자격조건은 다음과 같다. 1) 1가구당 1인으로 제한, 2) 원래 출생지가 신양마을로서 1년 이상 신양마을에 거주한 자(단, 리세 납부자에 한함)로 나이는 80세까지로 제한, 3) 타지(육지)사람은 전입일로부터 10년 이상 거주한 자로 한다.

현재 160여명의 사람들이 참여하고 있으며 각 조가 돌아가며 상가운영에 참여하고 한 달에 3번씩 자신의 차례가 돌아오게 된다. 하루일당은 항상 같지는 않으나 평균적으로 8~9만 원 선이며 상가운영으로 나온 수익금으로 배분한다. 1년 내 순수익이 6억 정도가 되고 있고 이익금의 3%는 마을운영비로 사용되어 시설운영을 위해 환원되거나 다른 일을 위해 투자비로 사용하게 된다. 공동판매장의 물품조달은 수익금으로 이루어지며 마을주민들이 직접 채취한 미역, 우뭇가사리 등의 지역특산물이 판매된다. 상가운영에 직접적으로 참여하지 않는 주민일지라도 주민이 원할 시에는 자신이 채취한 수산물을 상가에 제공할 수 있게 되어 있다.

3. 관광영향에 대한 마을주민의 인식

섭지코지에 위치한 '올인' 촬영세트장은 드라마의 성공과 더불어 2003년부터 관광객들과 제주도민의 꾸준한 사랑을 받았지만 태풍 매미로 인해 드라마 세트장이 훼손되고 이를 철거하면서 관광객들의 기대를 충족시키지 못했다. 그 후 2년 후인 2005년에 드라마 제작사인 초록뱀 측과 남제주군이 제3섹터 방식을 이용하여 복원하였다. 복원된 올인하우스는 지상 2층 지하 2층의 270여 평의 성당모형 건물과 러브하우스가 있으며 전망대 외 야외공원으로 조성되었다. 건물내부에는 올인 드라마 촬영 당시의 소품들과 영화 및 드라마에 관련된 다양한 시설들이 전시되어 관광객들이 드라마 속 주인공이 돼 라스베가스의 카지노 게임을 직접 체험할 수 있게 했다. 또한 예배당은 웨딩채플 장소로 활용되고 있으며, 이 곳을 이용하기 위해 많은 신혼여행객들이 찾게 되면서 관광업체에서 남제주군에 문의전화가 쇄도하는 등 특색 있는 결혼장소로 인기를 모으고 있다. 또한 올인 드라마가 일본 NHK 방송국에서 방영되면서 드라마 세트장에는 국내 관광객뿐만 아니라 한류열풍으로 인한 국외의 관광객들도 찾아오면서 겨울연가의 촬영장인 춘천 못지않은 관광명소가 되어 드라마가 종영된 2003년 이후에도 하루 평균 5,500명 내외로 2004년에 129만 명의 관광객이 방문해 관광객 수가 급증하였다. 이로 인해 지역경제의 활성화가 나타난 신양리 주민들에게 높은 관광소득을 안겨 주었으며 드라마 촬영으로 인해 신양마을은 제주의 주요 관광지로 손꼽히게 되었다. 그 결과 신양마을의 이미지 증진효과와 함께 주민들의 결속력과 자부심도 매우 높아졌다. 다음에서는 영상매체에 의해 관광지로 부각되면서 이것이 관광지사회에 미친 영향을 주민들의 인식을 중심으로 살펴보기로 한다.

먼저, 신양마을 주민들이 인식하는 관광지화의 긍정적 효과이다. 우선 마을소득원의 증가가 주요한 관광영향으로 지적되었다. '올인' 촬영세트장 설치와 드라마의 흥행은 관광객의 증가를 가져왔고, 마을주민들은 세트장 주변 시설과 마을공동판매장 운영으로 마을주민소득의 향상에 기여했다고 보고 있다. 이에 대해서는 마을주민들과의 면접내용에서도 확인된다.

"읍사무소에서는 우리에게 '올인' 촬영세트장 주변에 있는 공동판매장을 운영할 수 있도록 해줬지. 그것도 아주 균등하게 기회를 준거야. 상인이 될 수 있는 기준이 있었긴 했지만, 마을주민들이 회의를 통해서 결정한 사항이었기 때문에 우리는 100% 찬성했던 거야. 나이는 80세 이하였고 1가구당 1명씩 제한을 둔거지. 그래도 판매장을 운영하고 있는 상인들은 우리주민이기 때문에 공동판매장 운영을 통해서 마을주민들이 많은 부수입을 얻고 있지"(60세 남성, 마을주민).

"우리는 올인 세트장을 복원하는 과정에서 읍사무소와 계약을 했지. 예를 들어서 관광객이 찾아오면서 번 수입이 1,000만원이라면 그 중에서 얼마를 주겠다고 협상했기 때문에 마을 전체적으로 조금은 이익이 된다고 할 수 있지"(79세 남성, 마을주민).

다음은 관광지로서의 마을이미지 제고효과가 있었다. 관광개발에서는 지역이미지 구축이 중요하게 고려되는데, 이는 관광을 중심으로 한 지역개발이 성공하기 위해서는 지역의 관광자원을 어떻게 연출하여 특정의 이미지를 생산하는 데 성공하느냐 여부가 중요하기 때문이다. 따라서 관광산업에서는 가장 적극적이고 창의적인 방식으로 지역을 특별한 곳으로 표상하기 위해 그 지역의 여러 자원을 동원하고 이용한다. 섭지코지가 관광지로 된 근본적 배경은 섭지코지가 가진 자연경관지로서의 특성과 '올인' 드라마가 가진 작품성과 영상미에 있다. 자연경관지에 대한 이미지는 드라마라는 영상매체를 통해 극적인 장면을 연출했을 때 그 이미지는 최고로 상승하게 된다. 영화나 드라마와 같은 영상매체의 시청각적 특성은 다른 미디어보나 현실감이나 현장감 표현에 있어서 호소력이 강하고 심리적인 거리를 단축시키고 친감과 매력을 느끼게 하는 특성이 있어 수용자에게 강한 영향력을 행사한다(김규, 1976:190). 또한 수용자에게 그 장소에 가고 싶다는 동기를 유발하게 하며, 방문자에게는 영화주인공 같은 간접체험을 할 수 있는 공간을 제공해 준다(이영승, 2002:21).

"올인세트장이 생기면서 우리 신양리가 크게 알려졌지. 게난 내가 얼마나 어깨가 으쓱한지 몰라. '신양리' 라는 마을 이름을 내 놓을 적에도 얼마나 자부심이 생기는지, 우리 마을 자랑하고 싶어서 입이 간지러울 정도니까 말이야"(68세 남성, 마을주민).

> "전보다는 훨씬 좋지. 우리는 신양리가 이렇게 발전할 줄 아무도 몰랐어. 그전에 세트장이 생겼을 때도, 근야 생겼나보다 했지. 하루에도 차가 수백 대 지나가는데 지금도 그저 신기하기만 허이. 드라마 세트장 하나 때문에 저기 옆에 성산 일출봉보다 몇 배는 관광객이 드나들어. 이게 꿈인지 생시인지. 나야 주민으로써 좋기만 할 뿐이야"(74세 남성, 마을주민).

또한 '올인' 드라마 촬영을 계기로 마을이 관광지로 급부상하면서 갈등이 발생했는데, 이 갈등을 잘 해결함으로써 주민통합이 강화되었다. 이 점은 어떤 지역이 그 지역의 이미지를 재구성 또는 상품화시키려는 활동은 장소마케팅에 대한 다양한 비판적 시각이 존재함에도 불구하고 그것이 경제적 이윤을 증대시키고자 하는 '경제적 효과'와 지역정체성을 확립시켜 그 지역주민들의 향토애를 고취시키는 '문화적 효과'를 가져올 수 있는 주요한 수단이 될 가능성은 여전히 존재한다는 것을 뒷받침해 준다(염미경, 2000). 관광개발로 인해 마을이 긍정적인 이미지를 구축하는 경우 지역주민들로 하여금 자신들의 지역에 대해 헌신적인 자세를 갖게 하며, 이것이 보이지 않는 사회통제의 효과를 발휘하게 할 수도 있는 것이다(Kearns & Philo, 1993:13).

> "세트장이 건설되면서 우리 마을이 계속 발전하는데 주민들끼리 충돌할 일이 뭐가 있겠어. 안 그래? 더군다나 위에서 다 알아서 해주고, 돈도 나눠주는데 나는 그저 좋기만 해"(45세 여성, 마을주민).

> "우리 신양리장님이 얼마나 주민들한테 신경을 쓰시는지, 세트장 건설하려고 욕도 많이 먹으셨지. 그런데 결과가 이렇게 좋으니 이제는 싸우고 그런 일 절대 없어. 동네 사람들끼리 얼마나 화합이 잘되는지 몰라. 제주도에서 줄다리기하면 아마 우리 동네가 1등 할거여"(53세 남성, 마을주민).

마지막으로 관광지화과정에서 마을공동판매장 설치를 마을의 민주적인 의사결정과정을 통해 합의경험으로 인해 이후 마을의 의사결정과정에서 주민들의 의사를 적극 반영하는 의사결정체계가 구축될 수 있었다.

> "지금은 주민들 대부분이 마을회의에 참석하는 편이예요. 마을회의에 참석하면 10,000원을 주거든요. 더군다나 마을회의를 통해서 결정된 사항은 주민들 생각이 대부분이예요. 그래서 세트장 건설하는 과정에서도 대부분의 주민들은 찬성하

는 입장이었고, 우리 의견에 귀 기울여주는 이장님이 얼마나 고맙던지"(30세 여성, 마을주민).

그러나 간과해서는 안 될 점은 관광개발로 인한 지역이미지 제고는 그것으로 인해 혜택을 보는 집단과 소외당하는 집단의 문제가 존재할 수 있으며, 여기에는 지역권력구조, 즉 리더십의 성격이나 의사결정과정 등 사회조직적 측면이 반영된다는 점이다. 따라서 민주적 의사결정과정 구조의 구축이 중요하다. 더욱이 관광지화하면서 각종 사회문제가 발생할 수 있는데, 지역주민의 지지와 참여, 합리적 의사결정체계의 구축은 관광개발의 부정적인 영향을 최소화하는 데 있어서 매우 중요하다. 실제로 '올인' 드라마 촬영 이후 관광객의 유입으로 인해 여러 부정적 영향도 있는데, 드라마 촬영 후 지가의 상승과 관광소득의 유출문제, 관광객 증가에 따른 환경악화문제 등을 들 수 있다.

차이

구분짓기와 주변적 삶

이혼여성의 주거 실태에 관한 연구

김 만 재

이혼여성들은 대부분 노동시장에 참여해야 한다. 하지만 여성들이 취업하기 용이한 서비스업이 주로 주택가격이 비싼 대도시에 있기 때문에 이혼여성들의 주거 문제는 이혼율의 증가와 더불어 심각한 사회문제가 될 수 있다. 특히 가족법의 개정으로 자녀양육이나 재산분할에서 여성들이 감수해야 했던 불평등이 상당히 개선되고 있다는 점을 고려하면(노명숙, 김순옥, 2000), 이혼여성들이 자녀를 양육하는 비율 또한 점차 증가할 것으로 예측된다. 이에 따라 이혼여성들의 주거문제는 자녀 양육 문제와 결부되어 훨씬 더 복잡한 양상을 띠게 될 것이다.

일찍부터 높은 이혼율을 경험하였던 서구에서는 주택 연구에서도 모자가정의 주거 문제에 대하여 광범위한 관심을 표명해 왔다(Symon, 1990; Bull, 1993). 특히 여성학이 독자적 학문으로 발전하면서 여성주의적 시각에서 주택정책 수립 및 집행과정에서의 여성 참여, 양성 평등적 주택 디자인, 여성 홈리스의 특성 등 여성을 대상으로 한 주택연구가 활발하게 진행되었다(Gilroy & Woods, 1994; Austerberry & Watson, 1983; Watson, 1990; Weisman, 1994; Moser, 1985). 여성의 주거 문제를 다루는 방식에 있어서도 기존의 가부장적 관점에서 탈피하여 환경결정론, 부가적 접근, 해체론적 접근 등 여성학적 관점에서 양성평등적 주택 정책을 제안하려는 시도 또한 등장하였다(Chan, 1997). 이에 비하여 국내에서는 이혼여성들의 주거 문제에 초점을 맞춘 연구가 극히 드물어, 가장 기초적인 주거현황조차도 분석되지 못한 실정이다.

1. 이혼과 주거문제

1.1 이혼에 따른 주거문제

여성의 주거문제에 관한 논의가 상대적으로 활발한 영국에서는 주택의 점유형태를 중심으로 다음과 같은 문제점들이 지적되었다. 우선 이혼 당시 부부가 주택을 소유하고 있는 경우에는, 주택 처분을 둘러싸고 첨예한 갈등 관계가 형성될 수 있다. 특히 자녀 양육권을 가지고 있는 배우자는 자녀들의 영속성 및 안정성을 유지하기 위해 주택 보유를 강조하는 경향이 있는 반면, 주택을 보유하지 못한 배우자 쪽은 주택 자산을 처분하여 자신의 몫을 배당 받으려는 욕구가 있기 때문에 이런 경우 심각한 갈등이 발생하기 마련이다(McCarthy & Simpson, 1990:173). 또한 양육권을 가진 여성들은 이혼 당시 자기 집을 소유하고 있다 하더라도 어느 정도 시간이 경과한 후에는 경제적 어려움 때문에 공공임대주택 거주자로 전락하는 경우가 많은 것으로 밝혀졌다(Holmans, 1990:66). 뿐만 아니라 모기지 지불이 완료되지 않은 경우에는 모기지 지불 자체가 큰 부담이 될 수 있는데(Austerberry & Watson, 1981:53) 이런 복합적인 요인 때문에 이혼여성들이 자가소유자의 지위를 유지할 수 있는 확률은 점점 더 낮아지게 된다.

영국에서는 과거에 비해 재산분할시 자녀의 주거권이 중요하게 간주되고 있다. 만약 주택을 처분한 후 아내의 몫이 적절한 주택을 구매하기에 충분하지 않을 경우, 가장 어린 자녀가 17세가 되었을 때 주택을 매각하여 이익을 양분하라는 판결이 내려진 적도 있었다(Brion & Tinker, 1980:14). 또한 양 쪽의 욕구를 고려하여 아내에게 주택권리를 완전히 양도하는 대신 자녀 양육비를 삭감하는 절충안이 제시된 적도 있었다. 주택이 남편과 아내의 공동 이름으로 되어 있으면, 여성은 이혼을 하더라도 살던 집에 거주할 확률이 높다. 남편의 단독 이름으로 되어 있다고 하더라도 법정에서 재산 분할이 결정될 때까지 여성은 현기주지에 머무를 수 있고, 합의가 되기 전에 남편은 주택을 매각할 수 없을 뿐 아니라, 법정 명령 없이는 쫓겨나지 않도록 보호받고 있다(Brion & Tinker, 1980:14).

임대주택의 경우에도 이혼에 따른 문제점이 발생한다. 개인임대주택보다 주택의 질이나 임대료에서 유리한 공공임대주택의 경우, 부부가 공공 임대자로 되어 있다면 여성에게 유리할 수 있지만, 남편이 떠나면서 임대료가 지체되어 있다면 여성에게 오히려 불리할 수도 있다(Brion & Tinker, 1980:15-16). 공공임대 주택에서 누가 임대권을 유지하는가의 문제는 자가소유와 마찬가지로 자녀 양육권과 밀접하게 연관되어 있다.

홈리스에 대한 두려움은 양육권의 유무와 관련없이 이혼한 사람들이 모두 직면한 문제이다. 1986년 지방정부에 의해 홈리스로 인정된 112만 가구 중에서 20% 이상이 배우자와의 관계 붕괴로 인하여 홈리스가 된 것으로 분석되었다(O'Callaghan & Dominian, 1996:34-38). 홈리스가 된 주요 원인이 부모, 친척, 친구 등이 더 이상 주거를 제공하지 않았기 때문에 발생한 것이었기 때문에, 이혼 소송 시작 단계에서 친척이나 친구 집에서 거주하고 있던 사람들은 홈리스가 될 가능성이 상당히 높다.

결론적으로 영국에서 이혼 여성들은 자가 소유자라 하더라도 그 지위를 유지하기가 어렵고, 공공임대정책의 축소로 기존의 임대자가 아니면 새로 선정되기가 어려울 뿐 아니라, 경제적 어려움 때문에 질이 떨어지는 개인임대주택을 옮겨다닐 수밖에 없게 되고, 높은 임대료를 감당하지 못하는 경우에는 결국 홈리스로 전락하게 된다.

2. 이혼여성의 주거문제에 대한 이론적 설명

2.1 지배적 주거 이데올로기

주택의 위치 및 디자인에 가장 큰 영향을 미친 지배적 관점으로는 이상적 가정관(domestic ideal)과 가족 이데올로기(familial ideology)를 들 수 있다(Chan, 1997:8-9). 대비도프(Davidoff) 등이 주장한 이상적 가정관에서는 범죄율이 높은 도심에서 벗어나 교외에 거주하는 것을 최상의 주거 입지로 간주한다. 즉 가정이란 조용하고, 깨끗하여야 하며, 직장과 떨어져 있어 가장이 퇴근 후에 충분한 휴식을 취할 수 있는 곳이어야 한다는 것이다. 이런 관점은 서구 중산층의 남성주의적 백인 문화를 대변하는 것으로서, 교외에 거주할 만한 형편이 되지 못하는 저소득층, 인종적 소수 집단, 노동자들은 자연히 제외되었다. 뿐만 아니라 교외에 거주하는 여성들 또한 이상적인 가정을 유지하기 위해 가사 노동 및 자녀 양육에 종속될 수밖에 없기 때문에 주부들의 노동시장 및 사회 활동 참여 욕구는 통제되기 마련이다.

이상적 가정관이 백인 남성 계층의 이상적 주거 입지 및 주거 문화를 대변하는 것이라면, 가족 이데올로기는 주택을 통해 전통적인 가부장적 가족상이 존속되고, 강화되는 측면을 강조한다. 즉 가족 이데올로기에서는 사회의 기본 단위가 가족이고, 가족 구성원들은 가정 내에서 나름대로의 역할을 수행하고 있다는 전제하에서, 부모와 자녀로 구성되어 있는 전형적인 핵가족을 기반으로 하고 있다(Chan, 1997:9-11). 아버지는 부양의 의무를 지니고 있고, 어머니는 자녀와 가족을 보살피기 위해 가정에 머무르며, 이에 따라 가정에서의 젠더에 따른 역할 분담은 자연스러운 것으로 받아들여진다. 가족 이데올로기는 또한 가족 관계에 있어서는 조화로운 관계를 이루고 있고, 가족 성원들간의 갈등이나 불평등은 거의 존재하지 않으며, 설혹 갈등이 있다 하더라도 가족 구성원들이 각자 역할을 제대로 수행하면 쉽게 해결할 수 있다고 간주한다.

이상적 가정관과 가족 이데올로기는 비록 관심의 초점은 다르지만, 전통적 가부장적 사회의 지배 이데올로기를 대변하고 있다는 점에서는 동일하다. 기존의 주택 정책 중에는 이러한 가부장적 지배 이데올로기의 영향을 받은 측면이 많다. 특히 한국의 주택 정책에서도 주택부족문제를 해결하기 위한 방안으로 중산층 위주의 교외화에 의존하면서 핵가족 위주로 주택 건설을 한다는 점은 가부장적 주거 이데올로기를 어느 정도 반영하고 있다고 할 수 있다. 하지만 현대사회에 들어와 여성의 노동시장 참여가 활발해지고, 핵가족이 아닌 다른 형태의 가족 유형이 증가함에 따라 더 이상 교외에 핵가족으로 구성된 가족을 위주로 한 주택정책만을 강조하는 데에는 한계가 있다고 할 수 있다. 특히 이혼여성의 입장에서 본다면, 이상적 가정관과 가족 이데올로기의 팽배는 이혼여성의 주거 문제가 자연스럽게 주택정책에서 제외되는 결과를 초래할 뿐이다.

2.2 여성학적 주거 관점

주거문제에 대한 여성주의적 시각은 젠더에 대한 고려가 전무하다시피 한 지배적 주거 이데올로기에 대한 반기에서 출발하였다. 왓슨(Watson, 1988)과 찬(Chan, 1997)은 여성적 관점에서 주택 문제를 다음과 같이 환경결정론(environmental determinism), 부가적 접근(the 'add on' approach), 해체론적 접근(the deconstruction approach)으로 볼 수 있다고 주장하였다.

환경결정론에서는 주택과 주거 환경은 여성의 경험에 직접적인 영향을 미치는 독립 변수로 파악하고 있다. 기존의 주택과 도시 디자인은 가정에서 남성이 여성을 억압하기 위한 도구로 사용되었기 때문에, 환경결정론자들은 주택 디자인과 도시 구조를 변경시킴으로써, 양성 평등적인 주거 환경을 확립할 수 있다고 제안한다.

부가적 접근의 가장 큰 관심은 주택 체계에서 여성의 열악한 지위와 여성에게 분배된 주택 자원의 부족을 폭로하는 것이다. 이 관점에서는 여성은 상대적으로 불리할 뿐만 아니라 특별한 주택 욕구를 지닌 집단으로 파악한다. 따라서 이에 따르면 특별한 고려의 대상이 되는 여성에게 주택 자원을 더 배분하도록 사회적 압력을 행사하는 것이 무엇보다도 중요하다.

해체론적 접근은 주택 정책에 담겨 있는 이데올로기에 근본적으로 도전하면서, 여성의 열등한 지위는 주택 체계 자체에 의해 만들어지고 젠더 개념이 없는 사회 체계에 의해 더욱 강화된다고 주장한다. 따라서 양성 평등적 주택 정책을 발전시키기 위해서는, 일상생활의 사회관계 속에 미묘하게 스며들어 있는 불평등적 요소를 비판적으로 조명하여 주택 자원의 부당한 배분을 폭로시키는 것이 무엇보다도 중요하다. 손더스(Saunders, 1990)는 가정의 의미가 무엇인가를 조사한 결과, 남성과 여성은 가정에 대하여 모두 긍정적인 이미지를 가지고 있었다는 점에서 가정은 여성을 구속하지 않는다고 결론내린 바 있다. 해체론적 접근에서 볼 때, 이러한 손더스의 주장은 여성들이 현존하는 실제로부터 이득을 얻는 것으로 착각할 정도로 사회의 지배 이데올로기에 의하여 지배받고 있기 때문에 발생한 것이다. 일상생활에서 젠더 불평등이 만들어지고 강화되는 현상은, 푸코의 권력에 대한 개념과 밀접하게 연관되어 있다. 푸코(1990)는 권력이란 단순히 억압적인 도구가 아니라 사회적 상호작용을 통해 존재하고, 건설되며, 재생산되는 것으로서, 권력은 위에서 아래로 강요된 것이 아니라 모세관처럼 밑에서부터 만들어져 전체 사회관계를 통해 퍼져 나간다고 역설한 바가 있다. 해체론적 접근에서는 푸코의 권력 개념과 유사하게 현존하는 주택 체계에서의 젠더 불평등이 일상 생활에서 어떻게 만들어지고 강화되었는가를 밝힘으로써 지배적 젠더 불평등 이데올로기를 해체할 수 있다고 주장한다.

3. 이혼여성의 주거 실태

3.1 자료 및 분석 방법

본고에서는 한국 이혼여성들의 주거현황을 분석하기 위하여, 2000년 인구주택총조사 2% 표본(원자료)과 2001년 사회통계조사(원자료)를 사용하였다. 인구주택총조사에서는 여성 인구를 혼인상태별에 따라 미혼, 유배우, 사별, 이혼의 네 집단으로 분류하고 있는데, 본 논문에서는 이혼 및 유배우 여성 집단만을 선택하여 비교 분석하였다. 또한 여성 가구주를 분석 단위로 하면 대부분의 유배우 여성들이 제외되기 때문에, 인구주택 총조사를 사용한 분석에서는 가구주의 여부와 상관없이 모든 개인을 분석 단위로 설정하였다.

우선 두 집단의 인구 및 사회경제적 특성을 비교하기 위하여, 연령, 학력, 종교, 경제활동상태, 구직여부, 종사상의 지위, 컴퓨터 활용상태, 인터넷 활용상태, 개인 휴대용 통신기기 등 총 9개의 변수를 선정하여 유배우 여성과 이혼 여성간에 차이점을 비교하였다. 이 중에서 종교는 2000년 조사에서는 제외되었기 때문에, 종교에 따른 차이점 분석은 1995년 인구주택 총조사 2% 표본(원자료)을 사용하였다.

이혼 여성의 주거 특성을 파악하기 위해서는 거주지역, 거주기간, 1년전 거주지, 대표가구 여부, 주택점유, 주택 형태, 부엌 시설, 화장실 시설, 목욕 시설, 상수도 시설 등 총 10개의 변수를 선정하여 분석하였다.

현 실태만을 조사한 인구주택 총조사와는 달리, 2001년에 행한 사회통계조사에서는 주거 지역 및 주택에 대한 선호도 및 만족도에 대한 조사가 포함되어 있다. 따라서 본 연구에서는 원하는 주택 형태, 원하는 입주 형태, 수리 필요의 시급성, 주택에 대한 만족도, 주택 불만족 이유, 거주지역 만족도, 거주지역 불만족 이유, 현거주지 선택 이유 등 총 9개의 변수를 선정하여 유배우 여성과 이혼 여성간의 선호도 및 만족도에서의 차이점을 비교하였다. 단 사회통계조사는 가구주를 대상으로 한 조사이기 때문에 분석 단위는 여성 가구주로 한정하였다.

3.2 이혼여성의 주거 특성

〈표 1〉에 의하면, 기혼여성과 이혼 여성은 거주 및 주택 상태에서도 통계적으

로 유의하게 차이 있는 것으로 나타났다. 우선 거주지에 있어서, 이혼 여성은 기혼여성에 비해 대도시에 거주하는 비율이 높은 것으로 분석되었는데, 이는 여성들이 취업하기 쉬운 서비스 직종이 대도시에 밀집되어 있기 때문에 당연한 결과로 보인다. 또한 현거주지에서의 거주기간을 살펴보면, 2년 미만과 15년~25년 사이의 범주에서는 이혼여성의 비율이 약간 높게 나타났다. 1년전 거주지를 분석하였을 때, 이혼여성들이 같은 집에 거주하는 비율은 기혼여성들에 비해 현저하게 낮은 것으로 밝혀졌는데, 이는 이혼여성의 주거 불안정성과 관련이 있다고 할 수 있다. 가구의 형태에 있어서도 유배우 여성과 이혼여성의 차이점이 분명하게 나타

표 1. 이혼여성의 주거특성

	유배우여성	이혼여성	Chi-square 값
거주지역			398.113***
대도시(광역시이상)	46.86	54.38	
도시	40.49	37.23	
농촌	12.65	8.40	
거주기간(현거주지)			141.790***
1년 미만	17.41	19.79	
1년-2년 미만	15.28	16.90	
2년-3년 미만	8.77	8.33	
3년-5년 미만	11.00	9.84	
5년-10년 미만	22.76	22.66	
10년-15년 미만	8.00	7.46	
15년-20년 미만	3.32	3.35	
20년-25년 미만	2.78	2.92	
25년 이상	10.68	8.74	
1년전 거주지			1005.862***
현재 살고 있는 집	81.09	70.58	
같은 시,군,구 내 다른 집	11.59	19.09	
다른 시,군,구 내 다른 집	7.20	10.15	
북한 또는 외국	0.12	0.18	
대표가구 여부			1539.597***
주인가구	56.99	42.66	
대표가구	23.00	24.91	
기타 세 들어 살고 있는 동거가구	20.01	32.43	
주택점유			2145.994***
자기집	56.85	42.45	
전세	26.53	28.08	
보증금 있는 월세	9.62	19.40	
보증금 없는 월세	2.09	4.04	
사글세	1.62	2.56	
무상(관사, 사택, 친척집 등)	3.28	3.47	

주택 형태			1008.368***
단독주택	46.31	56.84	
아파트	39.77	27.02	
연립주택	5.98	6.33	
다세대주택	3.29	4.12	
영업용 건물 내 주택	4.19	4.85	
오피스텔	0.06	0.18	
호텔, 여관 등 숙박업소의 객실	0.03	0.13	
기숙사 및 특수 사회시설	0.03	0.04	
기타(비닐하우스, 움막, 판잣집, 임시막사 등)	0.33	0.48	
부엌 시설			235.323***
입식	94.86	91.99	
재래식	4.86	7.43	
없음	0.28	0.57	
화장실 시설			69.456***
수세식	87.55	85.47	
재래식	12.28	14.20	
없음	0.17	0.33	
목욕 시설			442.781***
온수시설	88.74	83.14	
비온수시설	1.37	1.63	
없음	9.89	15.23	
상수도 시설			132.922***
설치되어 있음	87.31	90.58	
설치되지 않음	12.69	9.42	

*** p〈.001.

나, 이혼여성은 주인가구의 비율이 낮은 반면 대표가구 및 동거가구의 비율은 높은 편이었다.

본 논문에서는 인구주택 총조사에서 사용한 주택 관련 변수 중에서 주택점유, 주택형태, 부엌설비, 화장실설비, 목욕탕설비, 상수도 시설 설치 등 총 6개 변수를 중심으로 분석하였다. 그 결과에 의하면, 이들 변수들이 모두 유배우 여성과 이혼여성의 차이를 설명하는 데 유의한 것으로 나타났다.

주택 점유 형태는 한국처럼 주기적으로 주택가격의 폭등을 경험한 나라에서는 주택계급의 측면에서 논의될 수 있는 근거를 제시하는데, 이혼여성은 유배우 여성보다 자가 비율이 14%나 낮아 상대적으로 낮은 주택계급을 형성하고 있다고 할 수 있다.

주택형태에 있어서는 이혼 여성은 유배우 여성에 비해 단독주택에 거주하는 비율이 높은 것으로 밝혀졌다. 이혼 여성들은 아파트 비율이 높은 대도시에 거주하고, 단독주택보다 아파트에 대한 선호도가 높다는 점을 감안할 때, 이혼 여성들의 주거 욕구는 억제되어 있다고 할 것이다.

부엌, 화장실, 목욕실 설비에 따른 주택의 질 분석에서도 마찬가지로, 이혼여성은 유배우 여성에 비해 질이 낮은 주택에서 거주하는 것으로 밝혀졌다. 현대적 설비 구비 여부에 관한 비율을 보면, 부엌 입식의 경우에는 유배우 여성과 이혼 여성의 비율이 각각 94.86%와 91.99%로서 유배우 여성이 좀 더 현대식의 부엌설비를 사용하는 것으로 나타났고, 화장실 설비에서는 유배우 여성이 수세식 설비를 구비하고 사는 비율이 이혼여성보다 약 2% 높은 것으로 밝혀졌으며, 목욕탕의 온수 설비에서는 약 6% 정도 높은 것으로 나타났다. 이에 반하여 상수도 시설이 설치되어 있는 경우는 이혼여성이 유배우 여성보다 3% 정도 더 높은 것으로 분석되었는데, 이는 이혼여성의 대도시 거주 비율이 높기 때문인 것으로 사료된다.

3.3 이혼여성의 주택 및 주거지역에 대한 만족도

〈표 2〉에서는 2001년 사회통계조사를 사용하여 주택 및 주거지역에 대한 선호도 및 만족도와 관련된 변수들을 중심으로 분석하였다. 그 결과를 살펴보면, 원하는 주택 형태, 원하는 입주 형태, 주택에 대한 만족도 및 불만족 이유, 거주 지역 만족도, 현거주지 선택 이유를 묻는 질문에서는 유배우 여성 가구주와 이혼여성 가구주가 통계적으로 유의한 차이를 보이는데 반해, 나머지 세 변수, 즉 현주

표 2. 이혼여성 가구주의 주거지역 및 주택 만족도

	유배우여성	이혼여성	Chi-square 값
원하는 주택 형태			53.522***
단독주택	59.0	42.9	
아파트	37.1	52.5	
기타	3.9	4.6	
원하는 입주 형태			28.696***
소유주택	91.6	84.4	
임대주택	8.4	15.6	
현주택의 수리 필요 여부			0.923
없다	36.2	33.3	
있다	63.8	66.7	
수리 필요의 시급성			2.384
당장 수리 필요	26.3	28.2	
당장은 아니지만 1-2년 안에 수리 필요	43.9	38.1	
안전에 문제 없다	29.8	33.7	

주택에 대한 만족도			21.927***
매우 만족	7.1	3.3	
약간 만족	16.6	12.7	
보통	39.3	41.3	
약간 불만	27.1	30.2	
매우 불만	9.8	12.4	
주택의 불만족 이유			26.696***
주택 규모 작아서	28.3	26.3	
주택 낡아서	30.2	28.8	
난방시설 미흡	11.2	8.2	
화장실 불편	7.5	15.7	
상,하수도 시설 미흡	4.3	2.5	
일조, 통풍이 안돼서	7.1	8.9	
경제적 가치가 없어서	6.1	3.2	
임차료 비싸서	2.9	5.0	
기타	2.5	1.4	
거주지역 만족도			14.078**
매우 만족	10.0	5.9	
약간 만족	19.9	18.4	
보통	42.7	48.7	
약간 불만	22.5	21.9	
매우 불만	5.1	5.2	
거주지역 불만족 이유			10.645
주변환경이 좋지 않아서	14.2	16.9	
교통 사정 불편	23.4	22.5	
편익시설 멀어서	18.2	14.6	
주차시설 부족	12.5	11.8	
공해 때문	18.0	21.3	
교육여건 좋지 않아서	6.0	3.9	
비싼 물가	3.2	1.1	
범죄 자주 발생	1.7	4.5	
기타	2.8	3.4	
현거주지 선택 이유(1순위)			101.907***
사업상 또는 직장 이유	17.5	17.9	
자녀교육, 본인 학업	8.0	4.2	
자녀육아 및 양육	3.0	2.3	
교통 또는 근린시설 이용 편리	11.0	10.5	
옛날부터 살아와서	17.9	6.8	
자연환경이 좋아서	4.6	1.8	
경제적 사정	36.0	53.7	
기타	2.0	2.7	

**$p<.01$, *** $p<.001$.

택의 수리 필요 여부, 수리 필요의 시급성, 거주지역 불만족 이유에 대해서는 두 집단 간에 유의한 차이가 나타나지 않았다.

우선 원하는 주택 형태에 대해서는 유배우 여성 가구주는 단독주택을 선호하는 반면, 이혼여성 가구주는 아파트를 선호하였다. 선호하는 주택 입주 형태에 대해서는 두 집단 모두 자가 소유를 선호하였다. 하지만 이혼여성 가구주는 유배우 여성 가구주보다 현실적 어려움을 감안한 탓인지 자가 선호 비율이 낮은 편이었다. 주택 및 거주 지역 만족도에서는 유배우 여성 가구주가 이혼여성 가구주보다 높은 만족도를 보여 주었다. 주택의 불만족 이유에 대해서는 두 집단 모두 주택 규모 및 주택의 노후를 불만족의 주된 이유로 언급하였다. 또한 현거주지 선택 이유를 살펴보면, 이혼여성 가구주가 경제적 사정 때문에 현거주지를 선택한 비율이 유배우 여성 가구주 보다 훨씬 더 높음을 알 수 있다.

결론적으로 말하면, 이혼여성 가구주는 유배우 여성 가구주에 비해 주택 및 거주지역에 대한 만족도가 훨씬 더 낮으며, 경제적 사정 때문에 할 수 없이 현거주지에 산다고 할 수 있다.

4. 이혼여성을 위한 주거 복지 제안

본고에서 분석한 결과에 의하면 한국에서 이혼여성들의 주거 현황은 유배우 여성들에 비해 매우 열악한 실정인 것으로 나타났다. 여성의 노동시장 진출이 과거에 비해 활발해지긴 하였으나 이혼여성들 중 상당수는 전업주부로 있다가 직장을 가져야 하는 형편이다. 대도시에 거주하는 이혼여성들이 일자리를 구하기는 유리하지만 높은 주택 가격 및 임대료로 인하여 생활고가 가중될 수도 있다. 또한 자가 소유자가 아닌 이혼여성들은 주기적으로 발생하는 임대료 폭등으로 인해 불안정한 주거 환경 속에서 생활해야 하고, 임대료를 감당하지 못하여 자주 이동해야 하는 어려움마저 겪고 있다. 뿐만 아니라 주거의 질에 있어서도 이혼여성들은 유배우 여성들에 비하여 불리한 상황에 처해 있으며, 이에 따라 주택 및 주거지역에 대한 불만 또한 높은 편이다.

이혼당사자를 상대로 인터뷰한 사례 연구(오선순, 2000)를 보더라도, 이혼 후 여성들이 직면한 심각한 경제적인 문제가 상당 부문 주택 문제에 기인한다는 사실을 알 수 있다. 예를 들어 한 이혼여성은 자녀가 없지만 이혼시 위자료를 받지 않는 바람에 거처할 집이 없는 실정이었다. 하지만 부모가 걱정할까봐 친정에서 살지 못하고 친구 집에서 기거하고 있었는데, 직장을 다니고 있음에도 불구하고 대출 이자가 너무 비싸 방을 얻기조차 어려운 상황에 처해 있음을 토로하였다.

2002년 현재 한국에서 이혼여성들이 이용할 수 있는 주거복지 시설로는 모자보호시설, 모자자립시설, 모자일시보호시설 등이 있다(보건복지부, 2002). 모자보호시설은 18세 미만(다만 취학시에는 20세미만)의 아동을 양육하는 무주택 저소득 모자가정, 미혼모시설 퇴소자 중 스스로 아동을 양육하는 미혼모가 대상인데, 생계비 및 의료급여, 학비 · 아동급식비 · 보육료 지원, 세대당 1,200만원 한도의 복지자금 융자 지원, 시설에서 2년 이상 기거 후 퇴소시 자립정착금 세대당 200만원 지원, 영구임대주택입주지원 등의 서비스를 제공하고 있다. 모자보호시설은 2001년 현재 전국에 39개가 있으며 총 931세대가 수용되어 있다. 모자자립시설은 모자보호시설에서 퇴소한 모자세대로서 자립 준비가 미흡한 모자가정이나 18세 미만의 아동을 양육하는 무주택 저소득 모자가정을 대상으로 하고 있는데, 생계비 및 의료급여, 자립정착금의 지급을 하지 않는다는 점에서 모자보호시설과는 구별되며, 2001년 현재 총 3곳의 시설에서 51세대가 수용되어 있다. 반면 모자일시보호시설은 배우자로부터의 물리적 · 정신적 학대로 인하여 아동의 건전 양육과 모의 건강에 지장을 초래할 우려가 있는 모와 아동 또는 모를 60일 이내의 기간 내에서 보호하게 되는데, 총 시설수는 12개이고 2001년 말 현재 149명의 모와 112명의 아동이 수용되어 있다.

2001년 한 해만 하더라도 14만 5천여 명의 여성들이 이혼한다는 실정을 고려할 때(통계청, 2003), 단지 천여 세대 정도만이 모자 복지 시설을 이용할 수 있다는 현실은 한국의 주거복지의 실태를 여실히 보여 주고 있다고 할 수 있다. 뿐만 아니라 시설에 수용되어 있는 여성들은 보유자산이 거의 없는 저소득층임을 짐작할 수 있는데, 퇴소시 총 1,400만원 정도의 융자 및 보조를 받는다고 하더라도 대도시의 전세 수준을 고려할 때 시설에 거주하는 동안 전세값을 마련하기란 쉽지 않은 것처럼 보인다. 모자원에 기거하는 동안은 숙식과 자녀 양육에 관한 상당 부분이 무료로 제공되기 때문에 이 동안 돈을 모아 집값을 장만하여야 하며, 모자원을 퇴소한 후에는 자녀양육비와 생활비의 지출 등으로 경제적인 어려움에 시달리게 되는 것이다(오선순, 2000:58).

이처럼 이혼여성들은 양적, 질적으로 심각한 주거문제에 봉착해 있을 뿐만 아니라 이들이 실질적으로 도움을 받을 수 있는 주거복지 서비스도 상당히 한정되어 있음을 알 수 있다. 따라서 부가적 접근의 관점에서, 이혼여성들은 특별한 고려의 대상이기 때문에 이들에게 좀 더 향상된 주거복지 서비스를 제공할 필요가 있다고 역설할 수밖에 없다.

이런 측면에서 이혼여성들을 위한 주거복지 방안으로 공공 임대주택의 확대를 제안할 수 있을 것이다. 하지만 한국의 공공주택 정책을 살펴보면, 이런 제안은 현 실정에서는 비현실적인 측면이 강하다. 대한주택공사(2002)의 자료를 보면, 2002년까지 건설될 총 518,819호의 임대주택 중에서 과반수 이상이 5년 후 분양을 목적으로 하고 있다. 엄밀한 의미의 공공 임대주택에 속하는 경우에 국한하여 살펴보면, 장기임대주택은 1980년대에 건설된 5천호가 전부이고, 영구임대주택은 1993년 이후 건설된 실적이 없으며, 국민임대주택 또한 월평균 소득이 도시근로자 가구당 소득의 70% 이하인 무주택 청약저축 가입자를 상대로 하기 때문에, 청약저축을 가입할 형편조차 되지 못하는 최저소득층은 혜택을 받기 어렵다.

또 다른 부가적 관점으로는 앞의 인터뷰에서도 언급되었듯이, 이혼여성들의 은행 대출이 용이하도록 개선하는 것도 고려할 만하다. 현재 복지자금 대출은 저소득모자가정으로 선정된 경우에만 실행되고 있다. 그런데 저소득 모자가정으로 선정되기 위해서는 소득과 재산의 소득환산액이 2인가구는 84만원 이하, 3인가구는 111만원 이하, 4인가구는 130만원 이하이어야 하지만, 무보증 대출을 받기 위해서는 재산세 3만원 이상의 납부실적 및 연 1,000만원 이상의 소득을 증명할 수 있는 서류를 구비하여야 하기 때문에(보건복지부, 2003), 실질적으로 저소득 모자가정 중에서 무보증 대출을 받기란 쉽지 않다. 따라서 일정한 직업이 있는 경우에는 정부가 보증하여 여성 가구주들이 대출을 용이하게 받을 수 있도록 해야 한다.

환경결정론적 접근으로서는, 자녀를 양육해야 하는 이혼여성들을 위한 보육시설의 확충을 제안할 수 있을 것이다. 최근의 보도에 따르면, 지방자치단체의 여성관련 부서의 2003년 예산 가운데 보육사업 비율이 대부분이 90%를 넘는 것으로 밝혀졌다(대한매일 2003년 9월 30일). 물론 이는 이혼여성들의 양육 부담을 경감시키기 위해서라기보다는 양육을 더 이상 가정에만 의존할 수 없는 맞벌이 부부가 늘어났기 때문에 비롯된 결과이지만, 보육시설의 양적 확충을 통해 이혼여성들도 좀 더 편리한 주거환경 속에서 생활할 수 있는 혜택을 누릴 수 있을 것이다.

과거에 비해서 여성의 권리가 많이 신장되었다고는 하지만, 혼인 당시의 주택 소유권은 주로 남성에게 속해 있다. 또한 이혼에 따라 이루어지게 되는 재산 분할에서도 주택 소유권을 지닌 남성위주로 주택 처분이 이루어질 가능성이 높기 때문에 이혼여성들은 경제적 문제 못지않게 주거 문제를 겪게 되는 것으로 생각된다. 특히 자녀를 양육해야 하는 이혼여성의 경우에는 장기적인 주거는커녕 일시적인 정착지를 구하는 데도 어려움이 따른다(보건복지부, 2002). 그러므로 이혼여성들에 대한 주거복지의 제공은 궁극적으로 해체론적 관점에서 이루어져야 한다. 일상생활에서 여성들에 대한 낙인과 불평등을 타파하고, 주택정책의 근저를 이루고 있는 가부장적 이데올로기에 대한 비판적 시각을 구축하여야 이혼여성들은 평등하게 주거복지를 배분받을 수 있을 것이다.

이명박 정권의 등장과 더불어 보건복지부가 보건복지가족부로 변경되면서 보건복지부에서 수행하던 기존의 업무 또한 변화될 것으로 보이지만, 이혼여성들에 대한 주거 복지는 여전히 주목받지 못할 것으로 예측된다.

서울시 주부의 일상생활 공간의 불평등성

이은숙, 정희선

지리학 분야에서는 여성학적 접근이 1970년대에 이미 시작되었다. 주로 장소와 환경에 대한 경험이나 지각에 있어서 성별 차이에 관심을 가졌었다. 그 이후 여성이 경험한 공간적 제약과 이로 인한 여성의 삶의 질에 대한 문제와 대안을 제시하는 방향으로 초점이 이동되었다(Ferguson, 1976; Hanson & Hanson, 1976; Lloyd, 1978; Libbee & McGee, 1979; Palm, 1981).

여성의 공간적 제약에 관한 중요한 국외 연구로는 Tivers(1998)와 Pickup(1998) 등이 있다. Tivers(1998)는 런던 지역에서 미취학 아동을 가진 400여 명의 여성을 대상으로 그들의 사회적, 공간적 활동에 대한 제약 요인을 밝혔다. 한편 Pickup(1998)은 어린 자녀가 있는 여성을 하나의 장애집단으로 간주하여 그들의 이동성에 대해 조사하였다. 그는 여성이 남성보다 대중교통 의존율이 높으며, 업무지역과 주택지역이 분화되어 있고, 구매시설이 교외에 입지한 현대 사회적 상황에서는 여성역할의 이중성 때문에 남성과의 공간적 불균형이 더욱 심화되고 있다는 점을 지적하였다. 여성의 공간적 제약 유형에 관한 국내연구는 거의 없다. 다만 여성의 사회적, 경제적 특징에 따른 소비문화 공간의 차별적 생성과정에 초점을 둔 이윤호(2000)의 연구가 있을 뿐이다.

우리나라에서는 그동안 성역할에 대한 사회적 인식 변화의 필요성에 관해 다양하게 논의되어 왔고, 실천방안과 제도적 장치도 마련되었다. 그 결과 사회적 각성이 상당히 일어났음에도 불구하고 문제는 여전히 남아 있다. 그것은 여성문제에 문화적, 생물학적, 사회 계층적, 정치적 등 다양한 측면이 작용하고 있기 때문이다. 한 예로 계층적인 측면에서 볼 때 성역할은 이를 극복할 수 있는 수단을 지닌 일부 고소득층 여성에게는 제약이 되지 않는다. 그러나 저소득층이나 중산층 근로여성에게는 활동제약의 요인이 된다.

이와 같이 여성문제는 일관된 설명을 하기에는 복잡한 측면을 가지고 있기 때문에 경험적 연구를 통해 그 본질을 밝히는 작업이 필요하다. 특히 소득향상이나, 빈곤퇴치와 같은 물질적 가치를 추구하는 현대사회에서 종종 간과되고 있는 여성의 일상생활을 삶의 질이라는 문제와 연관시키는 것은 매우 중요한 일이다.

1. 자료수집

본 연구를 위하여 주부의 일상생활에 대한 시공적(時空的) 통계자료와, 이에 대한 주부의 경험, 지각 등의 주관적 자료를 수집하였다. 설문지는 일상생활에서 남녀간 성역할 분담의 불평등 양상과 여성이 어떻게 공간적으로 제약된 삶을 살고 있는지를 보다 효과적으로 파악하고, 주부와 배우자간의 일상생활 공간의 차별성을 밝히는 데 적용되도록 고안되었다. 특히 서울시에 거주하는 주부를 대상으로 전업주부와 취업주부, 그들 배우자의 평일과 주말의 일상생활과 시계열적 체류 공간 등이 조사되었다.

설문조사는 2002년 6월 1일부터 6월 30일까지 1개월에 걸쳐서 실시되었다. 설문지는 서울 시내 초, 중, 고등학교 및 대학생 학부모를 대상으로 650부가 무작위로 배포되었고, 이중 회수된 422부에 대한 분석이 이루어졌다. 조사 대상자 평균연령은 남자 44.2세, 여자 41.5세였다. 연령별 분포를 보면 40대 연령층이 남자 85.7%, 여자 54.7%로 가장 높은 비율을 차지하였다. 연령별 학력 분포로는 응답자 가운데 54.5%가 대졸 이상으로 나타났다. 응답자의 가계 월평균 소득분포를 보면, 20대와 30대는 150~300만원 정도의 소득이 각각 30.0%와 49.6%를 차지하고, 40대와 50대는 150~300만원 정도가 각각 30.3%와 34.1%, 300~450만원 정도가 32.5%와 34.1%이다. 전체 응답자 65.8%의 가계소득이 월 평균 300만원 정도였다.

2. 주부 · 배우자 일상생활의 시공적 유형

설문응답자 422명 중 취업주부 183명의 경우를 전업주부의 경우와 비교해 보면, 취업주부임에도 불구하고 가정 내 공간적 불균형은 전업주부와 거의 유사한 유형으로 나타난다. 예를 들면 아침 식사준비 시간인 6시부터 8시 사이에 취업주부의 경우, 132명이 식사준비 공간에 위치한다. 저녁 식사준비 시간에도 취업주부는 전업주부가 식사준비 공간에 집중적으로 위치하는 5시부터 8시까지보다 1시간 정도 늦은 6시부터 9시까지 이 공간에 집중한다. 즉 취업주부는 배우자와 함께 가계를 영위한다는 점에서 동등한 사회적 역할을 하고 있으나 가족 구성원으로서의 성역할은 배우자와 현저한 차이가 있다.

취사 준비 시간인 오전 6시부터 7시 사이를 보면 남성과 마찬가지로 취업전선에서 활동하는 여성이라 하더라도 취업과 상관없이 그들의 성역할이 엄격하게 강조되고 있다는 것을 알 수 있다. 아침 식사 준비 시간인 오전 6시부터 8시 사이 전업주부와 취업주부 구분 없이 그들 대부분은 다용도실과 조리공간에 머물러 있었고, 그 시간에 배우자는 여전히 안방에 머물러 단잠을 자고 있는 것으로 나타났다 (그림 1).

주부인 여성의 공간과 배우자인 남성의 공간이 극명하게 분리되어 있다. 주부의 38.2%가 다용도실이나 부엌과 같은 조리 공간에 위치하는 데 비해서 이 공간에 함께 있는 남성은 4.7%에 불과하다. 일상생활에서 많은 여성들이 상당히 많은 시간을 이러한 공간에 머물면서 가정과 사회를 유지하고 재생산하는 중대한 일에 기여하고 있음에도 불구하고 여성의 삶이 지겹고 보잘 것 없는 것으로 간주되기 쉽다.

이러한 공간적 불균형은 일요일과 같은 공휴일에도 마찬가지로 나타난다. 각각 전업주부와 그 배우자, 그리고 취업주부와 배우자로 나누어 일요일 오후 4시부터 5시 사이의 경우를 예로 들어 집 밖의 체류공간의 빈도를 비교해 보았다. 일요일 이 시간에 주부는 전업주부와 취업주부 구분 없이 각종 쇼핑공간에 체류하는 빈도수가 가장 높은 것으로 나타났고, 상대적으로 그들 배우자는 오락, 교육, 문화, 체육시설, 산책로 등에서 가장 높은 빈도를 보인다. 이것은 여가 공간에서도 성별 불평등성이 있으며, 여성의 삶의 질을 저하시키는 문제점이 있음을 시사한다.

그림 1. 취업주부와 배우자의 평일 오전 6~7시 가정 내 체류공간

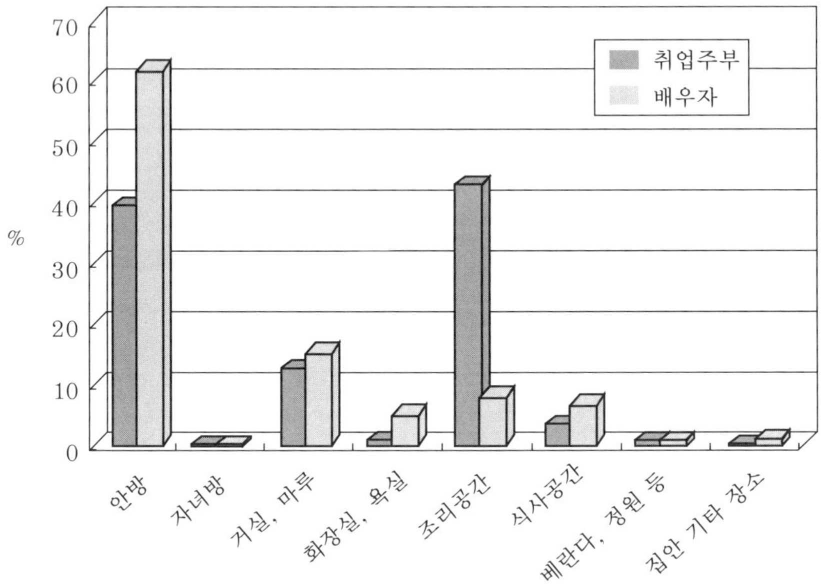

전업주부의 평일 오전 5시부터 밤 1시까지의 체류공간 이동 패턴은 '안방→조리공간→거실→조리공간→거실→쇼핑공간→조리공간→식사공간→거실→안방' 으로 복잡하게 나타나는 데 비해 그 배우자의 체류공간은 '안방→직장→거실→안방' 으로 매우 단조롭게 나타난다. 취업주부의 체류공간 이동 패턴에는 '안방→조리공간→직장→조리공간→거실→안방' 으로 남성과는 달리 출근 전과 퇴근 후의 조리공간이 포함된다. 그러나 취업주부 배우자는 '안방→식사공간→직장→거실→안방' 으로 전업주부의 배우자와 같은 패턴으로 나타났다.

한편 일요일 취업주부의 시간대별 체류공간은 '안방→조리공간→거실→종교시설→각종 쇼핑공간→조리공간→거실→안방' 으로 매우 복잡한 유형을 보이는 반면에 그 배우자는 '안방→거실→문화 · 체육시설→거실→안방' 으로 취업주부의 유형과 현격한 차이를 보인다. 주중에 직장과 가사노동에 시달렸음에도 불구하고 휴일의 취업주부의 이동공간은 가사활동의 연장선 위에 있으며, 문화나 여가시설에 대한 접근성은 아주 낮다.

다음의 서울 마포구 현석동에 거주하고 있는 38세 취업주부 L씨와의 인터뷰 내용은 한국 도시주부의 성역할과 여성의 삶의 질과의 관계를 잘 보여 준다. 그녀는 남편과 함께 통신용품 판매대리점을 운영하고 있다. 고령의 시부모와 같이 거주하고 있으며, 12세와 9세 된 두 딸을 두고 있다. 매일 남편과 함께 출근해 대리점 운영을 돕고 있으며, 두 자매는 낮에 시부모가 돌봐준다. 그녀는 오전 6시에 일어나 아침식사 준비를 하고, 오전 8시에 남편과 같이 출근을 하고, 오후 5시에 집으로 돌아온다. L씨는 퇴근 후 다시 저녁식사를 준비하고, 저녁식사 후 설거지, 청소 등의 가사 일을 한 후 자녀들의 숙제를 도와준다. 아침식사와 저녁식사 준비는 모두 주부 L씨 담당이다. 더구나 가부장적 성격이 강한 남편은 집안 일에 전혀 관여하지 않는다. 따라서 L씨는 전업제로 근무를 하고 있음에도 불구하고 평일과 주말의 근무 이외 거의 모든 시간을 육아와 가사일로 보낸다. 일요일에는 마찬가지로 L씨는 밀렸던 청소, 장보기, 빨래, 다림질 등의 집안 일로 하루를 보내고 저녁을 먹고 난 후에는 자녀의 공부를 도와준다.

> "아침밥을 하고 출근해서 하루 종일 밖에서 시달리다 집에 오면 다시 저녁준비를 서둘러야 해요. 시어머님께서 집에 계시지만 연세도 있으시고 해서 많은 것을 부탁드리지 못해요. 남편은 집안 일에 전혀 관심이 없어요. 남편이 딸들 공부하는데 조금이라도 관심을 가져 주었으면 좋겠어요. 이제 첫째 딸이 곧 중학교에 들어가는데 남편은 교육을 모두 저한테만 미루고 있어요."

주부 L씨의 평일과 주말의 일상생활은 확대가족 내에서 취업주부가 담당하고 있는 경제활동과 가족역할간의 갈등을 잘 나타내 준다. 확대가족에서는 수부의 가사노동 부담이 더해지며, 더구나 취업주부의 경우는 가사와 근무를 모두 이행해야 하는 이중적 역할로 노동의 강도가 더 높아져 삼중고를 겪게 된다. 이와 같은 현실은 가족 화합의 주체가 되어야 할 주부에게 갈등적 상황을 초래하여 주부 개인의 삶의 질을 위협할 뿐만 아니라 가족전체의 복지에도 영향을 미친다. 여성의 일상생활은 본질적으로 정규근무시간 규정(nine-to-five categories)에 맞지 않으며, 그들의 활동은 남성들의 활동의 틈새에서만 드러나기 때문에 여성의 일상생활을 여성지리학적 연구대상으로 삼아야 되는 이유도 여기에 있다(Little, Peake & Richardson, 1998:6).

3. 취업주부의 직장과 주택간 인접성

성역할에 따른 가사노동부담은 취업주부의 가정과 직장간의 거리 제약이라는 방식으로 공간에 반영된다. 이것은 나아가서 취업주부의 직장 선택의 공간적 제한을 가져온다. 현재 우리나라에서는 취업주부라 하더라도 가사노동의 부담을 덜지 못하고 있는 현실이므로 주부의 가사노동 시간 확보 방법은 가정과 근접한 곳에 위치하는 직장을 선택하거나, 직장에 인접한 곳을 거주지로 선택할 것이라는 가정이 성립된다. 그래서 설문 응답자 가운데 주소 기재가 정확한 183명의 취업주부 직장 소재지와 거주지, 그리고 284명의 배우자들의 직장 소재지와 거주지 간의 거리를 지도상에서 직선거리로 측정하였다. 그 결과 직장과 거주지와의 평균 거리가 취업 남성의 경우는 5.55km, 취업주부의 경우는 3.90km로 나타났다. 취업주부들은 그들 배우자 보다 현저히 가정으로부터 인접한 곳에 취업하고 있었다.

실제로 주부들이 취업을 고려할 때 직장과 거주지와의 거리가 멀 경우, 장거리 이동에 따른 부담으로 취업을 포기는 경우가 상당히 많다. 더구나 현대사회적 도시구조와 같이 분명하게 구분되는 기능지역의 존재 즉 업무지역으로서의 도심과 주택지역으로서의 교외는 여성의 공간적 분리를 심화시키고, 취업 기회를 박탈하는 요인으로 작용한다. 즉 여성은 직장 선택 기회의 다양성을 이동시간 축소와 맞바꾼 것(trade-off)으로 가사노동이 인간으로서의 여성의 삶의 질을 훼손하는 요인이 된 셈이다.

일부 여성 사회학 분야에서도 이를 뒷받침하는 성과 공간의 관계에 대한 연구가 있다. 예를 들면 여성이 남성보다 계층적으로 낮은 부류에 속하는 경우가 많이 나타나는 것은 이들이 지식에 대한 접근성이 남성보다 낮은 것도 한 이유가 되지만 또 다른 요인은 여성이 남성보다 공간적 이동성과 접근성이 낮은 현실과 관계가 있다는 연구가 있다(Peet, 1998:274). 결국 여성의 일상생활이란 전망이 가능한 틀, 즉 제약이라는 틀 안에서 선택된 활동으로 이루어진다(Tivers, 1998:84).

실제로 본 조사에서도 대부분의 대졸 이상 취업주부의 직장이 가정에 인접하는 것으로 나타났다. 대졸 이상의 학력을 가진 취업주부 가운데 56.2%가 가정에서부터 2.0km 범위 이내에서 취업하고 있는 것으로 나타났다. 즉 주택가 인근에 직장이 위치한다는 것은 바로 전문직을 선택할 수 있는 기회가 제한된다는 것을 의미한다. 따라서 취업여성의 증가 추세와 함께 그들의 이동시간을 단축시키며 직업 선택의 기회를 확대하는 새로운 건축 환경의 개발이나 도시계획 재정립 등이 필요하다고 본다.

연구자들은 여성의 일상생활이 가정과 인접한 근린 지역으로 한정되는 것에 대해서 개인의 이동성과 가정의 이동성과는 아주 다른 문제임을 제기하였다. 예를 들면 개인소유 자동차가 증가하여 접근성이 높아졌다 하더라도 이것은 고소득층에 한정되며, 대부분의 주부들이 어린 자녀를 데리고 대중교통 수단을 이용해야 하기 때문에 이동성이 매우 제한될 수밖에 없다. 결과적으로 남성과는 다른 삶의 방식을 선택하게 되고 다른 위치에 소재하게 된다(Pahl, 1971:135-36).

4. 활동공간의 차별성

영국의 여성지리학연구회(WGSG)는 도시가 남녀권역 즉 사적 활동과 공적 활동의 장소로 구분되는 과정을 확인했고, 이 과정은 임금근로자와 가사노동자의 역할을 겸하는 여성의 성역할과도 관계가 있다고 보았다(Women and Geography Study Group of the Institute of British Geographers, 1984:45). 그들은 이와 같은 활동 공간의 구분이 일어나게 된 것은 사회·경제·정치적 발달과정에서 형성된 도시환경이나 공간적 형태가 여성에게 미친 영향이라고 보았다. 이러한 영향으로 도시지역이 교환재를 창출하는 생산적 활동의 장인 남성의 공간과, 가정의 욕구도 충족시키고 생산 활동 종사자의 욕구도 충족시키는 보조적 서비스를 제공하는 재생산 활동영역인 여성의 공간으로 구분되었다는 것이다(Little, Peake & Richardson, 1998:16).

이러한 활동공간의 차별성이 서울의 경우에서도 일어나고 있는지 조사하기 위하여 설문응답자 가운데 직장의 위치를 명시한 남녀 취업자를 중심으로 직장 위치 분포도를 작성하였다. 대체로 남성들의 직장이 시청을 중심으로 중구, 마포구, 종로구 등 도심지와 그 인근에 많이 분포한다. 상대적으로 취업주부의 경우를 보면, 오히려 도심지보다는 부심이 발달하는 교외 주택가 인근에 그들의 직장이 분포하고 있는 것을 알 수 있다.

실제로 남성의 직장은 도심지에 해당되는 시청으로부터 반경 3km 이내에 9.9%가 분포하는 것에 비해서 주부는 2.5%에 불과하다. 그런데 반경 9km부터

12km 사이 지역에 분포하는 주부의 직장 수는 40.7%에 달하는 데 비해서 배우자의 직장 수는 30.2%이다(표 1).

표 1. 동심원별 취업주부 · 취업배우자의 직장 분포비율

거리 성별	취업주부(%)	취업배우자(%)
0-3.0km	2.5	9.9
3.1-6.0km	19.1	14.2
6.1-9.0km	13.0	15.1
9.1-12.0km	40.7	30.2
12.1km 이상	24.7	30.6
계	100	100

χ^2=13.704, p=0.008.

여성지리학자 Mackenzie(1986)도 현재의 도시형태로는 여성의 일상생활에 대한 공간적 제약이 있을 수 있다는 점을 지적하였다. 그녀는 육아시설, 지역사회 디자인, 대중교통체계 등이 여성에 대해 많은 제약을 일으키는 것은 물론 공간을 생산적 · 공적 공간은 남성의 것으로, 재생산 · 사적 공간은 여성의 것으로 구분하는 사회적 개념의 이중성도 또한 중요한 문제라고 지적하였다.

Tivers(1998)의 연구에서도 도시화가 광범위하게 진행된 런던에서 주부와 배우자의 취업장소의 공간적 차별성이 나타났다. 그의 연구에서 직장의 위치를 조사한 결과, 취업주부 114명 가운데 37%의 직장이 가정에서부터 5분 거리 이내에 있었고, 6명만이 런던 중심지역에서 근무하는 것으로 나타났다. 그는 이러한 현상이 현대도시의 도시계획, 도시구조, 기능지역의 분화, 직주분리 등에 기인해서 더욱 심화된 것으로 보았다.

직주분리와 교외화는 여성에 대한 공간적 제약과의 관계가 있다. 즉 2차 대전 후의 주거지역 팽창은 단순한 공간적 팽창만을 의미하는 것이 아니고, 양성관계를 조절하는데도 영향을 미쳤다. Mackenzie는 20세기 남성과 여성의 일상생활의 행태적 유형을 규정짓는 것은 교외화라고 보았다. 이것이 남성은 가계 유지를 위해 도심으로 출근하고, 여성은 가사 즉 남성이 밖에서 하는 일을 가능하게 만드는 재생산적 활동을 담당하도록 구조화시킨 부분이 있다는 것이다.

다음은 교외에 거주함으로써 가사와 취업의 이중부담을 감당할 수 없었던 31

세의 주부 J씨와의 인터뷰 내용이다. J씨는 경기도 성남시 분당 신도시에 살고 있다. 그녀는 미국에서 학부와 대학원을 마치고 높은 임금을 지급받는 전문직종에 종사하였으나 첫아이 출산 후 직장을 그만두고 집에서 과외로 영어회화를 지도하며 지내고 있다.

> "대기업에서 몸에 익은 영어로 해외 유명인과 연예인 등을 초청해서 공연을 벌이는 업무를 지원했어요. 저는 이 일에 자부심도 있었고, 애착을 가지고 있었어요. 게다가 높은 보수를 받고 있어서 퇴근하면 전문식당의 고급 음식도 즐기고, 백화점에서 쇼핑도 즐겼지요. 결혼 후 남편과 시부모를 뒷바라지하는 일을 병행하면서 직장에 계속 나갔으나 첫아이가 태어난 후 거의 4시간에 걸친 출퇴근 시간으로 어린아이를 돌볼 시간을 확보할 수도 없고, 퇴근을 해도 휴식을 취할 수 없어 피곤하여 직장 일도 제대로 하기 어려워 그만두었어요. 대신 집 주변의 초등학생들을 대상으로 영어 과외를 하며 얻은 적은 수입으로 가계의 일부분을 보충하고 있어요. 아이가 성장한 후 다시 그 일을 해보고 싶지만 그때 가서 직장을 구할 수 있을지 의문입니다."

이 인터뷰에서 보는 것처럼 주택의 교외화가 여성의 삶의 질에 미치는 영향은 상당히 크다. 그러므로 여성의 삶의 질적 향상을 위해서는 도시정책이나 도시계획에 있어서 새로운 대안을 마련할 필요가 있다. 즉 도심 업무지역에 거주기능을 추가하여 직주근접이 가능한 도시계획을 마련하는 것도 이러한 제약을 완화시키는 하나의 대안이 될 수 있다.

대형할인점의 입지와 일상적 쇼핑장소로의 접근성 차이

정은혜, 노시학

최근 유통시장의 개방과 선진 유통기술의 도입, 소비양식의 변화 등의 요인과 산업구조재편으로 인한 도시공간 재구조화과정은 국내 대형 유통업체와 대기업, 그리고 외국의 유통업체 등 대자본을 중심으로 소매 글로벌화를 유발하였으며, 이러한 과정은 새로운 서비스업 형태의 하나인 '대형할인점'(Large-Scale Discount Store)이라는 대형 소비공간을 등장하게 하였다. 우리나라의 경우 까르푸(Carrefour: France), 월마트(Wal-Mart: US), 코스트코(Costco: US), 테스코(Tesco: UK) 등 소매 다국적 기업들과, 신세계의 이마트, 뉴코아의 킴스클럽, 롯데의 마그넷, 농협의 하나로클럽 등 국내 기업에 의한 대형할인점들이 그 대표적인 예라고 할 수 있다.

1993년 11월 도봉구 창동 이마트(E-Mart)의 출점을 시작으로, 최근 들어 급성장을 보이고 있는 대형할인점은 입지적 특성과 지역적 전개과정에 있어서 해당지역의 소비자들에게 커다란 영향을 미치고 있다. 즉 대형할인점이 지닌 대량구매와 대량판매, 그리고 최대한의 경비절감이라는 유통활동특성은 이미 쇼핑이 일상화되어버린 오늘날의 소비자들에게 강한 흡인력으로 작용하고 있다. 또한 소비의 개성화 및 다양화 그리고 가치와 기능을 선호하는 합리적 · 실용적인 쇼핑 성향과 여성의 취업률 증가, 가족중시 경향, 쇼핑문화의 변화, 자가용 승용차 보급률의 증가 등 생활구조 전반의 변화는 대형할인점을 소비자들의 구미에 맞는 새로운 소비공간으로 정착시키고 있다.

한편 이러한 대형할인점의 등장은 재래 시장 및 슈퍼마켓 등 거주지 주변의 전통적인 소비공간에서 일상적인 소비활동을 하던 주민들의 소비패턴에 큰 변화를 유발하고 있다. 즉 대형할인점이 가지는 마케팅 및 유통의 특성 그리고 입지에 따른 공간적 특성 등의 요인은 과거 재래시장 및 동네의 슈퍼마켓에 한정된 지역주민들의 일상적인 소비패턴에 상당한 변화를 가져오고 있다. 특히 소비공간의 대형화 및 소비의 대량화로 특징지워지는 대형할인점은 이러한 특성에 의하여 점포의 입지에는 상당한 제약이 수반되어 지역의 특정한 장소에 제한적으로 위치하게 되며, 전통적인 재래시장 및 슈퍼마켓 등의 경우와는 달리 대형할인점의 이용은 대량 구매를 전제로 하는 경우가 대부분이다. 이러한 대형할인점이 가지는 입지의 제한성과 소비의 대량성은 재래시장 및 슈퍼마켓 등의 경우와는 달리 이용자들의 접근능력의 차이에 따라 이 곳으로의 접근성에 많은 차이가 있을 수 있음을 시사한다.

즉 일반적으로 과거 재래시장 및 슈퍼마켓에서 취급하는 물품들의 대부분을 대형할인점에서 취급하고 있다는 점을 전제로 할 때, 대형할인점에서 보다 저렴한 가격으로 보다 다양한 종류의 물품들을 보다 편리하게 구입할 수 있는 여건이 주어진다면, 과거 재래시장 및 슈퍼마켓 이용자들 중 많은 사람들이 대형할인점으로 그들의 쇼핑장소를 변경할 가능성이 높다. 그러나 쇼핑을 위한 대형할인점으로의 접근은 재래시장이나 슈퍼마켓에 비하여 상당한 제약이 수반될 수 있으므로, 이용자들은 그들의 접근능력의 차이에 따라 일상적인 쇼핑장소의 차별화가 발생될 수 있다.

1. 연구지역 및 연구방법

본 연구의 연구대상지역으로 서울시 동북부에 위치한 도봉구 창동을 선정하였다. 창동지역은 노원구, 강북구, 성북구 및 의정부시와 인접한 곳으로, 1980년대 후반 형성된 대단지 아파트 중심의 신시가지 지역이다. 창동역을 중심으로 한 주변지역에는 대형할인점과 재래시장, 그리고 동네 중심상점 역할을 하는 슈퍼마켓이 함께 공존함으로써, 지역주민들이 사회경제적 그리고 거주지의 공간적 특성에 따라 일상적인 쇼핑장소의 이용패턴이 상이하게 나타날 수 있으리라고 기대되는 지역이다.

창동에 입지한 대형할인점 중 본고는 농협에서 운영하는 회원제 도매클럽(MWC)인 하나로클럽(Hanaro-Club)을 대상으로 한다. 물론 이마트(E-Mart)와 까르푸와 같은 대형할인점도 고려의 대상에 포함될 수 있으나, 기존의 대형할인점과는 달리 농협에서 운영하는 창동의 하나로클럽의 경우 일반 시장이나 슈퍼 등에서 찾을 수 있는 식품 및 일상생활용품을 주로 취급하고 있으며, 공산품 등의 판매가 차지하는 비중이 상대적으로 적다는 점에서 취급물품의 차이에 따른 소비공간의 계층성의 문제를 상대적으로 최소화할 수 있다는 것이 하나로클럽을 대형할인점을 대표하는 연구 대상 쇼핑장소로 선정한 또 다른 이유이다.

연구지역인 창동지역에 위치한 재래시장으로는 창동대우시장, 창동시장, 신창시장 등이 있다. 창동시장은 1971년 8월 창1동에 개설되어 오랫동안 전통 재래시장으로서 역할을 다해왔으나, 현재는 노후가 심하여 새로운 상가로 분양 중에 있고, 창동대우시장은 1995년 11월에 개설된 재래시장으로 창 2동에 소재해 있으나 아파트 단지 내에 설립되어 있어, 본 연구의 사례지역으로 적합하지 못한 부분들이 많았다. 그러나 신창시장은 전형적인 전통 시장의 형태로서, 창 2동과 3동에 걸쳐 있는데, 여타 시장에 비해 규모가 크고, 지역 주민들의 인지도도 높은 편이며, 아파트 단지와 일반 주택가 단지 사이에 시장이 입지되어 있기 때문에 이용자의 형태도 다양하게 나타날 수 있는 지역이라 사료되어 본고의 연구대상 쇼핑장소로 선정하였다. 한편 슈퍼마켓의 경우 점포에 따른 특성이 상대적으로 크게 나타나지 않는다는 점을 고려하여 본 연구에서는 연구대상 대형할인점이 하나로클럽과 연구대상 재래시장인 신창시장 사이에 입지한 10곳의 슈퍼마켓을 연구대상 쇼핑장소로 선정하였다.

본 연구의 분석과정에 이용되는 자료는 설문지조사에 의하여 수집된 결과를 이용한다. 조사대상은 연구지역의 대형할인점인 농협 하나로클럽 이용주민과 창1동과 창3동의 접경주변에 위치한 신창시장 이용주민, 그리고 하나로클럽에서 신창시장 사이에 위치해 있는 슈퍼마켓 10곳의 이용고객을 대상으로 설문조사를 실시하여 이들의 각 쇼핑장소로의 접근성의 차이를 비교하고자 하였다.

구체적인 자료수집은 쇼핑을 하고 있는 중이거나 마치고 나오는 이용고객을 대상으로 일 대 일 면접조사와 설문조사를 실시하였다. 표본의 크기는 각 대상 지역별로 약 200부씩 설정하였다. 대형할인점인 하나로클럽의 경우 202부, 재래시장인 신창시장의 경우 200부, 슈퍼마켓 10곳에 각각 약 20부씩해서 모두 201부, 총 603부를 실시하였는데, 설문조사를 주중과 주말로 나누어 실시하였다. 설문조사는 2000년 7월 27일부터 8월 6일까지로 약 열흘에 걸쳐 실시되었다.

2. 연구 배경

우리나라의 경우, 1980년대부터 본격적으로 진행된 산업구조재편으로 인해 도시공간구조의 재구조화가 이루어짐으로써 제조업이 쇠퇴하고 서비스산업 비율이 증가하게 되었다(이희연, 1998). 이러한 산업구조의 재편에 따른 고도의 전문화된 고소득층과 비전문화된 저소득 단순노동직의 병존, 전문화된 고소득층계층의 사회 인식의 변화, 교통기술 향상과 자가용 승용차 이용으로 인한 이동성 증진, 선진 유통시장의 개방과 기술의 도입, 국내 유통업체들의 내부적 변화 등의 요인들은 소비자들의 구매와 쇼핑행태를 변화시켰고(박삼옥, 1999), 이것은 곧 대형할인점의 등장을 유발하는 계기로 작용하였다.

이러한 대형할인점은 특히 기업활동분야에 있어 물류기능이나 유통의 합리화, 자동창고 등 최신 기술의 도입으로 인한 조직재편의 변화로 효율적인 집합화와 배송의 용이성, 넓은 주차장의 확보 등으로, 지역주민들의 일상생활 패턴뿐만 아니라 지역사회 전체에도 공간적으로 많은 영향을 미치고 있다. 우리나라에서는 1993년 11월 국내 최초로 설립된 창동의 이마트와 1994년 10월 개점한 프라이스클럽을 시작으로, 현재 전국적으로 32개 업체수, 93개 점포수를 가진 대형할인점이 입점된 상태이다.

그 동안 중심지 이론을 위시한 입지이론과 관련하여 상업지역이나 상업시설을 다루었던 외국의 선행연구는 다양하게 전개되어 왔지만(Berry, 1967), 대형할인점에 연관된 논문은 상대적으로 많지 않은 실정이다. 먼저 Dawson과 Dennis(1985)는 1930년대 이래 미국의 사례를 중심으로 쇼핑센터의 발달과 관련한 다양한 근거자료를 제시하고 있고, 1990년대 중반 이후에 출간된 White(1996)의 연구는 21세기 소매업, 쇼핑센터를 위한 시장수요분석, 소매시장의 특성 등을 조사하고, 쇼핑센터 중 할인점(Discount Store)의 성격과 준거를 규명하고자 하였다. Carter(1995)는 지리학적 관점에서 중심지 이론을 원용하고 Berry 및 Carol 등의 기존연구를 종합하여 도시내부의 상업구역을 유형화하고자 하였으며, 유럽도시와 관련된 쇼핑센터의 모형을 제시하고 있다.

대형할인점과 같이 대형화된 소매업에 관한 선행연구들은 대형화된 소매업의 입지에 의한 주민들의 쇼핑행태의 변화도 관심을 둔다. Hartshorn(1992)은 미국에서 소매패턴은 다양한 매우 다양한 형태를 나타내며, 소매업의 센터들은 중심지 체계와 비슷한 내포적이고 기능적인 계층을 가지고 있고, 소매패턴의 공간 조직이 발달함에 따라 기능의 분급이 발생한다고 설명하였다.

한편 쇼핑행태의 한 부분인 쇼핑통행의 측면에서만 고찰되어진 연구로는 Cair(1995)와 Stokes(1993)의 논문들이 있다. 이들의 연구는 대형할인점의 출현이 도보나 자전거 그리고 대중교통수단 대신 자가용 승용차에 의한 통행을 유발함으로서 전체적으로 자동차에 의한 쇼핑통행거리를 증가시켰다고 서술하고 있다.

국내에서는 주로 경영학, 건축공학, 도시공학 등의 분야에서 대형할인점에 대한 입지나 마케팅 전략에 관해 고찰하고 있다. 그러나 이러한 연구들의 대부분은 앞서 언급한 쇼핑센터나 대형할인점의 입지 · 관리 · 운영이론과 함께 소비자 행태 이론과 같은 기존의 확립된 이론에 관한 피상적인 설명을 해주고 있을 뿐, 본 연구에서 설명을 시도하고 있는 대형할인점의 등장과 이에 따른 접근성의 문제가 지역 주민들의 일상적 소비공간의 차별화에 미치는 영향에 관한 논의는 거의 이루어지지 않고 있다. 특히 국내 연구 논문들은 대형할인점 자체의 분석에 치중하여 대형할인점의 입지분포현황과 이용자의 소비패턴구조, 국내 업체의 경쟁력 강화 방안책 등에 관한 것들뿐이었고, 본고에서 설명을 추구하는 신업태인 대형할인점과 전통적 업태인 재래시장과 슈퍼마켓을 함께 고려하여 이들 쇼핑장소 이용자들간의 공간적, 그리고 사회경제적인 차별성을 나타내주는 논문은 부재하였다.

3. 이용자의 사회경제적 특성

연구 대상이 되는 3종류의 쇼핑장소를 이용하는 주민들의 사회경제적 특성은 연령, 학력, 가구별 수입, 운전면허보유여부, 그리고 가구당 자가용 승용차 보유여부 등의 변수에 의하여 분석하였다. 먼저 대형할인점(하나로클럽), 재래시장(신창시장), 그리고 슈퍼마켓을 이용하는 주민들의 평균 연령은 각각 40세, 43세, 41세로 나타나고 있어, 비록 통계적으로 크게 유의한 수준은 아니나 대형할인점 이용자의 연령이 상대적으로 가장 낮고 재래시장이용자의 연령이 상대적으로 가장 높은 것을 알 수 있다.

한편 학력의 경우 서열척도에 의하여 무학으로부터 대학원졸업까지 1에서 6의 서열점수에 의한 평균값을 비교한 결과 대형할인점 이용자의 점수가 4.4, 재래시장 이용자가 3.3, 그리고 슈퍼마켓 이용자의 점수가 3.8로 나타나 대형할인점 이용자가 상대적으로 가장 높은 학력을 보유하는 반면, 재래시장 이용자의 학력이 상대적으로 가장 낮게 나타나고 있다. 보다 구체적으로, 대형할인점 이용자의 경우 대졸 이상의 학력을 보유한 이용자가 전체 이용자의 약 50%를 차지하고 있는데 반하여 재래시장의 경우 고등학교 졸업의 학력을 보유한 이용자가 약 43%, 중학교 졸업의 학력을 보유한 이용자가 약 32%로 각각 매우 높은 비율을 차지하는 반면 대학원 졸업 이상의 학력을 보유한 이용자의 비율은 약 5%로 매우 낮게 나타나고 있다. 한편 슈퍼마켓 이용자의 경우 비록 대형할인점 이용자에 비하여 그 비율은 낮지만 전체 이용자중 약 35%가 대졸 이상의 학력을 보유한 것으로 나타나 재래시장 이용자에 비하여 상대적으로 높은 학력으로 보유하고 있는 것을 알 수 있다.

가구당 소득의 경우 연구대상주민 전체의 월 평균소득은 약 220만원인 것으로 나타난다. 각 쇼핑장소 이용자들의 가구당 소득을 비교하면, 대형할인점 이용자의 월 평균 소득이 약 270만원으로 가장 높은 소득을 보이고, 이어서 슈퍼마켓 이용자 216만원 그리고 재래시장 이용자 172만원의 순위를 나타내어 각각의 쇼핑장소 이용자간 가구당 월 평균 소득에 있어서 상당한 차이가 있음을 시사하며, 특히 대형할인점 이용자와 재래시장 이용자간에는 약 월 평균 약 100만원 정도의 큰 소득의 차이가 있는 것을 알 수 있다.

각 쇼핑 장소로의 접근을 위한 수단으로 중요한 역할을 할 수 있는 자가용 승용차의 이용 정도를 분석하기 위하여 조사 대상자들의 운전면허증과 자가용 승용차 보유여부를 조사하였다. 운전면허증의 경우 전체 대상자 중 약 44%가 면허증을 보유하고 있는 반면 약 66%의 대상자는 면허증을 보유하고 있지 않은 것으로 나타난다. 각 쇼핑센터별 이용자의 운전면허증 보유여부를 보면, 대형할인점 이용자의 경우 전체 이용자의 약 66%가 면허증을 보유하고 있는 데 반하여 재래시장과 슈퍼마켓 이용자들의 운전면허증 보유율 각각 32%와 35%에 그쳐 대형할인점 이용자와 재래시장 및 슈퍼마켓 이용자간 운전면허증 보유율에는 상당한 차이가 있음을 알 수 있다. 한편 자가용 승용차 보유여부의 경우 전체 대상자 중 약 65%가 자가용 승용차를 소유하고 있는 것으로 나타난다. 각 쇼핑 장소 이용자간 차이를 보면, 대형할인점 이용자의 경우 전체의 약 86%가 가구당 1대 이상의 자가용 승용차를 소유하고 있는 것으로 나타나며, 이어서 슈퍼마켓 및 재래시장 이용자가 각각 64%와 57%의 비율을 보이고 있다(그림 1).

이상의 분석결과 전반적으로 학력 및 수입 등의 측면에서 대형할인점 이용자가 가장 높은 수준을 보이고 있으며, 이어서 슈퍼마켓 이용자, 재래시장 이용자 등의 순위를 나타내고 있음을 알 수 있다. 특히 대형할인점 이용자와 재래시장 이용자간에는 상당한 수준의 차이가 나타나고 있다. 한편 이용자간 원하는 쇼핑 장소로의 이동성 및 접근성의 차이에 상당한 영향을 줄 수 있는 운전면허 보유여부 및 자가용승용차 보유 여부의 경우 대형할인점 이용자와 재래시장 및 슈퍼마켓 이용자간에는 큰 차이가 있음을 알 수 있으며, 특히 운전면허증 보유율의 경우 대형할인점 이용자가 재래시장 및 슈퍼마켓 이용자에 비하여 2배 정도에 달한다는 것은 주목할 만한 사실이다.

그림 1. 쇼핑장소별 이용자의 운전면허 및 자가용 승용차 보유여부

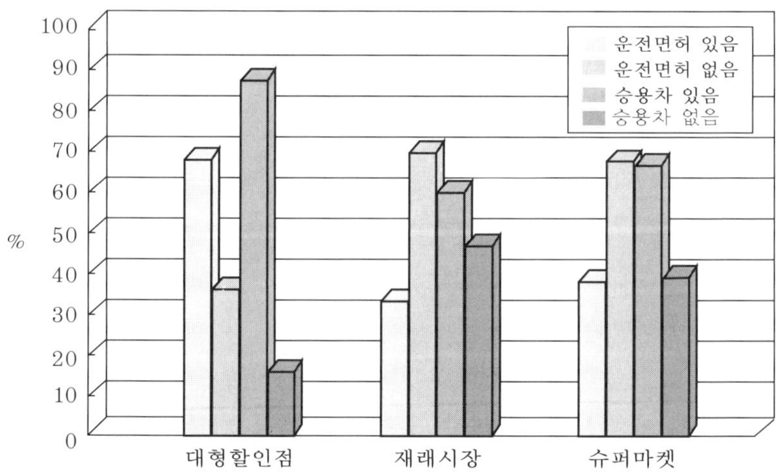

4. 쇼핑장소별 이용자 거주지의 공간적 분포

각 쇼핑장소별 이용자의 거주지 분포를 통하여 이용자와 쇼핑장소간의 공간적 격리 패턴을 분석할 수 있다. 쇼핑장소별 이용자들의 공간적 분포를 분석하기 위하여 이용자들의 거주지 분포를 조사한 결과, 대형할인점 이용자의 경우, 도봉구가 37.9%, 노원구 25.8%, 의정부시 12.1%, 강북구 10.1% 등을 차지하고 있으며, 경기의 남양주시 및 구리시에서도 약간 명이 분포하는 등 상당히 광범위한 거주지 분포 패턴을 나타내고 있다. 이에 비해 재래시장 이용자의 경우 이용자의 대부분이 도봉구에 거주하고 있으며(90.4%), 슈퍼마켓 역시 도봉구에 거주하는 이용자(97.5%)가 거의 대부분인 것을 알 수 있다(그림 2).

응답자의 거주지역 중에서 서울시만을 좀 더 세부적으로 살펴본다면, 대형할인점, 재래시장, 슈퍼마켓 모두 도봉구 창동이 각각 24.1%, 86.6%, 97.5%를 나타내 가장 많은 분포를 보이고 있다. 그러나 대형할인점의 경우는 재래시장 이용자나 슈퍼마켓 이용자에 비해 창동에 한정된 것이 아니라 도봉구 도봉동(7.7%), 노원구 상계동(12.9%), 강북구 수유동(4.7%), 성북구 장위동(2.9%), 동대문구 이문동

그림 2. 구별 이용자의 거주지 분포

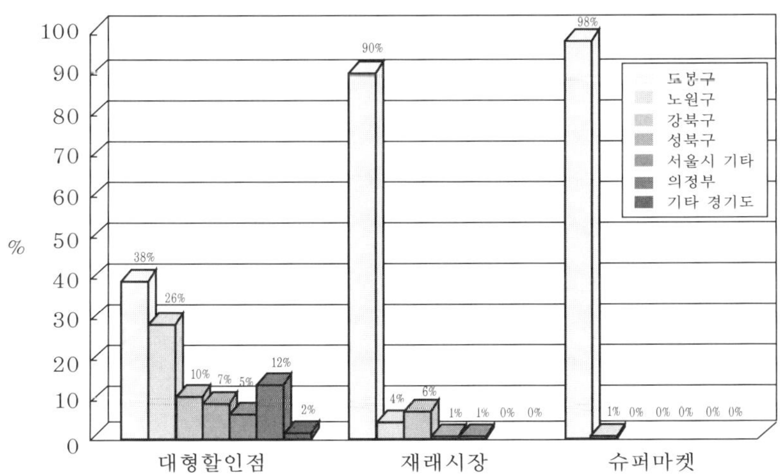

(1.8%), 중랑구 신내동(1.8%) 등에 이르기까지 다양한 거주지 분포를 나타내고 있음을 알 수 있다. 이에 비해 재래시장 이용자의 경우, 창동 다음으로 많은 비율을 보이는 거주지는 강북구 번동(4.9%)이며, 이 외에는 그리 뚜렷하게 나타나는 지역은 볼 수 없다. 마찬가지로 슈퍼마켓 이용자 역시 도봉구 창동 거주 주민 외에는 달리 찾아볼 수 없다고 해도 과언은 아니다.

각 쇼핑장소별 이용자의 거주지 분포를 비교한 결과 쇼핑장소에 따라 그 영향권은 상당한 차이가 있음을 알 수 있다. 즉 대형할인점의 경우 재래시장이나 슈퍼마켓에 비하여 훨씬 넓은 지역에 걸쳐 이용자가 분포하는 일종의 광역형 쇼핑장소인 것에 비하여 재래시장과 슈퍼마켓의 경우는 이용자가 상대적으로 쇼핑장소 부근에 한정된 지역형 또는 근린형 쇼핑장소임을 알 수 있다.

5. 쇼핑장소별 이용자의 통행특성

쇼핑장소별 이용자 거주지의 공간적 분포와 더불어 이들이 각 쇼핑장소에 접근하기 위하여 소요되는 구체적인 통행거리, 통행시간, 통행비용 및 이용하는 통행수단에 대한 분석은 각 쇼핑장소별 이용자의 접근성의 차이를 분석하기 위한 자료를 제공하므로 다음의 부분에서는 각 쇼핑장소별 이용자의 쇼핑통행 패턴의 차이를 통행거리, 통행시간, 통행비용, 그리고 통행수단 등의 요인에 의하여 분석한다.

5.1 통행거리

각 쇼핑장소별 이용자들의 구체적인 통행거리를 알아보기 위하여 각 쇼핑장소 이용자들의 거주지로부터 쇼핑장소까지의 통행거리를 조사하였다. 조사결과 연구지역 이용자들의 쇼핑을 위한 평균 통행거리는 약 2.7km로 나타나고 있다.

그러나 각 쇼핑장소별 이용자간 통행거리의 차이는 상당히 큰 것으로 나타난다. 특히 대형할인점 이용자의 경우 평균 평균통행거리는 약 8.0km로 나타나 재래시장 이용자(0.8km)와 슈퍼마켓 이용자(0.4km)에 비하여 대형할인점으로의 접근을 위하여 상대적으로 장거리 통행을 하고 있음을 알 수 있으며, 특히 대형할인점 이용자의 경우 재래시장 이용자와 슈퍼마켓 이용자에 비하여 쇼핑을 위해서 10배 이상의 거리를 통행하고 있음을 알 수 있다. 이에 비하여 재래시장 이용자와 슈퍼마켓 이용자들의 시장보기는 주거지를 중심으로 매우 단거리에서 이루어짐을 알 수 있다.

한편 동일 쇼핑장소 내 이용자간 통행시간의 차이를 분석하기 위하여 각 쇼핑장소별 통행시간의 표준편차를 비교한 결과 대형할인점이 9.5km, 재래시장 이용자가 1.3km, 그리고 슈퍼마켓 이용자가 0.6km로 나타나 각 쇼핑장소별 평균통행거리를 기준으로 한 이용자별 통행거리의 차이는 매우 다양함을 알 수 있다. 즉 대형할인점의 경우 이용자간 통행거리에는 상당한 차이가 존재하는 반면, 재래시장과 슈퍼마켓의 경우 이용자간 통행거리의 차이는 상대적으로 매우 적음을 알 수 있고, 특히 슈퍼마켓 이용자의 경우 대부분의 통행이 거주지로부터 매우 단거리 내에서 이루어짐을 알 수 있다.

5.2 통행시간

주거지와 쇼핑장소간의 물리적 거리와는 달리 통행시간은 이용된 통행수단에 따라 차등화될 수 있다. 연구지역 세 개의 쇼핑장소 이용자들간의 쇼핑통행을 위한 평균통행거리를 조사한 결과 대형할인점 이용자의 평균통행시간이 약 23분으로 가장 길게 나타나며, 이어서 신창시장(10분), 슈퍼마켓(5분) 등의 순위를 나타내고 있으며, 각 집단 내 통행시간의 표준편차는 각각 17, 14분, 그리고 3분 등으로 나타나고 있다. 이러한 점을 볼 때, 각 쇼핑장소간 통행시간의 순위는 통행거리의 순위와 동일한 패턴을 보이나 그 차이의 정도는 상대적으로 작다고 할 수 있으며, 이러한 점은 각 쇼핑장소별 이용되는 주요 통행수단의 차이에 의한 것으로 추정된다.

한편 동일 쇼핑장소의 이용자들간 통행시간의 평균적인 차이를 나타내는 각 쇼핑장소별 표준편차를 보면, 통행거리의 경우와 유사하게 대형할인점 이용자들간 통행시간의 차이가 가장 크게 나타나고 이어서 재래시장 및 슈퍼마켓의 순위를 보이고 있다. 특히 슈퍼마켓의 경우 표준편차는 약 3분으로 나타나 집단내 통행시간이 상대적으로 매우 동질적임을 알 수 있다.

5.3 통행비용

통행을 위한 구체적인 경제적 부담이 될 수 있는 통행비용을 각 쇼핑장소별로 비교한 결과 예상되는 바와 같이 통행거리 및 통행시간에 어느 정도 비례하여 나타남을 알 수 있다. 즉 각 쇼핑장소 이용자간 평균 통행비용을 비교한 결과 전반적으로 쇼핑을 위하여 가장 많은 통행비용을 지불하는 집단은 대형할인점 이용자들로서 쇼핑을 위한 편도 통행에 약 900원 정도의 비용을 지불하고 있으며, 이어서 재래시장(47원), 슈퍼마켓(3원) 등으로 나타나고 있다. 이러한 점을 볼 때 비록 각 쇼핑장소별 통행비용의 차이가 통행 거리 및 통행시간에 비례하는 경향이 있기는 하나 각 쇼핑장소별 통행비용의 차이는 거리 및 시간의 차이에 비하여 훨씬 더 크게 나타나고 있음을 알 수 있다. 특히 대형할인점의 경우 편도 약 900원의 통행비용이 소요되는 것으로 나타나 재래시장 이용자 통행비용의 약 20배 정도의 비용을 지불하고 슈퍼마켓 이용자의 경우 쇼핑을 위한 통행비용은 거의 소요되지 않고 있음을 알 수 있다.

한편 각 집단 내 통행비용의 표준편차를 비교한 결과 대형할인점의 경우 1100원 그리고 재래시장과 슈퍼마켓이 각각 130원과 42원으로 나타나 대형할인점의 경우 이용자간 통행비용의 차이가 상대적으로 큰 것을 알 수 있다. 이렇게 각 쇼핑장소간 이용자의 통행비용에 차이가 크게 나타난다는 것은 각 장소에 따른 쇼핑비용의 차이가 이용자들이 쇼핑장소를 선택하는 데 큰 영향을 미칠 수 있음을 시사한다.

5.4 통행수단

각 쇼핑장소들간 이용자들의 통행수단의 분포는 상당한 차이를 나타내고 있다(그림 3). 먼저 대형할인점의 경우 전체 이용자의 약 65% 정도가 쇼핑을 위하여 자가용 승용차를 이용하고 있는 것으로 나타나 가장 큰 비중을 차지하고 있으며, 이어서 버스(18%), 도보(8%), 지하철(6%), 그리고 택시(3%) 등의 순위를 나타내고 있다. 한편 재래시장 이용자의 경우 전체 이용자의 약 79%가 도보를 이용하고 있으며, 이어서 버스(12%), 기타(자전거 및 오토바이; 8.5%) 등의 순위를 보인다. 슈퍼마켓의 경우에는 이용자의 거의 대부분(96%)이 도보를 이용하고 기타 및 버스 이

그림 3. 쇼핑장소별 쇼핑통행수단

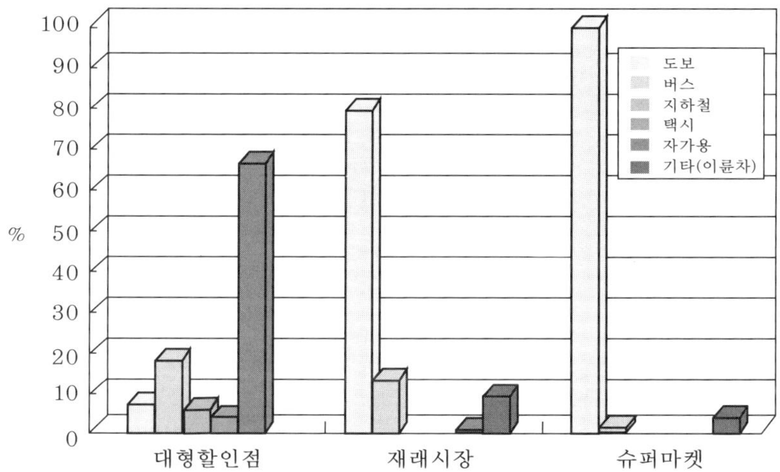

용자가 약간 있음을 알 수 있다.

이러한 점을 볼 때 재래시장 및 슈퍼마켓 이용자는 그들의 쇼핑을 위하여 주로 도보를 이용하고 있는 반면, 대형할인점 이용자의 경우 비록 버스, 도보, 지하철 등의 통행수단이 이용되고 있기는 하나 자가용 승용차의 이용이 상당한 부분을 차지하고 있음을 알 수 있다. 대형할인점 이용자의 상당부분이 자가용 승용차를 이용한다는 현상은 여러 곳에서 그 원인을 찾을 수 있겠으나 상대적으로 긴 통행거리와 슈퍼마켓이나 재래시장 등에 비하여 대량구매가 전제된다는 점 등에서 주요 원인을 찾을 수 있을 것이다.

6. 접근성 요인과 쇼핑장소의 선택

6.1 쇼핑선호 장소

거주로부터 쇼핑장소까지의 접근성의 요인이 이용자들의 쇼핑장소 선택에 미치는 영향을 분석하기 위하여 먼저 각 쇼핑장소 이용자별 실제적인 쇼핑을 위하여 그들이 선호하는 장소에 대한 조사를 실시하였다. 〈표 1〉에 의하면 실제적으로 이용하는 쇼핑장소에 관계없이 전반적으로 모든 이용자가 가장 이용하고 싶어하는 쇼핑장소로는 대형할인점(78.3%)이 압도적으로 큰 비중을 차지하며, 이어서 재래시장(16.3%), 그리고 슈퍼마켓(5.2%) 등의 순위를 나타낸다.

표 1. 쇼핑장소별 쇼핑선호장소

이용장소 선호장소	전체	대형할인점	재래시장	슈퍼마켓
대형할인점	472(78.3%)	190(94.0%)	131(65.5%)	151(75.1%)
재래시장	98(16.3%)	8(4.0%)	59(29.5%)	31(15.4%)
슈퍼마켓	32(5.3%)	3(1.5%)	10(5.0%)	19(9.5%)
기타	1(0.2%)	1(0.5%)	0(0.0%)	0(0.0%)
합계	603(100%)	202(100%)	200(100%)	201(100%)

한편 각 쇼핑장소별 이용자들이 선호하는 쇼핑장소를 보면 대형할인점 이용자의 경우 그들이 이용하고 있는 대형할인점을 선호하는 이용자의 비율이 전체의 94%를 차지하여 대형할인점에 대한 매우 높은 선호도를 나타내는 반면, 재래시장과 슈퍼마켓 이용을 선호하는 이용자의 비율은 각각 4.0% 와 1.5%로 나타나 매우 낮은 비율을 보이고 있다. 이에 비하여 재래시장 이용자의 경우 그들이 이용하는 재래시장의 이용을 선호하는 이용자의 비율은 29.5%인데 비하여 대형할인점 이용을 선호하는 비율은 65.5%로서 가장 높은 비율을 보이고 슈퍼마켓의 이용을 선호하는 비율은 5.0%에 불과한 것으로 나타난다. 슈퍼마켓 이용자 역시 대형할인점 이용을 선호하는 이용자의 비율이 75%로 가장 높은 수치를 보이고 이어서 재래시장(15.4%), 슈퍼마켓(9.5%)의 순위를 나타낸다.

이러한 결과를 볼 때, 비록 약간의 차이가 있기는 하나 각 쇼핑장소 이용자들은 그들의 실질적인 이용장소와는 관계없이 일상적인 쇼핑을 위하여 가장 선호하는 장소는 대형할인점인 것을 알 수 있다.

6.2 대형할인점으로의 접근성 제약

위의 분석을 통하여 대형할인점 이용자뿐만 아니라 주요 일상적 쇼핑장소가 재래시장이거나 슈퍼마켓인 이용자들도 쇼핑장소로서 대형할인점 이용을 가장 선호하는 것 알 수 있다. 따라서 실제적인 대형할인점 이용자를 제외한 재래시장 및 슈퍼마켓 이용자들 중에서 대형할인점 이용을 선호하기는 하나 실제 이용을 제약하는 요인을 구체적으로 파악하기 위해서, 재래시장과 슈퍼마켓 이용자들의 대형할인점 이용을 제약할 수 있는 요인을 크게 접근성, 경제적 여력, 쇼핑습관 그리고 기타 등으로 구분하고, 특히 접근성은 거리, 운전면허소유여부, 그리고 자가용 승용차 소유여부 등으로 구분하여 복수응답이 가능하도록 하여 조사하였다(그림 4).

먼저 재래시장 이용자와 슈퍼마켓 이용자 전체의 경우 거주지로부터 쇼핑센터까지의 원거리에 따른 통행거리요인이 39.8%, 운전면허 미소지가 20.2%, 그리고 자가용 승용차 미소유가 16.7%로 나타나 대형할인점으로의 접근과정에서 발생하는 문제에 의하여 대형할인점의 이용이 포기되는 비율이 약 76.7%를 차지하여 가장 높은 비율을 나타내고 있다. 이어서 대량구매에 따른 경제적 문제(12.3%), 쇼핑습관(4.3%), 기타(6.5%) 등의 순위를 보이고 있다.

한편 쇼핑장소 이용자를 재래시장과 슈퍼마켓으로 각각 구분하여 분석하면, 재래시장 이용자의 경우 통행거리(39.3%), 운전면허 미소지(17.9%), 그리고 자가용 승용차 미소유(15.1%)로 나타나 대형할인점으로의 접근과정에서 발생하는 제약에 의하여 대형할인점의 이용이 포기되는 비율이 약 72.3%로 나타나고 있으며 이어

그림 4. 대형할인점을 이용하지 못하는 이유

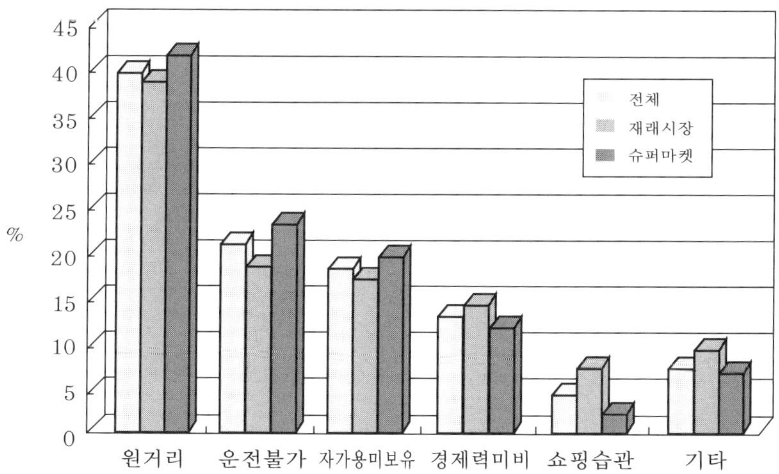

서 경제적 이유(13.7%), 쇼핑습관(6.5%), 기타(7.4%) 등의 순위를 나타낸다. 한편 슈퍼마켓 이용자의 경우 통행거리(40.4%), 운전면허 미소지(22.8%), 자가용 승용차 미소유(18.4%) 등으로 응답자의 약 81.6%가 접근성 제약 요인이 대형할인점의 이용을 제약하는 정도가 재래시장 이용자들에 비하여 상대적으로 높은 반면, 경제적 문제(10.9%), 쇼핑습관(1.9%) 등이 차지하는 비율은 상대적으로 매우 낮게 나타나고 있음을 알 수 있다.

이러한 점을 종합할 때 비록 약간의 차이가 있기는 하나 재래시장 및 슈퍼마켓 이용자들의 대형할인점 이용을 제한하는 가장 큰 원인은 거리적 요인과 더불어 자가용 승용차 이용의 제약에 따른 문제 등 대형할인점으로의 접근성에 관련된 요인들이라고 할 수 있다. 특히 물리적 거리에 따른 문제는 대형할인점의 입지 특성상 조정이 어려울 것이라는 것을 전제로 한다면, 일반 이용자들의 대형할인점 이용을 제한하는 가장 큰 실질적인 요인은 이용자들의 자가용 승용차 이용 능력의 차이라고 할 수 있다.

7. 결 론

과거 재래시장과 동네의 슈퍼마켓 위주로 한정된 주민들의 일상적 소비공간에는 최근 대형할인점의 입지에 따라 많은 변화가 유발되고 있다. 특히 대형할인점을 통한 구매는 대량구매에 따른 가격의 저렴성과 다양한 물품 구입 가능성 등의 이점이 수반되는 경우가 많으므로 도시주민들의 새로운 소비공간으로 그 이용률이 급속히 증가하고 있다. 그러나 거주지로부터 상대적으로 근거리에 입지한 재래시장 및 슈퍼마켓과는 달리 대형할인점의 경우 일반 주민들의 거주지로부터의 공간적 격리가 상대적으로 크게 나타나는 경향이 있으며, 또한 대량구매에 따른 구매 물품의 운반에 따른 제약 등의 요인에 의하여 주민들의 특성에 따라 이곳으로의 접근이 제한되고 따라서 이들의 일상적인 소비공간의 차별화를 유발할 수 있다.

본 연구를 통하여 대형할인점 이용자, 재래시장 이용자, 그리고 슈퍼마켓 이용자들의 각 쇼핑장소를 중심으로 한 거주지의 공간적 분포 및 통행거리, 통행시간, 통행비용, 통행수단 등을 비교한 결과 위의 세 종류의 쇼핑장소 이용자들간 각 쇼핑장소를 중심으로 한 거주지의 공간적 패턴 및 쇼핑통행패턴은 상당한 차이를 나타내고 있음을 알 수 있다. 또한 쇼핑장소 이용자들을 대상으로 각 쇼핑장소에 대한 선호도를 조사한 결과 모든 쇼핑장소의 이용자들이 대형할인점 이용을 가장 선호하고 있는 것으로 나타나고 있다.

이에 따라 실제적인 대형할인점 이용자를 제외한 재래시장 이용자와 슈퍼마켓 이용자를 대상으로 그들이 이용하기를 원하는 대형할인점의 이용을 제한하는 주요 요인을 분석한 결과 통행거리, 운전면허 미소지, 자가용 승용차 미보유 등 대형할인점으로의 접근을 위한 과정에서 발생하는 제약 요인들이 가장 큰 비중을 차지하고 있는 것으로 나타난다. 이러한 점들을 볼 때, 과거 재래시장 및 슈퍼마켓이 주민의 일상적인 소비공간의 역할을 할 때와는 달리 대형할인점의 등장은 이곳으로의 주민들의 접근능력의 차이에 따라 주민들의 일상적인 소비공간의 차별화가 진행될 수 있음을 시사한다.

특히 최근 대형할인점의 입지가 가속화되고 이에 따라 재래시장 및 슈퍼마켓의 기능이 점차 쇠퇴하고 있음을 고려할 때, 신체적, 사회적, 그리고 경제적 특성의 차이에 의하여 대형할인점으로의 접근에 제한을 받는 주민들의 일상적 소비공간은 더욱 위축되고 고립될 가능성이 있다고 할 수 있다.

학력자본 재생산의 차별화와 빗장도시의 형성

최 은 영

한국사회에서 학력은 일종의 권력이자 자본이며 불평등의 구조화와 고착화를 야기하는 중요한 원인이다. 부모세대의 학력은 교육환경이라는 공간을 매개로 자녀세대의 학력자본으로 재생산될 가능성이 크지만 타 분야의 연구에서는 공간적 관점과 분석이 결여되어 있어 학력자본 재생산이 지역별로 얼마나 어떻게 차별화되고 있는지에 관한 구체적인 연구 성과가 거의 없었다. Bourdieu는 자본을 경제적 차원에 국한시키지 않고 사회적 경쟁에서 도구로 사용할 수 있는 모든 에너지로 보고 있는데, 그에 의하면 학력자본은 학교제도에 의해 주어지는 학력 및 그것에 부수되는 다양한 개인적 능력이나 사회적 가치의 총체인데 일반적으로 학위에 의해 측정된다(Bourdieu, 1979:11). 많은 경우 사회적 삶의 공간성(spatiality)은 중요하면서도 분명하게 표현되기보다는 가정되어 왔다.

개인이 획득하는 학력은 성장, 학교 교육, 사회 진출로 이어지는 개인의 생애과정에서 사회 · 경제적 불평등을 매개하는 가장 중요한 변수이기 때문에 서구에서는 공간적 관점에 기반한 많은 연구들이 수행되어 왔다(Gibson & Asthana, 2000; Gramberg, 1998; Joans, 1998; Talen, 2001). 이에 반해 우리나라에서 수행된 학업 성취의 지역차에 관한 많은 연구에서 공간은 부수적인 요소로 이를테면, 도시냐 지방이냐 정도의 수준으로 취급되어 왔으며 공간단위가 좀 더 작아질 경우에도 학군이나 구를 단위로 연구가 수행되어 왔다(김영화, 1990; 방하남 · 김기헌, 2002; 송명규,

1992). 그러나 이러한 단위는 교육환경과 학업성취에 있어서의 지역차를 분석하는 공간단위가 될 수 없다. 많은 차이를 가지고 있는 작은 공간단위들을 합역한 큰 공간단위에서의 평균값에 대한 분석은 실제 존재하는 지역차를 축소할 수밖에 없는 한계를 가지기 때문이다. 본 연구에서는 주로 행정동을 단위로 분석하였는데 이는 대부분 자료의 이용 가능한 최소 공간단위라는 현실적인 이유와 함께 빈곤과 부의 지리적 경계가 대체로 행정동과 밀접하게 연관되기 때문이다.

사회적 양극화 심화와 계급, 성, 연령, 직업, 인종 등에 의한 거주지 분리에 따른 새로운 도시를 묘사하는 용어로 빗장(gated), 새로운 성벽(new walled), 새로운 성채(new fortress) 등의 단어들이 사용되고 있다. 이러한 용어들은 가시적 · 비가시적 장벽들로 인해 특정 장소가 특정 집단에 의해 전유되는 사적인 장소로 바뀌어 가는 현상을 나타내고 있는데, 이러한 논의들은 사회적 양극화를 구성하는 중요한 축인 부의 형성과 재생산에 대한 학문적 관심과 관련된다. 폐쇄성이 나타나는 공간의 규모에 따라 빗장도시와 빗장지역(gated community)으로 구분할 수 있다. 원래 빗장지역이란 구미와 동남 아시아의 도시에서 관찰되는 사설경비시설이 갖춰진 작은 공간 규모의 최고급 주거지역을 가리키지만(남영우 · 최재헌, 2004), 본 연구에서 관찰된 폐쇄성의 공간 규모가 지역(community)과는 뚜렷하게 구분되기 때문에 빗장도시라는 용어를 사용하였다.

본 연구에서는 지역에 따라 차별적으로 형성되어 있는 교육환경이 자녀세대의 학력자본 재생산에 영향을 미침으로써 거주지에 따라 불평등이 재생산되고 강화되는 과정을 '빗장도시' (gated city)의 형성이라는 측면에서 살펴보고자 한다. 빗장도시는 부유한 사람들의 거주지가 대문이 있는 것과 같이 폐쇄적인 현상(Musterd & Winter, 1998)을 개념화한 용어이다.

부모 세대의 거주지 분리는 사회 · 문화 · 정치 · 경제적 자원의 지역적 분포에 있어 불평등을 초래하고, 나아가 자녀 세대에서 이와 같은 자원을 재생산할 수 있는 기회에 접근하는 것을 어렵게 만들 수 있다. 특정 지역의 높은 성적과 높은 학교 지위는 사회계급에 따른 거주지 분리 강화와 불평등 심화라는 악순환을 야기할 것이다. 지역에 따라 학교 수준이 달라지고, 이로 인해 사회 · 경제적 배경이 교육에 있어서의 성취와 강하게 관련된다면 우리는 심각한 문제를 가지고 있는 것이다(Gramberg, 1998).

본 연구에서는 학부모의 사회 · 경제적 지위에 따라 결정된 거주지에 따라 자녀세대의 학력자본 재생산이 양적 · 질적으로 차별화되고 있는지를 살펴보고, 사례지역의 아파트 가격과 인구이동에 대한 분석을 통해 자녀세대의 학력자본 재생산에 있어 우위를 가지고 있는 지역이 사회 · 경제적 지위가 높은 집단에 의해 배타적으로 점유되고 있는지 여부를 고찰해 보고자 한다. 이상의 연구 문제를 밝히기 위한 연구지역 및 연구방법은 아래와 같다.

1. 연구지역 및 연구방법

학력수준의 양적 차별화와 함께 동일 학력 내에서의 질적 차별화가 중요해지고 있기 때문에 학력자본 재생산을 두 측면에서 모두 살펴보았다. 학력자본의 양적 재생산은 서울을 대상으로 분석하였으며, 학력자본 재생산에 있어서의 질적 차이는 강남구와 광진구를 대상으로 분석하였다. 사회 · 경제적 지위가 높은 집단의 공간적 집중과 자녀세대 학력자본 재생산의 관련성을 분석하기 위한 주요 사례지역으로는 강남구를, 비교구로는 광진구를 선정하였다. 비교 분석에는 양극단을 비교하는 방법과 평균과 극단을 비교하는 방법이 있는데 본 논문에서는 후자의 방법을 선택하였다. 광진구는 본 연구의 분석에 이용된 아파트 가격과 4년제 대학졸업 이상의 고학력집단 비율이 대체로 서울시 평균과 유사한 지역이다. 연구지역을 선정함에 있어 연구에 필요한 여러 자료의 구득이 가능한 지역인지를 아울러 고려하였다.

부모세대(45~59세 연령)의 고학력집단 비율과 자녀세대(19~20세 연령)의 4년제 대학 재학 비율을 서울시 행정동 단위로 분석함으로써 지역별로 재생산되는 학력자본의 양적 차이를 살펴보았다. 대학에 다닐 연령(19~20세)의 인구수 대비 4년제 대학 재학자 수를 계산함으로써 간접적으로 4년제 대학진학률을 파악하였다. 이를 통해 자녀세대가 부모세대와 동일한 학력수준을 갖게 되는지의 여부, 즉 학력자본의 양적 재생산이 지역별로 차별화되는지를 살펴보았다. 동일 학력 내에서의 질적 차별화를 살펴보기 위해 강남구 · 광진구 각 1개 사례 고등학교의 2003년 입시 및 대학진학결과 자료를 비교 분석하였다. 선호하는 대학 · 학과에 입학하기 위한 전제가 되는 수학능력시험 성적을 우선 살펴본 후 서울소재 4년제 대학진학률, 명문대 · 의대 진학률에 있어서의 차이를 살펴보았다.

계량 분석의 한계를 보완하기 위해 교사들에 대한 설문조사와 입시담당 교사에 대한 면담조사를 실시하였다. 설문조사는 2003년 9월 2일부터 9월 21일까지 20여일 동안 직접기입식으로 실시하였으며 면담조사도 같은 시기에 병행하였다. 설문조사와 면담조사가 실시된 고등학교는 강남구의 16개 인문계 고등학교 중 6개교, 광진구의 7개 인문계 고등학교 중 4개교이다. 한편 강남구와 광진구의 아파트 매매가와 인구이동에 대한 분석을 통해 특정 집단의 특정 지역에 대한 배타적 전유 경향을 살펴보았다.

분석에 사용한 주요 자료는 인구주택총조사(1990~2000년), 인구이동통계 원자료(raw data, 2000년), 사례 고등학교의 입시 및 대학진학 결과 자료(2003년), 아파트 매매가 자료(1997~2003년) 등이다. 마이크로소프트사의 Access를 이용하여 각 자료들을 데이터베이스화하여 데이터를 관리 · 조작하였다. GIS 소프트웨어인 ArcGIS 8.2를 이용해서 연구 결과를 지도화하였으며 통계분석에는 SPlus 6.1을 이용하였다. 분석에 사용된 데이터들에서 낮은 변량치에 치중되어 있는 정적 비대칭(positive skewed) 정도가 매우 심하게 나타났기 때문에 지도를 그리는 데 사용된 ArcGIS 8.2의 자연적 분류(natural break)에 의해 계급을 나누고 지도화하였다. 급간을 구분하는 브레이크 포인트(break point)를 결정하기 위해 통계적 공식인 Zenks optimization 기법을 사용한다.

2. 학력집단별 거주지 분리와 학력자본의 양적 재생산

별도의 범주 설정이 필요 없는 인종별 거주지 분리 연구와는 달리 사회 · 경제적 특성에 의해 구분되는 집단에 대한 거주지 분리 연구에서는 연구 목적에 따라 집단을 구분하는 변수가 우선 선정되어야 한다. 개인의 사회 · 경제적 지위를 나타내는 데 가장 많이 이용되는 변수는 직업, 학력, 소득 등이 있는데, 본 연구에서는 자료 수집의 가용성을 고려하여 학력을 대체 변수로서 선정하였다. 한국사회에서 학력이 가지는 의미와 영향력은 다른 어떤 사회보다 크고 중요하여, 학력은 삶의 동질성을 가장 잘 표현해 주는 변수인 동시에 집단간을 뚜렷하게 구분해 주는 단절성이라는 장점을 갖는 변수이다. 학력집단별 거주지 분리를 살펴보기 위해 인구주택총조사의 '서울 연령 성 및 교육 정도별 인구' 중 45세 이상 59세 이하 인구의 학력을 행정동별로 분석하였다. 이 연령대에 속하는 인구는 고등교육 기회가 급격하게 확대된 1990년대 이전에 정규교육을 마친 세대이며, 현재 고등학생 · 대학생 자녀를 둔 세대이다. 일정 학력 이상의 집단을 유사한 사회 · 경제적 특징을 갖는 집단으로 볼 수 있는 것은 과거 우리 사회의 학력이 전반적으로 낮았다는 사실과 관련된다.

부모세대의 행정동별 고학력집단 비율은 최저 1.1%에서 최고 66.2%까지 나타나고 있으며(그림 1), 서울시 평균은 15.5%이다. 대부분의 동은 고학력집단 비율이 서울시 평균보다 낮으며 강남3구(강남구, 서초구, 송파구)를 중심으로 일부 행정동의 고학력집단 비율이 평균보다 높게 나타나고 있다. 이에 따라 강남구 · 서초구 일부 동의 학부모는 둘 다 고등교육을 받은 경우가 대부분인 반면 고학력집단의 비율이 낮은 대부분의 행정동에서는 고등교육을 받은 학부모를 거의 찾아보기 힘든 상황이 되고 있다.

고학력집단 구성의 지역별 차는 인종에 따라 거주지 분리가 극단적으로 나타

그림 1. 서울시 행정동별 45~59세 인구의 대졸이상 학력비율(2000년)

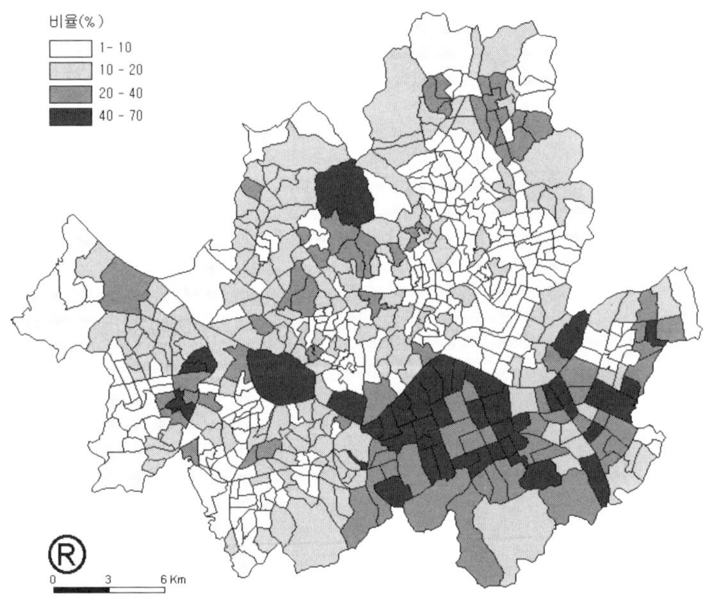

자료: 인구주택총조사(2000년).

나고 있는 미국 도시들과 비견될 수 있는 높은 수준이다. 백인 거주 지역에 흑인이 거의 거주하지 않고 흑인 거주 지역에 백인이 거의 거주하지 않는 것과 유사하게 고학력집단이 많이 거주하는 소수의 행정동에는 저학력집단이 거의 거주하지 않고 저학력집단이 많이 거주하는 다수의 행정동에는 고학력집단이 거의 거주하지 않고 있다. 고학력집단 비율 상위 5개동과 하위 5개 동의 학력구성을 항목별로 자세히 살펴보면 이러한 경향을 뚜렷하게 확인할 수 있다(표 1). 고학력집단 비율이 높은 반포본동, 서초4동, 압구정1동, 오륜동, 잠실7동에는 초등학교 졸업이나 중학교 졸업의 학력을 가진 인구가 거의 없다. 고학력집단 비율이 가장 높은 오륜동의 경우 초등학교 졸업자는 45~59세 인구의 0.3%, 중학교 졸업자는 0.6%로 매우 낮은 비율을 보이고 있다. 이와 반대로 고학력집단 비율이 가장 낮은 강일동, 구로4동, 미아2동, 월곡3동, 월곡4동에는 4년제 미만 대학 졸업 이상의 학력을 가

표 1. 고학력집단 비율 상위 · 하위 각 5개동의 학력 구성비 단위: 명(%)

구분		초등학교 졸업	중학교 졸업	고등학교 졸업	4년제미만 대학 졸업	4년제이상 대학 졸업	석사 졸업	박사 졸업	기타
상위동	반포본동	13 (0.4)	34 (1.1)	589 (18.6)	338 (10.7)	1443 (45.5)	288 (9.1)	219 (6.9)	247 (7.8)
	서초4동	42 (0.8)	78 (1.5)	873 (16.8)	563 (10.8)	2548 (49.1)	414 (8.0)	226 (4.4)	445 (8.6)
	압구정1동	63 (1.4)	122 (2.8)	649 (14.8)	402 (9.2)	2112 (48.3)	347 (7.9)	307 (7.0)	370 (8.5)
	오륜동	17 (0.3)	32 (0.6)	746 (14.5)	556 (10.8)	2666 (51.6)	504 (9.8)	243 (4.7)	398 (7.7)
	잠실7동	17 (0.6)	28 (1.0)	424 (15.8)	228 (8.5)	1441 (53.7)	233 (8.7)	136 (5.1)	174 (6.5)
하위동	강일동	316 (30.1)	307 (29.3)	283 (27.0)	12 (1.1)	29 (2.8)	4 (0.4)	0 (0.0)	98 (9.3)
	구로4동	779 (29.6)	803 (30.5)	666 (25.3)	37 (1.4)	48 (1.8)	5 (0.2)	1 (0.0)	293 (11.1)
	미아2동	824 (25.8)	962 (30.1)	995 (31.2)	35 (1.1)	82 (2.6)	12 (0.4)	3 (0.1)	279 (8.7)
	월곡3동	571 (35.6)	527 (32.8)	288 (17.9)	13 (0.8)	19 (1.2)	3 (0.2)	0 (0.0)	185 (11.5)
	월곡4동	72 (32.9)	64 (29.2)	51 (23.3)	1 (0.5)	6 (2.7)	0 (0.0)	0 (0.0)	25 (11.4)

자료: 인구주택총조사(2000년).

진 인구가 거의 없다. 고학력집단 비율이 가장 낮은 월곡3동의 경우 4년제 미만의 대학을 졸업한 인구가 0.8%, 4년제 이상의 대학을 졸업한 인구가 1.2%, 석사 졸업 인구가 0.2%로 나타나고 있으며, 박사 졸업 인구는 전혀 없다. 고학력집단 비율 상위동의 박사 졸업 인구 비율은 하위동에서 4년제 미만 대학졸업 이상의 학력을 가진 인구 비율보다 훨씬 높게 나타나고 있다. 반포본동과 오륜동은 박사 졸업 인구 비율이 약 7%에 이르는 반면 5개 하위동 모두에서 4년제 미만 대학 졸업 이상의 학력을 가진 인구 비율은 5%를 넘지 못하고 있다.

통계청의 2002년 "한국의 사회지표"에 따르면 고교 졸업생의 대학진학률은 74.2%로 높아졌다. 하지만 이는 전문대를 포함하는 4년제 미만 대학으로의 진학을 포함하고 있는 수치로 본 연구에서는 사회 · 경제적 보상이 비교적 유사한 고등교육기관으로 한정하기 위해 4년제 이상의 대학에 대한 진학으로 제한하였다. 부모세대의 고학력집단 비율과 자녀세대의 대학 재학 비율과의 관계를 나타내는 회귀식에서 이례지점(outlier)이 추출되었는데, 이례 지점들의 특성을 규명하기 위해

그림 2. 서울시 행정동별 19~20세 인구의 대학 재학 비율(2000년)

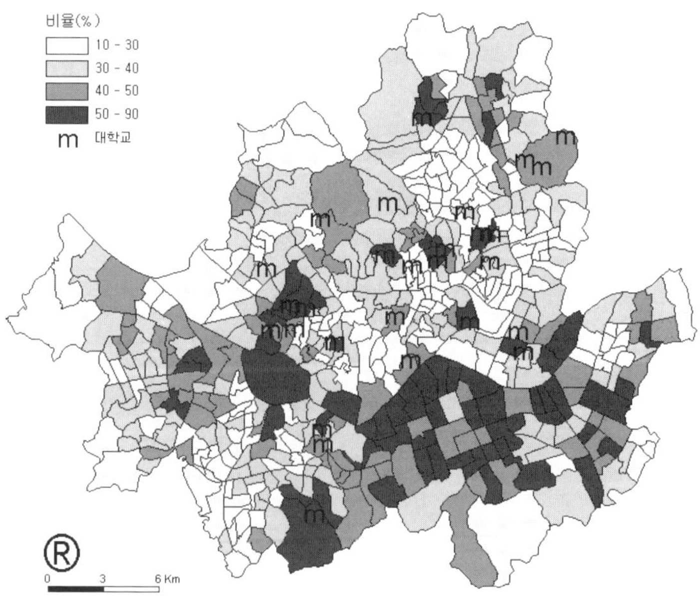

주: 대학촌을 구분하기 위해 대학교 위치를 표시함
자료: 인구주택총조사(2000년).

수치지도를 살펴본 결과 대학촌과의 연관관계가 파악되어 4년제 대학의 대학촌을 추출하였다(그림 2). 강남 3구의 자녀세대 대학 재학 비율 상위동이 모두 대학촌이 아닌데 비해, 다른 구에 속해 있는 상위동들은 대부분 대학촌으로 나타났다. 자녀세대의 대학 재학비율 상위 · 하위 각 25개 동을 지도화하면(그림 3), 상위동의 분포가 임의적인 것으로 나타나지만 대학촌을 제외하고 지도화하면(그림 4) 강남 3구에 상위동이 집중되어 있음이 두드러진다. 대학촌은 지방에서 고등학교를 졸업하고 서울 소재 대학에 진학한 학생들의 하숙방과 자취방이 밀집되어 있는 지역으로 이 지역의 높은 대학 재학 비율은 해당지역의 4년제 대학진학 비율과 일치한다고 볼 수 없기 때문에 아래에서는 대학촌인 20개 동을 제외하고 분석하였다.

자녀세대의 4년제 대학 재학 비율을 우선 구별로 살펴보면 강남구 50.1%, 서초구 53.8%, 송파구 44.5%로 서울시 평균인 35%를 크게 상회하고 있다. 강남구와 서초구는 자녀세대의 4년제 대학 재학 비율도 가장 낮은 중랑구(27.7%), 강북구(26.6%), 금천구(26.6%) 등과 거의 두 배에 가까운 차이를 보이고 있다. 행정동을

그림 3. 19~20세 대학 재학 비율 상위 · 하위 50개동(2000년)

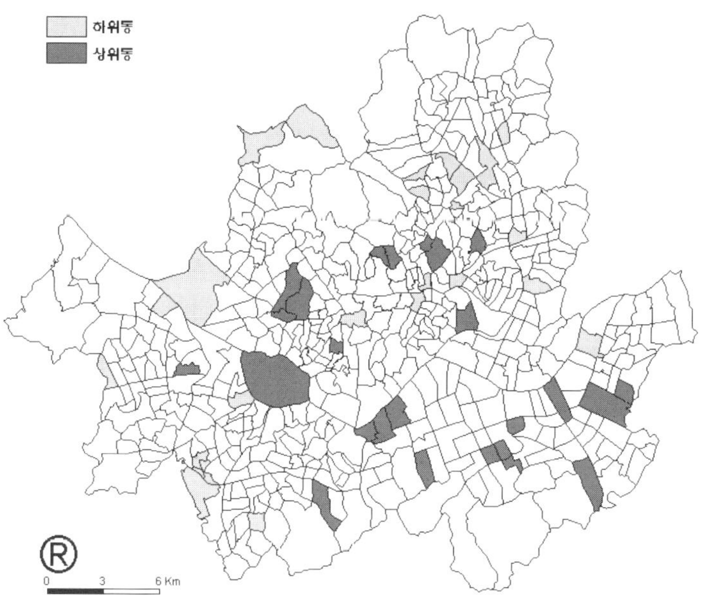

자료: 인구주택총조사(2000년).

그림 4. 19~20세 대학 재학 비율 상위 · 하위 50개동(2000년, 대학촌 제외)

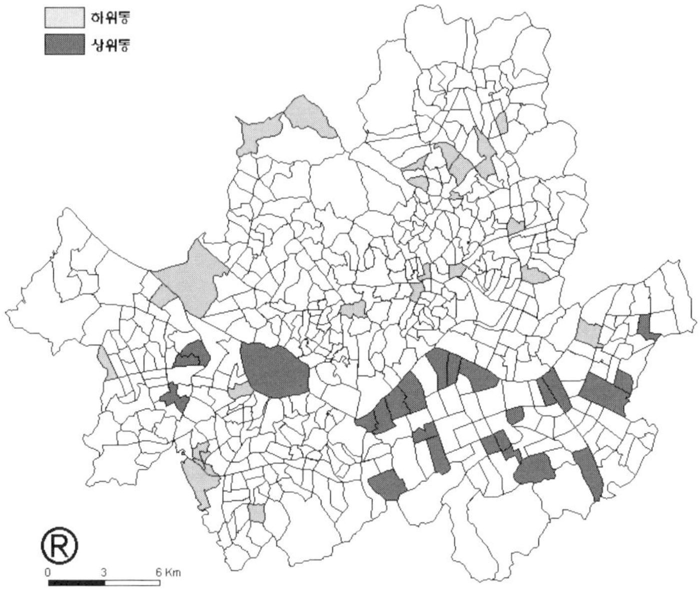

자료: 인구주택총조사(2000년).

분석단위로 자녀세대의 4년제 대학 재학 비율의 차이를 비교해 보면 최고동이 74.6%, 최저동이 10.1%로 매우 큰 격차를 보이고 있다. 이는 어떤 행정동에 살고 있는 대부분(10명 중 7.5명)의 고등학생들은 4년제 대학에 입학하지만 어떤 동에 살고 있는 고등학생들은 매우 작은 비율(10명중 1명)의 학생만이 4년제 대학에 입학하는 상황을 의미한다. 자녀세대의 4년제 대학 재학 비율이 서울시 평균(35%)보다 낮은 동 가운데 10%대에 속해 있는 동이 16개 동, 20%대에 속해 있는 동이 69개 동이며 서울시 평균보다 높은 동 가운데 60%대에 속해 있는 동이 19개 동, 70%대에 속해 있는 동이 1개 동으로 나타나고 있다(표 2). 부모세대의 고학력집단 비율이 높은 동과 자녀 세대의 4년제 대학 재학 비율이 높은 동은 공간적으로 대체로 유사한 패턴을 보이고 있어 부모 학력과 자녀 학력이 밀접한 관계가 있을 것임을 예상할 수 있다. 자녀세대의 4년제 대학 재학 비율이 가장 높은 동은 74.6%를 보이고 있는 오륜동인데, 이 지역은 부모세대의 고학력집단 비율도 66.2%로 가장 높다. 오륜동, 대치2동(66.9%), 목5동(66.9%), 잠실7동(66.1%), 반포3동(65.6%), 반포본동(65.1%) 순으로 자녀세대의 4년제 대학 재학 비율이 높게 나타나고 있는데 이 지역들은 모두 부모세대의 고학력집단 비율 또한 매우 높은 동들이다.

표 2. 행정동별 부모세대 고학력집단 비율 및 자녀세대 대학 재학 비율(2000년)

단위: 개(%)

대학졸업 및 대학 재학 비율	부모세대(대학 졸업)		자녀세대(대학 재학)	
	동수	비율	동수	비율
0~10	225	44.8	—	—
10~20	161	32.1	16	3.2
20~30	54	10.8	69	13.7
30~40	22	4.4	100	19.9
40~50	20	4.0	165	33.0
50~60	14	2.8	30	6.0
60~70	6	1.2	19	3.8
70~80	—	—	1	0.2
전체	502	100.0	502	100.0

자료: 인구주택총조사(2000년).

대학촌인 20개 동을 제외한 부모세대 대졸 비율 상위 50개 동과 자녀세대 대학 재학 비율 상위 50개 동을 비교하면 거의 정확하게 일치하고 있다(표 3). 정해진 기준에 따라 502개 동 중에서 50개 동씩을 추출 할 때 이렇게 정확하게 일치하는 현상은 매우 드물 것이다. 강남3구를 제외하면 강동구의 둔촌1동 · 명일2동, 광진구의 광장동 · 구의3동, 노원구의 상계6동 · 상계9동, 도봉구의 방학4동 · 쌍문4동, 동작구의 대방동, 마포구의 서교동, 양천구의 목5동 · 목6동 · 신정6동, 영등포구 여의도동, 용산구 이촌1동만이 자녀세대의 4년제 대학 재학 비율이 상위 50개 동안에 포함되는 동들인데, 이 동들은 부모세대의 학력수준이 높고 아파트 가격도 높은 동들이다.

각 동에 거주하는 부모세대의 고학력집단 비율과 자녀세대의 대학 재학 비율의 상관계수는 0.89로 매우 높게 나타났으며 회귀분석 결과는 〈그림 5〉와 같다. 회귀모델은 매우 유의적으로 나타났으며 결정계수(R^2)는 0.78을 보였다. 이는 행정동별 자녀세대의 대학 재학 비율 변이의 78%가 부모세대의 학력수준에 의해 설명

됨을 의미한다. 즉 학력수준이 높은 부모들이 많이 거주하는 동에서 자녀세대의 4년제 대학 재학 비율도 높게 나타난다고 풀이할 수 있다. 이러한 관계를 부모세대의 학력수준이 높은 강남3구(강남구, 서초구, 송파구)와 학력수준이 낮은 강북3구

표 3. 부모세대 대졸 비율 · 자녀세대 대학 재학 비율 상위동의 비교(2000년)

구	대졸 이상 상위동(45~59세)	4년제 대학 재학 상위동(19~20세)	구	대졸 이상 상위동(45~59세)	4년제 대학 재학 상위동(19~20세)
강남구	개포1동	개포1동	서초구	반포1동	—
	개포3동	개포3동		반포2동	반포2동
	개포4동	—		반포3동	반포3동
	논현2동	논현2동		반포4동	반포4동
	대치1동	대치1동		반포본동	반포본동
	대치2동	대치2동		방배3동	방배3동
	대치3동	대치3동		방배본동	방배본동
	대치4동	—		서초1동	서초1동
	도곡1동	도곡1동		서초2동	서초2동
	도곡2동	도곡2동		서초4동	서초4동
	삼성1동	삼성1동		잠원동	잠원동
	삼성2동	삼성2동	송파구	가락2동	가락2동
	신사동	신사동		문정2동	문정2동
	압구정1동	압구정1동		방이1동	—
	압구정2동	압구정2동		송파2동	송파2동
	역삼2동	—		오금동	—
	일원본동	일원본동		오륜동	오륜동
	청담1동	청담1동		—	잠실2동
	청담2동	—		—	잠실3동
강동구	둔촌1동	둔촌1동		잠실5동	잠실5동
	명일2동	명일2동		잠실6동	잠실6동
광진구	광장동	광장동		잠실7동	잠실7동
	—	구의3동	양천구	목5동	목5동
노원구	—	상계6동		목6동	목6동
	—	상계9동		신정6동	신정6동
도봉구	방학4동	방학4동	영등포구	여의도동	여의도동
	—	쌍문4동	용산구	이촌1동	이촌1동
동작구	—	대방동	종로구	평창동	—
	사당2동	사당2동			
마포구	—	서교동			

자료: 인구주택총조사(2000년).

(중랑구, 강북구, 도봉구)를 대별하여 분석하면 상관계수와 회귀분석의 결정계수는 더 증가하는데, 강남3구 72개 동의 상관계수는 0.92, 강북3구 52개 동의 상관계수는 0.94로 매우 높게 나타나고 있다. 회귀모델 역시 매우 유의적으로 강남3구의 결정계수(R^2)는 0.84, 강북3구의 결정계수(R^2)는 0.88로 나타나고 있다.

행정동별 자녀세대의 4년제 대학 재학 비율의 격차는 부모 세대의 학력수준과 밀접한 관련이 있는데, 학력수준이 높은 학부모가 많이 거주하는 동에서 자녀세대의 4년제 대학 재학 비율도 높게 나타나고 있다. 이는 부모세대에서 4년제 대학 졸업 이상 학력 인구 비율이 높게 나타나는 동과 자녀세대에서 4년제 대학 재학비율이 높게 나타나는 동의 비교를 통해, 그리고 회귀분석을 통해 확인할 수 있었다. 학부모의 사회 · 경제적 지위에 따라 결정된 거주지별로 자녀의 4년제 대학 진학 비율은 매우 큰 차를 보이고 있어 학력자본의 양적 재생산은 지역에 따라 매우 차별적인 것으로 나타나고 있다.

그림 5. 45～59세 고학력집단 비율과 19～20세 대학 재학 비율의 회귀식

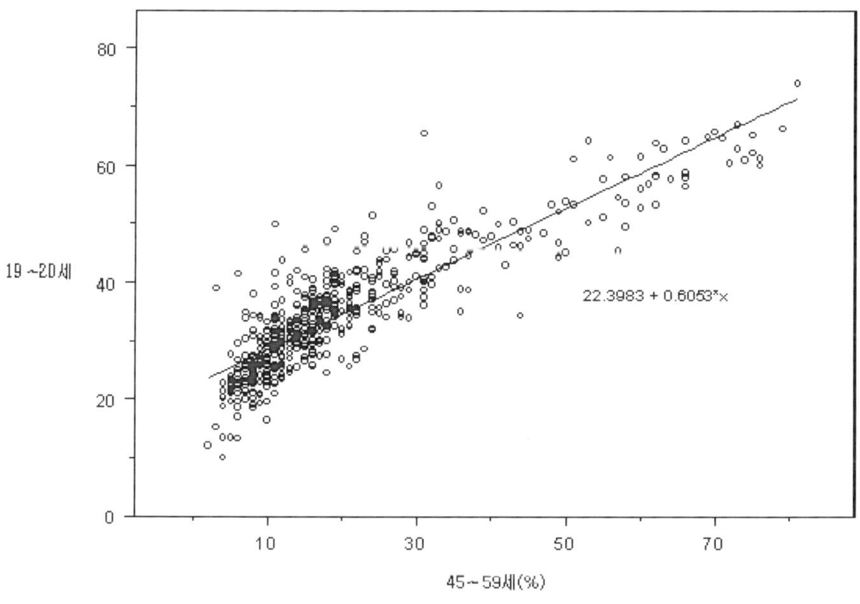

자료: 인구주택총조사(2000년).

3. 학력자본 재생산의 질적 차별화

전반적으로 대학진학률이 높아지는 상황속에서 동일 학력 내에서의 질적 차를 재생산하는 것, 즉 보다 선호되는 대학, 선호되는 학과에 자녀를 진학시키는 것은 부모세대의 양적 학력수준을 자녀세대의 학력수준으로 재생산하는 것 이상으로 중요한 의미를 갖는다. 따라서 아래에서는 사례고등학교의 입시 및 대학진학결과 자료를 중심으로 학력자본 재생산의 질적 차이를 살펴보았다. 강남구 사례고에서는 수능을 치르지 않거나 수능에서 일정 등급 안에 포함되면 대학에 합격하는 수시모집을 통해 본인이 원하는 대학에 진학하는 비율이 광진구 사례고보다 높게 나타나고 있어 지역간 학력 격차를 수능 성적만으로 비교하는 것은 학업 성취에 있어서의 지역간 차를 축소시킬 수 있다. 그러나 수능성적은 대부분의 학생들에게 선호하는 대학, 선호하는 학과에 입학하기 위한 전제가 되기 때문에 우선 수능성적에 있어서의 차를 살펴본 다음 대학진학 결과를 종합적으로 살펴보았다. 일반적으로 보다 선호되는 서울소재 대학과 명문대(의대 포함)에 대한 진학률의 차를 통해 사례지역에서 재생산되는 학력자본의 질적 차이를 살펴보았다.

그림 6. 사례 고등학교 수능성적의 반평균 분포

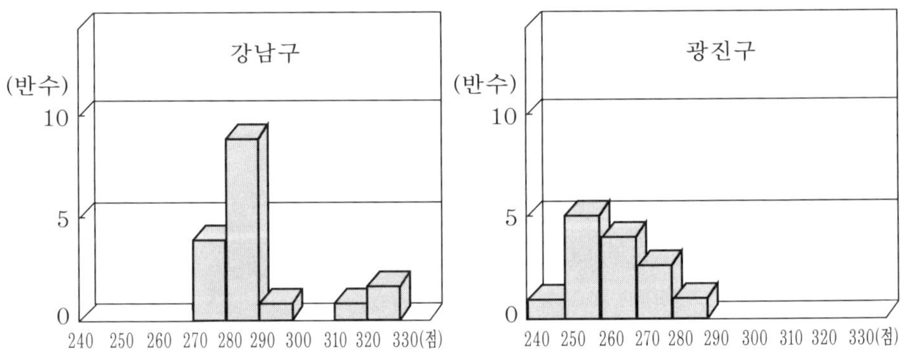

자료: 사례고 입시자료(2003년).

3.1 수학능력시험 성적의 지역차

변환표준점수로 환산된 사례 고등학교 수능성적의 반평균 분포를 살펴본 〈그림 6〉에 의하면 반평균이 강남구 사례고의 경우 270~330점 사이에 분포하고 있는 반면 광진구 사례고는 240~290점 사이에 분포하고 있는 것으로 나타나고 있다. 강남구 사례고 반평균의 대부분은 광진구에서 반평균이 가장 높은 반이 속한 구간에(280~290점) 속해 있다. 강남구 사례고에도 수능성적이 낮아 반평균을 낮추는 학생들이 전혀 없지 않고 학급별 최고 점수 역시 대체로 차이가 크지 않음에도 불구하고 반평균이 크게 차이 나는 것은 강남구 사례 고등학교의 중 · 상위권 학생층이 매우 두텁기 때문이다. 상위 30%에 속하는 학생들의 변환표준점수 평균이 강남구 사례고등학교에서는 338.8점, 광진구 사례고등학교에서는 313.4점으로 나타나고 있다.

사례 고등학교 학생들의 변환표준점수의 구간별 분포에 대한 분석 결과는 〈표 4〉와 같다. 광진구 사례고에서는 350점 이상의 고득점자가 한 반에 1~2명, 가장 많은 반이 3명인데 반해, 강남구 사례고에서는 350점 이상 득점자가 문과반의 경우 1~4명, 이과반의 경우 7~8명에 이르고 있다. 강남구 사례고의 350점 이상 고득점자 비율은 광진구 사례고의 3배에 가까우며, 300점 이상 득점자 비율도 2배 이상 차이 난다. 강남구의 많은 성적 우수자들이 수능시험을 보지 않고 1학기 수시모집으로 이미 대학에 진학한 점을 고려하면 학업성취에 있어서의 실제적 차는 더 크다고 할 수 있다. 반면 200~250점 사이의 득점자 비율은 광진구 사례고에서

표 4. 사례 고등학교 변환표준점수의 구간별 학생수 분포 (단위: 명, %)

점수 구간	강남구 사례고		광진구 사례고	
	학생수	비율	학생수	비율
350점 이상	47	8.2	17	3.0
300~350점	207	36.3	93	16.3
250~300점	198	34.7	211	37.0
200~250점	110	19.3	219	38.4
200점 미만	9	1.6	31	5.4
전체	571	100	571	100

2배 이상, 200점 미만의 득점자 비율은 3배 이상 높다. 4년제 대학에 진학이 어려운 250점 미만의 득점자 비율이 강남구 사례고에서는 20.9%인 반면, 광진구 사례고서는 43.8%에 이르고 있다.

이것은 강남구 사례고에서는 10명 중 2명이 광진구 사례고에서는 10명중 4.4명, 즉 절반에 가까운 학생이 4년제 대학에 입학할 수 없는 성적을 받았음을 의미한다. 강남구 사례고에서 빈도가 가장 높은 점수대는 300~350점대이지만, 광진구 사례고에서는 200~250점대에 가장 많은 학생들이 분포하고 있다.

표 5. 사례 고등학교의 학급별 서울소재 4년제 대학 입학 인원 및 비율

(단위: 명, %)

반	강남구사례고				광진구사례고			
	서울소재대학 입학자수			서울소재 대학 입학비율	서울소재대학 입학자수			서울소재 대학 입학비율
	수시	정시	총계		수시	정시	총계	
1	9	4	13	33	—	2	2	5
2	9	3	12	32	—	5	5	12
3	4	5	9	24	5	0	4	9
4	8	5	13	34	2	5	7	16
5	8	4	12	33	2	6	8	18
6	8	6	14	37	2	2	4	9
7	5	2	7	18	1	5	6	13
8	4	8	12	32	1	7	8	18
9	7	5	12	33	6	8	14	26
10	6	8	14	40	5	7	12	22
11	9	7	16	46	3	0	3	6
12	6	8	14	40	7	7	14	37
13	5	15	20	51	—	—	—	
14	11	11	22	58	—	—	—	
15	8	13	21	55	—	—	—	

자료: 사례고 입시자료(2003년).

3.2 서울소재 대학 및 명문대 진학에 있어서의 지역차

수시 및 특차, 정시 전형 결과를 모두 포함해서 두 사례 고등학교의 서울소재 대학 입학 인원 및 비율을 학급별로 살펴보면 〈표 5〉와 같다. 강남구 사례고는 6○○

명중에서 248명이 서울에 있는 4년제 대학에 진학한 반면, 광진구 사례고에서는 6○○명 중에서 94명만이 서울에 있는 4년제 대학에 진학하였다. 사례 고등학교의 학급별 서울소재 4년제 대학 입학 비율이 강남구에서는 최저 18%에서 최고 58%인 반면 광진구에서는 최저 5%에서 최고 37%로 나타나고 있다. 이러한 차는 앞에서 살펴본 수능성적과도 관련되지만 상대적으로 수능성적의 영향력이 적은 수시에 의해서도 현격한 차가 발생하고 있다. 강남구 사례고의 경우는 6○○명 중에서 113명이 광진구 사례고의 경우는 6○○명 중에서 23명만이 수시로 서울소재 대학에 진학하였다. 강남구 사례고의 경우 한 반에 6~7명이, 광진구 사례고의 경우 한 반에 1~2명이 수시로 서울소재 대학에 입학하고 있다. 수시모집 전형이 내신성적을 많이 반영한다는 점에서 수시모집에 의한 대학진학이 학교별로 이렇게 많은 차이를 보인다는 점이 논리적으로 이상하지만 교사들은 그나마 수시모집이 대학 입학에 있어서의 지역 격차를 완화시키는 역할을 하고 있다고 생각한다. 수시모집마저 없다면 광진구에 있는 고등학교에 다니는 학생이 서울소재 4년제 대학이나 명문대에 입학할 수 있는 가능성은 더 작아진다고 한다. 사례고등학교의 대학 진학 결과를 종합적으로 살펴본 〈표 6〉에 의하면 명문대 및 의대 진학 비율에서 매우 극단적인 차이가 발견된다. 명문대에 진학하는 경우도 강남과 강북에 소재한 고등학교에서 진학 학과가 다소 다르게 나타나기 때문에 단순히 진학자의 총 숫자로 학업성취에 있어서의 지역차를 파악하는 것은 무리가 있을 수 있다. 그러나 본 연구에서는 이에 대한 심층적인 분석은 하지 못하였고 명문대 진학자 수를 통해 두 지

표 6. 사례 고등학교의 대학진학 결과 비교

(단위: 명)

진학결과	사례고		사례고 이외 고등학교	
	강남구사례고	광진구사례고	광진구 ○고	강남구 ○고
서울대	8	4	5	약 25~30
고려대	19	3	3	약 40~50
연세대	10	5	8	약 50~60
의대진학	17	없음	없음	약 30
서울소재대학	248	94	170	자료없음
4년세 대학 불합격자 및 미진학자	188	319	자료없음	자료없음
총계	6○○	6○○	13학급	15학급

자료: 사례고 입시자료(2003년).

역에서 재생산되고 있는 학력자본의 질적 차이를 살펴보았으며, 의과대학으로의 진학 통계를 통해 제한적으로나마 진학 학과에 있어서의 차를 살펴보았다. 대학과 학과를 둘러싼 사회 집단들간의 경쟁은 매우 심화되고 있는데 이 경쟁에서 정점의 위치를 차지하고 있는 것이 의과대학으로의 진학이다. 광진구 사례고에는 의대 진학생이 한 명도 없는 반면 강남구 사례고에서는 17명이 의대에 진학했다. 의대 진학 학생수는 두 지역에서 생산되는 학력자본의 질적 차를 가장 극적으로 보여 주는데 0명과 17명의 차는 숫자로 표현될 수 있는 이상의 의미를 갖는다. 강남구는 다른 지역에 비해 중간계급 이상의 계급 지위를 안정적으로 재생산할 수 있는 가능성에서 뚜렷이 구분됨을 알 수 있다. 4년제 대학 불합격자 및 미진학자 수가 많이 차이 나는 것도 학업성취에 있어서의 차를 명확하게 보여 주고 있다.

4. 빗장도시의 형성

지역에 따라 교육환경과 교육에 있어서의 성취가 달라짐에 따라 불리한 교육환경을 가진 지역에서 일정한 사회 · 경제적 지위를 가진 집단의 탈주(flight)가 발생하여 유리한 교육환경을 가진 지역으로의 집중이 지속적으로 이루어지고 있다. 높은 주택 가격을 지불할 수 있는 거주 계층은 거주 환경이 좋은 특정 거주지로 선별적으로 이동하게 되고 이러한 이동은 지역간 불균형을 심화시킨다. 특정 집단은 특정한 주거환경에 대한 선호와 집단적인 거주를 통해 배제의 지리를 확립하려는 공간적 실천을 하는 경향이 있다(이상일, 1995). 이러한 배제의 지리, 즉 진입장벽은 주택 가격이라는 형태를 통해 나타나는 것이 일반적이다. 주택은 일반 가구의 가장 큰 자산이며 임금노동자에게는 엄청난 경제적 부담이 되는 고가의 상품으로 특정 지역 주택 가격의 상승은 이 지역에 대한 접근성의 임계치를 높인다. 자녀의 학력자본이 양적인 면에서나 질적인 면에서 모두 차별적으로 재생산되고 있는 강남구와 광진구의 아파트 가격을 비교해 보면, 아파트 가격이 서울시 평균과 유사한 광진구에서 아파트 평당 매매가가 가장 높은 동(광장동, 구의3동)이 강남구에서 가장 평당 매매가가 낮은 동과 같은 구간에 속해 있을 정도로 두 지역의 아파트 가격은 많은 차이를 보이고 있다(그림 7). 이는 주택 소유 형태를 바꾸지 않고 광진구에서 강남구로 이동이 가능한 지역이 매우 제한적임을 의미한다.

그림 7. 강남구 · 광진구의 행정동별 아파트 평당 매매 가격(2003년)

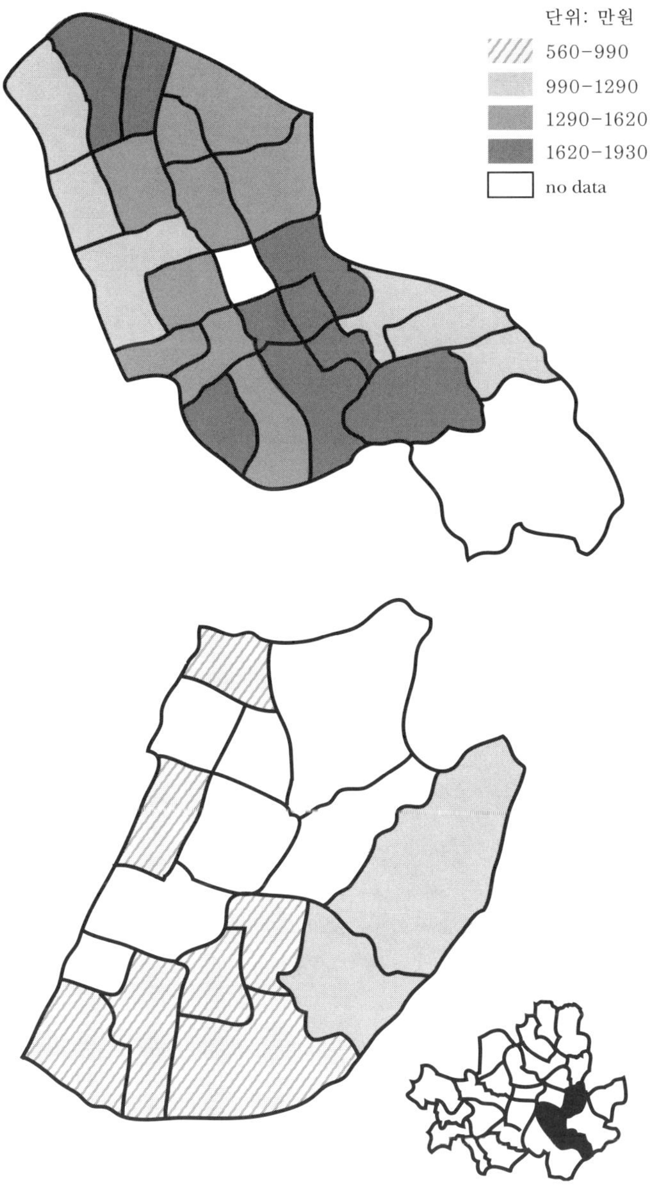

자료: 부동산뱅크.

아파트 가격의 상승률이나 평당 가격과 같은 비율 데이터도 의미가 있지만 절대값의 차는 실질적인 의미를 가지기 때문에 광장동 · 노유동(광진구), 대치1동 · 대치2동(강남구)에 소재한 아파트들의 절대 가격을 살펴보았다. 아파트 가격의 시계열적 비교가 가능한 30평~35평에 속하는 아파트를 선택한 후 평당 가격을 구하였고 이를 통해 사례 아파트의 평당 매매 가격을 32평 아파트로 통일시켰다. 32평 아파트의 단지별 매매가 변화는 〈그림 8〉과 같다. 강남구 아파트 단지들은 실선으로 표시하였으며 광진구 아파트 단지들은 점선으로 표시하였는데, 지역에 따른 매매가의 양극화 경향이 점점 뚜렷하게 나타나고 있다. IMF 경제위기 이전인 1997년에만 하더라도 대치동 은마아파트는 광진구아파트들과 유사한 가격을 보였으나 2001년 이후 지역별 양극화가 심화되면서 매매 가격이 2배 이상 차이 나게 되었다. 1997년에서 2003년 사이 대치동 은마아파트의 매매가는 2억 3천만원에서 4억 9천만원으로 상승한 반면, 광장동 극동아파트는 2억 1천만원에서 3억 5천만원으로, 노유동 우성아파트는 2억에서 2억 8천만원으로 상승해 뚜렷이 차별화되었다.

아파트 가격의 차가 인구이동에 있어서의 제약 요인으로 작용하는지를 살펴

그림 8. 강남구 · 광진구 32평 아파트의 매매 가격 변화(1997~2003년)

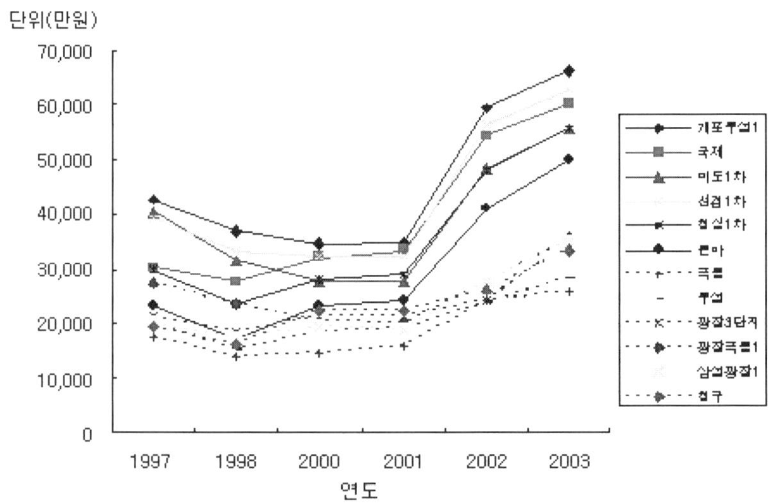

자료: 부동산뱅크.

보기 위해 서울시 각 구에서 강남구로 전입하는 인구수를 분석한 결과는 〈그림 9〉와 같다. 가장 특징적인 현상은 같은 구내 인구이동이 탁월한 양상을 보인다는 점이다. 구안에서 이동하는 비율(44.1%)이 가장 높으며, 인근의 사회 · 경제적 특성이 비슷한 구에서 전입하는 비율이 그 다음으로 높다. 강남구(44.1%), 서초구(11.5%), 송파구(8.6%)에서 전입하는 비율이 서울시 안에서 이동한 전체 인구의 64.2%를 차지하고 있다. 강남구로 전입하는 인구가 1,000명 미만으로 적은 구는 강북구, 구로구, 금천구, 도봉구, 종로구, 중구로 이 구들은 아파트 가격과 학부모의 학력수준이 낮은 구들이다. 유사한 사회 · 경제적 특징을 가진 구에서의 인구이동이 많은 반면 반대의 경우에는 인구이동이 적은 것으로 나타나고 있다. 아파트 가격과 학부모의 학력수준이 낮은 구에서 강남구로 적은 수의 가구가 이동한다는 것은 거주지 이동에 장벽이 있다는 것을 의미하며 양질의 거주 환경에 대한 비용 지불 능력이 거주지 이동에 있어서 제약으로 작용하고 있다고 볼 수 있다. 현재의 거주지 선택은 단순히 선호에 의해 설명될 수 없으며 구조화되고 있다. 구조

그림 9. 구별 강남구로의 전입 인구수(2000년)

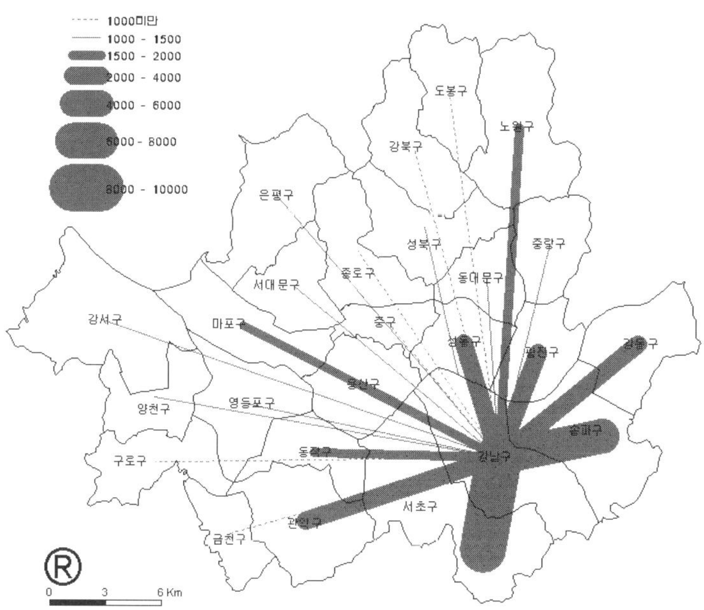

자료: 인구이동통계 원자료(2000년).

화된다는 의미는 개인들이 거주지를 스스로 선택하는 것이 아니라, 사회에 의해 강제되었다는 것을 의미한다. 구조적인 요소들은 개인의 영향력 밖에 있으며, 이것은 사회가 조직되는 방식을 만든다. 개인이 어디에 사는가는 개인의 삶에 심대한 영향을 미쳐 대부분의 구조적인 요소들은 지리적으로 정의된다. 지난 1997~2003년 사이에 발생한 지역에 따른 차별적인 아파트 가격 상승에 의해 고학력집단 거주지역에 대한 경제적 장벽이 강화되어 앞으로 이 지역에 대한 다른 지역으로부터의 공간이동 가능성은 현저하게 줄어들 것으로 예상된다.

다른 지역과 구분되는 양호한 교육환경을 가진 사례지역인 강남구는 비가시적이지만 견고한 사회 · 경제적 장벽에 의해 누구나 자유롭게 살 수 없는 빗장도시가 되고 있다. 이 새로운 도시에서는 장벽 안에 거주하는 가구에게만 높은 질의 배타적인 시설과 서비스를 제공한다. 공간적으로 명확히 분리되어 있는 양호한 교육환경을 가진 강남구는 높은 아파트 가격과 거주집단의 사회 · 경제적 특성에 의한 진입 장벽을 통해 동질적인 집단의 이주를 선택적으로 허용하고 있다.

격차

멀어지는 지역들과 同行을 위한 시도들

혁신도시 이전대상 기관 직원들의 이주 및 정착 의지: 광주 · 전남 공동혁신도시 나주를 사례로

김준우, 안영진, 이정록

1. 혁신도시에 관한 논의

우리나라에서 혁신도시에 관한 논의는 급작스럽게 이뤄졌다. 혁신도시 추진 현황을 분석한 김채규(2006)는 2003년 6월에 발표된 '국가균형발전을 위한 대구구상'에서 사업의 공식적 출발점을 찾고 있다. 그런데 "행정도시의 건설사업이 지닌 당위성과 시의성, 그리고 그 배경에 관해 좀 더 깊이 있고 체계적인 논의와 이에 따른 차분한 대국민 설득이 얼마나 깊이 있게 이뤄졌는지에 대해서는 회의가 없지 않다"는 안영진(2006:70)의 지적이 혁신도시 건설사업에도 적용될 수 있을 것이다. 이 절에서는 국가균형발전과 효율적인 내생적 지역발전을 동시에 실현한다는 참여정부의 혁신도시에 대한 공식입장과 이 논문에서 필자들의 관심이 어떻게 대비되는지를 살펴보고자 한다.

혁신도시의 논의와 관련해서는 먼저 '혁신'이라는 의미에 대해 초점을 두는 것이 유익할 수 있다. 카스텔과 같은 학자는 이러한 혁신에 우선적 관심을 두는 대표적인 학자이다. 그에 의하면, 새로운 기술패러다임의 특징은 그 원료가 정보이며 그 산물도 정보라는 점이다. 그는 1960년대 후반부터 1980년대 후반까지 20

여 년 동안 일련의 과학기술적 혁신들이 새로운 기술패러다임으로 수렴되어 왔다고 주장한다(Castells, 1989:29-30). 카스텔 등은 이러한 맥락에서 정보경제에서의 광산과 주물공장으로 지칭하는 기술단지(technopole)에 대한 분석을 시도하고 있다. 이들은 혁신적 사회적 분위기와 조직에 중점을 두고 있는데, 새로운 아이디어, 조직형태, 관리체제가 창의적으로 작동해야만 혁신적 정보과정이 생성될 수 있다고 한다. 이들은 구체적으로 '혁신적 분위기' 라는 개념을 제시하며, 이를 "계속적인 상승작용과 이러한 상승작용적 역량에 기초한 생산과정에의 투자를 만들어내는 사회 · 제도적 · 조직적 · 경제적 · 지역적 구조"로 정의하고 있다(Castells & Hall, 1994:9). 그가 드는 대표적인 실례는 실리콘 밸리(Silicon Valley)이다. 1970년대 중반부터 실리콘 밸리는 고급기술의 생산과 서비스에서 혁신적 분위기를 자생적으로 유지해 오고 있다는 것이다. 그는 이러한 혁신적 분위기의 가장 중요한 요소를 가장 앞서 있는 전자산업 지식의 저장고라는 사실과 차세대 지식을 만들 수 있는 사회적 네트워크와 전문가들 조직이라고 지적하고 있다(Castells and Hall, 1994:26). 이들은 '혁신적 분위기' 에 초점을 두고 실리콘 밸리, 대만의 신추(Hsinchu), 한국의 대덕연구단지, 프랑스의 소피아 앙띠폴리스, 일본의 테크로폴리스계획 등 세계의 여러 기술단지를 분석하고 있다.

이러한 혁신에 대한 관심은 우리 정부의 공식입장에서도 나타난다. "산 · 학 · 연 · 관이 서로 긴밀히 협력할 수 있는 최적의 혁신 여건"이라는 표현이 바로 그것이다. 이러한 입장은 클러스터이론에서도 언급되고 있다. 클러스터란 제품생산업체, 부품공급업체, 서비스제공업체, 연관산업, 협회, 연구소 및 대학 등이 서로 지식을 교류함으로써 높은 부가가치를 창출하는 지리적 집중체를 말하며, 기술 · 인력 · 유통경로 등을 공유하는 산업집단이다(권영섭, 2006:18-19).

이러한 입장과는 달리 이러한 기술단지들의 지역사회에의 파급효과에 좀 더 관심을 두는 경우도 있다. Luger와 Goldstein은 미국 North Carolina에 위치한 Triangle Research Park를 포함한 세 개의 연구단지(Research Park)를 카스텔과는 조금 다른 각도에서 분석하고 있다. 그의 준거점은 해당 지역의 일자리 창출이나 소득증대이다. 이들은 Triangle Research Park의 성공에도 불구하고 지역사회 파급효과라는 입장에서 판단해 보면, 연구단지 조성이라는 전략이 언제나 어디서나 효과적인 것은 아니라는 결론을 내리고 있다. 차라리 동일한 자원을 도시기반시설이나 서비스에 투자하는 것이 지역사회에 더 도움이 될 수도 있다는 것이다(Luger &

Goldstein, 1991:184).

혁신도시를 공공기관 지방이전이라는 시각에서 보는 입장 역시 지역사회 파급효과라는 준거점을 공유하고 있다고 볼 수 있다. 국가균형발전이라는 명제에서 비수도권 지역사회에 긍정적인 효과를 유도해 내겠다는 입장이기 때문이다(건설교통부, 2005). 공공부문의 지방이전을 지역발전을 위한 수단으로서 인식하게 한 이론적 기초는 잘 알려져 있듯이 스웨덴의 경제학자 뮈르달(Myrdal)의 '누적적 인과모델'과 페로(Perrox)의 '성장거점론'이다(Yliskyla-Peuralahti, 2003; 안영진 · 김태환, 2004:3). 프리드리히(Friedrich, 1988)는 공공기관의 지방이전이 대상지역에 파급효과를 가질 수 있다며 다음과 같이 일반적인 주장들을 정리하고 있다. ① 많은 공공기관들은 노동력 집약적이고, 따라서 많은 일자리를 창출한다. ② 민간기업과 비교했을 때 비교적 고용규모가 크다. ③ 민간기업보다는 비교적 중간 및 고숙련 직원이 많다. ④ 지난 4반세기 동안 공공분야의 고용이 빠르게 늘어났고, 전체 고용 중 공공부문 고용비중이 증가하였다. ⑤ 공공부문은 변호사, 인쇄소 등의 다른 서비스와 연결되어서 간접고용 파급효과를 가진다. ⑥ 공공부문 종사자들과 그들 가족의 이주는 해당지역 시장경제를 활성화시킨다. ⑦ 공공부문은 보통 민간기업과 경쟁하지 않기 때문에 해당지역 민간기업의 성장을 억제하지 않는다. ⑧ 공공부문 서비스가 해당지역 바깥의 고객에게도 제공되기 때문에 이에 따른 파급효과가 있다. ⑨ 공공부문의 입지는 그 지역에 도움이 되는 재정적 지원이나 고용정책에 긍정적 영향을 미칠 수 있다. ⑩ 공공부문입지는 그 지역의 경제발전을 도모하는 정치인들의 이해관계를 나타내기 때문에 민간기업의 투자를 유도할 수 있다. ⑪ 공공부문은 비교적 안정적인 성장을 보이기 때문에 주기적 변동이 별로 없다는 것 등이다(Ganser, 1979; Krukenberg, 1979).

이 글은 프리드리히의 정리 중 여섯 번째의 "공공부문 종사자들과 그들 가족의 이주는 해당지역 시장경제를 활성화시킨다"는 명제에 가장 직접적으로 관심을 가진다고 볼 수 있다. 이는 무엇보다도 공공기관의 지방이전에 따른 파급효과를 분석함에 있어서 가장 직접적이고 명시적인 요소가 될 수 있으며, 또한 위에서 언급하였듯이 그 동안의 공공기관의 지방이전과 관련한 정부정책에서 우선순위로 설정된 수도권 과밀집중의 해소라는 목적이 과연 어떻게 실현될 것인가 하는 논제와 밀접히 연관되어 있기 때문이다.

2. 공공기관 지방이전의 파급효과 및 직원 이주에 관한 사례

앞서 논의를 배경으로 여기서는 국내외의 기존 공공기관 지방이전의 구체적 사례들을 살펴보려고 한다. 특히 국내외 공공기관 지방이전을 이전대상 지역사회로의 파급효과라는 큰 틀에서 이전대상 기관들에 소속된 직원들의 이주 · 정착 및 이들에 대한 정책적 배려에 대해 검토하고자 한다.

국내 사례에서 가장 주목할 점은 공공기관을 이전할 때 직원에 대한 배려가 매우 적었다는 사실이다. 국토개발연구원(1997)이 발간한 보고서에 따르면, 수도권에서 조사 대상시점까지 다른 곳으로 이전한 57개 공공기관 중 직원들에 대해 정부가 지원한 기관은 10.5%인 6개 기관에 불과하다. 지원내용은 교통비 보조(33.4%), 기숙사 또는 관사제공(25.0%)의 순이다. 주택 마련에 있어서 어떠한 기관도 주택 특별 분양권이나 주택수당 지급과 같은 적극적인 주택마련 수단에 대해서는 별도의 지원이 없었다. 자녀교육과 같은 문제에 대해서도 실질적인 지원이 없었다고 한다.

물론 국내 사례는 직원의 정착과 관련하여 성공 가능성을 보여 주기도 한다. 정부 대전청사 공무원을 대상으로 2001년 실시된 설문(국토연구원 조사, 유효 603매, 회수율 87.4%)은 공공기관 지방이전에 대한 직원들의 의식과 행태를 구체적으로 파악했다는 면에서 의미가 크다. 이주형태의 경우 가족 전체가 대전지역으로 이주한 경우가 64.7%로 가장 많으며, 본인 이주가 23.6%, 가족 중 일부만 이주한 경우가 7.8%, 수도권에서 출퇴근하는 경우가 0.8%로 나타나고 있다. 현재 가족과 같이 정착한 경우가 70%를 상회하는 것이다. 이러한 결과에 대한 설명 역시 시사하는 바가 적지 않은데, 다음과 같이 정리할 수 있다. 즉, "공공기관의 지방이전 후 지방에 정착률을 높이기 위해서는 주거환경, 교육문화 여건의 조성 등 적극적인 지역육성책이 필요한 것으로 지적되었다. 제3청사에 이주한 공무원의 세대이주 비율이 높고 주거환경과 교육 및 문화여건에 대해서는 만족도가 매우 높게 나타나고 있는 점이 이를 말해주고 있다"(광주광역시, 2003:141-142).

대전의 양호한 교육환경은 국토개발연구원(1997)의 보고서에 나온 대덕 연구단지에 근무하는 직원들에 대한 조사(5개 연구기관, 유효 124매, 회수율 82.7%)에서도 나타난다. 자녀교육에 대해서 42.8%가 '만족'이라고 응답하고 52.4%가 '보통'

이라고 답변하였으며, '불만족'은 4.8%에 불과하다. 전반적으로 교육환경에 대해 긍정적으로 생각하고 있다는 것이다. 대전으로 1974년 이전한 수자원공사의 지방이전 효과분석은 지역사회에 미치는 파급효과를 전반적으로 잘 나타내 보여 주기도 한다. 대전 거주 1,200세대가 월 150만원 지출한다고 가정하였을 경우 연간 200억원의 소비지출로 지역경제 활성화에 기여하는 것으로 분석되고 있다. 2004년 기준으로 볼 때, 대전 · 충청권 대학출신 고용 18명, 주택자금지원 52억 2천만 원, 물품구매비용 97억 4천만 원 그리고 지방세 납부실적 23억 8천만 원을 나타내고 있다(국토균형발전위원회 · 건설교통부, 2005:14).

해외 공공기관 이전의 경우 직원들에 대한 배려를 좀 더 찾아볼 수 있다. 1990년대에 이뤄진 유럽의 공공기관 이전의 경우 좀 더 자발적이고 세세한 지원을 엿볼 수 있다. 영국의 경우 이전수당과 주택수당 그리고 자녀교육비 보조가 이뤄졌다. 스웨덴의 경우에는 이전이 곤란한 직원은 타 직업을 알선해 주고 이전 직원에게는 공공주택 입주권과 가족 직장알선이라는 혜택을 제공하였다. 프랑스의 경우에는 공공기관의 지방분산은 사회적 합의와 자발적 이전에 바탕을 두고 있다. 이전 직원에 대해서는 보상금으로 3만 프랑, 배우자 및 가족 이동에 따른 보상금으로 17,500~20,000 프랑 등 모두 5만~8만 5,000 프랑을 지급하였다. 그 밖에 주택수당과 주택보조금도 당시 지급할 계획이었다고 한다(국토개발연구원, 1997).

해외에서 공공기관 이전의 긍정적 효과를 볼 수 있는 대표적 예는 프랑스의 소피아 앙티폴리스이다. 소피아 앙티폴리스는 일단 일자리 창출과 경제성장이라는 기준으로는 성공적이라는 평가를 받고 있다(Castells & Hall, 1994; 공금록, 2004; 신동호, 2004; 김태환, 2005). 2003년 1월과 2004년 1월 사이에 이뤄진 조사(http://www.sophiaantipolis.net/uk/ 2006년 12월 20일 접근)에 의하면, 26,635명의 일자리와 1,276개의 회사가 앙티폴리스에 자리 잡고 있다. 정보기술이 이 중 23%의 회사와 43%의 일자리를 차지하고, '건강산업과 화학'이 4%의 회사와 9%의 일자리를 구성하고 있다. 이러한 소피아 앙티폴리스의 발전과정에는 정부의 지원과 공공기관 이전이 크게 작용하였다고 한다(신동호, 2004).

3. 혁신도시 이전대상 기관 직원들의 이주 및 정착 의지

3.1 조사방법과 응답자의 인구 사회적 특성

이 조사는 2006년 5월 1일~25일에 걸쳐 이뤄졌으며, 광주 · 전남 공동혁신도시인 나주로 이주하는 17개 공공기관의 이주 예정 직원 4,562명이 대상 집단이었다. 설문조사는 각 해당 기관에 공식적으로 의뢰해서 수행되었다. 직원수에 비례해서 설문지가 배포되었는데, 총 500부를 배포하여 476부가 수거되었고 응답률은 95.2%이다. 대상 집단인 직원 4,562명의 10.4% 정도가 실제 설문조사에 응답했다고 파악할 수 있다(표 1).

표 1. 대상 기관별 설문지 배포 및 회수 부수

구 분	이전대상 직원수(명)	응답설문지 부수(매)
한국전력공사	1,200	105
한국농촌공사	701	81
한국무선국 관리사업단	75	11
한국농촌경제연구원	218	22
농업연수원	42	5
한국문화예술위원회	60	5
전파연구소	137	17
저작권심의조정위원회	29	7
프로그램심의조정위원회	80	11
한전기공	192	19
농수산물유통공사	224	27
정보통신부 지식정보센터	377	39
한국전력거래소	263	32
한전KDN	500	47
한국정보보호진흥원	245	29
사립학교교직원 연금관리공단	163	14
한국문화콘텐츠진흥원	56	5
합 계	4,562	476

자료: 필자 조사.

설문에는 이전대상 직원들의 사회인구적 변수가 포함되어 있다. 이러한 변수는 그 자체로서도 의미 있는 정보일 뿐만 아니라, 이주 유인책을 개발하는 데도 중요하다. 설문에 응한 응답자들은 남자들이 여자보다 4배 가까이 많고, 평균 연령은 37세이며, 4분의 1 정도가 독신이다. 다시 말해, 성별에 대한 질문에 응답자는 476명이며, 이 가운데 남자는 373명이고 여자는 100명이다. 독신 여부에 대한 질문에 응답한 사람은 475명이며, 독신이라는 응답이 92명, 독신이 아니라는 응답이 383명이다. 연령 응답자는 472명이며 평균 연령은 37.34이다. 연령 분포에서는 20대가 9.1%, 30대 58.1%, 40대 30.5%, 50대 2.3%이며, 30~40대를 합치면 전체의 88.6%를 차지한다.

476명이 응답한 '배우자 포함 동거 가족수'의 평균은 2.5명이다. 동거가족이 없다는 응답이 8.2%이며, 1명과 동거한다는 응답이 12%이며, 2명과 동거가 23.3%이며, 3명과 같이 사는 경우가 41.4%이며, 4명과 동거가 10.5%, 5명과 동거가 3.6%이다. 6명과 7명의 경우는 각각 0.8%와 0.2%로 극히 작았다. 응답자 가족 중 미취학 어린이나 초 · 중 · 고교에 취학하는 자녀가 있는 경우는 전체의 62.9% 정도이다. 가족과 교육과 관련된 정책개발의 필요성을 시사한다. 이 질문에 대한 응답은 469명이다. 위에서 언급한 62.9%에 해당하는 '예'로 응답한 사람들은 295명이며, 나머지 37.1%를 차지하는 174명은 '아니오'라는 응답을 했다.

배우자 직업분포는 미취업, 사무관리직, 전문직, 서비스 및 판매직 순으로 나타났다. 미취업은 대부분 주부들이다. 주부는 응답 280명 중 단일 직종으로 가장 큰 비중인 42.8%를 차지하고 있다. 사무관리직은 113명(33.8%)으로, 일반 회사원과 공무원이 대부분을 차지하고 있다. 응답자 중 65명으로 19.5 %를 차지하는 전문직에는 교사와 학원강사가 36명으로 가장 많다. 서비스 및 판매직은 3%로 의미 있는 비중은 아니다.

거주지와 관련해서는 직원 중 절반 이상이 서울에 거주하고 있으며, 전체의 59% 이다. 응답한 476명 가운데 280명이 서울 거주자에 해당한다. 이른바 '강남권'(강남구, 서초구, 송파구)에 전체 응답 476명 중 99명이 거주하고 있어 21%를 차지하며, 서울 거주가 아닌 경우에도 '분당'으로 대표되는 성남시 거주자가 많다. 전체 476명 응답자 중 35명으로 7.4%를 차지하고 있다.

응답 직원 중 절반 이상인 56.7%가 집을 소유하고 있는 것으로 나타났다. "현재 소유하고 있는 집이 있으십니까"라는 질문에 답한 476명 중 270명이 '예'라고 답하였다. 주택소유에 있어서도 서울집중 현상은 여전하다는 점을 보여 준다. 응답한 267명 중 52.4%에 해당하는 140명이 서울에 '자신의 소유주택 중 가장 가격이 비싼 주택'을 가지고 있다. 주택소유에 있어서도 부동산 가격이 비싼 곳으로의 집중현상이 뚜렷하다. 강남권(강남구, 서초구, 송파구)에 대해 응답 직원 267명 중 50명이 '소유주택 중 가장 비싼 주택'을 가지고 있으며, 전체의 18.7%에 해당한다.

3.2 이주 및 정착에 관한 태도

우선 이주 및 정착에 대한 태도를 살펴보면, 다음과 같다. 나주로 이주할 때 가족과 같이 정착할 의사나 주택을 구매할 의사는 낮게 나타난다. 하지만 가족과 같이 정착하거나 지역에서 주택을 구매할 경우에는 나주 공동혁신도시 내부에서 거주 및 구매를 할 것이기 때문에, 혁신도시가 성공한다면 1차적인 혜택은 나주시가 가져갈 것으로 보인다. 또한 이전 기관 직원들은 나주지역에서 아파트를 구매하는데 충분한 현금동원 능력을 갖고 있다. 전반적으로 나주 공동혁신도시의 현재와 미래에 대해 부정적인 의견이 높게 나타나고 있다.

〈표 2〉에서는 가족과 같이 거주할 것인가 하는 질문에 대한 답변을 정리한 것이다. 이는 혁신도시가 어떤 모습을 띨 것인지를 결정하는 중요한 논제이다. 전체 응답자의 19.8%만('꼭 그러겠다'와 '아마 그러할 것이다')이 나주에 건설될 공동혁신도시로 가족과 함께 이주하겠다고 응답하였다. 〈표 2〉에서는 '가능성이 전혀 없다'고 응답한 아주 부정적인 태도가 475명의 절반에 가까운 209명으로 전체의 44%를 차지하고 있다. '꼭 가족과 같이 옮겨 오겠다'는 대단히 긍정적인 응답은 27명으로 전체의 5.7%에 불과하다. 긍정적 응답인 '꼭 그러겠다', '아마 그러할 것이다'는 94명인 19.8%에 지나지 않는다. 응답자 가운데 36.2%(475명 중 172명)가

표 2. 공동혁신도시로의 직장 이전 시 가족과의 동반 여부*

구 분	꼭 그러겠음	아마 그러할 것임	그럴 가능성이 조금 있음	어느 정도 정착 되면 옮겨가겠음	가능성이 전혀 없음	계
응답자수 (%)	27명 (5.7)	67명 (14.1)	78명 (16.4)	94명 (19.8)	209명 (44.0)	475명 (100.0)

주: (설문지의 문항: 이하 동일) "나주 혁신도시로 직장이 옮겨갈 때, 가족이 같이 혁신도시 내부나 근처에서 거주할 생각이 있으십니까?"

표 3. 공동혁신도시로의 직장 이전 시 나주시에서의 주택 구매 여부*

구 분	꼭 그러겠음	아마 그러할 것임	그럴 가능성이 조금 있음	가능성이 전혀 없음	계
응답자수 (%)	14명 (3.0)	72명 (15.2)	150명 (31.7)	237명 (50.1)	473명 (100.0)

주: "나주 혁신도시로 직장이 옮겨갈 때, 나주시에서 집을 구매하시겠습니까?"

유보적 응답인 '그럴 가능성이 조금 있다'와 '어느 정도 정착되면 옮겨 가겠다'를 선택하였다.

〈표 3〉에서는 정착의지를 파악하기 위해 주택구매 의사를 조사하였다. 공동혁신도시로 직장이 옮겨갈 때, 나주시에 집 구매 의사가 있느냐는 질문에 473명이 응답하였다. 이 중 '가능성이 전혀 없다'는 아주 부정적인 태도가 응답자의 절반인 50.1%를 차지하고 있다. '꼭 그러겠다'는 아주 긍정적인 응답은 14명으로 3%에 불과하다. '꼭 그러겠다'와 '아마 그러할 것이다'를 합친 긍정적인 태도는 18.2%이다. '그럴 가능성이 조금 있다'는 유보적인 태도가 31.7%에 이른다. 결론적으로 나주에서의 주택구매 의사('꼭 그러겠다'와 '아마 그러할 것이다')는 낮은 수준(18.2%)을 나타내고 있다.

〈표 4〉는 나주로 옮겨올 때 어디에 거주할 것인가 하는 질문에 대한 응답을 정리한 것으로, 결과는 나주의 공동혁신도시 내부가 대부분을 차지하고 있다. 물론 이 질문은 가족과 같이 거주하거나 혼자 살거나 상관없이 공통적으로 해당되는 질문이다. 공동혁신도시 내부가 66%를 차지하고 있다. '나주 공동혁신도시 내부'와 '나주 공동혁신도시 외부'를 합친 나주 거주에 해당하는 응답은 76.7%에 달한다. 나주를 제외하고는 광주가 거의 대부분을 차지하고 있다. '광주이지만 구체적으로 어디일지를 정하지 않았다'는 응답이 17.2%이다. 광주 전체에 해당하는 응답 비율은 19.6%이다.

표 4. 나주 또는 광주에서의 주택 구매 시 선호 지역*

구 분	나주 혁신 도시 내부	나주 혁신 도시 외부	광주이지만 구체적으로 어디일지를 정하지 않음	광주 동구	광주 서구	광주 북구	광주 남구	광주 광산구	기타	계
응답자수 비율(%)	262명 (61.4)	46명 (10.8)	98명 (23.0)	1명 (0.2)	6명 (1.4)	2명 (0.5)	1명 (0.2)	5명 (1.2)	6명 (1.4)	427명 (100.0)

주: "만약 나주 또는 광주에서 집을 구매하신다면, 어느 지역의 집 구매를 가장 선호하십니까?"

이전기관 직원들은 나주지역에서 아파트를 구매하는데 재정적인 어려움을 크게 겪지 않은 것으로 보인다. 만약 가족과 같이 공동혁신도시 내부나 근처에 거주할 경우, 현재 소유하고 계신 주택을 처분하겠느냐는 질문에 대해서는 437명이 응답하였고, 이 가운데 377명(86.3%)이 '아니오' 라고 응답하였다. 간접적으로 재정적인 여유를 보여 주는 응답이라고 이해할 수 있다.

그리고 "만약 나주지역에서 아파트를 구매한다고 가정할 경우 몇 평 정도를 생각하고 계십니까?" 라는 질문에 대해서는 433명이 응답하였으며, 평균 평형은 35.27평이다. "만약 나주지역에서 아파트를 구매한다고 가정할 경우 얼마 정도의 현금을 구매에 사용할 수 있습니까?" 라는 질문에는 415명의 응답에 평균 1억 2,394만원이라는 조사 결과가 나왔다. 본 조사 시점에 국민은행 기준 나주지역 아파트 평당 가격이 174만원이라는 점을 감안한다면, 원하는 평형 구매에 충분한 현금을 보유하고 있다는 결론을 내릴 수 있다.

3.3 가족동반 이주 유인책

가족이 같이 나주지역에서 정착하기 위해서는 교육에 가장 큰 신경을 써야 할 것으로 조사되었다. 이사비용 제공과 같은 현금성 지원은 가족동반 이주를 위한 대책으로는 미흡하다. 배우자 직업알선은 상당한 유인효과를 가질 수 있으나, 배우자의 직업구조를 분석해 볼 때 현실적인 제약점이 있을 것으로 예상된다.

설문조사 결과는 공동혁신도시의 경우 기존의 교육체계와는 다른 혁신적인 교육서비스를 제공할 필요가 있다는 점을 시사한다. 〈표 5〉의 결과는 직원들이 자녀를 광주광역시 소재 학교로 보내는 것을 선호하지 않음을 보여 준다. 가족과 같이 나주지역에 거주하는 경우 광주의 초 · 중 · 고교에 자녀를 보낼 기회를 갖는 것을 선호하느냐는 질문에 대해 '선호하지 않는다' 는 응답이 239명으로 전체 451명

표 5. 나주지역에서의 가족과 거주 시 광주 재학에 대한 선호도*

구 분	매우 선호함	선호함	선호하지 않음	계
응답자수 비율(%)	65명 (14.4)	147명 (32.6)	239명 (53.0)	451명 (100.0)

주: "선생님이 가족과 같이 나주지역에 거주하는 경우입니다. 광주의 초등학교, 중학교, 고등학교로 자녀분들을 보낼 수 있는 기회를 갖는 것을 선호하십니까?"

중 53%를 차지해 절반을 상회하고 있다.

좋은 영어마을과 초 · 중 · 고교가 조성될 경우에는 가족동반 이주에 대한 긍정적인 반응이 절반에 이르게 된다. 〈표 6〉은 만약 혁신도시 내에 영어마을이 세워질 경우, 가족과 같이 이 지역에 거주할 의사에 대해 묻고 있다. '꼭 그러겠다'와 '아마 그러할 것이다'는 응답을 합친 긍정적인 응답이 46.1%로 절반에 가깝다는 점을 알 수 있다.

표 6. 혁신도시 내 영어마을 건설 시 혁신도시 내외 거주 여부*

구 분	꼭 그러겠음	아마 그러할 것임	그럴 가능성이 조금 있음	가능성이 전혀 없음	계
응답자수 비율(%)	55명 (11.6)	163명 (34.5)	127명 (26.8)	128명 (27.1)	473명 (100.0)

주: "만약 혁신도시 내에 좋은 영어마을(정해진 지역에서 학생들이 영어로 의사소통하고 생활하는 시설)이 세워진다면, 가족이 같이 혁신도시 내부나 근처에서 거주할 생각이 있으십니까?"

〈표 7〉은 만약 혁신도시 내에 좋은 초 · 중 · 고교가 세워질 경우 가족과 함께 이 지역에 거주할 의사에 대해 묻고 있다. '꼭 그러겠다'와 '아마 그러할 것이다'는 응답을 합친 긍정적인 응답이 43.9%로 절반에 가까운 것을 알 수 있다. 이러한 교육에 대한 관심은 개방형 질문에 대한 분석과 이전의 기관 자체 조사결과와도 동일하다. 이전기관 직원들은 공동혁신도시에 대한 하실 말씀을 적어달라는 개방형 문항에서 '과학고, 외고, 자립형 사립고 설립' 등의 교육 관련 의견을 많이 제시하고 있다. '서울 수준의 교육여건'을 제공해달라는 의견도 적지 않았다. 한국농촌공사에서 2006년 3~4월에 실시한 자체 조사 결과도 마찬가지이다. 이 자체 조사에서 주요 건의사항으로서 교육부문에서는 '수도권 수준의 교육시설(특목고, 외국어고) 신설'이 나와 있다.

표 7. 혁신도시 내 우수 학교 설립 시 혁신도시 내외에서의 거주 여부*

구 분	꼭 그러겠음	아마 그러할 것임	그럴 가능성이 조금 있음	가능성이 전혀 없음	계
응답자수 비율(%)	43명 (9.1)	164명 (34.8)	140명 (29.7)	124명 (26.3)	471명 (100.0)

주: "만약 혁신도시 내에 좋은 학교(초등학교, 중학교, 고등학교)가 세워진다면, 가족이 같이 혁신도시 내부나 근처에서 거주할 생각이 있으십니까?"

아파트 우선 분양권 제공과 이사비용 제공과 같은 현금성 지원은 교육보다 가족동반 이주 유인책으로서의 효과가 떨어진다. 아파트 우선 분양권을 제공하면 가족과 같이 거주하겠느냐는 질문에 대한 응답을 살펴보면, '꼭 그러겠다'와 '아마 그러할 것이다'를 합친 긍정적 응답은 42.4%에 지나지 않는다(전체 응답 474명). 이사비용은 가족과 함께 이주토록 하는 유인책으로서의 의미가 거의 없는 것으로 평가된다. '꼭 그러겠다'와 '아마 그러할 것이다'를 합친 긍정적 응답은 34.6%이다(전체 응답 474명).

배우자의 직업알선은 상당히 높은 수준의 가족동반 이주의사를 나타낸다. '꼭 그러겠다'와 '아마 그러할 것이다'를 합친 긍정적 응답은 45.7%이다(전체 응답 472명). 하지만 배우자의 직업분석은 배우자 직업알선의 현실적인 한계를 나타내어 준다. 이는 남성의 경우 주부가 절반을 차지하고, 또한 직장을 가진 배우자 가운데 많은 경우가 일반 민간기업에 종사하고 있기 때문이다. 일반기업 종사자 다음으로 큰 비중을 차지하는 공무원(공립학교 교사 포함)의 경우 서울과 경기에서 광주 및 나주로의 이동은 현재로도 어려움이 많다.

4. 조사 결과의 이론적 · 정책적 함의 토론

본 조사 결과가 던지는 이론적 · 정책적 함의는 서로 연결되어 있다고 볼 수 있다. 이론적으로 살펴볼 때, 이 분석은 균형발전이라는 이상적 사고는 구체적인 사람들과 연결해서 이뤄질 필요가 있다는 점을 시사한다. 이전대상 직원들은 지역적 파급효과의 성격과 정도를 실제로 구현할 중요한 주체 가운데 하나이다. 앞서 언급한 혁신적 문화라는 것도 사실 사람들 간의 관계에 그 핵심이 있다고 할 수 있다. 가족동반 정착여부는 지역 내 혁신적 만남과 조직형성에 중요한 변수가 될 수 있다.

정책적으로 볼 때, 이 글은 정부가 현재 진행되는 사업방식에서 벗어날 것을 지적하고 있다. 현재 추진되는 물리적 기반으로서의 신도시 건설방식이 실패할 것이라는 점을 응답자들은 사업에 대한 강한 부정적 태도와 단독 이주의사로 표현하고 있다고 볼 수 있다. 응답자가 광주 교육에의 접근에 대해 부정적인 점 역시 변화의 필요성을 보여 준다. 교육과 같은 분야에 실질적인 자원과 열정을 투입할 필요가 있다는 사실을 이 연구결과는 명백히 보여 주고 있다. 응답자들의 주택구매와 거주가 나주 공동혁신도시 내부로 집중된 것도 단지 내 교육환경에 투자했을 때의 효용성을 간접적으로 시사한다고 볼 수 있다.

사실 교육의 중요성은 외국의 기술단지의 예에서도 많이 지적되었다. Lin(1997)은 대만 Hsinchu의 경우 기술단지 내에 위치한 National Experimental School의 중요성에 대해 언급하고 있다. 이 학교는 당시 대만에서 유치원부터 고등학교까지 중국어와 영어라는 두 가지 언어로 교육이 이뤄지는 유일한 국립시설이었다. 물론 Hsinchu 기술단지 연구원 가족들에게는 큰 자원으로 인식되었다. 카스텔 등(Castells & Hall, 1994:103)도 역시 Hsinchu를 국가가 이끈 기술발전 과제라고 정의하면서 주요한 지원책 중 하나로 학교를 언급하고 있다. 또한 현재 우리의 중앙정부가 계획 중인 백화점식 현금성 지원은 필요하지 않다는 사실 역시 이 분석은 잘 보여 주고 있다. 응답자들은 자신이 스스로 주택을 구입할 자금능력을 지니고 있고, 강남으로 대표되는 수요자로부터 가장 선호 받는 교육지구에 많이 거주하고 있다.

그리고 다양한 성향의 사람들을 위한 섬세함이 필요하다는 것도 정책적 함의 중 하나이다. 실버타운이나 요양원의 경우 동거가족이나 부양가족 중 이러한 서비스를 필요로 하는 사람이 있는 경우에는 아주 큰 가족동반 이주 유인책으로 부각되고 있다. 이러한 점은 쾌적한 환경, 다양한 주택형태, 취미 및 여가활동을 위한 환경 등을 가능케 하는 정책개발의 필요성을 시사하기도 한다.

지역격차의 새로운 차원으로서 '지역발전정책 개발역량': 비수도권 광역 지자체의 사례 연구

김준우, 안영진

그동안 우리나라에서 지역격차를 둘러싼 논의는 학문적으로나 정책적으로나 '수도권이 비수도권에 비해 얼마나 잘 살고 있느냐'는 경제적 관점에서 크게 벗어나지 못하였다. 아래의 인용문은 다소 장황하지만, 국토의 불균형 발전에 관한 학술논문이나 연구보고서에서 흔히 찾아볼 수 있는 대표적 표현이다. "매출액을 기준으로 한 우리나라 100대 기업본사의 분포를 보면, 2000년 현재 수도권에 91개 본사가 위치하고 있는 반면, 지방에는 9개만 위치하고 있다. …서울은 외국기업에게 가장 투자 유인력이 높은 지역으로 1999년 기준으로 외국인 투자의 40.3%가 서울로 유치되었다. …시도별 GRDP의 점유율을 보면, 2001년 말 기준 수도권이 전체의 47.1%를 점유하고 있다"(고영구, 2004).

그러나 이러한 경제적 편향에서 벗어나 지역격차의 비경제적 차원이 지닌 의미와 중요성을 강조할 필요가 있다. 주지하다시피 주민들의 생활은 경제적 요인에 의해서만 결정되지 않는다. '삶의 질'과 같은 개념에 대한 세계적인 관심은 비경제적 요인의 의의를 대변하는 하나의 예이다. 비경제적 영역은 또한 경제적으로도 매우 중요하다. 예를 들어 2006년을 전후하여 두드러진 상승폭을 보인 서울 강남의 아파트 값 역시 교육환경이라는 비경제적 요인을 배제하고서는 설명하기 어렵기 때문이다.

이런 배경에서 본 연구는 지역격차에 있어서 비경제적 요인을 구체적으로 지역이 자체적으로 지역발전정책을 개발할 수 있는 역량과 관련시켜 분석해 보고자 한다. 따라서 '지역발전정책 개발역량'의 지역격차를 측정하는 것은 새로운 학술적 시도라고 할 수 있다. 김준우 등(2006)은 이러한 '지역발전정책 개발역량'을 "지역발전에 관련된 문제 해결적 정책을 현실에 적용할 수 있도록 개발하는 데 전념하는 전문가들의 역량을 집단적 이익으로부터 상대적으로 독립적으로 결집시키고 조직화하는 능력"이라고 조작적으로 정의한 바 있다. 비유하여 설명하면, 한 지역의 이러한 '지역발전정책 개발역량'은 기업의 연구개발기능과 유사하다고 볼 수 있다. 김준우 등(2006)은 개념 정의에서 '도시 연구개발'(urban research and development)이라는 개념을 참조하였음을 밝히고 있다. Landry(2000)는 기업체의 연구개발에 유추하여 이 용어를 원용하고 있다. 연구개발의 개념은 일반 회사나 기업에서 중요하게 인식되어, 이를테면 다국적 기업들은 예외없이 거의 대부분 연구개발 관련 부서를 갖추고 있다. 만약 이들 기업이 연구개발 부서를 갖고 있지 않다면, 앞으로의 신상품 개발이나 개선된 서비스의 제공은 생각하기 어렵기 때문에 기업의 미래 전망은 매우 불투명하다고 지적할 수 있을 것이다. 하지만 그는 이와 함께 이 개념을 도시에 곧바로 적용할 수 없다고 언급하고 있다. 도시 정부들이 '기획전략 부서'나 '경제개발 부서'를 갖추고 있기 때문에 연구개발 부서를 갖추고 있다고 주장할지 모르지만, 실제로 이러한 부서들은 제한되지 않는 창조적 혁신을 낳기에는 역부족이기 때문에 연구개발 부서로 간주할 수 없다는 것이다. '도시의 연구개발'은 도시의 미래를 조망하고 도시의 지속적 발전에 작용하는 위험과 기회를 포착하며, 이를 고려한 혁신을 연구하고 실행하는 데 도움을 주어야 한다는 것이다. 랜드리는 이러한 '도시의 연구개발'이 도시 운영에서 창의적 사고와 이에 따른 실행을 낳을 수 있다고 지적하고 있다. 세계적으로 바르셀로나와 시드니, 시애틀, 밴쿠버, 헬싱키, 꾸리찌바, 로테르담, 그리고 더블린과 같은 도시들이 종종 이러한 성공 사례로 널리 인용되고 있다.

다른 한편으로 이 글에서 '지역발전정책 개발역량'을 지역격차의 한 차원으로서 실증적이고 경험적으로 분석하려는 이유는 그것이 지역과 도시 주민의 삶에 미치는 영향이 지대하기 때문이다. 지역이나 도시가 자체적으로 새로운 발전정책을 개발할 수 있는 능력은 주민들의 삶에 긍정적 영향을 미칠 수 있다. 랜드리가 언급한 브라질 꾸리찌바(Curitiba)의 경우에는 전 세계적으로도 성공적인 도시 운영을 인정받고 있으며, 이러한 도시발전의 청사진은 '도시계획연구소'라는 지역개발정책 연구 집단에 의해 고안되었다(박용남, 2000; 김준우, 2002). 예를 들어 다른 수많은 도시들이 값비싼 지하철 건설에 매달릴 때, 이 도시는 지하철과 유사하게 전용도로를 달릴 수 있는 급행 버스체제를 추진하였다(Time, 1993; 김준우, 2002). 사사키노부오(佐佐木信夫)는 독자적으로 지역 주민과 환경의 요구에 능동적으로 대처하면서 스스로 정책능력을 발휘할 수 있는 지방정부를 '정책지자체'(政策地自体)로 일컫고 있다. 정책능력을 향상시키기 위해서는 싱크탱크 조직을 갖추어야 한다(佐佐木信夫, 1997; 우무정, 2000; 김준우, 2002).

이러한 '지역발전정책 개발역량'이 주민생활에 미치는 영향은 최근 들어 우리나라에서도 크게 확대되고 있다. 그 논거로서는, 첫째 세계화로 인하여 중앙정부를 우회한 지역(정부)간 외자유치 경쟁의 심화이다(Douglass, 2000). 우리나라에서의 구체적인 사례로서는 경상남도가 2001년 사천에 유치한 BAT(British American Tobacco)와 경기도가 2003년 파주에 유치한 LG필립스 LCD 생산단지를 들 수 있다. 이 두 가지의 예는 모두 지자체의 적극적인 노력이 결실을 맺은 경우이다(김혁규, 2002; 한국일보, 2006). 이러한 사례들은 한국의 지자체들이 독자적 정책수립에 보이는 적극적인 관심을 대변한다. 또한 자본 유치는 단순히 각종 혜택의 제공만으로 충분하지 않다. 교육과 교통, 그리고 문화와 같은 다양한 영역을 아우르는 문제 해결적 정책의 적극적인 현실 적용을 요청한다. 이는 '지역발전정책 개발역량'의 전문성이 발휘되는 영역이기도 하다. 둘째, 지역사회의 지배구조의 변화에 따른 지역발전정책에 대한 주민들의 참여와 관심이 고조되고 있다는 것이다. 강원의 원주시 시청사 건립을 둘러싼 행위자들을 분석한 박기관(2002)은 사회계층의 여러 경로를 통한 비공식 집단들의 참여가 점증하고 있는 점을 보여 주고 있다. 염미경 등(2006)은 제주도 섭지코지의 관광지 개발사업에의 주민참여를 자세히 언급하고 있다. 셋째, 중앙정부의 지역지원에서 효율성 원칙의 대두이다. 이는 지자체 간의 정책경쟁을 유발시키는 공모사업의 확대에서 잘 드러난다. 구체적으로 행정자치부는 2006년 2월 1일에 '살기 좋은 지역 만들기 2007~2009' 공모 결과를 확정 발표하였다. 이와 관련한 공식 보도자료(행정자치부 살기 좋은 지역기획팀, 2006년 2월 2일)에 따르면, 종 140개의 시군 중 126개 시군이 공모에 참여하였다고 전한다. 각계 전문가들의 심사를 거쳐 '곡성군 자연 속의 섬진강 기차마을'과 '양주시 천생연분 자전거 마을' 등 30여 개의 사업이 선정되었으며, 이들 지역은 중앙정부로부터 각종 지원을 받게 되었다. 여기서 우리가 주목할 점은 이 보도 자료에 나온 다음 문구이다. "그동안 다수 부처에서 전국을 대상으로 획일적으로 분산 투자하던 방식이 전면 혁신되어 선택과 집중 방식에 의한 효율적인 재정투자가 이루어지고, 행자부의 성공모델이 건교부, 농림부 등의 타 부처의 사업에 좋은 모델이 될 것으로 기대한다"는 것이다. 향후 중앙정부의 지원이 더욱더 정책적 측면을 강조하는 공모 형식으로 실행될 개연성을 잘 보여 주고 있다.

이런 맥락에서 본 연구에서는 '지역발전정책 개발역량' 이라는 개념을 지역격차의 한 차원으로서 설정하여 살펴보고자 한다. 한국의 지역격차는 단순히 수도권이 잘사는 문제로 국한되지 않는다. 수도권이 지역의 앞날을 내다보고 설계하는 역량에서 비수도권을 앞서 나간다는 사실도 대단히 중요하다는 점에 주목하고자 한다. 새로운 지역격차의 차원을 제시하는 것은 앞으로도 새로운 담론 형성을 가능케 하며, 이 연구도 이런 의미에서 이 문제를 처음으로 조심스럽게 접근해 보고자 한다. 단순한 격차를 논의하는 데 그치지 않고, 그 구체적 원인이 무엇인지도 함께 다뤄 보고자 한다. 또한 이러한 상황이 갖는 정책적 함의에 대해서도 간략하나마 논의하고자 한다.

이 연구는 구체적으로 실증적 분석과 측정을 통해 이뤄진다. 이와 관련한 사례 조사의 대상지역은 익명으로 처리된 'A광역지자체' 로 불리는 비수도권 광역자치단체이다. A광역지자체의 '지역발전정책 개발역량' 에 관해 잘 파악하고 있는 각 분야의 전문가와 여론 주도층에 속하는 응답자들의 다양한 의견들은 이 글의 논지를 살펴보는 실증적 근거이자 이론적 주장을 뒷받침해 줄 것이다.

1. 이론적 배경: 기존 연구의 검토

'지역발전정책 개발역량' 이라는 용어를 직접적으로 거론하지 않고 다소 다른 접근 방법을 사용했지만, 김준우(2002)의 논문은 이 논문과 비슷한 맥락의 문제의식을 갖고 있다. 그는 주지하다시피 시도연구원에 대한 비수도권 광역지자체의 지원이나 인식이 수도권 광역지자체보다 뒤떨어진다는 점을 문헌자료와 면접을 바탕으로 주장하였다. 그는 수도권 시도연구원들은 비수도권 시도연구원들보다 많은 임금과 보다 나은 연구 환경을 누리고 있다는 점을 연구원들과의 면담을 통해 보고하였다. 여기서 시도연구원이란 서울의 '서울시정개발연구원' 처럼 지자체가 출연하여 설립한 지역발전 관련 전문 정책연구기관을 말한다. 따라서 이 글은 기존 연구(김준우, 2002)의 가설을 실증적으로 논증하는 성격을 지니고 있기도 한다.

이런 맥락에서 김원배(1997)의 연구도 커다란 흥미를 끈다. 그는 한국 대도시의 경쟁력을 측정할 수 있는 지표를 제시하고 있다. 그는 도시 경쟁력을 산업 경쟁력을 포괄하는 개념이면서도 도시의 고유한 입지 우위를 고려하는 차원에서 파악하고 있다. 이 지표는 투자역량과 학습역량, 물적역량, 그리고 사회통합관리역량 등 네 가지 요소로 구성되어 있다. 학습역량을 측정하는 구성요소 가운데 하나가 '지방자치단체의 공공 연구개발 투자비율' 이다. 김준우(2002)가 언급한 시도연구원에 대한 지자체의 재정 지원은 도시경쟁력 지수를 구성하는 한 항목에 속한다.

대규모 개발 위주의 기존 지역정책의 한계를 비판하는 신지역주의도 지역차원에서 지식역량의 강화를 강조하며, 혁신 역시 지역에 뿌리를 두고 이뤄져야 함을 강조하고 있다. 신지역주의 이론에 따르면, 지역은 물리적으로 분리될 수 없는 고유한 속성을 지니고 있으며, 이러한 고유한 속성은 지역의 자연적 배경은 물론이고 사회적 · 역사 문화적 구조에서 비롯된다고 한다. 이러한 지역이 지닌 속성 그 자체가 지역발전의 동인이 된다는 것이다(김태환 외, 2004). 신지역주의적 성격을 보여 주는 이른바 '클러스터' 이론은 구체적으로 대학과 연구소, 그리고 기업과 같은 지역의 경제주체 간의 학습을 중시한다(Cooke, 1998). 특히 지식기반경제의 경쟁력은 혁신능력에 의해 결정되고 혁신능력은 다양한 기관의 창의적 상호작용과 기술의 발전, 그리고 각 기관들 사이의 협력적 연구개발 등 다양한 학습능력에 의해 좌우된다(OECD, 2001; 유평준 외, 2006). 이러한 학습과 혁신의 확산에서 사회적 자본은 필수적이다. 상호 간의 기대와 신뢰의 수준이 높게 형성되고 목표를 공유한다면, 굳이 공식적 감독체계를 설계할 필요성은 사라진다. 결국 관계 기관들은 보다 많은 자원을 학습과 혁신을 통한 지식의 습득과 발전에 투자할 수 있다. 상호간의 신뢰가 높은 경우에는 감시와 협상에 투자하는 시간도 감소한다. 관계의 품질이 높아지면, 지식의 이전도 원활해지는 것이다(Dyer and Singh, 1998; 유평준 외, 2006).

2. 지역발전정책 개발역량에 관한 사례 연구

2.1 연구방법

본 연구의 조사 대상지역은 익명으로 처리한다. 비수도권 광역지자체인 대상 지역을 'A광역지자체'로 표시하기로 한다. 조사대상인 A광역지자체의 연구원은 'A연구원'으로 처리하고자 한다. 이러한 익명처리의 이유는 학술적 조사에서 실명 처리가 반드시 필요하지 않기 때문이다. 이 연구는 수도권과 비수도권 광역지자체간의 '지역발전정책 개발역량'에서 드러나는 격차를 파악하려는 것이다. 두 번째 이유는 현실적인 파급효과이다. 기존 연구에서 이미 드러났듯이(김준우, 2002), 비수도권 광역지자체의 연구원은 연구 인력과 재정에서 적잖은 어려움에 직면해 있다. 실명으로 할 경우에는 제도적 제약에 의한 불리함까지 개별 연구원의 개인적 책임으로 떠 넘겨지기 쉽다. 설문조사 결과를 보고할 때에도 A광역지자체가 어디인지를 직접적으로 나타내는 표현은 삭제하였다.

조사 연구는 탐색적 면접조사와 전문가 조사(delphi method)를 통해 이뤄졌다. 면접조사가 실시된 기간은 2002년 1월부터 2002년 12월까지 1년간이었다. 이 기간 동안 '지역발전정책 개발역량' 문제와 이에 대한 나름의 견해를 개진할 수 있다고 판단되는 관계자들을 만나 이 주제에 대해 의견을 청취하였다. 관련자들은 전국 여러 지역의 시민단체(6명)와 대학교수(8명), 지자체 공무원(5명), 언론인(4명), 시도 연구원(예를 들이 서울의 시정개발연구원)의 연구자(7명) 등이다. '지역발전정책 개발역량'의 주체가 누구일까 하는 주제에 집중하여 면접조사를 실시하였다.

그리고 2003년 1월부터 2003년 12월 사이에 연구 주제를 숙지하고 있는 전문가를 대상으로 설문조사를 실시하였다. 대상 집단은 언론(9), 시민단체(10), 경제(9), 학계(10)에 걸친 총 38명이었다. A광역지자체의 지역발전정책 개발역량의 주체로 많이 지적된 A연구원을 고려해서 A연구원과 출연기관인 A광역지자체 공무원은 대상에서 제외하였다. 이는 외부인에 의한 측정이 보다 객관적이고 정확할 것이라는 판단에 따른 것이었으며, 설문조사는 2회에 걸쳐 이뤄졌다. 첫 번째는 실제로 연구원 이외에 지역발전정책 개발역량을 갖춘 조직이나 집단이 없는지를 파악하는 데 집중하였다. 두 번째는 A연구원을 다른 광역지자체의 연구원과 비교해서 평가하는 작업에 초점을 맞췄다.

2.2 분석 결과

먼저 A광역지자체의 경우에 지역발전정책 개발역량은 A연구원에 한정되고 있다. 1차 조사에서 5개 집단을 제시하면서 지역발전정책 개발역량을 지니고 있는지를 각각 평가하도록 하였다. 5개 집단은 ① 지역의 각종 민간연구소, ② A연구원, ③ A광역지자체, ④ 지역 소재 대학이나 대학 부설 연구소, ⑤ 지역의 시민단체와 시민단체 소속 민간연구소 등이었다. 조사 결과 A연구원만이 높은 지역발전정책 개발역량을 지닌 것으로 밝혀졌다. 다른 광역지자체 역시 연구원만이 지역발전정책 개발역량을 지니고 있다는 가정을 바탕으로 하여 평가할 때, 수도권의 지역발전정책 개발역량이 우수한 것으로 드러났다. "전국에서 지역발전정책 개발역량이 가장 큰 시도 연구원은 어디입니까?"라는 질문에 대한 응답자들의 대답은 대부분 수도권 소재 시도 연구원이었다. 총 14명의 응답자 중 8명은 서울의 시정개발연구원, 2명은 경기발전연구원, 그리고 4명은 특정 지방발전연구원을 지목하였다. 약 71.4%가 수도권의 연구소들을 가장 우수하다고 평가한 것이다.

전국에서 지역발전정책 개발역량을 가장 많은 시도연구원과 비교했을 때, A연구원의 지역발전정책 개발역량은 낮은 것으로 평가되었다. "A연구원의 지역발전정책 개발역량은 전국에서 가장 높은 시도연구원의 몇 퍼센트입니까?"라는 질문에 대한 응답자 평균은 44.38%에 지나지 않는다. 최빈치는 6명이 응답한 70%이다. 평균이 낮게 나온 것은 매우 낮은 점수들 때문이다. 〈표 1〉은 24명의 전체 응

표 1. A연구원의 지역발전정책 개발역량에 관한 평가*

응답	빈도	퍼센트
5%	1	4.2 %
10%	3	12.5 %
20%	1	4.2 %
30%	5	20.8 %
40%	1	4.2 %
50%	4	16.7 %
60%	2	8.3 %
70%	6	25.0 %
80%	1	4.2 %
총합	24	100.0 %
평균	44.38 %	

* 주: "A연구원의 지역발전정책 개발역량은 전국에서 가장 높은 시도 연구원의 몇 퍼센트입니까?"의 질문에 대한 응답임.

답자 가운데 5%가 1명이며, 10%도 3명이나 있음을 보여 준다.

지역발전정책 개발역량의 개념을 구성하는 하위부문에 대한 응답에서도 그 결과는 유사하다. 각 분야의 최고 시도 연구원과 비교하였을 때, A연구원의 분야별 역량의 평균 퍼센트 포인트는 낮게 나타나고 있다. 질문은 예를 들어 정치적 독립성에 대해서는 "전국에서 정치적으로 가장 독립된 시도 연구원을 100%로 기준했을 때, A연구원의 정치적 독립성은 몇 퍼센트입니까?"이다. 〈표 2〉에서 알 수 있듯이, A연구원의 부문별 역량은 그 분야의 가장 우수한 연구원의 35%에서 52% 사이에 분포한다. 특히 부족한 부문은 '정치적 독립성'과 '연구관련 지역사회 네트워크의 형성', 그리고 '연구관리 시스템의 내실화' 등과 관련이 있다. 각각 35.29%, 37.27%, 37.41%의 응답 평균 퍼센트를 나타내고 있다.

뒤이어 이러한 A연구소의 부진에 대한 책임 소재를 살펴보았다. 질문은 "A연구원의 연구역량이 다른 시도 연구원보다 떨어진다면, 이는 A광역지자체의 내부요인입니까 아니면 외부요인입니까?"로 하였다. 이에 대해 총 33명이 응답하였으며, 내부요인이라는 응답이 13명, 외부요인이라는 응답이 2명, 그리고 '내부요인과 외부요인 둘 다'라는 응답이 18명으로 나타났다. 단순한 외부요인만이 문제는 아니며, 내부요인도 동시에 작용하고 있음을 시사한다.

표 2. A연구원의 부문별 지역발전정책 개발역량에 관한 평가*

부 문	응답의 평균 퍼센트	응답수
연구과제개발능력	48.28 %	32명
정치적 독립성	35.29 %	34명
연구관련 지역사회 네트워크의 형성	37.27 %	33명
연구관리 시스템의 내실화	37.41 %	27명
연구결과의 정책화	50.16 %	32명
지역실정의 이해	51.61 %	31명

* 주: "전국에서 정치적으로 가장 독립된 시도 연구원을 100%로 기준했을 때, A연구원의 ㅇㅇ부문은 몇 퍼센트입니까?"

다음으로 A연구소 부진의 구체적인 요인이 무엇인가에 대한 개방형 질문에는 38명이 답변하였다. 이 답변들을 내용에 따라 분류하였는데, 한 사람이 한 개 이상의 중복 응답을 한 경우도 있었기 때문에, 응답의 총수는 41개이다. 〈표 3〉과 같이 41개의 응답은 7가지로 분류된다. 분류가 쉽지 않은 2개의 응답은 기타로 처리하였다. A연구원이 부진한 가장 큰 원인은 연구를 수행하는 연구 인력이나 A연구원의 구조적 요인과 직접적으로 관련되어 있었다. 전문연구 인력의 역량이 떨어진다는 응답은 17개에 달한다. 열악한 연구원 처우라는 응답도 2개에 이른다. 연구의 질이 낮다는 응답 역시 '지역정책 비전을 제시하지 못함'과 '역량 부족' 등으로 3개이다. 연구원의 운영과 관련한 응답은 3개이며, '인사'와 '운영의 부실', 그리고 '내부 혁신역량부족' 등이다. 지자체의 책임을 직접적으로 언급하는 응답도 3개나 존재한다. '자치단체장의 추진력 필요'와 '연구원장이 지방의 퇴직 공무원 출신이기 때문' 등이 그러하다. 4개의 응답을 받은 독립성 문제에는 '사전 협의하여 용역 내용의 객관성이 떨어짐'과 '학연에 의한 사업 진척'과 같은 내용이 포함된다. A연구원의 재정적 어려움 역시 7개의 응답으로 큰 비중을 차지한다. 기타 응답은 별도로 분류하기가 어려운 2개의 항목들이다. 타 지역 연구기관이나 단체와의 교류가 부족하다는 응답과 시민들과의 신뢰 형성이 안 되어 있다는 응답은 기타에 해당한다.

표 3. A연구원의 지역발전정책 개발역량의 저하 이유에 관한 평가*

응답분류	응답수
인력의 역량(인재 부족, 연구 인력의 역량 결여 등)	17
재정(열악한 재정, 재정 부족 등)	7
독립성(사전 협의하여 용역 내용의 객관성 결여, 학연에 의한 사업 추진 등)	4
운영(인사, 운영의 부실, 내부혁신 역량부족)	3
지자체(지자체장의 추진력 필요, 연구원장이 지방 퇴역공무원 출신이기 때문 등)	3
연구의 질(지역정책에 확보한 비전을 제시하지 못함, 역량 부족 등)	3
연구원 처우(연구원 처우문제, 내부 처우문제)	2
기타(타 지역 연구단체와 교류 부족, 시민들과의 신뢰성 형성이 안 되어 있음)	2
총계	41

* 주: "A연구원의 지역발전정책 개발역량이 다른 시도 연구원보다 떨어진다면, 이는 구체적으로 어떠한 요인 때문입니까?"

A연구원이 지역발전정책 개발역량에서 뒤쳐져 있는 이유는 여기서 좀 더 자세히 살펴볼 필요가 있다. 좀 더 현실을 반영하고 정교한 응답을 얻을 필요가 있다는 것이다. 이를 위해 캐묻기(probe) 질문을 추가하였다. 질문은 〈표 3〉과 직·간접적으로 연결되어 구체적인 내용이 나올 수 있도록 다음과 같이 구성하였다. "A연구원의 내부사정, 활동, 지역사회에 미친 영향 등을 아시는 대로 구체적으로 말

씀해 주십시오"라는 것이었다. 이 질문에 대해서는 38명이 답변하였다. 이러한 캐묻기 질문에 나온 응답을 열거해 보면, 연구원 처우에 해당하는 응답은 "처우개선이 이뤄지지 않아 대부분 옮기고 싶어함"이라는 응답뿐이다. 인력의 특성에 속하는 응답은 다음 3개이며, 연구 인력의 경력에 관한 내용이 주를 이룬다.

- 국외 박사급 출신이 부족하여 연구 역량이 떨어짐
- 연구진에 국내 출신이 많다는 점 그 자체가 문제가 아니더라도, 시야가 좁다는 단점이 있음
- 연구 인력의 부족과 편중성(인문사회계열 출신이 많이 부족)이 한계가 있다고 봄. 특히 객관적이고 설득력 있으며 일반성을 지닌 결론을 유도하기 위한 철저히 합리적이고 과학적인 연구방법론에 대한 이해가 절실함

재정에 대한 응답은 다음과 같이 3개이다. 해당 지자체에 재정적으로 종속된 것을 문제로 간주하고 있다.

- 지방정부에 재정을 의존하다 보니 해당 관청의 실 · 국장의 눈칫밥을 먹음
- 인적 및 재정적 독립성이 부족하고 지방 정부에 의존함
- 재정역량이 미흡하고 지자체의 연구용역이 대부분임

독립성에 대한 응답은 실제로 지자체 관련 사항과 겹치고 있다는 점이 드러났다. 현실적으로 이 두 가지 문제가 연결되어 있다는 것을 의미한다. 독립성이나 지자체 관련 응답은 다음과 같이 23개이며, 그 내용도 상세하다. 자치단체장의 연구원장 선임 및 연구에서의 지자체와의 관계가 주로 언급되었다.

- 지하철이나 시민의 날, 축제 등 주요 현안에 대한 용역 결과는 지자체의 발전에 기여했다기보다는 행정의 사업 집행의 정당성을 부여하는 거수기 역할
- 연구원장에 대한 인사의 불투명성으로 인해 갈등을 빚은 적이 있음
- 각종 사업에 대한 여론조사, 지하철문제 등은 약간 편파적 연구(행정이 의도하는 답)
- 한때 진직 지지체장의 퇴지 후 일자리이기도 했었고, 현직 지자체장의 의사가 반영되는 구조로 이루어져 있다는 것
- 연구원장 선임문제로 갈등 빚는 등 정치적 독립성이 관건임
- 원장 선임문제로 시민사회와 충돌

- 순수하고 독립적 연구수행이 미흡함
- 독립성이 부족함
- 연구목적의 순수성이 의심되는 대목이 많음
- 연구원의 자율성이 부족함
- 시도의 인사피난처 : 퇴임공무원 봐주기 인상이 짙음
- 단체장들의 입맛에 맞는 정책만 나열
- 연구원장 선임과정에서 매회 연구원과 해당 관청이 갈등을 일으키고 있음. 이는 정치적 성격의 연구원이라는 측면을 반증하는 것
- 지자체의 용역연구가 자체 연구수행보다 많은 것으로 알고 있음. 이 경우 지자체의 의도에 대한 연구결과가 나올 가능성 높음
- 원장 선임문제(공무원 자리라는 문제제기)로 언론에 보도된 바 있음
- 인사와 예산의 독립
- 지자체에 의한 관리감독으로 연구 성과가 용역에 그침
- 정치적으로 독립되지 않음
- 전직 고위공무원의 다음 단계
- 지금까지는 용역기관 이상을 위하는 의지가 없었음
- 지방행정기관의 전직 수장의 퇴직처로 운영됨
- 행정기관의 입맛에 맞는 연구수행
- 퇴직 공무원의 자리 보전용
- 조직의 안정성이 낮음
- 태생적 한계 : 정체성 문제(누구의 돈으로 무엇을 위해)를 안고 있고 조직의 한계를 극복하지 못함

A연구원의 운영에 대한 응답에서는 대체적으로 비판적 목소리가 높다. 다음은 운영에 해당하는 6개의 응답이다.

- 대학의 연구소와 A연구원의 차이가 없다고 생각함. 연구기관의 효율성에 의문이 제기됨. 미시적이고 협소한 연구 활동으로 폭넓은 연구 활동이 부족함
- 불필요한 인사가 잦음
- 의사결정과정의 비민주성
- 업무 과중
- 연구원의 연구 과제도 보수적 사고에 의해 수행되고 있음
- 필요한 연구를 성실히 수행하고 있음

연구의 질에 대해서도 평가가 낮다. 하지만 일부 긍정적인 견해도 눈에 띈다. 다음은 이에 해당하는 8개의 응답이다.

- A연구원의 연구능력, 정책개발능력에 대한 지역 내의 평가가 매우 낮음
- 지역을 위한 치열한 노력을 해오고 있다는 소리를 듣지 못함. 연구원 자료가 매스컴에 자주 인용되고 보도되어야 할 텐데 아쉬움. 물론 보도가 돼야만 인정받는 건 아니지만 …분발해주길 원하는 마음에서 쓴 소리 한 것임
- 특별한 성과물이 없는 것으로 인식되고 있음
- 연구과제가 많아 졸속 연구가 많음
- 지역발전 과제를 설정하는 역할이 없음
- 자타가 공인한 지방의 싱크 탱크임
- 아직 현저한 활동이 눈에 띄지 않음
- 성과는 미비… 비전 제시에 실패

이러한 캐물어보는 작업에서 드러나는 하나의 주목되는 사실은 A연구원에 대한 평가가 부정적이더라도 지역사회에 실질적인 영향력을 행사하고 있다는 점에 대해서는 인정하는 경우가 많다는 것이다. 이러한 응답으로부터 지역발전정책 개발역량의 중요성을 확인할 수 있다. 부정적인 평가를 내리면서도, 다음과 같은 언급을 한다. 즉, "출연 기관의 용역수행이 이뤄지기 때문에 지역사회발전에 큰 영향을 미친다"와 "실제로는 상당한 영향을 시 · 도 등 기관단체에 미치고 있다," 그리고 "지역에 영향을 많이 미친다"는 것 등이다.

2.3 분석 결과에 대한 토론

이 연구의 결과에 대해서는 좀 더 깊이 있고 세심한 토론이 필요하다. 무엇보다도 〈표 1〉의 44.38%라는 숫자를 갖고서 A광역지자체의 지역발전정책 개발역량이 수도권의 44.38%라고 할 수 있느냐는 점이다. 물론 해석에 따라 다를 수도 있겠지만, 어쨌든 수도권과 지방 사이에 정책개발역량에서 대단히 큰 차이가 존재한다는 점은 분명히 파악할 수 있다. 우리나라 사람들이 지니고 있는 전통적인 서울 지향적인 인식의 편향과 아울러 지난 수십 년간 우리 사회를 지배해 온 서울을 중심으로 한 이념과 정보의 생성 및 여타 지역으로의 확산을 감안하더라도, 지방의 정책 개발역량에 대한 평가가 결코 높지 않음을 알 수 있다. 무엇보다도 지역의 각종 매체를 통해 보도되는 연구원의 조직과 운영 등을 둘러싼 지역내의 갈등은 그 원인이 무엇이든 간에 손쉽게 이해되기 어려운 점이 없지 않으며, 이런 사실은 연구원의 정책 개발역량에 대한 평가에 부정적인 영향을 미치고 있다고 볼 수 있다.

또 하나의 문제는 지역발전정책 개발역량의 지역별 분포이다. A광역시와 달리, 예를 들어 서울에는 시도연구원 이외에 지역발전정책 개발역량을 소유하고 있는 조직이나 기관단체들이 많을 가능성이 매우 높다고 할 수 있다. 이는 시민단체가 될 수도 있고, 사설 연구소가 될 수도 있다. 만약 서울시에 시정개발연구원과 동일한 지역발전정책 개발역량을 갖는 집단이 존재한다고 가정해 보자. 이 조사분석에서 44.38%라는 정책 개발역량은 현실적으로 이보다 훨씬 더 클 수 있다.

이러한 두 가지 요인이 중첩될 경우, A광역시의 지역발전정책 개발역량은 더욱 더 낮아질 것이다. 실제로 대부분의 지역발전 정책들이 서울과 경기 등 수도권에서 창안되어 실행되고 정착되어야만 비로소 비수도권에서도 도입된다는 점은 이러한 지역발전정책 개발역량에 있어서의 격차를 간접적으로 표현해 주고 있다고 주장할 수 있다. 기업에 비유하자면, 비수도권 기업들은 주로 상용화된 기술만을 사용하는 단순 제조에 종사하는 경우가 높다고 볼 수 있다.

기업도시와 지역발전: 기업도시의 개발을 지역발전과 연계시키기 위한 전략

조 철 주

지금까지 완전한 신도시를 민간이 개발한 예는 우리의 경우 없다. 외국의 경우에도 산업혁명 초기의 영국이나 1990년대 미국에서 건설된 바 있는 기업도시(company town), 1980년대 일본에서 과학기술도시를 서태평양지역에 수출한다는 개념을 갖는 다기능도시(multi-function polis)를 제외하면 그 유례를 찾아보기가 쉽지 않다. 물론 기업도시의 개발과정과 사후 관리까지를 비교하면 우리의 기업도시와 영미의 기업도시와는 재산권의 허용범위 측면에서 커다란 차이가 나기는 한다.

이렇듯 전례가 별로 없는 기업도시를 개발하려는 것은 낙후된 지역에 경제성장을 촉진하여 지역간 발전격차를 완화하고 동시에 기업의 성장동력도 충전케 한다는 일거양득의 효과를 기대하고 추진되는 것이다. 이러한 기대의 근저에는 이미 기업도시 개발과 이로 인한 기업의 성장이 해당 지역의 번영으로 곧바로 연장될 것이라는 전제가 깔려 있다. 기업도시를 유치하는 지역의 번영은 여러 관점에서 논의될 수 있으나 도시 및 지역개발과 관련하여 볼 때는 공익(public interest) 관점이 특히 상조되어야 한다. 이는 해당 지역의 주민들에게 개발의 혜택이 직 · 간접적으로 연결되어야 함을 의미한다.

하나의 지역은 사회적으로 주류경제에 편입되어 있는 정상적인 주민과 실업노동력, 저임금 노동력, 빈곤층 주민, 저소득층 주민, 농민 등 주류경제로부터 소외된 주민으로 구성되어 있는 이질적인 복합체이다. 기업도시의 개발로부터 기대되는 지역의 번영이라 함은 해당 지역 주민들이 개발혜택의 일차적인 수혜자가 되어야 함을 내포한다. 이 점을 충족시키지 못하는 한 어떠한 개발프로젝트도 공익을 담보하는 인간중심의 개발(people-centered development)이라고 보기 어렵고 따라서 이러한 유의 개발을 촉진하고 지원하는 정책은 결국 기업의 이해만을 위해 희생하는 자본의 충견에 불과할 뿐이다. 자본에 대한 충견의 덫에 빠지지 말아야 한다는 행동원칙은 세계화체제로 특징되는 현재의 경제구조에서는 매우 중요한 공공정책의 준칙이라고 할 수 있다. 각 지역이 기업과 자본의 유치를 놓고 각축을 벌이는 무한경쟁의 와중에서 기업의 유치가 곧 지역개발의 성공이라는 몰가치적 이념에 함몰되기 쉬운 정황을 고려할 때 이는 커다란 의미를 갖는 공공정책의 윤리기준이라 보아 마땅하다.

1. 기업도시의 이론적 근거

지역의 생산성과 경쟁력의 성장을 설명하고 예측하기 위한 이론으로는 신고전경제이론모형(neoclassical model), 내생적 성장이론(endogenous growth theory), 신경제지리모형(new economic geography model) 등 세 개의 모형이 유력하게 거론되고 있다(Gardiner, Martin and Tyler, 2004). 우선 전통적인 신고전경제이론에 따르면 한 지역의 성장은 당해 지역의 단위노동당 자본의 양과 생산투입요소의 재고에 의하여 결정된다고 본다. 따라서 지역간 성장의 차이는 자본-노동비율과 외생적 기술발전의 차이에 의하여 유발된다고 본다. 그런데 규모에 대한 수확불변, 노동과 자본에 대한 수확체감, 투입요소의 완전한 이동성 등의 조건을 전제로 할 때 지역간 성장의 차이는 시간이 흐름에 따라 감소하게 된다고 이 이론은 예측한다. 따라서 신고전경제이론은 지역간 성장의 격차에 대한 시간적 수렴을 상정하고 있기 때문에 별다른 정책적 개입이 없더라도 장기적으로 지역격차가 해소될 것이라는 논리를 제공해 준다. 그렇기 때문에 신고전경제이론에 의하면 정부는 생산요소의 이동을 제약하는 요인을 제거하는 데 초점을 맞추기만 하면 낙후지역의 문제는 자연스럽게 해소되는 것으로 기대된다. 그러나 이 이론이 근거하는 전제조건은 현실적으로 충족되기 어려울 뿐만 아니라 이론적인 기대 또한 실증적으로 검증되지 못하고 있다.

한편 내생적 성장이론은 한 지역의 기술진보가 지역의 성장자체에 의하여 내부적으로 결정된다고 보는 관점이다. 따라서 한 지역의 기술은 지식기술부문에 종사하는 노동력과 함수관계를 갖는 것으로 상정된다. 이 이론에 의하면 저발전지역의 운명은 기술에서 앞선 선진지역을 따라잡는 정도, 지식과 기술의 지역적 확산 정도, 지식기술노동자의 이동성 등에 의하여 좌우된다. 그런데 이들 부문에 대한 역량은 각 지역별로 차이가 나게 마련이다. 따라서 각 지역이 지닌 역량에서 차이가 존재하는 한 지역별로 성장의 차이는 존재하기 마련이다. 결국 내생적 성장이론은 저성장 낙후지역이 성장의 동력을 확보하기 위해서는 선진지역과 기술역량의 차이를 줄이는 것이 최선의 길임을 암시한다.

마지막으로 신경제지리모형은 최근 들어 많이 거론되는 이론으로 지역의 성장은 특화된 경제활동의 공간적 집적과 이러한 국지적 특화가 가져오는 외부경제효과와 내생적 효과에 좌우된다고 주장한다. 그런데 한 지역의 경쟁력과 성장을 좌우하는 숙련노동력의 집적, 지식 및 기술의 국지적 확산, 특화된 서비스 및 공급원 등은 해당 지역이 지니고 있는 문화적, 정치적, 제도적 속성에 따라 그 정도가 결정된다고 본다. 이와 같은 신경제지리이론은 지역간에 상존하는 성장의 차이를 잘 설명해 주며 특히 지역간 성장의 차이가 시간이 경과해도 좀처럼 해소되지 않는 지역격차의 발산 현상을 설명하는 데 효과적이라고 볼 수 있다.

이상에서 살펴본 세 개의 이론모형들의 특징은 다음의 〈표 1〉과 같이 정리될 수 있다. 이들을 종합적으로 고찰해 볼 때 다음과 같은 정책적 시사점을 얻을 수 있다. 즉 경제의 통합경향, 공간적 접근성의 향상, 그리고 투입요소의 이동성 증가 등 현재 세계경제 및 우리나라 경제체제에 일어나고 있는 변화의 추세를 고려할 때 고전경제이론을 따르는 경우 아무런 정책적 개입이 없더라도 장기적으로는 낙후지역이 소멸될 것으로 기대할 수 있는 반면, 내생적 성장이론과 신경제지리모형을 따를 경우 적정한 유형의 정책수단이 동원되지 않고서는 낙후지역의 성장은 불가능하다는 판단이 가능하다. 여기서 신고전경제이론이 가정하는 생산투입요소의 완전한 이동은 하나의 이상에 불과하기 때문에 결국 정부의 개입 즉 지역정책을 시행하지 않고는 낙후지역의 성장을 촉진할 길이 없다는 관점을 수용하는 것이 불가피하다.

이상의 논의에서 기업도시의 개발에 대한 이론적 근거를 찾자면 내생적 성장

표 1. 지역성장이론의 상호비교

이 론	지역성장에 대한 설명	지역성장의 진행
신고전성장이론 (Neoclassic growth theory)	- 생산투입요소 재고차이 - 노동대비 자본비율의 차이 - 기술수준의 차이	- 규모에 대한 생산 불변의 원칙, 생산요소에 대한 생산체감의 원칙, 생산요소와 기술의 완전한 이동성이 전제됨 - 이러한 전제가 충족될 경우 낙후지역과 선진지역 간의 격차 점진적 해소 가능
내생적 성장이론 (Endogenous growth theory)	- 노동대비 자본비율의 차이 - 지식기반의 차이 - 지식생산 노동력의 차이	- 지식과 기술의 지역적 확산과 기술노동력의 이동이 지역발전의 관건이 됨 - 지식과 기술의 국지적 확산과 지식노동의 발전지역으로 이동이 지속되는 한 낙후지역은 상존함
신경제지리모형 (New economic geography model)	- 특화활동의 지역집적 - 클러스터의 집적 - 특화서비스 및 공급업체	- 경제체제의 통합과 생산요소의 자유로운 이동으로 경제활동의 특정지역 집적과 특화경향 증대 - 이러한 경향으로 중심-주변으로 차별화되는 불균형구조 상존

이론과 신경제지리모형이 가장 근접한 논리를 제공한다고 볼 수 있다. 왜냐하면 이들 이론은 지역의 생산성과 성장은 해당 지역이 지니고 있는 지식 및 기술혁신 용량, 혁신의 확산 잠재력, 산업클러스터의 집적과 특화 정도에 의하여 결정된다고 간주하며 기업도시의 건설은 바로 이러한 지역성장 동력을 직접적으로 해당지역에 이식하는 과정이라고 볼 수 있기 때문이다. 기업도시 건설을 통한 이와 같은 성장동력의 이식은 생산투입요소는 물론 기업, 인력, 지식, 기술, 혁신, 경영능력, 조직경쟁력, 연구 및 개발 등 지역의 성장에 필요한 요소들을 부분적이고 파편적이기보다는 일체적이고 종합적으로 구축하는 방식이라고 볼 수 있다.

최근 세계 어느 지역을 막론하고 지역성장을 위한 수단으로 전가의 보도처럼 쓰이고 있는 산업클러스터의 육성정책도 기본적으로는 내생적 성장이론이나 신경제지리모형의 이론과 궤를 같이하는 정책에 해당한다. 이러한 맥락에서 볼 때 기업도시의 건설은 내생적 성장이론과 신경제지리모형의 틀에서 파생된 산업클러스터를 육성하기 위한 전략적 수단의 하나로 보아 무방할 것이다.

2. 기업도시의 성격

2.1 기업도시의 원형

현재 우리나라에서 논의되고 있는 기업도시의 원형은 아무래도 영미의 기업도시(company town)에서 찾을 수 있을 것 같다. 미국의 경우를 예로 들면 1920년대 초 주로 광업의 생산성 향상과 이에 필요한 노동력을 유인하기 위한 방편으로 광업회사들은 자사 노동자들에게 주거기능은 물론 이에 필요한 제반 서비스 기능 즉 유통, 상업, 치안, 상하수도, 쓰레기수거 및 처리 등 정주에 필요한 모든 기능을 제공하는 도시를 건설하였다(Boyd, 2005). 이들 기업도시는 현재는 도시정부 즉 공공부문이 공급하고 있는 공공서비스까지도 이윤을 추구하는 기업이 공급하고 관리하는 체제를 가지고 있었다. 민간부문의 서비스는 물론 공공행정까지도 민간기업이 담당하는 형태를 취하였다. 이 당시 기업도시는 도시의 건설, 관리, 도시경제 등 도시에 관련된 모든 사항들을 기업이 담당할 정도로 민영화된 완전한 민영도시라고 할 수 있다. 그러다 보니 기업도시에 필요한 용역이나 재화를 조달하고 공급하는 민간경제활동까지도 기업이 통제하는 구조를 지니고 있었다.

이러한 유형의 기업도시는 대부분 광업 특히 석탄채굴회사들이 중심이 되어 건설하였고 간혹 타 산업부문의 회사들이 건설한 경우도 있다. 대표적인 예가 펜실베이니아주의 홈스테드(Homestead) 기업도시와 일리노이주의 풀만(Pullman) 기업도시이다. 홈스테드는 홈스테드철강회사가 자사 인근지역에 건설한 기업도시이고 풀만은 철도차량을 생산하는 공장에 근무하는 종업원을 수용하기 위한 기업도시에 해당한다. 미국 석탄광업위원회가 발표한 자료에 의하면 1920년대 초 남부 애팔라치아지역과 로키산맥지역 광업 종사자들의 65~80%, 중서부지역의 경우 10~20%, 오하이오주의 경우에는 25%가 기업도시에 거주했던 것으로 알려져 있다.

이 당시 기업도시의 주택은 임대형태로 도시 거주자들에게 배분되고 임대기간과 가격 등은 회사와의 계약에 의하여 결정되었다. 대부분 회사와의 고용관계가 종료되면 임대관계도 종료되는 구조를 취하고 있었다. 주택관련 규제는 물론 심지어 도로사용에 관한 규제까지도 회사가 행사하고 있었다. 한편 민간서비스 공급과 관련하여 기업도시의 물가는 도시의 외부지역과 비교할 때 평균 15% 정도 더 높았던 것으로 알려져 있다. 이는 아마도 기업도시를 건설한 회사가 민간교역까지도 통제하는 구조였었기 때문에 독점가격의 형성에 기인한 것이라고 풀이할 수 있다.

이러한 기업도시는 일종의 경제제도로서 점차 쇠퇴하기 시작하였는데 그 계기는 자동차의 보급과 고속도로의 건설로 인한 이동성의 증대라고 할 수 있다. 교통망의 발달로 인해 근로자들이 기업도시의 바깥지역에서도 거주할 수 있게 되자 기업도시 외부에 도시개발이 이루어지게 되었다. 결과적으로 기업도시 주변지역으로 개발이 확산됨으로써 기업도시는 대도시지역의 일부로 편입되는 결과가 초래되었다. 예로 홈스테드는 현재 피츠버그의 교외도시 중의 하나로 편입되어 있다.

지금까지 살펴본 바와 같은 형태의 완전한 민영 기업도시는 현재에는 찾아보기 어려운 것 같다. 그러나 이와 같지는 않지만 완전히 독립된 하나의 도시를 수출한다는 개념을 구체화한 일본의 다기능도시(multi-function polis: MFP)가 이와 비슷한 범주에서 논의가 될 수 있을 것이다. 지난 1980년대 일본이 호주 동부, 중국 동부, 동남아시아 등을 포함하는 서부 환태평양지역에 첨단기술도시를 건설하려는 계획을 수립한 적이 있다. 미쯔비시회사를 중심으로 한 이 계획은 첨단기술부문을 주 기능으로 하고 첨단정보체제기반을 완벽하게 구비한 완전한 자족도시를 이 지역에 수출한다는 개념이다(Rimmer, 1991).

수출용 도시의 개념인 MFP는 쓰꾸바 과학도시를 모델로 하고 있다. 완벽한 최첨단의 정보통신기반시설을 바탕으로 산업, 주거, 연구, 교육, 서비스, 레저, 공항, 철도 등 모든 기능을 수용하는 것으로 계획되어 있다. 도시내부의 공간의 배치는 육각형 모양의 공간을 기본단위로 하고 있다. 육각형 공간단위별로 도시기능을 배치하고 이들 육각형 단위를 연이어 외연 확장함으로써 도시의 공간구조를 형성하는 것으로 되어 있다.

여기서 MFP를 기업도시의 맥락에 포함시키는 근거는 MFP를 실현하는 독특한 방법에 있다. MFP는 일본의 기업이 중심이 되어 여건이 맞는 지역에 직접 도시를 건설하는 방식을 택하고 있다. 즉 기반시설, 입주할 기업, 기능, 교육기관 등 하나의 도시가 필요로 하는 일체의 모든 구성요소들을 기업이 책임지고 공급한다는 계획의 내용으로 미루어 공공개발이라기보다는 기업이 도시개발의 중심이 되는 방식을 취한다. 이러한 관점에서 볼 때 MFP는 도시개발의 민영화라는 민영도시의 성격이 강한 일종의 기업도시라고 볼 수 있을 것이다.

2.2 기업도시의 이념적 기반

기업도시는 미국의 도시개발 특히 도심부 재개발과정에서 전통적으로 채택되어 오고 있는 방식인 민관협동(public-private partnership)의 전통에 그 뿌리가 닿아있다고 볼 수 있다. 민관협동의 도시개발은 주로 도심부의 침체된 경제를 부활시키는 방편으로 민간자본을 활용하는 방식이다. 이때 도시정부는 참여기업의 이윤극대화에 장애가 되는 요인을 제거하는 것은 물론 필요한 인센티브를 제공하게 된다. 이처럼 민관협동에는 공공정책이 자본의 이윤추구 동기를 위해 자본의 요구에 능동적으로 부응하는 자본봉사형의 서비스 정신이 깃들어 있다고 볼 수 있다.

이와 같은 성격을 갖는 민관협동이 도시개발에서 지금까지도 큰 위력을 발휘하고 있는 데는 대체로 세 가지의 관점에서 설명이 가능하다. 우선 첫째로 어떠한 정책이든 그것이 민간기업의 이윤을 증대시키는 데 기여하는 한 이는 도시의 번영에 기여하는 것으로 간주되어야 한다는 관점이다(Peterson, 1981). 기업성장에 의하여 추동되는 도시성장은 세수기반의 강화, 취업기회의 증대, 공공서비스 수준의 향상 등과 같은 혜택을 도시에 가져온다는 관점이다. 이 관점은 도시를 도시개발이 추진되면 모두가 개발의 수혜자가 되는 균질적인 주민들로 구성되어 있다고 간주한다. 즉 도시를 개발할 경우 주민 모두가 개발의 수혜자가 되기 때문에 대부분의 주민들은 도시성장 정책에 동의하게 마련이고 이에 동의하지 않는 주민은 소수에 불과하다고 본다. 이러한 관점에서 보면 소외계층과 탈락집단을 겨냥하는 재분배위주의 도시정책이 종종 극렬한 정치적 저항에 직면하는 반면 성장을 촉진하는 정책은 지지를 받는 현상에 대한 설명이 가능하다.

그러나 이러한 자본축적 지상주의의 도시성장 관점은 다음과 같은 세 가지의 문제성이 있는 가정에 근거하고 있다(Levine, 1989). 즉 (1) 자본친화형 기업위주의 성장정책으로 인한 과실이 개발업자, 기업, 지역의 고소득층 주민 등에 편재하여 불공평하게 돌아가지 않을 것이고, (2) 주민들의 구성이 소득, 직업 등 사회경제적으로 균일하여 개발정책의 우선순위에 대한 합의가 항상 이루어짐으로써 사회적 마찰이 없을 것이며, (3) 자본친화적인 도시정책의 추진이 사회적 비용을 발생시키지 않을 것이라는 점 등이다. 지금까지 밝혀진 도시사회에 대한 어떠한 연구결과도 위의 세 가지 조건에 부합하는 도시가 존재함을 보여 주는 실증적 예는 없다. 따라서 자본친화형 기업성장위주의 도시정책에 대한 유효성과 정당성은 주장하는 것처럼 높지 않다고 보는 것이 타당할 것이다.

한편 도시경제개발이 민관협동이라는 수단을 통해 기업친화적인 방향으로 경도되는 현상에 대한 두 번째 설명으로 도시가 겪는 재정압박의 논리가 거론된다. 이는 특히 미국의 도시정책의 성향을 설명하는 데 유용하다고 볼 수 있다. 일반적으로 도시가 필요로 하는 재정수요의 많은 부분이 채권시장을 통하여 조달된다. 이때 도시에 대한 채권시장에서의 신용도는 해당 도시의 재정조달에 커다란 영향을 미친다. 이는 증권시장에서 기업의 신용도가 기업의 자금조달에 결정적인 것과 같은 이치이다. 따라서 학교, 도로, 공공시설 등 기반시설의 설치에 소요되는 재정의 조달문제로 항상 압박을 받고 있는 도시정부로서는 높은 신용도를 유지하기 위하여 기업친화적인 정책을 추진하지 않을 수 없다. 이러한 환경에서 공공정책은 민주적으로 계층간 상충하는 이해를 반영하기보다는 친기업적인 방향으로 선회하기 마련이다. 따라서 민관협동의 방식을 통하여 추진되는 개발정책은 다양한 계층과 집단간의 상호 조정된 이해보다는 민간기업의 이해에 높은 가중치가 주어져 결정되기 십상이다(Shefter, 1985).

세 번째의 설명은 소위 성장기계(growth machine)의 이론이다(Locan & Molotch, 1987). 일반적으로 도시의 부동산 투자자와 투기꾼들은 도시성장을 부추기는 경향이 있다. 왜냐하면 도시가 성장함에 따라 토지수요가 증가하게 되고 이는 다시 지가와 지대의 상승을 가져와 이들이 취득하는 부가 증가하게 되기 때문이다. 이러한 기대를 겨냥하여 지역의 유력한 건설업, 부동산개발, 과량의 부동산 보유자, 개발로 인한 혜택을 기대하는 지역의 유력한 집단 등은 도시정부로 하여금 성장정책을 택하도록 정치적인 영향력을 행사하기 위하여 성장연대(growth coalition)를 형성하는 경향이 있다. 여기에 성장을 부추김으로써 보다 많은 이윤을 취할 수 있는 다국적 기업, 공공개발기구, 언론기관, 개발전문가 등이 가세하게 되면 성장지향의 도시정책은 대단히 강력한 추동력을 갖게 된다. 특히 정치인들은 이러한 집단들로부터 재정적 후원을 받을 뿐만 아니라 도시의 성장이 이루어지면 도시가 발전한다는 인상을 시민에게 심어줄 수 있기 때문에 성장연대의 강력한 지원자가 되는 것이 보통이다.

지금까지 관민합동이 도시개발의 지배적 기제로 작용하고 있는 이유를 설명하는 세 가지의 논리를 살펴보았다. 이러한 가치를 내재한 민관협동은 특히 경제적 침체를 겪고 있는 도시에서 채택될 경우 시장이 모든 것을 지배하는 소위 군주적 시장(anarchy of the market)의 대두를 지원함으로써 민간기업의 이윤추구 동기를 충족시키는 역할을 할 개연성이 높다. 이러할 경우 도시의 공공정책은 시장의 불확실성을 감소시켜 조직화된 대규모의 민간투자를 유치함으로써 조직되지 않은 파편화된 소규모의 투자와 개발로는 달성할 수 없는 경제의 성장을 이룩하게 된다.

축약하건대 도시정부는 개발업자들의 개별행동을 조정하고, 안정적이고도 예측 가능한 개발계획을 수립함으로써 개별 투자자들로 하여금 위험부담을 줄여 주고, 투자자들에게 투자수익의 기회를 부여함으로써 기업이 필요로 하는 요구를 충족시켜 주는 역할을 한다는 점이 민관협동의 개발방식에 내재해 있는 핵심 이념이다. 이러한 관점에서 볼 때 민관협동은 자본축적에 필요한 중요한 부분을 도시정부가 직접적으로 책임지는 국가자본주의(state capitalism) 체제의 도시형 버전이라고 보아 무방할 것이다(Levine, 1989). 이와 같은 평가는 현재 우리나라에서 논의되고 있는 기업도시의 경우에도 이의 성격을 고찰해 볼 때 별다른 수정 없이 접목될 수 있는 이념이라고 할 수 있다.

3. 우리나라 기업도시 개발정책 개관

3.1 기업도시의 목적 및 유형

우선 우리나라의 기업도시 내용을 개발의 목적 내지는 필요성에 관하여 살펴보고자 한다. 기업도시는 지난 2004년 12월 31일 공포된 기업도시개발특별법에 의하여 추진되는 도시개발사업이다. 정부의 설명에 의하면 기업도시는 기업의 투자촉진과 국가경쟁력 강화, 지역혁신 역량의 강화를 통한 국가균형발전을 도모하기 위하여 추진되는 것으로 되어 있다(건교부, 2004). 기업이 필요한 곳에 민간의 창의와 활력을 이용하여 기업주도로 도시를 개발함으로써 기업의 투자의욕을 고취하고, 정부의 입장에서는 양호한 기업환경 조성을 위한 규제완화와 정부지원의 확대를 종합적으로 통합할 수 있는 제도로 활용하기 위한 수단으로 도입한 것으로 해석할 수 있다. 이러한 해석에 의할진대 이는 앞에서 설명한 자본친화적인 도시정책의 범주에 해당한다고 볼 수 있을 것이다.

그러나 기업도시는 이에 그치지 않고 지역균형발전을 달성하기 위한 수단으로도 활용될 것임을 보여 준다. 즉 기업도시에 특정산업, 연구, 교육 기능을 집적

시킴으로써 낙후지역에 혁신클러스터를 구축하여 지역혁신을 선도하고 지역성장을 이루려는 목표를 가지고 있다.

이와 같이 이중의 목적을 갖는 기업도시는 기업의 이윤추구동기를 보장해 주는 대신 이를 낙후지역의 개발에 연계시키는 전략에 의하여 추진되는 정책이라고 볼 수 있다. 그러나 기업의 이윤추구에 대한 기회가 낙후지역이 처한 열악한 사회경제적 여건을 고려할 때 정부의 종합적 지원과 규제완화를 통한 총체적 협력을 통해 성취 가능할 것인지에 대한 의문은 아직까지 검증된 바 없다.

기업도시특별법에 의하면 기업도시는 제조업, 관광산업 등 산업입지와 경제활동을 촉진시키기 위하여 민간기업의 주도로 개발되는 도시로서 산업시설은 물론 종사원의 정주에 필요한 주택, 교육, 의료, 문화 등의 제 도시기능을 갖춘 자족적 복합기능도시로 정의된다. 이러한 정의를 갖는 기업도시는 개발주체, 도시기능, 도시형태에 따라 세분된다. 우선 기업도시의 개발주체는 개별기업, 기업컨소시엄, 혹은 기업과 공공의 합동이 될 수 있다. 한편 도시기능별로는 산업형, Science-park형, 관광레저형, 물류형 등으로 구분된다. 또한 기업도시는 독립된 신도시 혹은 기존도시의 재개발 형태로 개발될 수 있다.

한편 기업도시의 유형은 산업교역형, 지식기반형, 관광레저형, 혁신거점형 등 네 개의 유형으로 구분된다. 산업교역형은 제조업과 교역중심도시, 지식기반형은 연구·개발, 기술상품화 등을 주 기능으로 하는 Science-park형 도시, 관광레저형은 관광레저, 문화위주의 도시, 그리고 혁신거점형은 공공기관 지방이전 중심의 지역혁신 도시를 지칭한다.

3.2 기업도시 지정 및 내용

기업도시를 건설하기 위해서는 우선 개발구역을 지정받아야 한다. 이때 민간기업이 단독으로 기업도시 개발구역 지정을 제안할 경우 공공성의 훼손, 주민과의 분쟁 등의 우려가 있기 때문에 주민의견의 수렴, 사업시행 협약체결 등의 과정을 원활하게 하기 위하여 시장·군수와 공동으로 제안토록 하고 있다. 다만 기업도시의 건설이 필요한 지역임에도 불구하고 시장·군수와의 공동제안이 어려울 경우 도지사와 공동으로 제안할 수 있도록 규정하고 있다.

개발구역에 대한 지정을 제안할 경우 지자체와 협의를 합의한 협약안을 제출해야 되는데 이 협약안에는 사업비 및 재원조달, 개발이익 환수 및 조정, 조성토지의 직접사용 및 처분, 시행기업의 기업이전 및 사업장설치, 토지수용, 국고지원, 지방세감면 등 지자체의 지원, 이주대책, 생활대책 등 토지취득 및 보상, 기업도시관리협의회의 구성, 지역주민 고용 등 지역경제, 지역사회와의 협력, 시군이 공동사업자로 참여한 경우 공동사업에 관한 사항 등이 포함되어야 한다.

한편 기업도시 개발구역에 대한 최소면적은 산업교역형 500만m², 지식기반형 330만m², 관광레저형 660만m², 그리고 혁신거점형의 경우 165만m² 이상이어야 한다. 다만 혁신거점형의 경우 원칙적으로는 330만m² 이상으로 하되 기업도시위원회의 심의를 거쳐 165만m²~330만m²규모의 도시건설도 가능하다.

토지이용과 관련하여 사업시행자가 기업도시 구역내부 이용가능용지 중 산업용지로 조성해야 할 의무적 비율이 규정되어 있다. 즉 산업교역형의 경우 40%, 지식기반형의 경우 30%, 관광레저형의 경우 50%, 그리고 혁신거점형의 경우에는 이용가능용지 중 30%를 산업용지로 조성해야 한다. 한편 산업용지 중 시행자가 직접 사용해야 할 면적의 비율도 의무화하고 있다. 즉 산업교역형의 경우 산업용지의 30%, 지식기반형은 산업 · 업무용지의 20%, 관광레저형은 관광레저용 개발 가용지의 50%, 혁신거점형은 업무용지의 30%를 시행자가 직접 사용해야 한다. 그러나 의무 사용비율에 대한 예외규정을 두고 있다. 토지공사나 지자체 등 공공기관이 대체시행자로 지정되는 경우 이 의무규정을 면제할 수 있으며 혁신거점형의 경우에도 기업도시위원회의 심의를 거쳐 20%까지 완화가 가능토록 하고 있다.

3.3 사업시행 및 투자촉진 지원책

기업도시 개발사업의 신속하고 원활한 시행과 기업도시에 대한 입주업체와 투자자의 유치를 촉진하기 위하여 기업도시개발특별법은 정부로 하여금 시행자에게 다양한 유인책을 제공할 수 있도록 허용하고 있다. 이를 요약하면 다음과 같이 정리된다.

- 제한적인 토지수용권 부여: 민간 단독시행인 경우 대상토지의 50% 이상을 확보한 경우 토지수용을 재결하며 공공과 공동시행인 경우에는 수용권에 제한이 없음.

- 간선시설 및 개발이익환수 조정: 구역내부 기반시설은 시행자가 부담하는 것이 원칙이나 협약에서 정하는 경우 지자체(도로, 상하수도)나 공급자(전기, 통신, 가스, 난방)가 부담할 수 있고, 특히 사업시행자의 손실이 예상되는 경우 국고지원이 가능함. 구역 외부의 간선시설은 원칙적으로 시설관리 주체인 중앙정부와 지자체가 설치하되 개발이익을 감안하여 시행자가 설치토록 협약체결이 가능함.
- 자금조달 자원: 사업시행자의 기반시설 투자비용은 출자총액제한의 적용대상에서 제외, 기업도시 출자액에 대하여는 신용공여한도의 적용에서 예외를 인정, 토지소유자가 동의하는 경우 금융기관의 지급보증을 받아 토지매수대금의 일부를 토지상환채권의 발행을 통하여 지급할 수 있는 권한, 실시계획의 승인 후 선수금의 수령 허용 등의 혜택을 부여함.
- 광역교통개선대책 수립: 사업시행자가 직접 수립하여 승인을 신청하되 광역교통개선이 신속히 이루어지도록 계획에 대한 심의기간을 단축하는 규정을 둠.
- 조성토지의 처분 및 주택공급: 개발구역이 투기지역이나 투기과열지구 등의 경우이거나 혹은 일정 기간내에 미착수, 사업장 이전 등 의무를 이행하지 않는 경우를 제외하고는 사업시행자에게 조성토지와 주택 등의 처분에 최대한 자율성을 부여함.
- 재정 및 조세지원: 사업시행자와 입주기업에게 국세, 지방세, 각종 부담금(개발부담금, 농지조성비, 대체초지조성비, 대체산림자원조성비, 교통유발부담금, 공유수면 점유 및 사용료 등), 국공유재산임대료 등을 감면해주고 관광진흥기금 및 국가균형발전특별회계로부터의 재정지원 혜택을 부여함.

이러한 유인책의 제공 외에도 기업도시로 하여금 자족성과 양호한 생활여건을 갖추도록 유도하기 위하여 교육, 의료, 문화, 체육서비스 부문에 대한 규제완화를 허용하고 있다. 기업도시가 자족적인 도시로 기능할 수 있고 인구와 노동력을 유인할 수 있기 위해서는 양질의 교육, 의료, 문화, 체육시설 등이 설치되어야 한다. 양질의 생활시설이 설치되지 않으면 인구를 기업도시로 유인할 수 없으며 설혹 인구의 유입이 이루어진다 해도 이는 주 거처를 외부의 대도시에 두고 주중에만 임시로 기업도시에 거주하는 임시거주자들로 채워질 가능성이 있다. 이러한 현상은 지금까지 지방도시의 거주행태를 볼 때 익히 예상되는 바이다.

이러한 점에 착안하여 기업도시개발특별법에서는 학사운영의 자율성이 보장되는 자립형사립고와 특수목적고를 도시개발과 동시에 유치할 수 있도록 허용하고 있으며 시행자가 직접 학교를 설립하는 경우에는 학교준공 전에 비영리법인으로 전환토록 요구하고 있다. 또한 초중등교육기관을 제외한 외국어, 호텔경영, 골프 등 특정분야를 전문적으로 교육하기 위한 외국교육기관의 유치도 허용하고 있다.

한편 의료기관의 경우 사업시행자가 기업도시 계획단계부터 병원설립계획을 수립하여 도시개발과 동시에 의료기관을 설립할 수 있으며, 병원을 개업할 시기에는 비영리 의료법인으로 전환하도록 하고 있다. 또한 기업도시의 의료법인은 수익성을 창출하기 위하여 다양한 형태의 부대사업을 동시에 시행할 수 있다.

또한 체육시설로는 골프장, 스키장, 자동차경주장 등을 설치할 수 있다. 이때 현행 체육시설법에 의해 제한이 가해지고 있는 부지면적, 설치시설, 규모 등에 대한 규제를 받지 않도록 하고 있다.

4. 기업도시 개발방향 및 전략

4.1 다양한 경제개발전략의 통합

기업도시를 유치할 때 핵심이 되는 과제는 참여할 민간기업을 물색하는 일이다. 기업은 가장 유리한 입지조건을 갖고 있으며, 기업환경이 제일 양호하고, 지자체의 협력과 지원조건이 가장 좋은 지역을 선택하려 할 것이다. 전국적으로 모든 지역이 기업도시를 유치하려고 경쟁을 하기 때문이다. 이러한 상황에서 기업에게 유리하면서도 지역의 경제개발을 유도할 수 있는 방안으로 생각할 수 있는 것이 도, 시 · 군 등 지자체가 개별적으로 조정되지 않은 채 시행하는 각종의 개발사업이나 정책을 기업도시의 건설로 통합하여 시행하는 것이 바람직할 것이다.

봇물처럼 쏟아져 나오는 각종의 지역개발사업과 이에 관련된 재정을 기업도시 건설에 집중하여 투입하게 되면 기업도시 건설에 배분되는 자원을 증대시킬 수 있으며 이는 참여기업에 대한 인센티브로 작용하게 될 것이다.

또한 지역의 경제를 성장시키기 위한 다양한 정책이 시행되고 있다. 대표적인 것이 충북의 경우 첨단산업, 바이오산업, 문화산업 등 지식기반산업의 성장동력을 구축하는 방편으로 추진하고 있는 산업클러스터의 육성이다. 지역별로 특화된 산업클러스터 육성계획을 해당지역에 유치될 기업도시에 접목시키는 경우 클러스터 육성을 위해 시행되는 다양한 정책들, 예컨대 인력개발, 교육훈련, 정보망체계, 인프라시설 등은 지역에 대한 매력도를 높이는 결과를 가져와 기업도시의 성공가능성을 높이게 될 것이다.

한편 향후 이루어질 공공기관의 지방이전에 따른 이전 공공기관을 활용하는 기업도시 개발이 유리할 것으로 판단된다. 이전 공공기관만을 수용하는 독립된 혁신도시를 개발하기보다는 이를 기업도시와 결합한 형태인 혁신거점형 기업도시를 개발하는 것이 이전하는 공공기관과 참여 민간기업 모두에게 유리한 조건을 제공하는 것이 될 것이다. 이 경우 민간산업과 공공기관의 기능을 결합할 수 있을 뿐만 아니라 민간기업과 이전하는 공공기관이 합동으로 개발함으로써 개발비용을 경감하는 효과를 기할 수 있을 것이다.

4.2 전략적이고 민주적인 계획과정

앞의 장에서 기술한 바와 같은 내용을 갖는 우리나라의 기업도시 정책은 앞에서 설명한 민관협동의 전형적인 예라고 볼 수 있다. 이는 기업도시 정책이 자본친화적인 자본봉사형 공공정책의 범주에 해당함을 의미한다. 이러한 성격의 도시개발정책은 지금까지 밝혀진 바에 의하면 많은 경제 · 사회적 문제점들을 발생시켜 왔다. 특히 개발의 혜택이 개발지역에 새로이 이주하는 거주자와 고급노동력, 지역적으로는 개발구역에 국한되어 나타남으로써 개발지역이 주변지역과는 유리된 개발의 섬이 되는 경우가 많다. 상호 이질적인 사회가 동일지역에 병존함으로써 같은 지역이지만 아주 다른 두 개의 이야기가 횡횡하는 두 도시의 이야기(a tale of two cities), 즉 지역의 양극화가 초래된다는 것이 민관협동개발방식의 문제점으로 지적되고 있다(Levine, 1989).

예를 들어 뉴욕시의 경우 1950년대 이후 적극적인 도심재개발의 시행으로 도심지역에 중심업무, 상업, 유통 등 고급기능이 유입되고 많은 수의 고급 일자리가 창출되었음에도 불구하고 빈곤층의 비율은 오히려 증가한 것이 이러한 현상을 웅변적으로 보여 준다. 또한 보스턴의 경우에도 1980년대 이후 민관협동을 통한 도심의 집중적 개발의 결과 부흥도시라고 불릴 정도로 대단히 성공한 케이스로 알려져 있다. 그러나 실상 그 내막을 들여다보면 도심의 바로 인근인 Roxbury, Dorchester 등은 그대로 빈곤지역으로 남아 있음을 알 수 있다. 이러한 예들은 특별히 조율된 맞춤형 전략이 시행되지 않으면 자본봉사형 민관협동 개발방식은 사회적 양극화를 가져올 가능성이 높다는 점을 암시한다.

이러한 관점에서 볼 때 잘못하면 기업도시의 개발이 지역 전체주민의 소득증대와 생활의 질 향상을 통한 지역번영과 국가균형발전이라는 원래의 정책목표를 달성하기 어려울 것이다. 따라서 기업도시가 개발의 섬으로 전락하지 않을 뿐만 아니라 사회적 동반성장을 가능케 할 수 있는 전략을 개발계획과 동시에 고려하는 것이 필요하다.

이를 위해서는 기업도시의 계획 및 개발과정을 전략적이고 민주적으로 진행하는 것이 필요하다. 투자기업이라면 무조건 무차별적으로 혜택과 인센티브를 제공할 것이 아니라 지역주민들에게 필요한 일자리를 창출할 수 있고 환경악화를 최소화하는 업종과 기업에 가중치를 두어 유치하는 전략이 필요하다. 이러한 목표는 지자체와 기업간의 협약과 협력에만 전적으로 의존하는 하향식 계획 및 개발을 통해서는 달성하기 어렵다. 지자체와 기업 중심의 추진체제는 자칫 성장연대의 발호를 초래하여 기업도시의 개발에 관한 사회적 담론을 지역사회의 일부 집단이 독점하는 결과를 가져오게 될 것이다. 이러한 구조가 힘을 갖게 되면 개발의 혜택이 지역사회 전체에 전파되는 것이 불가능하게 된다. 지역사회의 광범위한 참여와 협력을 유도함으로써 지역에 직접적인 혜택이 돌아가고 아울러 기업의 성장 및 이윤도 동시에 보장하는 구조를 창출하는 것이 필요하다.

기업의 입장에서는 계획과 개발과정에 시민사회가 참여하게 되면 계획이 정치화함으로써 개발시기가 지연되고 이윤추구 동기가 훼손된다고 생각할 수도 있을 것이다. 계획에서 정치색을 배제하려는 소위 시장 지향적 계획(market-oriented planning)을 선호하는 태도를 기업이 취할 개연성이 있다. 그러나 기업도시가 기업의 이윤만을 고려하는 단일 목적의 정책이 아니고 균형발전과 낙후지역의 발전이라는 공익적 목표도 함께 추구하는 정책이기 때문에 지역사회의 참여를 보장하는 것은 당연한 이치이다.

4.3 연계정책의 시행

앞에서 논의한 바와 같은 자본봉사형 민관협동의 개발방식이 초래하는 부정적 영향을 최소화하기 위해서는 소위 연계정책(linkage policies)을 도시개발과 함께 시행하는 것이 효과적이다. 특히 충분한 정도의 개발이익이 발생할 수 있는 지구의 경우에는 사업시행자로 하여금 지역주민들에게 필요한 수요, 예컨대 임대주택, 직업훈련 및 교육, 대중교통, 육아보육시설 등에 기업으로 하여금 기여하도록 유도하는 정책이 필요할 것이다. 이러한 유형의 연계전략은 보스턴이나 샌프란시스코의 경우에 시행하여 상당히 긍정적인 효과를 본 전략임이 밝혀졌다(Porter, 1985; Keating, 1986).

기업도시개발특별법에서는 지역별 낙후도를 감안하여 산정된 적정개발이익을 초과하는 개발이익에 대해서는 기업도시 구역안의 공공편익시설과 구역 밖의 간선시설 설치에 투자케 함으로써 환수하는 방법을 채택하고 있다. 이러한 방법은 구역 내외의 투자를 막론하고 모두 기업도시만을 위한 투자라고 볼 수 있다. 지구안의 편익시설은 물론이고 지구 밖의 간선시설도 일차적으로는 기업도시 입주기관과 주민을 위한 것이기 때문이다. 따라서 현행의 기업도시개발특별법에 의한 개발이익 사용방안은 진정한 의미에서의 지역사회 연계정책이라고 볼 수 없다. 개발이익환수 및 재투자 정책이 연계정책의 의미를 갖기 위해서는 기업도시 외부의 지역주민들을 위한 투자재원으로도 사용될 수 있어야 할 것이다.

민간기업에게 충분한 수준의 이윤추구 동기와 인센티브를 부여하고 양호한 기업환경을 조성하여 줌으로써 기업의 성장과 기업도시의 개발을 촉진하는 것이 필요하다. 그러나 이것만으로는 기업도시를 포함하여 이를 둘러싸고 있는 지역전체의 번영을 가져오기 어려울 것이다. 적정한 연계정책을 통하여 민간기업, 기업도시, 주변지역이 모두 동반성장할 수 있는 구조를 확립하여야 할 것이다.

참고문헌

강내희. 1992. "압구정동의 '문제설정'—한국자본주의의 욕망구조." 현실문화연구 편, 『압구정동: 유토피아, 디스토피아』.

강문구. 1996. "한국사회의 민주화와 환경운동: 위천공단 조성문제를 중심으로." 『한국정치의 재성찰: 전근대성 · 근대성 · 탈근대성』. 서울: 한울. 140-159.

강신겸. 2002. "관광개발에 대한 지역주민의 태도: 안동하회마을을 중심으로." 『문화경제연구』 5(1): 140-157.

건설교통부. 2004. 『기업도시개발 시범사업 추진계획 및 개발제도』.

건설교통부. 2005. 『수도권 공공기관의 효율적인 지방이전 추진방안 연구』. 서울.

고동완 · 김현정. 2003. "지역사회 애착과 관광개발에 대한 태도." 『관광학연구』 27, 3: 97-112.

고영구. 2004. "수도권 규제완화 대응전략: 수도권 집중의 문제와 국토 균형발전방안." 한국지방자치학회 하계학술발표회 및 제13회 한일 지방자치 국제세미나 발표자료, 29-50.

공금록. 2004. "최첨단 산업으로 부강한 도시: 소피아 앙티폴리스." 『건설경제』 41: 86-93.

광주광역시. 2003. 『중앙부처 및 정부투자기관 광주유치방안』. 광주.

구동회. 1993. "포스트모던 도시경관의 상품미학: 압구정동지역을 사례로." 『공간환경』 44.

구동회 · 박영민 역. 1994. 『포스트모더니티의 조건』. 한울(Harvey, D. 1989. *The Condition of Postmodernity An Enquiry into the Origins of Cultural Change*. Oxford, Blackwell Publishers).

국가균형발전위원회. 2003. 『국가균형발전의 비전과 과제』. 참여정부의 국정비전 보고서.

국가균형발전추진단. 2003. 『효율적인 RIS구축방안과 정부의 역할』.

국가균형발전위원회 · 건설교통부. 2005. 『공공기관 이전 및 혁신도시 건설방안』. 서울.

국토개발연구원. 1997. 『수도권 공공청사의 지방이전방안』. 안양.

권숙인. 2005. "현지화. 정형화, 지구화: 재멕시코/ 일본 한인의 민족음식문화." 『비교문화연구』 11,2.

권영섭. 1997. "혁신의 공간적 분포 및 지역격차에 관한 연구." 『국토연구』 26:55-71.

권영섭. 2001. 『시범테크노파크 사업과 지역혁신체제 구축』(국토연 2001-62). 안양시: 국토연구원.

권영섭. 2006. "혁신도시의 클러스터기능 확보 방안." 『국토』 297: 17-28.

권영섭 · 김동주. 2002. 『지식기반산업의 입지특성과 지역경제 활성화 방안 연구』(국토연 2002-18). 안양시: 국토연구원.

김경동. 2000.『선진 한국, 과연 실패작인가?』. 삼성경제연구소.

김경묵 · 김연성 공역. 2001.『경쟁론』. 서울: 세종연구원.

김규. 1976.『방송매체론』. 법문사.

김기섭. 2004. 생협운동의 실천과 과제, 한국농촌사회학 · 한국사회학회, 2004년 전기학술대회 발표논문집.

김길수. 1997. "핵폐기물처분장의 입지선정에 있어서 주민저항의 원인: 경북 청하지역 사례를 중심으로."『한국정책학회보』6,1:174-203.

김근영. 2003.『현대 도시에서 한옥의 의미: 서울 북촌의 사례 연구』. 서울대학교 인류학과 석사논문.

김달진미술연구소. 2002.『서울아트가이드』7월호.

김덕현 · 김현주 · 심승희 역. 2005.『장소와 장소상실』. 논형(Relph, E. 1976. *Place and Placelessness*. Pion Ltd.)

김동주 외. 2001.『지식정보화시대의 산업입지 및 군집체계 연구』. 국토연구원.

김두식. 2004. "쓰레기 처리장 건설에 대한 지역주민들의 태도연구."『농촌사회』14,2:109-143.

김만재. 2003. "이혼여성의 주거실태에 관한 연구."『국토연구』39:103-116.

김명옥. 2003. "지역적 특성을 지닌 특성화 상점에 관한 연구- 뉴욕 소호 지역을 중심으로."『한국실내디자인학회논문집』37.

김명주. 2000. "TV드라마 촬영지의 관광지 발달과 특성." 경북대학교 석사논문.

김상우. 2004. "죽음의 사회학." 부산대학교 박사학위수여논문.

김상헌. 1997. "님비문제해결을 위한 보상체제."『한국행정학보』31,4:205-225.

김선기. 1992. "환경문제의 외부성과 광역적 대응: 상수원 수질보전을 중심으로."『지방행정연구』7,1:13-26.

김성일 · 박석희 외. 2000.『지속가능한 관광』. 일신사.

김양희 외. 1999.『한국 자동차산업의 기술능력 발전』. 삼성경제연구소.

김영정. 2003. "자립적 지방화와 지역혁신체계의 구축."『동향과 전망』59:93-140.

김영정. 2002. "지역정보화와 지역발전의 관계." 지역사회학 제2집, 지역사회학회.

김영화. 1990. "고등학교 팽창의 결과 — 고등교육기회 획득에 미치는 출신배경의 영향 추이(1967-1984) —."『교육학연구』28,3:65-81.

김왕배, 박세훈 역. 1993.『자본주의 도시와 근대성』. 한울(Savage, M. & Warde, A., *Urban Sociology, Capitalism and Modernity*, London: Macmillan).

김용선 편. 2002.『코란(꾸란)』. 서울: 명문당.

김용웅. 1998. "국토개발관련 분쟁조정제도 개선방안."『21세기 선진국토를 향한 정책

과제』.

김용창. 1998. "지구적 공간통합과 네트워크 도시." 한국공간환경학회 (편), 『현대도시이론의 전환』. 한울, 65-7.

김용학. 1991. "엘리트 충원 · 탈락의 지역 격차." 김종철 · 최장집 외, 『지역감정연구』. 학민사

김원배. 1997. 『지방대도시 경쟁력 강화방안』. 국토연구원.

김은실. 2004. "지구화시대 근대의 탈영토화된 공간으로서의 이태원에 대한 민족지적 연구." 한국여성연구회 편, 『변화하는 여성문화 움직이는 지구촌』. 서울: 푸른사상.

김의근. 2004. "관광개발에 대한 지역주민의 인식에 관한 연구: 중문단지와 성산포관광지를 중심으로." 『외식경영연구』 7,1:123-138.

김인수 · 이진주. 1982. 『기술혁신의 과정과 정책』. 한국개발연구원.

김인철 · 최진식. 1999. "지방정부간 갈등과 협상에 관한 연구." 『한국정책학회보』 8,3: 99-120.

김주숙 · 김은영. 2003. "도 · 농 복합시 농촌주민의 갈등요인 및 해결방안에 관한 연구." 『농촌사회』 13,1:85-114.

김준우. 2002. "지방병: 비수도권의 지역개발 연구기능에 대한 인식부족을 중심으로." 『지역사회학』 4,1:225-256.

김준우. 2004. "송도경제자유지구의 이상과 현실:세계화와 국가의 관계를 중심으로." 『한국경제지리학회지』 7,2:245-260.

김준우 · 이경상. 2006. "지역발전정책 개발역량의 개념정의와 지수구성." 『한국사회학』 40,3:155-182.

김준우, 안영진. 2006. "한국경제자유지구의 개발 배경과 동인: 인천 송도 경제자유지구를 중심으로." 『한국도시지리학회지』 9,3:79-87.

김준우, 안영진, 이성록. 2007. "혁신도시 이전대상 기관 직원들의 이주 및 정착의지: 광주전남 공동혁신도시 나주를 사례로." 『한국지역지리학회지』 13,6:639-650.

김진애. 2003. "서울 청담동: '보보스인 척' 말고 '진짜 보보스'가 되어 보라." 『우리 도시예찬』. 인그라픽스.

김창길 · 김태영. 2003. 『친환경농산물 생산비 및 소득차이 비교분석』. 한국농촌경제연구원, 농림부 수탁연구보고서.

김창수. 1991. "지역관광개발계획과정의 집단간 갈등에 관한 연구." 경기대학교 박사논문.

김채규. 2006. "혁신도시의 건설배경과 추진방향." 『국토』 297:6-16.

김태일. 1998. "지방자치의 실시가 기초자치단체의 사회복지지출에 미친 영향." 『한국정책학회보』 7,1:317-338.

김태환. 2005. "공공기관 지방이전과 지역균형발전: 프랑스 사례를 중심으로." 『한국지

역지리학회지』 111:71-82.

김태환 · 김광익 외. 2004.『자립적 지역발전을 위한 잠재력 분석 연구』. 국토연구원.

김학희. 2007. "문화소비공간으로서 삼청동의 부상: 갤러리 호황과 서울시 도심 재활성화 전략에 대한 비판적 성찰."『한국도시지리학회지』 10,2:127-144.

김혁규. 2002.『나는 주식회사 경상남도』. 명진출판.

김현미. 2005. "글로벌 도시, 서울."『글로벌 시대의 문화 번역』. 또 하나의 문화.

김현호. 2003. "장소판촉적 지역발전을 위한 장소자산형성에 관한 연구."『국토연구』 36:77-95.

김형국. 2002.『고장의 문화판촉 : 세계화 시대에 지방이 살길』. 서울: 학고재.

김형기. 2001. "지방분권과 대안적 지역경제발전 모델." 이정식 · 김용웅 편,『세계화와 지역발전』. 서울: 한울.

남영신. 1992.『지역 패권주의 연구』. 학민사.

남영우 · 최재헌. 2004.『세계화시대의 도시와 국토』. 서울: 법문사.

노명숙, 김순옥. 2000. "1990년 개정가족법 이후의 판례에 나타난 이혼효과."『한국가족관계학회지』 5,1:93-112.

노진철. 2004a. "'압축적 근대화'와 구조화된 위험: 대구지하철재난을 중심으로."『경제와 사회』 61: 208-231.

노진철. 2004b. "위험사회에서의 지역개발과 환경갈등."『사회이론』 25호.

노진철. 2004c. "위험사회학: 위험과 사회의 관계에 대한 사회이론화."『경제와 사회』 63호.

노진철. 2004d. "위험시설 입지 정책결정과 위험갈등:부안 방사성폐기물처분장 입지선정을 중심으로."『ECO』 6:188-219.

뉴스위크. 2004. "환상의 신도시로 떠오르는 송도." 4월 7일 624호.

대한민국정부. 2000.『제4차 국토종합계획(2000~2020)』. 서울.

대한매일. 2003. "지자체 여성정책 예산 턱없이 부족." 9월 30일.

대한주택공사. 2002.『주택핸드북』.

데이비드 하비. 1989/1995.『도시의 정치경제학』. 한울.

도정일. 1992. "압구정동 유토피아, 디스토피아." 현실문화연구 편,『압구정동: 유토피아, 디스토피아』.

돌퓌스 (지음), 최혜란 (옮김). 1998.『세계화』. 한울, 21-2.

동아일보. 2003. "청담동 수입명품 새매장 속속 개점…'한국의 베벌리힐스'." 2월 23일.

드 레그트 · 레이노소 이바에. 전경수 편역. 1994. "진통의 증가: 이슈따파-자우아따네호의 관광개발사업."『관광과 문화』. 일신사.

마이크 새비지 · 알랜 와드. 1996.『자본주의도시와 근대성』(김왕배 · 박세훈 옮김). 한울.

무디(지음), 사회진보를 위한 민주연대 (옮김). 1999. 『신자유주의와 세계의 노동자』. 문화과학사.

문미성. 2000. "Philip Cooke의 지역혁신체계, 공간이론의 산책." 『국토』 12월호.

민경희, 강희경, 배영목, 최영출. 1996. "청주 지역사회의 권력구조에 관한 연구." 『한국사회학』 30:187-226.

로앤비(주). 2004. "경제자유구역의 지정 및 운영에 관한 법률." (= http://www.law nb.com : 2004년 7월 26일 접근)

박 경. 2001. "미야모토의 주민자치와 내발적 발전." 국토연구원(엮음), 『공간이론의 사상가들』. 한울.

박 경. "알맹이가 빠진 지역혁신체제 구상."(http://tiss.re.kr/divpower6/divpower3.html)

박 경 · 박진도 · 강용찬. 2000. "지역혁신능력과 지역혁신체제: 지역혁신체제론의 의의, 과제 그리고 정책적 함의." 『공간과 사회』 통권 13호.

박 경. 2005. "지역균형정책인가 신성장정책인가." 부경대 지역사회연구소 학술심포지움.

박경태 · 설동훈 · 이상철. 1999. "국제노동력이동과 사회적 연결망: 경기도 마석의 필리핀인 노동자 집단을 중심으로." 『한국사회학』 33, 겨울:819-849.

박기관. 2004. "지역사회권력구조와 지방정치의 역동성: 원주시 시청사 건립을 둘러싼 행위자들의 영향을 중심으로." 『한국지방정부학회』 8, 1:29-51.

박기묵. 1997. "하천의 상하류간 물분쟁 해결모형: 부산시와 대구시의 분쟁을 중심으로." 『한국행정학보』 31, 4:227-243.

박동수. 1995. "지방정부 수준의 NIMBY 해결방안." 『지방자치연구』 7, 1:167-191.

박대식. 2000. "바람직한 농촌개발의 방향." 『농촌사회』 10:105-127.

박불똥. 1992. "세계자본주의와 압구정동." 현실문화연구 편, 『압구정동: 유토피아, 디스토피아』.

박삼옥. 1999. 『현대경제지리학』. 아르케.

박상미. 2004. 『뉴요커』. 마음산책.

박용남. 2000. 『꿈의 도시 꾸리찌바』. 이후출판사.

박영철. 2000. "외국인투자의 효율적인 유치를 위한 산업입지 공급방안 연구." 건설교통부.

박종대 역. 2001. 『소비의 미래, 생각의 나무』. 서울(Bosshart, D., 1997, Die Zukunft des Konsums).

박종화. 2000. "주민기피시설의 입지갈등과 중첩적 합의." 『국토계획』 35, 5:261-277.

박정선 · 이원호 · 김용기. 2005. "북촌 한옥마을 정원에 관한 기초 연구." 『한국전통환경학회지』 23, 3:37-49.

박파랑. 2003. 『어떤 그림 좋아하세요?: 어느 불량 큐레이터의 고백』. 아트북스.

박삼옥. 1999. 『현대경제지리학』. 아르케.

박삼옥. 2001, “산업군집 형성과 지역산업 발전.” 이정식 · 김용웅(엮음), 『세계화와 지역발전』. 한울.

박영선. 2003. “참여연대 거버넌스에 관한 연구.” 성공회대학교 NGO학과 석사학위논문.

박재묵. 1995. “지역반핵운동과 주민참여: 4개지역 원자력시설 반대운동의 비교.” 서울대학교 사회학과 박사학위논문.

박재욱. 1996. “대기업 주도형 도시정치의 특성.” 연세대 정치학 박사논문.

박재욱. 1999. “대기업 도시 울산시와 도요타시의 기업권력과 지방정치.” 『한국과 국제정치』 15,1:97-130.

박재욱. 2001. “위천공단조성을 둘러싼 지역간 갈등의 정치경제학.” 『한국과 국제정치』 7,2:339-371.

박종민. 2000a. “성남시 사례.” 박종민 편, 『한국의 지방정치와 도시권력구조』 287-340. 서울: 나남.

박종민. 2000b. “지방정치에서의 시민과 정부.” 『정부학연구』 6,1: 193-221.

박종민. 2000c. “지방민주주의와 도시정치문화. 관료제의 반성과 대안.” 한국행정학회 2000년도 추계학술대회 발표문.

박종민. 2000d. “집단이론, 후견주의 및 도시의 리더십.” 『한국행정학보』 34,3:189-204.

박종민, 배병룡, 유재원, 최승범, 최홍석. 1999. “한국지방정치의 특징.” 『한국행정학회보』 33,2:123-139.

박중환. 2003. “부산지역 주요 영화 촬영지에 대한 관광자원학적 이미지 분석과 PPL(product placement) 전략.” 『관광 · 레저연구』 14,3:157-173.

박현숙. 1988. “제주도 ‘민속마을’의 관광현상에 관한 연구.” 서울대 석사논문.

방하남 · 김기헌 2002. “기회와 불평등: 고등교육기회에 있어서 사회계층간 불평등의 분석.” 『한국사회학』 36,4:193-222.

버나드 루이스. 1994. 『이슬람 문명사』. 서울: 이론과 실천.

보건복지부. 2002. 『2002년 모자보건시설현황』.

보건복지부. 2003. 보건복지부 내부 자료.

복득규. 1998. “부품업체의 거래선 다변화가 성과에 미치는 영향.” 『산업조직연구』 6,2:203-220.

복득규. 2003. “클러스터의 개념에 대한 소고.” 『동향과 전망』 57,7:114-141.

복득규 외. 2003. 『클러스터』. 서울: 삼성경제연구소.

부동산뱅크. 1997, 1998, 2001, 2003. 부동산뱅크자료.

산업기술정책연구소. 1996. 『산업기술정책연구의 동향과 과제』.

산업연구원. 2003. 『동남권 초광역 클러스터 구축을 위한 타당성 조사 최종보고서』.

상공회의소. 1998. 민선1기의 경제행정 평가와 민선2기의 과제. 설문조사 결과.

서울시정개발연구원. 2000. 『서울시도심재개발 기본계획』. 서울특별시.

서울시정개발연구원. 2001. 『북촌가꾸기 기본계획』. 서울특별시.

손대현 · 이지은. 2001. "영상매체를 통해 노출된 관광목적지 이미지-영화 · TV드라마를 중심으로." 『관광경영학연구』 11:82-98.

손정목. 1999. "강남개발계획의 전개(Ⅳ): 제1 · 제2 영동지구 구획정리사업." 『국토』 208:82-95.

송도영. 2004. 『인류학자 송도영의 서울 읽기』. 소화.

송도영. 2007. "종교와 음식을 통한 도시공간의 문화적 네트워크: 이태원 지역 이슬람 음식점들의 사례." 『비교문화연구』 13,1:98-136.

송명규. 1992. "학군의 질과 명성이 주택 가격에 미치는 효과에 관한 실증적 연구: 서울시의 경우." 『지역사회개발연구』 17,1:91-106.

서울경제신문. 2005. "'싸게, 배터지게 맛있게 먹는 곳' 이태원에 다 있네." 6월 20일.

서울대 인구및발전문제연구소 외. 1991. 『방사성폐기물처분 부지확보 및 지역협력 방안 연구』. 한국원자력연구소.

서울시정개발연구원. 2004. 『청계천에 얽힌 전통민속놀이 재현방안』. 학술용역.

서울시립대. 2001. 『방사성폐기물처분장 입지선정을 위한 갈등해결방안연구』. 과학기술부.

서울영상위원회. 2006. 『서울은 지금 촬영중』. 도서출판 북인.

서현정. 1992. "상품 소비의 문화적 규칙 및 상징적 의미에 관한 연구: 한 이탈리아 음식 전문 레스토랑의 사례를 중심으로." 서울대학교 대학원 석사학위 논문.

설동훈. 1999. 『외국인 노동자와 한국사회』. 서울대학교 출판부.

설동훈. 2000. 『노동력의 국제이동』. 서울대학교출판부.

설동훈. 2001. 『인도 소프트웨어 인력 활용 실태조사』. 한국소프트웨어진흥원.

설동훈. 2002. "세계도시와 문화적 다양성: 서울의 사례연구." 『지역사회학』 4,1:53-86.

설동훈 · 이지연. 2002. "국내 외국인 연예인의 일과 생활: 노동자인가, 공연예술가인가?" 정치변동과 사회개혁, 제5회 비판사회학대회 발표 논문집. 한국산업사회학회.

설동훈 · 정태석. 2002. "새로운 세대의 등장과 민족정체성의 변화." 『사상』 14,3:28-52.

시도연구원협의회. 2002. 『시도연구원총람』.

신동호. 2004. "프랑스 소피아 앙티폴리스의 지역혁신환경." 『국토계획』 39:147-161.

신태영 외. 2002. 『2002년도 한국의 기술혁신조사: 제조업』. 과학기술정책연구원.

신희권. 1995. "지압자치와 지방정부-기업관계의 변화." 『한국행정학보』 29,3:733-745.

신희권. 1999. "지방정치의 변화와 자발적 조직의 역할." 『한국행정연구』 8,1:44-67.

심승희. 2004. 『서울: 시간을 기억하는 공간』. 나노미디어.

심승희, 한지은. 2006. "압구정동 청담동 지역의 소비문화 경관 연구." 『한국도시지리학회지』 9,1:61-80.

안영진. 2001. “제국주의의 변화와 공간의 재편: 세계도시를 중심으로.” 『진보평론』 8:78-102.

안영진. 2006. “한국의 중앙집중화의 동인에 관한 검토.” 『지리학연구』 40(1), 69-81.

안영진 · 김태환. 2004. “공공기관의 지방이전과 지역발전: 지방대학과의 연계를 중심으로.” 『한국도시지리학회지』 7,2:31-44.

양선아. 1999. “지방의 ‘문화관광’과 지역정체성의 재구성: 제주도 사례를 중심으로.” 서울대 인류학과 석사논문.

양형모 · 김용승. 2005. “국내 갤러리의 공간 구성적 특성에 관한 연구.” 『대한건축학회 논문집』 21,1:77-84.

오선순. 2000. “이혼가족의 복지실태와 개선방안.” 서강대학교 석사학위 논문.

오연천. 2001. “지방재정 확대와 지역개발의 자율성 증진방안.” 이정식 · 김용웅 편, 『세계화와 지역발전』. 서울: 한울.

오정준. 2003a. “제주도의 지속가능한 관광에 관한 연구: 생태관광지의 사례를 중심으로.” 서울대학교 사회교육과 박사학위논문.

오정준. 2003b. “생태관광지의 지속가능성에 관한 연구.” 『대한지리학회지』 38(4):610-629.

우무정. 2000. “지방정부 기획 · 정책능력의 결정요인에 관한 연구.” 건국대학교 행정학과 박사학위논문.

유평준 · 한상일 · 최호진. 2006. “지역혁신 클러스터의 학습과 혁신: 사회적 자본과 전략적 제휴와의 관계.” 『한국행정학보』 40,1:225-247.

염미경 · 한석지. 2006. “섭지코지의 관광지화와 지역거버넌스.” 『지역사회학』 8,1:123-146.

유병규. 2000. “도시근교농업의 복합산업화와 공간 활용.” 『농촌사회』 10:37-70.

유재원. 1996. “수평적 정부간 협력체제 정립방안: 수도권을 중심으로.” 한국행정연구원 연구보고서.

유재원. 1999. “지방자치의 공고화의 토대로서 정치문화: 청주시를 중심으로.” 『밀레니엄 전환기 행정(학)의 회고와 전망』(한국행정학회 1999년도 동계학술대회 발표문).

유재원. 1999. “한국의 지방정치: 청주시 사례.” 『한국지방정치론:이론과 실제』. 박영사.

유재원. 2000. “청주시 사례.” 박종민(편), 『한국의 지방정치와 도시권력구조』 39-105. 서울: 나남.

유정화. 2003. “성형외과의 입지와 방문요인에 관한 연구: 서울시 강남구를 중심으로.” 서울대학교 지리학과 석사학위 논문.

유혜인. 2003. “압구정 문화축제의 특성 변화에 관한 연구: 축제 주체의 변경을 중심으로.” 서울대학교 환경대학원 석사학위 논문.

윤일성. 2001. "서울시 도심재개발 30년 : 특성과 전개과정." 『사회조사연구』 16:1-28.

윤호병 · 안정석 · 차원현 · 임옥희 역. 1997. 『현대성과 정체성』. 현대미학사(Zukin, S. 1992, "Postmodern Urban Landscapes: Mapping Culture and Power," in Lash, S. & Friedman, J.(eds), *Modernity and Identity,* Oxford: Blackwell).

이기석. 1980. "도시 거주지 분화와 패턴에 관한 연구: 서울시를 중심으로," 『한국의 도시와 촌락연구』. 보진재.

이기석. 2001. "수도권의 세계도시화와 국토발전전략." 이정식 · 김용웅(엮음), 『세계화와 지역발전』. 한울, 53-86.

이 근. 2004. 『과학기술의 새로운 패러다임과 경제』. 정보통신정책연구원.

이무용. 2005. "청계천 문화벨트 조성의 기본컨셉과 전략수립에 관한 연구." 『지리학연구』 39,4:519-537.

이상일. 1995. "삐에르 부르디외의 사회지리학: 문화와 소비의 사회지리학을 지향하며." 『응용지리』 18:57-101.

이승종. 1998. "민선자치단체장 리더십의 영향요인." 『한국행정학보』 32,1:147-161.

이승종, 김홍식. 1992. "지방자치와 지방정부의 정책성향." 『한국행정학보』 26,2:573-89.

이성호. 1998. "공업적 저발전 지역에서의 지역체제의 형성과 전환." 동국대 사회학 박사논문.

이윤호. 2000. "성남시 여성의 일상과 소비문화공간을 통해서 본 지역의 차별적 생성과 변화." 이화여자대학교 대학원 사회생활학과 박사학위 청구논문.

이은진. 1994. "국가, 계급, 지역공동체의 각축장으로서의 지방권력." 한국사회학회 편, 『국제화 시대의 한국사회와 지방화』. 나남. 321-354.

이은진. 1999a. "지역정치의 현황." 『사회연구』 12:7-36.

이은진. 1999b. "누구의 이익을 대표하는가? 창원시 의회 도시건설상임위의 의제형성과정 연구"(1996-1997 한국의회발선연구회 시원 논문).

이은진. 2000. "성장연합이냐 후견인 정치인가? 개별화된 개발이익과 지역정치." 『사회연구』 13:69-96.

이은숙, 정희선. 2003. "서울시 주부의 일상생활 공간의 불평등성." 『지리학연구』 37,3:241-255.

이영승. 2002. "정동진 역마을의 관광지화 과정과 주민생활의 변화." 안동대학교 석사논문.

이용숙. 2003. "지역혁식체제론의 비판적 재검토: 무엇을, 누구를 위한 지역혁신체제인가?" 『동향과 전망』 59:141-182.

이영민. 2006. "서울 강남지역의 사회적 구성과 정체성의 정치: 매스미디어를 통한 외부적 범주화를 중심으로." 『한국도시지리학회지』 9,1.

이영민 외. 2006. "서울 '강남'의 데이터베이스 구축과 지역 특성 연구." 학술진흥재단

지원 연구 과제 보고서.

이종원. 1999. "레짐이론의 발전과 과제." 『정부학연구』 5,2:137-156.

이종열. 1995. "핵폐기물처리장 입지선정과 주민갈등: 울진사례를 중심으로." 『한국행정학보』 29,2:379-396.

이진교. 2001. "하회마을의 관광지화와 행위주체들의 관계양상." 안동대학 석사논문.

이창재. 2002. 『동북아 비즈니스 거점화 전략의 기본 방향』. 대외경제정책연구원.

이한기 · 박덕병 · 박은식. 2002. "전통문화와 전통지식을 통한 농촌의 내생적 발전 요인에 관한 연구." 『농촌사회』 12,2:51-74.

이후석. 2004. "지역주민의 관광영향 지각과 관광개발 태도의 관계 분석: 미니시리즈 '올인' 촬영지 섭지코지를 사례로." 『관광학연구』 28,3:221-238.

이종열 · 권해수. 1998. "지역개발과정상 지방자치단체간 갈등분석과 관리전략: 위천공단지정 사례 분석." 『한국정책학회보』 7,3:159-188.

이희연. 1998. 『경제지리학』. 법문사.

인천경제자유구역청. 2003. "동북아 경제중심도시 실현을 위한 인천경제자유구역 개발과 운영"(=http://www.incheon.go.kr/business/economy/download/ work shop 20031110.pdf: 7월 26일 접근).

인천광역시. 2003. 『인천경제자유구역 개발계획』. 인천.

인천광역시. 2005. 인천경제자유구역청의 특별지방자치단체 전환을 이래서 반대한다(=http://www.ifez.go.kr : 2월 28일 접근).

인터넷 도깨비뉴스. 2005. "나를 사로잡은 CF 촬영지 베스트 10." 7월 29일.

임도빈. 1999. "주민자치인가 엘리트 자치인가." 『지방자치』. 8월:28-33.

임승빈. 1995. "지역유착관계 단절을 위한 제언." 『지방자치』 84:75-78.

임성희. 1994. "1990년대 새로운 소비주의 문화의 성격: 홍대앞 문화 사례 분석." 서울대 신문학과 석사학위논문.

임인숙. 2004. "다이어트의 사회문화적 환경." 『한국사회학』 38,2:165-187.

염미경. 1998. "기업권력과 환경정책." 『동향과 전망』 39:193-225.

염미경. 2000. "도서지역의 활성화와 정체성 정치: 일본 미이라쿠의 역사마을 만들기 사례를 중심으로." 『한국사회학』 34, 가을호:747-782.

염미경, 한석지. 2006. "섭지코지의 관광지화와 지역거버넌스." 『지역사회학』 8,1:123-146.

야은숙. 1997. "관광특구 예정지로서 이태원 지역의 관광외식산업 진흥정책 연구." 경기대학교 대학원 박사학위논문.

제일기획보고서. 2005. "우리 시대의 미드필더, 2635세대." 10월 31일.

장동진 역. 1998. 『정치적 자유주의』(원저 *Political Liberalism* by J.Rawls, 1993, Columbia

Univ Press). 서울: 동명사.

장미진 · 김규원 · 설동훈. 2002. 『외국연예인 국내취업에 대한 제도 개선 방안』. 한국문화정책개발원.

장양례 · 박정욱. 2004. “한류가 한국관광이미지에 미치는 영향에 관한 연구: 중국인들을 대상으로 한 인지적 · 정서적 평가.” 『관광경영학연구』 8,1:319-336.

조광익 · 김남조. 2002. “관광의 영향이 지역주민의 태도와 관광개발에 미치는 구조 효과 분석.” 『관광학연구』 26,2:31-51.

조명래. 2000. “지역정치경제연구의 이론적 동향과 쟁점.” 『공간과 사회』 14, 155-184.

조성재 외. 2004. 『자동차산업의 도급구조와 노동관계의 계층성』. 한국노동연구원.

조승헌, 2003. “환경갈등의 특성과 해결방안: 위도 방사성폐기물장 갈등을 중심으로.” 후기사회학대회 발표원고.

조철주. 2005. “기업도시와 지역발전: 기업도시의 개발을 지역발전과 연계시키기 위한 전략.” 『한국도시지리학회지』 8,1:17-28.

조영석. 2003. “갈등 조정기제로서 바람직한 지역거버넌스에 관한 연구: 주민기피시설의 갈등사례를 중심으로.” 연세대 행정학과 박사논문.

조혜정. 1992. “압구정 ‘공간’을 바라보는 시선들: 문화정치적 실천을 위하여.” 현실문화연구 편, 『압구정동: 유토피아, 디스토피아, 현실문화연구』 32-59.

주간동아. 2006. “근대문화와 첨단 공존 ‘신사동 가로수길’.” 1월 29일.

주간동아. 2004. “압구정 오렌지 10년.” 11월 23일.

주간조선. 2005. “청담동 간판 ‘그래, 너 잘났다’.” 10월 26일.

주간한국. 2005. “[이색지대 르포] 청담동에선 무슨 일이?” 3월 2일.

주영하. 2000. 『음식전쟁, 문화전쟁』. 사계절.

전국경제인 연합회. 2002. “리서치 - 경제특구 종합경쟁력 동아시아 경쟁국 대비 크게 뒤처져.” 『월간 정경련』 12월호.

전우용. 2001. “청계천과 천변: 공간과 상징의 역사적 변천.” 서울학연구소, 『청계천: 시간, 장소, 사람』.

정기용. 1992. “압구정로, 삼성로: WPFRA.” 현실문화연구 편, 『압구정동: 유토피아, 디스토피아, 현실문화연구』 118-137.

정준호. 2003. “지역정책 추진체계의 개편방향.” 산업연구원 지역산업실 내부문건.

정진성. 1996. “새로운 사회운동의 주체로서의 생활협동조합 - 가와사키 생활클럽 생협을 중심으로.” 『경제와 사회』 여름호 제 30권.

정회성 · 이성우 · 강철구. 1998. “국토환경의 보전과 이용관련 분쟁의 조정원칙과 방향.” 『환경정책』 6,1:112-133.

정구현. 2002. “비영리조직의 지배구조: 이사회를 중심으로.” 한국비영리학회 2002년 가을 학술대회자료집.

정은혜, 노시학. 2000. “대형할인점의 입지와 일상적 쇼핑장소로의 접근성 차이.”『대한지리학회지』35,4:585-598.

정지원 · 전주형. 2001. “문경새재 태조왕건 세트장 관광전략에 관한 연구-세트장을 중심으로 한 문경시 관내 관광상품개발.”『여행학연구』13:167-198.

제일기획 보고서. 2005. “우리 시대의 미드필더, 2635세대.”

진영미. 2005. “영화촬영지의 관광객 행태와 지역경제에 대한 영향.” 경북대학과 석사논문.

町村敬志(Machimura, Takashi). 1992. “グローバリゼーションと世界都市形成.” 梶田孝道 編,『國際社會學: 國家を超える現象をどうとらえるか』. 名古屋: 名古屋大學出版會. pp. 114-133.

코헨(지음), 박영철(옮김). 1999.『화폐와 권력: 다시 그리는 세계경제지도』. 시유시.

최병두. 2002. “지방통치와 제도(주의)적 지역발전에 관한 고찰.”『한국공간환경』3,1:1-16.

최병식. 1999.『미술시장과 경영: 한국미술품 유통구조의 현황과 개선방향』. 서울: 동문선.

최승범. 2000. “평택시 사례.” 박종민 편,『한국의 지방정치와 도시권력구조』. 서울: 나남. 235-286.

최영길. 1997.『이슬람 문화의 이해』. 서울: 신지평.

최용호. 2001. “지역혁신체계의 특성과 구축방안.” 이정식 · 김용웅 편,『세계화와 지역발전』서울: 한울. 274-315.

최인호 · 손대현. 2004. “영상촬영지 관광객의 체험: ‘버보선언’ 사례.”『관광 · 레저연구』16,1:105-120.

최은영. 2004. “학력자본 재생산의 차별화와 빗장도시의 형성.”『대한지리학회지』39,3:374-390.

최종일. 2003. “이태원 공간에 나타난 ‘아메리카나이제이션’(Americanization)에 관한 연구.” 서울대학교 대학원 언론정보학과 석사학위 논문.

최정한. 2003. “행정주도에서 주민주도의 북촌마을만들기로.”『국토』60-68.

최홍준 · 김용창 · 구동회 · 이정재. 1993. “서울 도시경관의 이해.” 한국공간환경연구회 편, 서울연구. 한울.

최흥석. 2000. “부천시 사례.” 박종민(편),『한국의 지방정치와 도시권력구조』. 서울: 나남. 171-233.

카스텔, 마뉴엘 지음 · 최병두 옮김. 1989.『정보도시: 정보기술의 정치경제학』. 한울.

통계청. 2000.『인구주택총조사』.

통계청. 2000.『인구이동통계조사』.

통계청. 2002.『한국의 사회지표』.

통계청. 2003.『인구동태조사』.

푸코, 미셸. 1990.『성의 역사』. 이규현 역. 서울: 나남출판.

포항연구. 1989. “결사반대! 핵추방! 출렁이는 영덕영일.” 포항지역발전연구소,『포항연구』2호, 16-32.

한경구. 1994. “어떤 음식은 생각하기에 좋다: 김치와 한국 민족성의 정수.”『한국 문화인류학』26:51-68.

한국일보. 2006. “우리 경제 갈 길 보여준 LPL 파주공장.” 4월 28일자.

하승수. 2004. “국가정책결정과 주민참여: 부안 방사성폐기물처분장사태를 중심으로.”『시민사회』13호: 42-52.

한겨레 21. 2001. “젊은 귀족만 청담동에 오라!” 4월 24일.

한경구. 1994. “어떤 음식은 생각하기에 좋다: 김치와 한국 민족성의 정수.”『한국문화인류학』26:51-68.

한국농어촌사회연구소 · 한국가톨릭농민회. 1990.『지역사회 지배구조와 농민』. 연구사.

한국원자력연구소. 1990.『한국원자력연구소 30년사』.

한정화. 2003. “압구정동 상업가로의 도시형태 및 도시활동에 관한 연구.” 서울대학교 환경대학원 석사학위 논문.

한스 피터 마르틴. 2001.『세계화의 덫: 민주주의와 삶의 질에 대한 공격』. 서울: 영림 카디널.

홍기훈. 1996.『지역주의와 한국 정치』. 백산서당.

홍두승 · 구해근. 2001.『사회계층 · 계급론』제2판. 다산출판사.

홍두승 · 김병조 · 조동기. 1999.『한국의 직업구조』. 서울대학교출판부.

홍덕률. 1997. “지역사회의 지배구조에 대한 실증연구-대구, 광주, 인천을 중심으로.”『경제와 사회』34:139-172.

홍수희. 2003. “정동진 지역주민의 관광영향지각.”『관광레저연구』15,2:173-191.

홍성용. 2007.『스페이스마케팅』. 서울: 삼성경제연구소.

홍성웅. 2001. “외국인 직접투자와 지역발전전략.” 이정식 · 김용웅(엮음),『세계화와 지역발전』. 한울, 87-126.

홍장표. 2004. “부산지역의 기계금속산업 클러스터와 혁신역량.”『한국지역사회학회 학술대회 발표논문집』29-60.

홍장표. 2005. “동남권 중소기업의 거래네트워크와 기술혁신: 신지역주의의 비판적 검토.”『사회경제평론』25:379-415.

홍장표 · 윤성민. 2001. “수급기업의 고객범위와 기업성과.”『중소기업연구』23,3:185-207.

홍성범 외. 2000.『해외 신흥 혁신클러스터의 특성 및 성장 요인: 이스라엘, 인도, 중국, 대반을 중심으로』(정책연구 2000-20). 서울:과학기술정책연구원.

허미영. 2004. “일상 속의 세계화: 먹거리와 지역여성.”『사회조사연구』 19:33-54.

허 장 · 송미령. 1999. “농촌지역 「기피시설」입지 반대운동을 바라보는 일반적 시각에 대한 비판적 검토.”『국토계획』 34,4:175-188.

허 장 · 정기환. 2003. “농촌마을의 발전과 새로운 리더십.”『농촌사회』 13,1:51-83.

행정자치부. 1998.『지방채의 이론과 실제』. 지방채담당공무원 실무교재.

행정자치부 외. 1999.『지방자치시대의 분쟁사례집1, 2』

행정자치부 살기 좋은 지역기획팀. 2006. “살기 좋은 지역 만들기 대상지역 확정발표.” 보도자료. 2월 1일자.

형선호 역. 2001.『보보스: 디지털 시대의 엘리트』. 동방미디어(Brooks, D., 2000, *BOBOS in Paradise : The New Upper Class and How They Got There*, NY: Simon & Schuster).

佐佐木信夫. 1997.『地自體政策學入門』. ぎょせい.

村松岐夫. 1988. 地方自治. 東京: 東京大學出版會. [최외출 · 이성환 공역.『중앙과 지방 관계론: 일본의 지방자치이론과 실제를 중심으로』. 서울: 대영문화사, 1991]

Appadurai, Arjun. 2001. *Globalization*. Durham & London: Duke University Press. Canclini, Nestor Garcia.

Albrecht, S. L. 1995. “Equity and Justice in Environmental Decision-making.” *Society and Natural Resources* 8:67-72.

Amin, A. and N. Thrift. 1995. “Globalization, Institutional ‘Thickness’ and the Local Economy,” in P. Healey et al. eds. *Managing Cities: The New Urban Context*, John Wiley and Sons, pp.91-108.

Anderton, D. L., A. B. Anderson, J. M. Oakes, and M. R. Fraser. 1994. “Environmental Equity: the Demographics of Dumping.” *Demography* 31,2:229-248.

Austerberry, H. and S. Watson. 1981. “A Woman's Place: A Feminist Approach to Housing in Britain.” *Feminist Review* 8,Summer:49-62.

Austerberry, H. and S. Watson. 1983. *Women on the Margins: A Study of Single Women's Housing Problems*. London: The City University.

Bachrach, Peter, and Morton S. Baratz. 1970. *Power and Poverty*. New York: Oxford University Press.

Banfield, Edward C. 1958. *The Moral Basis of a Backward Society*. Chicago: Free Press.

Baptista R. & P. Swann. 1998. “Do firms in Clusters Innovate More?” *Research Policy* 27:525-540.

Beck, Ulrich. 1986. *Risikogesellschaft: Auf dem Weg in eine andere Moderne*, Frankfurt A.M.(위험사회; 새로운 근대(성)을 향하여, 홍성태 역, 새물결 1997).

Bell M. & M. Albu. 1999. “Knowledge Systems and Technological Dynamism in Industrial Clusters in Developing Countries,” *World Development*, 27, 9:1715-1734.

Berry, B. 1967. *Geography of Market Centers and Retail Distribution*. Prentice Hall.

Bird, D. L. 1997. "Thinking the Unthinkable." *Contemporary Review* 270,1574: 162-4.

Bischoff, J. 1996. "Globalisierung: Zur Analyse des Strukturwandels der Weltwirtschaft." *Supplement der Zeitschrift Sozialismus* 1-96, 1-14.

Boadway, Robin W. and David E. Wildasin. 1984. *Public Sector Economics*. Boston: Little, Brown and Company.

Bord, R. J. & O' Connor, R. E. 1992. "Determinants of Risk Perceptions of a Hazardous Waste Site." *Risk Analysis* 12, 3:411-416.

Bourdieu, P. 1979. *La Distinction: Critique Sociale du Jugement*. Les Editions de Minuit.

Bourdieu, P. 1979. *La Distinction : Critique Sociale du Jugement*. 최종철(역), 1995, 구별짓기-문화와 취향의 사회학 上-, 새물결.

Boyd, L. W. 2005. The company town, *EH. Net Encyclopedia*, http://www.eh.net/encyclopedia/

Boyd, S. 2001. "Cultural and Heritage Tourism in Canada: Opportunities, Principles and Challenges." *Tourism and Hospitality Research* 3, 3:211-233.

Brenner, N. 2004. *New State Spaces: Urban Governance and the Rescaling of Statehood*. Oxford, New York.

Brion, M. and A. Tinker. 1980. *Women in Housing: Access and Influence*. London: The Housing Center Trust.

Brown J. & P. Duguid. 2000. "Mysteries of the Region." Lee C. W. Miller, M. Hancock, H. Rowen eds., *The Silicon Valley Edge*, Stanford University Press.

Bull, J. 1993. *Housing Consequences of Relation Breakdown*. London: HMSO.

Bullard, Robert. 1996. "Environmental Justice: more than Waste Facility Siting." *Social Science Quarterly* 77:493-499.

Bunnel, T. 2002. "Cities for Nations? Examining the City-Nation-State Relation in Information Age Malaysia." *International Journal of Urban and Regional Research* 26,2:284-298.

Burgeson, J. Scott. 2002.『발칙한 한국학』. 주윤정 · 최세희 역. 이끌리오.

Burt R. 1992. "The Social Structure of Competition," Nohria N. & R. Eccles ed., *Networks and Organizations: Structure, Form and Action*, Harvard Business School Press, Boston, MA.

Capra, Fritjof. 1982. *The Turning Point: Science, Society, and Rising Culture*. NY: Simon & Schuster.

Cair, S. 1995. "Travel for Food Shopping: the Fourth Solution." *Traffic Engineering and Control* 36:411-418.

Carter, H. 1995. *The Study of Urban Geography*. London: Arnold.

Castells, Manuel. 1989. *The Informational City: Information Technology, Economic Restructuring, and the Urban-Regional Process*. Cambridge, MA: Basil Blackwell. (최병두 역. 2001.『정보도시: 정보기술의 정치경제학』 한울.)

Castells, M and Hall, P. 1994. *Technopolis of the World*. NY: Routledge.

Castles, Stephen and Godula Kosack. 1985. *Immigrant Workers and Class Structure in Western Europe*, Second Edition. New York: Oxford University Press.

Castles, Stephen and Mark J. Miller. 1998. *The Age of Migration: International Population Movements in the Modern World*, Second Edition. New York: Guilford Press.

Chan, K. W. 1997. *Social Construction of Gender Inequality in the Housing System: Housing Experience of Women in Hong Kong*. Aldershot: Ashgate Publishing Ltd.

Clapham, Christopher. 1982. "Clientelism and the State." In C. Clapham, ed. *Private Patronage and Public Power: Political Clientelism in the Modern State*. New York: St. Martin's.

Coates, David and Japan Pacific Resource Network. 1990. *Shattering the Myth of the Homogeneous Society: Minority Issues and Movements*. Berkeley, CA: Japan Pacific Resource Network.

Cohen, Joshua and Joel Rogers. 1995. "Secondary Associations and Democratic Governance." In E. Wright, ed. *Associations and Democracy*. London: Verso.

Coleman J. S. 1988. "Social Capital in the Creation of Human Capital." *American Journal of Sociology* 94, 95-120.

Cooke, P. 1998a. "Introduction: Origins of the concept." In H. Braczyk, P. Cooke & M. Heidenreich Eds. *Regional innovation system*. pp.2-25. London: UCL Press.

Cooke, P. 1998b. "Global clustering and regional innovation: systemic integration in Wales." In H. Braczyk, P. Cooke & M. Heidenreich Eds. *Regional innovation system* pp.245-262. London: UCL Press.

Cooke P. & K. Morgan. 1998. *The Associational Economy*. Oxford University Press.

Cooke, P. Roper, S. and Wylie P. 2003. 'The golden thread of innovation' and Northern Ireland's evolving regional innovation system, *Regional Studies* 37,4, 365-379.

Crevoisier, Olivier. 2000. "Innovation and the City." In Edward J. Malecki and Paivi Oinas ed. *Making Connections*, pp. 61-77.

Cvetkovich, George and Timothy C. Earle. 1992. "Environmental Hazard and the Public." *Journal of Social Issues* 48,4:1-20.

Dahl, Robert A. 1961. *Who Governs?* New Haven: Yale University Press.

Dahl, Robert A. 1985. *A Preface to Economic Democracy*. Berkeley:University of California Press.

Daveller, E. J. 1991. *Regional Economic Analysis of Innovation and Incubation*. Worcester, Billing & Sons.

Davis, M. 1990. *City of Quartz: Excavating the Future in the Los Angeles, London*, Verso.

Dawson, J. A. and Dennis L. J. 1985. *Shopping Centre Development*. London & Sydney: Croom Helm.

Dear, M. 1992. "Understanding and Overcoming the NIMBY Syndrome." *Journal of the American Planning Association* 58, 3, pp. 288-300.

Dicken, P. 2003. *Global Shift: Reshaping the Global Economic Map in the 21st Century*. Sage, London.

Domhoff, William. 1978. *Who Really Rules?: New Haven and Community Power Reexamined*. New Brunswick, NJ:Transaction Books.

Dore R. 1984. "Technological Self Reliance: Sturdy Ideal or Self Serving Rhetoric." M. Fransman & K. King eds., *Technological Capability in the Third World*. London, Macmillan.

Douglass, M. 2000. "Globalization, Intercity Competition, and the Rise of Civil Society in Pacific Asia: Toward Livable Cities in the 21st Century," in *A Paper Presented at Southeast Asian Urban Futures Workshop held on July 21-22*, National University of Singapore.

Douglass, M. 2000. "Mega-Urban Regions and World City Formation: Globalisation, the Economic Crisis and Urban Policy Issues in Pacific Asia." *Urban Studies* 37,12:2315-2335.

Douglass, M. 2002. "From global Intercity Competition to Cooperation for Livable Cities and Economic Resilience in Pacific Asia." *Environment & Urbanization* 14,1:53-68.

Dyer, J. H. and H. Singh. 1998. "The Rational View: The Cooperative Strategy and Sources of Interorganizational Competitive Advantage." *Academy of Management Review* 23:550-679.

Edquist, Charles. 1997. *Systems of Innovation Approaches: Their Emergence and Characteristics in Systems of Innovation*. London, Cassell Academic.

Elkin, Stephen L. 1987. *City and Regime in the American Republic*. Chicago: University of Chicago Press.

Ernst, R.W. et al. 1993. *Arbeiten und Wohnen in staedtischen Quartieren - Zum Verstaendnis der Stadt im interkulturellen Vegelichen*. Birkhaeuser.

Feagin, J. R. 1985. "The global context of metropolitan growth Houston and oil industry." *American Journal of Sociology* 90,6.

Feldman, Marshall, 1991. "Technological change, industrial organization and the restructuring of United States manufacturing." In *Cities of the 21st Century: New Technologies and Spatial Systems*, edited by John Brotchie, et al., New York: Longman Cheshire.

Feldman, Maryann P. & Florida, Richard. 1991. "The geographic sources of innovation: Technological infrastructure and product innovation in the United States." *Annals of the Association of American Geographers* 84,2:210-229.

Ferguson, A. 1976. "Local Variation in Female Workforce Participation Rates and Unemployment Trends." in Burnett, P. ed. *Women in Society: A New Perspective*, Mimeo.

Flynn, J. Burns, W. Mertz, C. K. & Slovic, P. 1992. "Trust as a Determinant of Opposition to a High-level Radioactive Waste Repository: Analysis of a Structural Model." *Risk Analysis* 12,3:417-430.

Freudenburg, William R., and Susan Pastor. 1992. "NIMBYs and LULUs: Stalking the Syndromes." *Journal of Social Issues* 48,4:39-61.

Freel M. S. 2000. "External Linkages and Production Innovation in Small Manufacturing Firms." *Entrepreneurship & Regional Development* 12:245-266.

Freel M. S. 2003. "Sectoral Patterns of Small Firm Innovation, Networking and Proximity." *Research Policy* 32:751-770.

Friedmann, John. 1986. "The World City Hypothesis." *Development and Change* 17,1:69-83.

Friedmann, J. 1995. "Ein Jahrzehnt der World City-Forschung." In Hitz, H. et al., *Capitales Fatales*, Rotpunktverlag, 22-44.

Friedrich, P. 1988. "Regional Effects of the Establishment of Public Offices." In Richardson, H. W. and Hwang, M.-C. eds. *Urban and Regional Policy in Korea and International Experiences*, Korea Research Institute for Human Settlements, 325-350.

Ganser, K. 1979. Zur Dezentralisierbarkeit öfentlicher Arbeitspläze, *Information zur Raumordnung* 5:257-270.

Gardiner, B. Martin, R. and Tyler, P. 2004. Competitiveness, productivity and economic growth across the European regions, Paper presented at the Regional Studies *Association's Regional productivity Forum Seminar*, London, January 2004.

Gibson, A. and Asthana, S. 2000. "Local markets and the polarization of public-sector schools in England and Wales." *Transactions of the Institute of British Geographers* 25,3:303-319.

Giddens, Anthony. 1991. *Modernity and Self-Identity: Self and Society in the Late Modern Age*, Stanford University Press(현대성과 자아정체성: 후기 현대의 자아와 사회, 권기동 역, 새물결 1997).

Gilroy, R. and R. Woods. 1994. *Housing Women*. London: Routledge.

Gordon, D. M. 1988. "The global economy-new edifice or crumbling foundations." *New*

Left Review 168, 24–64.

Gramberg, P. 1998. School segregation: the case of Amsterdam, *Urban Studies*, 35,3:547–564.

Granovetter, M. 1973. "The Strength of Weak Tie." *American Journal of Sociology* 87,6:1360–80.

Granovetter. 1985. "Economic action and social structure: the problem of embeddedness." *American Journal of Sociology* 91, 481–510.

Gray, Clive. 1994. *Government Beyond the Center : Sub–National Politics in Britain.* London: MacMillan.

Gray, M. Golob, E. Markusen, A, and Park, S. O. 1999. "The four faces of Silicon Valley." In A. Markusen, Y. S. Lee, and S. DiGiovanna Eds. *Second tier cities: rapid growth beyond the metropolis*, pp.291–310. Minneapolis: University of Minnesota Press.

Grindle, M. S. 1980. *Politics and Policy Implementation in the Third World.* Princeton: Princeton University Press.

Grosenick, U. and Stange R. 2005. *International Art Galleries: Post–War to PostMillennium.* Thames & Hudson, London.

Gurr, R. and King, D. 1987. *The State and the City.* Chicago: The University of Chicago Press.

Guterbock, Thoma M. 1980. *Machine Politics in Transition.* Chicago: University of Chicago Press.

Hall, C. M. and S. J. Page. 1999. *The Geography of Tourism and Recreation: Environment, Place and Space.* London: Rouledge.

Hall, Peter Geoffrey. 1984. *The World Cities.* New York: St. Martin's Press.

Hamnett, C. 1994. "Social polarization in global cities: theory and evidence." *Urban Studies* 31,3:401–424.

Hanson, S. and Hanson, P. 1976. "The Daily Activity Patterns of Working Women and Men: Are They Different?" Paper Presented to the Annual Meeting of the Association of American Geographers, Milwaukee.

Hardt, M. and Negri, A. 2000. *Empire*, Harvard University Press, 334–336.

Harris, R. 1984. Residential segregation and class formation in the capitalist city: a review and direction for research, *Progress in Human Geography* 8,1:26–49.

Hartshorn, T. A. 1992. *Interpreting The City: An Urban Geography.* New York: John Wiley & Sons, Inc.

Harvey, D. 1989. "From Managerialism to Enterpreneurialism: the Transformation in Urban governance in Late Capitalism." *Geografiska Annaler*, 71B:3–17.

Harvey, D. 1989. *The Condition of Postmodernity*, Blackwell. 121–97.

Hassink, R. 1996. "Technology transfer agencies and regional economic development." *European Planning Studies* 4:167–184.

Hassink, R. 1999. "South Korea's economic miracle and crisis: explanations and regional consequences." *European Planning Studies* 7:127–143.

Henning, E. 1996. "Amsterdam, Frankfurt/Main und Los Angeles–Fragmentierte Stadtraeume und Stadtdiskurse." *Das Argument* 217:757–73.

Henry, N. and Pinch, S. 2001. "Neo–Marshallian nodes, institutional thickness and Britain' s Mortor Sport Valley: thick or thin?" *Environment and Planning A* 33:1169–1183.

Hill, R. C. and Kim, J. W. 2000. "Global Cities and Developmental States: New York, Tokyo and Seoul," *Urban Studies* 37,12:2167–2195.

Hiller, Petra. 1994. "Risiko und Verwaltung." K. Dammann, D. Grunow, K.P. Japp Hrsg. *Die Verwaltung des politischen Systems*. Opladen: Westdeutscher Verlag, 108–125.

Hobday M. 1995. *Innovation in East Asia*. Aldershot, UK, Edward Elgar.

Holmans, A. 1990. "Housing demand and need generated by divorce." In *Housing and Divorce*, edited by P. Symon. Glasgow: University of Glasgow.

Hong, S. W. 2003. "Impact of Foreign Direct Investment on Regional Policy," in Lee, K.–B. ed. *Global City Region*, KRIHS, Seoul, 121–146.

Hotz–Hart, B. 2000. "Innovation networks, regions, and globalization." In G.L. Clark, M.P. Feldman, an M.S. Gertler Eds. *The Oxford handbook of economic geography* pp 432–450, Oxford: Oxford University Press.

Hunter, Floyd. 1953. *Community Power Structure: A Study of Decision Makers*. Chapel Hill: University of North Carolina Press.

Jérôme, Bruno & Michael S. Lewis–Beck. 1999. "Is Local Politics Local? French Evidence." *European Journal of Political Research* 35:181–197.

Jessop. B. 1998. "The Enterprise of Narrative and the Narrative of Enterprise: Place Marketing and the Entrepreneurial City," in T. Hall and P. Hubbard(eds.), *The Entrepreneurial City*, Chichester: Wiley, pp.7–99.

Jessop, B. 2000. "The state and the contradictions of the knowledge–driven economy." In J. R. Bryson, P. W. Daniels, N. D. Henry & J. S. Pollard Eds. *Knowledge, space, economy* pp.63–78, London: Routledge.

Joans, A. E. G. 1998. "Busing, 'White flight' and the role of developers in the continuous suburbanization or Franklin county." *Urban Affairs* 34,2:340–358.

Jones, M. 2001. "The rise of the regional state in economic governance: 'partnerships for prosperity' or new scales of state power." *Environment and Planning A* 33:1185–1211.

Karlsson C. & O. Olsson. 1998. "Product Innovation in Small and Large Enterprises." *Small Business Economics*, 10:31–46.

Kasperson Roger E. Dominic Golding, and Seth Tuer. 1992. "Social Distrust as a Factor in Siting Hazardous Facilities and Communicating Risks." *Journal of Social Issues* 48,4: 161–187.

Kearney, Richard C. and Steven W. Hays. 1998. "Reinventing Gevernment, the New Public Management and Civil Service Systems in International Perspective." *Review of Public Personnel Administration*. Fall. 38–54.

Kearns G. & Philo. C. 1993. *Selling Places: The City as Cultural Capital. Past and Present.* Pergamon Press.

Keating, W. D. 1986. Linking downtown development to broader community goals: an analysis of linkage policy in three cities, *Journal of the American Planning Association* 52:133–141.

Keating, Michael. 1991. *Comparative Urban Politics.* Brookfield: Edward Elgar.

Keeble, D. C., Lawson. B., Moore & F. Wilkinson. 1998. "Collective Learning Processes, Networking and Institutional Thickness in the Cambridge Region." *Regional Studies* 33, 4:319–332

Kim, H. 2007. "Creative Economy and Urban Art Clusters: Locational Characteristics of Art Galleries in Seoul." *Journal of the Korean Geographical Society* 42,2: 212–226.

King, Anthony D. 1990. *Global Cities: Post–imperialism and the Internationalization of London.* London: Routledge.

Knox P. 1993. "Capital, material culture and socio–spatial differentiation." *The Restless Urban Landscape.* Prentice Hall, 1–27.

Kostelanetz, R. 2003. *SoHo: The Rise and Fall of an Artists' Colony.* Routldge, London.

Kotler, P. et al. 2002. *Marketing Asian Places: Attracting Investment, Industry, and Tourism to Cities, States and Nations.* Singapore: John Wiley & Sons.

Krackhardt D. 1992. "The Strength of Strong Ties: The Importance of Philos in Organization." Nohria N. & R. Eccles ed. *Networks and Organizations: Structure, Form and Action*, Harvard Business School Press, Boston, MA.

Krukenberg, K. 1979. "Probleme der Behördenver– lagerung am Beispiel Duderstadt." *Information zur Raumordnung* 5:279–282.

Kumar, N. 1987. "Technology Imports and Local Research and Development in Indian Manufacturing." *The Developing Economies* 25:220–233.

Kulke, E. 1992. Structural Change and Spatial Response in the Retail Sector in Germany, *Urban Studies* 29,6:212–234.

Lagendijk, A. 2003. Towards conceptual quality in regional studies: the need for subtle critique- a response to Markusen, *Regional Studies* 37,6&7:719–727.

Landry, C. 2000. *The Creative City: A Toolkit for Urban Innovators*. London: Earthscan Publications.

Langrod, George. 1953. "Local Government and Democracy." *Public Administration* 31,1:26–31.

Lawson, C. and Lorenz, E. 1999. "Collective learning, tacit knowledge and regional innovative capacity." *Regional Studies* 33.4, 305–317.

Leisure & Travel, 2005 December.

Lande, Carl H. 1973. "Networks and Groups in Southeast Asia: Some Observations on the Group Theory of Politics." *American Political Science Review* 67, March: 103–127.

Levine, M. V. 1989. "The politics of partnership: urban redevelopment since 1945," in G. D. Squires ed. *Unequal Partnerships: The Political Economy of Urban Redevelopment in Postwar America*, Rutgers University Press, New Brunswick.

Libbee, M. and McGee, D. 1979. "Spatial Analysis of Some Factors Related to the Women's Movement," Paper Presented to the Annual Meeting of Association of American Geographers.

Lin, C. Y. 1997. "Technopolis Development: An Assessment of the Hsinchu Experience." *International Planning Studies* 2(2), 257–272.

Lindblom, Charles. E. 1977. *Politics and Markets*. New York: Basic Books.

Little, J., Peake. L. and Richardson, P. 1998, *Women in Cities: Gender and the Urban Environment*. London. MacMillan Education.

Lloyd, B. 1978. "The Quiet Revolution in Geography." *Union of Socialist Geographers Newsletters* 3:30–32.

Locan, J. R. and Molotch, H. 1987. *Urban Fortunes: The Political Economy of Place*. Berkeley, CA: University of California Press.

Logan, John R., and Harvey L. Molotch. 1987. *Urban Fortunes: The Political Economy of Place*. Berkeley, CA: University of California Press.

Lovering J. 1999. "Theory Led by Policy: The Inadequacies of the New Regionalism." *International Journal of Urban and Regional Research*, 379–395.

Ludtke, A. 2002. "일상사란 무엇이며, 누가 이끌어가는가?" 알프뤼트케외 지음. 이동기 외 옮김. 『일상사란 무엇인가』. 청년사.

Luger, M. and Goldstein, H. 1991. *Technology in the Garden: Research Parks & Regional Economic Development*. Chapel Hill: The University of North Carolina Press.

Luhmann, Niklas. 1968. *Vertrauen: Ein Mechanismus der Reduktion sozialer Komplexität*. Stuttgart: Enke.

Luhmann, Niklas. 1990. "Risiko und Gefahr." In *Soziologische Aufklärung* 5, Opladen:

Westdeutscher Verlag, 131–169.

Luhmann, Niklas. 1991. *Soziologie des Risikos*. Berlin/New York: de Gruyter.

Lull, James. 2001. "Superculture for the Communication Age." *Culture in the Communication Age*, ed. James Lull, 132–163, London: Routledge.

Lundvall, B. A. 1992. *National Innovation Systems: Towards a Theory of Innovation and Interactive Learning*. Pinter, London.

Mackenzie, S. 1986. "Women and Canadian Geography," A Paper Presented to the Annual Meeting of the Institute of British Geographers, Reading, England.

MacKinnon, D., Cumbers, A. and Chapman, K. 2002. "Learning, innovation and regional development: a critical appraisal of recent debates." *Progress in Human Geography* 26.3, 293–311.

MacLeod, G. 2001. "New regionalism reconsidered: globalization and the remaking of political economic space." *International Journal of Urban and Regional Research* 25,4:804–829.

Macleod, G. 2002. "From urban entrepreneurialism to a 'revanchist city'? on the spatial injustices of Glasgow's renaissance." *Antipode* 34,3:602–624.

MacLeod, G. and Goodwin, M. 1999. "Space, scale and state strategy: rethinking urban and regional governance." *Progress in Human Geography* 24.4:503–527.

Maillat, D. 1998. "Innovative Milieux and New Generations of Regional Policies." *Entrepreneurship & Regional Development*, 10:1–16.

Malecki, E. J. 1997. *Technology and Economic Development: the Dynamics of Local, Regional and National Competitiveness*, Longman.

Marcuse, P. and van Kempen, R. 2000. *Globalizing Cities: A New Spatial Order?* Blackwell, Oxford.

Marcussen, A. 1999. "Fuzzy Concepts, Scanty Evidence, Policy distance: The Case for Rigour and Policy Relevance in Critical Regional Studies." *Regional Studies*, 33, 9:869–884.

Markusen, A. 1999. "Fuzzy concepts, scanty evidence, policy distance: the case for rigour and policy relevance in critical regional studies." *Regional Studies* 33.9:869–884.

Martiniello, Marco. 1997. *Sortir des Ghettos Culturels*. Paris: Presses de Sciences Po. (윤진 역. 2002.『현대사회와 다문화주의: 다르게, 평등하게 살기』한울.)

Massey, D. S. 1996. "The age of extreme: concentration of affluence and poverty in the twentyfirst century." *Demography* 33(4), 395–412.

Massey, D. S. and Denton, N. 1993. *American Apartheid: Segregation and the Making of the Underclass*. Harvard University Press.

Mathews, Gordon. 2000. *Global Culture/ Individual Identity Searching for Home in the*

Cultural Supermarket. London: Routledge.

McCarthy, P. and B. Simpson. 1990. "Housing issues for divorcing people: perceived problems and the link with child issues." In *Housing and Divorce*, edited by P. Symon. Glasgow: University of Glasgow.

McKinnon, R. and Ohno, K. 1997. *Dollar and Yen*. Cambridge, MA: The MIT Press.

McNeil, D. 1999. *Urban change and the European Left: tales from the new Barcelona*. London: Routledge.

Mikunda, C. 2004. *Brand Lands, Hot Spots & Cool Spaces: Welcome to the Third Place and the Total Marketing Experience*. London: Kogan Page.

Mingione, E. 1996. *Urban Poverty and The Underclass: A Reader*. Blackwell.

Molotch, Harvey. 1976. "The City as Growth Machine." *American Journal of Sociology* 82,2.

Morgan K. 1997. "The Learning Region: Institutions, Innovation and Regional Renewal." *Regional Studies* 31, 491–503.

Moser, C. 1985. *Housing Policy and Women: Towards a Gender Aware Approach*. Working Paper No. 5, London: University College of London.

Mueller, D. C. 1979. *Public Choice*. Cambridge: Cambridge University Press.

Musterd, S. and Marielle de Winter. 1998. "Conditions for spatial segregation: some European perspectives." *International Journal of Urban and Regional Research* 22,4:665–706.

Neil. W. 2000. "Globalizing Retail, Globalization, Economic Integration and Regional Responses." 29th International Geographical Congress.

Nelson, R. 1993. *National innovation systems: a comparative analysis*. London: Oxford University Press.

Nelson, R. 2000. "National Innovation Systems." Acs ed., *Regional Innovation, Knowledge and Global Change*. London: Pinter.

O' Callaghan, B. and L. Dominian. 1996. *Study of Homeless Applicants*. London: HMSO.

OECD. 2001. *Innovative Clusters: Drivers of National Innovation Systems*. Paris. Time. 1993. "Curitiba, Brazil (Cover Story)," Nov. 1st. Issue 2, 32.

Oerlemans L. & M. Meeus. 2005. "Do Organizational and Spatial Proximity Impact on Firm Performance?", *Regional Studies*, 39,1:89–104.

Ohmae, K. 1995. *The end of the nation state: the rise of regional economies*. New York: Free Press.

Ohmae, K. 2001. "How to Invite Prosperity from the Global Economy into a Region." In Scott, A. J., *Global City Regions: Trends, Theory, Policy*, Oxford University, New York.

Olds, K. 1997. "Globalizing Shanghai: the 'Global Intelligence Corps' and the Building of Pudong," *Cities* 14,2:109−123.

Olds, K. 1998. "Globalization and Urban Change: Tales from Vancouver Via Hong Kong." *Urban Geography* 19,4:360−385.

Olds, K. 2001. *Globalization and Urban Change: Capital, Culture, and Pacific Rim Mega−projects*. Oxford: Oxford University.

Orfield, M. 2002. *American Metropolitics: The New Urban Reality*. Brookings Institution Press.

Pahl, R. E. 1971. "Poverty and the Urban System." In Chisholm, M. and Manners G. (eds.), *Spatial Policy Problem in the British Economy*, London: Cambridge University Press.

Palm, R. 1981. "Women in Non−Metropolitan Areas: A Time Budget Survey." *Environment and Planning A* 13: 373−8.

Parsons, T. 1971. *The System of Modern Societies*. Prentice−Hall.

Peet, R. 1998. *Modern Geographical Thought*. Oxford: Blackwell.

Peterson, P. E. 1981, *City Limits*. Chicago: The University of Chicago Press.

Pickup, L. 1998. "Hard to Get Around: A Study of Women's Travel Mobility." In Little, J. Peake. L. and Richardson, P. (eds.) *Women in Cities: Gender and the Urban Environment*. London, p. 100.

Piore M. & C. Sabel. 1984. *The Second Industrial Divide*. New York: Basic Books.

Podmore, J. 1998. "(Re)Reading the 'Loft Living' *Habitus* in Montréa's Inner City," *International Journal of Urban and Regional Research* 22,2:283−302.

Pollock, Philip and Elliot Vittas. 1995. "Who Bears the Burdens of Environmental Pollution? Race, Ethnicity, and Environmental Equity in Florida." *Social Science Quarterly* 76: 294−310.

Polsby, Nelson W. 1980. *Community Power and Political Theory*. New Haven, Conn: Yale University Press.

Porter, D. 1985. *Downtown Linkages, Urban Land Institute*, Washington, D.C.

Portes, Alejandro. 1995. "Economic Sociology and the Sociology of Immigration: A Conceptual Overview." pp. 1−41 in *The Economic Sociology of Immigration: Essays on Networks, Ethnicity, and Entrepreneurship*, edited by Alejandro Portes. New York: Russell Sage Foundation.

Portes, Alejandro. 1998. "Social Capital: Its Origins and Applications in Modern Sociology." *Annual Review of Sociology* 24:1−24.

Portes, Alejandro, and Julia Sensenbrenner. 1993. "Embeddedness and Immigration: Notes on the Social Determinants of Economic Action." *American Journal of Sociology* 98,6:1320−1350.

Powell, John Duncan. 1970. "Peasant Society and Clientelist Politics." *American Political Science Review* 64, March: 411–425.

Power, Timoty J. 1991. "Politicized Democracy, Competition, Institutions, and 'Civic Fatigue' in Brazil." *Journal of Interamerican Studies and World Affairs* 33,3:75–112.

Putnam, Robert D. 1993. *Making Democracy Work*. Princeton: Princeton University Press.

Rabinovitch, Jonas and Josef Leitman. 1996. "Urban Planning in Curitiba: A Brazilian City Challenges Conventional Wisdom and relies on Low Technology to Improve the Quality of Urban Life." *Scientific American* 274, 3:46–53.

Raco, M. 1999. "Competition, Collaboration and the New Industrial Districts: Examining the Institutional Turn in Local Economic Development," *Urban Studies* 36,5/6:951–968.

Rawls, J. 1993. *Political Liberalism*. NY: Columbia University Press.

Ray A. & S. Bhaduri. 2001. "R&D and Technological Learning in Indian Industry: Econometric Estimation of the Research Production Function." *Oxford Development Studies* 29,2:155–171.

Richman, Roger. 1986. "Formal Mediation in Intergovernmental Disputes: Municipal Annexation Negotiation in Virginia." *Public Administration Review* 45,4.

Ringquist, Evan. 1997. "Equity and the Distribution of Environmental Risk: the Case of TRI Facilities." *Social Science Quarterly* 78:811–829.

Rimmer, P. 1991. "Exporting cities to the Western Pacific Rim: the art of the Japanese package." In J. Brotchie, M. Batty, P. Hall and P. Newton (eds.), *Cities of the 21st Century: New technologies and Spatial Systems*, New York: Halsted Press.

Rogers M. 2004. "Network, Firm Size and Innovation: Evidence From Australian Firms." *Small Business Economics* 22,2:141–153.

Rosen, R. and Reagan, M. 1997. "Opening doors: access to the global market for financial sectors." In Crahan, M. and Vourvolias-Bush, A.(eds.), *The city and the world: New Yorks global future*, New York: Council on Foreign Relations.

Sassen, S. 1991. *The Global City: New York, London, Tokyo*. Princeton, NJ: Princeton University Press.

Sassen, S. 1994. *Cities in a World Economy*. Pine Forge Press.

Sassen, S. 1997. "Cities in the global economy." *International Journal of Urban Sciences* 1,1: 11–31.

Sassen, S. 1998. *Globalization and Its Discontents: Essays on the New Mobility of People and Money*. The New Press, 203–07.

Sassen, S. 2002. *Global Networks, Linked Cities*. New York: Routledge.

Saunders, P. 1990. *A Nation of Home Owners*. London: Unwin Hyman.

Saxenian, A. 1994. *Regional advantages: culture and competition in Silicon Valley and Route 128*, Cambridge: Harvard University Press.

Schmid, C. 1996. "Headquarter Economy und territorialer Kompromiss-Ueberlegungen zum Regulationsansatz am Beispiel Zuerich." *Zeitschrift fuer Wirtschaftsgeographie* 40:28-43.

Schmidt, Steffen W., Laura Guasti, Carl H. Lande and James C. Scott. 1977. *Friends, Followers, and Factions: A Reader in Political Clientelism*. Berkeley: University of California Press.

Schneider-Silwa, R. 1996. "Hyper-Ghettos in amerikanischen Grossstaedten-Lebensraeume und Kostruktionsprinzip der urban underclass." *Geographische Zeitschrift* 84:27-42.

Schrecker, Ted. 1996. "The Borderless World and the Walled City: Metaphors for North American Social and Economic Life in the Twenty-First Century." Paper Prepared for a Workshop at the Sustainable Development Research Institute, Vancouver, BC, March 1996. (Unpublished).

Scott, James C. 1972. "Patron-Client Politics and Political Change in Southeast Asia." *American Political Science Review* 66, March:91-113.

Senge, P. M. 1990. *The Fifth Discipline*. New York: Currency Doubleday.

Seol, Dong-Hoon, and John D. Skrentny. 2002. "South Korea: Importing Undocumented Workers." Paper presented at the International Conferences on the title of *Controlling Immigration: A Global Perspective*, held by the Center for Comparative Immigration Studies at the University of California, San Diego. Deutz Seminar Room, Copley International Conference Center, Institute of the Americas Complex, UC-San Diego, 17-18 May 2002.

Shefter, M. 1985. *Political Crisis/Fiscal Crisis: The Collapse and Revival of New York City*. New York: Basic Press.

Simmie, J. 2003. Innovation and urban regions as national and international nodes for the transfer and sharing of knowledge, *Regional Studies* 37,6&7:607-620.

Slovic, P. 1993. "Perceived Risk, Trust, and Democracy." *Risk Analysis* 13,6: 675-682.

Slovic, P. Layman, M. and Flynn, J. H. 1991. "Risk Perception, Trust and Nuclear Waste: Lessons from Yucca mountain." *Environment* 33, 3:7-11.

Slovic, P., Flynn, J. & Gregory, R. 1994. "Stigma Happens: Social Problems in the Siting of Nuclear Waste Facilities." *Risk Analysis* 14, 5:773-777.

Slovic, Paul, James H. Flynn, and Mark Layman. 1991. "Perceived Risk, Trust, and Politics of Nuclear Waste." *Science* 13:1603-1607.

Smith, M. Estellie. 1997. "Hegemony and Elite Capital: The Tools of Tourism." *Tourism and Culture*, Suny.

Soja, E. W. 2000. *Postmetropolis: Critical Studies of Cities and Regions*. Oxford: Blackwell.

Stokes, G. 1993. "Changes in the Amount of Car Travel Following the Opening of New Superstores: Evidence from a Household Survey in Sweden." *Traffic Engineering and Control* 34, pp. 247–251.

Stone, Clarence N. 1980. "Systemic Power in Community Decision Making." *American Political Science Review* 74, December: 978–990.

Stone, Clarence N. 1989. *Regime Politics: Governing Atlanta 1946–1988*. Lawrence, KS: University Press of Kansas.

Swyngedouw, E. 1996. "Reconstructing Citizenship, the Re–scaling of the State and the New Authoritarianism: Closing the Belgian Mines." *Urban Studies* 33,8:1499–1521.

Symon, P. 1990. *Housing and Divorce*. Glasgow: University of Glasgow.

Talen, E. 2001. School, community and spatial equity: an empirical investigation of access to elementary school in West Virginia, *Annals of the Association of American Geographers* 91,3:465–486.

Taylor, P. J. 1985. *Political Geography–World–Economy, Nation–State and Locality*. Longman.

Taylor, Bron Raymond. 1995. *Ecological Resistance Movements: The Global Emergence of Radical and Popular Environmentalism*. Albany: State University of New York Press.

Tivers, Jacqueline. 1998. "Women with Young Children: Constraints on Activities in the Urban Environment." In Little, J., Peake. L., and Richardson, P. (eds.), 1998, *Women in Cities: Gender and the Urban Environment*. London: MacMillan Education Ltd.

Twitchell, J. B. 2002. *Living It Up: Our Love Affair With Luxury*. New York: Columbia University Press.

Vaughan, Elaine and Marianne Seifert, 1992. "Variability in the Framing of Risk Issues." *Journal of Social Issues* 48,4:119–135.

Watson, S. 1988. *Accommodating Inequality: Gender and Housing*. Sidney: Allen and Unwin.

Watson, S. 1990. *Playing the State*. London: Verso.

Watson, S. and H. Austerberry. 1986. *Housing and Homelessness: A Feminist Perspective*. London: Routledge & Kegan Paul.

Webb D. & C. Collis. 2000. "Regional Development Agencies and the New Regionalism in England." *Regional Studies* 34(9), 857–873.

Wedd, K. 2001. *Artists' London: Holbein to Hirst*. London: Merrell Publishers.

Webster, C. 2001. "Gated cities of tomorrow." *Town Planning Review* 72(2), 149–169.

Weiner, Michael. 1997. *Japan's Minorities: The Illusion of Homogeneity*. London: Routledge.

Weisman, L. 1994. *Discrimination by Design: A Feminist Critique of the Man-Made Environment*. Urbana: University of Illinois Press.

While, A., 2003, Locating Art Worlds: London and the Making of Young British art, *Area*, 35,3:251-263.

White, J. R. 1996. *Shopping Centers and Other Retail Properties*, New York: John Wiley & Sons, Inc.

Whittaker, Elvi. 1997. "The Town that Debates Tourism: Community and Tourism in Broome, Australia." *Tourism and Culture*. State University of New York Press.

Women and Geography Study Group of the Institute of British Geographers. 1984. *Geography and Gender: An Introduction to Feminist Geography*. London: Hutchinson and Explorations in Feminism Collective, p. 45.

Wong P.K. 1992. "Technological Development through Subcontracting Linkages: Evidence From Singapore." *Scandinavian International Business Review* 1, 3:28-40.

Wynne, Brian. 1987. *Risk Management and Hazardous Waste: Implementation and the Dialectics of Credibility*. Berlin: Springer.

Yliskyla-Peuralahti. 2003. Relocation of Government Activities as a Regional Policy Measure, *Paper presented at the 43th European Congress of the Regional Science Association*. Finland, August, 27-30.

Zhu, Jieming. 1999. "Local Growth Coalition: The Context and Implications of China's Gradualist Urban Land Reforms." *International Journal of Urban and Regional Research* 23,3:534-548.

Zimmerman, R. 1993. "Social Equity as Environmental Risk." *Risk Analysis* 13,6: 649-666.

Zorbaugh, Harvey Warren. 1929. *The Gold Coast and the Slum: A Sociological Study of Chicago's Near North Side*. Chicago, IL: University of Chicago Press.

Zukin, S. 1989. *Loft Living: Culture and Capital in Urban Change*. Baltimore: Johns Hopkins University Press.

Zukin, S. 1998. "Urban Lifestyles: Diversity and Standardisation in Spaces of Consumption." *Urban Studies* 35(5-6), 825-839.

국문색인

영문색인

[M]

[N]

[O]

[P]

[Q]

[R]

글 쓴 사람들

권영섭	국토연구원 연구위원
김두식	대구대학교 사회학과 교수
김만재	강릉대학교 지역개발학과 교수
김영정	전북대학교 사회학과 교수
김준우	전남대학교 사회학과 교수
김학희	경인교대 사회교육과 교수
김현호	한국지방행정연구원 연구위원
노시학	경희대학교 지리학과 교수
노진철	경북대학교 사회학과 교수
박재욱	신라대학교 행정학과 교수
박종민	고려대학교 행정학과 교수
박종화	경북대학교 행정학과 교수
설동훈	전북대학교 사회학과 교수
송도영	한양대학교 문화인류학과 교수
심승희	청주교육대학교 사회교육과 교수
안영진	전남대학교 지리학과 교수
염미경	제주대학교 사회교육과 교수
유재원	한양대학교 행정학과 교수
이무용	전남대학교 문화전문대학원 교수
이용숙	고려대학교 행정학과 교수
이은숙	상명대학교 지리학과 교수
이은진	경남대학교 사회학과 교수
이정록	전남대학교 지리학과 교수
정은혜	경희대학교 지리학과 강사
정희선	상명대학교 지리학과 교수
조철주	청주대학교 도시지역계획학과 교수
최은영	통계청 사회조사과 통계조사관
한지은	서울대학교 지리교육과 대학원생
허미영	신라대학교 여성문제연구소 연구교수
홍덕률	대구대학교 사회학과 교수
홍장표	부경대학교 경제학부 교수

편저자 약력

김 준 우
고려대학교 문과대학 사회학과 졸업
Michigan State University 사회학-도시학 박사
Singapore National University 박사후 과정
부산발전연구원 부연구위원
현재 전남대학교 사회과학대학 사회학과 교수
주요 연구 분야: 지역발전론, 도시사회학

안 영 진
서울대학교 사회과학대학 지리학과 졸업
서울대학교 대학원 석사 및 박사과정 수료
독일 뮌헨공과대학교(TUM) 박사
서울대학교 박사후 과정
현재 전남대학교 사회과학대학 지리학과 교수
주요 연구 분야: 경제·사회지리학, 지역발전론, 지리학이론, 유럽지역연구

選集으로 읽는 한국의 도시와 지역

2008年 9月 1日 初版印刷
2008年 9月 10日 初版發行

編著者 김준우·안영진
發行人 安 鍾 萬
發行處 (株)博 英 社
서울特別市 鍾路區 平洞 13-31番地
電話 (733)6771 FAX (736)4818
登錄 1959. 3. 11. 제300-1959-1호(倫)

www.pakyoungsa.co.kr e-mail: pys@pakyoungsa.co.kr

定 價 28,000원 ISBN 978-89-7189-850-5